# NOUVEAU COURS

COMPLET

# D'AGRICULTURE

THÉORIQUE ET PRATIQUE.

## ABA = ASS.

## TOME PREMIER.

# NOMS DES AUTEURS.

THOUIN, Professeur d'Agriculture au Muséum d'Histoire Naturelle.

PARMENTIER, Inspecteur général du Service de Santé.

TESSIER, Inspecteur des Établissemens ruraux appartenant au Gouvernement.

HUZARD, Inspecteur des Écoles Vétérinaires de France.

SILVESTRE, Chef du Bureau d'Agriculture au Ministère de l'Intérieur.

BOSC, Inspecteur des Pépinières Impériales et de celles du Gouvernement.

*Composant la Section d'Agriculture de l'Institut de France.*

CHASSIRON, Président de la Société d'Agriculture de Paris.

CHAPTAL, Membre de la section de Chimie de l'Institut.

LACROIX, Membre de la Section de Géométrie de l'Institut.

DE PERTHUIS, Membre de la Société d'Agriculture de Paris.

YVART, Professeur d'Agriculture et d'Économie rurale à l'École Impériale d'Alfort; Membre de la Société d'Agriculture ; etc.

DÉCANDOLLE, Professeur de Botanique et Membre de la Société d'Agriculture.

DU TOUR, Propriétaire-Cultivateur à Saint-Domingue, et l'un des auteurs du Nouveau Dictionnaire d'Histoire Naturelle.

~~~~~~~~~~~~~~~

## DE L'IMPRIMERIE DE MAME FRÈRES.

~~~~~~~~~~~~~~~

Cet Ouvrage se trouve aussi,

A PARIS, chez LE NORMANT, libraire, rue des Prêtres Saint-Germain-l'Auxerrois, n° 17.

A BRESLAU, chez G. THÉOPHILE KORN, imprimeur-libraire.

A BRUXELLES, chez LECHARLIER, libraire.

A LIÈGE, chez DESOER, imprimeur-libraire.

A LYON, chez YVERNAULT et CABIN, libraires.

A MANHEIM, chez FONTAINE, libraire.

# NOUVEAU COURS

## COMPLET

# D'AGRICULTURE

## THÉORIQUE ET PRATIQUE,

Contenant la grande et la petite Culture, l'Économie Rurale
et Domestique, la Médecine vétérinaire, etc.;

OU

# DICTIONNAIRE RAISONNÉ

## ET UNIVERSEL

# D'AGRICULTURE.

Ouvrage rédigé sur le plan de celui de feu l'abbé ROZIER, duquel on a conservé
tous les articles dont la bonté a été prouvée par l'expérience;

## PAR LES MEMBRES DE LA SECTION D'AGRICULTURE
## DE L'INSTITUT DE FRANCE, etc.

### AVEC DES FIGURES EN TAILLE-DOUCE.

---

## A PARIS,

CHEZ DETERVILLE, LIBRAIRE ET ÉDITEUR,
RUE HAUTEFEUILLE, N° 8.

---

M. DCCC. IX.

# AVIS DE L'ÉDITEUR.

Depuis long-temps on sentoit le besoin d'un ouvrage nouveau et complet sur l'Agriculture, l'économie rurale et domestique. Ces branches si essentielles de la prospérité publique et particulière manquoient d'un Traité général qui retraçât dignement l'état actuel de nos connoissances.

Le Cours d'Agriculture de Rozier étoit excellent lorsqu'il parut, mais depuis cette époque on y a remarqué plusieurs défauts importans. En effet, il est des parties entières omises; l'auteur ne fait point connoître les procédés de culture à employer pour la naturalisation ou conservation des arbres ou arbustes étrangers, si recherchés en ce moment; la partie du jardinage y est traitée d'une manière très imparfaite : on trouve en même temps dans ce dictionnaire beaucoup trop de répétitions, trop de vues systématiques, et plusieurs articles de remplissage. D'ailleurs, depuis sa publication, c'est-à-dire depuis environ vingt-cinq ans, l'essor donné à l'Agriculture par cet ouvrage même, les écrits d'illustres savans qui la plupart vivent encore, et les nouvelles découvertes faites en chimie et en histoire naturelle, ont considérablement accru la masse des connoissances sur cet art.

Les pratiques agricoles, regardées comme les plus parfaites, ont besoin d'être éclairées des lumières de la chimie, de la physique, de la botanique, de l'entomologie, etc., pour être utilement applicables à d'autres localités, que celle où elles sont en faveur.

L'intérêt de l'Agriculture française réclamoit donc, non une nouvelle édition du *Cours complet d'Agriculture* de Rozier, mais un ouvrage composé sur le même plan, enrichi de ses meilleurs articles, et augmenté de tout ce que la science a acquis depuis vingt-cinq ans. Tel est celui que nous offrons en ce moment au public.

La forme de dictionnaire est peut-être la seule qui convienne à un Traité complet d'Agriculture, parceque c'est la seule qui puisse, sans confusion, donner les moyens de descendre dans les détails de la pratique, après s'être élevé aux principes de la théorie. C'est la seule aussi qui puisse faire coordonner, à la faveur des renvois, les diverses parties des sciences sur lesquelles l'art agricole s'appuie. Il suffit de parcourir les prétendus traités d'Agriculture publiés dans ces derniers temps, pour être convaincu de la difficulté de réunir, sous un cadre régulier, tout ce qu'il importe à un cultivateur de savoir pour diriger convenablement une exploitation rurale de quelque importance.

Mais un tel Dictionnaire, qui doit embrasser tant de parties, la plupart en contact avec beaucoup d'arts et de sciences, par cette raison même ne pouvoit pas être l'ouvrage d'un seul homme. Sa rédaction entière, exigeant des connoissances très variées, rendoit indispensable la réunion d'un certain nombre d'hommes éclairés, qui eussent en masse toutes ces connoissances, et dont chacun en particulier possédât au plus haut degré celle dont il seroit chargé de faire l'application à l'art agricole. Comment, en effet, apprendre à distinguer les différentes natures des terres, si l'on n'est pas minéralogiste? Comment, sans connoissances chimiques, faire connoître les principes qui les composent, et les influences des engrais et des amendemens sur elles? Ne faut il pas être physicien pour apprécier l'action des météores, et trouver les moyens de l'augmenter ou de la diminuer, selon les circonstances? Le perfectionnement des instrumens aratoires et des constructions rurales réclame les talens du mécanicien et de l'architecte. Le botaniste peut seul décrire les plantes avec une précision telle qu'il soit impossible au cultivateur de les confondre. Enfin, la connoissance particulière des mœurs et des maladies des animaux domestiques, et celle des insectes nuisibles, ne sont-elles pas nécessaires aussi pour enseigner les moyens de conserver les uns et de détruire les autres?

Ce n'est donc point un seul homme qui pouvoit entreprendre un pareil travail. Il devoit nécessairement être partagé entre plusieurs. Il exigeoit aussi un nombre suffisant de volumes, afin qu'aucune partie essentielle ne fût omise ou traitée légèrement. Sans la célébrité et les talens reconnus des savans qui ont bien voulu y concourir, nous n'aurions point fait une entreprise aussi coûteuse, sur-

tout dans les circonstances pénibles où se trouve le commerce de la librairie. Mais, nous osons le dire, jamais il
n'a été présenté au public, en tête d'un ouvrage, une
réunion d'hommes aussi recommandables et aussi faits
pour en assurer le succès.

La pratique est la partie fondamentale du travail dans
notre *Nouveau Dictionnaire d'Agriculture*, et celle sur
laquelle les rédacteurs se sont le plus étendus, parcequ'elle
intéresse essentiellement les cultivateurs proprement dits.
Les articles qui la concernent ne contiennent aucune
théorie, et vont au but par le plus court chemin, c'est-
à-dire qu'ils exposent les faits et les procédés clairement
et simplement. Ainsi, en cherchant dans notre ouvrage le
nom d'une plante utile, on y trouvera d'abord son caractère botanique décrit en très peu de mots, ensuite le terrain, l'exposition, le climat qui lui conviennent; à quelle
époque et comment il faut préparer la terre, semer, sarcler, récolter, etc.; laquelle de ses variétés est la plus
avantageuse selon les circonstances; enfin quels sont ses
usages, ses moyens de conservation ou de vente. Les articles des différens animaux qui concourent ou qui nuisent aux produits des champs sont rédigés dans le même
ordre. D'autres sont consacrés aux principes généraux de
tous les genres de culture, aux bergeries, à l'éducation
des animaux domestiques, dont on enseigne à croiser et à
perfectionner les races. Le jardinage, le potager, le ver-
ger, la taille des arbres fruitiers, les pépinières, les façons
à donner à la vigne, les bois, les engrais, les amendemens, les prairies naturelles et artificielles, et le choix
des fourrages, pour en écarter les herbes inutiles, malsaines
ou vénéneuses, forment autant d'articles traités avec un
soin particulier. Enfin on n'a négligé ni les nombreuses
préparations des produits de l'Agriculture, sur-tout des
semences céréales et des vins, ni les cultures particulières
des plantes, arbustes et fleurs d'agrément, ni celles des
herbes, ou médicinales, ou textiles, ou tinctoriales, ou à
graines huileuses, ni la manière de peupler les étangs, ni
la chasse et la pêche, ni le gouvernement des abeilles, des
vers à soie, de la laiterie, des oiseaux de basse-cour ou de
volière, ni le ménage rustique, ni l'ordre de la ferme, etc.
Les objets nombreux dont on vient de faire l'énumé-

ration, et qui ne forment pourtant qu'une partie de ceux qui doivent entrer dans notre Dictionnaire, prouvent jusqu'à l'évidence qu'il eût été impossible de réduire cet ouvrage en un petit nombre de volumes, sans en mutiler plusieurs parties, et sans négliger un grand nombre d'articles intéressans.

Il n'est pas moins certain que si la pratique est ce qu'il importe le plus aux cultivateurs de savoir, elle doit pourtant être éclairée par les principes généraux de la théorie, qui n'est que le résultat de l'expérience et de l'observation. Sans la théorie le praticien ne sera jamais qu'un manœuvre enfoncé dans une routine ignorante et obscure. De même un théoricien qui n'est point affermi par la pratique risque de se ruiner par des spéculations hasardeuses. Mais l'accord parfait de ces deux parties les fortifie mutuellement. L'une est l'œil et l'autre la main. Sans leur réunion on n'obtiendra jamais que des succès imparfaits.

Enfin, le véritable agriculteur ne demande qu'une instruction solide. Pour l'acquérir, il lui suffit d'avoir un ouvrage qui, sans être trop volumineux, contienne pourtant ce qui est essentiel pour le guider dans ses travaux. Si cet ouvrage n'est pas assez étendu, il compromet alors, par des demi-connoissances, la sûreté des opérations, et hasarde le fruit du succès du malheureux cultivateur qui s'y confie avec une funeste sécurité.

Pour achever d'exposer le plan de travail adopté par les rédacteurs du *Nouveau Dictionnaire d'Agriculture*, nous allons, en suivant leurs noms, faire connoître la distribution qu'ils se sont faite des matières qui doivent y entrer.

M. Thouin, dont le nom est si connu dans toute l'Europe, a établi les principes et les procédés du jardinage, qu'une pratique de cinquante années lui a fait connoître, et qu'il a déjà si habilement et si clairement développés dans un grand nombre d'écrits et d'excellens mémoires. On sait combien cette partie est foible dans Rozier, et les progrès qu'elle a faits depuis lui; progrès auxquels M. Thouin a principalement concouru par ses ouvrages et ses cours, par sa correspondance avec toutes les sociétés d'Agriculture nationales et étrangères, et par la distribution de graines et de plants de toute espèce qu'il fait, chaque année, dans les diverses parties de l'Empire français.

M. Parmentier, appuyé sur de nombreux et excellens travaux, tous dirigés vers le perfectionnement de l'Agriculture et le bien de l'humanité, a rédigé plusieurs articles d'économie rurale et domestique, qu'il a déjà traités avec grand succès dans divers ouvrages, et principalement dans celui de Rozier, dont il fut le collaborateur et l'ami. Peu de savans ont plus de droits que lui à l'estime et à la reconnoissance de ses concitoyens. On ne doit pas oublier qu'il a introduit et propagé en France la culture de la pomme de terre, que par cette raison M. du Tour a nommée, dans le Dictionnaire d'Histoire Naturelle, *morelle parmentière.*

Le nom de M. Tessier se lie, dans l'opinion publique, avec ceux des hommes distingués qui ont consacré leur existence à l'avancement de l'art dont il s'agit. Ses expériences agronomiques, l'étude particulière qu'il a faite des soins qu'exigent l'éducation et la conservation des troupeaux, les nombreux écrits qu'il a publiés sur ces matières, et les Annales d'Agriculture qu'il rédige en ce moment, sont autant de garans de la bonté des articles dont il enrichit ce Dictionnaire. Il s'attache sur-tout à faire valoir la pratique par la théorie et la théorie par la pratique.

M. Huzard, que la supériorité de son talent a placé à la tête de l'art vétérinaire, s'est chargé de revoir les articles qui concernent cette partie qu'il cultive depuis son enfance, et de rédiger complètement ceux qu'il faudra ajouter. Egalement habile dans la théorie et la pratique, personne n'est plus que lui en état d'indiquer les causes des erreurs qui existent dans la médecine des animaux comme dans celle de l'homme. Il donne les moyens de s'en garantir, et il fait connoître particulièrement ceux qu'on doit employer pour arrêter ou prévenir les épizooties, si désastreuses pour les cultivateurs.

M. Sylvestre, que d'excellens écrits sur plusieurs branches des sciences physiques, des arts et de l'économie rurale, ont fait si avantageusement connoître, et qui, en sa qualité de secrétaire de la société d'Agriculture de Paris et de chef du bureau d'Agriculture du ministère de l'intérieur, est plus que personne au courant des observations nouvelles qui se font dans toute l'Europe, fournit divers articles relatifs aux parties dont il s'est le plus spécialement occupé, et des matériaux pour beaucoup d'autres.

Les places que M. Bosc occupe, ses connoissances aussi étendues que variées, ses voyages, une vie entièrement consacrée à l'étude des sciences naturelles et au perfectionnement de l'Agriculture, ont mis ce savant à même de pouvoir rédiger, pour ce Dictionnaire, un grand nombre d'articles de minéralogie, de physique générale et végétale, d'économie rurale, etc. Il donne quelque étendue à la partie économique des insectes nuisibles, jusqu'à présent trop négligée. Il traite aussi de la chasse, des étangs, de la pêche des poissons d'eau douce. Il partage avec M. Thouin tout ce qui a rapport à la culture des jardins et pépinières, et, avec ses autres collaborateurs, beaucoup d'articles de simple définition et de renvois.

M. Chaptal, que ses utiles travaux ont depuis longtemps mis au premier rang parmi ceux qui savent appliquer aux arts les procédés et la théorie de la chimie, fait tous les articles fondamentaux où cette application est indispensable, tels que fermentation, vin, vinaigre, distillation des eaux-de-vie, buanderie, etc.

M. Lacroix, dont les ouvrages sur les diverses parties des mathématiques ont assuré la réputation, et qui professe avec distinction la haute géométrie dans les plus célèbres écoles de Paris, rédige les articles relatifs aux objets de ses travaux, appliqués à l'Agriculture; tels qu'arpentage, calendrier, saisons, etc. Il forme aussi les tables de concordance des nouvelles mesures avec les anciennes qui étoient en usage dans toutes let parties de la France, travail important et même indispensable dans l'état actuel des choses.

M. Perthuis, ingénieur et propriétaire-cultivateur, offre un nom connu dans la science par de bons écrits sur l'administration forestière et les constructions rurales. Il s'est principalement chargé de ces deux parties, qui font l'objet de ses occupations habituelles.

Les ouvrages et les mémoires de M. Chassiron sur l'économie politique appliquée à l'Agriculture, sur les dessèchemens des marais et sur diverses autres branches de l'économie rurale, et la sagesse des principes que ce propriétaire-cultivateur a développés dans ses écrits, assurent le succès des nombreux articles qu'il fournit.

M. YVART est connu par ses voyages agricoles en France et en Angleterre, et par d'importans mémoires : il professe l'Agriculture avec supériorité à la célèbre école d'Alfort ; c'est à ses travaux et à ses grandes connoissances dans cet art qu'il doit une grande partie de sa fortune. Qui mieux que lui pouvoit donc traiter les articles fondamentaux de grande culture dont il s'est chargé ? Qui étoit plus à même de faire connoître les rapports nécessaires qui existent entre la théorie et la pratique, et les secours qu'elles se prêtent mutuellement ?

M. DÉCANDOLLE, qui vient de voyager dans presque tous les départemens de la France, pour en connoître et comparer l'Agriculture, et auquel, quoique jeune encore, ses profondes connoissances en botanique et en physiologie végétale, et ses ouvrages, ont acquis une juste célébrité, fournit des notions générales et nécessaires sur ces deux parties secondaires, mais très importantes, de l'art agricole. On connoît son talent pour présenter, d'une manière claire et précise, tous les objets qu'il traite.

M. DU TOUR, propriétaire à Saint-Domingue, où il a cultivé ses propres biens pendant dix ans, traite des grandes et des petites cultures dans les colonies européennes des deux Indes. Ce naturaliste agronome est un des principaux auteurs du *Nouveau Dictionnaire d'Histoire naturelle*, auquel il a fourni un très-grand nombre d'articles, et les plus importans du règne végétal. L'ordre et le goût avec lesquels il les a rédigés, la correction, l'élégance et la pureté de son style, ne laissent aucun doute sur la manière dont la partie qui lui sera confiée sera traitée.

D'autres agriculteurs, tels que MM. DUCHÊNE, VOISIN et FÉBURIER, de la société d'Agriculture de Versailles, M. GARNIER-DESCHÊNES, ancien notaire, M. DESPLAT, vétérinaire et membre de la société d'Agriculture de la Seine, et M. BREBISSON, de celle de Caën, ont fourni quelques articles sur les objets principaux de leurs expériences et de leurs méditations.

*Lettres initiales, par ordre alphabétique, des noms qui sont abréviés de MM. les Auteurs qui ont composé les articles du nouveau Cours d'Agriculture.*

| | |
|---|---|
| B.. . , . . . . . . . . . | Bosc. |
| Bré. . . . . . . . . . | Brébisson. |
| Chap.. . . . . . . . . | Chaptal. |
| Chas.. . . . . . . . . | Chassiron. |
| Déc. . . . . . . . . . | Décandolle. |
| De Per. . . . . . . . | De Perthuis. |
| Des.. . . . . . . . . | Desplas. |
| Duch. . . . . . . . . | Duchêne. |
| D. . . . . . . . . . . | Du Tour. |
| Féb. . . . . . . . . . | Féburier. |
| G. Des.. . . . . . . . | Garnier-Deschesnes. |
| H. . . . . . . . . . . | Huzard. |
| L. C. . . . . . . . . . | La Croix. |
| Par. . . . . . . . . . | Parmentier. |
| Syl. . . . . . . . . . | Sylvestre. |
| Tes. . . . . . . . . . | Tessier. |
| Th.. . . . . . . . . . | Troüin. |
| Y. . . . . . . . . . . | Yvart. |

# DISCOURS PRÉLIMINAIRE.

Qu'il est grand, qu'il est noble, cet art qui commande à la terre de produire, et qui, par des travaux assidus et de riches moissons, fait tout à la fois la force, l'opulence des empires et le bonheur du genre humain, *l'Agriculture !*

Elle fut dès l'origine du monde l'occupation chérie des patriarches; ils labourèrent la terre, cultivèrent des plantes et élevèrent des troupeaux. C'est au milieu d'eux que naquirent les rois Pasteurs; leur nombreuse postérité, marchant sur leurs traces, célébra par des fêtes cet art que les sages de la plus haute antiquité ont nommé la mère et la nourrice de tous les arts.

L'obscurité des anciennes traditions laisse fort peu de ressources pour concilier les opinions qui fixent à différentes époques l'origine de l'Agriculture. On sait seulement que ses progrès sont le fruit des sociétés policées. Nous sommes donc bien éloignés de vouloir en placer l'existence sur le sommet des temps, et d'imiter certains auteurs qui, échauffés par l'orgueil national, se sont disputé à l'envi l'honneur de l'antiquité, en substituant les jeux de l'imagination aux monumens historiques qui leur manquoient. Il suffira de dire que les ancêtres des peuples dont *Moïse* fait particulièrement l'histoire se sont trouvés dans des contrées et dans des circonstances infiniment favorables à la réunion des hommes, et par conséquent au développement rapide de leur esprit et de leur industrie; qu'au contraire les pères des autres peuples, isolés et malheureux, sont restés long-temps dans cet état d'abrutissement et de barbarie qui s'oppose à la naissance des arts.

Mais *Moïse* lui-même ne nous fournissant que peu de lumières pour suivre la marche ainsi que les progrès de cette première agriculture, et les recherches les plus savantes faites à ce sujet n'ayant pu rassembler que des lambeaux détachés et quelques évènemens épars, nous sommes obligés de nous en tenir à des conjectures: commençons par celles qui s'offrent nécessairement les premières.

*b *

Dans ces temps reculés, la terre offroit d'un côté quelques vallées fertiles, mais demandant les secours de la culture; de l'autre, de vastes déserts hérissés d'épaisses forêts et couverts de marécages; l'homme confondu avec les animaux, et n'ayant pas même le sentiment de sa supériorité, guidé comme eux par l'instinct de ses seuls besoins, n'étoit pas plus délicat sur les moyens de les satisfaire; la mousse, les feuilles, les écorces d'arbres, tout lui convenoit. C'étoit une rencontre heureuse que des racines fraîches de gramen et de roseaux; à la vue des glands, des faînes et des châtaignes, sa joie se signaloit par des chants d'allégresse et des danses autour des arbres qui les lui donnoient.

Dispersés dans les forêts et le long des côtes, errans de contrées en contrées, et forcés d'arracher à la nature le secret de les nourrir, nos premiers parens, aux prises avec les besoins, déployèrent leur vigueur et leur adresse; ils avoient à la fois à combattre une faim renaissante et les animaux féroces qui leur disputoient les moyens de l'assouvir. Faut-il s'étonner qu'avec le peu de ressources qu'ils trouvoient dans les productions spontanées de la terre ils se soient accoutumés insensiblement à vaincre la répugnance qu'ils devoient avoir pour des alimens que la faim seule pouvoit leur faire adopter? Les uns, par une nécessité locale, s'habituèrent à ne vivre que de végétaux âpres et grossiers; les autres ne trouvèrent de moyens de subsistance que dans la chair des animaux; quelques uns, habitant près de la mer et des rivières, se livrèrent à la pêche. Enfin il s'en trouva d'assez avantageusement placés pour jouir à la fois de toutes les ressources de la nature. L'expérience apprit donc à l'homme que, pour obtenir une subsistance meilleure, plus abondante et plus assurée, il falloit façonner son champ par des labours, l'enrichir par des engrais, choisir et préparer les semences, saisir le moment opportun de les répandre, et surveiller le produit avant, durant et après la moisson : telle a toujours été la loi imposée à quiconque désire retirer de la terre les fruits qu'elle dispense avec libéralité, lorsqu'on sait les lui payer de la sueur de son front.

L'époque fortunée où l'Agriculture a été réduite en art est donc celle de la naissance des sociétés; mais les progrès en furent lents et difficiles. Cependant, dès que les travaux des champs ne furent plus dédaignés des plus grands personnages, les campagnes prirent un aspect riant, et l'on vit de toutes parts naître l'abondance; les divinités tutélaires furent invoquées; *Cérès*, *Triptolème* et *Bacchus*, qui n'étoient que des premiers agriculteurs, eurent des temples, un culte et des mystères célébrés avec la plus profonde vénération; les hommes, par reconnoissance, s'empressèrent de couvrir les autels des prémices de leurs travaux; des génies supérieurs prêtèrent leur plume à l'enseignement de leurs préceptes. Enfin l'Agriculture sortie des mains des Phéniciens, des Chaldéens, fut en grand honneur dans les beaux jours de l'Égypte, de la Grèce et de Rome; les hommes les plus célèbres dans ces belles parties du monde excitèrent l'émulation des cultivateurs, et ceux-ci, enorgueillis de la noblesse de leur état, firent des prodiges.

Les Germains et les Gaulois n'ont rien oublié pour signaler le respect qu'ils avoient pour l'art qui nourrit les hommes. Le premier roi de Bohême voulut qu'on conservât précieusement sa charrue, son chapeau, ses guêtres de laboureur, et qu'on les exposât sur l'autel, au sacre de tous ses successeurs. Le souverain du plus ancien et du plus vaste empire de l'Asie rend un hommage annuel à l'Agriculture, en sillonnant lui-même un champ, et ce jour de fête est pour tout l'empire un des plus solennels. Les plus fameux législateurs, et *Mahomet* lui-même, obligent celui qui règne à savoir le labourage, et veulent qu'il en fasse preuve avant que de monter sur le trône.

Nous ne suivrons pas plus loin l'Agriculture dans son origine, ses progrès et ses révolutions. On ne peut plus révoquer en doute que cet art précieux ne soit la base de la force, de la richesse, et de la prospérité publique et particulière; que la fertilité ou la stérilité ont régné tour à tour dans un même pays, suivant qu'il y a été pratiqué, négligé, honoré ou méprisé; que toutes les fois que les nations se sont spécialement attachées à le faire fleurir, elles ont acquis un si haut degré de puissance, qu'on n'a plus osé les attaquer.

Il n'est pas douteux encore que les pratiques rurales les plus simples n'aient eu des commencemens fort gros-

siers. Que de siècles se sont écoulés ! que d'essais tentés
pour perfectionner la méthode la plus commune de l'é-
conomie rurale et domestique ! quelle chaîne de découvertes il a fallu parcourir pour amener le froment
à l'état de pain ! un regard rapide jeté sur l'histoire
de la meunerie et de la boulangerie, le but et la fin du
labourage, suffiroit pour donner une idée de ce que le
hasard, aidé de l'observation, est parvenu à faire avec le
temps ; mais il faut convenir que la rapidité des progrès
de toutes les inventions humaines est toujours en raison
inverse de leur utilité : c'est ainsi, par exemple, que l'art
de la porcelaine se trouve généralement plus avancé
parmi nous que celui de moudre les grains et de bluter
leurs farines.

A peine l'homme eut-il défriché la terre qu'il lui fallut
un économe pour conserver au besoin et mettre à profit
les présens que cette nourrice féconde accordoit à ses
efforts et à son industrie; la femme, plus sobre, plus pa-
tiente, plus sédentaire et plus amie de l'ordre, devint naturellement cet économe; l'influence qu'elle a eue sur la
perfection que cette partie intéressante de l'administration
civile a atteinte de nos jours est incontestable.

Si pour établir cette vérité il nous étoit permis d'accumuler les faits, nous pourrions en trouver une foule dans
tous les siècles, dans tous les âges, dans tous les pays,
dans toutes les conditions ; nous dirions qu'associées de
bonne heure au gouvernement de l'intérieur de la maison,
les femmes contractent dès leur enfance du goût pour les
occupations solides ; que, chargées spécialement de pourvoir aux besoins sans cesse renaissans de la famille, elles
ne sont étrangères à aucune des opérations qui s'y exécutent, à aucun des approvisionnemens qui s'y consomment : heureux pour le mariage quand elles ressemblent
à celles dont *Olivier de Serres* nous donne la description
dans le huitième livre du Théâtre d'Agriculture, avec cette
précision et cette aimable simplicité qui le caractérisent.

On seroit cependant dans une grande erreur en croyant
que les détails minutieux qu'une maîtresse de maison est
obligée d'embrasser peuvent nuire à l'agrément de son
esprit et à la gaieté de son humeur ; le gouvernement domestique est le triomphe de l'honnête femme et sa véri-

table vocation. C'est au milieu de sa famille que la nature l'appelle. Partageant souvent avec son mari les travaux du dehors, elle a de plus l'occupation d'allaiter ses enfans ; car il seroit difficile, sous le prétexte qu'elle est trop délicate ou affoiblie par la dernière couche, de la décider à confier à d'autres ce soin, trop bien apprécié par elle pour le dédaigner. Que de femmes défigurées, estropiées, infirmes qui languissent toute leur vie faute d'avoir accompli ce devoir sacré, dont la nature fait une loi à toutes les mères, et dont il n'appartient qu'à elles seules de s'acquitter complètement !

Ce seroit peut-être ici le moment de parler de l'état actuel de l'Agriculture parmi nous, de citer les auteurs qui ont le plus contribué à ses progrès, d'indiquer en même temps les véritables sources où il est possible de puiser l'instruction ; ce qu'il y a de positif, c'est que toutes les grandes améliorations opérées en ce genre sont dues absolument à la résidence des propriétaires sur leurs domaines ; à la vérité, pour en recueillir tous les avantages, il faut pouvoir suivre avec intérêt les détails qui ont rapport aux moindres pratiques rurales, s'en pénétrer de manière à guider et à surveiller chacun des agens chargés de leur exécution ; car si la terre vivifiée par des travailleurs, couverte de bestiaux et de productions de toute espèce, n'est pas à leurs yeux un spectacle enchanteur ; si la vue d'un chêne antique, d'un orme immense, d'un arbre chargé de fruits, d'une prairie émaillée de fleurs, ne les transporte point ; si le bêlement des troupeaux, le chant du coq et du cygne, le gloussement de la poule, le cri du canard et le roucoulement du pigeon ; si ce concert champêtre importune leurs oreilles, si cet assemblage de ménagerie, qui change de scène d'un moment à l'autre et donne la vie au paysage, ne leur inspire que de l'ennui ou une forte indifférence, j'oserai leur dire, retournez à la ville, rentrez dans vos sociétés bruyantes pour vous occuper de fastidieuses bagatelles ; les vrais plaisirs qu'on goûte à la campagne ne sont pas faits pour vous ; vous ne pouvez apprécier ceux qui sont attachés à la simplicité de la nature.

Mais il ne suffit pas d'avoir le goût des occupations champêtres et le temps de s'y livrer ; tous les hommes ne peuvent gérer leurs biens par eux-mêmes; les uns, parceque leurs capitaux étant dans le commerce n'auroient pas l'aisance qu'ils annoncent pour faire des essais toujours instructifs s'ils ne sont pas toujours fructueux; les autres, parcequ'ils sont appelés à des fonctions qui les éloignent de la culture des champs : il faut bien alors s'adresser à la classe estimable qui se charge d'exploiter les fonds d'autrui. Mais s'ils désirent réellement bonifier de loin leurs propriétés, qu'ils traitent généreusement ceux auxquels ils les confient, en leur louant à longs termes et sans trop les pressurer; au lieu d'augmenter le prix du bail, qu'ils leur imposent pour condition des améliorations utiles, telles que plantations d'arbres fruitiers dans les pays à cidre, établissemens de clôture et de prairies artificielles dans les cantons qui en ont peu ou point, etc., etc. Un domaine à la culture duquel le propriétaire préside tierce le revenu ; il ne doit donc pas balancer, quand il le peut, de préférer la vie champêtre au séjour des cités ; l'intérêt de sa famille, des mœurs et de l'état lui en font une loi : le détourner de ce projet par des conseils perfides, empêcher qu'il ne féconde les campagnes de tous ses moyens, ce seroit y rappeler la stérilité, se déclarer l'ennemi de la prospérité de son pays, puisqu'une foule d'entreprises de défrichemens, de desséchemens, de plantations et d'établissemens de troupeaux, ne peuvent s'exécuter que par le concours des seuls propriétaires jouissant d'une certaine fortune.

L'influence avantageuse du séjour des propriétaires dans les campagnes n'a point échappé à l'œil pénétrant de l'Empereur qui, exprimant par l'organe de son ministre de l'intérieur sa volonté de connoître les progrès de l'Agriculture pour les encourager davantage, reconnoît expressément que C'EST PRINCIPALEMENT DU SÉJOUR DES PROPRIÉTAIRES DANS LES CAMPAGNES, DE LA CULTURE QU'ILS FONT PAR EUX-MÊMES DE LEURS PROPRIÉTÉS ET DES SOINS QU'ILS SE DONNENT POUR AMÉLIORER LEUR SORT ET CELUI DE LEURS ENFANS, QUE LES PROGRÈS DE L'ÉCONOMIE RURALE PEUVENT ÊTRE OBTENUS. Il n'y a pas de doute que ce ne soit cet ordre intéressant de citoyens qui mérite les distinctions et les récompenses honorifiques que le gouvernement a promis de décerner aux amis de la charrue.

Je ne saurois assez le répéter, il n'y a point de spéculation plus honnête que celle de faire valoir soi-même l'héritage de ses pères ou les biens qu'on a loyalement acquis : cette voie, la plus légitime de toutes pour augmenter son patrimoine, étoit cependant méconnue autrefois. *Columelle* s'en plaignoit déjà, et *Caton*, qui faisoit consister dans les animaux domestiques la plus solide richesse de l'Agriculture, ajoute que les voyages périlleux qu'on entreprend par mer et les productions qu'on va chercher sur les côtes de la mer Rouge et aux Indes ne sont pas d'un plus grand rapport à ceux qui les trafiquent, que ne l'est un fonds de terre à celui qui le cultive avec intelligence.

Honneur et gloire à l'ancienne société royale d'Agriculture de Paris, qui a donné tant de forces et de développemens à cette vérité éternelle ! que de services elle a rendus à toutes les parties de l'art agricole pendant les dix années qu'elle a existé comme société centrale ! Elle publioit chaque saison les découvertes qui avoient eu lieu dans les différentes branches d'économie rurale, et répandoit dans les campagnes des instructions sommaires et pratiques sur les nouvelles cultures et sur les instrumens aratoires ; enfin elle avoit eu la pensée grande et utile d'associer à ses travaux des comices agricoles qui, rappelant les plus beaux jours de l'ancienne Rome, ont opéré des prodiges dans les cantons où ils tenoient leurs séances.

L'homme est né aux champs et pour y jouir tranquillement du spectacle de leur magnificence : là, vivant en famille, il sent mieux qu'à la ville le prix des vertus domestiques ; il fait plus, il les pratique. Aussi *Saint-Lambert* ne se lasse pas d'y renvoyer les citadins : combien parmi eux, observe cet estimable poëte, s'ils voyoient le tableau du bonheur du gentilhomme cultivateur, ne se diroient-ils pas : *Je ne suis pas aussi heureux que lui, et je pourrois l'être !* Au village, les enfans deviennent robustes, acquièrent une vigoureuse constitution ; des ébats innocens pris à certaines heures du jour, dans un air pur, un exercice modéré, des occupations variées, des mets simples que l'art n'a pas empoisonnés, la vue mille fois renouvelée des scènes champêtres, tous ces objets réunis concourent au maintien de la santé.

A ces puissans motifs pour déterminer les propriétaires à cultiver leurs domaines j'ajouterai que c'est particulièrement dans les campagnes que les services qu'ils auront rendus perpétueront chez les hommes qui les habitent le souvenir de leur passagère et bienfaisante existence.

Et en effet, quand les voyageurs, parcourant les différens départemens de la France, aperçoivent des productions plus belles, des cultures mieux soignées, des plantations variées dans une qualité inférieure de sol, qu'ils interrogent leurs habitans, ils apprendront que ces avantages sont l'effet de la résidence des propriétaires dans leurs domaines; on leur dira, par exemple, à Pithiviers, ce sont les deux *frères Duhamel* qui ont planté ces cyprès de la Louisiane qu'ils admirent; que c'est *Sully* et *Dargenson* qui, pendant leur disgrace, firent ces magnifiques plantations à Rosny, et ces belles avenues aux Ormes; que *Choiseul* para son exil de Chanteloup de ces beautés qui les enchantent; qu'ils aillent à Liancourt, ils y verront un autre *Cincinnatus* couvrant les possessions qui lui restent d'arbres exotiques, cultivant lui même ses champs et forçant son parc à remplir ses greniers.

Ces superbes mélezes qui fertilisent le sol ingrat de Malesherbes sont dus à *Lamoignon*, cet illustre magistrat à qui la France doit la connoissance de la culture d'une foule d'arbres précieux qu'il a naturalisés dans nos climats. Ce n'est pas seulement le savant qu'on reconnoissoit en examinant les vastes plantations qu'il a faites dans la terre dont il portoit le nom, c'est sur-tout le philosophe qui ne travailloit que pour éclairer son siècle et enrichir la postérité du fruit de ses dépenses, de ses soins et de ses méditations; sans doute qu'un jour, aux acclamations des deux mondes, une statue sera élevée à ce grand homme pour avoir honoré la nature humaine par ses vertus, ses longs travaux, son amour ardent pour la liberté et son dévouement au malheur.

Personne, sans contredit, n'a mieux profité des instructives leçons de *Malesherbes* que *Varenne de Fenille*, qui, dans un coin du département de l'Ain, a si bien écrit sur l'amélioration et la conservation des forêts,

Quelle masse de lumières ces deux hommes célèbres ont répandue par leurs expériences et par leur exemple! Les mêmes goûts honorables et utiles les avoient réunis; leurs connoissances et leurs vertus ne purent les garantir du même sort, ils ont monté à l'échafaud : cette perte est une véritable calamité; elle affligera long-temps les vrais amis du bien public.

Un art aussi universellement pratiqué que l'est l'Agriculture ne manque pas ordinairement d'écrivains; chaque nation a produit les siens; il existe presque autant de traités sur cet art qu'il peut embrasser d'objets différens. Mais en méditant les ouvrages que les anciens nous ont laissés, il est aisé de distinguer ceux qui ont été faits dans l'enceinte des bibliothèques ou à la campagne. C'est encore là qu'ont été rédigés les meilleurs traités que nous possédions. C'est dans une ferme au Pradel qu'a été composé le premier ouvrage classique en fait d'économie rurale, *le Théâtre d'Agriculture et du Ménage des Champs* d'Olivier de Serres, qui, comme le dit le sénateur *François de Neufchâteau*, pour le zèle, la théorie et la pratique, fut incontestablement le premier laboureur du temps où il vivoit; qui éleva en même temps une famille assez nombreuse, et qui est encore considéré aujourd'hui comme le père de notre Agriculture.

Après cet ouvrage immortel, dont la société d'Agriculture du département de la Seine vient de publier une nouvelle édition, il est juste de rappeler honorablement *Rozier*, qui, retiré dans les environs de Béziers, rédigea paisiblement de nombreuses observations sur la science agronomique; c'est sous ce beau ciel du bas Languedoc que le cours complet d'Agriculture fut l'objet constant de ses travaux. *Rozier* a été tué par une bombe au siège de Lyon; c'est à cette ville, qui l'a vu naître, d'éterniser, par un monument, sa mémoire. Le préfet *Caffarelli*, qui vient d'en élever un à *Olivier de Serres* à Villeneuve de Berg, la patrie de ce célèbre agronome, donne à Lyon un exemple qui ne peut manquer d'être imité.

Ce sont encore les propriétaires faisant valoir leurs domaines qui ont eu la plus grande part à la naturalisation des moutons espagnols en France : sans cesse auprès de leurs troupeaux, ils l'observent à chaque instant du jour et tous les jours de l'année. C'est ainsi qu'a perfectionné M. *de Barbançois*, à Vilpongis, département de l'Indre, un superbe troupeau de race pure, et sans doute l'un des plus anciens que possède la France, puisqu'il a été formé en 1776. Il a pratiqué le premier l'inoculattion de la clavelée, et prouvé que les bêtes à laine sont par ce moyen préservées pour toute leur vie de la plus désastreuse maladie qu'elles aient à redouter. Combien de troupeaux que ce salutaire et courageux exemple a déjà garantis !

N'en doutons pas, on parviendra un jour à découvrir des préservatifs aussi efficaces, non seulement des autres maladies des moutons, mais encore de toutes celles qui affectent les animaux domestiques, et sur-tout les épizooties qui occasionnent souvent d'affreux ravages avant qu'il soit possible d'opposer contre ce fléau le moindre secours: si ce ne sont pas des propriétaires cultivateurs comme M. Barbançois qui en fassent la découverte, on doit être assuré qu'ils en feront du moins les premiers essais, et les propageront, quels que soient les sacrifices et les travaux auxquels il faudra se livrer.

Le département du Cher offre encore un exemple de ce que peut la persévérance courageuse d'un propriétaire instruit résidant habituellement sur son domaine. On verra à la Périsse un autre troupeau de mérinos créé en 1781 et continué depuis vingt-sept ans sans interruption, composé de plus de cinq cents bêtes, et émule de celui de Rambouillet. La société d'Agriculture de Paris, la société d'encouragement pour l'industrie nationale, se sont empressées de décerner des médailles à son propriétaire, M. *Lamerville*, et ces témoignages honorables sont beaucoup aux yeux d'un homme qui compte l'estime publique pour une partie de son revenu. Le sommaire des principes généraux que tout cultivateur doit pratiquer pour la propagation de la race des mérinos qu'il vient de publier est terminé par un paragraphe fait pour honorer le cœur de l'auteur et bien digne de figurer ici : « C'est à « ma respectable épouse que j'ai dû en mon absence une « grande partie de mes succès; c'est avec les produits de « cet établissement que j'ai élevé mes enfans, embelli et « fécondé ma propriété. J'invite tous les cultivateurs à me

« surpasser, et j'applaudirai de tout mon cœur à leurs
« succès. »

Tandis que ces propriétaires s'occupoient, à l'ouest de
la France, d'améliorer les laines, ceux du midi brûloient
de les imiter ; mais ils n'avoient pas de quoi commencer
des troupeaux de race pure *Gilbert* se disposa à aller en
Espagne, en vertu d'un article secret du traité de Bâle ,
chercher un certain nombre de mérinos pour leur en
procurer les moyens ; il crut devoir visiter sur sa route les
pâturages, les bergeries et les propriétaires qui faisoient
valoir : la position de M. *Villelle* fut l'une de celles qui lui
parut la plus avantageuse pour y établir un troupeau. Cet
agronome distingué, pour perpétuer sa gratitude ainsi
que ses regrets, et rappeler à ses enfans que c'est à la visite
que *Gilbert* a faite à leur père qu'ils doivent la naturalisation du troupeau dont ils profiteront un jour, vient de
lui consacrer dans sa terre à Morviller, près de Toulouse,
un monument aussi simple qu'expressif.

A la vérité, le plus beau monument qu'on puisse élever
à la gloire de *Gilbert*, c'est de rassembler tous ses matériaux
épars, de les réunir et de les publier sous un titre conforme au caractère de son auteur. Un pareil devoir ne
sauroit être mieux rempli que par les professeurs chargés
d'enseigner l'art dont il a cherché à agrandir le domaine.

O *Gilbert !* nom également cher à l'amitié et doulou-
reux à mon souvenir, tu marqueras par-tout où l'on a pu
te posséder ; l'Institut de France a laissé long-temps va-
cante la place où tu siégeois : on te redemande au sein de
ta famille par d'éternels regrets ; tu vivras à jamais dans
nos cœurs.

L'éducation, la conservation, la multiplication des animaux domestiques mieux appréciées, ont fait sentir la nécessité des écoles vétérinaires , depuis sur-tout qu'on
attache à ces institutions modernes des professeurs choisis
par le concours, qu'une chaire d'économie rurale a été
créée, que des règlemens sages ont tracé les devoirs des
maîtres et des élèves, qu'enfin il y a un jury d'examen
composé d'hommes d'un mérite reconnu, qui ne négligent
aucun moyen d'instruction pour procurer à la France
des artistes dignes de la confiance publique.

Mais comment parler des secours que ces écoles ont

déjà rendus à l'Agriculture, dont elles sont les compagnes inséparables, sans prononcer le nom de l'homme de génie qui leur a donné l'existence et est parvenu à discréditer cette opinion favorite qui, même du temps de *Vegece*, établissoit pour les maladies des bestiaux la même théorie et le même traitement curatif que pour les maladies de l'espèce humaine?

L'ouverture du premier cours des écoles vétérinaires se fit à Lyon le premier janvier 1762, sous le ministère de *Bertin*, fondateur également des sociétés d'Agriculture; époque mémorable qu'on devroit, comme l'a si judicieusement observé le sénateur *François de Neufchâteau*, célébrer annuellement dans les institutions de ce genre.

Professeur aussi savant qu'il étoit jurisconsulte éclairé, *Bourgelat* marquera dans les siècles à venir pour avoir beaucoup contribué à donner à l'art vétérinaire ( qui vient après la médecine, puisque les animaux domestiques viennent après l'homme ) tout l'éclat dont il brille aujourd'hui.

Cependant, malgré les écrits de quelques philosophes modernes, cet art n'a pu s'affranchir encore des abus de la polypharmacie. Qui n'est effrayé à la vue de cet étalage de formules compliquées, enfans de l'ignorance, qui mettent à contribution les productions des deux mondes, comme s'il s'agissoit dans le traitement des maladies des animaux domestiques de satisfaire à l'imagination? On ne peut trop se récrier contre ce fatras galénique qui, confondant tant d'objets de nature et de propriétés opposées, forment des mélanges capables de déconcerter l'homme le plus habile dans l'art de formuler.

Il n'est donc plus permis de tenir ce langage, que le premier des poëtes comiques a si ingénieusement ridiculisé, en assignant à chacun des ingrédiens dont est composée la formule l'organe qui doit le recevoir, la région qu'il a à parcourir, et l'effet particulier qu'il doit opérer dans l'économie animale. Il en est des formules de médicamens, suivant la remarque du célèbre *Vicq d'Azir*, comme de celles de nos arrêtés et de nos lois : toutes portent l'empreinte du siècle qui les dicta. Quel siècle, en effet, que celui où les auteurs entassoient leurs recettes dans d'énormes compilations, et prétendoient communiquer toutes les vertus à leurs remèdes, en y faisant entrer toutes les drogues !

Instruit des vices de son plan d'enseignement, *Bourgelat* se préparoit à y mettre la dernière main et à perfectionner son propre ouvrage, lorsqu'une mort prématurée vint le frapper au milieu de ses vastes conceptions. L'école, qui perdoit son fondateur, auroit eu besoin de le conserver au-delà du terme prescrit à notre frêle existence ; elle l'auroit souhaité immortel, mais la mort ravit tout.

C'est aux artistes vétérinaires, appelés à faire revivre les *Bourgelat*, les *Flandrin*, les *Gilbert*, dont les écrits donnent une idée de ce qu'ils auroient pu faire pour les progrès des sciences, s'ils n'eussent été arrêtés au milieu de leur honorable carrière; c'est à eux spécialement qu'il appartient de donner l'impulsion vers l'éducation des troupeaux et le perfectionnement des races, de mettre les propriétaires à l'abri de ces hommes téméraires qui, dans les épizooties, courent les campagnes désolées comme les oiseaux carnassiers suivent les armées, et font payer cher à leurs crédules habitans les espérances illusoires dont ils les flattent dans ces momens de crise; c'est à eux à leur faire bien entendre que rien n'est plus nécessaire au maintien de la santé et de la vigueur des animaux domestiques que les bons traitemens dont on use envers eux; qu'ils méritent bien, ces amis de l'homme, qu'on paie de quelques soins les peines que nos besoins leur imposent.

Avouons-le : à peine jouissent-ils dans certains cantons des bienfaits de l'hospitalité ! Une mauvaise cabane, une misérable étable, une écurie basse, étroite et obscure, où ils sont ridiculement entassés : voilà les demeures ou plutôt les prisons que nous leur réservons en échange des services qu'ils nous rendent journellement.

En les expatriant, nous les avons éloignés de la nature, nous les avons assujettis par conséquent aux accidens et aux maladies étrangères à la condition sauvage. Il est donc de notre devoir de les faire participer aux avantages que nous a procurés l'organisation sociale.

Combien n'est-il pas agréable pour leur conducteur de trouver, au retour des champs, un lit commode pour dormir à l'aise durant la nuit ! Qu'ils se persuadent donc que les animaux domestiques associés à leurs travaux sont aussi de la famille; que, comme eux, harassés de fatigue, ils n'ont pas moins besoin de goûter le repos dont ils sentent également les douceurs. Quoi ! nous leur demandons le courage, la patience, une sorte d'attachement à leurs maîtres; nous leur supposons de l'instinct, et même de l'intelligence, et nous nous refusons de croire qu'ils sont doués d'une sensibilité qui s'irrite contre la rigueur et qui sait apprécier la bonté ! Ah ! s'ils n'étoient pas susceptibles de reconnoissance, nous pourrions nous en prendre à nous-mêmes, qui leur donnons tous les jours des preuves de notre ingratitude; mais revenons à l'Agriculture.

Dénués de lumières pour apprendre les nouvelles méthodes, de moyens pour les tenter, de secours pour les suivre, la plupart des cultivateurs sont persuadés qu'on ne peut tirer un grand parti d'une exploitation qu'en suivant la marche pénible et tracée par ses pères; mais l'homme qui vient habiter son domaine, qui, après avoir étudié les principes de l'art agricole, parcourt la carrière bien plus rapidement, si aux moyens pratiques il joint la lecture des meilleurs écrits, et que, sans nulle prétention pour son opinion particulière, sans enthousiasme pour les nouveautés, il rende témoins de ce qu'il entreprend les fermiers les plus raisonnables du voisinage, et avant que de les engager à renoncer à leur méthode, qu'il s'assure bien si celle qu'ils suivent n'est pas plutôt susceptible de modifications que de réformes.

Il convient d'observer la nature et de ne la contrarier jamais; car s'il y a des principes généraux de l'art, il y a aussi des méthodes bonnes pour certains pays et qui ne peuvent convenir à d'autres; mais la manie ordinaire est de tout généraliser.

Lorsqu'on est animé du désir assurément très louable d'éclairer l'homme des champs par la communication de ce qu'on a fait d'utile dans le même canton à diverses reprises et avec un succès soutenu, il faut d'abord se mettre dans sa position, s'exprimer dans le langage qui lui est le plus familier, et avant de lui dire vaguement, *défrichez, défoncez, arrachez, semez, plantez* des cantons entiers, examiner si ce qu'on lui propose n'exige pas trop d'embarras, de travail et de frais; si les ressources locales rendent praticables de pareilles entreprises; enfin, si elles ne sont pas au-dessus de leurs moyens; sans cette précaution essentielle, l'objet est absolument manqué, et, au lieu de répandre la lumière sur les méthodes les mieux éprouvées, on ne fait que multiplier les préjugés des bons villageois, toujours trop disposés à se précipiter devant l'erreur, et toujours trop lents à l'abandonner. Tout est facile dans le cabinet la plume à la main; derrière la charrue les choses changent de face.

Propriétaires, qui que vous soyez, voulez-vous être heureux ? venez fréquemment sur vos terres imiter les hommes recommandables que j'ai signalés à l'estime publique; venez vivifier le pays par vos largesses, éclairer les habitans par des conseils, les enrichir par les exemples, et répandre autour de vous l'instruction et des secours; tandis qu'ils vous auront pour voisins, ils seront assurés d'être dans leur vieillesse et leurs infirmités à l'abri du besoin; cette perspective consolante de n'être pas délaissés à la fin de leur carrière ajoutera à leur courage : vous deviendrez d'âge en âge l'objet de leurs entretiens; ils vous loueront comme on loue au village, c'est-à-dire que leurs discours seront l'expression de leur cœur; ils raconteront à l'envi l'histoire de vos soins généreux; de quelle manière vous avez fait relever une cabane que le possesseur n'avoit pas le moyen de réparer; comment vous avez donné à l'un des bestiaux pour remplacer ceux qui lui avoient été enlevés par une épizootie; à l'autre un terrain pour l'empêcher de déserter le canton qui l'a vu naître, et le mettre en état de nourrir sa famille, que des travaux assidus ne pouvoient arracher à la misère. Tous vos bienfaits, toutes vos bonnes actions, en un mot, seront répétées avec transport. Quelle plus douce satisfaction, en parcourant les champs qu'on a rendus prospères et florissans, de pouvoir se dire à soi même :

Par-tout en ce moment on me bénit, on m'aime ;
Je vois par-tout les cœurs voler à mon passage.

Qu'il me soit permis, en terminant, de rappeler un conseil que dans mon économie rurale et domestique donnoit, d'après *Rozier*, il y a vingt ans, à ses vassaux, la

Dame du château, devenue la bonne fermière, que je fais parler et agir dans cet ouvrage :

Pères de famille, qui vous occupez d'avance de l'intérêt de vos enfants et qui aimez votre patrie, bordez de haies vives la lisière de vos héritages; vos moissons seront plus en sûreté contre la fureur des vents et la voracité des animaux. Indépendamment des avantages qui résulteront pour vos récoltes, vous y trouverez le bois nécessaire à votre chauffage, aux réparations de vos bâtiments ou à faire des instruments aratoires : construisez peu, mais plantez, plantez toujours; les fruits augmenteront vos ressources et les feuilles serviront ou de nourriture pour les troupeaux pendant l'hiver, ou d'engrais pour les terres. N'oubliez jamais que les clôtures sont, de tous les perfectionnemens que puisse recevoir l'Agriculture, celui qui est le plus favorable à sa prospérité; qu'elles sont tout à la fois l'ornement des champs et l'une des sources les plus fécondes des améliorations dont le sol est susceptible.

(PARMENTIER.)

# NOUVEAU
# COURS COMPLET
## D'AGRICULTURE.

### A B A

**A**BAISSEMENT DES HANCHES ET DE LA CROUPE.
Médecine vétérinaire. L'expérience a prouvé qu'au moment
où un cheval bien constitué passe du repos à l'exercice, il rejette
la masse de son corps sur sa partie postérieure, ce qui la fait baisser d'un à deux pouces. Cet abaissement est donc un indice de
sa vigueur et de sa force. Tout acquéreur qui veut n'être point
trompé sur le service qu'il attend d'un cheval doit donner une
grande attention à ce mouvement, et pour cela faire partir l'a-
nimal au trot sur un terrain plat. Plus cet abaissement est considérable, et plus on peut être assuré que le cheval qui l'offre
remplira bien les services qu'on en attend. *Voyez* au mot CHE-
VAL. (B.)

ABAISSER UNE BRANCHE. C'est la couper. *Voyez* au mot
TAILLE.

ABATTEMENT. Médecine vétérinaire. État des animaux
qui précède ou accompagne la plupart de leurs maladies.
Comme cet état est un symptôme qui disparoît ou s'aggrave
avec ces maladies, il n'a pas besoin d'être l'objet d'un traitement particulier. Je voudrois seulement faire observer aux cultivateurs que parcequ'un verre de vin, des alimens plus abondans ou plus substantiels raniment la force d'un cheval qui
est abattu par l'excès de la fatigue ou du manque de nourriture, il ne s'ensuit pas qu'il faille gorger de vin et de nourriture tous les animaux affoiblis, car souvent c'est au contraire
un régime rafraîchissant qui leur convient. Les soins mal enten-
dus font périr plus d'animaux domestiques, comme ils font
périr plus d'hommes, que les maladies mêmes. (B.)

**ABATTIS.** Se dit de la coupe d'un Bois ou d'une Forêt. *Voyez ces mots*

**ABATTRE UN CHEVAL**, ou le renverser par terre. Médecine vétérinaire. Choisir le lieu où l'on veut faire tomber l'animal, examiner s'il est bien plat et uni, ensuite le couvrir d'une ou de deux bottes de paille, sont les premiers soins à avoir. Si l'animal tombe sur un corps trop dur, ou sur quelque éminence, il peut se blesser; et quand même cela n'arriveroit pas, il convient qu'il soit mollement étendu. Au paturon de chaque jambe on attache une entrave de cuir garnie de sa boucle pour la fixer, et d'un anneau de fer pour y passer la corde, comme on le dira dans la suite. La boucle et l'anneau doivent être en dehors. Un aide tient une longue corde, en fixé un bout à l'anneau du paturon de devant, passe la même corde dans les deux anneaux de derrière, la ramène dans l'anneau de la jambe de devant, et enfin dans le premier anneau : alors, tirant subitement cette corde, les quatre jambes se rapprochent, et l'animal tombe, n'ayant plus de véritable point d'appui. Aussitôt un autre aide se jette sur son cou, le saisit par la crinière, tandis qu'un second le saisit par la queue pour l'empêcher de se relever. Ce travail a lieu toutes les fois que l'animal doit subir une opération chirurgicale, ou longue, ou douloureuse, ou lorsqu'il est difficile de le ferrer sans danger.

On dit aussi *abattre un cheval*, pour le tuer en lui ouvrant l'aorte au moyen d'un couteau qu'on lui plonge dans le poitrail, ou en l'assommant d'un coup de massue entre les deux oreilles. (R.)

**ABATTRE L'EAU.** C'est faire tomber, au moyen d'une vieille lame de couteau, ou d'un morceau de vieille faux, ou de tout autre instrument, la sueur qui découle d'un cheval qui vient de travailler, ou l'eau qui est restée sur lui au sortir d'une rivière ou d'un étang. Cette opération est fort avantageuse, en ce qu'elle accélère la dessication du corps de l'animal et s'oppose aux dangereux effets de la répercussion de la sueur ou la suppression de la transpiration. *Voyez* au mot Cheval. (B.)

**ABAT FOIN.** Trou par lequel on jette dans l'écurie le foin déposé dans le grenier qui est au-dessus.

Le service des abats foin est très commode, mais il a des inconvéniens graves pour la santé des animaux. 1° En jetant le foin il en sort une quantité de poussière qui affecte péniblement les yeux et la gorge des animaux, et qui salit leur peau. 2° Les émanations de ces mêmes animaux, et encore plus du fumier qui croupit souvent sous leurs pieds, s'élevant par ce trou dans le grenier, altèrent la qualité du fourrage, et peuvent donner lieu à des maladies graves. Il faut donc, si on veut en avoir, les placer dans un coin de l'écurie, au-dessus d'un assemblage de planches bien jointes, qui, formant une espèce de cabinet, empêché la poussière de se répandre et les émanations de s'élever. (B.)

ABATTRE DU PIED. Médecine vétérinaire. Opération de maréchalerie qui consiste à raccourcir la paroi de l'ongle du cheval, lorsqu'elle s'est trop étendue par le défaut d'usure. Les chevaux qui travaillent dans les terres grasses, qui paissent dans les prairies, qui ne font rien, qu'on ferre fort rarement, sont souvent dans ce cas. En général on pratique cette opération, plus ou moins, toutes les fois qu'on met un nouveau fer à un cheval; mais quelquefois on l'exagère. S'il est nuisible que le pied d'un cheval soit trop large et encore plus trop long, il l'est bien davantage qu'il soit trop étroit et trop court. (B.)

ABCÈS. Amas de pus renfermé dans le lieu où il s'est formé.

La plupart des abcès étant le résultat d'une inflammation locale, c'est au mot Inflammation qu'il doit être traité de leurs causes.

Les abcès peuvent se former dans toutes les parties susceptibles d'être enflammées, ce qui les divise en deux sortes, les internes et les externes. Les internes ne sont pas toujours faciles à reconnoître dans l'homme et encore moins dans les animaux; mais on peut être presque sûr qu'une tumeur externe en contient un lorsqu'elle cède sous le doigt, que la peau est devenue blanchâtre, et que les poils se sont hérissés.

Lorsque les abcès sont considérables, l'inflammation l'est également, et la fièvre survient. Dans ce cas l'eau blanche acidulée par le vinaigre ou l'eau nitrée sont convenables, et si la fièvre ne diminue pas par suite de leur usage, il faut avoir recours à la saignée. Voilà pour le traitement intérieur.

Des cataplasmes faits avec la farine ou la mie de pain bien divisée, à laquelle on peut ajouter le safran, la pulpe de l'oignon de lys blanc, la verveine, la pariétaire, toutes les espèces de mauves, les épinards, l'arroche, le seneçon, ou telles autres herbes émollientes, seront appliquées sur l'animal, et soutenues par des bandages et ligatures analogues à la partie sur laquelle l'abcès se manifeste. *Voyez* le mot Bandage.

Si au contraire vous employez les médicamens huileux ou les onguens qui ont pour base l'huile ou le beurre, ou les graisses, ou la cire, vous ne tarderez pas à voir paroître une suppuration trop abondante, un pus de mauvaise qualité, la plaie résultante de l'abcès avoir la plus grande peine à se cicatriser, et quelquefois la gangrène succéder à l'inflammation. Tel est l'effet mécanique et nécessaire de l'application des corps gras et huileux, et la cause de l'opiniâtreté des plaies les plus simples à se cicatriser. Cette assertion paroîtra pour le moment un paradoxe à la multitude, puisqu'elle est diamétralement opposée à la pratique ordinaire de ceux qui se livrent à l'art de guérir; cependant nous osons promettre de le porter jusqu'à la démonstration en traitant le mot ONGUENT. *Voyez* ce mot.

Si la suppuration est lente à se former, si l'inflammation, moyen dont la nature se sert pour établir la suppuration, traîne, languit, on doit alors rendre les cataplasmes plus actifs, plus pourrissans, afin que l'abcès aboutisse. Le levain de la pâte, et sur-tout de la pâte de seigle, la graine de moutarde réduite en poudre et incorporée avec la fiente de pigeon ou de vache, produiront de bons effets.

On peut encore employer utilement des substances gommo-résineuses, telles que la gomme ammoniac, le *bdellium*, le *sagapenum*, mises en solution par le vin, et unies aux oignons cuits sous la cendre, aux savons, etc.

A ces remèdes extérieurs, il convient d'unir les remèdes intérieurs pour ranimer les forces de l'animal. La thériaque seule ou délayée par l'eau, dans laquelle on aura fait bouillir des plantes, telles que les racines de scorsonère, de bardanne et des feuilles de chardon béni, de scabieuse, etc, sera appliquée convenablement.

Il se présente une troisième circonstance dans les différens abcès sur laquelle il est important de s'arrêter. Lorsque l'abcès se forme aux endroits chargés de graisse, ou sous de gros muscles, ou sous de fortes membranes, les maturatifs ou pourissans dont on vient de parler seront insuffisans pour attirer la suppuration au-dehors. Si on n'emploie pas des moyens plus prompts, plus efficaces, le pus fait des fusées, s'ouvre des routes dans le tissu cellulaire, y établit des clapiers, et les progrès du mal augmentent visiblement chaque jour. L'art fournit des ressources puissantes, et la prudence exige leur application aussitôt qu'on connoît le véritable siège du mal. Elles se réduisent à trois; savoir, les caustiques, le cautère actuel et l'instrument tranchant. Le précipité rouge avec le sublimé corrosif, la pierre à cautère, la pierre infernale, le beurre d'antimoine, sont les caustiques les plus renommés. Le cautère actuel est celui qui s'exécute par le moyen des boutons de feu. L'action des premiers est lente et douloureuse, et celle de la seconde est simplement douloureuse. Le cautère actuel est sur-tout préférable aux caustiques, lorsqu'il faut découvrir un abcès dans un endroit où l'instrument tranchant arrive avec peine, ou lorsque la plaie se referme presqu'aussitôt qu'on l'a retiré. Le grand avantage du cautère actuel est de former une escarre considérable qui maintient l'ouverture de la plaie, et donne un libre écoulement au pus. L'instrument tranchant est d'une grande utilité; la douleur qu'il occasionne est moins vive que celle des deux moyens cités, et son action est plus directe et plus prompte.

Lorsqu'on plonge le fer dans le foyer de l'abcès, lorsque l'abcès est ouvert dans toute sa largeur, alors on introduit le doigt dans sa cavité ; et si des brides forment des cellules, des cloisons, et pour ainsi dire autant de sacs d'abcès séparés, il convient de les couper avec les ciseaux ou avec le bistouri. Un praticien attentif accompagnera et conduira la pointe du fer avec l'extrémité du doigt, dans la crainte d'attaquer ou de couper quelque partie qui ne seroit pas une bride. C'est une délicatesse ou une retenue déplacée de s'astreindre à faire de petites ouvertures. La coupure est seulement une plaie simple que la nature guérit sans le secours de l'art, et l'ouverture trop étroite ne laisse pas au pus un passage suffisant, et oblige souvent d'en faire de nouvelles.

Il arrive des cas où les contre-ouvertures sont d'une nécessité absolue. Quelquefois la position de l'abcès ne permet pas de donner l'issue que l'on désireroit ; d'autrefois à cause des poches ou sacs dans lesquels le pus séjourne, s'accumule et produit des ravages affreux. Dans ce cas, la contre-ouverture sera pratiquée sur l'endroit où la pente entraîne naturellement le pus, et même on en pratiquera plusieurs, si le besoin l'exige. Cette opération est à tous égards préférable aux bandages expulsifs, aux injections, etc., qui, le plus souvent, ne servent qu'à faire traîner le mal en longueur.

Lorsque l'abcès est ouvert, le premier point est, 1° de faire écouler le pus en pressant légèrement sur les deux côtés des lèvres de la plaie. 2° D'essuyer l'ulcère avec de la filasse de chanvre bien cardée, bien douce et très propre ; de changer les bourdonnets faits avec cette filasse, jusqu'à ce que l'ulcère soit convenablement desséché. 3° De garnir la cavité de l'ulcère avec des bourdonnets ou plumasseaux de la même filasse douce, fine et mollette. Ces plumasseaux absorberont le pus à mesure qu'il se forme dans l'ulcère, et l'empêcheront de ronger les chairs. 4° Lorsque les cavités en sont garnies, il faut appliquer par-dessus des plumasseaux épais, trempés dans une décoction de plante vulnéraire (*voyez* ce mot) légèrement aiguisée par un peu de sel marin. 5° Retenir ces plumasseaux par des compresses à plusieurs doubles et fortement imbibées de cette décoction vulnéraire. 6° Les tenir assujetties par un bandage convenable. 7° Avoir soin de les humecter plusieurs fois par jour sans déranger l'appareil. 8° Panser l'animal seulement une fois par jour, et laisser le moins qu'il sera possible la plaie exposée à l'action de l'air, enlever les bourdonnets, les plumasseaux, dessécher l'ulcère, et le bien nettoyer avec la décoction vulnéraire. 9° A mesure que le fond de l'ulcère se rétrécit, diminuer le volume des bourdonnets, et dans aucun cas ne forcer pour les faire entrer, ni en employer de trop gros, parcequ'ils soulèveroient et tirailleroient trop les chairs. 10° S'il survient des chairs baveuses sur les bords de la plaie, il suffit de les toucher avec le vitriol ou avec la pierre infernale, et d'augmenter la dose de sel de cuisine dans la décoction ; on peut même y ajouter un peu d'eau-de-vie. Si au contraire les bords de la plaie sont trop enflammés, durs, calleux, les décoctions des plantes émollientes seront très utiles.

Les maréchaux emploient communément les onguens digestifs pour le pansement des ulcères. Je crois qu'il est très possible de s'en passer et de simplifier la méthode curative, puisqu'en me servant de celle que je viens d'indiquer, j'ai obtenu le même succès qu'eux. *Voyez* Javart, Taupe, Phlegmon, Ulcère, Farcin, Œdème, qui sont des espèces d'abcès. (R.)

ABEILLE. *Apis.* Insecte du plus grand intérêt pour le cultivateur, et dont les mœurs ont de tout temps excité l'admiration de ceux qui les ont étudiés. Que de merveilles, que d'industrie, que d'exemples pour la société humaine on trouve en lui ! Que de richesses un particulier, un pays peuvent en retirer ! Cependant la conduite des abeilles, à très peu d'exceptions près, est par-tout livrée à l'impéritie. Il semble même qu'un véritable vertige ait frappé la plupart des propriétaires de ruches, puisque, d'une extrémité de l'Europe à l'autre, malgré la masse énorme des ouvrages qu'on a publiés pour les éclairer, ils continuent toujours à faire mourir les abeilles pour s'emparer de leurs provisions. Et moi aussi je veux défendre les abeilles, que toute ma vie j'ai aimées avec passion, qui m'ont fait passer des momens si agréables, qui m'ont distrait de tant de chagrins, à l'époque sur-tout où, proscrit, je vivois dans les solitudes de la forêt de Montmorency, et je voyois mes vertueux amis tomber sous la hache révolutionnaire. J'entreprends donc ici de présenter rapidement, sous un cadre un peu différent de ceux de mes prédécesseurs dans la même carrière, les résultats de leurs recherches et ceux de ma propre expérience. Heureux si mon travail peut ramener quelques possesseurs de ruches aux vrais principes qui doivent guider dans leur conduite, et déterminer quelques propriétaires, jusqu'alors insensibles aux avantages que présentent les abeilles, à se livrer aux spéculations qui les ont pour objet. Je n'imiterai point certains écrivains qui ont plutôt fait le roman des abeilles que leur histoire, et, au risque de paroître froid à quelques lecteurs, j'emploierai les expressions les plus simples, j'irai au but par le plus court chemin ; car mon objet n'est pas d'amuser, mais d'instruire : je suis persuadé qu'un style amphatique n'est pas celui qui convient dans les ouvrages de science, et encore moins dans ceux qui traitent des procédés de l'agriculture.

Il est un grand nombre d'espèces d'abeilles pour les natura-

Pl. I. T. 1. Page 6.

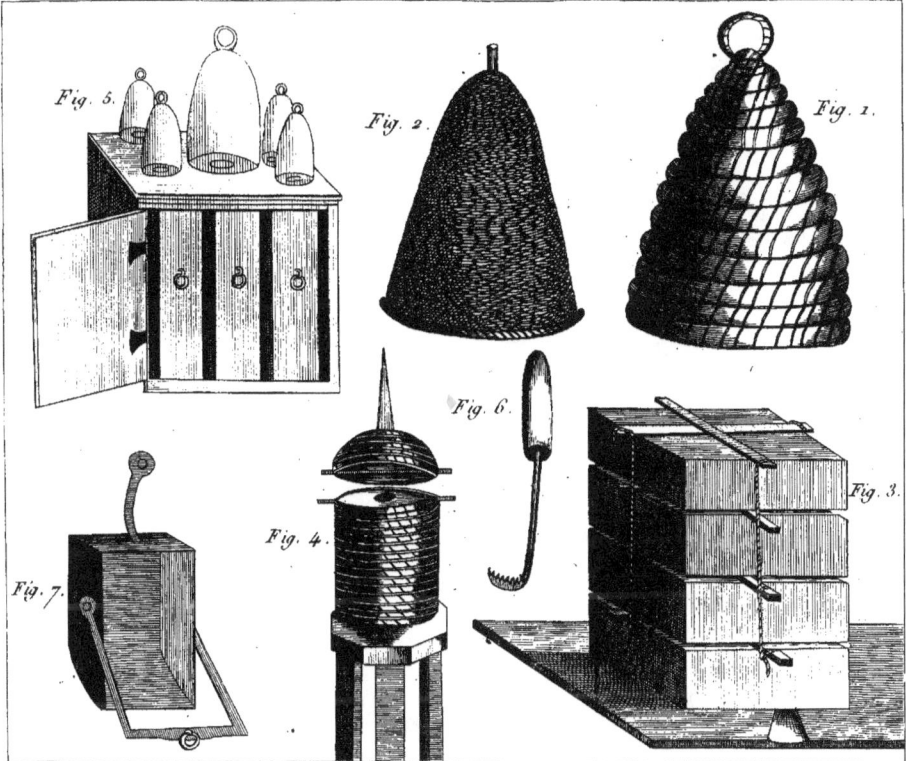

Fig. 5.

Fig. 2.

Fig. 1.

Fig. 6.

Fig. 3.

Fig. 4.

Fig. 7.

Deseve del et Dir.t

*Fig. 6. Coupe -Asperge .*     *Abeilles (Ruches )*     *Fig. 7.t Ravale .?.*

listes ; mais les cultivateurs d'Europe n'ont intérêt de connoître que celle qu'on a nommée *Abeille domestique*, ou improprement *Mouche à miel*. C'est un insecte de l'ordre des Hymenoptères, d'environ six lignes de long sur deux de diamètre, de couleur brune, et chargé de longs poils sur presque toutes les parties ; sa tête est déprimée, presque triangulaire ; elle porte, 1° deux yeux à réseaux ovales, situés sur ses côtés, et trois petits yeux lisses sur son sommet ; 2° deux antennes brisées, de douze ou treize articles ; 3° les instrumens du manger, ou les organes qui accompagnent la bouche ; organes importans à connoître, et parceque c'est d'après eux qu'on a établi le caractère du genre, et parcequ'ils servent à pomper le miel et à façonner la cire. On y remarque donc une lèvre supérieure très apparente, deux fortes mandibules, quatre palpes, deux mâchoires et une lèvre inférieure très longue, qui, réunis, forment une trompe ou langue fléchie en dessous de deux pièces très courtes. Toutes ces parties sont fort bien figurées pl. 27 et 28 du mémoire de Réaumur sur les parties extérieures des abeilles, inséré dans le cinquième vol. de son ouvrage sur les insectes ; mémoire auquel je renvoie les lecteurs qui désireroient de plus grands détails sur cette partie des abeilles. Le corselet, auquel la tête et l'abdomen ou le ventre tiennent par des filets très minces et très courts, est presque globuleux. A sa partie supérieure et postérieure sont insérées, de chaque côté, deux ailes inégales transparentes, et à sa partie inférieure sont attachées six pattes divisées en trois parties, dont la dernière, qu'on appelle le tarse, est subdivisée en cinq articles, et terminée par deux crochets.

L'abdomen, ou le ventre des abeilles, est oval, allongé, et composé de six segmens, ou mieux recouvert de six bandes écailleuses d'inégale largeur, et diminuant de diamètre à mesure qu'elles s'éloignent du corselet. Il renferme, à sa partie antérieure, deux estomacs ; le premier, très près du corselet, ne contient jamais que du miel : les enfans, qui prennent des grosses abeilles, appelées BOURDONS, uniquement dans l'intention de manger ce miel, le connoissent fort bien ; le second, qui n'est séparé du premier, dont il semble n'être qu'une continuation, que par un tuyau très court, est cylindrique, très musculeux ; il ne contient jamais que de la cire, ainsi que Swammerdam et Réaumur l'ont prouvé par de nombreuses dissections. Ces deux estomacs sont susceptibles de contraction comme ceux des animaux qui ruminent ; ils renvoient à la bouche la matière dont ils sont remplis. Cette organisation, que Réaumur sur-tout a si bien fait connoître, auroit dû mettre sur la voie de la véritable source d'où les abeilles tirent la cire ; mais on étoit tellement aveuglé par l'opinion généralement admise, que ce célèbre phy-sicien lui-même n'a pas su en tirer la conséquence la plus naturelle, c'est-à-dire que la cire n'étoit que du miel altéré par la digestion dans l'estomac des abeilles.

Les abeilles rendent la cire par la bouche et par des organes particuliers qui sont placés sous les anneaux postérieurs de leur abdomen. Cette observation de Schirac et de Réaumur est très importante, et je crois à sa réalité ; mais il ne m'a jamais été possible de la vérifier d'une manière complète, quelque soin que j'y aie mis.

Au-dessous du dernier estomac sont placés et les intestins et l'aiguillon, et les muscles qui le meuvent. Cet aiguillon, dont le mécanisme est si merveilleux, est composé de deux filets très grêles, renfermés dans un étui ou gaîne, composé de deux lames, pourvues chacune de dix dents dont la pointe est dirigée en arrière, assemblées par le moyen d'une languette qui est reçue dans une coulisse ou rainure. A mesure que l'aiguillon est dardé, les deux pièces qui lui servent de fourreau s'en écartent. Les dentelures qu'elles portent entrent dans la chair, et servent de point d'appui aux efforts que fait l'abeille pour les enfoncer plus avant ; mais aussi, lorsqu'il s'agit de retirer l'aiguillon, les dentelures sont un obstacle qu'elle ne peut vaincre qu'à force de précautions, et qui font que, presque toujours, elle est forcée de le laisser dans la plaie avec une partie de son abdomen, comme il est peu de personnes qui n'aient été à portée de le remarquer, ce qui occasionne nécessairement sa mort. L'aiguillon des abeilles sert de conduit à une liqueur acide, à un véritable poison, qui donne immanquablement la mort aux insectes et autres petits animaux, et qui fait beaucoup souffrir l'homme.

Ainsi l'abeille est presque entièrement recouverte d'une cuirasse comme les guerriers du moyen âge, et pourvue d'une arme offensive, ce qui indique qu'elle est destinée à être attaquée et qu'elle doit se défendre. En effet, les abeilles ont un grand nombre d'ennemis parmi les autres insectes, et se livrent souvent entre elles des combats, soit partiels, soit généraux. Ce n'est qu'au défaut des articulations de leur ventre, au point d'attache de leurs ailes au filet qui joint leur tête à leur corselet, et à celui qui joint leur corselet à leur ventre, qu'elles sont vulnérables pour les insectes à aiguillon ; aussi les combats qui ont lieu entre elles sont-ils ordinairement fort longs et souvent sans résultats.

Il y a dans chaque ruche, au printemps, trois espèces d'abeilles. Une femelle unique, grosse et longue, armée d'un aiguillon, chargée de propager l'espèce ; un certain nombre de mâles, gros et courts, sans aiguillon, destinés à féconder les femelles à l'époque de l'essaimage ; une grande quantité de mulets plus petits et armés d'un aiguillon. Je dis au printemps, parcequ'au milieu de l'été, lorsqu'il n'y a plus d'essaims à sortir, les mâles sont tous mis à mort par les mulets, comme il sera dit plus bas.

Les agronomes de l'antiquité n'ont point ignoré l'existence de ces trois sortes d'abeilles ; mais ils se sont mépris très grossièrement sur leur destination. Voyant qu'il y avoit un ordre admirable dans la société des abeilles et un seul individu différent des autres, ils ont supposé que cet individu étoit un roi, dont les mâles étoient les gardes, et les mulets les sujets. Beaucoup de romans plus ingénieux et plus agréables les uns que les autres, qu'on disoit être l'histoire naturelle des abeilles, ont été rédigés d'après ces notions, dont il étoit si facile de reconnoître la fausseté par l'observation.

Les naturalistes modernes, quoique guidés par les vrais principes, ont été long-temps avant de se faire une idée précise de la destination de ces trois sortes d'abeilles, et des moyens par lesquels chacune concouroit au but de l'association. On a écrit à ce sujet des ouvrages sans nombre, qu'un volume suffiroit à peine pour faire connoître par extrait. Parmi ceux qu'on doit distinguer, se trouvent, au premier rang, ceux de l'infatigable Réaumur, la gloire de la France dans le siècle dernier, parceque, doué d'un bon esprit et du talent de l'observation, il a su voir. Il a fait plus, il a su avouer qu'il n'avoit pas tout vu. Si je faisois ici l'historique de la science des abeilles, je devrois faire connoître la marche qu'il a suivie dans son travail, et indiquer les découvertes dont nous lui sommes redevables; mais la nécessité de me restreindre m'oblige à en profiter sans les détailler. Il en sera de même du complément à ce travail et à ces découvertes qu'a donné Hubert de Genève, que j'aurai souvent occasion de citer dans le cours de cet article.

Il est très aisé de distinguer l'abeille femelle de toutes les autres, lors de la saison de la ponte, à la longueur de son corps et à la petitesse de ses ailes; mais avant sa fécondation elle ne diffère des mulets que par un peu plus de grosseur. L'augmentation qu'elle acquiert alors et qu'elle conserve en partie, même pendant l'hiver, provient de la grande quantité d'œufs dont son ventre est rempli. Swammerdam en a fait l'anatomie. Il résulte de ses observations qu'elle a deux ovaires allongés, composés d'un grand nombre d'*oviductus*, ou sacs contenant des œufs, très difficiles à séparer les uns des autres. Ce naturaliste a compté plus de six cents de ces oviductus dans une seule femelle, et dans chacun il a distingué seize à dix - sept œufs, ce qui fait au moins cinq mille œufs visibles. Dans la partie supérieure des oviductus sont de petits canaux dans lesquels on remarque encore des œufs à demi formés, et chaque ovaire se termine en un canal qui aboutit à l'anus, et qui se renfle avant d'y arriver.

C'est par-là que sortent les œufs ; mais ils s'arrêtent, avant la ponte, dans le renflement indiqué pour y recevoir une matière gluante, fournie par une glande voisine, qui sert à les attacher au fond de l'alvéole.

On a été, jusqu'à ces dernières années, dans l'ignorance absolue de la manière dont les femelles abeilles étoient fécondées. Les expériences que Réaumur a tentées pour jeter quelque lumière sur ce fait n'ont produit aucun résultat satisfaisant. Combien de systèmes ont été imaginés, de suppositions ont été admises, de fausses observations ont été annoncées sur cet objet ? Enfin Hubert a pris la nature sur le fait. Il a reconnu que la mère abeille étoit fécondée dans l'air ; c'est-à-dire que, cinq à six jours après sa naissance, elle sortoit de la ruche vers midi, époque de la journée où les mâles en sortent également, et qu'elle revenoit, ordinairement quelques heures après, avec les organes de la génération du mâle attachés à son anus. Lorsqu'elle ne trouve pas de mâle à sa première sortie, elle en fait une seconde, une troisième, et plus s'il est nécessaire ; mais cela est rare, la sage nature ayant multiplié les mâles outre mesure ( environ 2000 ) dans chaque ruche, pour que la femelle en trouve plus certainement dans l'air lorsqu'elle en a besoin, et ne les faisant sortir de la ruche qu'au milieu du jour.

On a également beaucoup rédigé de romans pour nous apprendre pourquoi et comment il se faisoit qu'il n'y avoit jamais qu'une femelle dans chaque ruche. A la première question l'homme sage ne pourra certainement jamais répondre ; car il n'y a que les ignorans ou les fous qui rendent raison des causes finales. A la seconde je dirai avec Hubert, d'après l'observation, que la nature a employé pour moyen les femelles mêmes. En effet, il résulte des expériences de cet écrivain que toutes les fois qu'on introduit une femelle, vierge ou non, dans une ruche où il y en a déjà une, elles se battent jusqu'à ce qu'une des deux soit tuée, et que jamais les mulets ne se mêlent de la querelle. Ce fait, il l'a vérifié un grand nombre de fois, et je l'ai répété à deux époques différentes. Il n'est, par conséquent, point douteux pour moi.

Mais, dira-t-on, si la nature a donné tant d'antipathie aux femelles d'abeilles les unes pour les autres, comment se fait-il qu'il y en ait souvent plusieurs, et au moins deux, à l'époque de la sortie d'un essaim ? Encore une suprême sagesse de la nature : c'est que les mulets les empêchent de sortir des alvéoles, où elles sont nées, jusqu'au moment de la sortie des essaims, et qu'ils empêchent en même temps la femelle qui leur a donné naissance d'approcher de ces mêmes alvéoles. Hubert a reconnu que ces mulets les nourrissoient souvent plus de quinze jours par un très petit trou fait au couvercle de leur alvéole, et les empêchoient d'en sortir, soit par la violence, soit en recouvrant ce couvercle de nouvelle cire à mesure qu'elles le détruisoient intérieurement. Une preuve nouvelle que ces mulets combinent leurs intentions, c'est que, lorsque l'époque des essaims est passée, elles abandonnent ces femelles prisonnières, et que leur mère vient aussitôt les tuer d'un coup d'aiguillon, à travers le trou par lequel on leur donnoit à manger. Elles ne sont pas plutôt mortes que leur alvéole est démolie, et que leur cadavre est emporté au loin.

Il reste encore à savoir si la femelle est fécondée tous les ans, ou si elle ne l'est qu'une fois en sa vie. En général tous les insectes ne le sont qu'une fois; mais la plupart aussi ne vivent qu'un an, ou mieux une petite partie d'un an, et l'abeille vit au moins six ans. Hubert a cherché à éclaircir cette question par la seule voie convenable, l'expérience; mais comme on ne peut pas toujours tenir une ruche fermée, ni examiner continuellement ce qui s'y passe, ce qu'il a observé n'est pas concluant. Il est cependant d'opinion qu'une seule fécondation suffit.

Une remarque tirée de la manière d'être d'un autre genre d'insecte qui se rapproche beaucoup des abeilles, des fourmis, appuie l'opinion d'Hubert. En effet les femelles des fourmis, qui ne s'accouplent également que dans l'air, perdent leurs ailes peu après être retournées à la fourmilière. Elles ne peuvent donc être fécondées deux fois.

On a quelquefois cherché à savoir combien une abeille femelle pondoit d'œufs en un an, et on en a évalué le nombre à soixante mille. Cela est possible et même probable, d'après la population moyenne des ruches, et d'après ce que Swammerdam nous a appris; mais on ne peut cependant se dissimuler que les expériences et les calculs sur lesquels on a établi ce résultat ne sont rien moins que concluans.

Hubert s'est assuré que si une femelle n'est pas fécondée dans les vingt-deux premiers jours après sa naissance, elle ne peut plus, lorsqu'elle l'a été, que pondre des œufs de mâles. Que de réflexions peut appeler cette observation que je n'ai pas répétée, mais dont j'ai pu juger les résultats à mes dépens, ayant eu deux ou trois fois des femelles dans ce cas!

M. Ducarne de Blangis, à qui on doit de très bons travaux sur les abeilles, remarque que dans les climats froids on pourroit profiter de ce fait pour avoir des mâles de bonne heure, et par conséquent faire des essaims artificiels bien long-temps avant les naturels. *Voyez* Annales d'Agriculture, tom. 8.

Le mâle d'abeille commune, qu'on appelle généralement *faux Bourdon*, diffère des deux autres sortes non seulement par sa grosseur, plus considérable, comme je l'ai déjà dit, mais encore par beaucoup de ses parties; sa tête est plus arrondie, ses yeux sont plus grands, ses mandibules et ses mâchoires plus courtes, son corselet est plus couvert de poils, sa dernière paire de pattes n'a pas de palette; son abdomen est plus cylindrique, dépourvu d'aiguillon, et terminé par les organes de la génération qu'on rend saillans en le pressant.

Swammerdam a aussi porté ses recherches anatomiques sur ces organes, et en a donné de fort bonnes figures : j'y renvoie le lecteur qui désireroit les connoître en détail.

Les abeilles mâles sont au nombre de 15 à 18 cents et même deux mille, dans chaque ruche, pendant la saison des essaims, après quoi ils sont tous tués sans rémission, de sorte qu'on n'en trouve pas un seul en hiver.

L'ABEILLE MULET OU NEUTRE, plus communément nommée *Abeille ouvrière*, est, comme je l'ai déjà dit, plus petite que le mâle et que la femelle. Elle est armée, ainsi que cette dernière, d'un aiguillon; mais il est moins long. Comme c'est sur elle que reposent tous les travaux, la nature lui a donné des organes plus parfaits pour les exécuter; ainsi ses mandibules et ses mâchoires sont plus fortes, ses palpes plus dilatés, ses lèvres, qu'on appelle généralement la trompe ou la langue, sont plus longues, et de plus fortifiées par deux écailles situées à leur base. Ces lèvres agissent simultanément et semblent un seul tuyau flexible dont l'extrémité lèche ou lappe la liqueur miellée. Cette sorte d'abeille, qui n'a point de sexe, et qui est exclusivement chargée de la récolte du miel, de la fabrication des gâteaux, de la nourriture des larves ou couvain, qui semble n'exister que pour la communauté, à l'intérêt de laquelle elle se sacrifie au plus petit danger, a de tout temps puissamment excité l'attention des observateurs de la nature. On n'a pu concevoir sa production si éloignée en apparence des lois générales, on n'a pu deviner le but de son existence; aussi a-t-elle été, encore plus que l'abeille femelle, l'objet d'écrits ou de suppositions plus ou moins ingénieuses, plus ou moins agréablement rédigées, qui tenoient lieu de la vérité.

Cette vérité, Schirac l'avoit entrevue, et Hubert l'a mise dans tout son jour. *Les abeilles ouvrières ne sont que des abeilles femelles avortées pour avoir été placées, en état de larve, dans des alvéoles trop étroites, et pour avoir été nourries avec moins d'abondance et de délicatesse.*

La découverte d'Hubert, aussi importante pour la physiologie animale que pour la conduite économique des abeilles, est fondée sur un grand nombre d'expériences dont la plupart ont été répétées par moi depuis quinze ans que je possède des *ruches à la Hubert*, ruches dont je parlerai plus bas, et sans lesquelles on ne peut pas faire de bonnes observations sur les abeilles.

Hubert donc a transformé des larves, d'abord destinées à devenir des mulets, en femelles, et des larves destinées à devenir des femelles en mulets, uniquement en les changeant d'alvéoles. Ce qu'il a fait sans consulter les abeilles, et pour ainsi dire à leur insçu, les mulets le font toutes les fois qu'ils perdent leur femelle dans le temps de la ponte. Il suffit qu'il y ait des œufs ou des larves de mulet qui aient moins de trois jours, pour qu'en agrandissant leur cellule, et les nourrissant plus abondamment, elles les transforment en femelles susceptibles d'être fécondées. Ce résultat, je l'ai obtenu à volonté plus de vingt fois depuis que je possède des ruches à la Hubert, et je l'ai fait produire peut-être plus de cinquante en tuant des femelles, sans le vouloir, lorsque j'opérois pour vérifier d'autres expériences. On voit par-là que, dès le troisième jour de la naissance d'une larve femelle, gênée dans son développement et mal nourrie, ses organes sont déjà assez oblitérés pour ne plus pouvoir être ramenés à leur état naturel. Cependant la théorie dit qu'il est possible que ces organes, quoique devenus forcément plus petits, ne s'oblitèrent pas toujours complètement; et en effet, tous les auteurs qui ont écrit sur les abeilles parlent de petites femelles qui remplacent quelquefois les grandes, ainsi que de petits mâles. Ces derniers sont sans doute ceux dont les larves ont été élevées par inadvertance dans les loges d'ouvrières.

Si un accident fait périr la mère abeille, pendant la ponte des œufs des mâles, trois jours après qu'elle est commencée, la ruche est perdue, parceque les ouvrières n'ont pas encore de couvain de femelle, et qu'elles ne peuvent plus transformer une larve d'ouvrières en larve de mère abeille. Ces ouvrières continuent d'élever le couvain qu'elles ont en éducation, et abandonnent ensuite la ruche pour se réunir aux autres.

Mais revenons à l'organisation de l'abeille mulet. Son corps est couvert de poils penniformes ; c'est à la troisième paire de pattes que se trouve la pièce triangulaire aplatie, un peu excavée, bordée de poils, qu'on nomme *la palette*, et qui est destinée à recevoir le pollen ou la poussière des étamines des fleurs, poussière qu'on a cru long-temps destinée à fabriquer la cire, mais qui ne sert, comme l'a encore prouvé Hubert, qu'à la nourriture des larves. La quatrième pièce des première et seconde paire de pattes est pourvue de longs poils paralèles, en forme de vergette, qui servent à l'abeille pour enlever de dessus son corps la poussière des étamines qui s'y est arrêtée entre les poils; poussière qu'elle sait réunir au moyen de la cinquième paire de pattes, et accumuler sur les palettes dont il vient d'être question.

Les abeilles mulet, que dorénavant je n'appellerai plus qu'*abeilles ouvrières*, sont, comme je l'ai déjà rapporté, seules chargées de tout le travail. Ce sont elles qui vont chercher fort loin les matériaux pour leur nourriture et celle des larves; qui donnent à manger à ces dernières; qui bâtissent ce nombre prodigieux de cellules dans lesquelles sont placées leurs provisions d'hiver, et dans lesquelles sont élevées la progéniture de la femelle; qui nettoient ces cellules à mesure que les abeilles qui y ont été élevées en sont sorties; qui enlèvent tous les cadavres, toutes les ordures qui infecteroient leur demeure; enfin, qui veillent nuit et jour à la sûreté de la société.

Les résultats que je viens d'énumérer suffisent pour diriger la conduite du rucher le plus nombreux. Ils guideront plus sûrement l'agronome que la plupart des volumineux ouvrages qu'on est dans l'usage de consulter, parcequ'ils reposent sur des bases certaines, et non sur une théorie mensongère ou sur une pratique moutonnière; mais pour compléter ce qu'il convient de savoir sur cet objet, je vais rapporter ce qui se passe dans une ruche dans le courant d'une année, ensuite j'indiquerai les diverses espèces de ruches, la manière de les construire, de les placer, d'y introduire les abeilles, de les diriger, de récolter les essaims naturels, d'en faire d'artificiels, de récolter le miel, la cire, de les préparer pour les mettre dans le commerce, etc.

Toutes les abeilles ouvrières travaillent alternativement dans la campagne à ramasser le pollen des étamines et le miel du nectaire des fleurs, et dans la ruche, à les employer pour l'avantage commun. Au printemps, elles sont dehors toute la journée; mais en été elles rentrent à l'heure où la chaleur commence à se faire vivement sentir. Elles restent au logis pendant les jours froids et pluvieux. Comme c'est le matin que la plupart des fleurs s'épanouissent, c'est aussi le matin qu'elles font leurs plus abondantes provisions. On les voit alors, lorsqu'elles veulent ramasser du pollen, se poser sur les fleurs, en parcourir toutes les parties, briser avec leurs mandibules les capsules des anthères, pour en faire sortir plus promptement la poussière fécondante, s'en charger le corps, la ramasser ensuite avec les brosses des pattes antérieures, la rassembler sur les palettes des pattes postérieures, voler sur une autre fleur, y recommencer les mêmes opérations, le tout avec une rapidité d'action dont on ne se fait pas d'idée quand on ne l'a pas vu. Ce n'est pas sans raison que les poëtes ont donné à l'abeille l'épithète de diligente, car elle ne perd pas un des instans qu'elle peut employer. Dès qu'une abeille est suffisamment chargée, elle retourne à la ruche, où ses compagnes s'empressent de la débarrasser de son fardeau, pour l'employer sur-le-champ, ou le déposer dans les alvéoles, afin de s'en servir au besoin.

On voit souvent des abeilles se donner réciproquement à manger, se défendre les unes et les autres contre leurs ennemis, secourir celles qui se noient, chercher à soulager ou à consoler celles qui sont blessées. Personne n'ignore avec quel courage elles attaquent l'homme qui les provoque. Aucun danger ne les effraient, et elles semblent même aller au-devant de la mort. Toutes ces excellentes qualités morales les ont rendues l'objet de l'amour des ames sensibles. J'ai vu des personnes tellement enthousiastes d'elles, qu'elles s'attendrissoient à leur aspect par le souvenir de ce qu'elles leur avoient vu faire, ou de ce qu'elles avoient lu de leurs mœurs.

Beaucoup d'agriculteurs ignorent que les abeilles, en butinant sur les fleurs, outre les produits qu'elles en retirent, et dont ils doivent en partie profiter, favorisent la fécondation des germes, et assurent par conséquent la récolte des fruits. La nature, qui n'a rien fait en vain, et qui a toujours su combiner ses moyens de manière à les rendre réciproquement utiles les uns aux autres, a voulu que l'abeille, en déchirant les capsules qui renferment les poussières fécondantes, facilitât la dispersion de ces poussières, qu'elle les portât même sur le pistil, non seulement de la fleur à laquelle elles appartiennent, mais même des autres fleurs du même pied ou de pieds différens. Cette grande fonction est d'une telle importance pour l'agriculture, que ses avantages l'emportent bien des millions de fois à mon avis sur ceux qu'on retire du miel et de la cire. Je développerai cela ailleurs. Que penser donc de ces hommes qui mettent du miel empoisonné autour de leurs champs de sarrasin pour détruire les abeilles, qu'ils accusent d'empêcher cette plante de grainer ? Ce fait je l'ai vu, je l'ai d'abord attribué à la méchanceté, mais j'ai appris qu'il était le produit de l'ignorance.

Le pollen, ainsi que Fourcroy l'a prouvé, contient de l'acide malique, des phosphates de chaux et de magnésie, une sorte de gélatine animale, une matière glutineuse ou albumineuse sèche. Les abeilles l'emploient, non à fabriquer de la cire, mais, comme l'a fait voir Hubert fils, à la nourriture de leurs larves, après l'avoir mêlé avec du miel, et lui avoir fait subir une préparation dans leur estomac. Lorsqu'elles en ont trop, elles le déposent dans des alvéoles où il paroît qu'il s'altère bientôt de manière à ne plus servir. Ce pollen ainsi dénaturé s'appelle *rouget*, de sa couleur la plus habituelle. Il rend à jamais inutiles les alvéoles où il se trouve, et porte dans le miel un principe d'âcreté et d'amertume qu'il est fort difficile de lui faire perdre. Il est des années où il se produit beaucoup plus de ce rouget ; mais on n'en a pas cherché la cause. Son abondance diminue beaucoup la valeur des ruches, et est une des causes qui obligent les abeilles à les abandonner; c'est même la plus prompte ainsi que j'ai eu lieu de m'en assurer.

Lorsque la saison de la ponte est passée, c'est-à-dire en septembre, on ne voit plus les abeilles apporter du pollen dans la ruche. Ce fait auroit dû mettre sur la voie du véritable usage qu'elles en font; sans doute on a cru qu'alors elles ne travailloient plus en cire, et en effet, depuis cette époque jusqu'aux froids, elles ne s'occupent exclusivement qu'à ramasser du miel et à l'accumuler dans leurs alvéoles.

On a eu, avant la découverte d'Hubert fils, quelqu'idée confuse du véritable usage du pollen, car les anciens le nommoient *l'ambroisie des abeilles*, et le miel *leur nectar*. Pline dit positivement qu'elles s'en nourrissent lorsqu'elles travaillent. Dans le nord de la France et en Hollande on l'appelle vulgairement *le pain des abeilles*. La consommation qu'elles en font est prodigieuse. Il résulte, des observations et des calculs de Réaumur, que certaines ruches en ramassent souvent plus d'une livre par jour dans le temps du plus fort travail. Aussi combien de bouches à nourrir! Aussi combien il est abondant dans la nature! Il est certaines plantes, principalement dans la famille des renonculacées, des papaveracées, des hypéricoides, des malvacées, des tilacées, des cistoides, des rosacées, des amentacées, etc. etc., qui en fournissent sur-tout immensément.

La récolte du miel se fait plus tranquillement que celle du pollen, parcequ'elle demande plus de temps, et que les abeilles craignent d'en perdre la plus petite portion. On les voit alors entrer de préférence dans les fleurs à corolle monopétale, parce que ce sont celles qui en fournissent le plus.

Le miel est une sécrétion des végétaux qui se fait ordinairement par de petites glandes, tantôt saillantes, tantôt excavées, que les botanistes ont appelées *nectaires*. Elle est plus ou moins abondante, selon la chaleur de la saison combinée avec son humidité. Dans les années pluvieuses, elle est trop aqueuse, et dans les années sèches, il n'y en a presque pas, de sorte que ces deux circonstances nuisent également aux abeilles, les empêchent de faire d'abondantes provisions, sont la cause la plus commune des grandes mortalités de l'hiver.

Il est certain que les abeilles font subir une altération au miel dans leur estomac avant de le déposer dans leurs alvéoles; mais cette altération n'est pas assez considérable pour lui faire perdre totalement les qualités qu'il avoit dans la fleur même, ainsi qu'on le verra plus bas, lorsqu'il sera question de celui qu'on met dans le commerce.

De même elles lui en font éprouver une bien plus considérable lorsque, comme je l'ai dit plus haut, elles se transforment en cire, qui sort, en partie, sous forme écumeuse de leur bouche, en partie sous forme lamelleuse d'entre les derniers anneaux de leur abdomen, d'après l'observation de Schirac. Au surplus, puisque toutes les circonstances de cette opération sont encore inconnues, vouloir entreprendre de l'expliquer en ce moment seroit trop hasardeux. C'est de l'observation que naît la véritable lumière, et j'aime toujours mieux attendre de nouveaux faits que de m'exposer à propager une erreur. Il suffira de dire ici qu'il y a du miel blanc, du miel jaune et du miel rouge. Au reste, je reviendrai sur cette matière à l'article de la récolte du miel.

D'après les belles expériences de Proust, le miel contient une sorte de sucre différent de celui de la canne, et se rapprochant de celui des raisins. On l'obtient par le moyen de l'alcohol. Il est probable, comme le remarque encore le célèbre chimiste précité, que le miel syrupeux doit donner des produits différens du miel granuleux. Au reste, on manque encore de données positives sur ces objets.

Le miel fait par les abeilles que j'avois renfermées avec du sucre blanc m'a paru moins syrupeux que celui recueilli dans les campagnes; cependant il avoit le goût de ce dernier. Hubert fils rapporte que celui provenant de cassonnade conserve mieux ce goût, et est plus abondant que celui fourni par le sucre raffiné.

Le miel retient facilement l'odeur qu'on veut lui transmettre. Il suffit de le mettre en contact avec les plantes ou parties de plantes qui en contiennent. C'est ainsi qu'on peut se procurer du miel à la rose, à la fleur d'orange, au jasmin, etc.

Mais ce n'est pas seulement dans le calice des fleurs qu'il se produit du miel; quelques fruits, tels que les abricots, les raisins, les figues, etc., en fournissent, soit directement, soit indirectement aux abeilles. Elles en retirent aussi en grande abondance du *miélat*, c'est-à-dire de cette transudation sucrée qui a lieu tous les ans, mais plus ou moins, des feuilles et des jeunes branches de la plupart des plantes, et sur-tout des arbres, au commencement de l'été. L'année dernière (1806) a été sur-tout remarquable par l'immense quantité de ce miélat qui s'est fait voir sur les érables, les frênes, les tilleuls, les maronniers, etc.; aussi les ruches ont-elles été extrèmement bien fournies de provisions.

C'est toujours dans la partie supérieure de la ruche que les abeilles déposent le miel, et indifféremment dans les alvéoles d'ouvrières et de mâles. Il y est retenu d'abord par la cohésion de ses parties entre elles, et contre les parois de ces alvéoles, par l'inclinaison de l'axe de ces dernières, ensuite, lorsqu'elles sont complètement remplies, par un couvercle convexe mis sur chacune. Ce couvercle, qui est en cire, ne s'ouvre plus qu'au moment de la consommation. Ce n'est point pour s'opposer aux vols qu'elles en agissent ainsi, mais pour empêcher la perte produite par l'évaporation et l'altération que causeroit la chaleur intérieure de la ruche. L'eau est nécessaire aux abeilles pour le succès de leurs travaux. Sans doute qu'elle leur sert à rendre plus fluide le miel qui ne l'est pas assez. Il est toujours utile d'en tenir à la proximité des ruches, ne fût-ce que pour éviter aux abeilles des courses inutiles, et les empêcher de se noyer dans les rivières et les étangs ; mais il faut que cette eau soit toujours pure, car celle qui est corrompue les fait promptement mourir. M. Lombard propose de semer du cresson dans cette eau, tant pour l'entretenir saine, que pour leur faciliter les moyens de boire, sans danger, en se posant sur ses feuilles ; et certes on ne peut mieux faire que de suivre les avis de cet estimable et zélé ami des abeilles dans tout ce qui intéresse leur conservation.

La femelle, ou reine, ou *mère abeille*, que j'appellerai dorénavant de ce dernier nom, n'étant fécondée qu'une fois en sa vie, est toujours prête à faire des œufs. Elle cesse de pondre en automne, parceque la nature lui a indiqué que les larves qui en proviendroient ne pourroient pas être nourries avec le pollen des fleurs, ou épuiseroient rapidement la provision de miel réservée pour la famille déjà existante, et elle ne peut pas pondre pendant l'hiver, époque où elle est engourdie par le froid ; mais dès que le temps s'est radouci, que quelques fleurs, telles que le noisetier, l'aune, la drabe, la paquerette, le pissenlit, et autres plantes printannières fleurissent, elle recommence à le faire. Ces premières pontes ne deviennent abondantes, dans le climat de Paris, que lorsque le saule marsault développe ses chatons ; la mère abeille les augmente graduellement, selon la chaleur ou la fraîcheur des jours, jusqu'au maximum, qui varie selon la grandeur de la ruche et la quantité d'abeilles qu'elle contient ; car il faut qu'il y ait, et il y a toujours, une proportion exacte entre le nombre des larves et le nombre des ouvrières qui doivent les nourrir.

Ce n'est pas tout ; la mère abeille commence à pondre, par la même raison, des œufs d'ouvrières, et ne s'arrête que lorsqu'elle juge que sa société est assez nombreuse pour se partager ( cela arrive au bout de deux mois ), puis elle pond des œufs de mâles en certain nombre, et ensuite quelques œufs de femelle : rarement elle se trompe d'alvéole, c'est-à-dire qu'elle dépose exactement dans ceux construits pour les mâles un œuf qui donnera un mâle, et dans les autres celui d'où naîtra une femelle ou une ouvrière. L'esprit se perd dans la considération des moyens dont elle peut être pourvue pour remplir cet objet. Quelques observateurs, à la tête desquels est M. Riem, prétendent que la mère abeille dépose ses œufs indifféremment dans toutes les alvéoles, et que ce sont les abeilles ouvrières qui les placent dans celles qui leur conviennent ; mais j'ai lieu de croire que les choses se passent comme Réaumur l'a décrit, que c'est la femelle qui choisit l'alvéole qui convient à sa progéniture.

Avant de déposer son œuf, la mère abeille entre dans l'alvéole la tête la première, comme pour examiner si tout est bien disposé, et lorsqu'elle l'a jugé bon, elle y introduit son ventre et y dépose un œuf qui reste collé à l'angle supérieur de son fond, par le moyen de l'humeur visqueuse que Swammerdam a reconnu dans le voisinage des ovaires. Un instant suffit pour cette opération, et elle n'est pas plutôt terminée qu'elle en recommence une semblable, et cela plusieurs centaines de fois dans une seule journée du printemps. Quand elle est pressée, et que les cellules ne sont pas toutes terminées, elle place plusieurs œufs dans la même alvéole, et laisse aux ouvrières le soin de les transporter chacun dans une autre. Cela a lieu principalement, au rapport de Réaumur, quand un essaim est nouvellement logé dans une ruche.

Les œufs des abeilles sont ovales, allongés, un peu courbés, d'un blanc bleuâtre, et d'environ une ligne de long. Ils éclosent par la seule chaleur de la ruche, chaleur souvent très considérable et toujours au-dessus de celle de l'atmosphère, en six, cinq, quatre et trois jours, selon l'intensité de cette chaleur.

La larve de l'abeille est un ver sans pieds, tout blanc, ridé circulairement, et toujours contourné sur lui-même au fond de sa cellule. Elle se donne fort peu de mouvement. Il est probable qu'elle change de peau, comme les larves de la plupart des insectes ; mais on n'a pas observé, du moins que je sache, cette opération que les ouvrières accélèrent sans doute, et dont elles emportent au loin les témoins. L'aliment avec lequel on les nourrit est une espèce de bouillie assez épaisse, dont la qualité est variée selon l'âge du ver. Au commencement elle est blanche et insipide ; elle a un goût de miel lorsque le ver est plus avancé ; au terme de sa métamorphose, c'est une gelée transparente et fort sucrée. Tout le fond de la cellule est couvert de cette bouillie sur laquelle le ver est couché, de sorte qu'il n'a qu'à ouvrir la bouche. Les abeilles ouvrières soignent ces vers avec l'affection la plus tendre, sont sans cesse occupées à les pourvoir de nourriture, les visitent plusieurs fois dans la journée, etc., etc. Elles ont les mêmes attentions pour les vers des faux-bourdons ; mais pour ceux des femelles c'est autre chose. Elles sont aussi prodigues dans les alimens qu'elles leur donnent, que dans la construction des édifices où on les loge. Ils sont toujours entourés d'une abondance considérable de bouillie très sucrée, même lorsqu'ils sont prêts à se transformer en nymphe, ce qu'on remarque n'avoir jamais lieu pour les vers ordinaires.

Mais quelle est cette boullie dont les abeilles ouvrières nourrissent leurs larves? On n'a point eu d'idée positive sur cet objet jusqu'à ces derniers temps, qu'Hubert fils s'est assuré qu'elle étoit composée de miel uni au pollen des étamines altéré par les ouvrières, soit par une espèce de digestion, soit autrement. Cette opinion est principalement fondée sur la nécessité d'expliquer l'usage de la grande quantité de pollen que les abeilles ouvrières apportent chaque jour dans la ruche, et qu'il a prouvé, par un grand nombre d'expériences, positives et négatives, ne pas servir à la composition de la cire, comme on l'avoit cru jusqu'à présent, ainsi que je l'ai déjà dit et que je le dirai encore; mais elle a besoin d'être confirmée par de nouvelles observations plus directes.

Quand la saison est chaude, six jours suffisent au ver pour prendre tout son accroissement. Les abeilles ouvrières, qui connoissent qu'il est au terme de sa métamorphose, cessent de lui apporter de la nourriture, et ferment sa cellule avec un couvercle de cire bombé, et par conséquent différent de celui qui couvre les alvéoles où est renfermé le miel, ce dernier étant plat. C'est dans cette espèce de prison que le ver, après l'avoir tapissée d'un réseau de soie, se change en nymphe.

On appelle nymphe, cet état de mort apparente dans lequel passe la larve de presque tous les insectes, avant de devenir véritablement insecte, c'est-à-dire d'être propre à la génération et de n'avoir plus de métamorphose à subir. La nymphe des abeilles est très blanche, et on distingue à travers sa peau toutes les parties extérieures des abeilles. Dans environ douze jours toutes les parties de son corps acquièrent la consistance qui leur est nécessaire; alors elle commence à déchirer son enveloppe, ronge le couvercle de sa prison, et finit par en sortir.

Il est remarquable que les abeilles ouvrières, qui laissent souvent périr la jeune abeille dans son alvéole, faute de vouloir l'aider à en détruire le couvercle, arrivent en foule autour d'elle dès qu'elle est sortie, et s'empressent de la lécher, de lui donner de la nourriture, de guider ses premiers pas, etc., tandis que plusieurs autres s'occupent à nettoyer sa cellule, et à la mettre en état de recevoir le même jour un nouvel œuf.

Les abeilles mâles et les abeilles femelles sortent de la même manière de leur cellule, excepté que ces dernières y étant souvent retenues depuis plusieurs jours de force, et s'y trouvant plus à l'aise, y ont séché leurs ailes et pris assez de vigueur pour voler sur-le-champ, tandis que l'abeille ouvrière est obligée de passer au moins une nuit dans la ruche avant de pouvoir aller butiner dans la campagne.

On reconnoît une jeune abeille à sa couleur grise et au grand nombre de poils dont elle est pourvue; à mesure qu'elle vieillit, elle perd de ces poils et ils deviennent roux. On a, à diverses fois, tenté de savoir, d'une manière positive, combien les abeilles pouvoient vivre d'années; mais les expériences n'ont jamais donné de résultats certains, parcequ'elles ont un si grand nombre d'ennemis et sont sujettes à tant d'accidens, qu'il est rare qu'elles n'y succombent pas dans le courant de la première ou de la seconde année de leur vie. Leur espèce seroit bientôt anéantie, si leur reproduction n'étoit pas proportionnée à leur destruction. Une ruche est ordinairement peuplée de trente mille individus; or une femelle pond à peu près le même nombre d'œufs dans l'année, ce qui donne une année de-vie aux ouvrières, résultat conforme aux expériences de Réaumur. La mère abeille vit plus long-temps, parceque ne sortant de la ruche qu'une ou deux fois, c'est-à-dire pour se faire féconder et pour conduire un essaim, elle est moins exposée aux accidens. On a étendu la durée de son existence jusqu'à dix ans; mais le vrai est qu'on n'a pas de fait direct qui le prouve.

Comme c'est sur l'existence de la mère abeille que repose la conservation de la société, toutes les abeilles ouvrières sont disposées à se sacrifier pour la sauver, et se sacrifient souvent même à la seule apparence du danger. Elles la mettent au centre du bataillon qu'elles forment lorsqu'elles essaiment; la cachent sous leur corps lorsqu'on va fouiller dans leur ruche, et se laissent toutes tuer sur elle plutôt que de l'abandonner. Cette disposition, connue de tout temps, a donné lieu à maintes comparaisons, toutes au détriment de l'espèce humaine, parceque les moralistes qui les développèrent faisoient abstraction de la différence des circonstances. Et moi aussi je pourrois faire des comparaisons; .... mais je préfère ne pas sortir de mon sujet.

Le dévouement des ouvrières pour la mère abeille peut être utilement employé lorsqu'on veut travailler une ruche; car il ne s'agit que de les mettre dans le cas d'être persuadées que toutes leurs piqûres seroient insuffisantes pour éloigner le danger qui la menace et qu'elles n'ont plus d'autres ressources que de la cacher, pour permettre de faire dans son intérieur toutes les opérations qu'on juge nécessaires, sans craindre leur aiguillon. Depuis trente ans que je possède des abeilles, je les taille, je fais des essaims artificiels, je les tourmente de toutes manières sans masque, sans gants, sans bottes, etc, et très rarement je suis piqué au point d'être obligé de fuir; je dis très rarement, parcequ'il m'est arrivé quelquefois de l'être, soit par des causes qui ne me sont pas connues, soit parceque j'avois mal opéré.

Ainsi, lorsque je veux me rendre maître d'une ruche, j'apporte à son ouverture un chiffon de linge à moitié brûlé encore fumant ( le plus grossier est toujours le meilleur), et j'empêche par ce moyen les abeilles de sortir. Au bout de quelques minutes, je frappe brusquement, et à diverses reprises, sur le sommet de la ruche, et en même temps je la soulève pour faire entrer dessous une plus grande quantité de fumée. Les abeilles, qui s'aperçoivent qu'elles sont les plus foibles, que l'attaque devient inutile pour éloigner l'éminent danger où elles se trouvent, se portent toutes autour de la femelle qui est alors montée au sommet de la ruche, la couvrent de leur corps, ne cherchent plus à piquer, quoiqu'on fasse tout pour les mettre en colère. Je puis même les prendre à poignées, pourvu que je ne les presse pas. Cet état, je l'appelle *état de bruissement*, parcequ'alors toutes celles qui ont le libre usage de leurs ailes, c'est-à-dire qui ne sont pas sous d'autres, s'élèvent sur leurs pattes, redressent leur abdomen, et bruissent de manière à faire croire qu'elles s'excitent mutuellement ou qu'elles consolent leur femelle. C'est à ce signe que je m'assure qu'il n'y a plus de danger pour moi. Cet état dure aussi long-temps qu'on les tourmente, et cesse lorsqu'on leur donne le temps de se reconnoître. Il se produit naturellement dans le premier moment de l'essaimement naturel, sur-tout quand on poursuit l'essaim en jetant sur lui de la terre ou de l'eau; et voilà pourquoi on le fait ordinairement entrer dans la ruche sans être piqué.

Ce mode de se rendre maître des abeilles, avant de les tailler, est bien moins destructif que celui des masques et des gants. Une ruche que je coupois à peu de distance d'une autre, que coupoit un homme masqué et ganté, ne perdit peut-être pas deux cents abeilles, dont aucune par suite de piqûres, et l'autre en perdit plus de deux mille, dont la plus grande partie parcequ'elles avoient laissé leur aiguillon dans les habillemens du coupeur.

Les ouvrières ont les soins les plus empressés pour la mère abeille ; elles lui témoignent une véritable révérence, s'écartent lorsqu'elle passe, l'accompagnent toujours en grand nombre, cessent de travailler et même de manger, ainsi que je le dirai plus bas, lorsqu'elles l'ont perdue, jusqu'à ce qu'elles en aient fait ou qu'on leur en ait donné une autre. Elles ont aussi entre elles les meilleurs procédés. Dans leurs ouvrages elles sont toutes empressées de s'aider mutuellement. Celles qui sont occupées dans l'intérieur attendent les pourvoyeuses, vont à leur rencontre pour les soulager d'une partie de leur fardeau. Celle qui a une provision de miel dans son estomac en dégorge sur la trompe de celle qui a besoin de manger. Elles semblent se caresser avec leur trompe, avec leurs pattes. Une seule est-elle attaquée, beaucoup et souvent toutes volent à son secours.

Mais cette bonne intelligence est quelquefois troublée ; elles se livrent des combats particuliers ou généraux. Il n'est pas facile, comme on se l'imagine bien, de deviner les motifs de ces combats. On a remarqué cependant que ceux seul à seul avoient principalement lieu lorsqu'une abeille étrangère vouloit entrer dans une ruche. Dans ces sortes de combats elles cherchent à se saisir mutuellement avec leurs mandibules, à entrelacer leurs pattes, à trouver le défaut des anneaux, afin d'enfoncer leur aiguillon dans les chairs. Leur principale adresse consiste, à ce qu'il paroît, à se renverser, afin qu'ayant un point d'appui, cet aiguillon puisse agir. Lorsque cela arrive, les deux combattans périssent immanquablement ; mais heureusement qu'elles sont le plus souvent d'égale force, et qu'après s'être pélotées pendant quelque temps, elles s'envolent chacune de leur côté.

On a pu juger, par ce qui a été dit précédemment, que puisqu'il il y avoit trois sortes d'abeilles dans une ruche, il devoit y avoir également trois espèces d'alvéoles : c'est ce qui est en effet. Ces alvéoles sont construites avec de la cire, substance singulière, que créent les abeilles ouvrières, et dont il sera parlé plus bas. La réunion de deux suites d'alvéoles opposées s'appelle un *rayon* ou un *gâteau*.

Les alvéoles les plus nombreuses et les plus petites sont celles des ouvrières. La plus grande partie des gâteaux qui les composent sont toujours au milieu de la ruche, c'est-à-dire que s'il y a huit gâteaux, les quatre du centre seront de cette espèce ; de chaque côté il y en aura un de mâles, et plus loin encore un d'ouvrières. Cette disposition vient de ce que les abeilles ayant d'abord besoin d'ouvrières et ensuite d'un plus grand nombre d'ouvrières, la mère abeille commence par en pondre dans la ruche qui vient de recevoir un essaim, qu'ensuite elle pond des mâles, puis revient aux ouvrières, et que les abeilles se conforment à cette marche dans la construction des alvéoles. Comme ces deux sortes d'alvéoles sont exactement les mêmes, à la grandeur près, ce que je dirai des unes conviendra aux autres.

Les abeilles, dans la construction de leurs alvéoles emploient la forme hexagonale, et disposent le fond d'un des côtés de manière que la pyramide trihèdre surbaissée qui le compose corresponde à trois des alvéoles du côté opposé ; c'est-à-dire que chacun des trois rhombes de ce fond n'est commun qu'à deux alvéoles, ou mieux que le point central de chaque alvéole, est toujours le point de réunion d'un des côtés des trois alvéoles opposes ; de sorte que les alvéoles ont toutes leurs parois exactement de la même épaisseur.

Les alvéoles ne sont point perpendiculaires au plan de leur gâteau. Leurs côtés sont un peu relevés, afin que le miel dont elles doivent être remplies, quelque liquide qu'il soit, ne puisse pas s'écouler, ou que les larves qu'elles doivent recevoir ne puissent pas glisser et tomber à terre. Leur profondeur est communément d'environ cinq lignes, et leur diamètre d'un peu plus de deux; mais lorsque les abeilles ne sont point gênées par l'emplacement, elles font quelquefois plus longues celles qui sont destinées à recevoir le miel; leur épaisseur n'est pas d'un sixième de ligne, mais leur ouverture est fortifiée par un cordon plus solide. Lorsque ces alvéoles servent depuis plusieurs années à recevoir le couvain, elles se rétrécissent et perdent leurs angles par l'accumulation des fourreaux que les larves y ont filés avant de se transformer en nymphes, et qui y restent. Les alvéoles des mâles ont la même hauteur à peu près, mais leur diamètre est plus large.

Quand on considère la régularité qui règne dans l'arrangement des alvéoles, la délicatesse, la solidité et l'économie de matière qui résultent de la forme hexagonale que leur donnent les abeilles ouvrières, on ne peut se défendre d'admirer l'intelligence de ces insectes.

C'est toujours au sommet, et généralement au centre de la ruche, que les abeilles ouvrières commencent leur gâteau. Toutes les fois qu'il y a une saillie à ce sommet, elles y fixent leur première alvéole; s'il s'y trouve un reste d'ancien gâteau, elles le continuent. Cette disposition rend faciles les moyens de les déterminer à donner telle ou telle direction à leurs travaux. Il ne s'agit pour cela que de fixer au sommet de la ruche un petit morceau de gâteau, au moyen de fil de fer ou de crochets de bois. Je dis fil de fer ou crochet, parceque les abeilles coupent le fil et même la ficelle, lorsqu'on s'en sert pour remplir cet objet. Toujours, quand elles ne sont point gênées, elles font le gâteau tout entier de la même sorte de cellules. La perpendicularité de ces gâteaux est toujours, ou presque toujours, parfaite, et leur parallélisme ordinairement régulier. Cependant lorsque quelque cause les y invite, sur-tout lorsqu'on emploie une vieille ruche qui conserve quelques restes d'alvéoles, elles s'écartent d'abord de ce parallélisme, qu'elles cherchent ensuite à retrouver par des constructions intermédiaires.

Un gâteau d'alvéoles est fort léger par lui-même, et n'auroit besoin que d'être foiblement attaché contre les parois de la ruche pour y rester fixé; mais quand sa partie supérieure est remplie de miel, sa partie inférieure de couvain, et que plusieurs milliers d'abeilles se promènent dessus, il pèse ou doit peser douze ou quinze livres. Il lui faut donc des attaches très fortes: c'est ce que savent les abeilles ouvrières; aussi leur donnent-elles contre les parois de la ruche une épaisseur plus considérable par un épatement à rayons, et construisent-elles cette partie avec une cire mêlée de propolis, comme plus solide que la cire simple. Elles ménagent cependant de temps en temps des passages pour aller du côté d'un rayon à l'autre ; quelquefois même elles font aussi de ces passages au milieu des rayons, car elles savent que le temps est ce qu'il faut le plus ménager dans toute société travaillante.

Le premier gâteau arrivé à quelques pouces de longueur, elles en recommencent deux autres, un de chaque côté, et ainsi successivement, de sorte qu'un essaim, au bout de deux ou trois jours, présente toujours, lorsque la ruche est conique, le commencement d'autant de gâteaux d'inégale longueur qu'il devra y en avoir plus tard. Je dis lors que la ruche est conique ; parceque les abeilles épouvantées de la largeur d'une ruche à fond plat, souvent n'y travaillent d'abord que dans un angle, sur-tout quand l'essaim est foible.

C'est toujours par le fond d'une alvéole que les abeilles commencent leur travail, et elles ne prolongent les côtés de ces alvéoles, que petit à petit, et également de chaque côté, afin que l'ensemble soit toujours assez solide pour qu'il n'y ait point de destruction ou d'accidens à craindre par suite du grand nombre d'habitans de la ruche qui passent et repassent dessus. On a observé que les abeilles fabriquoient leurs cellules avec une liqueur mousseuse, une espèce de gelée qu'elles font sortir de leur bouche, et qui ne tarde pas à prendre de la consistance. Il y a lieu de croire que c'est véritablement la cire, quoique quelques observateurs aient prétendu qu'elle ne servoit que de moyen pour la travailler ; la cire selon eux, ainsi que je l'ai dit au commencement de cet article, sortant, sous la forme pulvérulente, de l'intervalle des derniers anneaux de l'abdomen.

La base d'une alvéole, ou mieux d'une grande quantité d'alvéoles, commencée, les abeilles passent à d'autres travaux pour donner le temps à la matière de prendre de la consistance ; ensuite elles reviennnent continuer les premières ou les perfectionner. Ici ce n'est plus la langue qui agit, mais les mandibules, ou les mâchoires. Il leur faut beaucoup de temps pour régulariser leur ouvrage et le polir exactement. Il seroit trop long et inutile de les suivre dans tout le détail de leurs procédés ; je renvoie en conséquence aux ouvrages de Réaumur, et autres, ceux qui en voudroient de plus étendus.

Swammerdam a compté vingt-deux mille cinq cent soixante-quatorze cellules dans une ruche contenant un essaim de l'année mort pendant l'hiver. Cette même ruche en auroit eu le double, si les abeilles eussent vécu encore un an. Tous les auteurs sont d'accord sur ce fait. C'est-à-dire qu'ils estiment qu'une bonne ruche, de deux ans, contient environ cinquante mille alvéoles tant d'ouvrières que de mâles, et six ou huit de femelles.

Les alvéoles des mères abeilles n'ont aucune ressemblance avec celles que je viens de décrire, ni pour la forme ni pour la composition. Autant les ouvrières emploient d'économie de matière et d'espace pour ces dernières, autant elles sont prodigues pour les premières. Il y entre une portion de propolis qui en rend la cire plus compacte. Elles placent quelquefois ces alvéoles au milieu d'un gâteau; mais la plupart du temps ils sont fixés sur le côté des gâteaux qui ne touchent pas les parois de la ruche. Leur position est presque toujours verticale, c'est-à-dire à peu près contraire à celle des autres alvéoles; leur forme ovale oblongue, leur largeur d'un pouce, leur diamètre total de six lignes, et celui de leur cavité de trois. Ainsi leur parois est d'une ligne et demie d'épaisseur, ce qui est bien différent de l'épaisseur des autres alvéoles, comme on peut s'en rappeler. L'intérieur de ces alvéoles est arrondi à son fond et par-tout d'un poli parfait; il rend l'air de la manière la plus complète, aussi est-ce un des meilleurs sifflets qu'on puisse employer. Leur extérieur est raboteux, ou mieux formé par des ébauches de cellules d'ouvrières qui, par leurs arêtes, fortifient encore l'ensemble. Leur poids est égal à celui de cent à cent cinquante alvéoles d'ouvrières.

Jusqu'à ces derniers temps, on a cru que la cire des alvéoles étoit, comme je l'ai déjà remarqué, exclusivement formée avec la poussière fécondante des étamines des fleurs, avec ce que les botanistes appellent le pollen, altéré dans l'estomac des abeilles; mais Duchet, Hunter, Hubert père, et sur-tout Hubert fils, ont prouvé par des expériences positives, expériences que je viens de répéter avec le même succès en présence de la société d'agriculture de Versailles, qu'elle étoit formée avec le principe du sucre. En effet, le dernier a enfermé, ainsi que moi, des abeilles dans une ruche, leur a donné du miel pour nourriture, et elles ont fait de la cire. Il a renfermé d'autres abeilles, encore ainsi que moi, leur a donné du sucre pour nourriture, et elles ont fait de la cire. Il a répété sept fois de suite la même expérience avec les mêmes abeilles, pour qu'on ne puisse pas objecter qu'elles avoient dans leur estomac, comme elles l'ont toujours lorsqu'elles essaiment, les élémens de la cire, et il a constamment eu les mêmes résultats. Il a renfermé des abeilles avec du pollen pris dans des fleurs, ainsi qu'avec celui que les abeilles accumulent quelquefois dans leurs alvéoles, et il n'y a pas eu de cire de produite.

Hubert fils conclut de ces expériences que le pollen ne fournit pas la cire, qu'il ne sert que de supplément à la nourriture des abeilles, et sur-tout de leurs larves pendant le printemps et l'été. Réaumur s'étoit déjà convaincu que les abeilles ouvrières mangeoient ce pollen, et soupçonnoit qu'elles le faisoient entrer dans la pâtée de leurs larves ; mais persuadé, avec tout le monde, qu'il devoit servir à faire exclusivement la cire, il a cru qu'il ne servoit pas à leur nourriture, ou mieux, qu'une très petite portion seule pouvait servir à leur nourriture, et que le reste étoit dégorgé par les ouvrières sous l'état de cire, soit par la bouche, soit par l'anus, soit, comme je l'ai déjà dit, par des pores qu'on croit exister entre les derniers anneaux du ventre ; car chacun de ces trois modes a ses partisans qui disent leur opinion fondée sur des expériences.

Mais quelle est donc la composition de la cire? Les chimistes nous apprennent qu'on doit la considérer comme une huile végétale très oxigénée, mêlée avec une petite quantité d'extrait. Elle fournit, à la distillation, de l'acide sébacique, une huile épaisse, du gaz hydrogène, du gaz acide carbonique et du charbon.

Lorsqu'un essaim d'abeilles entre dans une nouvelle ruche, les ouvrières se partagent, les unes pour commencer la bâtisse des gâteaux, les autres pour en boucher les fentes avec du propolis.

Le propolis est une véritable résine, indissoluble dans l'eau, très dissoluble dans l'esprit de vin, et qui brûle sans s'enflammer en répandant une odeur aromatique. Sa saveur est amère, et sa couleur rouge ou jaune. On varie d'opinion sur son origine. Ceux qui prétendent que les abeilles le ramassent sur les pins, les sapins, les peupliers, les bouleaux et les saules, ne font pas attention qu'il est des cantons où il n'y a aucun de ces arbres, et là cependant les abeilles font aussi du propolis. Quoi qu'il en soit, le propolis coûte beaucoup de temps à ramasser et à mettre en œuvre, ainsi que Réaumur s'en est assuré par des observations positives; mais il remplit parfaitement son objet. Il noircit et se durcit considérablement avec le temps. Son analyse a été faite par Vauquelin.

Non seulement cette résine sert à fermer les ouvertures de la ruche par lesquelles l'eau des pluies pourroit entrer, mais encore elle entre dans la composition de la cire qui sert à fixer les rayons, à former les alvéoles des femelles, et à recouvrir les corps étrangers qui, par leur odeur, pourroient nuire à la santé des abeilles. Ainsi le même Réaumur a vu un *escargot*, qui s'étoit introduit dans une de ses ruches de verre, se trouver fixé le lendemain, par l'ouverture de sa coquille, avec du propolis, de manière à ne pouvoir plus remuer; ainsi Maraldi a vu un *limaçon* qui s'étoit également introduit dans une ruche, et que les abeilles avoient tué, en être complètement entouré.

On se demandera peut-être pourquoi les abeilles ne préfèrent pas la cire au propolis, puisqu'elle rempliroit la plupart du temps le même objet. Il n'est pas facile de répondre à cette question, et j'aime mieux la laisser à décider que de me perdre dans des raisonnemens superflus.

Comme tous les animaux, les abeilles doivent offrir des variétés qui se propagent par la génération; mais comme ces variétés sont d'autant plus nombreuses et d'autant plus saillantes que la domesticité est plus complète, elles ont été peu remarquées. Je n'en ai jamais rencontré qui fussent dans le cas d'être distinguées, quoique les auteurs en aient décrit quatre, que j'aie beaucoup voyagé, et que je sois habitué à observer les insectes. Celle d'Amérique ne diffère pas de celle des environs de Paris. On m'avoit dit autrefois que celles des montagnes de la ci-devant Bourgogne étoient différentes de celle des environs de Paris, ou *petite hollandaise ;* et en effet je me rappelois fort bien que celles du rucher de mon père étoient bien plus méchantes que celles du mien; mais, dans le dernier voyage que j'ai fait dans ces montagnes, je me suis assuré qu'on ne pouvoit les distinguer par des caractères suffisans. Elles sont un peu plus méchantes, parcequ'elles sont moins habituées à la vue des hommes. Celles d'essaims achetés par moi l'étoient beaucoup; mais après les avoir tourmentées pendant quinze jours, elles sont devenues fort douces.

On dit qu'une ruche est forte lorsque sa population est de plus de quarante mille abeilles, qu'elle est foible lorsqu'elle est moindre de vingt mille. Réaumur a trouvé, par expérience, qu'il falloit environ cinq mille trois cent soixante-seize abeilles pour équivaloir à une livre : on peut donc toujours savoir à peu près combien il y a de ces insectes dans un essaim dont on a pesé d'avance la ruche. Pour les ruches anciennes cela devient plus difficile, parcequ'il y a le poids de la ruche, le miel, le couvain, le résidu des dépouilles des nymphes à faire entrer dans les élémens du calcul; mais on acquiert cependant, par l'habitude de peser des ruches et de les voir, le tact propre à éviter des erreurs considérables dans l'approximation de leur population. J'ai entendu dire à une personne qui faisoit, depuis son enfance, le commerce des ruches et de leur produit, qu'il étoit sûr de ne pas se tromper de deux mille dans son estimation, et je n'ai pas lieu de le soupçonner d'exagération. Un autre moyen de juger en gros de la population d'une ruche, c'est de frapper légèrement dessus le soir ou le matin, c'est-à-dire lorsque les abeilles sont toutes rentrées, et de prêter l'oreille au bourdonnement intérieur qui s'y développe. Si la ruche est peuplée, ce bourdonnement est sourd et se renouvelle à diverses reprises; si elle ne l'est pas, ce bourdonnement est aigu et cesse presqu'au même instant. Lorsqu'en levant la ruche on voit son plateau bien propre, et la cire blanche, on peut être assuré de sa bonté et de sa jeunesse. Il est cependant des fripons qui coupent la partie inférieure des gâteaux d'une vieille ruche pour déterminer les abeilles à la reconstruire, et tromper les acquéreurs sur son âge ; mais il ne faut que regarder un peu plus avant pour n'être pas leur dupe. En général, il est toujours bon de connoître le poids de la ruche vide, et de l'indiquer sur son manche, ou sur ses parois, pour pouvoir ensuite apprécier plus exactement la quantité de miel et d'abeilles qu'elle contiendra aux diverses époques de l'année, attendu que cela doit guider dans un grand nombre de circonstances la conduite qu'il faut tenir.

Les ennemis des abeilles sont tellement nombreux, qu'il est extrêmement rare, comme je l'ai observé plus haut, qu'elles échappent plus d'une année à la succession et à la variété de leurs attaques.

Les ours et les blaireaux mangent également, et en même temps, leur couvain et leur miel; mais ces animaux sont trop rares en France pour être cités comme très nuisibles.

Les diverses espèces du genre rat, sur-tout les mulots et les campagnols, en s'introduisant pendant l'hiver dans les ruches mal fabriquées ou détériorées, mangent aussi les abeilles les unes après les autres, et dépeuplent ainsi les plus nombreuses.

Il est un grand nombre d'espèces d'oiseaux qui vivent d'insectes, et il n'y a que les plus petits qui respectent les abeilles. Quelques espèces de faucons, les pie-grièches, les pics, les coucous, les guêpiers et les grosses hirondelles en font sur-tout une grande destruction dans les pays boisés. J'ai vu le grand pic vert attaquer les ruches à force ouverte, c'est-à-dire entrer dedans par un trou qu'il y avoit fait, et en détruire les abeilles en peu de jours. J'ai vu des pie-grièches, principalement la rousse (*lanius rufus*, Lin.), se tenir constamment à la portée des ruches, et vivre presque exclusivement aux dépens des abeilles qui en sortoient ou qui y entroient. Des coups de fusils sont les seuls moyens de les débarrasser de ces ennemis.

Dans leur classe même, c'est-à-dire parmi les insectes, les abeilles trouvent aussi un grand nombre d'ennemis qui en font mourir tous les ans des quantités remarquables.

Les guêpes et les sphex les tuent et les mangent. Il en est de même des grandes libellules. Le philanthe apivore les enterre pour la nourriture des larves qui doivent le reproduire, ainsi que Latreille l'a fait connoître, et comme je l'avois remarqué il y a long-temps. Les araignées les arrêtent dans leurs filets et les sucent. Un ricin ( *acarus gymnopterorum*. Fab.), figuré par Réaumur, vol. 5, pl. 38, n.° 1, 3, se fixe sur leur corps et les fatigue beaucoup.

Deux autres insectes nuisent également beaucoup aux abeilles, en vivant de leur cire; ce sont les teignes de la cire, confondues jusqu'à ces derniers temps par les naturalistes sous le nom de teigne de la cire (*tinea cereana* Linn.) et appelées par Fabricius *gallerie de la cire* et *gallerie des alvéoles*. Elles détruisent très souvent la totalité des gâteaux des vieilles ruches, et forcent les abeilles à les abandonner ou à périr faute de reproduction. Je donnerai leur histoire au mot GALLERIE. Ces deux insectes, véritable fléau des propriétaires de ruches de l'ancienne forme, inquiètent peu ceux qui tiennent leurs abeilles dans des ruches à la Hubert, 1° parcequ'on peut leur donner la chasse à toutes les époques de l'année et du jour; 2° parceque la cire ne restant jamais plus de deux ans dans chaque ruche, elles n'ont pas le temps de se multiplier assez pour devenir réellement nuisibles. Les seuls moyens, non de les détruire, ce qui est presque impossible dans les anciennes sortes de ruches, mais d'en diminuer le nombre, c'est de faire la chasse à leurs larves ou chenilles au moment où elles descendent des rayons pour se changer en nymphe sur les parois inférieurs, et aux insectes parfaits lorsqu'ils volent le soir autour des ruches pour chercher à s'accoupler. Ces deux chasses ont lieu depuis le mois de mars jusqu'au mois d'octobre. Les ruches qui sont exactement lutées sur leur support, et dont la porte est petite, s'en garantissent naturellement beaucoup mieux que celles qui sont ouvertes tout à l'entour.

Les maladies des abeilles se réduisent à quatre; la dysssenterie qui est la suite des temps humides et froids; les indigestions résultantes de l'avidité avec laquelle elles se chargent du miel ou du sucre qu'elles trouvent accumulés; le vertige qui n'a lieu que lorsqu'elles sucent du miel de plantes vénéneuses; le gonflement contre nature, et le changement de couleur des antennes. La première et la dernière se guérissent avec du vin sucré ou de l'eau-de-vie sucrée, et en mettant les ruches dans un lieu sec et aéré. Les deux autres se guérissent d'elles-mêmes.

On a aussi parlé d'une rougeole; mais cette maladie n'est pas bien connue.

Une ruche peut se conserver un grand nombre d'années, quoique ses habitans, comme je l'ai observé ailleurs, se renouvellent tous les ans. M. Duchet, auteur de la *culture des abeilles*, en a conservé 28 ans. J'espère prouver qu'il est nuisible, sous le rapport du produit et même de la multiplication des abeilles, de les conserver plus de deux ans; cependant quelques auteurs pensent le contraire. Il suffit, au reste, à tout homme impartial d'examiner l'intérieur d'une vieille ruche, et de le comparer à celui d'une ruche de l'année, pour être convaincu des inconvéniens de les conserver un long temps.

Les habitans des campagnes redoutent beaucoup les abeilles.

C'est souvent à la seule terreur qu'elles inspirent qu'on doit la conservation des ruches, ou au moins du miel et de la cire qu'elles contiennent. Cette crainte n'est pas sans fondement réel, car on a vu des abeilles irritées se jeter en si grand nombre sur des hommes ou des animaux, qu'elles les ont fait périr par la multitude de leurs blessures. Il est des personnes qu'elles semblent haïr plus que d'autres; celles dont les cheveux sont roux se trouvent, dit-on, plus particulièrement dans ce cas. Je suis assez bien voulu d'elles. L'important, lorsqu'on les approche, c'est de ne pas faire de mouvemens brusques, de ne pas avoir l'air de les craindre, de ne pas souffler sur elles, les toucher lorsqu'elles se sont embarrassées dans les cheveux.

Il est des jours où les abeilles se montrent beaucoup plus méchantes que d'autres; ceux qui sont chauds et disposés à l'orage sont principalement dans ce cas.

On a indiqué divers remèdes pour guérir de la piqûre des abeilles; mais les alkalis volatils ou fixes et la chaux sont les seuls qui produisent constamment des effets avantageux, encore faut-il qu'ils soient appliqués sur-le-champ. L'eau, les sucs des plantes, l'huile ne font qu'apaiser un moment la douleur en rafraîchissant ou en favorisant l'augmentation de l'enflure.

Dès que le cours du soleil a ramené le printemps, que les fleurs commencent à s'épanouir, les mères abeilles, comme je l'ai déjà observé, recommencent leur ponte, qui est d'autant plus considérable que la ruche est plus garnie d'ouvrières, et qu'il fait plus chaud. Il se produit donc, à cette époque, dans chaque ruche, plus d'abeilles que les accidens ou la mort naturelle n'en font disparoître; aussi la population s'augmente-t-elle si fort qu'elle devient trop étroite, et qu'il est nécessaire qu'une partie d'entre elles aillent chercher gîte ailleurs.

On a longuement écrit pour expliquer la cause qui déterminoit la sortie des essaims. Les uns l'attribuent à la grande gène; mais il s'en fait dans des ruches qui ne sont pas pleines. A la grande chaleur; mais toutes les ruches pleines n'essaiment pas, et il est des jours très chauds où il ne sort aucun essaim. A la haine des femelles les unes pour les autres, et aux factions qui en sont la suite; mais toutes les ruches où il y a des jeunes mères abeilles devroient essaimer, et elles n'essaiment pas : le vrai est qu'on n'est pas encore instruit de ce qui agit le plus puissamment dans cette circonstance; on sait seulement, comme je l'ai dit plus haut, qu'une surabondante population est généralement une de ces causes. A voir l'agitation des ruches deux ou trois jours avant l'époque de la sortie de l'essaim, celle bien plus forte qui a lieu la veille et le matin du jour qu'il doit avoir lieu, la sortie et la rentrée d'une grande quantité d'abeilles, la provision de miel dont se chargent les émigrantes pour faire sur-le-champ des rayons, etc., etc., prouvent que cela est prémédité de longue main, et fait par suite de considérations réfléchies. J'ajoute que, dans les ruches foibles, il ne se construit pas de cellules de mère abeille, et dès qu'un mâle sort de sa cellule il est tué, ce qui indique bien positivement que les ouvrières combinent leurs opérations d'après les circonstances qui les nécessitent, et non par suite d'un instinct irréfléchi.

Sans mère abeille les ouvrières ne peuvent pas établir de sociétés permanentes ; il faut donc que celle de la ruche prévoie, au moins huit jours d'avance, la nécessité où elle se trouvera d'abandonner la ruche, puisqu'elle pond des œufs de femelles dans les alvéoles qui sont destinées aux mères. Elle raisonne donc sa conduite dans ce cas. Pourquoi ne la raisonneroit-elle pas au moment de la sortie de l'essaim? En effet, depuis le premier mai, dans le climat de Paris, jusqu'au premier juillet, et plus tôt ou plus tard dans les années chaudes ou froides, dans les climats méridionaux ou septentrionaux, on trouve toujours des larves d'abeilles femelles ou des abeilles femelles nées et prisonnières dans toutes les ruches suffisamment peuplées pour pouvoir essaimer, et jamais, ou au moins très rarement, dans les autres. La présence des mâles, qui sortent à volonté, est toujours l'indication de l'existence actuelle ou prochaine des femelles ; ainsi on peut s'assurer de cette existence sans tourmenter les ouvrières. Le massacre des mâles est toujours précédé de celui des femelles, ainsi que je l'ai dit plus haut.

Mais est-ce la mère abeille, reine reconnue de la ruche, qui part, ou une de ses filles? Réaumur et autres écrivains soutiennent que c'est une jeune. Hubert prétend que c'est toujours la vieille, et s'appuie sur des expériences positives .( il avoit coupé une autenne à une mère abeille. ) Des observations qui me sont propres me rangent de l'avis de ce dernier. En effet, j'ai, deux ou trois fois, pris des femelles sorties avec des essaims naturels du commencement de mai, et je les ai toujours reconnues pour vieilles à leur grosseur et à la perte de leurs poils. J'ai souvent examiné des essaims naturels mis par moi dans des ruches à la Hubert, le lendemain du jour de cette opération, et toujours il y avoit des œufs de pondus. Or il faut un jour à une femelle, d'après les observations d'Hubert, pour être fécondée, et un jour pour commencer à pondre. Il est cependant possible que, dans quelques cas, une jeune femelle sorte plus tôt qu'une vieille. J'ai même lieu de croire que ces cas arrivent souvent dans l'arrière-saison ; car c'est alors qu'il se trouve quelquefois deux, trois et plus de mères abeilles dans le même essaim : mères abeilles qui se battent jusqu'à ce qu'il n'en reste plus qu'une.

Les ruches très vastes donnent beaucoup plus rarement des essaims que les petites, parceque la destruction des ouvrières y est plus considérable, proportionnellement à leur population ; c'est à dire que la femelle n'y pond pas davantage, et que les accidents et les maladies y font cependant plus de ravages que dans les petites. On a souvent mis des abeilles dans des tonneaux ; mais jamais elles n'y ont essaimé.

Une ruche, dans le climat de Paris, peut donner jusqu'à quatre essaims dans une année ; c'est-à-dire dans l'espace de quinze à dix-huit jours : rarement cependant elle en fournit plus de deux. L'intervalle entre le premier et le second est ordinairement de sept à dix jours. Il est moins long entre le second et le troisième, et encore moins entre le troisième et le quatrième.

Le premier essaim, s'il est fort et que la saison soit favorable, peut en donner un vingt à trente jours après sa sortie. Il est rare que les autres en fournissent.

Dans les pays chauds, les abeilles multiplient avec bien plus de rapidité. Un essaim que j'avois recueilli dans les bois en Caroline, et que je mis dans une ruche à la Hubert, m'en donna onze avant la fin de l'automne, et ces onze m'en donnèrent onze autres ; de sorte que, dans une saison, j'eus vingt-deux essaims provenans d'un seul, encore en ai-je perdu plusieurs, qui se sont faits naturellement, parceque je manquois de ruches. Il ne falloit, au mois de mai, que deux jours à un essaim pour remplir sa demi-ruche de cire, de couvain et de miel ; par conséquent, je pouvois encore diviser cette ruche le troisième, si j'eusse voulu. Aussi, malgré l'énorme destruction d'abeilles que font en Caroline les pics et autres oiseaux, les serpens et autres reptiles, les ours et autres quadrupèdes ; malgré la recherche continuelle que font les nègres de leur miel, sont-elles excessivement abondantes dans les bois de cette partie de l'Amérique, où il n'y en avoit pas une seule il y a cent cinquante ans, y ayant été apportées d'Europe. On m'a dit qu'elles étoient encore plus multipliées dans les bois de Cuba, que même il périssoit, chaque année, des milliers d'essaims dans cette île, faute de pouvoir trouver des logemens pour se mettre à l'abri des orages. Le miel que je récoltois en Caroline étoit de très médiocre qualité ; mais celui que je faisois venir de Cuba étoit transparent comme de l'eau, et de la plus délicieuse saveur. Il est, pour la plus grande partie, récolté sur les fleurs des orangers. Quelle fortune feroit un homme intelligent qui porteroit la méthode d'Hubert dans les colonies d'Amérique ! Mais personne ne s'y occupe de la culture des abeilles. Inutilement ai-je voulu stimuler des propriétaires de Caroline, par l'exemple de mes succès : les uns ont trouvé que le produit ne payoit pas la peine ;

les autres ont élevé des difficultés d'un autre genre. En partant, j'ai abandonné mes ruches aux noirs qui me servoient, et je n'étois pas encore embarqué, qu'elles étoient déjà détruites.

Je prie le lecteur de me pardonner cette digression en faveur de l'intérêt dont elle peut être par la suite.

Les essaims sortent d'une ruche, principalement depuis neuf heures du matin jusqu'à cinq heures du soir, dans les jours les plus chauds, où le soleil brille de tout son éclat. Il suffit souvent qu'un simple nuage intercepte ses rayons pour les empêcher d'avoir lieu. Une disposition du temps à l'orage accélère, au contraire, toujours leur départ; car l'électricité, on l'a depuis long-temps remarqué, a beaucoup d'action sur ces insectes. La veille du jour où un essaim doit sortir, la ruche est plus agitée que de coutume ; beaucoup d'abeilles en sortent pour y rentrer de suite. On entend le soir, et même pendant toute la nuit, des bourdonnemens prolongés. De gros pelotons d'ouvrières, dans lesquels on voit quelques mâles, couchent à l'entrée ou sous la ruche. Le matin, les ouvrières ne vont point au travail, ou n'y vont qu'en petit nombre, et dénotent, par leurs fréquentes sorties et rentrées, qu'elles sont encore plus agitées que la veille. Enfin un calme remarquable succède au bruit ; puis le bruit recommence plus fort que jamais ; les abeilles se pressent à qui sortiront les premières pour ne plus rentrer ; elles s'envolent accompagnées d'une femelle et de beaucoup de mâles. L'essaim est complet ; il se balance dans l'air, il obscurcit le soleil, et se fixe plus ou moins promptement, plus ou moins loin de la ruche, qu'il quitte, par des causes qu'il n'est pas toujours facile de deviner.

C'est toujours une opération très attachante que la sortie d'un essaim naturel pour les personnes accoutumées à réfléchir. Il donne lieu au développement d'une multitude de sensations, à la naissance de quantité d'idées, et à un mouvement qui plaît à tous les hommes. Je ne l'ai jamais vu de sang-froid ; et je me suis souvent reproché, en faisant mes essaims artificiels, de me priver du plaisir de les voir sortir naturellement.

Mais combien d'emploi de temps, d'inquiétudes, et de pertes réelles, sont la suite de l'essaimement naturel des abeilles; il faut veiller, ou payer un homme pour veiller huit heures par jour, pendant au moins un mois entier, sur la sortie des abeilles. Il faut courir après les essaims pour les forcer de s'abattre et de se fixer dans l'enceinte de la propriété, ou à peu de distance. Jamais on ne peut être assuré d'en avoir un, que lorsqu'on le tient. En effet, l'essaim s'élève quelquefois à une hauteur considérable, franchit les murs et les arbres pour s'aller fixer au loin dans un lieu inconnu. Souvent, quelque attention qu'on y apporte, il disparoît sans qu'on puisse juger où il s'est fixé. Il faut le chercher alors presque au hasard, et on ne le trouve pas toujours. Il n'est point de propriétaires de ruches qui n'ait, tous les ans, à regretter quelques essaims perdus ; et certaines années, il s'en perd beaucoup plus que dans d'autres, probablement par l'effet des circonstances atmosphériques. Les abeilles à demi sauvages sont celles qui sont le plus dans le cas de s'échapper ainsi ; et les petites hollandaises doivent leur être préférées sous ce rapport ainsi que sous les autres.

De tout temps on a cherché les moyens d'arrêter les essaims dans leur vol ; et comme on avoit remarqué que le tonnerre les faisoit s'abattre sur-le-champ, on s'est imaginé que le bruit qui l'imite produiroit le même effet. En conséquence on frappoit et on frappe encore à coups redoublés, dans les campagnes éloignées des grandes villes, sur des chaudrons, des poêles, des pelles à feu, comme si ce ridicule tintamarre devoit être suivi de la pluie, compagne ordinaire du tonnerre, et qui est réellement ce que les abeilles craignent. La législation a même consacré ce moyen, en ordonnant que celui-là seul qui auroit annoncé la fuite d'un essaim à ses voisins en le pratiquant, pourroit le réclamer en justice. Il en est peut-être de même des coups de fusil tirés dans la même intention. Aujourd'hui les cultivateurs éclairés qui réfléchissent leurs actions se contentent de faire jeter sur l'essaim qui s'élève du sable ou de la terre réduite en poussière, de le faire asperger avec des branches trempées dans l'eau ; parceque cela, imitant la pluie, leur fait réellement sentir la nécessité de se fixer pour l'éviter. Malheureusement on ne peut pas toujours faire usage de cette excellente méthode, soit parceque l'essaim s'est élevé trop rapidement ou qu'il vole trop vite, ou plus souvent parcequ'on n'a pas de matériaux à sa portée.

Ordinairement les essaims, après avoir parcouru un petit espace, se fixent sur une branche d'arbre, dans un buisson, sous l'avance d'un toit, etc. etc., et y forment un groupe souvent beaucoup plus gros que la tête. Là, les abeilles attendent que les coureuses, qu'elles ont envoyées à la découverte, viennent leur annoncer qu'un tel trou d'arbre ou de mur est propre à les recevoir.

Dans la saison des essaims, il faut toujours être pourvu d'un certain nombre de ruches vides propres à être employées. Si elles ne sont pas neuves, elles doivent être exactement nettoyées. On les frottera intérieurement de miel ou de quelque plante odoriférante ; peut-être, mieux que tout cela, on les mouillera au moment de s'en servir.

Un essaim est-il fixé, on place la ruche au-dessous, si cela est possible, et on y fait tomber les abeilles, soit en secouant la branche, soit avec un petit balai, ou même avec la main, car alors elles piquent très rarement, et il n'est presque jamais nécessaire de prendre des précautions pour en approcher. On ne doit pas s'inquiéter de celles qui restent dehors ; il suffit que le gros du groupe, et sur-tout la femelle, y soient, pour que les autres y entrent d'elles-mêmes dans la soirée. Lorsqu'on ne peut mettre la ruche dessous, alors on la place dessus, dans sa situation naturelle, et on détermine les abeilles à y monter, soit en les inquiétant avec des branches d'arbre, soit, si cela ne réussit pas, avec de la fumée de chiffons. Ordinairement elles ne tardent pas à se mettre en possession de ce nouveau logement qui leur convient de toutes manières, et une fois que la mère abeille y est arrivée, toutes y courent avec un empressement remarquable. C'est ordinairement l'affaire d'un quart d'heure ou d'une demi-heure au plus.

Si l'essaim étoit fixé aux branches supérieures d'un grand arbre, on placeroit une ruche renversée au bout d'une perche suffisamment longue, et on l'élèveroit sous l'essaim, tandis qu'une autre personne, montée sur l'arbre, ou avec une autre perche, secoueroit l'essaim et le feroit tomber dans la ruche.

Une ruche, ainsi remplie d'un essaim, doit être laissée jusqu'au lendemain matin dans le lieu, ou très près du lieu où il s'étoit fixé. Quand on ne le peut, ou qu'on ne le veut pas, il faut, s'il n'est pas très fort, le porter sur-le-champ en place de la ruche d'où il est sorti, afin que toutes les abeilles qui en faisoient partie, et même celles de la mère ruche qui étoient en campagne, y rentrent. Un bon essaim doit peser environ cinq livres ; mais il s'en trouve souvent de plus foibles.

Quelquefois les abeilles d'un essaim vont immédiatement se loger dans le trou d'un arbre ou d'un mur, où il n'est pas toujours facile de les obliger de sortir pour les faire entrer dans une ruche. Ce sont alors les circonstances locales qui doivent déterminer les mesures à prendre, et ce seroit chose superflue que de les détailler toutes ici, le propriétaire pouvant les suppléer facilement.

Quelquefois aussi, un essaim qui part a deux ou plusieurs femelles, et alors il se divise d'abord ; mais comme il est dans la nature des abeilles d'aimer à être réunies en grand nombre, il arrive presque toujours que la femelle qui a le moins de partisans s'en voit peu à peu abandonnée, et est obligée d'aller joindre aussi le gros pour se battre avec l'autre femelle, ou de retourner à la ruche, où elle trouve également une rivale contre laquelle il faut de même se battre : d'autres fois deux essaims, de ruches différentes, partent au même instant et se réunissent en l'air. On doit faire tous ses efforts pour que ces réunions ne s'effectuent pas, sur-tout quand chaque essaim est gros, et que ce sont des premiers ; mais lorsqu'on ne peut l'empêcher, on doit s'en consoler, puisque réellement on ne perd rien, et que ce double essaim en donnera probablement un autre à la fin du mois. Il est remarquable que les abeilles, qui ne peuvent pas souffrir qu'une seule étrangère entre dans leur ruche, s'associent si promptement et si facilement dans ce cas.

On cite des ruches qui ont contenu deux mères qui vivoient en paix, en s'isolant chacune dans un coin ; mais cette monstrueuse association n'a pas duré, et dès que les travaux se sont rapprochés, que ces mères ont eu des points de contact, elles se sont battues, et une seule est restée maîtresse du tout.

Assez souvent un essaim, après être resté quelques heures, et même quelques jours dans une ruche, l'abandonne pour retourner à celle dont il étoit sorti. On peut être sûr alors qu'il a perdu sa mère abeille. Il n'y a rien autre chose à faire que d'attendre qu'il sorte de nouveau avec une autre mère, ce qui quelquefois ne tarde que de quelques jours, et ce qui quelquefois aussi n'a pas lieu ; le tout, selon les circonstances.

Plusieurs agronomes estimables ont proposé différens moyens de faire des essaims artificiels dont quelques uns sont fort ingénieux, mais qui, étant embarrassans ou incertains, sont peu dans le cas d'être employés. Les deux principaux d'entre eux sont :

M. Schirac. Il prend des gâteaux remplis de couvain, les place entre les traverses de sa ruche, y introduit quelques centaines d'abeilles, et la ferme. Ces abeilles trouvant des œufs ou du couvain d'ouvrières de moins de trois jours, font une mère abeille ; et lorsqu'elle est fixée, c'est-à-dire deux ou trois jours après, on donne la liberté aux abeilles. Ce moyen doit donner des ruches bien foibles, parceque les ouvrières ne sont pas assez nombreuses ; aussi, pour en augmenter le nombre, l'auteur met-il cette ruche en place d'une autre bien garnie, à l'époque de la journée où la plupart des abeilles sont en campagne, ce qui est sujet à de nombreux inconvéniens.

M. Duhoux. Il prend une mère abeille, la frotte de miel de manière qu'elle ne puisse pas s'envoler, frotte également de miel une ruche vide, y place cette mère, et substitue cette ruche à une très peuplée, au moment où il y a beaucoup d'abeilles dehors. Ces abeilles, en rentrant, ne trouvant plus leur couvain, s'irritent d'abord ; beaucoup vont chercher dans les environs la ruche qui leur appartient et qu'on a eu soin d'éloigner ; mais, voyant une femelle dans cette ruche, elles prennent leur parti, la *démièlent*, et se mettent à l'ouvrage pour construire des gâteaux.

On peut aussi faire des essaims artificiels avec les ruches à hausses, en les séparant en deux. Ils ont l'inconvénient que le miel est, en majeure partie, dans une des nouvelles ruches, et le couvain dans l'autre. Je n'ai jamais essayé d'en faire de cette sorte.

Je ne m'étendrai pas davantage sur ces divers modes, pour pouvoir parler avec plus de détail de celui de M. Ducarne de Blangy, qui est le plus simple, qui m'a le plus constamment réussi lorsque j'avois des ruches d'une seule pièce, ou des ruches à hausses, et encore plus de celui indiqué par Gélieu et ensuite par Hubert.

Les embarras que causent les essaims naturels, et encore plus le danger de les perdre, ont fait penser aux moyens de les prévenir, en forçant les ruches à les donner au jour et à l'heure qui convenoient au propriétaire, tout en ne contrariant pas, s'entend, les lois de la nature.

L'observation ayant appris qu'il y a des femelles prêtes à naître toutes les fois qu'il y a des mâles pour les féconder, et qu'on peut toujours, dans ce cas, espérer d'avoir sous peu un essaim naturel, si le temps est favorable, il ne s'agit que de forcer les abeilles à en faire un quelques jours plus tôt.

Lors donc, qu'au commencement de mai, j'ai remarqué, à l'heure de midi, des mâles sortir de la ruche, ou qu'en la soulevant, j'en ai vu se promener sur la partie inférieure des gâteaux, je juge qu'il est temps, si la ruche est d'ailleurs suffisamment peuplée, de faire un essaim. Je prépare donc une ruche, autant que possible, du diamètre de celle qui doit fournir l'essaim; et, le lendemain, après l'avoir mouillée, je procède à l'opération vers les dix heures du matin.

Cette heure doit être choisie de préférence, parceque c'est celle où, à cette époque de l'année, la moitié des abeilles ouvrières est dehors; qu'on en est moins embarrassé, qu'on ne les fatigue pas inutilement, qu'on est plus assuré de l'égalité du partage, etc.

À l'heure dite, sans masque ni gants, je m'approche de la ruche avec un morceau de vieux linge à moitié brûlé, fixé, avec du fil de fer, à l'extrémité d'un court bâton, et je dirige la fumée de ce linge contre sa porte. Les gardes de service, après avoir reconnu le danger, en portent la nouvelle dans toute la ruche, et on ne tarde pas à voir arriver une grande quantité d'abeilles pour le vérifier. C'est le moment décisif: si je retire ce linge, elles sortent de la ruche, et se jettent avec fureur sur moi; si, au contraire, je leur envoie une forte bouffée de fumée, elles remontent promptement annoncer à leurs compagnes que le danger est insurmontable, et qu'il n'y a plus d'autres ressources que de tâcher de sauver leur femelle en lui faisant un rempart de leur corps, et en se sacrifiant pour elle. Toutes se mettent aussitôt en état de bruissement, état dont j'ai déjà parlé, et se portent du côté de la femelle. Alors je soulève la ruche, passe dessous le linge fumant, le promène pendant une ou deux minutes sur l'extrémité des gâteaux, et j'en suis le maître, c'est à-dire que je suis certain de n'être plus piqué par les abeilles qui s'y trouvent, à moins qu'appuyant imprudemment la main sur une d'elles, elle ne soit déterminée à se défendre.

Alors j'emporte la ruche à quelque distance des autres ; je la renverse sens dessus dessous, la fixe, si elle a le sommet en pointe, dans un trou fait en terre ou contre un mur ; je la recouvre de celle qui est vide, et j'entoure d'un linge leur ligne de réunion.

Les abeilles ne se voient pas plus tôt tranquilles et dans l'obscurité, que, selon leur naturel, elles montent dans la ruche vide. De temps en temps je provoque leur activité, en frappant de petits coups secs avec un bâton ou une pierre, sur le sommet, devenu la base de la ruche pleine. La mère abeille quitte enfin sa retraite et monte aussi, ce qui détermine la presque totalité des ouvrières à en faire autant. Alors l'essaim est complet, et on n'a plus qu'à séparer les deux ruches, reporter la pleine à sa place, et l'autre à quelque distance du rucher.

Lorsque l'opération est conduite rigoureusement comme on vient de le décrire, elle réussit presque toujours ; mais lorsqu'on la fait le matin ou le soir, c'est-à-dire aux époques où la plupart des abeilles sont dans la ruche, et qu'on est par conséquent obligé de calculer la quantité d'abeilles qui sont montées, pour l'interrompre aussitôt qu'il y en a la moitié, on risque de laisser la mère abeille entre les gâteaux. Alors, comme jamais les abeilles ne séjournent plus de vingt-quatre heures dans une ruche où il n'y a pas de femelle, elles retournent à leur ancien domicile ; mais on ne perd que sa peine et le temps des abeilles, car il en meurt très peu dans l'opération, et deux jours après on peut faire une nouvelle tentative.

Il n'y a pas d'inconvéniens de forcer un peu le nombre des abeilles à faire entrer dans un essaim artificiel, parceque le couvain prêt à éclore remplace bientôt les ouvrières qu'on a enlevées, et qu'outre toutes celles qui étoient sorties au moment de l'opération et qui retournent à la vieille ruche, il y en a toujours quelques unes de la nouvelle qui en font autant.

La vieille ruche, privée de femelle, s'occupe sur-le-champ d'en faire une ; et comme, ainsi que je l'ai déjà fait remarquer, il y en a toujours plusieurs prêtes à naître à l'époque où on opère, souvent, au bout de deux ou trois jours, elle en est de nouveau pourvue.

Outre la certitude de ne pas perdre d'essaims, et l'absence

des embarras et des inquiétudes, la méthode des essaims artificiels a un avantage très considérable dans les pays froids,
c'est de pouvoir avoir tous ses essaims de très bonne heure,
tandis que ceux qui les laissent se former selon les voies de la
nature sont exposés à éprouver des retards de huit, de douze, de
quinze jours, par l'effet d'un temps brumeux ou constamment
froid ; or qui ne sent quel immense avantage doit avoir un
essaim qui a quinze jours d'avance pour augmenter sa population et accumuler des provisions !

Malgré la facilité de faire des essaims artificiels par le procédé que je viens de décrire, les ruches à la Gelieu ou à la
Hubert fournissent un moyen encore plus prompt et plus commode.

En effet, dans ces sortes de ruches, il suffit, lorsqu'en les
ouvrant on voit qu'il y a une population nombreuse et des
mâles, d'en séparer les deux parties et de les réunir à deux
autres parties vides d'une ruche parfaitement semblable. La
ruche où est restée la femelle travaille une demi-heure après
à remplir sa partie vide, et l'autre fait une femelle, comme
il a été dit plus haut. On ne craint point dans ces sortes de ruches, ou du moins on craint bien rarement une inégalité dans
le partage, parceque les abeilles sont presque toujours en
même nombre dans les deux parties qui la composent. Il est,
en agriculture, peu de procédés plus avantageux et plus faciles
à exécuter ; cependant voilà trente ans que Gelieu les a fait
connoître ; voilà dix ans que Hubert en a expliqué la théorie ;
et je n'ai encore vu que moi, et ceux que j'ai provoqués, qui
en fissent usage. O routine ! ô préjugé ! ô ignorance ! quand
cesserez-vous donc de dominer le monde ?

Cependant, je dois le dire, j'ai remarqué un inconvénient
assez grave dans les essaims artificiels ; c'est que, lorsque les
abeilles n'ont point de femelle en éducation, et qu'elles en font
une avec une larve déjà née, cette femelle qui, pendant les
premiers jours de sa naissance, a été nourrie avec de la bouillie
d'ouvrière, s'en ressent au point, qu'elle ne pond que des
œufs de mâles, comme je l'ai déjà observé, ou qu'elle périt à
la fin de sa première ponte, c'est-à-dire en automne ou
au commencement du printemps suivant. J'ai conclu ce fait
d'expériences qui me sont propres ; expériences où j'avois
vérifié qu'il n'y avoit pas d'alvéoles de femelle dans la ruche,
et de la plus grande fréquence de cet accident chez ceux qui
font des essaims artificiels. Aujourd'hui j'ai soin, avant de faire
un essaim avec la ruche à la Hubert, de m'assurer qu'il y a
de ces alvéoles ; ce qui m'est facile, parcequ'elles sont toujours
sur les gâteaux du centre.

Un essaim naturel n'est pas plus tôt entré dans la ruche qu'on lui a présentée, que les ouvrières se mettent à l'ouvrage. Souvent à la fin de la première journée, il y a déjà quatre à cinq gâteaux de commencés, et celui du milieu ( je parle des ruches en cône ) a souvent cinq à six pouces de long. Où donc les abeilles ont-elles pris ces matériaux ? Dans la ruche d'où elles viennent. On doit se rappeler que, quelques instans avant leur sortie, il s'est fait un moment de silence. Je suppose qu'alors elles avoient décidé leur émigration, et qu'elles gorgeoient leur estomac de miel pour l'effectuer; et cette supposition est très vraisemblable. En général, un essaim nombreux travaille les premiers jours avec une ardeur incroyable. Quelque habitué qu'on soit aux abeilles, on est toujours surpris qu'elles aient pu faire autant d'ouvrage en si peu de temps.

Il est digne de remarque que ce fait, si fréquent, n'ait pas mis sur la voie de reconnoître que la cire est faite uniquement avec du miel; car, si le premier jour d'un essaimement on voit quelques abeilles dans la nouvelle ruche avec du pollen aux pattes, ce sont celles qui en portoient à l'ancienne et qui ont été entraînées par le tourbillon; les deux ou trois jours suivans elles n'en portent point, et cependant les gâteaux de cire se confectionnent plus rapidement qu'ils ne seront confectionnés par la suite.

Il est quelquefois des cas où il est bon d'empêcher une ruche d'essaimer, c'est lorsqu'elle est trop foible et que l'essaimage n'a pour cause que la rivalité de deux mères abeilles qui se disputent la place, ou parcequ'il est trop tardif, et qu'il n'est plus possible d'espérer qu'il puisse amasser avant l'hiver assez de provisions pour passer la mauvaise saison.

Dans le premier de ces cas, l'essaimage se fait presque toujours au moment qu'on y pense le moins, et on ne peut le prévoir que d'une manière très incertaine. Je dirai donc seulement que, lorsqu'il est effectué, il faut réunir l'essaim à la ruche d'où il est sorti. La mère abeille, qui avoit évité le combat par la fuite, se trouve alors forcée de l'accepter, et il n'en reste qu'une. Si elle l'évitoit encore, il faudroit alors fermer la ruche pendant quelques instans, après y avoir de nouveau fait rentrer l'essaim. On dira peut-être qu'il n'y avoit qu'à tuer la mère abeille qui a occasionné la sortie de l'essaim : oui ; mais la difficulté est de la découvrir.

Lorsqu'une ruche trop garnie d'abeilles ou trop pleine de gâteaux veut essaimer trop tard, il y a deux moyens de l'en empêcher; c'est de lui ôter une partie de ses gâteaux, ou d'augmenter sa capacité en lui mettant une allonge ou une hausse, ou simplement en l'élevant de quelques pouces de son support au moyen de trois pierres ou de trois morceaux de briques.

Lorsque deux essaims tardifs, ou même deux ruches se trouvent, à la fin de la saison des essaims, trop foibles pour espérer qu'elles puissent se fournir avant l'hiver de provisions suffisantes, il faut les réunir, les *marier*, comme disent les habitans des campagnes. On procède à cette opération de la même manière que lorsqu'on fait un essaim artificiel dans les ruches communes.

Si on avoit à effectuer une de ces réunions avec une ruche *en coffre*, c'est-à-dire dont la base fût fermée, il faudroit commencer par faire passer les abeilles dans une ruche conique, et ensuite la vider dans la ruche à coffre, qu'on auroit ouverte positivement comme on videroit du blé d'un boisseau dans un autre.

Quoique les abeilles, dans l'état ordinaire, ne souffrent pas que les étrangères entrent dans leur ruche, cependant ces réunions générales sont rarement suivies d'hostilités. Une seule fois j'ai vu un massacre et un pillage en être la suite; mais j'ai lieu de soupçonner que la mort de la mère abeille en avoit été la cause.

Il est utile de marquer la date de l'entrée d'un essaim dans une ruche, sur cette ruche même, pour, dans l'occasion, y avoir recours.

Les abeilles, dans l'état naturel, font leur domicile dans les arbres creux, et quelquefois dans les trous des rochers. On en trouve souvent de sauvages dans les pays de grands bois, et sur-tout en Pologne et en Russie. Il en est de même en Amérique, où elles ont été transportées, et où elles sont devenues très communes. Là, ainsi que je l'ai observé, elles préfèrent constamment les trous les plus élevés aux inférieurs; ce qui détruit l'opinion de ceux qui prétendent qu'il faut toujours placer les ruches à une très petite distance du sol.

Les premiers essaims d'abeilles ayant été pris dans des arbres creux, ont dû être conservés dans ces mêmes arbres; et encore aujourd'hui dans les pays de montagnes, dans ceux où les gros arbres sont communs et de peu de valeur, on continue de le faire. Ces ruches ont l'avantage d'une longue durée, et d'une épaisseur ordinairement si considérable, que l'influence des rayons solaires n'agit point dans leur intérieur. Il n'en est pas de même des ruches construites avec des écorces de vieux chênes, et encore moins avec celles dont l'épaisseur est moins considérable; aussi doivent-elles être proscrites, malgré leur grande économie.

Dès que les abeilles eurent été transportées près des habitations des hommes, il fallut leur composer des ruches d'une autre espèce, dont les matériaux fussent toujours abondans, faciles à employer et peu coûteux. On en a bâti de toutes les grandeurs et de toutes les formes, en pierre et en brique :

on en a fait en terre cuite , en planches , en osier ou autre
bois flexible , en paille , etc. , etc. Bientôt on s'aperçut qu'il
étoit bon que la capacité des ruches fût proportionnée à la quantité d'abeilles qu'elles devoient contenir ; c'est-à-dire qu'elles
se plaisoient mieux dans de petites que dans de grandes ; qu'il
y avoit de nombreux avantages à les conserver mobiles , et
que la forme la plus convenable à leur donner étoit la conique.
Dès-lors on se restreignit plus généralement , du moins en
France , à celles faites avec de la paille contournée en cylindre
et disposée en spire continuellement décroissante ( *Voyez* pl. 1 ,
fig. 1 ), ou avec un entrelacement d'*osier*, de viorne mancienne ,
de clématite commune , ou autre bois flexible , sur une car-
casse conique. Ce sont enfin de véritables paniers ; d'où le nom
de *panier à mouches* qu'on donne aux ruches dans plusieurs parties de la France.

Dans la nécessité de faire un choix parmi la quantité de ruches
en usage en Europe, je mentionnerai les suivantes, comme préférables à toutes les autres, soit pour la forme, soit pour l'économie.

Quand on veut faire une ruche en paille , on prend une poignée de paille mouillée ( celle de seigle est la meilleure ), qui
n'ait pas été trop brisée dans l'opération du battage ; on la tord
en forme de corde d'un à deux pouces de diamètre, en mettant
une des extrémités sous le pied , et l'on l'allonge successivement
en ajoutant de nouvelles poignées de la même paille. Lorsqu'on
a une certaine longueur de paille, quinze à vingt pieds par exemple, on la contourne en spirale sur elle-même , en l'élevant de
terre, jusqu'à environ trente pouces, ou , pour plus de régularité, on en entoure un moule ou une autre ruche également en
spire , et en commençant par la base, qui doit avoir environ
vingt pouces de diamètre. On arrête les deux extrémités de la
spire avec des petites chevilles , et on laisse sécher. Le lendemain, on coud l'intervalle de la spire, dans toute sa longueur ,
avec de l'osier refendu ou de la mancienne. On fait un manche,
et la ruche est finie. Je n'entre pas dans de plus grands détails
ici, parceque je reviendrai sur cet objet lorsqu'il sera question
des ruches de M. Lombard , les plus perfectionnées de toutes
celles en paille.

Une autre manière plus expéditive de fabriquer des ruches
en paille, mais celles-ci sont carrées, c'est de faire de petites
bottes de paille de la grosseur du bras, et de la longueur de
douze à quinze pouces , qu'on lie fortement dans quatre endroits avec de l'osier, et d'assembler ces bottes en les attachant
sur une charpente de quatre baguettes servant de montant et de
deux cadres , un supérieur, et un inférieur, servant de fond .
Cette sorte de ruche doit avoir douze à quinze pouces carrés de
large , sur dix-huit à vingt pouces de hauteur.

Pour construire une ruche en osier, en mancienne ou en clématite, on fend en quatre, jusqu'à un demi-pied de son gros bout, une branche de chêne bien droite, de quinze à dix-huit lignes de diamètre, et de trente-six à quarante pouces de longueur. On écarte ces quatre parties de vingt à vingt-cinq pouces à leur extrémité, et on les laisse sécher, soit librement, soit sur un moule qui les force de prendre une courbure vers le manche. Ensuite, au moyen d'autres morceaux de branches de chêne refendus, qu'on introduit successivement entre les branches, on entrelace les rameaux des arbustes mentionnés plus haut, et on forme un véritable ouvrage de vannerie; ce qui demande de l'habitude; aussi, tout le monde ne peut-il pas les construire comme celles en paille. Ces ruches étant presque à jour, on est obligé de les enduire extérieurement de bouse de vache mêlée avec de la terre; mais, malgré cela, leur peu d'épaisseur les rend trop susceptibles des impressions du chaud et du froid, et elles sont, sous ce rapport, moins avantageuses que les précédentes. On estime qu'elles peuvent durer huit à dix ans, lorsqu'elles sont ménagées et à couvert sous une chemise ou sous un toit. (*Voy.* pl. 1, fig. 2.)

On appelle chemise une petite botte de paille liée par l'extrémité où sont les épis, et qu'on place perpendiculairement, en écartant les chaumes sur le sommet de la ruche. Cette paille, qui entoure la ruche et qui s'en écarte à sa base, produit deux avantages précieux: elle s'oppose à ce que l'eau des pluies pénètre jusqu'à la ruche et la pourrisse, et empêche que les rayons du soleil et le froid se fassent sentir aussi vivement aux abeilles. Aussi ne doit-on jamais négliger d'en mettre aux ruches qui ne sont pas renfermées.

Ces deux sortes de ruches, qui sont les plus simples, les plus économiques et les plus répandues, conviennent beaucoup aux abeilles, à raison de leur forme et de leurs dimensions. Peut-être même que l'inégalité de leur surface intérieure y contribue; mais leur manutention est difficile; ce qui a engagé divers agriculteurs ou naturalistes à en imaginer d'autres, plus coûteuses et de forme plus compliquée, mais qui ont des avantages marqués sous un ou plusieurs rapports.

Quelques personnes placent au sommet de leurs ruches un vase de bois ou de fer-blanc garni d'un linge clair, ou percé de trous, qui leur sert à mettre de la nourriture pour les abeilles, lorsqu'après un hiver long et doux elles ont consommé leurs provisions. Leur but est bon; mais ce moyen de donner à manger aux abeilles est sujet à quelques inconveniens, comme je le dirai autre part.

Les auteurs qui se sont occupés de la meilleure construction des ruches ont beaucoup varié sur le nombre, la forme et la grandeur à donner à leurs ouvertures ou portes. Sans entrer dans le détail de leurs diverses opinions, je dirai qu'un trou, de quelque forme qu'il soit, pourvu qu'il n'ait pas plus de six à huit lignes de large sur trois ou quatre de hauteur, suffit pour l'entrée et la sortie des abeilles dans le temps de leurs plus grands travaux, ainsi que pour satisfaire au renouvellement de l'air dans la ruche, et qu'il est assez petit pour faciliter aux abeilles les moyens de se défendre des pillages, des mulots, etc. On peut d'ailleurs le fermer facilement, en tout ou en partie, avec ce qu'on a sous la main.

Toutes les sortes de ruches, sans exception, doivent être garnies de deux traverses de bois pour consolider les gâteaux, les empêcher de tomber, lorsqu'on remue la ruche ; et dans celles où les abeilles sont maîtresses de choisir la direction de ces gâteaux, il en faut quatre. Il en est où on en met davantage, mais alors elles deviennent gênantes lors de la récolte des produits, font perdre un espace précieux, et même ne remplissent plus leur objet.

C'est principalement le louable but d'enlever le miel sans faire mourir les abeilles, et même sans qu'elles s'aperçoivent presque de cet enlèvement, autrement que par la privation qui en est la suite, qui a déterminé la construction de plusieurs sortes de ruches propres à cet objet.

Parmi ces ruches, qui sont en assez grand nombre, je me contenterai de citer celle de M. Palteau, celle à Tiroir, celle dite anglaise, et celle de M. Lombard.

La ruche de M. Palteau est composée de trois ou quatre cadres, d'un pied carré sur trois pouces de hauteur, cadres que l'on superpose les uns sur les autres, et dont on peut toujours enlever le premier, et le dernier sur-tout, sans déranger le travail qui est dans les autres. Chaque cadre, qu'on appelle *hausse*, est fortifié de chaque côté par une traverse de huit ou dix lignes de large, sur deux lignes d'épaisseur, qui sert à soutenir les gâteaux des abeilles, (*Voyez* pl. 1, fig. 3.), et tous ces cadres sont liés entre eux, soit par des crochets, soit par tout autre moyen. On fixe une planche sur la supérieure, et on recouvre le tout d'une boîte en forme de surtout, pour diminuer l'action du soleil ou du froid.

Lorsqu'en automne on veut s'emparer de la provision de miel des abeilles, il suffit d'ôter les crochets qui lioient la hausse supérieure avec la suivante, de briser avec la lame d'un couteau le propolis au moyen duquel les abeilles ont scellé l'intervalle de ces deux hausses, et de couper transversalement, avec le même couteau, ou avec un fil de laiton, les gâteaux, dont on enlève ainsi un quart ou un tiers avec tout le miel qui s'y trouve contenu. Cela fait, on cloue, ou mieux, on fixe, avec des vis, une nouvelle planche sur le dernier cadre, et on met une nouvelle hausse vide en bas. Il périt peu d'abeilles dans cette opération, quand elle est faite avec la rapidité convenable, et ordinairement, une heure après, elles travaillent comme si on ne les avoit pas tourmentées. L'année suivante, on enlève également la hausse devenue supérieure : en quatre ans, la ruche s'est donc entièrement renouvelée, et peut se renouveler sans fin.

Les avantages de cette sorte de ruche sont de pouvoir enlever tous les ans une portion du miel sans faire mourir les abeilles et sans en être piqué, pour peu qu'on prenne de précautions, et d'avoir toujours la faculté de pouvoir augmenter ou diminuer la capacité de la ruche, selon le plus ou moins d'abeilles qui l'habitent, et selon la saison. Ses inconvéniens sont de ne pouvoir pas savoir d'avance quelle est la quantité de miel qui s'y trouve, et d'être, certaines années, exposé à en trop enlever, et certaines autres, à en trop laisser, et de ne faire que très peu de récolte en cire, récolte préférable au miel, puisqu'elle a plus de valeur; enfin à fournir du miel plus âcre et moins susceptible de garde. Cette dernière considération, indiquée par M. Lombard, doit être très importante dans certains pays dont le miel jouit d'une réputation méritée, et aux cultivateurs qui travaillent pour leur usage. On ne peut se dissimuler en effet que les hausses, montant chaque année, reçoivent du couvain et du pollen en passant par le centre : or, on a vu que le couvain laissoit toujours une dépouille dans les alvéoles, et que le pollen ou *rouget* étoit éminemment âcre et amer, et donnoit ces qualités à tout ce à quoi il étoit uni.

De plus, ces dépouilles accumulées rétrécissent à la longue les alvéoles des gâteaux, donnent moins de cire à la fonte; et cette cire est d'autant plus brune, qu'elle est restée plus long-temps dans la ruche. Ces circonstances doivent donc faire désirer d'enlever les gâteaux le plus souvent possible. La rotation de trois ou quatre ans, quoique pas très longue, peut donc le paroître encore trop; et dans mon opinion, c'est celle de deux ans qui doit être préférée.

Dans ces sortes de ruches, il est nécessaire d'entailler la porte par laquelle doivent entrer et sortir les abeilles, dans le support même, afin que les hausses soient sans échancrures.

Une chose à laquelle il me paroît qu'on n'a pas fait jusqu'à présent assez d'attention, c'est que les abeilles aiment à être dans un logement proportionné à leur nombre. J'ai toujours vu que les foibles essaims travailloient avec moins d'ardeur dans une grande ruche que dans une petite. Il semble qu'elles prévoient l'impossibilité de remplir un trop grand espace, ou qu'elles soient découragées par la considération de l'étendue des travaux qu'elles auront à faire pour y parvenir; d'un autre côté, elles se conservent mieux pendant l'hiver, accumulées dans un petit espace, que dans une grande enceinte, où la chaleur qu'elles exhalent se disperse rapidement; aussi la plupart des ruches qui périssent dans cette saison sont celles qui ne sont pas pleines.

Je répète donc ici que le principal, le véritable avantage des ruches à hausses, c'est de pouvoir ne mettre que trois cadres lorsque l'essaim est foible, et d'en mettre plus de quatre lorsqu'il est démesurément fort. Ce dernier nombre est cependant celui qui est le plus généralement convenable : les ruches trop peuplées ayant aussi des inconvéniens.

Les ruches à hausses peuvent varier dans leurs formes et dans la nature des matériaux avec lesquels ou les construit. Ainsi, M. de Massac ne les compose que de deux hausses, ce qui rapproche au terme, que j'ai fixé comme le meilleur, le renouvellement complet des gâteaux; tandis que M. Ducarne de Blangy en fait de six et huit. Ainsi, M. de Boisjugan, M. de Ceringhiem et Widman les font en paille et rondes. Cette dernière se rapproche beaucoup de celle préconisée dans ces derniers temps par M. Lombard, ruche que je regarde comme la plus perfectionnée après celle de Hubert.

Je vais présenter au lecteur un extrait de la description qu'en a donnée M. Lombard lui-même.

Le corps de la ruche a quinze pouces d'élévation, et est composé de dix-sept à dix-neuf rouleaux de paille de neuf à dix lignes de grosseur. Chacun, lié, de pouce en pouce, par de l'osier refendu. Le tout forme un cylindre creux d'un pied de diamètre.

Au-dessus du dernier rouleau se trouve fixé un plancher fait avec des rouleaux de paille de cinq à six lignes de diamètre, disposés en spirale, et ayant un trou au centre. Les bords de ce plancher offrent dix fentes, dont cinq de trois à quatre pouces de longueur sur cinq à six lignes d'ouverture, et cinq autres moins grandes.

Sous le plancher traverse une baguette de quatre lignes d'épaisseur sur huit lignes de largeur, saillante de dix-huit lignes. D'un côté, elle sert à soulever la ruche avec les deux mains, et de l'autre donne la facilité d'attacher le couvercle sur la ruche; ce couvercle ayant également une baguette en saillie qui correspond à celle de la ruche.

Les trois premiers rouleaux du couvercle sont du même diamètre que celui de la ruche. Les autres rentrent insensiblement, de manière que ce couvercle offre un bombement de cinq pouces. Au sommet, on laisse une ouverture pour y insérer un manche conique, long de dix pouces, et attaché en dessous par deux petites traverses en croix. La partie de ce manche qui est engagée dans le couvercle est plus petite que celle qui y touche, afin d'éviter les filtrations d'eau pluviale.

La base du couvercle, à la distance d'environ huit lignes des bords, offre une traverse moins forte que celle de la ruche, et saillante d'un pouce.

Deux ou trois baguettes croisées, distantes de trois pouces, traversent la ruche, et servent à soutenir les rayons. On les arrache du dehors avec des tenailles, lorsqu'il s'agit de dépouiller la ruche.

Au bas de la ruche sont deux ouvertures opposées, d'environ deux pouces de long sur six de haut, pour la sortie des abeilles; une d'elles reste ordinairement bouchée.

Le bois est préférable à la pierre pour faire le tablier, parceque sa température est moins variable. Ce tablier est cloué sur trois pieux disposés en triangle, et doit déborder la ruche de quatre pouces.

La ruche est enduite d'un pourget, composé de deux parties de bouse de vache et d'une de cendre, afin de la garantir des injures de l'air. On se sert de la même composition pour luter les ruches sur les tabliers, et les couvercles sur les ruches.

La ruche de M. Lombard, qu'il appelle *ruche villageoise*, est peu coûteuse, facile à fabriquer, et de longue durée : elle maintient la température la plus égale possible dans son intérieur, à raison de son épaisseur; son peu de capacité lui donne de l'avantage, comme je l'ai dit plus haut. Au moyen du plancher, les gâteaux du couvercle se joignent rarement à ceux de la ruche; de sorte que ces derniers ne sont point brisés par l'enlèvement des premiers, qui ne sont remplis que de miel, et qu'on peut laisser en partie, si on le juge à propos.

Les ouvertures qui communiquent de la ruche avec le couvercle ne sont pas placées sans motifs sur les bords. Par cette précaution, le couvain, qui est toujours au centre, est plus à l'abri du froid, des vapeurs qui suivent les courants d'air; parceque la mère abeille est moins déterminée à aller pondre dans le couvercle, les ouvrières moins embarrassées pour s'y rendre; enfin, parceque le couvain n'est pas exposé à la lumière lorsqu'on enlève le couvercle.

Mais comme les couvercles doivent s'adapter à toutes les ruches, il faut que la construction des uns et des autres soit uniforme; ce qui est facile, au moyen des indications de pratique fournies par M. Lombard. Je renvoie, en conséquence, à son Manuel ceux qui ne se trouveroient pas suffisamment instruits par ce que je viens de dire.

Les autres ruches qu'il convient de citer encore, sont celles de M. Mahogand. C'est un cube d'un pied carrré, dans lequel sont renfermés trois tiroirs perpendiculaires, qui communiquent entre eux par des trous, et sur lequel sont percés plusieurs autres trous qui communiquent avec l'intérieur des tiroirs. On met sur ces derniers trous des bocaux de verre, et on recouvre le tout d'une enveloppe quelconque. *Voy.* pl. 1, fig. 5. Les abeilles travaillent dans les bocaux ainsi que dans les tiroirs; et comme les premiers sont supérieurs, elles n'y mettent jamais que du miel, qu'on peut avoir dans tous les temps de l'année et dans toutes les heures du jour. Cet accessoire des bocaux, qu'on peut placer sur toutes sortes de ruches à sommet aplati, est extrêmement agréable et fournit le moyen d'avoir toujours du bon miel, le nouveau étant constamment préférable au vieux.

On n'emploie cependant pas en France cette ruche; mais en Angleterre c'est, chez tous les gens riches, un meuble de luxe que les belles vont souvent visiter à l'heure de leur déjeûner. On le construit en acajou; on y place le plus fin cristal, etc. etc. J'ai lieu d'être étonné que l'élégance et la galanterie française n'aient pas encore introduit aux environs de Paris ce moyen de rendre les jardins plus agréables, de leur donner plus de vie et plus d'intérêt, d'avoir de nouveaux buts de promenade. Il y a une vingtaine d'années que Broussonnet plaça à l'école vétérinaire de Charenton, dont il étoit alors professeur, un modèle de ces sortes de ruches; mais personne que je sache ne l'a employé pour en faire faire d'autres.

M. Eloy, M. Beville, M. Chabouillé et autres, ont aussi fait valoir des ruches construites dans le principe de celles de M. Palteau, et qui méritent d'être employées, comme plus perfectionnées. Je n'en parlerai pas, pour ne pas trop allonger cet article.

Plusieurs personnes proposent de placer des diaphragmes, c'est-à-dire de légères planches transversales percées d'un ou plusieurs trous, à toutes les hausses des ruches. Elles prétendent qu'il est plus facile d'en obtenir les récoltes sans tourmenter les abeilles, et je suis de leur avis; mais ces personnes ne comptent-elles pour rien la perte d'espace que cela occasionne, et le cas où les abeilles ne feroient de gâteaux que sous le premier diaphragme? Ce dernier cas est très fréquent, sur-tout quand la ruche est grande et l'essaim foible; j'en ai eu la preuve un grand nombre de fois.

Les ruches à tonneau, qu'on emploie généralement dans l'archipel de la Grèce, et que Bienaimé et Dellarocca ont beaucoup vantées dans ces derniers temps, sont ou carrées et en bois, ou cylindriques, en paille, en bois, en terre cuite, etc. On les place horizontalement, comme les tonneaux dans une cave. Elles m'ont paru bien inférieures à celles que je viens de mentionner. La nature portant les abeilles à placer leur miel dans la partie supérieure de la ruche, et leur couvain dans la partie moyenne et dans la partie inférieure, elles doivent mieux aimer travailler en long qu'en large. Aussi ne se plaisent-elles point dans ces sortes de ruches. Aussi les expériences qu'on a faites à Versailles et dans la forêt de Montmorency n'ont point eu de résultats satisfaisants. Tous les avantages qu'on leur a supposés m'ont paru illusoires, excepté la facilité d'élargir ou de rétrécir la ruche lorsque les deux fonds sont mobiles, comme ils doivent l'être toujours.

M. de Sainte-Foy a proposé une ruche composée de trois boîtes de bois, égales, longues d'un pied et demi, hautes et larges de huit pouces en dehors, et partagées intérieurement en deux parties égales par le moyen d'une cloison verticale, placée de devant en arrière, et pourvue d'une excision dans sa partie supérieure qu'une plaque de fer-blanc à coulisse ferme; plus, deux portes carrées se fermant par des portes grillées en coulisse. On en pratique deux petites semblables sur l'une des moitiés de chaque boîte. Ces trois boîtes se posent sur une table percée de deux trous par où entrent les abeilles. On fait entrer un essaim dans la boîte du milieu. Cet essaim, l'année suivante, s'introduit dans les boîtes latérales, et forme deux essaims qu'on peut séparer dès la même année. Lorsqu'on veut récolter le miel, on ferme les grilles des portes, on renverse la boîte, et lorsque les abeilles sont montées dans une des autres, c'est-à-dire le lendemain matin, on l'enlève. Ainsi, par le moyen de cette méthode, les ruches se taillent sans déranger, pour ainsi dire, les abeilles; on ne perd pas d'essaims; et comme on leur laisse toujours les deux tiers de leurs provisions, on ne craint point de les voir mourir de faim pendant l'hiver.

Je n'ai point fait usage de cette ruche qui me paroît dans les bons principes, mais d'une construction compliquée et coûteuse; aussi je ne l'ai vue établie nulle part. On en trouve la description dans la collection académique, tome 15.

La ruche de M. Ravenel, celle de M. Serain et celle de M. Gelieu sont, comme les précédentes, des ruches à divisions perpendiculaires, ou mieux, plusieurs ruches très rapprochées, qui n'ont, comme les autres, qu'une mère abeille, mais qu'on peut isoler très facilement, et forcer à devenir autant de ruches qu'il y a de divisions. Celle de M. Gelieu, qui n'a qu'une division, doit m'arrêter un moment, parcequ'elle conduit à celle d'Hubert, qui n'en est qu'une modification, et qu'elle a même quelques avantages sur elle.

M. Gelieu fait faire une caisse avec des planches d'un pouce d'épaisseur; il la fait scier longitudinalement dans son milieu; il ferme chacune des deux demi-caisses par une planche de quelques lignes d'épaisseur, percée d'un trou correspondant, et les réunit ensuite par le moyen de quelques crochets, ou de toute autre manière. Un essaim mis dans cette ruche en remplit les deux portions. Lorsqu'on veut tirer le miel et la cire d'une de ces moitiés, on l'enfume ; on la met en état de bruissement ; on ôte la planche et on opère. Lorsqu'on veut faire un essaim artificiel, on sépare les deux parties de la ruche, et on réunit chacune de ces portions à deux autres portions parfaitement semblables d'une autre ruche. La portion où est la mère abeille travaille, comme si on n'y avoit pas touché, immédiatement après qu'elle a été remise en place de l'autre, et l'autre s'occupe des moyens d'en faire une, comme je l'ai déjà dit, et comme je le dirai encore plus loin. Les avantages qui résultent de cette ruche sont si faciles à saisir, que, quoiqu'on n'en connût pas la théorie comme on la connoît actuellement, il semble qu'elle auroit dû être généralement adoptée par tous les agronomes ; mais je dois le dire à la honte de mes concitoyens, je ne l'ai vue exécutée nulle part.

Me voici arrivé à la ruche de M. Hubert, qui, simplifiée et rapprochée de celle de M. Gelieu, comme je le pratique depuis douze à quinze ans, est, selon moi, plus avantageuse que toutes les autres, à raison de sa simplicité, soit pour faciliter la récolte du miel et de la cire, soit pour faire à volonté des essaims artificiels. Je vais en conséquence entrer dans quelques détails sur sa construction.

M. Hubert, désirant faire des observations sur les abeilles, fut conduit par le raisonnement à désirer une ruche qui eût autant de sections qu'il pouvoit y avoir de gâteaux dans sa largeur. Il fit en conséquence construire, avec des planches de sapin ou de bois blanc d'un pouce d'épaisseur, et de dix-huit à vingt pouces de largeur, douze cadres de seize lignes d'épaisseur qu'il réunit avec des crochets, et il fit fermer d'une planche les deux derniers de ces cadres. Cette ruche, qu'il a appelée ruche en livre ou ruche à feuillets, pouvant s'ouvrir à tous les instans du jour et tous les jours de l'année, permet mieux qu'aucune autre de tenir registre de ce qui s'est passé parmi les abeilles qui l'habitent, comme le prouve l'importance des découvertes de ce savant, et comme je puis l'affirmer par ma propre expérience.

La ruche en livre, telle qu'Hubert l'a imaginée, est d'une construction dispendieuse et d'un emploi difficile. Elle doit être réservée pour les savans ou pour les amateurs qui veulent s'amuser quelquefois à faire des observations. Je propose donc aux agronomes de la simplifier, en ne la faisant que de deux cadres, c'est-à-dire de revenir à celle de M. Gelieu, mais sans diaphragme perpendiculaire.

Les avantages de la ruche des deux demi-boîtes réunies sont de plusieurs sortes :

1° En l'ouvrant, on peut juger, par les deux gâteaux du centre, ce que la totalité des autres contient de cire, de miel, de couvain, s'il y en a, de la quantité d'abeilles (un peu d'habitude le fait connoître très facilement, sur-tout quand on est prévenu que ces deux gâteaux sont toujours proportionnellement les plus longs et les plus garnis), et de permettre par-là de proportionner les enlèvemens aux besoins présumables de l'hiver, ce que, dans aucune autre espèce de ruche, on ne peut faire, car les années sont extrêmement variables relativement à la production du miel ; les essaims sont plus ou moins forts, plus ou moins âgés, et cependant les hausses, dans les ruches de cette sorte, sont toujours de la même épaisseur. Aussi, combien en périt-il pour en avoir trop tiré de miel ? Je ne le sais que trop pour ma part ; car, avant de connoître les ruches d'Hubert, j'avois aussi des ruches à hausses.

2° On peut prendre du miel à toutes les époques de l'année pour son usage personnel ; et j'ai déjà dit que le miel nouvellement fabriqué étoit beaucoup meilleur que le vieux. Souvent, dans ma retraite de la forêt de Montmorency, j'ai apporté une ruche sur ma table, et ai fait prendre le miel, à même des gâteaux, aux amis qui m'étoient venus demander à dîner. L'opération n'est pas si commode que dans les ruches à bocaux de verre mentionnées ci-devant, mais elle réussit toujours.

Lorsque la ruche est bien garnie de miel et de cire, et c'est le cas le plus ordinaire, on peut très facilement, ou mieux, plus facilement que dans aucune autre, en enlever justement la moitié, c'est-à-dire la totalité de ce qui se trouve dans un des côtés, et ce, sans faire périr les abeilles, puisqu'en ôtant avec précaution le premier gâteau, elles se sauvent derrière le suivant, qu'on enlève également, et ainsi de suite jusqu'au dernier ; et que là elles sont pour la plupart fixées sur les parois de la ruche, d'où elles retournent dans la moitié intacte aussitôt que celle vidée lui est réunie. Ce mode de tailler les abeilles est si facile, si dépourvu d'inconvéniens, qu'il a toujours excité l'intérêt, je dirois presque l'admiration de ceux qui en ont été témoins. Quand il périt cent abeilles dans cette opération ainsi faite, c'est beaucoup. Combien en périt-il dans le mode ordinaire de les tailler sans les tuer ? Des milliers ; de plus, on l'a déjà vu, il est important de ne pas laisser la cire plus de deux ans dans la ruche, et ici encore on a plus de facilité pour cela que dans les plus appropriées des autres. On peut également, plus facilement forcer les abeilles, lorsqu'elles sont nombreuses, à travailler beaucoup en cire, ce qui est un avantage, puisque la cire vaut communément trois fois plus que le miel

dans le commerce. Pour cela il ne s'agit que de rendre susceptibles d'être facilement enlevées les deux planches qui forment
les fonds latéraux de la ruche, en ne les attachant qu'avec des
vis, et d'enlever, dans le fort du travail, tous les huit jours,
le rayon le plus voisin de chacune de ces planches, lequel ne
contient, à cette époque, jamais de miel, et rarement du couvain. J'ai retiré une fois, par cette méthode, près de cinq livres
de cire d'une ruche qui, si je ne l'avois pas employée, ne m'en
auroit donné que deux.

M. Hubert, par sa lettre datée de Genève le 6 décembre 1805,
lettre dans laquelle il me fait quelques objections sur ma division
en deux de sa ruche, ajoute : « C'est par l'entrelacement des
cadres vides avec les pleins qu'on oblige les abeilles à faire plus
de rayons qu'elles n'en construisent dans les ruches ordinaires.
Il faut seulement que les fleurs soient abondantes quand on fait
cette opération. »

Je crois, en effet, qu'il y a plus de certitude à suivre le conseil
de M. Hubert; car j'ai remarqué, comme lui, que les abeilles
ont plus de peine à supporter un vide au milieu de leur ruche
que sur les côtés.

On peut faire très facilement, dans la saison, des essaims artificiels, toutes les fois que la population de la ruche le permet;
et on peut toujours savoir quand cela est bon, en examinant,
après l'avoir ouverte, s'il y a des mâles, et si le nombre des
abeilles est considérable. Pour cela, il suffit de séparer les deux
portions de la ruche, et de réunir à chacune deux autres demi-
ruches vides. Ainsi qu'il a été observé déjà une ou deux fois, la
portion de la ruche qui a conservé sa mère abeille travaille une
heure après, et celle qui n'en a point en fait une avec des œufs
ou du jeune couvain d'ouvrières. L'avantage de n'être pas obligé
d'employer du temps à attendre la sortie naturelle d'un essaim
pour le recueillir, de ne pas craindre de le perdre, et sur-
tout d'avoir des essaims hâtifs, est si grand, qu'il est surprenant que la totalité des possesseurs de ruches, qui ont lu les
ouvrages qui préconisent les essaims artificiels, sur-tout ceux
d'Hubert, s'en tiennent encore à l'ancienne routine. Dans le
climat de Paris, par exemple, il arrive souvent que les printemps sont froids et pluvieux, et que les essaims qui auroient
dû partir le 10 mai, par exemple, ne sortent que le 10 juin.
Voilà un mois de retard qui auroit été employé, par cet essaim,
à se fortifier dans sa nouvelle ruche, tandis qu'il a à peine le
temps de réparer ses pertes journalières et de faire ses provisions
d'hiver : aussi est-il un vieux proverbe, dont je ne me rappelle
plus des termes, qui dit que tout essaim tardif est plus qu'aven-
turé; et, en effet, il en réussit peu.

Les deux seuls inconvéniens que j'aie remarqués dans les

ruches à une seule section perpendiculaire résultent de la forme plate de leur partie supérieure, et de leur plus haut prix que celles de paille ou d'osier. Le premier pourroit être facilement diminué, en leur faisant un toit en chevron, ou même en faisant la ruche entière en toit, comme on l'a proposé à la société d'agriculture de Versailles; et le second, en employant des précautions conservatrices.

Un point essentiel quand on fait entrer un nouvel essaim dans une de ces ruches, c'est de déterminer les abeilles à faire leurs gâteaux dans une direction parallèle à la ligne de séparation et à quelque distance de cette ligne, afin que, lorsqu'on ouvrira la ruche, la section soit entre deux gâteaux, et qu'aucun gâteau ne soit rompu : or, cela est fort aisé, puisqu'il ne s'agit que de fixer, à deux lignes de la ligne de séparation, un morceau de gâteau, par le moyen d'attaches de fil de fer ou de bois, comme il a été déjà indiqué.

Il tient huit gâteaux dans la ruche dont j'ai donné les dimensions plus haut, et c'est assez, ne pouvant trop répéter qu'il y a de l'avantage à avoir des ruches petites et en grand nombre, plutôt que des ruches grandes et en petit nombre.

Tout propriétaire de ruches qui pèsera, sans préventions, les raisons que je viens de développer en faveur des ruches à une seule section perpendiculaire, devra les trouver prédominantes, et se décider à en faire construire de semblables. S'il ne le fait pas, j'ose croire, d'après mon expérience, qu'il a tort.

Il ne me reste plus qu'à dire un mot des ruches vitrées pour terminer tout ce que j'ai à dire sur ce sujet.

Dès que les naturalistes voulurent porter leur attention sur la merveilleuse industrie des abeilles, ils durent penser à en faire faire de transparentes. Pline nous apprend qu'il y en avoit à Rome de son temps. Cependant Mouffet et Swammerdam, qui, les premiers des modernes, observèrent les abeilles, ne connoissoient pas les ruches vitrées. MM. Cassini, Maraldi, et sur-tout Réaumur, sont ceux qui les ont mises à la mode. Aujourd'hui on en trouve dans un grand nombre de jardins des environs de Paris, mais aucune ne remplit son objet. Ce sont ordinairement des pyramides tronquées dont les quatre faces ont des carreaux de verre recouverts d'un volet qu'on ouvre à volonté. Dans ces ruches on voit quelques abeilles se promener sur leurs gâteaux dans les environs des verres; mais rarement on les surprend à exécuter leurs opérations les plus communes, et jamais les plus importantes, parceque c'est toujours dans l'intervalle des gâteaux du centre qu'elles se font, que la vue ne peut s'y porter, que les abeilles les cachent, et qu'elles les interrompent à l'aspect du jour. Il n'est qu'une sorte de ces ruches qui puisse remplir complètement l'objet du philosophe observateur, ce sont celles qui ne sont composées que par un seul rayon, parallèle aux carreaux. Pour les construire, on fait un cadre d'un pied et demi de large sur deux pieds de long, et deux pouces d'épaisseur, qu'on garnit, des deux côtés, de verres mobiles, et au bas duquel on ménage une ouverture. On place au sommet, en dedans, exactement à égale distance des verres, un morceau de gâteau pour déterminer la direction du travail des abeilles, et on recouvre le tout d'un surtout de bois, car les abeilles ne voudroient pas y rester si elles voyoient le jour. Il est souvent difficile de forcer à y entrer l'essaim qu'on y introduit, parceque le local n'est point commode ; mais une fois que les abeilles y sont faites et qu'on les a accoutumées à voir fréquemment enlever le surtout qui les met dans l'ombre, elles travaillent en présence de l'observateur. Puisqu'on découvre la totalité des deux côtés du gâteau, on juge bien qu'il ne se fait rien dans la ruche qu'on ne puisse espérer de voir ; cependant on ne voit pas toujours tout ce qu'on désireroit, parceque les abeilles se mettent en peloton, et que la mère abeille sur-tout, dont les actions intéressent le plus, est toujours entourée d'ouvrières.

Généralement on achète les abeilles soit à l'époque des essaims, et alors ce sont seulement les essaims, soit au commencement, soit à la fin de l'hiver. L'enlèvement d'une ruche acquise ne paroît pas devoir être difficile, puisqu'il ne s'agit que de l'envelopper le soir d'un gros linge qui empêche les abeilles d'en sortir si elle est de forme ancienne, ou d'en boucher l'entrée si elle est de forme moderne, et de la mettre dans une hotte sur le dos d'un homme, ou sur une civière que deux hommes portent, ou sur une voiture qu'on fait marcher au pas, pour la transporter pendant la nuit à sa destination ; mais il est sujet cependant à de grands inconvéniens, sur-tout s'il se fait en été, les gâteaux pouvant se détacher et tuer la plupart des abeilles, et sur-tout la mère abeille. Il faut en général prendre les plus grandes précautions, multiplier les bâtons qui assujettissent les gâteaux, et ne pas craindre de perdre son temps en agissant avec lenteur. Il est toujours préférable, lorsqu'on fait un marché de ruches, de spécifier qu'on ne les enlèvera qu'à la fin de l'hiver et le jour qu'on jugera bon, parceque c'est alors qu'elles ont le moins de provisions, qu'elles sont le moins garnies d'abeilles, et que ces abeilles ont le moins d'activité. On choisira une nuit froide, et le transport à bras d'hommes de préférence à tous autres lorsqu'on le pourra.

Arrivées à leur destination, on les placera à quelque distance des autres ruches, on les laissera se reposer dans leur enveloppe jusqu'à la nuit suivante, afin de leur donner le temps de se calmer, et on les visitera le plus tôt possible pour enlever les gâteaux qui auroient pu se détacher. Ici on trouve beaucoup d'avantages à avoir des ruches en bois dont on peut ouvrir et fermer facilement l'ouverture; celles de M. Lombard, à raison de leur peu de capacité et du nombre de leurs traverses, ont aussi des avantages marqués sur les autres.

Je dis qu'il faut placer ces ruches à quelque distance des autres, parceque très souvent il y a des batailles sanglantes entre les anciennes et les arrivantes. S'il y a un pillage projeté, et l'époque la plus favorable à leur transport est justement celle des pillages, c'est toujours sur ces dernières qu'il se tente. Au bout de quelques jours cet inconvénient diminue, et on peut réunir le tout sous le même toit.

Si le lieu où on transporte une ruche est peu éloigné de son ancienne place, il ne faut donner la liberté aux abeilles qu'elle renferme que deux ou trois jours après leur changement, sans quoi elles y retourneroient en plus ou moins grand nombre, ce qui affoibliroit d'autant la ruche.

En général tout changement de place, ne fût-il que de quelques pieds, sur-tout lorsque c'est dans un rucher, est nuisible aux abeilles, soit parcequ'elles perdent pendant plusieurs jours un temps précieux pour retrouver leur ruche qu'elles vont toujours d'abord chercher à l'ancien local, soit parceque ne l'y trouvant plus, elles entrent dans les ruches voisines et s'y font tuer comme ennemies.

La plupart des habitans des campagnes placent leurs ruches en plein air sur une planche, une large pierre plate, ou un rond de plâtre, posé sur trois piquets solidement fixés en terre, et élevés d'un à deux pieds. D'autres fabriquent des cubes en maçonnerie pour remplir le même objet. Un très petit nombre les suspendent contre des murs ou des arbres, et les placent dans des greniers. Enfin il est des propriétaires riches qui leur font construire des ruchers plus ou moins coûteux, plus ou moins compliqués dans leurs accessoires.

Les inconvéniens de mettre les ruches en plein air ont été beaucoup trop exagérés, à mon sens, dans ces dernières années. On ne peut se dissimuler que la paille, l'osier ou les planches, matière dont elles sont communément fabriquées, ne s'y pourrissent plus promptement que sous un abri, et que les vents, les froids de l'hiver et les pluies, ne fatiguent davantage les abeilles; mais la nature les a faites pour supporter l'action des météores, et peut-être qu'elles ne gagnent point à en être garanties. J'ai cru du moins m'apercevoir que les ruches des pauvres réussissoient toujours mieux que celles des riches. Peut-être cela vient-il d'autres causes trop longues à développer; mais je suis si convaincu du principe qu'il faut, en agriculture, s'éloigner le moins possible de la nature, que je serois tenté de conseiller de remettre les abeilles au milieu des bois, dans des arbres creux, plutôt que de leur bâtir des palais. D'ailleurs l'économie, sans laquelle on ne peut espérer de résultats avantageux, commande toujours de préférer les moyens les plus simples. Je dirai donc que ceux qui ont beaucoup d'espace et peu d'abeilles doivent les laisser en plein air, et que ceux qui ont beaucoup d'abeilles font fort sagement de leur ménager le terrain et de se procurer les moyens de faciliter leur surveillance par la construction d'un rucher.

Qu'on disperse les ruches en plein air, ou qu'on les rassemble sous un rucher, il est toujours indispensable de les mettre autant que possible à l'abri des grands vents dominans, en les rapprochant des murs, des haies ou des massifs d'arbres, et sur-tout de les placer à l'exposition du levant ou du midi, ou mieux, entre les deux; voici mes raisons pour émettre ce dernier conseil.

La plupart des fleurs s'épanouissent de très grand matin, et le nombre des insectes qui se nourrissent de leur miel est immense. Si les abeilles ne sont point diligentes, elles se trouvent prévenues par leurs rivaux, et elles ne font que des récoltes incomplètes. Or, c'est toujours la chaleur qui détermine leur sortie, et c'est le soleil qui amène chaque jour cette chaleur. Aussi plus tôt une ruche est-elle frappée de ses rayons, et plus tôt les abeilles qu'elle renferme se mettent-elles à l'ouvrage. J'ai observé, au printemps et en automne, jusqu'à quatre heures de différence, par suite de leur position, entre la sortie des abeilles de deux ruches placées dans le même jardin, et point dans leur rentrée. On peut juger que, quoique cette différence soit moins grande pendant les chaleurs de l'été, toutes choses égales d'ailleurs, la ruche exposée au levant a dû se fortifier et augmenter ses provisions bien plus promptement et plus considérablement que celle qui étoit à l'ouest; je dis l'ouest, parceque cet aspect est réellement plus défavorable que le nord, qui presque toujours reçoit quelques rayons du soleil levant pendant l'été.

On croit cependant assez généralement que les ruches réussissent mieux au midi qu'au levant; mais je ne suis pas de cet avis. Si elles essaiment plus tôt, ce n'est pas parcequ'elles sont plus peuplées, mais parceque la grande chaleur qu'elles éprouvent à l'heure ordinaire de cette opération la détermine. Dans les pays chauds, cette exposition ne vaut absolument rien, sur-tout quand les ruches sont contre un mur ou sous un rucher élevé, parceque la chaleur fond la cire, liquéfie le miel, et fait asphixier les abeilles; aussi les voit-on presque tous les soirs, lorsque les jours sont très chauds, se tenir hors de la ruche. Je dirai donc de nouveau que dans le climat de Paris l'exposition intermédiaire entre le levant et le midi est la meilleure. Peut-être qu'une des causes, que j'ai négligé de rechercher plus haut, qui font que les abeilles exposées à l'air réussissent mieux que celles qui sont dessous ou dedans un rucher bien orienté, c'est qu'elles ont le soleil presque toute la journée et point de chaleur réfléchie.

Pendant le printemps les abeilles trouvent d'abord beaucoup à butiner dans les jardins, sur les arbres fruitiers et dans les forêts en bonne exposition et en terrains secs ; mais ensuite ce sont les prairies qui leur fournissent le plus de provisions. En été, les bois un peu frais les dédommagent de la sécheresse des plaines.

Beaucoup de personnes pensent qu'il faut que les ruches soient placées rase terre, parceque les abeilles revenant chargées ne pourroient pas y rentrer si elles étoient plus élevées. L'expérience dément cette opinion ; car dans les bois, comme je l'ai déjà dit, c'est presque au sommet des arbres, c'est-à-dire à quarante ou cinquante pieds de haut, qu'elles se nichent le plus ordinairement.

On m'a rapporté que dans quelques pays du nord de l'Europe où ce préjugé ne règne pas, on met toujours les abeilles dans les greniers ou sur le toit des maisons, et qu'on s'en trouve bien. J'en ai vu, même en France, d'ainsi disposées qui réussissoient fort bien. Quand on n'y gagneroit que la sécurité, ce seroit déjà beaucoup.

Je préférerai donc toujours des ruches très élevées au-dessus du sol à des ruches susceptibles d'être atteintes, soit de l'humidité de la terre, soit de celle des plantes ou des arbustes qui les entourent, soit des fourmis, des limaces, des mulots, etc., parcequ'elles ne le sont pas assez.

Ces données générales indiquées, il faut passer à la construction des ruchers.

Le plus simple, et par conséquent le plus économique, consiste en un appentis formé de deux poteaux de chêne, qu'on enfonce dans la terre à cinq ou six pieds d'un mur, et de quelques perches de traverses qui lient ces deux poteaux entre eux et avec le mur, traverses sur lesquelles on assujettit des bottelettes de paille ou de roseaux, comme lorsqu'on couvre les maisons en chaume. Là, les ruches sont à l'abri de la pluie ordinaire. Lorsqu'on veut les garantir également des pluies d'orage, on fixe quelques perches entre les poteaux et le mur, on les lie par un grossier clayonnage qu'on enduit d'un torchis d'argile ou qu'on revêt de mousse.

Les proportions qu'on est obligé de garder dans la construction d'un rucher dépendent du nombre de ruches qu'on

veut y placer , et de la hauteur à laquelle on désire qu'elles
soient montées. Il faut seulement avoir attention qu'il ait assez
de largeur pour qu'on puisse facilement passer devant et derrière les ruches.

Dans les ruchers , on place les ruches ou sur des supports
isolés , comme en plein air , ou sur des planches d'une grande
longueur. L'isolement est toujours préférable , parcequ'on peut
toucher à une ruche sans tourmenter les autres , qu'un accident influe rarement sur la totalité , etc. etc. ; mais la différence des avantages et des inconvéniens est en réalité si peu
considérable , qu'il devient indifférent d'employer les deux
moyens.

Un rucher à plusieurs étages entraîne nécessairement une
construction plus solide , aussi ne se construit-il généralement
qu'en pierres, et ne se couvre-t-il qu'en tuiles. Dans les uns , les
ruches sont posées sur des planches posées les unes au-dessus
des autres, soit contre le mur , soit au milieu du rucher , au
moyen de montans liés par des traverses ; dans les autres , il
y a réellement autant de planches que d'étages ; ces derniers
sont rares , parcequ'ils sont très coûteux ; souvent ils sont
grillés et ferment à clef , ce qui est un grand avantage pour
les abeilles que les oiseaux ne vont pas manger jusqu'à leur
porte, et pour le propriétaire qui craint moins les voleurs.
Quelquefois ces ruchers à plusieurs étages sont à plusieurs rangs.
En général , toutes les fois qu'un rucher a plusieurs rangs ,
il est mieux de le faire plus large , afin de pouvoir mettre les
ruches non pas les unes au-dessus des autres, comme on le fait
ordinairement , mais les unes derrière les autres, avec un sentier entre elles pour le service. Quand il y a plus de trois
rangs , les derniers ne pouvant pas recevoir les rayons du
soleil , sur-tout à l'exposition du midi, se trouvent placés dé-
favorablement, et les ruches qui les composent travaillent moins
que les autres.

Je ne finirois pas si je voulois entrer dans toutes les formes
possibles de ruchers et dans toutes les combinaisons de situation
des ruches destinées à y être placées. Les caprices des propriétaires, et des motifs sans nombre , souvent étrangers au bien-
être des abeilles , influent le plus souvent sur le mode de leur
construction et sur leur disposition intérieure. Je voudrois cependant encore engager les propriétaires à repousser les formes rondes ou polygones , qui semblent vouloir prédominer en
ce moment , comme extrêmement mauvaises. La ligne droite
ou une courbe très allongée sont les seules à employer.

Il est des positions où il faut éviter de placer des abeilles.
Les fumiers leur sont funestes ; il en est de même des eaux
croupissantes. Certaines usines , telles que celles des produits

chimiques, les tanneries, les corroieries, etc., les fours à chaux et à plâtre, leur nuisent toujours par la mauvaise odeur qu'ils répandent. Le voisinage d'une sucrerie les anéantit en peu de temps, parcequ'elles s'y portent en foule et se noient dans les chaudières. Inutilement on chercheroit à en élever dans certaines plaines à blé, où la culture alterne n'a pas introduit les prairies artificielles; elles n'y trouveroient pas suffisamment à vivre.

Un propriétaire qui veut faire une spéculation sur les abeilles doit donc étudier la botanique de son canton avant de la commencer. Il pourra espérer de réussir dans tous les pays abondans en bois taillis, en montagnes couvertes de friches, en plaines incultes. Tel endroit ne peut nourrir que quelques centaines de ruches, tel autre en peut nourrir des milliers. Certaines espèces de plantes donnent un miel de meilleure qualité que certaines autres; ainsi un lieu où les premières prédomineront devra être préféré. Celles des pays secs sont presque toutes dans le premier cas, et celles des pays aquatiques dans le second. Il faudra donc ne pas former un établissement de ruches dans le voisinage des marais. C'est à la fin de l'été et en automne que les abeilles travaillent le plus pour leurs provisions d'hiver, parcequ'alors elles ne sont plus distraites dans leurs récoltes par la nécessité d'élever du couvain et de bâtir des gâteaux. Si donc le pays ne fournit pas, à cette époque de l'année, une grande abondance de fleurs, elles ne donneront que de foibles produits; et même dans les années où l'été et l'automne auront été très secs, elles seront exposées à mourir de faim l'hiver suivant, si on ne vient pas à leur secours : la bruyère est une des plantes qui, dans le climat de la France, leur fournit le plus de ressources par la grande quantité de ses fleurs et l'étendue des terrains qu'elle couvre; aussi tous les pays à bruyère, la Sologne, la Bretagne, les landes de Bordeaux, mettent-ils dans le commerce une grande quantité de miel, qui, s'il n'est pas aussi bon que celui des montagnes du midi de la France, montagnes couvertes de plantes aromatiques, est préférable à celui qu'on récolte dans presque tout le reste de son étendue, où une grande variété de fleurs concoure à le fournir. Les pays que je viens de nommer cultivent, de plus, quantité de sarrasin, ce qui augmente d'autant les moyens de subsistance des abeilles, cette plante fournissant aussi beaucoup de miel.

Dans quelques cantons de la France et encore plus dans les pays étrangers, on transporte les abeilles des pays de plaines, lorsqu'il n'y a plus de récoltes suffisantes à espérer pour elles, dans les pays de bois et sur-tout de bois situés sur des montagnes, où l'empire de Flore subsiste plus long-temps. Les anciens faisoient de même. Il y a deux manières de procéder dans ce cas. Ou on envoie des abeilles à poste fixe dans un lieu, ou on les fait changer de lieu tous les jours ou tous les deux jours, ou tous les quinze jours, etc. On les envoie par terre ou par eau.

Lorsqu'on les fait voyager par terre il faut leur éviter les cahots qui font tomber leurs gâteaux, les tuent, ou au moins les tourmentent beaucoup ; en conséquence, on doit les mettre ou dans des voitures suspendues, ou sur des planches posées en travers et également suspendues, ou au moins sur une abondance de foin ou de paille, telle qu'il n'y ait pas à craindre de contre-coups.

On doit encore redouter la chaleur de la saison, qui ramollit la cire et le miel, fait couler ce dernier, qui se perd et emmielle les abeilles. Il faut donc prendre de plus la précaution de ne confier leur transport qu'à un homme sage, de ne l'effectuer que de nuit, de faire des traites extrêmement courtes, et s'arrêter toutes les fois qu'il arrive quelque évènement aux ruches : c'est en général une opération difficile et inquiétante, que celle de faire voyager les abeilles dans des charrettes ; et il me paroît que plus le terme est rapproché, et plus il y a à gagner ; aussi préfèrerois-je d'envoyer les ruches à poste fixe plutôt que de les faire continuellement voyager pendant trois à quatre mois. Je conçois bien tous les avantages de cette méthode de cultiver les abeilles, et je suis le premier à la conseiller par-tout où elle est praticable ; mais, malgré les éloges qu'on lui a donnés dans tous les temps, je crois qu'il seroit plus avantageux qu'il y eût plus d'abeilles dans les lieux où on les porte, et moins dans ceux d'où elles sortent. On peut, je crois, comparer, avec assez de justesse, ces voyages d'abeilles aux courses des moutons d'Espagne, excepté qu'ici il n'y a point de perte pour le pays en général, parceque les abeilles ne consomment que ce qui n'est utile à personne.

Quant aux transports par eau, ils sont très faciles, sans dangers pour les abeilles, et peu coûteux ; mais ils ne sont pas praticables par-tout.

C'est ordinairement depuis le commencement de juillet jusqu'à la fin d'octobre qu'on envoie les abeilles au pâturage. Il n'est pas du tout indifférent de les placer dans tel ou tel endroit, à telle ou telle époque ; et il faut qu'un homme intelligent le détermine. Lorsqu'elles sont destinées à changer souvent de place, il ne faut pas qu'elles s'accoutument à aller butiner au loin, car elles ne retrouveroient souvent pas leur ruche. J'ai lieu de croire, d'après leur manière d'être et leur ardeur pour le travail, qu'il doit s'en perdre considérablement dans ces voyages

On dit communément que les abeilles vont à plus d'une lieue de leur ruche, et cela n'est probablement pas exagéré; mais on ne doit jamais désirer qu'elles fassent d'aussi longues courses, parcequ'elles sont bien plus exposées aux dangers de toute espèce qui les assiègent, et qu'elles perdent en route un temps qu'elles pourroient employer plus utilement pour amasser des provisions aux environs de leur ruche. Aussi ai-je lieu de croire qu'elles ne font d'aussi longs voyages que lorsqu'elles y sont forcées par le manque de subsistance dans un moindre espace.

Les abeilles dans l'état naturel, c'est-à-dire au milieu des bois, au bout d'un nombre d'années plus ou moins considérable, mais toujours long, sont obligées d'abandonner leurs gâteaux, dont les alvéoles sont devenues trop étroites, ou qui sont trop infestées des teignes de la cire, etc. En domesticité, c'est donc, outre l'intérêt qui en résulte pour le propriétaire, leur rendre service que de leur enlever ces gâteaux. Je ne parle en ce moment que de ceux qui ne renferment pas de miel, afin de leur fournir de l'espace pour en construire de nouveaux. Une ruche trop pleine, je l'ai déjà observé, dégoûte les abeilles. A quoi bon, en effet, se donner beaucoup de peine pour ramasser des provisions, lorsqu'on ne sait quel usage en faire, ni même où les déposer? Je parle ici du miel et de la cire en même temps.

Mais s'il est utile d'ôter une partie de la cire et du miel des ruches, il faut le faire avec modération, c'est-à-dire toujours leur laisser une ample part de ce dernier; car ce seroit folie que de perdre une ruche d'une valeur considérable, pour une ou deux livres de miel de plus. Au printemps on leur en enlève davantage qu'en automne, parcequ'alors on peut calculer le nombre de jours qu'elles ont encore à attendre les fleurs qui doivent leur fournir les moyens de le renouveler.

Il est difficile de donner des règles générales à ce sujet. Chaque ruche doit être traitée différemment. Les foibles doivent être plus ménagées que les fortes. Un quart ou un tiers en automne, moitié ou deux tiers au printemps, sont des proportions raisonnables.

Je dis en automne et au printemps, parcequ'on peut alors indifféremment *couper* les abeilles à ces époques; on le pourroit même toute l'année, et on le fait dans les ruches à hausses, dans celles de M. Lombard, dans celles à la Hubert, et sur-tout dans celles à bocaux de verre, dites à l'*anglaise.*

Les agronomes sont très partagés sur la question de savoir laquelle de ces deux époques est la plus convenable. Généralement on préfère la coupe d'été, peut-être par l'effet de l'habitude, puisque lorsqu'on fait périr les abeilles, c'est toujours à cette époque, c'est-à-dire à la fin de juin ou au commencement de juillet. Elle a pour elle l'avantage de fournir un miel plus fin ; car , n'en déplaise à quelques écrivains qui prétendent que le miel ne s'altère pas dans la ruche, j'ai toujours trouvé le miel nouveau meilleur que le vieux ; mais c'est presque le seul avantage que je lui reconnoisse : de plus , la cire est blanche, tandis qu'elle devient brune en passant l'hiver dans la ruche. On a évalué à une livre et demie de miel la nourriture d'une ruche bien peuplée pendant un hiver : cependant il ne faudroit pas calculer sur cette base dans la pratique , car les hivers sont si variables, que souvent cette quantité seroit consommée bien avant l'époque des nouvelles fleurs.

Comme les abeilles ne consomment strictement que ce qu'il leur faut pour vivre, on n'a pas à craindre , en les laissant gardiennes de leurs provisions pendant l'hiver , qu'elles les dilapident. En conséquence il me semble que la prudence doit engager à attendre, pour les leur enlever, que le retour du printemps leur permette de les renouveler.

Lorsqu'on est dans l'intention de faire la récolte du miel en automne , je crois qu'il est bon de l'entreprendre en septembre plutôt qu'en octobre, comme on le fait presque partout, parceque les abeilles, qui trouvent encore quelques fleurs et quelques beaux jours , peuvent rétablir plus ou moins la brèche qu'on a faite à leurs provisions. Si on veut faire périr les mouches, on doit attendre le plus tard possible, et par la même raison ; mais j'ai honte de donner un conseil pour ce cas.

Quand on croit devoir remettre cette récolte au printemps, il ne faut pas, comme quelques agronomes le conseillent , attendre jusqu'au mois de mai , parcequ'alors les abeilles sont dans le fort de leurs travaux , et que ce seroit leur nuire que de les déranger. Je pense que le véritable moment de la faire est au commencement d'avril, c'est-à-dire aussitôt que les fleurs commencent à se développer. Le point fixe qui me guide est la floraison du saule marceau , arbre sur lequel les abeilles trouvent des récoltes abondantes pendant près d'un mois , et au moyen duquel, quand il est commun dans le pays , elles peuvent attendre le développement des fleurs des autres plantes.

On a élevé la question de savoir s'il ne convenoit pas mieux de tailler les ruches plusieurs fois dans l'année. Dans les pays chauds et riches en fleurs, cela devient indispensable ; dans les pays froids, cela devient souvent utile, mais n'est guère praticable que dans les ruches à hausses, ou à couvercle, comme celles de M. Lombard, ou à la Hubert. Cependant il ne faut pas le faire sans motifs, puisque les abeilles ne veulent point être tourmentées, sur-tout pendant la saison de la ponte.

Toutes ces opérations tiennent à tant de considérations, qu'il est fort difficile d'en tracer la marche en peu de mots. C'est aux propriétaires à combiner leurs avantages et leurs inconvéniens d'après les bases que j'ai fixées dans cet article.

Il faut des connoissances-pratiques pour tailler une ruche de l'ancienne sorte, c'est-à-dire, savoir distinguer les alvéoles à couvain des alvéoles à miel, et connoître le lieu où sont placées ces dernières. Les premières se reconnoissent à leur couvercle bombé, et les secondes, qui sont toujours, comme je l'ai déjà dit souvent, au plus haut de la ruche, à leur couvercle aplati. Il est bon de choisir, pour cette opération, un jour chaud, un jour où les abeilles sortent, et une heure où la plupart sont dehors.

Pour y procéder régulièrement, on enfume la ruche, et on s'en rend maître par les moyens que j'ai indiqués à l'article des essaims artificiels. Ensuite on la transporte à quelque distance du lieu où elle étoit placée, et on la renverse sens dessus dessous, dans un trou fait en terre, ou contre un mur, un arbre, etc. Là, avec un long couteau fait exprès, dont la pointe est recourbée, ou mieux, pliée sous un angle obtus, on enlève successivement les gâteaux ou portions de gâteaux qui ne contiennent que de la cire, et ensuite ceux qui renferment le miel. S'il y a du couvain, il faudra le ménager le plus possible. Il est bon, en général, de commencer par les gâteaux les plus près de la circonférence, parceque ce sont ceux qui sont privés le plus fréquemment de miel. Mais comme, si on suivoit toujours cette règle, ceux du centre resteroient perpétuellement dans la ruche, il faut enlever aussi des premiers ceux de ces derniers qui sont les plus vieux. Quelques personnes enlèvent de suite la moitié des gâteaux; d'autres enlèvent alternativement un gâteau. Je tiens pour les premières, par la nécessité de fournir aux abeilles une retraite contre les froids de l'hiver.

Lorsque l'opération est faite, on reporte la ruche à sa place, et on se hâte d'enlever le produit de la récolte, pour empêcher des abeilles de venir le reprendre. Quelques jours après on la visite pour balayer les abeilles mortes, les fraguemens de cire, etc., que les ouvrières auront fait tomber en réparant le dommage qu'on leur a causé.

Les ruches à hausses se coupent en enlevant la hausse supérieure, après l'avoir cernée avec un couteau et avoir coupé, avec un fil de laiton, la totalité des gâteaux. Cette facile opération peut se faire en tous temps et à toutes les heures. Il en est de même de la ruche de M. Lombard, qui n'est qu'une ruche à hausses modifiée. Dans cette dernière, au lieu de fixer une planche pour fermer la hausse devenue supérieure, on met une nouvelle calotte. Les abeilles s'aperçoivent à peine du vol qu'on leur fait, et ce n'est qu'après qu'il est effectué qu'elles en reconnoissent toute l'étendue.

Dans tous ces cas, les abeilles qui sont emportées dans les rayons sont chassées ou ôtées avec précaution, et retournent à la ruche. Celles qui ont été emmiellées doivent ou être reportées sur le plateau de la ruche, où les autres viennent les lécher et les mettre à même de faire de nouveau usage de leurs ailes, ou mises dans de l'eau et mouillées assez fortement pour que le miel qui les salit se dissolve, et qu'elles puis ent s'envoler après s'être séchées à l'air. Il ne faut pas dans ce cas être effrayé de leur mort apparente, un quart d'heure de soleil suffit pour les rappeler à la vie.

Des essaims de l'année peuvent aussi être taillés ; mais on ne doit y procéder qu'après s'être assuré qu'ils sont bien garnis de miel.

Dès qu'on a sorti les gâteaux de la ruche, il faut choisir les plus beaux et les plus blancs de ceux qui contiennent le miel, et les mettre à part. Il faut également faire plusieurs lots des autres qui sont inférieurs en qualités. Les plus beaux sont ordinairement sur les côtés de la ruche. Une partie de ceux-là sont destinés à être servis sur la table en nature, tous les autres à être soumis à diverses opérations pour en tirer le miel.

On passe la lame d'un couteau sur tous les gâteaux qui contiennent du miel clos dans les alvéoles, afin d'enlever les couvercles ; ensuite on place ces gâteaux sur une claie, ou une toile très claire, au-dessus d'un vase destiné à recevoir le miel qui en découle, soit naturellement, soit à l'aide d'une douce chaleur. Lorsque ce premier miel, qui est toujours le meilleur, et qu'on appelle le miel vierge, est sorti, il faut briser tous les gâteaux, sans exception, en petits morceaux, et les mettre de nouveau égoutter, pour en tirer un second miel inférieur au premier, mais encore bon ; après quoi on presse ces morceaux avec les mains pour en tirer un troisième, de très médiocre qualité ; enfin on le soumet à une forte presse dans des sacs de toile claire et forte, ce qui en fournit encore un plus mauvais.

Dans les fabriques en grand on a des chambres uniquement destinées à ces opérations, et dont on gradue la chaleur en conséquence ; c'est-à-dire qu'à mesure que le miel diminue en quantité, on augmente l'intensité de cette chaleur.

Le miel découlé naturellement des gâteaux n'a besoin d'aucune sorte de préparation. Celui qui est sorti de la presse éprouve une espèce de dépuration naturelle qui fait tomber au fond du vase où on le met les parties étrangères pesantes, et monter à sa surface celles qui sont légères, de sorte qu'en l'écumant on enlève ces dernières, et en le transvasant on le débarrasse des premières.

J'ai oublié de recommander d'avoir soin d'ôter toutes les abeilles mortes, et le couvain, des gâteaux qu'on se propose de manipuler ; car elles portent dans le miel un principe de putréfaction et une saveur fort désagréable. Il faut aussi ôter, autant que possible, le rouget qui le rend âcre et peu flatteur à l'œil.

Toutes les abeilles mortes, les restes de cire et les ustensiles qui ont été employés doivent être portés à la proximité des ruches par un temps doux, afin que les abeilles viennent enlever le miel qui les recouvre et en profiter. Il ne faut cependant pas leur en donner trop à la fois, crainte qu'elles ne gagnent des indigestions ou la dyssenterie.

Quoique le miel ait passé par l'estomac des abeilles avant d'être déposé dans les ruches, il conserve encore en partie les qualités physiques qu'il avoit dans les nectaires des fleurs. Il n'est personne qui n'ait été en situation de juger de la diversité de couleur, de goût, de consistance de ceux qui sont dans le commerce ; je dis plus, la même ruche donne chaque mois des miels différents, et chaque mois correspondant de deux années n'en présente point de semblables. Cela tient aux changemens qui ont lieu dans les plantes et dans l'atmosphère ; je dis dans les plantes, parcequ'il est de fait que le nombre des plantes d'une même espèce varie souvent d'une année à l'autre, et que la même plante donne un miel différent, selon qu'il a fait sec ou humide. Il est d'ailleurs des plantes qui donnent constamment un miel fort mauvais, tandis qu'il en est d'autres qui en donnent toujours un excellent. La jusquiame, la scrophulaire, le buis, l'azalée pontique, etc., etc., fournissent même un miel dangereux : c'est de cette dernière plante que provenoit, au rapport de Tournefort, ce miel qui rendit furieux les soldats grecs qui, au nombre de dix mille, se retiroient sous la conduite de Xénophon, après la défaite de l'armée de Darius, dont ils faisoient partie.

C'est dans les pays secs et chauds, dans ceux abondamment pourvus de plantes aromatiques de la famille des labiées, que se produit le meilleur miel en Europe ; mais en Amérique, et sans doute dans les autres parties du monde où il n'y a presque pas de plantes de cette famille, il se trouve de fort bon miel, témoin l'île de Cuba. Là c'est la fleur de l'oranger qui le fournit, comme je l'ai déjà dit.

Biot et Décandolle, le premier dans les îles Baléares, et le second dans les Corbières, près Narbonne, ont constaté, par des observations positives, que c'étoit au romarin seul qu'étoit due la supériorité du miel de ces deux localités. Voyez la Bibliothèque des propriétaires ruraux, juillet 1807.

M. Allaire m'a appris que les fabricans de pains d'épice de

Reims payoient plus cher le miel du printemps provenant du saule marceau, et n'estimoient pas celui d'automne formé aux dépens du sarrasin.

Olivier a observé que le miel de la Haute-Provence, dont la qualité est excellente, est récolté sur la lavande. C'est de ce miel que je consomme aujourd'hui sur ma table.

L'été de 1807, qui a été très sec, me donne lieu de faire une remarque. J'avois mangé du miel récolté à Versailles au mois de mai dans une ruche à hausse, et je l'avois trouvé très bon; M. Duchesne m'en a fait manger au mois de juillet suivant, qui avoit été récolté dans une autre ruche attenant à la première, et il étoit détestable. A cette époque, un miellat épais couvroit la plupart des feuilles des tilleuls, des ormes, des érables, etc., et les abeilles qui ne trouvoient plus de fleurs se jetoient dessus. Ne peut-on pas penser que le mauvais miel de M. Duchesne étoit le produit de la récolte du miellat?

La couleur du miel peut presque toujours être regardée comme un indice de sa bonté. Le plus blanc est le meilleur; aussi les marchands lui donnent-ils souvent cette apparence en le battant pour le faire mousser, ou en y introduisant de la farine, de la craie de Briançon ou autres ingrédiens de cette sorte. Cependant j'ai mangé du miel presque noir, venant de Mahon, qui étoit délicieux; j'ignore ce qui lui avoit donné cette couleur. Il est des miels qui sont transparens et fluides comme du sirop, tel le miel vierge de Mahon, du mont Hymette, du mont Ida, de Cuba, etc., miels dont j'ai goûté, et qui sont autant au-dessus du miel de Narbonne si vanté, que ce dernier l'est au-dessus du plus mauvais des environs de Paris. En France, un miel, pour être bon, doit être blanc, grenu et fort pesant; son odeur doit être douce, agréable et aromatique. Le miel jaune est généralement d'une qualité inférieure, quoique souvent très bon. Cette couleur se fonce d'autant plus qu'il reste plus long-temps sans être consommé. Le plus nouvellement déposé dans les alvéoles, c'est-à-dire le miel du printemps, est meilleur que celui de l'été, et encore plus que celui de l'automne; celui des jeunes essaims est préférable à celui des vieilles ruches. J'en ai dit ailleurs les raisons.

Le miel se conserve fort bien plusieurs années dans des barils ou dans des vases de terre qu'on place à la cave ou dans d'autres lieux où la température soit toujours fraîche; mais lorsqu'on le tient dans un lieu chaud, il fermente, s'aigrit, et n'est plus bon qu'à jeter ou à faire de l'hydromel et du vinaigre.

On distingue trois espèces d'hydromels, les simples, les vineux et les composés.

Le simple est le miel aigri et mêlé avec de l'eau au mo-

ment de l'usage : c'est celui dont il vient d'être fait mention.
Le vineux, celui qu'on a fabriqué en faisant fermenter du
miel dissous dans plus ou moins d'eau. C'est celui dont on
fait une si grande consommation dans quelques parties du
nord de l'Allemagne, dans la Pologne et la Russie, par exemple,
celui dont on devroit faire plus d'usage en France, mais qui
n'y est connu que de nom ; on le distille pour en retirer l'esprit ardent. Le composé, celui auquel on ajoute des fruits,
des essences pour l'aromatiser, et le rendre plus agréable.
La plupart des vins de Rota, de Malaga, de Constance, de
Malvoisie, qu'on sert sur les tables de Paris, ne sont que des
espèces d'hydromels fabriqués dans Paris même.

Les anciens adoucissoient leurs vins avec du miel ; nous
l'employons au même usage : mais je dois dire que tous les
vins ainsi miellés dont j'ai bu avoient un goût de miel fort
désagréable. J'ignore s'il est possible de faire disparoître ce
goût. ( *Voy.* au mot VIN. )

L'hydromel, abandonné à lui-même dans un vase non
fermé, passe à la fermentation acide, et forme un vinaigre
en général foible, mais d'un bon goût, et sur-tout d'une
odeur très suave. On dit que Maille en faisait beaucoup usage,
et qu'il lui doit en partie la grande réputation qu'il avoit su
donner à sa fabrique.

Le miel est un excellent aliment. Il nourrit beaucoup sous
un très petit volume, et son usage n'a d'autre inconvénient
que de lâcher quelquefois le ventre et d'affoiblir l'estomac,
qu'il ne leste pas assez ; mais en le mêlant à d'autres nourritures, on diminue ces inconvénients au point de les rendre
insensibles. Il est ordonné dans les marasmes, dans toutes les
maladies de poitrine. On le regarde comme propre à prolonger la vie des vieillards qui s'en nourrissent exclusivement.
Il entre dans la composition d'une grande quantité de remèdes, et est utile à quelques arts.

Ce qui rend le miel plus désagréable dans beaucoup de
préparations alimentaires où le sucre est très bon, c'est qu'on
n'a pu, jusqu'à ces derniers temps, le débarrasser de son goût
propre. Cadet de Vaux y est parvenu en le faisant bouillir
avec du charbon concassé. Le sirop, qui est le produit de
cette opération, ne diffère point du sucre, par ses résultats,
dans les préparations des confitures sèches ou liquides, des
ratafiats et autres compositions officinales, ainsi que j'ai été
personnellement à même de m'en assurer.

Je pourrois encore beaucoup m'étendre sur les usages et les
préparations du miel ; mais je renvoie aux articles de cet ouvrage où il en sera fait mention.

Comme il se dessèche très difficilement, et qu'il préserve

les corps du contact de l'air, il est très propre pour conserver les fruits, les œufs. J'en couvre quelquefois les greffes que j'adresse à des correspondans éloignés. On devroit employer le même moyen pour conserver la faculté germinative à toutes les graines d'Amérique d'un petit volume qui exigent d'être semées aussitôt leur chute de l'arbre.

Aussitôt qu'on a terminé les opérations pour retirer le miel des gâteaux, on peut s'occuper du soin de fondre les débris de ces gâteaux, pour en mettre la cire en pain et pouvoir la livrer au commerce, ou lui faire remplir les usages auxquels on la destine.

M. Lombard propose de laver la cire dont on a extrait le miel, et de réunir l'eau dont on s'est servi avec celle qui a servi à nettoyer les ustensiles, pour en former un hydromel, dont on peut tirer un esprit ardent. Le principe qu'il faut tirer parti de tout en agriculture est certainement applicable ici ; mais ce ne sont que les personnes qui achètent des ruches pour les exploiter à leur profit qui peuvent se livrer à ce genre de spéculation ; car il en est fort peu qui manipulent assez de miel pour que cet objet puisse être de quelque considération pour elles. Ces personnes ont bien plus d'avantage de donner ces eaux à leurs animaux domestiques, qui les aiment beaucoup, et qu'elles engraissent ou disposent à engraisser.

La cire lavée est renfermée dans des sacs de toile claire, de canevas par exemple, bien cousus et bien fermés, et mise sur le feu ; avec de l'eau, dans un chaudron d'une capacité telle que, quoique l'eau ne monte qu'aux deux tiers, il y en ait encore plusieurs pouces au-dessus du sac. La cire fond à mesure que l'eau s'échauffe ; elle monte à sa surface ; et, lorsqu'on juge qu'elle est entièrement fondue, on retire le chaudron du feu, et on le laisse refroidir. Il faut toujours avoir de l'eau froide à sa portée pour la jeter dans le chaudron, en cas que la cire, qui est fort sujette à mousser, ne s'emporte et ne se perde.

Il est quelques personnes qui enlèvent la cire avec une grande cuiller à mesure qu'elle monte ; mais comme cela ne peut avoir pour but que de faire servir la même eau chaude à plusieurs fontes, elles ne doivent pas être imitées ; car on perd de la cire par cette manipulation.

Ce qui reste dans le sac, c'est-à-dire l'agrégation des enveloppes des nymphes des abeilles, n'est bon qu'à brûler.

Les gâteaux donnent d'autant moins de déchet qu'ils sont plus nouveaux ; aussi ceux dans lesquels il n'y a pas eu de couvain n'en donnent-ils pas du tout. De là le motif pour lequel j'ai si fort insisté, dans le cours de cet article, sur les avantages de n'avoir jamais que des ruches de deux ans au plus.

La cire refroidie est ôtée de dessus l'eau. Sa partie supérieure est couverte d'une écume blanche, et sa partie inférieure de saletés noirâtres, qu'on appelle *pied de cire*. On les ôte, le mieux qu'on peut, avec un couteau, et on les met à part.

Lorsqu'on a assez de ces petits pains de cire pour en former un gros, c'est-à-dire un de douze à quinze livres, on les fait refondre, comme la première fois, dans un chaudron avec une petite quantité d'eau, et on les laisse refroidir. On nettoye encore la superficie de l'écume, et le bas du pied de cire. Presque toujours la cire en refroidissant, et il faut la laissser refroidir le plus lentement possible, se sépare d'elle-même des parois des vases. Si elle ne le faisoit pas, on la sépareroit avec la lame d'un couteau, ou en présentant sa surface à un feu léger.

Il est des manipulateurs de cire qui écument la cire à mesure qu'elle fond ; mais comme cela ne les dispense pas de gratter les pains refroidis, je crois que cette opération peut être évitée. Il en est d'autres qui jettent la cire dans des moules, et je crois encore qu'on peut s'en dispenser lorsqu'on a des chaudières d'une forme convenable.

Les parcelles de cire provenant du grattage des pains et du nettoyage des ustensiles sont refondues séparément, et forment des pains qu'on emploie à frotter, ou à d'autres objets de ce genre.

La plus belle cire est vendue à des manufactures, où on la blanchit en l'exposant à l'air, sur le gazon, au printemps et en automne, après l'avoir mise, au moyen d'une machine ingénieuse qui agit sous l'eau, en rubans extrêmement minces. C'est l'action de la lumière et de l'oxigène de l'atmosphère qui agit dans ce blanchîment comme dans celui des toiles ; aussi pourroit-on employer l'acide muriatique oxigéné pour l'accélérer, s'il ne diminuoit pas la cohésion des parties de la cire entre elles.

Les blanchisseurs de cire ont depuis long-temps remarqué que quelques pays leur fournissoient une cire très difficile, même impossible à blanchir ; et, en conséquence, ils ne s'y approvisionnent pas. Ces pays sont ceux dont on tire le meilleur miel, ou au moins le miel le plus blanc. On ignore encore la cause de ce fait. La société d'agriculture de la Seine a chargé une commission, à la tête de laquelle est Vauquelin, de la rechercher. Je regrette beaucoup la perte du rayon de cire que j'ai fait faire aux abeilles de la société d'agriculture de Seine-et-Oise en les nourrissant uniquement de sucre ; car sa couleur gris de cendre, et le miel parfaitement blanc qui y étoit contenu, auroient pu fournir quelques données importantes pour la solution de cette question.

Les usages de la cire sont fort étendus. On en fait sur-tout une prodigieuse consommation en bougies dans toute l'Europe. La pharmacie et certains arts ne peuvent s'en passer. Aussi se soutient-telle toujours à un prix élevé ; aussi, malgré le nombre de nos ruches, en tirons-nous de l'étranger près d'un million de livres ; aussi tout bon Français doit-il désirer qu'on perfectionne la manutention des ruches, qu'on les détermine à travailler en cire. C'est le but que je me suis proposé dans cet article. Heureux si, profitant des travaux de tant d'hommes estimables qui ont écrit sur les abeilles, j'ai pu présenter quelques considérations propres à augmenter le nombre de ceux qui s'en occupent sous le point de vue de l'utilité, ou déterminer quelques uns de ceux qui ont jusqu'à présent construit leurs ruches d'après des principes vicieux de changer de méthode.

La loi du 28 septembre 1791 s'exprime ainsi : « Le propriétaire d'un essaim a droit de le réclamer et de s'en ressaisir tant qu'il n'a pas cessé de le suivre ; autrement, l'essaim appartient au propriétaire du terrain sur lequel il est fixé.

« Les ruches d'abeilles ne peuvent être saisies ni vendues pour contributions publiques, ni pour aucune cause de dette, si ce n'est par celui qui les a vendues, ou celui qui les a concédées à titre de cheptel ou autrement.

« Pour aucune cause il n'est permis de troubler les abeilles dans leurs courses et travaux ; en conséquence, même en cas de saisies légitimes, les ruches ne peuvent être déplacées que dans les mois de décembre, janvier et février. »

Le Code civil qui régit actuellement la France a décidé que les ruches d'abeilles faisoient partie de l'immeuble sur lequel elles sont placées, à moins d'une exception positive dans le contrat de vente.

Je vais exposer rapidement la suite des travaux que nécessitent, pendant le cours d'une année, la possession des ruches.

Janvier. Ordinairement ce mois est froid, et il n'y a rien à faire aux abeilles ; mais s'il arrivoit quelque grand dégel, il faudroit veiller à ce que leur plateau ne conserve pas d'eau, et, en général, qu'elles restent le plus sèchement possible.

Février. Il y a quelquefois de beaux jours dans ce mois, et les abeilles en profitent pour venir prendre l'air à la porte de leur ruche ; on ne doit pas les en empêcher, comme le font ceux qui les enferment pendant toute la mauvaise saison. La nature sait mieux ce qui leur convient que nous. Il faut les visiter pour donner à manger à celles qui auroient consommé leurs provisions ; car c'est à cette époque de l'hiver qu'elles manquent le plus souvent de nourriture, et elles ne trouvent encore rien dans les campagnes. On a indiqué mille et mille recettes ou compositions propres à être substituées au miel ou au sucre, les deux meilleures choses qu'on puisse leur donner ; cependant comme l'économie doit être considérée, la suivante peut être employée. Cette recette, qu'on pratique depuis long-temps, a été adoptée par M. Lombard et autres cultivateurs éclairés, et n'a aucun inconvénient.

On fait dissoudre une livre de miel par bouteille dans du vin nouveau, ou du cidre, ou du poirée; on ajoute une poignée de sel ; on fait réduire à consistance de sirop, et on garde à la cave pour le besoin.

Il y a différentes manières de donner à manger aux abeilles. Ou on met le miel, le sucre ou le sirop dans une assiette qu'on introduit sous la ruche, ou on le place dans un vase disposé à cet effet au sommet de la ruche, et d'où il distille, dans son intérieur, goutte à goutte, par des trous ou à travers un linge.

La première de ces manières a l'inconvénient grave d'être inutile, lorsque les froids empêchent les abeilles de descendre du groupe qu'elles forment au sommet de la ruche, ainsi que je l'ai malheureusement éprouvé.

La seconde a celui, non moins grave, de ne pas couler dans la même circonstance, et de trop couler lorsqu'il fait très chaud, ce qui emmielle les abeilles et en fait beaucoup périr.

Je n'ose indiquer le meilleur de ces moyens; mais il est si facile de prendre un parti qu'aucun propriétaire d'abeilles ne peut être, à cet égard, dans l'embarras.

Mars. Ce mois, un des plus humides de l'année, nuit souvent beaucoup aux abeilles, en leur donnant la dyssenterie, et en faisant moisir leurs gâteaux. On reconnoît qu'elles ont la maladie précitée lorsqu'on voit, à l'entrée de la ruche, des taches jaunes produites par une sanie sortie des abeilles qui sont mortes. On la guérit, comme je l'ai dit autre part, avec un sirop de miel cuit dans du vin, ou animé avec quelques gouttes d'eau-de-vie. Les gâteaux moisis doivent être enlevés avec la serpette sans rémission et jusqu'au vif.

C'est à la fin de ce mois que la ponte de la mère abeille commence le plus souvent. Il faut donc sceller les ruches après les avoir visitées une dernière fois, et avoir bien nettoyé leur plateau ; car un courant d'air trop rapide, en en refroidissant continuellement l'intérieur, retarderoit cette ponte.

Avril. Dans les commencemens de ce mois, les abeilles trouvent un grand nombre de plantes en fleurs, et travaillent avec une grande activité. Il faut dès-lors penser à transvaser celles de l'ancienne sorte qui doivent être changées, soit parcequ'elles sont pourries, soit parceque leur cire est trop vieille, soit parcequ'on veut s'emparer de leurs provisions; car, si on attendoit plus tard, on tueroit considérablement de couvain, et on perdroit l'espoir des essaims. Cette opération se fait positivement comme quand on veut obtenir des essaims artificiels. Les propriétaires sages, plus jaloux de conserver leurs abeilles que d'en tirer un parti exagéré, choisissent cette époque pour couper toutes leurs ruches ; mais malheureusement le nombre n'en est pas considérable.

C'est alors que les teignes de la cire se changent en insectes parfaits et qu'il faut, le soir, leur faire la chasse autour des ruches. On doit d'autant moins craindre d'employer, pendant quinze jours, une demi-heure par jour pour cet objet, qu'une seule femelle prise dispense de chercher et tuer deux mois plus tard des centaines de chenilles.

Il n'y a rien à faire aux abeilles dans le reste du mois. Plus on les laissera tranquilles et plus elles prospèreront. Cependant il est des printemps si froids qu'il faut encore les nourrir, et alors il faut bien les visiter.

C'est principalement dans ces printemps froids, et sur-tout dans ceux qui, après avoir été beaux, deviennent froids et pluvieux, que les abeilles, exténuées de jeûnes, voyant leur progéniture mourir de faim, par la raison qu'elles ne peuvent sortir ou qu'elles ne trouvent point de plantes en fleur, se déterminent au pillage les unes des autres, et se livrent de rudes combats. On a confondu ce pillage du printemps avec celui de la fin de l'été ; mais leur cause et leur effet sont fort différens. Ici, c'est une véritable guerre provoquée par le besoin ; là, c'est un simple enlèvement, rapide à la vérité, mais fait la plupart du temps par les propriétaires mêmes, et qui n'est jamais défendu.

Ce pillage, accompagné de guerre, est rare dans les environs de Paris, où on ne trouve que des abeilles de la variété appelée *petite hollandaise*, dont l'activité égale la douceur ; mais je l'ai vu assez fréquemment avoir lieu dans ma jeunesse dans les montagnes de l'intérieur de la France.

Mai. Il y a presque toujours des mâles au commencement de ce mois, sur-tout dans les ruches très peuplées ; ainsi on peut déjà s'occuper de faire des essaims artificiels. Les essaims naturels précoces commencent à partir vers le milieu du mois. Il faut donc commencer à faire veiller sur eux.

Quelquefois, le lendemain de la sortie d'un essaim, soit naturel, soit artificiel, le temps se met à la pluie et y reste plusieurs jours. Dans ce cas, les abeilles qui le composent peuvent beaucoup souffrir de la faim ; et il faut venir à leur secours, en leur fournissant du miel, ou du sucre, ou du sirop.

Juin. Le commencement de ce mois ne diffère pas de la fin du précédent pour les soins à donner aux abeilles. En effet, pendant les quinze premiers jours, il continue à sortir des essaims qu'il faut surveiller et recueillir, et on peut en faire artificiellement de seconds ou de troisièmes aux ruches fortes, ou de premiers aux essaims de l'année. Passé ce temps, les soins du cultivateur, dans le climat de Paris, doivent se porter sur le moyen d'empêcher de nouveaux essaims, par les motifs et de la manière que j'ai indiqués.

JUILLET. Au commencement de ce mois les abeilles les plus tardives massacrent les mâles, après quoi elles se reposent. Cet évènement est la preuve la plus certaine qu'il n'y aura plus d'essaims. Vers la fin il est bon de visiter toutes les ruches, afin de s'assurer de leur état ( le noter sur un registre à ce destiné ), et de réunir celles qui seroient jugées trop foibles pour pouvoir passer l'hiver. Il est aussi bon de se promener fréquemment le long du rucher, pour faire la guerre aux guêpes qui viennent tuer les abeilles et tenter de piller leurs provisions. Elles les tourmentent beaucoup pendant ce mois et le suivant.

AOUT. Il faut de nouveau veiller chaque jour sur les ruches pendant les premiers jours de ce mois, parceque c'est communément alors qu'elles perdent leur femelle, pour qui la cessation de la ponte est une crise, et que les ouvrières n'ayant plus, faute de couvain, la possibilité de la remplacer, se livrent au pillage de leur ruche, et passent dans une autre où elles portent leurs provisions. Ce pillage est différent, par son objet comme par sa forme, de ceux du printemps : il ne donne jamais lieu à des batailles sanglantes. C'est une armée débandée qui pille ses propres magasins pour ne pas les laisser aux ennemis. Il faut être alerte, enlever les ruches et les porter, loin du rucher, dans un endroit obscur; et lorsqu'une grande partie des abeilles l'a quitté, on enlève le reste du miel qui s'y trouve.

C'est encore à cette époque que les possesseurs de ruches, dans les pays où on les tue pour avoir leurs provisions, commencent à les vendre ou à les exploiter à leur profit, et que ceux qui veulent ménager leurs abeilles leur enlèvent la petite portion de miel et de cire qu'ils leur demandent, portion toujours proportionnée à la force de la ruche.

SEPTEMBRE. Ceux qui n'ont pas taillé leurs abeilles dans le mois précédent, le font pendant la première quinzaine de celui-ci.

OCTOBRE. Ordinairement c'est pendant ce mois que se font les marchés pour la vente des ruches que l'on destine à être tuées, et que se complètent les récoltes en cire et en miel. On vend aussi beaucoup d'essaims de l'année.

Vers le milieu de ce mois on ramène à la maison les ruches qu'on avoit envoyées au loin au pâturage, soit à poste fixe, soit en voyageant dans des charrettes ou dans des bateaux : on fait venir celles qu'on a achetées. Vers la fin, le commencement des froidures doit déterminer à diminuer l'ouverture des ruches qui l'ont trop grande ou qui sont destinées à être fermées, à réparer les surtouts, afin que les pluies de l'automne ne pénètrent pas jusqu'aux ruches.

Novembre. Lorsque les opérations précédentes n'ont pas été complétées dans le courant du mois, on les achève dans les premiers jours de celui-ci. Ensuite on visite de nouveau toutes les ruches pour les nettoyer intérieurement et noter celles qui sont les plus légères, afin de leur fournir de la nourriture à la fin de l'hiver sans être obligé de regarder dans toutes.

Décembre. Dans ce mois il n'y a autre chose à faire aux ruches que de les débarrasser des neiges qui les couvrent quelquefois. Les abeilles se tiennent ordinairement, pendant sa durée, ainsi que pendant celle du suivant, dans une immobilité presque parfaite.

Quelque étendu que soit cet article, sans doute il doit laisser encore beaucoup à désirer ; mais j'ai dû me borner à présenter les faits principaux, à indiquer les procédés d'une manière générale. Si j'eusse voulu entrer dans tous les détails que le sujet comporte, il eût fallu plusieurs volumes. Je crois qu'au moyen des principes que j'ai développés on peut se livrer avec succès à l'éducation des abeilles. Je renvoie ceux qui voudront approfondir davantage et l'étude de leurs mœurs, et les moyens d'en tirer un parti utile, aux nombreux ouvrages-dont j'ai cité les auteurs.

Je possède dans ma collection une abeille d'Afrique, un peu plus petite et plus noire que l'abeille d'Europe, qui fournit un miel vert et de très bonne qualité. Il en est une autre très petite qu'on trouve dans les parties les plus chaudes de la même partie du monde, et qui est peut-être *l'abeille de Guinée* de Fabricius. Elle donne un miel d'une acidité telle, qu'il suffit de l'étendre dans l'eau pour en faire une limonade des plus agréables. J'ai vu et goûté à Paris de ces deux sortes de miel; mais ils étoient si altérés par la fermentation, que je n'ai pas pu prendre une opinion positive sur leurs qualités.

Il existe aussi dans l'Inde deux espèces d'abeilles qui donnent du miel. Une d'elles a été décrite et figurée par Latreille, dans les annales du Muséum, sous le nom *d'abeille sociale*. L'autre a été décrite par Fabricius sous le nom *d'abeille indienne*.

De même on trouve dans l'Amérique méridionale, à Cayenne, par exemple, deux espèces d'abeilles que je possède également dans ma collection, et qui fournissent du miel et de la cire. L'une est *l'abeille favose*, et l'autre *l'abeille atrate*. La cire de cette dernière est naturellement noire. Nous avons au reste besoin de renseignemens sur ces six espèces d'abeilles , qu'il seroit sans doute á désirer qu'on pût introduire dans les parties méridionales de l'Europe. La seconde, sur-tout , présente des avantages très précieux.

Quant aux abeilles qu'on voit dans les colonies des Antilles et dans l'Amérique septentrionale , ce sont des abeilles communes qui y ont été transportées , et qui y sont redevenues sauvages , comme je l'ai déjà dit.

Le genre abeille , tel qu'il avoit été établi par Linnæus et par Geoffroy , tel qu'il étoit même dans les premières éditions de Fabricius , a été divisé par ce dernier et sur-tout par Latreille , de sorte qu'il est aujourd'hui remplacé par huit autres parmi lesquels il n'y a que les genres BOURDON , par le grand nombre et la grosseur remarquable de ses espèces , et XYLOCOPE par le tort que l'espèce qu'il contient fait quelquefois aux palissades qui intéressent les cultivateurs et dont par conséquent je dois parler. Je renvoie le lecteur à ces mots. (B. )

ABEOURAGÉ. Nom des abreuvoirs dans le Var.

ABONDANCE. *Rien n'est plus ruineux que l'abondance* , disent certains cultivateurs. Beaucoup de frais, beaucoup de peines , peu de profits. Est-ce bien en France qu'on peut tenir un tel langage ? Est-ce dans un pays ouvert de toute part au commerce , dont les denrées sont recherchées par tous les peuples des deux mondes , qu'ils viennent eux-mêmes enlever dans nos ports maritimes ou fluviatiles ? Est-ce chez une telle nation que l'on doit redouter l'abondance ?

Cependant cet adage est trop universellement répété , pour ne pas être fondé sur quelque cause qu'il importe , pour le bien de l'agriculture , de discuter ici ; car si l'abondance est un mal réel , cet ouvrage , dont l'objet est d'amener l'abondance , est inutile et même dangereux.

J'avouerai que dans notre ancienne France , où les communications étoient difficiles , à défaut de route publiques , de canaux ou de rivières navigables ; où des règlemens prohibitifs défendoient dans l'intérieur la circulation des denrées , même de première nécessité , les provinces de l'intérieur devoient redouter l'abondance ; mais il faut convenir que le progrès des lumières et de la science de l'administration a repoussé loin de nous les systèmes prohibitifs ; par-tout des routes sont faites ou tracées , des canaux creusés , des ports ouverts , le commerce libre et l'exportation permise quand les denrées ne sont pas à un prix trop élevé dans l'intérieur.

Qui donc pourroit aujourd'hui redouter l'abondance ? Disons-le franchement. Ce sont des cultivateurs qui n'ont aucunes avances , qui sont obligés de vendre , de vivre au jour le jour, ou qui ont entrepris une exploitation au-dessus de leurs forces. (*Voyez* le mot AVANCES FONCIÈRES.) Encore ces mêmes cultivateurs ont-ils fait leur mal eux-mêmes, en criant sans cesse contre ceux qui spéculent sur leurs denrées. Loin de les repousser, de les proscrire, il falloit désirer de les voir se multiplier. Alors ces prétendus accapareurs auroient offert des ressources en temps de disette, comme dans les temps d'abondance. Ils préviendroient, par une utile concurrence, les prix forcés, comme les prix trop modiques; ils feroient circuler les capitaux et ne seroient jamais à craindre, parceque leur intérêt les porte à multiplier leurs affaires. D'ailleurs, en cas d'abus (que je crois aujourd'hui impossibles) le gouvernement sauroit bien les prévenir, et il ne lui est pas difficile de déjouer ceux qui auroient l'imprudence *d'accaparer*. Quelques marchés bien fournis les feroient bientôt repentir de leur témérité.

Il est, je l'avoue, des temps difficiles pour les cultivateurs français. Ce sont ceux des guerres maritimes qui empêchent toute exportation. Alors la France succombe sous le poids de ses propres richesses. Espérons tous que les lumières, aujourd'hui générales, et la force du gouvernement, préviendront ces grandes calamités qui ne tiennent qu'à un système maritime adopté par une grande nation, mais qu'elle ne peut long-temps soutenir, puisqu'il est aujourd'hui en opposition directe avec les intérêts des peuples civilisés qui habitent les deux mondes.

C'est là le système qu'il faut proscrire, et non pas *l'abondance*, qui est utile à tous les peuples et à tous les pays qui ont du commerce et de l'industrie. (CHAS.)

ABORNER, placer des BORNES. *Voyez* ce mot.

ABOUGRI. *Voyez* RABOUGRI.

ABOUTIR. Ce mot s'emploie pour exprimer l'extrémité d'une propriété rurale. *Ce champ aboutit au grand chemin, ce pré à la rivière.* On l'applique aussi à l'épanouissement des boutons à fleurs d'un arbre fruitier : *Ces boutons sont près d'aboutir,* etc. (B.)

ABREUVER UN ANIMAL. *Voyez* ABREUVOIR.

ABREUVER UN PRÉ. *Voyez* IRRIGATION.

ABREUVOIR. C'est le lieu où les animaux domestiques satisfont au besoin de boire. On en compte de plusieurs espèces. Les uns, qu'on peut appeler naturels, sont les rivières, les lacs, les étangs, les ruisseaux, etc. qui se trouvent à la portée des fermes ou autres habitations. Rarement l'eau en est mauvaise; et le propriétaire des troupeaux n'a d'autres inconvéniens à craindre que ceux qui résultent de la profondeur de l'eau et de la difficulté des abords. Il peut prévenir les premiers par une enceinte de pieux qui ferme ou au moins indique la partie où le danger commence; et il doit veiller sur les seconds, en

aplanissant les bords, en les rendant moins glissans, etc.
Les conseils à donner, dans ces deux cas, reposant toujours sur
des localités et pouvant être facilement suppléés, je me dispenserai d'entrer dans de plus grands détails à leur égard.

Il n'en est pas de même pour les abreuvoirs qu'on peut
appeler artificiels, parcequ'ils sont produits par la main de
l'homme ; les erreurs dans leur construction et dans leur entretien pouvant avoir des suites graves et durables, il convient
de les rendre l'objet d'observations d'une certaine étendue.

L'abreuvoir doit être regardé comme un des objets les plus
importans à considérer lors de la construction d'une ferme.
Il faut, quelle que soit sa forme, qu'il y passe une eau qui se
renouvelle continuellement, et, lorsque cela est impossible,
que celle qui y arrive soit toujours pure. Les plus mauvais de
tous sont ceux qui ne sont alimentés que par l'eau des pluies
ou par celle qu'on y verse par le moyen d'un seau ou d'une
pompe adaptée à un puits. Dans ce dernier cas, il est toujours
plus avantageux de préférer faire boire les animaux dans des
auges de bois, de pierre, fixées au sol, ou même dans des baquets ou seaux portatifs, après avoir laissé l'eau exposée à l'air
pendant au moins vingt-quatre heures, pour qu'elle se mette à
la température commune de l'atmosphère.

Le motif de cette précaution est fondé sur ce que l'eau froide,
bue par des animaux, leur cause des révulsions dont les suites
conduisent à des obstructions, et souvent même à la mort subite ; et cela est d'autant plus à craindre, que ces animaux ont
plus chaud lorsqu'ils la boivent. De plus, beaucoup d'eaux de
pluies sont ce qu'on appelle *crues*, c'est-à-dire contiennent de
la sélénite ou de la terre calcaire en dissolution, et que souvent
cette simple exposition suffit pour la faire déposer en tout ou en
partie.

Un moyen plus sûr de faire précipiter ces matières, qui
nuisent beaucoup à la salubrité de l'eau, c'est d'y jeter une
poignée de cendres par seau, l'alcali qu'elles contiennent décomposant les sels terreux.

Mais, pour en revenir aux abreuvoirs, on les fait ordinairement carrés ou demi-circulaires, d'une largeur proportionnée à la quantité d'eau dont on peut disposer et aux
animaux qui doivent en faire usage. On les entoure d'un mur
peu élevé au-dessus du sol, ou simplement d'un revêtement
de gazon. On leur donne une pente douce, et, lorsqu'on le peut,
une profondeur de quatre à cinq pieds, c'est-à-dire telle qu'un
cheval puisse être, à son extrémité, presque entièrement couvert d'eau. Leur fond doit être, autant que possible, pavé, du
moins dans ses abords, afin que l'eau se trouve moins troublée lors de l'arrivée des animaux.

Une opinion répandue dans quelques parties de la France est que les chevaux préfèrent de boire l'eau trouble ; mais il suffit de les laisser en liberté pour s'assurer que c'est une erreur. Sans croire que l'eau bourbeuse cause des obstructions, des engorgements et la pierre, je suis persuadé que plus l'eau que les animaux boivent, et particulièrement les chevaux, est claire, et plus leur santé se conserve bonne.

Un abreuvoir doit être nettoyé toutes les fois que cela devient nécessaire, c'est-à-dire que la boue abonde dans son fond, et que son eau est corrompue par les matières animales ou végétales qui y ont été jetées, ou qui y sont tombées par accident. Les cultivateurs éclairés ne craignent pas de multiplier cette opération, qui est ordinairement d'une très petite dépense, et qui assure la conservation de leurs bestiaux.

La position de l'abreuvoir dans une ferme n'est pas du tout indifférente, et cependant presque par-tout en France elle est fixée sans principes. Il est nécessaire, par exemple, qu'il ne reçoive aucunes des eaux qui sortent des écuries, des fumiers, de la cuisine ; il est bon que les canards, les oies, les cochons, ne puissent aller en troubler la limpidité à chaque instant ; que les plumes des poules et autres oiseaux n'y volent pas facilement, car elles donnent des toux convulsives aux animaux qui les avalent, etc. On trouvera à l'article des CONSTRUCTIONS RURALES quelques préceptes généraux à cet égard.

La plupart des fermiers pensent que le poisson est nuisible dans un abreuvoir, qu'il en détériore l'eau. Je suis d'un avis tout-à-fait contraire. Je veux qu'on y en mette, et, en cela, j'ai pour but et la conservation de l'eau en état de pureté, et le profit ou l'agrément du fermier. En effet, une des causes qui altère le plus les eaux stagnantes est l'immense multiplication des larves d'insectes, des entomostrates, et des vers qui les habitent. J'ai vu fréquemment de ces abreuvoirs dont l'eau en étoit colorée. Ces animaux, en mourant, portent dans l'eau des principes de putridité évidemment dangereux, qui, d'après plusieurs observateurs, sont la cause de la plupart des épidémies : or, les poissons les empêchent de se multiplier en s'en nourrissant ; donc il est bon de mettre des poissons dans les abreuvoirs.

Mais quelles espèces de poissons ? Tous ceux qui pourront y vivre, tels que les *tanches*, les *gardons*, et sur-tout les *carassins*, qui ne réussissent jamais mieux que là, et qui multiplient immensément. Les Allemands, qui sont bien plus avancés que nous dans l'économie rurale, nourrissent dans toutes leurs marres ce dernier poisson, à peine connu parmi nous, quoiqu'il ne soit pas rare en France, et en tirent de grands bénéfices.

On trouvera à l'article EAU des développemens plus étendus sur la nature de cette substance. (B.)

ABREUVOIR DES ARBRES. ABCÈS qui se voit fréquemment dans les arbres qui ont été étronçonnés ou élagués outre mesure. ( *Voy.* ce mot. )

ABRI. Ce mot a plusieurs acceptions. On ne doit traiter ici que de celles qu'on lui donne en agriculture ; ainsi un abri est ou un lieu garanti de la gelée, des vents froids ou de la trop grande ardeur du soleil, par des montagnes, des bois, des murs, des haies, des paillassons, ou autres moyens naturels ou factices. Le plus souvent on entend par ce mot les objets mêmes qui garantissent de ces vents. Les abris sont d'une importance majeure en agriculture, et doivent toujours être pris en considération lorsqu'on veut faire une plantation quelconque, surtout dans les contrées du nord. Ils influent sur le succès des cultures et sur la bonté de leurs produits à un point dont on ne se fait pas d'idée. Un blé abrité est plus beau, et mûrit plus tôt que celui qui est en plaine. Une pêche abritée est deux fois plus grosse que celle qui est exposée à tous les vents. Qui ne sait que c'est principalement aux abris que certains vins doivent leur supériorité? On a vu la destruction d'un bois, formant abri, forcer à changer les cultures de tout un canton. Le particulier qui est dans le cas de faire une acquisition de fonds ne peut donc trop en observer les abris naturels avant de se déterminer. Un jardinier qui veut cultiver des plantes étrangères ou des légumes de primeur est donc nécessité à augmenter, le plus possible, les abris naturels par des abris artificiels. Les pays secs, soit qu'ils soient calcaires, soit qu'ils soient sablonneux, ne peuvent être rendus fertiles qu'autant qu'on commence par les garnir d'abris qui retardent l'évaporation de l'eau que leur fournissent les pluies. J'ai constamment remarqué, dans les parties arides de la Champagne, que les lieux les plus productifs étoient ceux voisins des bois, ceux plantés en haies, ceux au nord des montagnes. Deluc rapporte qu'on a commencé, lorsqu'on a voulu fertiliser les bruyères de la Westphalie, par planter beaucoup de haies et beaucoup d'arbres. Un mémoire de Bremontier constate que c'est en abritant les semis qu'il a fait faire dans les dunes qu'il est parvenu à voir prospérer les arbres qui en sont résultés, et que ces arbres, en formant ensuite abri, ont favorisé toute autre espèce de culture. Malsherbes, en semant des ronces et des orties dans un terrain où aucun arbre ne pouvoit croître, est parvenu à y créer une forêt de chênes.

On verra aux mots BASSIN, VALLÉE, etc., les avantages des puissans abris formés par les chaînes de montagnes, les bois, etc.; aux mots CLÔTURE, MUR, HAIE, etc., ceux qu'ils fournissent à la grande culture. Je ne m'occuperai par conséquent ici que des abris des jardins.

Les abris artificiels varient infiniment dans leur forme, leur hauteur, leur matière, leur objet, etc. Une serre, une orangerie, un châssis, une cloche, un pot renversé, des paillassons, des toiles étendues sur des semis ou des fleurs épanouies, sont des abris. Cependant on entend plus généralement par ce mot, comme je l'ai déjà observé ; les murs, les haies, les paillassons et autres objets qui sont perpendiculaires au sol, et concentrent les rayons du soleil d'un côté, tandis qu'ils arrêtent les vents froids de l'autre.

Les plus généralement employés, et réellement les meilleurs dans le plus grand nombre des cas, sont les murs qui varient beaucoup dans leur hauteur, leur épaisseur, et le mode de leur construction. Ils ne doivent être, en général, ni trop bas, ni trop hauts : trop bas, parcequ'ils ne rempliroient que fort imparfaitement leur but ; trop hauts, parcequ'ils s'opposeroient à la libre circulation de l'air, sans laquelle la végétation languit. De six et douze pieds paroît être la mesure dans laquelle on peut choisir le plus avantageusement. Quant à leur épaisseur et à leur mode de construction, ils varient, et doivent varier selon les matériaux que fournit le pays ; mais on doit ne pas craindre la dépense pour les recrépir, sur-tout quand ils sont destinés à recevoir des espaliers, tant parcequ'alors ils remplissent mieux leur objet, que parcequ'ils ne servent pas de retraite aux animaux nuisibles, tels que loirs, campagnols, etc.

Les murs en pizé seroient de beaucoup préférables, à raison de leur économie, s'ils n'étoient pas exposés, dans les climats humides, à des détériorations continuelles ; il faut les laisser aux pays secs et chauds, où on les a employés de tout temps, et ne pas vouloir les introduire, comme quelques écrivains modernes l'ont conseillé, dans les plaines de la Flandre et dans les marais de la Hollande.

Les haies sont rarement considérées comme des abris, cependant elles en sont réellement et de très bons, quand leur hauteur et leur épaisseur sont convenables. Si elles font perdre un peu de terrain à raison de leurs racines qui se prolongent, elles en dédommagent par les coupes régulières auxquelles on peut les assujettir. Quand on veut les employer principalement comme abris, il n'est pas indifférent de les composer d'une espèce d'arbres plutôt que d'une autre. Les arbres à branches alternes et à petites feuilles abondantes et perpendiculaires valent mieux que ceux qui les ont opposées et dont les feuilles sont larges et variables en position. Ainsi, la charmille sera préférable à l'épine, le peuplier d'Italie au peuplier tremble. Ce peuplier d'Italie, qu'on y emploie fréquemment en ce moment dans les environs de Paris, a réellement une supériorité dans ce cas; mais les haies pour abri qu'on doit conseiller aux cultivateurs, ce sont celles des arbres verts, tels qu'if, genevrier de Virginie, thuya d'Orient, sapinettes, etc. Elles sont sans doute plus difficiles à former, et plus longues à attendre; mais que d'avantages compensent ces deux inconvéniens! Continuité d'emploi pendant toute l'année, épaisseur du feuillage, solidité, durée, beauté, etc. Li'f est presque le seul arbre qu'on ait employé dans les anciens temps à cet objet, et on en a été dégoûté par la lenteur de sa croissance et les propriétés malfaisantes de son feuillage lorsqu'il est brouté par les bestiaux. Le genevrier de Virginie le remplace utilement sous ce rapport. On peut voir à la pépinière de Trianon combien parfaitement il peut remplir cette destination. J'ai fréquemment observé, en Italie, que le thuya d'Orient peut également satisfaire aux données exigibles dans ce cas. Quant aux sapinettes, je ne les cite que par induction, mais je n'en suis pas moins convaincu de leurs avantages.

· Lorsqu'on n'a besoin d'abri que pendant l'été et qu'on ne veut pas en planter de permanens, on peut les suppléer avec des plantes grimpantes, telles que des haricots, des liserons, des courges, etc., etc., qu'on fait monter contre un treillage. On peut également y planter des espèces vivaces non grimpantes, et alors l'abri se renouvelle de lui-même chaque année.

Un des meilleurs abris de cette dernière sorte qu'on puisse conseiller est certainement le topinambour. Il croît rapiment et s'élève très haut. Je suis persuadé que si les propriétaires des plaines arides soit calcaires, comme celles de la ci-devant Champagne pouilleuse, soit sablonneuses ou graveleuses, comme celles de tant de parties de la France, faisoient leurs semis de céréales, ou leurs plantations de légumes, de bois, etc. entre deux rangées de topinambours, dirigées du levant au couchant et écartées de six, huit, dix et douze pieds, ils obtiendroient des produits bien plus abondans sans aucune dépense, puisque la racine des topinambours, employée l'hiver suivant, ou mieux, après deux ans, à la nourriture des bestiaux, rembourseroit les frais de leur plantation. Voyez au mot TOPINAMBOUR.

Une excellente manière de faire des abris, mais qui est très coûteuse, c'est de creuser de larges et profondes fosses de l'est à l'ouest. La moitié et même les deux tiers de la largeur de ces fosses auront une chaleur telle, sur-tout si le sol est sablonneux ou graveleux, c'est-à-dire sec, qu'il sera possible d'y cultiver des plantes qu'on ne peut faire venir, dans le voisinage, que sous des châssis.

Il seroit superflu de prolonger cet article, pour parler des abris faits avec des paillassons, des planches et autres objets de nature morte, qu'on emploie selon les lieux et qui varient sans fin. Je dois seulement observer que ceux faits avec des tiges de roseaux, de tiphes, sont préférables à ceux en paille, à raison de leur durée au moins triple, et, dans certains cantons, leur beaucoup meilleur marché. Voyez le mot BRISE-VENT. (B.)

ABRICOTIER. Cet arbre, un des premiers qui fleurissent dans nos climats, paroît originaire de la haute Asie, peut-être même, comme l'annonce son nom latin, *Prunus armeniaca*, de l'Arménie, qui en est voisine. Michaux et Olivier nous ont appris qu'il croît sans culture en Perse, et que les variétés cultivées y sont en plus grand nombre et y donnent des fruits plus savoureux qu'en France; ce qui indique que le climat lui est bien plus favorable, qu'il se rapproche beaucoup de celui qui lui est naturel.

Quoi qu'il en soit, l'abricotier est cultivé en France depuis le temps des Romains; et, comme tous les arbres soumis à la culture, il y offre un assez grand nombre de variétés.

Comme on ne connoît pas le véritable abricotier sauvage, on prend pour type de l'espèce l'abricotier franc, c'est-à-dire provenu du noyau d'une des variétés, et on lui donne pour caractère d'avoir les feuilles légèrement en cœur et les fleurs sessiles. Les feuilles ont communément, dans la plupart des variétés, de deux à trois pouces de diamètre, sont glabres, luisantes, légèrement coriaces, inégalement et obtusement dentées, portées sur des pétioles du tiers de leur longueur, sillonnés en dessus, et chargés de deux ou trois glandes tuberculeuses. Les fleurs, d'un peu moins d'un pouce de diamètre, et d'un blanc rougeâtre, se développent avant les feuilles.

Les abricotiers, par la largeur et le luisant de leurs feuilles, par le grand nombre, la beauté de leurs fleurs et de leurs fruits, peuvent être regardés comme des arbres d'agrément, et être en conséquence plantés dans les jardins paysagers (1), où ils produisent un fort bel effet, soit au premier printemps lorsqu'ils sont couverts de fleurs, soit pendant l'été quand ils sont chargés de fruits. On en a une variété double, et deux ou trois variétés à feuilles panachées, qu'on y consacre spécialement.

Mais c'est comme arbre fruitier que l'abricotier est princi-

---

(1) Dans tout le cours de cet ouvrage je substitue ce mot à celui *jardin anglais*. Les jardins anglais sont des jardins de genres, comme les jardins chinois, italiens, français, etc. Les paysagers sont des imitations de la nature.

palement dans le cas d'être considéré ici. Qui ne sait combien les abricots sont agréables à la vue, au goût, à l'odorat, lorsqu'ils sont cueillis au degré de maturité convenable! Qui ne connoît la facilité avec laquelle on en confectionne, sans presque y ajouter du sucre, des confitures, des marmelades, etc.? Son amande même est avantageusement employée pour faire des liqueurs de table, des émulsions et de l'huile. Sa gomme est employée dans les arts.

On compte, dans les jardins des environs de Paris, une quinzaine de variétés ou espèces jardinières d'abricots, presque toutes mentionnées par Duhamel dans son excellent traité des arbres fruitiers : mais, comme je l'ai déjà observé, il y en a en Perse que nous ne connoissons pas; et j'en ai vu en Italie, et dans les parties méridionales de la France, qui diffèrent assez de celles de Duhamel pour être regardées comme distinctes. Au reste, il en est des abricots comme de tous les autres fruits depuis long-temps cultivés, c'est que toutes les variétés se fondent les unes dans les autres par des gradations si insensibles, que le jardinier le plus exercé est souvent dans l'embarras lorsqu'on lui demande de fixer la place de celle qu'on lui présente ; qu'il s'en perd et s'en forme chaque année, soit par l'effet du hasard, soit à dessein. Je dis à dessein, parcequ'un noyau de telle espèce, semé dans tel terrain, donne une variété dont les noyaux, semés de nouveau dans des circonstances différentes, en produisent une nouvelle qui s'éloigne peut-être beaucoup de la première, et qu'on peut perpétuer par la greffe. On fait également des variétés à volonté, en coupant les étamines des fleurs d'une espèce, et en fécondant le pistil de ces mêmes fleurs avec le pollen des étamines d'autres fleurs prises sur un pied de variété différente. Ces expériences, pour lesquelles il faut du goût, du loisir, du temps, si elles étoient convenablement suivies, amèneroient certainement des résultats importans. La nature opère cette fécondation très-souvent dans les jardins qui réunissent plusieurs variétés de la même espèce; mais la preuve de ce fait seroit très difficile à donner.

L'ABRICOT PRÉCOCE, *Armeniaca fructu parvo rotundo, partim rubro, partim flavo, præcoci,* Duhamel.

Cet abricot est mûr, dans les environs de Paris, au commencement de juillet, dans les années ordinaires. Il a rarement un pouce et demi de diamètre. Sa peau est rougeâtre du côté exposé au soleil, et jaunâtre de l'autre. Sa chair est de cette dernière couleur. Son amande est amère. C'est un fruit aqueux et peu savoureux dans les départemens septentrionaux. Il est un peu meilleur et légèrement musqué dans les départemens méridionaux, d'où le nom d'*abricot musqué* qu'il y porte; mais, malgré cela, son principal mérite est de mûrir le premier de tous. Il se reproduit de ses noyaux, et on peut se dispenser par conséquent de le greffer. Les feuilles de l'arbre sont grandes, inégalement dentelées, et d'un vert foncé.

L'ABRICOT BLANC. *Armeniaca fructu parvo, rotundo, albido, præcoci*, Duhamel. Il diffère peu du précédent. Sa chair est plus blanche et a un léger goût de pêche; ses feuilles sont moins grandes et moins profondément dentelées. Il exige plus de chaleur pour sa maturité. L'arbre qui le porte se charge beaucoup et se greffe sur damas noir. Ses écussons sont difficiles à enlever. Il se reproduit aussi par ses noyaux.

L'ABRICOT ANGOUMOIS. *Armeniaca fructu parvo oblongo, nucleo dulci*, Duhamel. Il est plus petit et plus allongé que les précédens. La partie exposée au soleil est d'un beau rouge vineux et foncé, parsemé de points d'un rouge brun. Le côté opposé est d'un jaune rougeâtre. Sa chair est d'un jaune presque rouge. Son diamètre est communément de quinze à dix-huit lignes. Quelquefois il est plus long que large. Les deux trous par où passent les vaisseaux qui nourrissent l'amande sont très larges dans cette espèce, et on peut facilement y introduire un crin. On les trouve sur le côté le plus épais, à une ou deux lignes de ses extrémités. L'amande est douce et agréable à manger. La peau qui la recouvre n'a presque point d'amertume. Il y en a fréquemment deux dans chaque noyau.

Cet abricot a la chair fondante, agréable, vineuse, légèrement acide. Son odeur est forte et se répand au loin. Il mûrit au commencement de juillet dans le climat de Paris. Il est excellent dans le midi, et y est préféré à tous les autres.

L'arbre qui le produit aime les terrains calcaires, le grand air et la liberté. Il produit peu en espalier. Ses feuilles sont allongées, c'est-à-dire d'environ deux pouces de long sur un de large. Elles ont souvent deux petites oreillettes à leur base.

L'ABRICOT COMMUN. *Armeniaca fructu majori, nucleo amaro* Tournefort. C'est le plus gros après l'*abricot pêche*, son diamètre étant ordinairement de plus de deux pouces. Il est quelquefois allongé, mais généralement sa forme est voisine de la sphérique. Il se colore peu, devient fréquemment galeux ou raboteux du côté exposé au soleil. Sa chair est jaune, pâteuse, peu aromatisée. Il mûrit en juillet dans le climat de Paris.

Le plus grand mérite de l'arbre qui produit cette espèce est d'être le plus grand et le plus vigoureux ( du moins dans les environs de Paris ), et de charger beaucoup. Ses feuilles sont d'un beau vert, grandes, plus larges que longues, c'est-à-dire ordinairement de deux pouces et demi de long sur trois et demi de large.

L'ABRICOT DE PROVENCE. *Armeniaca fructu parvo, compresso, nucleo dulci*, Duhamel. Il diffère peu de l'*Angoumois*. Sa rainure est plus profonde, et un de ses côtés est plus saillant que l'autre. Il est légèrement aplati. Sa peau est d'un rouge vif du côté du soleil, et jaune du côté de l'ombre. Sa chair est d'un jaune très foncé, plus sèche que celle de l'*Angoumois*, mais également vineuse et plus douce. Sa partie aromatique est très exaltée. Son noyau est brun, raboteux, crénelé à sa base. Son amande est douce. Il mûrit au milieu de juillet dans le climat de Paris.

L'arbre qui le produit ressemble à celui de l'*Angoumois*, et s'élève, comme lui, plus dans les parties méridionales que dans les septentrionales. Ses feuilles sont petites et presque rondes.

L'Abricot de Hollande, ou Abricot noisette. *Armeniaca fructu parvo, rotundo, nucleo dulci, amygdalinum simul et avellaneum saporem referenti.* Petit comme l'*Angoumois*, sphérique; peau d'un beau rouge foncé du côté du soleil, et d'un beau jaune du côté de l'ombre; chair d'un jaune foncé, fondante, d'un goût relevé; noyau oblong, pointu à une de ses extrémités, et crénelé à l'autre; amande douce, et dont le goût se rapproche de celui de l'aveline.

Cette variété est offerte par un arbre dont les feuilles sont ovales et varient dans leur grandeur. Lorsqu'il est greffé sur prunier cerisette, il devient moins grand, et sur prunier Saint-Julien plus grand que l'Angoumois. Ses racines, lorsqu'il est franc, sont d'un rouge de corail. Ses fruits deviennent souvent fort gros quand il est en espalier et dans une bonne exposition.

L'Abricot alberge. *Armeniaca fructu parvo, compresso è flavo, hinc non nihil rubescente, indè virescente,* Duhamel. Petit, aplati, s'allongeant peu au sommet. Sa peau est d'un jaune foncé, brune du côté du soleil, et d'un vert jaunâtre du côté de l'ombre. Cette peau se couvre de taches rougeâtres, prééminentes, par la même cause que l'*abricot commun*. Sa rainure est à peine sensible; sa chair est d'un jaune foncé rougeâtre, fondante, d'un goût vineux, légèrement amer. Son noyau est large, plat, et renferme une amande amère. Il mûrit à la mi-août dans le climat de Paris.

L'arbre sur lequel il naît a les feuilles petites, allongées, terminées en pointe, pourvues d'appendices à leur base. Cet arbre n'aime que le plein vent, et se multiplie par ses noyaux.

Cette variété en a donné deux autres: l'alberge de Montgamet et celle de Tours, qui lui sont un peu supérieures en grosseur et en saveur.

L'Abricot de Portugal. *Armeniaca fructu parvo rotundo, hinc flavo, indè rubescente,* Duhamel. Petit, arrondi, la peau jaune et peu colorée, même du côté du soleil; la chair de même couleur et peu adhérente au noyau, fine, délicate, d'une eau abondante et d'un goût relevé; noyau allongé et sillonné. Il mûrit vers le milieu d'août dans le climat de Paris. L'arbre qui le produit est le plus petit des abricotiers.

L'ABRICOT D'ALEXANDRIE n'est point décrit dans Duhamel, et se cultive peu aux environs de Paris, parceque sa floraison, trop précoce, le rend sujet aux gelées. On l'estime beaucoup dans les départemens méridionaux. Son fruit est de grosseur moyenne, d'un jaune verdâtre du côté de l'ombre, d'un rouge vif du côté du soleil. Sa chair est d'un blanc jaunâtre veiné de rouge et très sucrée.

L'ABRICOT PÊCHE, ou ABRICOT DE NANCI, de WIRTEMBERG, de NUREMBERG, *Armeniaca fructu maximo, compresso, hinc flavo, indè rubescente*, Duhamel, a été apporté de Pesenas à Paris il y a une trentaine d'années seulement. Il mûrit au milieu d'août. C'est le plus gros des abricots et le plus variable dans sa forme. Sa peau est d'un jaune rougeâtre du côté du soleil, d'un jaune fauve du côté de l'ombre. Sa rainure est peu prononcée ; sa chair, jaune tirant sur le rouge, fondante, très parfumée, très relevée, très acqueuse, ne devient jamais pâteuse, et se détache facilement du noyau. Ce dernier est gros, renflé, inégal, a trois carennes vives, et renferme une amande amère.

L'arbre qui fournit cette espèce est grand et vigoureux, chargé beaucoup en fruits, et, quoiqu'il gagne à être tenu en espalier dans le climat de Paris, il y supporte fort bien le plein vent. Il se reproduit de ses noyaux, ce qui est encore un avantage ; aussi sa culture s'étend-elle au point qu'il chasse tous les autres, et que déjà il est le plus commun dans les jardins bien soignés des environs de Paris.

L'ABRICOT A FEUILLES DE PRUNIER. L'*abricot violet* de Duhamel, et je ne sais pourquoi *abricot du pape*, forme une véritable espèce botanique, et est totalement différent des précédents. On le cultive à Trianon depuis un grand nombre d'années, et il y donne du fruit tous les ans. Son écorce est noirâtre, piquetée de blanc ; ses rameaux sont d'un vert rougeâtre ou obscur ; ses feuilles, de deux sortes, c'est-à-dire les unes ovales oblongues, et les autres lancéolées et très aiguës. Ces dernières ont l'apparence de celles des pruniers. Les fruits sont presque ronds, ont quinze à vingt lignes de diamètre et la rainure des autres espèces Leur peau est épaisse, légèrement prubescente, d'un rouge foncé du côté du soleil, d'un rouge jaunâtre du côté de l'ombre. Leur chair, de même couleur, a une saveur intermédiaire entre celle de l'abricot et celle de la prune, n'est supportable que dans la parfaite maturité, et tient intimement au noyau, qui est rond et aplati. Cette mauvaise qualité du fruit me fait croire que ce n'est pas une variété de celui dont il est ici question, que Duhamel a voulu mentionner sous le nom d'*abricot noir*, quoiqu'il dise qu'on le cultive aussi à Trianon.

Les abricotiers aiment les pays chauds, et leurs fruits sont d'autant meilleurs qu'ils se rapprochent du midi. Il n'y a aucune comparaison à faire entre les abricots des environs de Paris et ceux des environs de Marseille, de Montpellier, de Bordeaux, etc. De même ceux qu'on mange dans ces villes sont, au rapport de Pockocke, d'Octer et d'Olivier, bien au-dessous de ceux de l'Asie mineure, de la Perse et de la Syrie, qui sont des boules de miel parfumé, pour se servir de l'expression d'un voyageur. En général, dans tous les pays que je viens d'énumérer on abandonne les abricotiers à eux-mêmes. Ce n'est que dans le nord qu'on gêne leur développement en les soumettant au palissage et à la taille. Les fruits gagnent-ils, perdent-ils à ces opérations forcées; c'est ce qui sera discuté au mot Espalier.

Quelques variétés d'abricotiers, comme je l'ai observé dans la description des espèces, se reproduisent par leurs noyaux; d'autres ont besoin d'être greffés ou sur eux-mêmes, ou sur des amandiers, ou sur des pruniers. Je vais successivement parler de ces trois modes.

Les noyaux d'abricots doivent être semés peu après leur chute de l'arbre, ou stratifiés pendant l'hiver avec de la terre, et conservés dans un lieu un peu humide, sans quoi ils se dessèchent ou rancissent, et dans ces deux cas deviennent impropres à la germination. Voyez au mot graine. Lorsqu'on les stratifie, ils germent ordinairement, et on profite de cette circonstance, avant de les planter, pour leur pincer la radicule, afin que les pieds qui en proviennent n'aient pas de pivot. Voyez à ce mot les avantages et les inconvéniens de cette pratique.

La plantation des noyaux ainsi germés se fait au mois de mars ou d'avril, selon le climat et la saison, à une bonne exposition, celle du levant de préférence. Une terre ou trop argileuse, ou trop humide, ou trop fumée, est également nuisible au succès de cette plantation. Il faut que cette terre soit légère et cependant de bonne nature. On lui donne les labours convenables avant et pendant l'hiver. C'est ordinairement à six pouces de distance qu'on place ces noyaux; mais quelques pépiniéristes, pour ménager le terrain, ne les mettent qu'à la moitié de cette distance, ce en quoi ils ont tort, les racines des pieds qui en doivent provenir s'affamant et leurs tiges étant privées de la lumière lorsqu'elles sont trop rapprochées. Toutes les fois qu'on veut multiplier les variétés qui se reproduisent de leurs noyaux, il est mieux de les semer dans la place qu'on leur destine, afin que les arbres jouissent du bénéfice d'avoir un pivot, c'est-à-dire, durent plus long-temps, soient plus vigoureux et plus assurés contre les vents, s'ils sont en plein vent.

Les noyaux d'abricots poussent lentement. Rarement les pieds qui en proviennent ont plus de six à huit pouces de haut à la fin de la première année, à moins que le temps n'ait été extrêmement favorable ; ce n'est que la seconde et même la troisième qu'ils commencent à prendre de la force. C'est cette lenteur dans leur croissance qui fait que les pépiniéristes n'élèvent point d'abricotiers de cette manière ; qu'ils préfèrent en greffer toutes les variétés sur amandier ou sur prunier, qui leur fournissent des sujets propres à être vendus deux fois plus tôt.

Le plant d'abricot, qui n'est pas destiné à rester en place, se relève à la fin de l'hiver de la première ou au plus tard de la seconde année, pour être repiqué à dix-huit ou vingt pouces au moins de distance. C'est là qu'il se greffe s'il doit l'être. On donne à ce plant les mêmes façons annuelles qu'aux autres, c'est-à-dire qu'on le bine trois fois par an, qu'on lui donne au moins un labour d'hiver, qu'on le rebotte la seconde année s'il est destiné à former des pleins vents, qu'on le taille en crochet, l'arrête à six pieds, etc. Je n'entrerai dans aucun détail à cet égard, parceque, je le répète, il n'est pas de l'intérêt des pépiniéristes, et rarement dans le goût des amateurs, de multiplier ainsi les abricotiers.

La greffe des abricotiers sur eux-mêmes se fait le plus souvent en écusson, quelquefois en fente, rarement des autres manières. Il en est de même de celle des abricotiers sur pruniers ou sur amandiers. On préfère généralement les pruniers, parceque sur amandier ils sont sujets à se décoller, mais non pas indistinctement. L'expérience a prouvé que leur fruit est meilleur sur le damas rouge et la cérisette, et que l'abricot de Provence, celui d'Angoumois, les albergiers, exigent que les pieds sur lesquels on les place soient élevés de noyaux, à raison de l'abondance de la gomme des pieds provenant de rejetons. Les autres réunissent sur les pieds provenans de rejetons, mais ces pieds ont le grave inconvénient de s'épuiser promptement par suite de leur foiblesse originelle, et de leur grande disposition à tracer. Un cultivateur éclairé doit donc éviter de faire usage de ces derniers.

Généralement les abricots réussissent beaucoup mieux en plein vent qu'en espalier. Ils y fournissent davantage et de meilleurs fruits. Aussi au midi de Paris sont-ils presque tous abandonnés à eux-mêmes au milieu des jardins, des vignes, etc. On se contente de les débarrasser de leur bois mort, et de tordre leurs gourmands lorsqu'il s'en développe de remarquables. On les tient ordinairement à une hauteur médiocre, douze à quinze pieds par exemple , pour pouvoir cueillir les fruits avec plus de facilité.

Aux environs de Paris , on taille régulièrement chaque année les abricotiers en plein vent , ce qui les empêche de se dégarnir du bas, et fait qu'ils durent plus long-temps. On leur donne le plus souvent la forme d'un vase à haute tige, comme la plus avantageuse. (*Voyez* BUISSON.)

Cette taille n'a pour objet que de supprimer les bourgeons qui croissent dans l'intérieur du vase , et d'en faire naître dans sa circonférence, à fin que les fruits que ceux-ci produisent , étant frappés par les rayons du soleil , deviennent plus savoureux et plus colorés que ceux des arbres de plein vent.

La distance qu'on met entre eux est de vingt à vingt-cinq pieds dans les bons fonds , et de moitié dans les médiocres.

Les gelées du printemps sont souvent funestes aux abricotiers dans le climat de Paris, c'est pourquoi , outre les pieds qu'on y tient en plein vent , chacun veut en avoir en espalier. L'habitude des fruits précoces y concourt probablement aussi. On place ces espaliers au levant ou au midi. Lorsque le terrain est sec et chaud, il est préférable d'y employer des variétés greffées sur amandier, parcequ'elles s'y conservent mieux , et y sont plus hâtives. Toujours un tel espalier doit être disposé de manière à pouvoir être garanti des gelées pendant sa floraison, époque la plus critique pour lui ; car sans cela il n'est certainement pas avantageux de l'établir.

La distance des abricotiers en espalier doit être la même qu'en plein vent. Leur plantation ne diffère pas de celle du pêcher. Il en est de même de leur conduite pendant les trois premières années de leur mise en place. Leur taille ne diffère de celle du même arbre qu'en ce que, poussant des bourgeons sur le vieux bois, elle est moins difficile. Je renverrai donc à l'article PÊCHER pour la pratique, et aux articles TAILLE , EBOURGEONNAGE, PALISSAGE , ESPALIER , pour la théorie.

Cependant je dirai ici qu'il faut toujours tailler court les petites branches à fruits , parcequ'elles en seroient trop surchargées , ce qui empêcheroit la production du bois , et tailler longues les branches à bois , afin qu'il naisse une plus grande quantité de branches à fruit. On pourroit pratiquer sur eux le REMPLACEMENT (*voyez* ce mot), pour les empêcher de se dégarnir du centre ; mais on préfère RAPRROCHER les branches de dessus et de dessous, exécuter un RAJEUNISSEMENT partiel ou général. (*Voy*. ces mots.)

Lorsque la floraison de l'abricot , soit en plein vent, soit en espalier , n'a pas été contrariée par la saison, les arbres sont ordinairement si chargés de fruits qu'ils ne peuvent être convenablement nourris , et qu'ils restent petits et sans saveur. Il est bon, dans ce cas, d'en ôter une partie. Les jardiniers de Montreuil, dont les fruits ne se vendent bien qu'autant qu'ils sont beaux, n'y manquent jamais. Une fois noué, le fruit n'a plus de grands dangers à courir, et il arrive plus ou moins promptement à sa maturité, selon sa variété et les circonstances de la saison. Comme l'arbre est ordinairement très chargé de feuilles, et que ces feuilles sont fort larges, quelques jardiniers les enlèvent plus ou moins, pour faire jouir les fruits des influences du soleil. Cette opération, faite vers l'époque de la maturité et avec la modération convenable, remplit son objet; mais quand on la fait trop tôt ou d'une manière exagérée, les fruits cessent de grossir et perdent toute leur saveur. Je les ai même vus tomber presque tous. Ce fait tient à ce que les arbres vivent autant par leurs feuilles que par leurs fruits, et qu'il y a toujours un rapport nécessaire entre le nombre des feuilles et la vigueur des racines.

On mange les abricots crus, cuits, en compote, en marmelade. On en fabrique des confitures, des pâtes sèches qui se conservent une année et plus, et qui, pour quelques cantons de la France, sont l'objet d'un commerce important. Dans l'Orient on les sèche comme les figues, et dans cet état ils sont l'objet d'une grande consommation. On les confit aussi à l'eau-de-vie. Leur noyau entier ou concassé entre dans le ratafiat de noyau. Leur amande donne de l'huile.

Le bois de l'abricotier est d'un gris sale, mêlé de rouge et de jaune. Il est inférieur en beauté à celui du prunier; mais on peut cependant l'employer à des ouvrages de tour. Il pèse 49 livres 12 onces 7 gros par pied cube. (TH.)

ABRICOTÉE. Variété de Pêche et de Prune. *Voy*. ces mots.

ABRIER. C'est, dans le Médoc, chausser la vigne.

ABROUTIS. ABROUTISSEMENT. On donne ce nom, en terme forestier, aux arbres qui ont été broutés par les bestiaux ou le gibier. L'abroutissement, s'opposant à la croissance des arbres, détériore les forêts; aussi est-il rangé dans la classe des délits. (PER.)

ABSINTHE. Plante du genre des armoises, que quelques botanistes en ont séparée, sous la considération que son calice est presque globuleux et que ses écailles sont obtuses. Elle est vivace; ses racines sont pivotantes; ses tiges canelées, presque ligneuses; ses feuilles multifides, blanchâtres; ses fleurs pendantes. Toutes ses parties sont odorantes, très amères et d'un grand usage en médecine. Les animaux en mangent quelquefois, et elle communique à leur chair une saveur amère et désagréable. Dans le nord de l'Europe, on la substitue au houblon dans la fabrication de la bière.

Comme cette plante conserve ses feuilles pendant l'hiver, et qu'elle n'est pas sans élégance, on peut la cultiver pour l'agrément dans les parterres et les jardins paysagers ; mais on ne la voit que dans les potagers, et seulement à raison de ses propriétés médicinales. On la multiplie de graines, ou plus rapidement par le déchirement des vieux pieds. Comme elle est sensible aux gelées dans le nord du climat de Paris, il convient ou de la mettre contre quelque abri, ou de la couvrir de paille pendant l'hiver.

Les autres espèces du genre armoise qui se réunissent à cette plante, et qu'il est le plus important aux cultivateurs de connoître, sont :

L'ABSINTHE ESTRAGON, on simplement l'*estragon*, qui se distingue aisément à ses feuilles linéaires et entières. Elle est originaire de Sibérie ; mais il est peu de jardins, en France, où elle ne se cultive à raison du grand emploi qu'on en fait dans les cuisines et dans la médecine. Toutes ses parties sont âcres odorantes, et appéritives à un haut degré. On en met les feuilles dans les salades pour en relever le goût et les rendre plus digestibles. On les confit au vinaigre pour le même emploi. Certaines personnes regardent son usage comme nécessaire à la conservation de leur existence. Donnant rarement des graines fertiles dans notre climat, on la multiplie d'éclats de drageons enracinés et de boutures.

Sa culture ne diffère pas de celle de la précédente. Un pie suffit au besoin d'une famille et se conserve long-temps da un jardin, sans qu'il soit nécessaire de s'en occuper.

L'ABSINTHE CITRONNELLE est un sous-arbrisseau des parti méridionales de l'Europe, qui reste vert pendant tout l'hive Elle se reconnoît à ses feuilles petiolées, très finement divisée sétacées et son calice velu. On la cultive très fréquemme dans les jardins et sur les fenêtres, sous le nom de *citronnel* à raison de l'agréable odeur qu'elle répand lorsqu'on froi ses feuilles, odeur qui est intermédiaire entre celle du ca phre et du citron.

L'ABSINTHE AURONE diffère fort peu de la précédente, a qui on la confond souvent ; mais ses tiges sont disposées faisceaux, ses fleurs plus nombreuses et ses calices non vel Elle est aussi originaire du midi de l'Europe. Une odeur mo suave et des propriétés plus actives l'en distinguent encore

Ces deux plantes, qui sont à demi frutescentes et sens à la gelée dans les hivers rigoureux, demandent une te légère et une exposition chaude. Il est toujours prudent rentrer quelques pieds dans l'orangerie. On les multiplie graines et plus communément de boutures qui reprenne tout temps, mais principalement au commencement de l' Ce sont sur-tout ces boutures qu'il faut garantir des gelées.

les multiplie aussi par déchirement des vieux pieds lorsque ces pieds forment touffe.

L'Absinthe sauvage, *Artemisia campestris*, a les racines vivaces, les tiges presque frutescentes, couchées, les feuilles pinnées, les fleurs pédonculées. Elle croît dans presque toute la France dans les champs sablonneux et arides, et couvre souvent des espaces très considérables. Son odeur est moins pénétrante que celle des espèces précédentes ; mais cependant les bestiaux la repoussent ou n'en mangent qu'avec d'autres herbes, ou lorsqu'ils sont contraints par la faim. C'est une véritable peste pour certains cantons, attendu qu'elle nuit aux autres productions, et que les labours ne parviennent pas toujours à la détruire. (Déc.)

ABUTILON, *Sida*. Genre de plantes qui appartient à la monadelphie et à la famille des malvacées, et qui renferme plus de cent espèces, la plupart propres aux climats intertropicaux, dont une seule, qui peut être cultivée à raison de la filasse que fournit sa tige, croît dans les parties méridionales de l'Europe.

L'Abutilon ordinaire, *Sida abutilon* (Lin.), est une plante annuelle tige ligneuse, de trois à quatre pieds de haut, à feuilles alternes, en cœur aigu, dentées, velues ; à fleurs axillaires, jaunâtres. Toutes ses parties sont mucilagineuses. On tire en Chine de son écorce, rouie comme le chanvre, une filasse inférieure à celle de cette dernière plante, mais dont on fait des cordes recherchées à raison de leur bon marché. Les essais faits en France par Cavanilles ont donné les résultats indiqués par la pratique de la Chine, mais n'ont pas eu de suites. Cette plante tiendroit bien sa place dans les jardins paysagers, car elle n'est pas sans élégance ; mais comme elle est annuelle, on ne l'y cultive pas. (Th.)

ACABIT, terme de jardinage. Ce mot signifie la bonne ou mauvaise qualité d'un fruit, d'un légume. On dit des pêches, des laitues, des oranges, qu'elles sont d'un bon ou mauvais acabit. (R.)

ACACIA. *Voyez* Robinier.

ACACIE, *Mimosa*. Genre de plante qui ne renferme que des espèces étrangères à l'Europe, mais dont on cultive quelques unes dans les parties méridionales de la France et dans les jardins des amateurs de botanique.

Ce genre, principalement fameux par celle de ses espèces qui est douée le plus éminemment de la faculté de replier ses folioles par un attouchement quelconque, la *sensitive*, est de la polygamie monoécie et de la famille des légumineuses.

Les trois autres espèces que l'on cultive le plus fréquemment dans les jardins sont la Sensitive, *Acacia pudica*, l'Acacie farnèse, et l'Acacie julibrissin, *Acacia arborea.*

La Sensitive est épineuse et a les feuilles pinnées et digitées. C'est des parties chaudes de l'Amérique qu'elle est origi- naire. Dans son pays natal, elle est vivace et même légèrement ligneuse ; mais, dans notre climat, elle périt ordinairement tous les ans, après avoir donné ses graines. Ces graines, qui conservent leur faculté germinative un grand nombre d'années, plus de cent ans, dit-on, se sèment dans des pots au printemps et sur couche dans une terre légère. On doit les arroser fré- quemment, et augmenter la chaleur de la terre où elles se trouvent par le moyen de cloches et de châssis. Ordinairement elles lèvent au bout de quinze jours, et alors il faut leur mé- nager les arrosemens, et leur donner de l'air le plus souvent possible. Après un pareil nombre de jours, lorsque les plants ont été bien conduits, on peut les transplanter ou seul à seul, ou deux ou trois ensemble, dans d'autres pots, qu'on enterre également dans une couche chaude, et qu'on recouvre, sur- tout la nuit, d'un châssis ou d'une cloche. On doit les arroser souvent, mais peu à la fois, et les tenir à l'air libre, pendant le jour, toutes les fois que l'état de l'atmosphère le permet. Au milieu de l'été, on peut ôter les pots de la couche pour les placer contre un mur ou dans telle autre exposition, et se dis- penser de les couvrir d'une cloche, même pendant la nuit, sur- tout quand on ne cherche pas à avoir de la graine.

Cette plante, quoique élégante, seroit moins cultivée si la faculté dont elle jouit, et que j'ai mentionnée plus haut, ne la faisoit rechercher. On a écrit des volumes pour expliquer la cause de la contraction ou du reploiement de ses feuilles sur elles-mêmes lorsqu'on les touche, soit avec les doigts, soit avec un autre corps ; mais on n'est pas encore parvenu à éclaircir ce phénomène. Je n'entreprendrai point ici de le faire. Il me suffira d'observer que la plupart des plantes légumineuses à feuilles conjuguées ont également la faculté de replier leurs folioles, et les replient constamment, comme la sensitive, aux approches de la nuit, à l'époque des orages, etc. ; qu'il n'y a donc qu'un plus grand degré d'irritabilité dans cette dernière, c'est-à-dire qu'elle est excitée à fermer ses folioles par des causes qui n'ont aucune action sur les autres.

Quoi qu'il en soit, cette espèce de sensation que paroît éprou- ver la sensitive lorsqu'on en approche la main, lui donnant des rapports apparens avec les animaux, doit solliciter l'in- térêt des scrutateurs de la nature, et même des personnes les plus irréfléchies ; aussi toutes celles qui en font l'expérience pour la première fois sont-elles frappées d'étonnement.

Les graines de sensitives ne mûrissent que pendant l'hiver, et arrivent même rarement à bien dans le climat de Paris ; mais elles manquent rarement dans les parties méridionales de l'Europe, et, comme on l'a vu plus haut, elles peuvent se garder un temps indéterminé en état de germination ; de sorte qu'il n'est pas difficile de s'en procurer.

L'Acacie farnese a des épines en forme de stipules, et des feuilles deux fois ailées et très garnies de folioles. Elle est origi-naire des Indes. C'est un arbuste médiocre, c'est-à-dire de dix à douze pieds de haut, agréable par la finesse de ses feuilles et par l'odeur suave de ses fleurs qui sont jaunes et disposées en boules de la grosseur d'une cerise. On le cultive en pleine terre dans les parties méridionales de l'Europe, et il brave même souvent les hivers ordinaires dans le climat de Paris lorsqu'il est planté dans une bonne exposition, et qu'on a soin de l'en-velopper de paille aux approches de la mauvaise saison. On le multiplie de graines, qu'on tire ordinairement d'Italie, où il est très recherché et très multiplié.

Cette graine se sème sur couche et sous châssis, dans des pots remplis d'une terre légère, mais plus substantielle que celle de bruyère. On repique les plants qui en sont provenus à la fin du second mois de leur apparition, c'est-à-dire lors-qu'ils ont quatre à cinq pouces de haut, et on les arrose fré-quemment, mais légèrement. Quelques personnes ne font cette opération qu'à la fin de l'automne, mais elles risquent davan-tage de les voir manquer à la reprise.

Lorsque les pieds d'acacie farnese sont destinés à rester dans les pots, il faut leur donner de la nouvelle terre et un plus grand espace, au moins une fois tous les deux ans, et en tenir les ra-meaux courts par une taille bien entendue.

Cet arbuste montre presque tous les ans des boutons dans le climat de Paris ; mais il est rare qu'ils achèvent de se dévelop-per, si on ne le tient dans une serre pendant l'automne. L'hiver, il est mieux, pour le conserver, de le mettre dans l'orangerie, parcequ'un trop grand degré de chaleur, dans cette saison, le fait pousser de nouveau et l'épuise.

L'Acacie julibrissin, ou arbre de soie et sans épines, a les feuilles deux fois pinnées, les folioles très nombreuses et les fleurs en tête peu serrée. Il est originaire de l'Asie mineure. On le cultive en pleine terre dans les parties méridionales de l'Europe, à raison de la beauté de son port, de l'élégance de son feuillage et de l'abondance de ses fleurs formant des houppes arrondies de filamens soyeux d'un violet tendre extrêmement agréable. Elles ont une odeur douce qui se fait sentir aux approches de la nuit. C'est un arbre de vingt à trente pieds de haut, dont les bran-ches s'étendent horizontalement, et dont la tête a une forme globuleuse. Il demande, dans le climat de Paris, positivement la même culture que l'espèce précédente ; mais comme il

brille principalement par son port, et qu'il ne peut en développer la grace dans un pot, il n'est pas dans le cas d'y être
recherché. Cependant on l'y voit quelquefois en pleine terre
dans des terrains meubles et substantiels, à des expositions
chaudes. On doit l'empailler dans sa jeunesse pendant l'hiver.
Les gelées au-dessous de huit degrés le font périr.

Parmi les autres espèces d'acacie, il en est quelques unes
dignes de l'intérêt des cultivateurs, telles que :

L'Acacie a fruits sucrés, *Acacia inga*, Lin. dont les fruits
renferment une pulpe spongieuse, blanche, sucrée, qu'on
mange avec plaisir, et dont on fait un fréquent usage dans les
parties chaudes de l'Amérique.

L'Acacie a grandes gousses, *Acacia scandens*, Lin. dont les
fruits ont jusqu'à trois pieds de long, et renferment des semences
aplaties et arrondies de la largeur de la main. Quoiqu'un peu
amères, les habitans de l'Inde et de l'Amérique les mangent
cuites sous la cendre, et en nourrissent leurs bêtes à cornes,
qui en sont très friandes.

L'Acacie d'Egypte et l'Acacie du Sénégal sont les arbres
qui fournissent la *gomme arabique* du commerce, qui flue à
travers leur écorce, comme la gomme du cerisier en Europe.
On les trouve dans les parties les plus chaudes et les plus arides
de l'Afrique.

La gomme arabique s'emploie très fréquemment dans la médecine et dans les arts. Elle fait l'objet d'un commerce d'une
certaine importance.

L'Acacie du Cachou, qui croît dans l'Inde, est un arbre de
moyenne grandeur. On retire de ses fruits, en les frottant dans
l'eau après les avoir concassés, la substance qu'on appelle *cachou*, dont on fait fréquemment usage en Europe dans la
médecine.

Ces trois dernières espèces ne sont pas susceptibles d'être
cultivées en pleine terre en Europe. (Th.)

ACANTHE. *Acanthus*. Genre de plantes dont on cultive
deux espèces dans quelques jardins. L'Acanthe brancursine
qui a les feuilles très grandes, très sinuées et sans épines, et
l'Acanthe épineuse dont les feuilles sont également grandes,
également sinuées, mais plus fermes et épineuses. Toutes deux
sont vivaces, originaires des parties méridionales de l'Europe.
Elles font de l'effet sur le bord des massifs, entre les arbustes des
premiers rangs, sur-tout quand elles se mettent à fleurir, ce
qui ne leur arrive pas toujours. On peut les multiplier de graines qui lèvent facilement lorsqu'elles sont placées convenablement ; mais on préfère d'employer ( comme plus expéditif) le
moyen de la division des vieux pieds ou de la séparation de
leurs drageons, qui s'exécute pendant toute la morte saison.

Une terre légère, profonde et une exposition chaude, sont, ce qui convient à ces plantes. Elles fleurissent d'autant plus rarement qu'elles sont dans un meilleur fonds et plus ombragées.

Les feuilles de l'acanthe brancursine passent pour émollientes et s'employoient autrefois pour teindre en jaune. Ce sont elles, dit-on, qui ont servi de modèle aux Grecs pour composer les chapiteaux des colonnes corinthiennes. Elles sont réellement élégantes. ( TH. )

ACCOLAGE, ou ACCOLER, ou ACCOLURE. Ces expressions sont usitées dans différentes provinces, et le mot accolure est pris plus particulièrement pour le lien dont on se sert pour accoler la vigne. On accole la vigne de deux manières, ou lorsqu'elle est en espalier contre un mur, ou lorsqu'elle est attachée à un échalas. Par la première on fixe le cep et les sarmens qu'on lui laisse en le taillant contre le mur ou à l'échalas avec un lien d'osier. Par la seconde on attache les jeunes poussés de la vigne à l'échalas avec de la paille. Par le mot accoler à l'échalas, on doit entendre un cep attaché seul à son échalas, comme dans les environs de Paris; en Champagne, il est bas, n'excède pas en hauteur deux ou trois pieds, comme dans le Bordelois. Si l'échalas a depuis quatre jusqu'à six pieds de hauteur, il est accolé à des palissades formées avec des échalas, comme dans les bons cantons de Bourgogne; enfin à trois échalas réunis par leur sommet, et soutenant chacun leur cep, comme à Côte-Rotie et sur les deux rives du Rhône, depuis Vienne jusqu'un peu au-dessous de Tournon. Ces échalas ont même six et sept pieds de hauteur. Pline appelle les vignes ainsi accolées *vites cantheriatæ*. On pourroit encore mettre de ce nombre les vignes en hautains des environs de Grenoble, du Béarn, etc. Pline nomme *vites compulviatæ*, celles qui sont palissées contre des murs et des treillages. Le temps d'accoler les vignes est le mois de juin; alors elles ont poussé de nouveaux sarmens, ils sont tendres, et, si on les laissoit libres, le vent un peu violent les casseroit net à l'endroit de leur réunion au cep. Un vigneron attentif ne doit pas perdre un seul instant, jusqu'à ce que sa vigne soit toute accolée, sur-tout si le vent est dans le cas de la fatiguer, ainsi que cela arrive toujours à celles qui sont exposées sur des côteaux. La jeune pousse cassée diminue considérablement, non seulement la récolte sur laquelle on fondoit ses espérances, mais encore celle de l'année suivante, puisque le cep ne peut pousser, après la perte des maîtres sarmens, que des branches chiffonnes qui resteront deux ans à donner du bon bois pour la taille.

Est-il avantageux d'accoler les vignes? Dans le Bas-Languedoc et dans la majeure partie de la France méridionale, on regarde cette opération comme inutile, et on dit froidement : Ce n'est pas la *coutume*; mot terrible qui nuit plus à l'agriculture que les grêles et que les gelées. Le mal occasionné par ces météores est passager, et le mot coutume, semblable à un mur d'airain, s'oppose à toutes les améliorations, même les plus simples et les plus faciles à pratiquer.

L'accolage suppose l'existence de l'échalas ou de tel autre soutien. L'achat de l'échalas est très coûteux ; il s'use, il faut le renouveler, l'arracher de terre et le mettre en *sautelle*, suivant la coutume de quelques vignobles du royaume, l'appointir de nouveau à la fin de l'hiver, enfin le ficher en terre. Il faut des osiers pour lier le cep et les sarmens, et de la paille pour accoler les jeunes pousses. Voilà encore un fort objet de dépense que la vigne entraîne, outre celle pour sa culture, tandis que la vigne, livrée à elle-même après la taille, ne demande plus qu'à être travaillée à la main ou labourée, ce qui est plus tôt fait, ainsi que cela se pratique dans le Bas-Dauphiné, le Comtat d'Avignon, la Provence, le Languedoc, une partie du Bordelais, de l'Angoumois, etc.

Si on n'envisage que l'argent déboursé par avance, il est constant que l'usage des échalas doit être proscrit; mais il en sera bien autrement, si on met en comparaison et dans la même balance les avantages et la qualité supérieure du vin qu'il procure.

Pour ne pas parler trop vaguement, jetons un coup-d'œil sur les différentes vignes du royaume, en commençant par le nord, et on verra les différentes manières d'accoler. En Champagne, dans l'Ile-de-France, etc., le cep et ses cornes ne s'élèvent pas au-dessus de huit à dix pouces, et montent rarement à la hauteur de douze et de quinze pouces; alors c'est la faute du vigneron qui n'a pas su ménager et modérer le cep. Le fruit naît dans le bas des pousses. Si on n'accoloit pas, le raisin toucheroit à terre, ne jouiroit point assez des rayons du soleil, de sa lumière, de sa chaleur et sur-tout du courant d'air. En un mot, comme la chaleur est modérée dans ces provinces, et qu'il y pleut souvent, le raisin pourriroit avant sa parfaite maturité.

En Bourgogne, où l'excellent *pineau* forme un cep plus grêle, plus effilé que ceux des provinces supérieures, il auroit encore plus à craindre la pourriture, puisqu'il seroit plus enterré, ou du moins il porteroit plus complètement sur la terre. Le Bourguignon remédie à ce défaut essentiel par des palissades de deux pieds de hauteur, formées avec des échalas, contre lesquelles il accole la vigne, et lui sert sur-tout à la plier en demi-cercle, afin d'empêcher l'effet du canal direct de sa sève ; aussi elle monte plus épurée aux raisins et en moins grande abondance. Cette manière d'accoler est préférable à la première. Ici, le raisin n'est jamais surchargé de feuilles, il reçoit le soleil de toutes parts, parceque les ceps sont plus espacés entre eux que dans les environs de Paris ; et comme les sarmens et les jeunes pousses sont étendus contre la palissade, le tout ensemble a moins d'épaisseur, et fait moins d'ombre que dans le premier cas. Là, une vigne vue de loin, par sa verdure, ressemble à un pré, et on ne distingue point le sol ; toutes les pousses sont accolées ensemble par leur sommet, et servent pour ainsi dire de parasols aux raisins, sans parler de l'étonnante humidité qu'elles retiennent ; aussi, sur dix années, il y en a sept où le raisin est pourri avant d'être mûr.

Le troisième ordre de vignes, toujours en approchant du midi, est formé par des ceps forts et vigoureux, hauts de dix-huit à trente pouces. Chaque corne est taillée à un chargeon de deux yeux au plus, et un arrière-chargeon pour la rabaisser l'année suivante. Ici, les sarmens sont plus forts, plus nourris que dans les provinces supérieures ; ils ne sont pas accolés, et les raisins ne touchent point à terre. Les pluies d'automne sont préjudiciables à ces vignes ; et les sarmens et les feuilles qui recouvrent le raisin en manière de voûte les empêchent de mûrir aussi complètement qu'ils l'auroient fait, si les sarmens avoient été accolés à des échalas.

Le quatrième ordre comprend les vignes accolées à des échalas de cinq à sept pieds de hauteur. Le cep a deux pieds de hauteur ; les sarmens qu'il pousse sont accolés contre le haut de l'échalas, et le cep lié à l'échalas, ainsi que la partie du sarment de l'année précédente, laissée lors de la taille pour en produire de nouveaux. A Côte-Rôtie, à l'Hermitage, les ceps sont espacés entre eux à trois pieds de distance ; chaque cep a son échalas ; et trois échalas, réunis par leur sommet, et liés ensemble, forment un trépied. Le raisin reçoit le soleil de tous les côtés, et il est environné d'un grand courant d'air. Dans le Bordelais, chaque cep a son échalas, et dans quelques cantons de cette province, les ceps sont éloignés les uns des autres de trois ou de cinq pieds. L'un et l'autre espace sont suffisans pour que le raisin mûrisse bien, et craigne peu la pourriture.

Le cinquième ordre rentre dans le troisième, et c'est, en général, celui de la Basse-Provence, du Bas-Languedoc, etc. ; on y tient le cep le plus bas qu'il est possible ; presque tous les raisins touchent à terre : les seules vignes vieilles ont des ceps chargés de cornes, et toute leur hauteur est de douze à dix-huit pouces.

Le sixième ordre comprend les hautains qu'on distingue en trois classes ; les hautains accolés aux plus grands arbres ; par exemple, sur les noyers, comme aux Échelles, aux Avenières dans le Dauphiné; les hautains sur des arbres moyens, tels que le cerisier, l'ormeau, le sycomore, qu'on maintient à la hauteur de douze ou de quinze pieds, fort dégarnis de branches; la troisième espèce comprend les palissades de huit à dix pieds de hauteur dans le Béarn.

Tels sont, en abrégé, les différens ordres de vignes de France, et des différens accolages.

La cherté et la rareté des bois, des osiers et de la paille, propres à accoler, sont sans doute la cause qu'on n'accole pas dans les provinces où l'on cultive le troisième et le cinquième ordre de vignes. Si on étoit jaloux d'avoir du vin de qualité supérieure, il seroit indispensable d'échalasser. Quelques légères exceptions à cette règle ne la détruisent pas. N'y auroit-il pas un milieu à prendre pour y éviter les frais, et y faire acquérir aux raisins une plus complète maturité? Ne pourroit-on pas à la fin du mois d'août, au plus tard au 10 septembre, raccourcir les sarmens prodigieux dont la grosseur excède celle d'un pouce de diamètre, et la longueur, celle de huit à dix pieds? (Cet exemple n'est pas rare dans les plantiers de Languedoc et de Provence, et voilà l'effet du canal direct de la sève qui ruine le tronc.) On pourroit égaliser tous ces sarmens à la hauteur de deux pieds au-dessus du cep et alors les accoler tous ensemble avec de la paille ou du jonc, etc... Il est certain que la sève monteroit en moins grande abondance, puisqu'on auroit supprimé une grande partie des feuilles qui facilitent son ascension. L'ardeur du soleil mûriroit mieux le raisin, son suc seroit plus épuré; enfin, à cette époque, on ne craindroit plus les dangereux effets des coups de soleil qui dessèchent en un jour la moitié de la récolte. Ces coups de soleil ont lieu lorsque le temps est très chaud et l'atmosphère chargée de vapeurs ou légers nuages placés entre le soleil et les raisins. Ces nuages font l'office de loupe, de verre ardent. J'ai suivi sur des côteaux, pendant l'espace de plus d'une lieue, la trace et la direction du nuage qui avoit occasionné la brûlure du raisin et même de toutes les feuilles. Ces coups de soleil ne produisent, en général, cet effet que lorsque le raisin est prêt à *tourner*, c'est-à-dire lorsqu'il commence à changer de couleur.

L'opération que je propose seroit peu coûteuse, peu pénible. Je demande qu'elle soit seulement essayée sur une centaine de ceps, et on jugera après avec connoissance de cause. Si, pour l'année 1779, le Languedoc avoit suivi cette méthode, il n'auroit pas eu une récolte complètement pourrie, et le vin qu'elle a donné a été de si mauvaise qualité, qu'on a été forcé de le convertir en eau-de-vie, et cette eau-de-vie encore a un mauvais goût. ( *Voy.* au mot Echalas la manière facile de s'en procurer dans les provinces méridionales.)

En terme de *jardinage*, accoler une branche, a la meme signification que pour la vigne. (R. )

ACCOUCHEMENT des animaux. *Voyez* au mot Part.

ACCOUPLEMENT. Ce mot exprime, en parlant des animaux, la conjonction du mâle et de la femelle pour la génération. En agriculture on l'applique plus particulièrement à l'assemblage de deux animaux, comme de deux bœufs attachés sous le même joug. Il y a pour eux deux sortes d'accouplemens. Dans certains pays, on les attache au joug par les cornes ; et dans d'autres, on leur met au cou un collier. Lequel de ces deux accouplemens vaut le mieux ? Il est difficile de prononcer. Dans la majeure partie de la France on se sert du joug ; et l'on dit que le levier étant plus long, l'animal a plus de force, puisqu'il ne tire que par son poids. En Normandie, en Hollande, etc., l'on soutient que le collier fatigue moins l'animal, et dans chaque endroit on s'étaie de l'expérience du pays : dans l'un et dans l'autre, a-t-on jamais fait l'expérience comparée? Elle mérite certainement bien la peine qu'on s'en occupe. D'après l'inspection des vertèbres du cou du bœuf, si j'avois à prononcer, je préfèrerois le joug au collier : l'animal a le mouvement libre de toutes les parties de son corps. L'encolure du bœuf n'est pas comme celle du cheval : le collier a beau être bien fait, bien rembourré, il porte toujours sur la partie antérieure et supérieure de l'épaule, gêne l'action de l'omoplate et des muscles qui s'y attachent. D'ailleurs le fanon du bœuf est gêné et replié dans le collier. La longueur du levier que nécessite le joug me détermine.

Une grande attention à avoir lorsqu'on accouple deux bœufs, soit pour labourer, soit pour tirer la charrette, c'est qu'ils soient tous les deux d'égale hauteur et d'égale force : autrement le plus petit, ou le plus foible, ruineroit l'autre. On doit accoupler serré, afin que les animaux tirent également. (R.)

ACCOUPLER. C'est favoriser l'acte de la génération entre les animaux domestiques. C'est aussi réunir deux bœufs pour les atteler à une charrue ou à une voiture.

On fera voir à l'article de chacun des animaux domestiques l'importance dont il est pour l'agriculture de n'accoupler jamais que les plus beaux mâles avec les plus belles femelles. Ce mot est encore employé dans un grand nombre d'autres acceptions, mais il devient superflu de les indiquer ici. (B.)

ACCROISSEMENT des animaux et des plantes. *Voyez* aux mots Animal et Plante.

ACCRUE. Rejetons poussés par les racines d'un arbre ou d'un arbuste. La loi déclare que les accrues, et le sol où elles

se trouvent, appartiennent au propriétaire du bois ou de la
haie, si celui du terrain limitrophe a laissé s'écouler trente
années sans faire des actes conservatoires, tels qu'un bornage,
un fossé, un arrachis, etc. Il est donc extrêmement important de ne pas laisser empiéter les accrues, c'est-à-dire de faire
faire de temps en temps, judiciairement, des vérifications de
contenance des terres qui avoisinent les bois, qui sont bordées
de haies appartenant à d'autres, et de faire disparoître ensuite
les accrues. ( B. )

ACCULER. On donne ce nom à l'action par laquelle un
cheval fait des efforts en arrière, pour repousser une voiture
qui descend trop rapidement une pente. Comme ces efforts sont
pour ainsi dire contre nature, ils s'exercent par des muscles
qui n'y sont pas accoutumés, aussi sont-ils souvent suivis d'accidens graves. Les voituriers et conducteurs de diligence doivent
donc faire tout ce qui dépend d'eux pour soulager leurs
chevaux dans ce cas; car une petite peine peut éviter une
grande perte. Les moyens sont connus. C'est l'enraiement de
leurs roues, en plaçant une partie de leurs chevaux en *retraite,*
c'est-à-dire sur le derrière de leur voiture, en coupant les
pentes obliquement, etc. (B.)

ACHADE. Houe de huit pouces de large sur un pied de
long, et ayant un manche de deux pieds et demi, dont on se
sert dans le département de Lot-et-Garonne pour biner les
vignes; c'est presque la même que celle qui est usitée aux environs de Paris. (B.)

ACHE. L'ache d'eau est la BERLE. L'ache de montagne est
la LIVÊCHE. *Voyez* ces mots.

ACHÉES. Synonyme de LOMBRIC, ou VER DE TERRE. *Voyez*
le premier de ces mots.

ACHILLEE. *Achillea.* Genre de plantes de la syngénésie
superflue et de la famille des corymbifères, qui renferme un
grand nombre d'espèces, dont trois ou quatre intéressent les
cultivateurs à raison de leur abondance ou de leurs agrémens.

L'ACHILLÉE MILLEFEUILLE, ou simplement la *Millefeuille,* a
les feuilles bipinnées, les folioles linéaires et dentées, les
fleurs petites, blanches et disposées en corymbe serré. Elle
est vivace, et se trouve par toute l'Europe le long des chemins, sur les pelouses et autres endroits non cultivés. Les
bestiaux mangent ses jeunes pousses; mais dès qu'elle monte
en fleurs, c'est-à-dire dès la fin du printemps, ils n'y touchent plus. En général elle nuit beaucoup aux prairies hautes
où elle se trouve en trop grande abondance, parcequ'elle
tient la place d'une meilleure herbe; et en conséquence, un
cultivateur soigneux la détruira, soit en la faisant enlever

pied à pied avec une pioche pendant l'hiver, ou mieux, en faisant labourer son pré pour y semer des céréales pendant quelques années.

Cette plante passe pour astringente et résolutive. On l'emploie fréquemment pour guérir les blessures, d'où lui est venu le nom d'*herbe au charpentier.*

L'ACHILLÉE STERNUTATOIRE a les feuilles lancéolées, aiguës, avec des dents très pointues de chaque côté ; les fleurs blanches, grandes, très écartées et peu nombreuses. On la trouve dans les prairies humides, qu'elle infeste quelquefois au point d'en rendre le pâturage impossible. Elle fleurit pendant tout l'été, et s'élève de deux à trois pieds. Il est encore plus important de la détruire que la précédente, et on doit y procéder par les mêmes moyens. Si on met une de ses feuilles dans le nez, on éternue, aussi l'appelle-t-on l'*éternue* ou l'*herbe à éternuer.* Si on la mâche, elle fait saliver. Sa racine, qui a les mêmes propriétés, guérit quelquefois le mal de dents.

L'ACHILLÉE VISQUEUSE. *Achillea ageratrum.* Lin. a les feuilles visqueuses, oblongues, obtuses, dentées, glabres, et les fleurs disposées en corymbes très serrés. Elle est vivace, et se trouve dans les prairies humides des parties méridionales de l'Europe. On la connoît, dans les pharmacies, sous le nom d'*Eupatoire de mesué.* Ses feuilles et ses fleurs ont une odeur forte qui se développe lorsqu'on les froisse, ou dans la chaleur. Sa hauteur surpasse ordinairement deux pieds. On la cultive dans les jardins d'agrément à raison de la beauté de ses fleurs qui sont d'un jaune d'or, très abondantes, et qui subsistent presque tout l'été. On ne la multiplie guère que par séparation des vieux pieds, séparation qu'on effectue en automne ou au premier printemps, la voie des graines étant trop longue.

En général, toutes les *achillées* peuvent être cultivées pour l'ornement ; la *millefeuille* même, ou mieux, une de ses variétés à fleurs roses, l'est souvent.

L'herbe à éternuer est susceptible de doubler, c'est-à-dire de transformer ses fleurons en des demi-fleurons. Alors on la cultive sous le nom de *bouton d'argent.* Toutes trois produisent de bons effets dans les jardins paysagers, au milieu des gazons ou sur le bord des massifs, sur-tout lorsqu'elles sont mises en opposition avec d'autres plantes bien contrastantes par leur forme et leur couleur. ( B. )

ACIDES. Substances solides, liquides ou gazeuses, dont le goût est aigre, piquant ou brûlant, qui rougissent les couleurs bleues végétales, qui forment des sels avec les alkalis, les terres, les métaux, décomposent les savons, etc., et que la chimie moderne regarde comme composés, chacun, d'une substance particulière unie à l'oxigène.

On tire des acides des trois règnes de la nature, aussi les divise-t-on le plus souvent en *acides minéraux, acides animaux,* et *acides végétaux.*

Comme les radicaux des acides peuvent absorber plus ou moins d'oxigène, on a indiqué cet état dans chaque espèce par la terminaison de son nom. Celle en *eux* veut dire qu'il y en a moins, et celle en *ique* qu'ils en sont saturés.

La plupart des acides sont fixes, plusieurs sont volatils; il en est qu'on ne peut se procurer que sous l'état gazeux. L'acide carbonique qui joue un si grand rôle dans la végétation et dans les phénomènes de la vie animale, est dans cette dernière division.

Si cet ouvrage étoit destiné à l'étude de la chimie, l'article dont je m'occupe auroit beaucoup d'étendue; mais quoique les acides jouent un grand rôle dans la nature, je serai obligé de le restreindre à de simples définitions pour le mettre à la portée des cultivateurs.

Les acides minéraux les plus généralement employés dans les arts chimiques sont le *sulphurique*, le *nitrique*, le *muriatique*, le *phosphorique* et le *carbonique.*

Les acides animaux les mieux connus sont le *phosphorique*, le *sébacique*, l'*urique*, le *prussique*, le *muqueux*, le *formique* et le *carbonique.*

Les acides végétaux qu'il est le plus important aux cultivateurs de savoir reconnoître sont : l'*acétique* (vinaigre), le *malique*, le *citrique*, le *mucique*, le *tartareux*, l'*oxalique*, le *gallique*, le *phosphorique* et le *carbonique.*

M. Chaptal a prouvé que le charbon étoit la base des acides végétaux, en prouvant que l'acide acéteux en contenoit plus que l'acide acétique.

On voit, par cet exposé, que les acides mucique, phosphorique, et carbonique se trouvent dans les trois règnes.

L'Acide sulfurique, autrefois appelé *huile de vitriol*, est la combinaison du soufre avec (selon Thenard) 55,56 parties d'oxigène. On l'obtient en faisant brûler du soufre avec du nitre. Il est très pesant. Concentré, son apparence est huileuse. Lorsqu'il est pur, il est blanc et transparent comme de l'eau; mais il brunit par son contact avec une substance animale ou végétale. Très affoibli, il est employé dans le blanchiment des toiles de chanvre et de coton. Mêlé avec de l'eau, il produit sur-le-champ une grande chaleur. Il donne, avec la chaux, le *sulfate de chaux*, ou *gypse*, ou *plâtre* (*voyez* ces mots); avec l'alumine (l'argile), le *sulfate d'alumine* ou *alun* (*voyez* ce dernier mot); avec la potasse, le *sulfate de potasse*, qu'on appeloit autrefois *tartre vitriolé*, sel de *Duobus ;* avec la soude, le *sulfate de soude* ou *sel de Glauber ;* avec la magnésie, le *sulfate de magnésie*, plus connu sous les noms de *sel d'Epsom*, de *sel de Sedlitz* (ces trois derniers sels, fort bons purgatifs, ne sont presque employés que par la médecine) ; avec le fer, le *sulfate de fer*, connu dans le commerce sous le nom de *vitriol martial*, de *couperose verte* (on en fait un grand usage dans la teinture : et il est la principale base de l'encre à écrire); avec le cuivre, le *sulfate de cuivre*, ou *vitriol de cuivre*, ou *vitriol bleu*, qu'on emploie dans la teinture et en médecine (*voyez* au mot Cuivre ); enfin, avec le zinc, le *sulfate de zinc* ou *couperose blanche*, qu'on regarde comme émétique et antispasmodique.

L'Acide sulfureux est presque toujours à l'état de gaz, lorsqu'il n'est pas combiné. On l'obtient en faisant brûler du soufre à l'air libre. C'est lui qui affecte si vivement les yeux, le nez et la gorge, lorsqu'on met le feu à une allumette. Il n'est pas propre à la respiration ni à la combustion ; c'est pourquoi il faut éviter son action sur nos organes ; c'est pourquoi le soufre en poudre, projeté dans une cheminée où est le feu, l'éteint subitement, et pourquoi une allumette n'allume la chandelle que lorsque le bois est enflammé. C'est à faire disparoître les taches produites sur du linge par des fruits, à rendre la soie et la laine plus blanches, qu'on l'emploie le plus communément. Combiné avec une plus grande quantité d'oxigène, il devient acide sulfurique.

L'Acide nitrique est la combinaison de 95 parties d'oxigène et de 19 d'azote : il ne diffère donc de l'air atmosphérique que par l'état de combinaison et la proportion de ses principes. C'est le seul dont on puisse suivre véritablement l'origine. On le retire du nitre par le moyen de l'acide sulfurique ou de l'argile ferrugineux. Il est blanc, mais se colore facilement en rouge par son exposition au soleil ; ce qui indique une décomposition. Il exhale des fumées très pénétrantes et dangereuses à respirer. Retiré d'un nitre non purifié, il est l'*eau forte* du commerce, dont l'emploi dans les arts est si fréquent. Mêlé avec de la glace ou de la neige, il produit un froid tel qu'il fait descendre le thermomètre de Réaumur jusqu'au 22e degré au-dessous de la glace. Il forme, avec la chaux, le *nitrate de chaux* ou *nitre déliquescent*, qui accompagne toujours le salpêtre brut ; avec la potasse, le *nitrate de potasse*, ou *nitre*, ou *salpêtre*, dont on fait un si grand emploi dans la fabrication de la poudre à canon, dans les arts et dans la médecine (*voyez* au mot Nitre); avec l'argent, le *nitrate d'argent*, qui, fondu, prend le nom de *pierre infernale*, et sert en chirurgie pour cautériser les ulcères, etc. ; avec le mercure, le *nitrate de mercure*, qui sert aux chapeliers pour secréter les peaux, c'est-à-dire enlever leurs poils sans les couper, afin de pouvoir les employer sans perte à la fabrication des chapeaux.

L'ACIDE NITREUX est le précédent moins chargé d'oxigène et de gaz nitreux. Le gaz nitreux, le même encore, moins chargé du même élément. Ce gaz nitreux est toujours dans un état élastique, et ne rougit pas les couleurs bleues végétales.

L'ACIDE MURIATIQUE se retire du sel marin au moyen de l'acide sulfurique. C'est l'*acide marin*, *l'esprit de sel* des anciens chimistes, le dissolvant de l'or et du platine. Il doit être blanc, mais est presque toujours jaune. Son odeur est piquante et agréable, quoique dangereuse. Il se transforme facilement en gaz, et se surcharge également facilement d'oxigène. Dans cet état, il devient *acide marin oxigéné* et même *suroxigné*, et détruit complètement toutes les couleurs végétales. C'est cette propriété, dont on doit la découverte à Scheel et au célèbre Bertholet, qui le rend si avantageux pour le blanchîment des toiles de fil et de coton, pour rétablir les vieilles estampes, etc. Cet acide simple détruit également tous les miasmes qui nagent dans l'air, ou qui reposent sur les murs et les meubles des appartemens, des étables, etc.; aussi est-ce encore lui que Guyton-Morveau emploie pour rendre saines les salles des hôpitaux, les prisons et autres lieux infectés par des affluves animales ou végétales plus ou moins dangereuses, plus ou moins désagréables à l'odorat.

Avec la potasse, l'acide muriatique forme le *muriate de potasse*, ou sel *fébrifuge de Sylvius* dont on ne se sert qu'en médecine. Avec la soude, le *muriate de soude*, ou *sel marin*, ou *sel de cuisine*, dont l'emploi est si étendu dans l'économie domestique, dans les arts et dans l'agriculture; avec l'*ammoniac*, le *muriate d'ammoniac* ou *sel ammoniac*, qui est en usage dans quelques arts et en médecine; avec l'antimoine, le *muriate d'antimoine*, qu'on appeloit autrefois *beurre d'antimoine*, et qu'on emploie en chirurgie pour cauteriser; avec le mercure, différens sels en usage en médecine.

L'ACIDE NITRO-MURIATIQUE est le mélange de l'*acide nitrique* avec l'*acide muriatique*, mélange où l'acide nitrique a cédé une partie de son oxigène à l'acide muriatique. C'est l'*eau régale* des anciens chimistes. Il est jaune. On ne l'emploie que pour dissoudre l'or, le platine et autres métaux difficilement oxidables.

L'ACIDE PHOSPHORIQUE se retire du phosphore par sa combustion dans l'oxigène. Je ne le cite ici que parcequ'il entre comme partie constituante des os des animaux, et qu'on le croit l'origine de quelques unes de leurs maladies. ( *Voy*. au mot PHOSPHORE. )

Les phosphates ne servent à rien dans les arts économiques.

Un seul, le phosphate de soude, est employé en médecine comme purgatif.

L'ACIDE SÉBACIQUE ou adipeux se forme lorsque les graisses animales rancissent. Il est très abondant dans le suif et dans le beurre. Il forme des sels neutres bien caractérisés, mais sans aucune utilité. Je le cite, parcequ'il doit entrer dans la liste des parties constituantes des animaux.

L'ACIDE URIQUE se trouve dans l'urine, et forme souvent les calculs ; on l'a aussi appelé l'*acide lithique*.

L'ACIDE PRUSSIQUE existe dans beaucoup de parties des animaux, sur-tout dans le sang d'où on le retire. Il est la matière colorante du bleu de Prusse. Ses propriétés sont fort remarquables.

L'ACIDE MUCIQUE a été d'abord reconnu dans le sucre de lait, et, en conséquence, appelé *acide saccho-lactique*. Aujourd'hui on l'obtient de tous les mucilages animaux et végétaux. La gomme en fournit, au moyen de l'acide nitrique, d'après Vauquelin et Fourcroy, de quatorze à vingt-six centièmes. C'est une poudre blanche légèrement acide, qui forme des composés particuliers avec différentes bases.

L'ACIDE FORMIQUE se retire des fourmis par la distillation ou par l'infusion. Il se rapproche beaucoup de l'acide acétique ; mêlé avec du sucre, il forme une limonade extrêmement agréable, ainsi que j'ai eu occasion de m'en assurer.

L'ACIDE ACÉTIQUE est un des plus répandus dans les végétaux. Il se forme dans le vin exposé à une douce chaleur dans des vaisseaux ouverts. On le retire de presque tous les bois par la distillation sous des formes variables, et indiquées par les noms *pyro-muqueux*, *pyro-ligneux*, *pyro-tartareux*. C'est lui qui pique les yeux dans la fumée de bois vert, et qui fait que la suie dissout si rapidement les tuyaux de poële exposés à la pluie. Son usage est fort étendu dans l'économie domestique, dans la médecine et dans les arts. (*Voy*. au mot VINAIGRE.) Il forme, avec différentes bases, des sels neutres, dont deux seuls sont dans le cas d'être cités ici. L'un, c'est l'*acétate de cuivre*, qu'on prépare aux environs de Montpellier, et qu'on met dans le commerce pour l'usage de la peinture sous le nom de *verdet*. Sa couleur est un vert bleuâtre ; l'autre est l'*acétate de plomb*, plus connu sous le nom de *sucre de Saturne*, et dont on fait en médecine un emploi qui peut devenir fort dangereux ; tous deux sont de violens poisons pris intérieurement.

L'ACIDE MALIQUE, ainsi nommé, parcequ'il existe en grande quantité dans les pommes (*malus*), fait partie constituante de presque tous les fruits avant leur maturité. Il se change ensuite en acide oxalique (*sacharin*), par le seul effet de la maturité de ces fruits. C'est à lui qu'on doit la mauvaise qualité des vins qu'on appelle *verts*. Il forme, avec la chaux, un sel peu soluble, et c'est cette propriété qui rend la chaux si utile pour améliorer les vins et les cidres qui en contiennent trop. (*Voy*. au mot Vin.)

L'acide citrique diffère peu du précédent. On le trouve abondamment dans le citron. Il existe aussi dans les fraises, les framboises, les cerises, les raisins verts, les abricots, et presque tous les fruits. Cet acide s'emploie fréquemment en limonades et dans les arts.

L'acide tartareux se trouve principalement combiné avec la potasse dans le *tartre*, Il est le produit de la fermentation selon quelques chimistes. Il ne fait que se précipiter, selon d'autres, qui paroissent plus fondés dans leurs raisons. On le tire aussi de la pulpe du tamarin et d'autres végétaux. Son goût est fort agréable, aussi en fait-on de la limonade. Combiné avec la potasse, c'est *la crême de tartre* qu'on ordonne souvent pour purger, et qu'on emploie dans quelques arts.

L'acide oxalique se tire de l'oseille, et principalement de l'oxalide (*voyez* ces mots), où il est légèrement combiné. Il se montre sur les feuilles des chiches à une certaine époque de l'année. Son radical est partie constituante du sucre, c'est-à-dire qu'il ne diffère pas, ou presque pas, de l'*acide succharin* de quelques chimistes. Sa saveur est fort agréable, et on en fait des limonades. Son principal usage est pour ôter les taches d'encre ou de rouille sur le linge.

Tous ces acides peuvent être transformés les uns dans les autres, puisqu'ils ne diffèrent que par la proportion de leur oxigène, de sorte qu'ils peuvent tous être rapportés à l'acide acétique.

L'Acide gallique se tire principalement de la noix de galle. (*Voyez* ce mot.) Sa couleur est jaune, sa saveur peu acide. Il noircit le fer sur-le-champ : c'est cette propriété qui le rend si utile en chimie, et qui fait que la noix de galle est employée dans la fabrication de l'encre.

Il y a encore dans le règne minéral les acides arsénique, molybdique, thungstique, chromique, fluorique, boracique, etc. Dans le règne végétal, l'acide benzoïque, camphorique, succinique, qui tous n'intéressent que fort peu les cultivateurs.

Il n'en est pas de même de l'acide carbonique que j'ai laissé en arrière, parcequ'il est important de le connoître le mieux possible, attendu qu'il est une des bases sur lesquelles repose l'acte de la végétation, que sans lui il n'y auroit pas de végétaux et par conséquent de cultivateurs.

L'Acide carbonique, qu'on a appelé d'abord *air fixe*, et qui, comme je l'ai dit au commencement de cet article, se trouve dans les trois règnes, est composé de carbone et d'oxigène. C'est avec lui qu'est combinée la chaux dans les pierres calcaires. C'est lui qui compose principalement le gaz produit par l'expiration dans les animaux. Il se dégage en abondance du charbon embrasé. Son état est toujours aériforme, c'est pourquoi on l'appelle souvent *gaz acide carbonique*. Il ne peut entretenir ni la combustion ni la vie animale, mais il est absorbé par les végétaux et les nourrit, comme je le ferai voir plus bas. L'air atmosphérique en contient un ou deux centièmes. On peut le combiner avec l'eau qu'il rend acide et agréable au goût ; mais il ne tarde pas à reprendre son élasticité, à s'échapper dans l'atmosphère, lorsque cette eau est exposée à l'air.

On appelle asphixie l'état d'un homme qui a perdu le mouvement pour s'être exposé à respirer du gaz acide carbonique. Il paroît que, dans ce cas, il n'y a d'abord que suspension des fonctions vitales du poumon, puisque l'on peut rappeler les asphixiés à la vie par le moyen des stimulans et de l'air introduit dans le poumon tant qu'il subsiste encore quelques restes de chaleur animale.

Il est des lieux, sur-tout dans le voisinage des volcans, d'où il se dégage naturellement de l'acide carbonique. Tel est la célèbre grotte du chien près Pouzzole. Plusieurs eaux minérales ( celles qu'on appelle acidules), en sont saturées, et il leur donne des propriétés antisceptiques. Souvent c'est lui qui cause la mort des personnes qui vident les fosses d'aisance. Toujours il accompagne la fermentation vineuse, et ( ainsi que je l'ai déjà observé ) la combustion du charbon.

Ce gaz est un peu plus lourd que l'air ; aussi, quoique invisible, peut-on le transvaser comme de l'eau.

C'est le plus foible de tous les acides, c'est-à-dire que tous les autres acides le chassent des bases auxquelles il est uni. C'est lui qui cause, en se dégageant, l'effervescence qu'on remarque lorsqu'on met un morceau de marbre dans l'acide nitrique.

Les bases auxquelles il est le plus important que les cultivateurs sachent qu'il est uni, sont les carbonates de potasse, de soude, et d'ammoniac du commerce. Le carbonate de fer, ou mine de fer spathique, le carbonate de zinc ou calamine, le carbonate de chaux ou pierre calcaire. On le dégage de ce dernier composé par l'action du feu (*voyez* au mot CHAUX) ; mais comme celui qui se trouve dans l'atmosphère tend toujours à se combiner, le carbonate ne tarde pas à se régénérer.

Tous les animaux, tous les végétaux, et la plupart de leurs produits immédiats, contiennent du charbon, peuvent par conséquent donner et donnent un effet de l'acide carbonique par leur combustion. La partie colorante des feuilles en contient sur-tout beaucoup.

Le sang renfermé dans les veines change le gaz oxigène en acide carbonique qui, arrivé dans les poumons, est chassé en dehors par la respiration ; voilà pourquoi une chambre exactement fermée et habitée par beaucoup de monde est si malsaine et même si dangereuse. Il est au contraire absorbé par les feuilles des plantes et transformé en oxigène.

Les nombreuses expériences faites par Ingen-houze, Senne-bier, et autres physiciens, prouvent que les plantes absorbent et décomposent l'acide carbonique qui nage dans l'air, et celui qui se trouve déposé dans la terre autour de leurs racines ; mais c'est à M. Th. de Saussure qu'on doit le travail le plus régulier sur cet objet. Le chapitre second de son excellent ouvrage, intitulé *Recherches chimiques sur la végétation*, devroit être copié ici tout au long, tant il renferme d'idées lumineuses. En voici un extrait :

La végétation des plantes a été arrêtée par leur exposition au soleil dans des vases contenant de la chaux éteinte pour absorber tout l'acide carbonique de leur atmosphère.

L'air qui contient un douzième de gaz acide carbonique est plus favorable à la végétation que l'air atmosphérique ordinaire, et celui qui en contient davantage est mortel pour les plantes, parcequ'elles ne peuvent pas le décomposer.

Le terreau des couches, qui fournit de ce gaz à la couche de l'atmosphère qui repose sur elles, est donc utile à la végétation sous ce rapport, lorsque ses émanations ne sont pas plus fortes que ce qu'il faut pour fournir ce douzième ; mais, quand elles passent cette quantité, les plantes périssent. Ce fait se remarque sur-tout sur les couches à châssis et à cloche, où on a semé des graines de plantes délicates. Les jardiniers disent que le plant s'est *fondu*. Le remède est de donner de l'air aux châssis ou aux cloches.

L'eau chargée d'acide carbonique, et dans laquelle on met des plantes, semble d'abord n'avoir pas d'effet sur l'accélération de leur végétation, mais ensuite elles en ont un très sensible.

Les plantes nourries dans une atmosphère artificielle, surchargée d'acide carbonique, ont fourni plus de charbon par leur combustion que les autres.

Les plantes élevées au soleil, dans l'eau distillée, ont donné par leur combustion, au bout de trois mois, plus du double de charbon que la même quantité en poids au moment de la mise en expérience : elles se sont donc assimilé le gaz acide carbonique de l'atmosphère.

A l'ombre, la plus petite quantité d'acide carbonique ajouté à l'air commun fait périr les plantes.

Le gaz acide carbonique pur s'oppose à la germination des graines.

Les plantes étiolées forment une petite quantité d'acide carbonique par le seul effet de leur végétation ; c'est pourquoi ces plantes sont moins sensibles aux effets de la chaux que les autres.

Priestley, le premier, a reconnu que les feuilles avoient la propriété d'améliorer l'air vicié par l'acide carbonique ; mais il n'a pas remonté à la cause de ce phénomène. C'est à Sennebier qu'on doit l'importante observation qui prouve que les feuilles vertes décomposent l'acide carbonique, en s'appropriant son carbone et en éliminant son oxigène. Il a vu que les feuilles mises dans de l'eau imprégnée d'acide carbonique produisoient du gaz oxigène aussi long-temps qu'il restoit de l'acide dans l'eau. Th. de Saussure a constaté la justesse des expériences de Sennebier par beaucoup d'autres encore plus exactes, de sorte qu'il n'est plus permis de douter que les plantes se nourrissent par l'absorption, au moyen de leurs parties vertes, de l'acide carbonique qui nage dans l'air ; qu'ainsi il faut leur en donner pour accélérer leur accroissement en grosseur et en hauteur. Il est plus que probable que celui qui est dissous dans l'eau s'infiltre dans les couches terrestres, et entre également par les racines dans la circulation pour former leurs parties solides ; mais ici il manque encore quelques données, et je m'arrête, crainte d'indiquer une hypothèse au lieu d'une vérité.

Quelques écrivains ont avancé que la terre contenoit des acides de diverses sortes, et qu'il s'y faisoit des combinaisons utiles à la végétation : c'est une supposition gratuite, qui ne mérite pas même d'être examinée quand on possède les élémens de la chimie. Les acides minéraux, même le nitrique, y sont toujours combinés, et les acides végétaux s'y forment de toutes pièces. Ingen-houze, conduit par l'analogie, a répandu des acides sulfurique, muriatique et nitrique sur des portions de terrain, et ensuite y a semé des graines. Il a vu que ces graines ont plus tôt levé que dans les portions du même terrain où il n'y avoit pas eu d'acide, et que les plantes qu'elles ont fournies étoient plus vigoureuses. Ces expériences mériteroient d'être répétées.

Le complément à cet article se trouvera à tous les articles de chimie et de physique végétale de cet ouvrage. Je dois restreindre les développemens de théorie, pour pouvoir m'étendre davantage sur les détails de pratique. (B.)

ACIER. Les cultivateurs font un trop fréquent usage d'instrumens d'acier, pour qu'ils ne désirent pas de savoir en quoi il diffère du fer, et quels sont les signes au moyen desquels on reconnoît sa bonne qualité.

Une petite portion de charbon suffit pour transformer le fer en acier, et il suffit de brûler le charbon qui est dans l'acier pour le remettre en état de fer. Ce fait peut paroître étonnant à beaucoup de personnes; mais il est indubitable.

On distingue trois sortes d'aciers dans le commerce.

1° L'*acier de fonte* ou *acier naturel* qu'on retire de certaines espèces de mines de fer par des procédés particuliers. Il est toujours inégal, c'est-à-dire qu'il y a du fer de mêlé avec lui ; mais cet inconvénient le rend moins cassant, et favorise sa soudure à la forge. C'est avec lui qu'on fabrique les socs de charrue, les faux, les faucilles, les serpes, les ressorts de voiture, etc. C'est l'Allemagne et la Suède qui fournissent presque la totalité de celui que nous consommons. Son prix est le moins élevé.

2° L'*acier de cementation* ou *acier artificiel*. On le fabrique en tenant rouge, pendant plusieurs jours, des barres de fer de bonne qualité, entourées de toutes parts de charbon en poudre. Il est plus égal, plus dur, et plus cassant que le précédent. On peut lui donner un très beau poli. C'est lui que les taillandiers, les couteliers et autres ouvriers préfèrent pour les ouvrages fins. Il est plus cher que le précédent, quoiqu'on en fabrique beaucoup en France, parceque tous les fers ne peuvent pas en donner de bon, et que sa manutention est coûteuse.

3° L'*acier fondu* qui provient de la fusion des deux précédens, et avec lequel on fabrique la coutellerie la plus fine, les bijoux d'acier, etc. C'est le plus cher. Les Anglais ont seuls le secret de le travailler convenablement.

Comme la proportion de charbon varie presque dans chaque barre d'acier, et que le fer dont il provient varie aussi en pureté, il n'est pas étonnant qu'il soit difficile de trouver des aciers parfaitement identiques. Remédier à cet inconvénient d'une manière absolue, c'est chose impossible ; mais on peut, par le travail de la forge, les rapprocher assez l'un de l'autre pour qu'on ne puisse pas dire qu'ils sont hétérogènes. L'acier dur ou cassant est celui qui a excès de charbon ; l'acier mou ou tendre est celui qui se rapproche du fer. L'un et l'autre, ainsi que tous les états intermédiaires, ont leur emploi dans les arts.

On distingue l'acier du fer à sa couleur plus blanche, à son grain plus fin ; il est plus dur, plus sonore, plus attirable à l'aimant, plus susceptible de poli, moins oxidable. Lorsqu'on le touche avec une goutte d'acide nitrique il devient noir. Quand il est recuit il se colore en jaune orangé et ensuite en bleu. La chaleur le dilate deux fois plus que le fer. Il prend, par la trempe, une dureté que le fer n'acquiert jamais.

Les pailles ou paillettes qu'on trouve malheureusement si souvent dans l'acier de cémentation sont dues à des matières étrangères, telles que le phosphure, le carbure, la silice et sur-tout le manganaise. Il n'y a que la fonte qui les fasse entièrement ou au moins presque entièrement disparoître. Ce sont les fers qui en contiennent le moins qu'on doit préférer pour la fabrication de l'acier.

On appelle *étoffe*, le mélange du fer avec l'acier par le moyen de la soudure. Ce mélange, qui a une partie des propriétés du fer et de l'acier, se rapproche des aciers naturels. Il est sur-tout très peu cassant et cependant assez dur. C'est avec des étoffes bien corroyées qu'on fait les sabres de Damas, les ressorts de voitures, etc., etc.

Ce que j'ai dit plus haut peut mettre sur la voie pour distinguer les différens aciers entre eux et pour apprécier la bonté de chaque morceau ; mais c'est par l'usage qu'on acquiert le talent de juger à quel ouvrage tel morceau peut être le plus propre, ou si tel morceau peut remplir convenablement tel but. Les raisonnemens les plus savans ne donneront pas ce tact qui dirige les ouvriers en fer et en acier, puisque, comme je l'ai observé plus haut, dans la même barre d'acier il y en a souvent de plusieurs qualités, et qu'il n'y a pas de fabricans qui puissent se vanter d'en faire deux fois de suite de semblable. *Voyez* pour le surplus au mot FER et FONTE DE FER. (B.)

ACONIT. *Aconitum.* Genre de plantes propre aux hautes montagnes de l'Europe, qui renferme plusieurs espèces remarquables par leur beauté, et célèbres par le poison qu'elles contiennent.

La plus belle des espèces est l'ACONIT NAPEL, qui a les feuilles digitées, les folioles munies de dents écartées, et les fleurs bleu foncé. Elle est vivace, s'élève de deux à trois pieds, et forme de fort grosses touffes. On la cultive fréquemment dans les jardins d'ornement, et on l'y multiplie principalement par séparation des vieux pieds, la voie du semis étant trop longue. Elle s'accommode assez de toute espèce de terrain, mais ceux qui sont frais et ombragés lui conviennent mieux. C'est sur le bord des massifs qu'il faut la placer, parceque c'est là qu'elle produit le plus d'effets. On peut aussi la mettre dans les plate-bandes. Elle a un port superbe, et, en général, elle est toujours belle, soit qu'elle commence à pousser, soit qu'elle montre le saphir de ses fleurs.

Il faut beaucoup rabattre des qualités délétères qui ont été attribuées à cette plante. Ses feuilles sont si peu dangereuses qu'on les mange en Suéde pour réveiller l'appétit. On peut les toucher, les froisser impunément ; ce ne doit donc être que par excès de précaution que quelques personnes la proscrivent de leurs jardins. Lorsqu'on mange de sa racine, qui ressemble à un navet, on éprouve une enflure générale, des vertiges, même des convulsions ; mais on a toujours le temps de faire usage des remèdes, qui sont d'abord les vomitifs, et ensuite le vinaigre à grande dose et étendu d'eau. Storck a proposé cette racine pour guérir la goutte.

L'Aconit camarum ressemble beaucoup au précédent ; mais il a les fleurs du double plus grandes, ce qui le rend préférable pour l'ornement des jardins ; mais il est rare.

L'Aconit tue-loup a les feuilles palmées, velues, et les fleurs d'un jaune sale. C'est également un poison. On le cultive très rarement, attendu qu'il est beaucoup moins beau que les précédens. Ce n'est cependant pas une plante à dédaigner dans les grands jardins et sur le bord des massifs.

L'Aconit solitaire, *Aconitum anthora*, Linn., a les feuilles multifides, et les fleurs jaunâtres. On le regarde comme le contrepoison des autres espèces. Il est quelquefois employé en médecine dans les fièvres malignes, contre les vers, etc., mais il faut s'en défier. Ses fleurs, peu nombreuses et d'une couleur terne, le rendent moins agréable à la vue qu'aucune des autres.

Toutes les espèces d'*Aconit* demandent la même culture. (Th.)

ACORE. *Acorus.* Plante à racine vivace, épaisse, noueuse, traçante, à feuilles gladiées, engaînantes par leur base, hautes d'environ un pied, à fleurs jaunâtres, disposées en chaton long d'un pouce, et sortant du tranchant des feuilles vers les deux tiers de leur hauteur.

Cette plante croît sur le bord des eaux dans le nord de l'Europe, en Asie, et en Amérique. Ses feuilles froissées exhalent une odeur agréable. Ses racines, que l'on croit être le véritable *calamus aromaticus* des anciens, sont encore plus aromatiques. On les emploie dans les pharmacies et dans les parfumeries. On les mange fraîches en Amérique, ainsi que je l'ai observé, et on les y regarde comme très nourrissantes. On les met aussi dans les ragoûts.

On cultive cette plante dans quelques jardins, quoiqu'elle soit sans agrémens extérieurs. Elle demande un sol constamment humide, même submergé, et cependant chaud. On la multiplie par la séparation de ses racines qu'on effectue en automne ou au printemps, et qu'on place à fleur de terre ; car elles pourrissent quand elles sont trop enterrées. Rarement on lui voit des fleurs dans le climat de Paris, et encore plus rarement des graines, et quand elles paroissent, c'est dans le plus fort de l'été. (B.)

ACOT, ACOTTER, Terme de jardinage. *Voy.* Couche.

ACOTYLEDONS. C'est ainsi qu'on nomme la première des grandes divisions des végétaux considérés sous le rapport de l'organisation de leurs semences. Elle renferme les plantes dont les graines sont dépourvues de cotylédons. Elle correspond à la *Cryptogamie* de Linnæus. *Voy*. ce mot.

C'est dans cette division que se trouvent les champignons, dont les uns sont très recherchés pour la nourriture, les autres un poison fort dangereux ; les algues, qui fournissent un engrais précieux et quelquefois de la nourriture aux bestiaux ; les lichens, qui sont le premier échelon de la végétation et servent de nourriture et de remèdes; les mousses, si avantageuses dans quelques emplois agricoles et économiques, mais dont généralement on ne tire pas tout le parti désirable ; enfin, les fougères, qui donnent aussi de la nourriture et des remèdes, de la litière, des couvertures pour garantir les plantes de la gelée, et de la potasse, si précieuse pour les arts. *Voy*. ces mots. (B.)

ACRE. Ancienne mesure de terre employée dans les parties de la France qui ont été possédées par les Anglais. *Voy*. au mot MESURE. (B.)

ACRIMONIE DES HUMEURS. On donne ce nom à une disposition des animaux, qui résulte le plus souvent de leurs mauvaises digestions. Il y en a de deux sortes, les acides et les alkalines. Les symptômes des premières sont, l'intérieur de la bouche très pâle, une haleine et les excrémens d'une odeur aigre, les goûts dépravés, les fréquens bâillemens. On les combat par de l'eau dans laquelle on a mis quelques poignées de cendres, par une nourriture choisie et peu abondante : ses suites sont rarement graves. Les symptômes des secondes, qui sont tout-à-fait opposés aux premiers, sont le dégoût, une soif permanente, l'haleine et les excrémens d'une odeur d'hydrogène sulfuré, la peau sèche, les urines rouges. Une dyssenterie putride et la mort en sont souvent la terminaison. De mauvais fourrages, des eaux croupies, un air corrompu ou trop chaud, en sont presque toujours la cause. Des boissons acidulées par le vinaigre, une nourriture fraîche de facile digestion et peu abondante, sont ce qui convient pour les combattre. (B.)

ACTÉE, *Actea*. Genre de plantes qui renferme deux espèces qu'on cultive dans quelques jardins à raison de leur grandeur, de l'élégance de leurs feuilles, et de la beauté de leurs épis de fleurs.

L'ACTÉE D'EUROPE, *Actea spicata*. Linn., a les fleurs blanches, disposées en long, épi terminal, les feuilles deux ou trois fois ailées, et des fruits charnus. On la trouve dans les lieux ombragés des hautes montagnes de l'Europe. Elle est vivace, et s'élève à deux ou trois pieds. C'est un poison. On vend sa racine, sous le nom d'*hellébore noir*, pour servir de remède.

Comme cette plante ne vient jamais mieux que dans les lieux qui sont privés d'air et de lumière, et qu'elle est réellement élégante, on la place dans les jardins paysagers à l'entrée des grottes, sous les redans des rochers, et autres endroits semblables, où peu d'autres se plaisent. Elle fleurit au milieu de l'été. On la multiplie par semences et par séparation de ses racines qui sont charnues et même tubéreuses. Dans ces deux cas il faut une terre légère, fraîche, ou ombragée. Elle craint la culture, c'est-à-dire demande à être abandonnée à elle-même.

L'ACTÉE D'AMÉRIQUE, *Actea racemosa*, a des grappes très longues de fleurs blanches, des feuilles deux ou trois fois ailées et des fruits secs. Elle est originaire de l'Amérique septentrionale et remplit les mêmes indications que la précédente, qu'elle surpasse en grandeur et en beauté. (B.)

ADMIRABLE, espèce de pêche.

ADONIDE, *Adonis*. Genre de plantes de la polyandrie polyginie et de la famille des renonculacées, qui renferme plusieurs espèces que les cultivaseurs doivent connoître, car elles naissent dans les moissons, et sont cultivées dans les jardins, qu'elles ornent par la délicatesse de leurs feuilles et l'éclat de leurs fleurs.

On compte en France trois espèces d'*adonides* qu'on appelle de PRINTEMPS, D'ÉTÉ et D'AUTOMNE à raison de l'époque de leur floraison ; mais quelques botanistes les regardent comme des variétés, quoiqu'elles diffèrent pour le nombre de leurs pétales qui est de douze, de cinq et de huit. Ce sont des plantes annuelles au plus d'un pied de haut, à feuilles pinnées dont les folioles sont linéaires et à fleurs d'un rouge cramoisi, réunies en petits bouquets à l'extrémité des tiges. Il ne paroît pas qu'elles nuisent essentiellement aux blés, quoique souvent elles y soient très abondantes ; mais, malgré cela, un bon agronome ne doit pas plus les y souffrir que toute autre plante, et il lui est facile de s'en débarrasser par un criblage exact, et par l'alternat des cultures. Si elles étoient vivaces, il n'est pas douteux qu'elles ne devinssent un de ornemens de nos parterres ; mais quoiqu'elles doublent aisément, on n'est jamais certain d'obtenir une année les mêmes variétés que la précédente. Il faut les semer à demeure et en touffe au commencement du printemps ; car elles craignent la transplantation, et produisent d'autant plus d'effet qu'elles sont réunies en plus grand nombre. Une terre sèche et sablonneuse est celle qu'elles préfèrent ; mais elles s'accommodent de toutes.(B.)

ADOS. JARDINAGE. Toute terre élevée en talus, du côté du midi, forme un ados, garantit les plantes d'un souffle direct des vents froids, et sert, par conséquent, à hâter leur végétation. Le mot *ados* est plus particulièrement consacré au terrain

élevé contre un mur. Personne n'a mieux décrit la manière de
faire les *ados* et les avantages qui en résultent pour le jardinier, que M. l'abbé Roger-Schabol, dans son ouvrage sur la
pratique et la théorie du jardinage.

Ce mot porte avec lui sa signification, dit M. Schabol. Il
est tiré de l'usage ordinaire : c'est une élévation de terre en
forme de dos de bahut, plus large du bas que du haut. C'est
aussi tout endroit qui, par sa nature, est à couvert des mauvais vents et des gelées, lequel est adossé d'un mur ou d'un
bâtiment qui a le soleil en face. Nous avons introduit dans le
jardinage une forme d'ados qui va de pair, à peu de chose
près, avec les châssis vitrés pour les pois de primeur et pour
les fraisiers, ainsi que pour quantité de nouveautés. Voici en
quoi il consiste :

Au lieu d'élever son ados de quatre, cinq ou six pouces de
hauteur, suivant la coutume, il faut l'exhausser d'un pied,
et même de quinze pouces par derrière, venant en mourant
par devant, et même creusant sur le devant pour le charger d'autant sur le derrière. Au moyen de cette pente pré-
cipitée, deux effets ont lieu : le premier, de jouir durant l'hiver, lorsque le soleil est bas, des moindres de ses regards ; le
second, de n'avoir jamais, lors des gelées et des frimas, aucune humidité nuisible : toutes les eaux tombent nécessairement et vont se perdre dans le bas.

Cette sorte d'ados se pratique à l'exposition du midi, le
long d'une plate-bande : souvent on a un espalier à ménager ;
et voici pour cet effet comment on s'y prend. On laisse entre
le mur et l'ados dix-huit pouces de sentier ; ces dix-huit pouces suffisent pour aller travailler les arbres. Il faut, pendant
quelques jours, avant de semer les pois, laisser la terre se
plomber tant soit peu.

Au lieu de faire en long les rigoles pour semer, il faut les
pratiquer en travers du haut en bas de l'ados, puis semer,
après quoi garnir de terreau les rigoles, et les remplir.

Lorsqu'il arrive des gelées fortes, des neiges, etc., il faut
garnir avec de la grande litière et des paillassons, qu'on ôte et
qu'on remet suivant le besoin.

Pour les fraisiers, on en a ou en pots ou en mottes, que
l'on met en échiquier, en amphithéâtre. Ceux en pots, on les
dépote sans endommager aucunement ni offenser la motte :
il faut bien se garder de couper tout autour, et en dessous, ces
filets blancs qui tapissent le pourtour de cette motte, comme
il se pratique dans le jardinage ; c'est ce que les jardiniers
appellent *châtrer la motte*. Ce procédé est très nuisible, puisqu'en retranchant tous ces filets blancs, on fait autant de plaies
par lesquelles, de toute nécessité, la sève flue, et que la nature

est obligée de guérir. Il faut instruire les jardiniers à ce sujet, et leur apprendre que ces filets blancs qu'ils coupent prennent leur direction naturelle vers la terre , et qu'ils se détachent de cette motte pour darder dans la terre et s'y enfoncer. Laissons , autant qu'il est possible , la nature faire à son gré; elle en sait plus que nous : ne nous mêlons de ses affaires que quand elle nous requiert. Quant aux fraisiers en pleine terre à mettre sur ces ados, on ne peut prendre non plus trop de précautions pour les lever scrupuleusement en motte , les ménager dans le transport et dans la transplantation.

Cette sorte d'ados a un autre avantage ; savoir, de renouveler tous les ans la plate-bande, et d'en faire une terre neuve. Quand on a ôté les pois, on rabat la terre et on la met à plat comme elle étoit; ensuite on y sème des haricots nains , qui y viennent à foison , ou tout autre plant convenable, sans que la terre se lasse.

Ces ados , pratiqués de la sorte , doivent être faits dans les derniers jours d'octobre , et semés au commencement de novembre : on est sûr , par ce moyen , d'avoir des pois et des fraises quinze jours ou trois semaines plus tôt que les autres. C'est ainsi qu'avec peu et sans frais on fait beaucoup. (R.)

ADRAGANT. *Voyez* Astragale.

ADULTE. Un animal est adulte lorsqu'il est arrivé à toute sa grosseur. L'homme seul est appelé adulte dès qu'il peut propager son espèce.

Trop souvent on fait travailler les animaux domestiques avant qu'ils soient adultes, ce qui les empêche de prendre tout l'accroissement dont ils sont suceptibles. C'est une des plus grandes causes qui ont concouru à abâtardir nos races. Nos pères étoient bien plus raisonnables que nous à cet égard. Aujourd'hui on attelle les chevaux , les bœufs , les ânes , à la charrue à l'âge de deux ou trois ans. Il est facile de prouver aux cultivateurs combien il est diamétralement opposé à leurs véritables intérêts de devancer ainsi l'époque fixée par la nature pour le travail de leurs bestiaux. En effet un cheval , usé avant qu'il soit parvenu à toute sa croissance , ne peut offrir qu'un service peu considérable et peu durable. L'expérience de tous les temps le prouve. Est-il donc sage de se priver d'un bénéfice de huit , dix , douze années d'un travail vigoureux , par l'appât d'un travail foible deux ou trois années plus tôt ?

Ce n'est également que lorsque les animaux sont complètement adultes qu'il convient de les employer à la reproduction, si on veut avoir des petits forts et bien constitués; un corps non formé et qui par conséquent manque du supplément de vie qu'il attend de l'âge , ne peut pas fournir ce qu'il faut à l'être auquel il donne la vie. C'est encore un résultat de l'expérience des siècles, mais résultat dont nous ne profitons point, car rien n'est plus commun que d'employer des étalons de deux ans, des jumens poulinières de trois ans, etc. ( B. )

ADVENTICE ( *Plante.* ) C'est un mot nouveau que M. Ro-ger-Schabol a introduit dans le jardinage. Il le prend du mot latin *advenio* qui veut dire *advient*, ou qui *vient après coup*, par surcroît, qui est surajouté. On dit plantes *adventices*, celles qui croissent sans avoir été semées. Les mauvaises herbes, entre autres, sont des plantes *adventices*; les bonnes qui vien-nent, comme on dit, de Dieu grace, sont autant de plantes *adventices*.

On dit aussi racines *adventices*, celles qui sont formées après coup aux arbres dont, suivant la routine meurtrière pour eux, comme pour toutes les plantes quelconques, les jardiniers peu instruits coupent toutes les racines, ou dont ils les mutilent étrangement. Ils forcent la nature à en reproduire de nou-velles, qui jamais ne sont aussi franches que celles de la créa-tion primordiale. Respectez, par conséquent, les racines; n'en abattez ni n'en recépez jamais aucunes que lorsqu'elles seront brisées par accident et hors d'état de servir. (R.)

AÉRER. C'est donner de l'air.

L'air est indispensable à l'existence des animaux et des vé-gétaux, et il ne tarde pas à s'altérer lorsqu'il est respiré par les premiers et inspiré par les seconds dans un local trop cir-conscrit. Cette vérité semble trop généralement reconnue pour avoir besoin d'être prouvée; cependant combien d'accidents arrivent encore tous les jours pour n'avoir pas pris les précau-tions qui en dérivent! L'asphyxie des hommes et des animaux domestiques est peut-être aussi commune aujourd'hui dans les campagnes qu'il y a un siècle, c'est-à-dire qu'on n'y est pas plus instruit qu'avant la découverte de la décomposition de l'air par la respiration, et de l'action de ses diverses parties sur les poumons. *Voyez* au mot AIR.

C'est sur-tout dans la construction des écuries, et dans l'habi-tude où l'on est généralement de les tenir le plus hermétique-ment fermées que possible, qu'on remarque le peu de lumières des habitans des campagnes. *Voyez* au mot ÉTABLE. Aujourd'hui on a acquis la preuve que beaucoup d'épizooties ont été pro-duites par cette seule cause.

Les habitations des cultivateurs sont même souvent trop peu aérées, soit par leur position, soit par leur construction, soit par la disposition où ils sont, assez généralement, de tenir leurs fenêtres toujours fermées.

La conservation des produits des récoltes demande aussi un air très renouvelé, lorsqu'ils sont réunis en grande masse, parcequ'ils exhalent toujours beaucoup d'humidité qui les feroit pourrir si elle n'étoit pas continuellement évaporée. C'est pourquoi les granges et les greniers doivent avoir beaucoup d'ouvertures opposées, sur-tout dans la direction des vents dominans. On trouvera au mot CONSTRUCTION RURALE ce que la théorie et la pratique ont indiqué de mieux à cet égard.

Quant aux produits des récoltes extrêmement aqueuses, tels que les fruits, la plupart des légumes, etc., ils ont au contraire besoin d'être conservés dans un lieu où l'air soit presque stagnant, et où la température soit le plus possible constamment la même. En conséquence, on les renferme dans des fruitiers exactement clos, dans des caves profondes ; mais il ne faut jamais les mettre en grande masse, et on doit fréquemment les visiter pour enlever ceux qui, en se gâtant, pourroient accélérer la perte des autres. La raison de cette différence est qu'un air trop renouvelé les dessècheroient au point de ne pouvoir plus les employer aux usages auxquels ils sont destinés, et que les alternatives du chaud et du froid développeroit la disposition à la fermentation vineuse ou putride qui s'y trouve toujours. (B.)

En terme de jardinage aérer est renouveler l'air.

AÉROLITES, c'est-à-dire pierres qui tombent du ciel.

L'antiquité étoit dans l'opinion qu'il tomboit des pierres du ciel ; mais, jusqu'à ces derniers temps, on n'a pas cru à la possibilité de ce phénomène.

MM. Howard et Bournon, ayant réuni plusieurs pierres qu'on disoit tombées du ciel, furent frappés de leur identité entre elles et de leur dissemblance avec tout ce qu'offre la minéralogie dans son état actuel. Leur observation donna l'éveil aux savans de l'Europe ; et le hasard voulut que, lorsqu'on s'en occupoit le plus, il en tombât à l'Aigle, département du Calvados.

Aujourd'hui on possède, dans les collections de Paris et de Londres, des pierres tombées du ciel en France, à Ensisheim, à Barbotan, à Salles, à l'Aigle, à Aix ; en Angleterre ; à Wold-Colège ; dans l'Inde, à Benarès ; dans les Etats-Unis de l'Amérique, en Italie, etc.

Les circonstances qui ont accompagné la chute de plusieurs de ces pierres ont été constatées par le témoignage d'un grand nombre de témoins oculaires, c'est-à-dire de la manière employée par M. Biot pour celles qui ont été observées tombantes à l'Aigle.

Exposer rapidement ce qui a eu lieu dans ce dernier endroit, c'est apprendre ce qui s'est passé par-tout, car les rapports sont presque uniformes.

C'est M. Biot qui parle.

« Le mardi 6 floréal an 11, vers une heure après midi, le temps étant serein, on aperçut de Caen, de Pont-Audemer, d'Alençon, de Falaise et de Verneuil, un globe enflammé, très brillant, qui se mouvoit rapidement dans l'atmosphère. Quelques instans après son apparition, on entendit de l'Aigle, et dans un rayon de plus de trente lieues, une explosion violente qui dura cinq à six minutes. Ce furent d'abord trois ou quatre coups semblables à des coups de canon, suivis d'une fusillade, et ensuite d'un épouvantable roulement de tambours.

« Ce bruit partoit d'un petit nuage qui paroissoit immobile; seulement les vapeurs qui le composoient s'écartèrent momentanément de différens côtés par l'effet des explosions successives. Il étoit très élevé et à peu près à une demi-lieue nord-nord-ouest de la ville de l'Aigle. Dans tout le canton, on entendit des sifflemens semblables à ceux d'une pierre lancée par une fronde, et on vit en même temps tomber une multitude de masses solides exactement semblables à celles rapportées des lieux indiqués plus haut. On en a trouvé dans une longueur de deux lieues et demie et une largeur d'une lieue. La plus grosse de ces pierres pesoit dix-sept livres. Leur réunion suppose une masse de plusieurs milliers de livres. »

Toutes les pierres tombées du ciel, et dont j'ai vu une collection complète, sont grises, d'une pesanteur spécifique, presque semblables et trois fois plus considérables que celles de l'eau. Elles sont composées de silice, de magnésie, de soufre, de fer et de nickel. Ces substances s'y trouvent toujours à peu près dans les mêmes proportions.

On n'a jamais observé, je le répète, de pierres de même composition dans les mines d'aucune partie du monde.

Actuellement le fait est constaté d'une manière indubitable, mais son explication est encore à donner. L'opinion qui prédomine est que ces pierres ont été lancées par un volcan de la lune jusqu'à l'atmosphère de la terre ; mais elle est susceptible de tant d'objections qu'il vaut mieux garder le silence que de la soutenir.

J'ai cru devoir parler des aréolites, quoiqu'évidemment étrangères au plan de cet ouvrage, pour déterminer les cultivateurs à observer leur chute dans l'occasion, et ajouter, s'il se peut, quelque chose à leur histoire. ( B. )

AÉROMÈTRE. ( *Voyez* BAROMÈTRE. )

AETHUSE, *Aethusa*. Genre de plante de la pentandrie digynie et de la famille des ombellifères, qui renferme deux plantes qu'il est important de connoître; l'une à raison de ses qualités vénéneuses; l'autre, parcequ'elle est célèbre comme plante médicinale.

La première de ces espèces, l'AÉTHUSE A FEUILLES DE PERSIL, *aethusa cynapium*, Lin., a les tiges cannelées, les feuilles deux à trois fois ailées, et les folioles pointues. Elle est

annuelle, fleurit tout l'été, s'élève d'un à deux pieds, et est très
commune dans les jardins, peu soignés, dont le sol est gras et
humide. On la connoît sous le nom de *petite ciguë*. Sa couleur
est plus obscure que celle du persil, dans les planches duquel
elle se trouve quelquefois; mais il arrive, malgré cela, qu'on
est exposé à la cueillir avec lui ou pour lui. Une petite dose ne
fait aucun mal, mais une trop forte pourroit amener des accidens, tels qu'une pesanteur de tête, une prostration de forces,
des vertiges, etc. Les vomitifs d'abord, et ensuite une boisson
abondante d'eau acidulée par le vinaigre, sont les remèdes à
employer. Comme il vaut toujours mieux prévenir le mal que de
le guérir, un cultivateur éclairé ne doit pas souffrir un seul pied
de cette plante dans son jardin; mais il n'est pas toujours possible de s'en débarrasser, parceque la graine, qui a été enterrée
trop profondément par les labours, conserve sa faculté germinative pendant un grand nombre d'années, ou peut-être jusqu'à
ce que des labours subséquens la ramènent à la surface. Ce
fait, je l'ai constaté par des observations directes.

La seconde de ces espèces, l'AETHUSE A FEUILLES CAPILLAI-
RES, *Aethusa meum*, a les feuilles trois fois ailées et les
folioles capillaires. Elle croît sur les montagnes des Alpes, et
autres des parties méridionales de la France. Elle s'élève à
peine d'un pied, et est vivace. Toute la plante, et sur-tout
sa racine, est aromatique et très âcre. Elle passe pour incisive, apéritive et histérique. C'est le véritable *Meum* des dro-
guistes, si célèbre dans l'antiquité, et que les habitans des
pays où elle se trouve regardent encore comme une panacée
universelle.

AFFAISSEMENT. On sait que toutes les terres remuées
s'affaissent; et tous les bons cultivateurs calculent l'affaissement probable du sol quand ils font des plantations, sur-tout
d'arbres fruitiers, dont il ne faut pas que l'enture soit recouverte par la terre (*Voy.* à l'article PLANTATIONS.)

Mais il s'agit ici de l'affaissement, en grand et en totalité,
des terrains nouvellement desséchés, qu'il faut toujours calculer dans ces sortes d'entreprises. (*Voy.* à l'article DESSÈ-
CHEMENT, ENTRETIEN DES DESSÈCHEMENS.) Celui qui ne calculeroit que les premiers frais d'un dessèchement, sans prévoir
les dépenses de l'affaissement des levées qu'il faut surhausser,
celui du sol qui oblige à recreuser les canaux, etc., après
quelques années, celui-là, dis-je, sera la dupe de sa spéculation.

Il arrive quelquefois qu'après les défrichemens il y a aussi
*affaissement*, cela dépend de la nature du sol qu'on défriche;
mais ici, le danger n'est pas grand, et un essai fait sur quelques mètres de terrain lève tous les doutes. (CHAS.)

**AFFAISSEMENT.** Jardinage. Toutes terres remuées ou transportées s'affaissent par leur propre poids. Il en est ainsi des couches préparées avec le fumier, si on n'a pas la grande attention de les battre, de les fouler avec la masse jusqu'à ce qu'elles n'enfoncent plus. Les pluies contribuent beaucoup à affaisser les terres.

Une terre remuée s'affaisse communément d'environ un pouce par pied. Cette observation est de la plus grande importance lorsque l'on plante les arbres dans les trous préparés à les recevoir. Si le trou est de trois, quatre ou cinq pieds de profondeur, l'arbre s'enfoncera successivement de trois, quatre ou cinq pouces, la greffe se trouvera enterrée, et l'arbre trop profondément enfoui. Ainsi un bon jardinier se conformera à cette règle, et laissera toujours une élévation de terre sur le trou, parcequ'à la longue la terre remuée se mettra de niveau avec la terre voisine. ( R. )

**AFFAISSER.** *Voy.* Plombage.

**AFFAMER.** On affame un pays, une ville, un homme, en les privant d'une partie de leurs moyens de subsistance. On affame une plante en lui retranchant une partie de sa nourriture.

Il est quelquefois utile d'affamer des plantes, parceque l'excès de la sève détermine la pousse d'une grande quantité de bois et de feuilles, et qu'alors il ne se développe pas de fleurs, d'où il s'ensuit qu'elles ne portent point de fruit.

Deux moyens sont principalement employés pour cela. Ou on coupe quelques racines à ces plantes, ou on remplace la bonne terre qui entourre leurs racines par de la mauvaise.

Les poiriers greffés sur franc, et plantés dans un sol gras et humide, principalement dans ce cas. Il en est quelquefois de même des pêchers greffés sur pruniers, et mis dans une terre trop fumée. ( T. )

**AFFANURES.** On donne ce nom à la portion des récoltes qu'on donne aux ouvriers employés à les couper, rentrer, battre, etc. Cette portion varie selon les lieux; mais elle est constamment la même, toutes les années, dans chaque lieu. De cette seule observation, on doit conclure que l'usage des affanures est tantôt en faveur des cultivateurs, tantôt en faveur des ouvriers qu'ils emploient, à raison des variations des frais de culture et du prix du blé; par conséquent qu'elle est toujours une injustice. Aussi cet usage, qui remonte aux temps de barbarie, tombe-t-il chaque jour de plus en plus en désuétude : ce n'est plus guère que dans les montagnes qu'il se pratique aujourd'hui en France. Dans les pays de plaines, c'est-à-dire de grande culture, on préfère avec raison donner ou recevoir le salaire en argent, et à prix débattu, chaque année.

Il seroit sans doute superflu d'entrer ici dans le détail des affanures des différens cantons de la France où elles ont encore lieu, puisqu'elles sont d'un intérêt purement local, et que, comme je l'ai observé, elles varient par-tout : d'ailleurs, quelques unes sont si compliquées, qu'il faudroit des volumes pour en développer les bases.

Supprimer les affanures dans tel lieu n'est pas chose facile, car les habitans des campagnes tiennent prodigieusement à leurs habitudes; mais je ne le conseillerai pas moins aux propriétaires. C'est en faisant voir aux manouvriers, dans les années qui leur sont défavorables, qu'ils gagneroient davantage si on les payoit en argent, qu'on peut espérer de les en déshabituer petit à petit. (B.)

AFFERMER. *Voyez* BAIL.

AFFILÉ. Expression altérée qui désigne les plantes qui poussent plus proportionnellement en hauteur qu'en grosseur. Il faudroit dire *effilé*. Cet effet, qui est une espèce d'étiolement, a différentes causes, dont les principales sont la mauvaise nature de la terre, la privation de la lumière, et les semis trop drus. Ainsi les blés dans un terrain aride, ou à l'ombre d'un bois, sont toujours affilés. Ils le sont aussi, certaines années, en plaine et dans de bons terrains ; j'ai cru m'apercevoir que, ces années-là, le printemps avoit été, vers sa fin, très pluvieux. Je développerai au mot ÉTIOLEMENT les principes de ces effets.

Les produits des plantes affilées sont moins abondans et moins savoureux que ceux de celles qui ne le sont pas. Il faut donc qu'un cultivateur éclairé veille à diminuer, autant qu'il dépend de lui, les causes qui les amènent à cet état. (B.)

AFFINER. Mot peu usité qui signifie rendre fin. On affine la terre en la labourant, en la hersant ou ratissant souvent. On l'affine encore en y cultivant des pommes de terre, du maïs, et autres plantes qui demandent des binages fréquens. Ce mot est presque synonyme d'AMEUBLIR ; mais il indique cependant une nuance qui consiste dans la plus grande ténuité des particules de la terre.

Cette opération est principalement utile aux plantes dont les racines sont foibles : aussi doit-on toujours la pratiquer dans les jardins et dans les champs pour le lin, la cameline, etc.

Lorsqu'on passe la terre à la claie, on l'affine plus complètement que par tout autre procédé ; mais cette opération coûteuse ne peut avoir lieu que dans la culture des plantes rares et précieuses. (B.)

AFFINER le FOURRAGE, le CHANVRE, etc. *Voyez* ces mots.

AFFOURER, affourager. Vieux mot qu'on emploie encore dans quelques lieux, pour indiquer l'action de donner à manger du foin ou de la paille aux bestiaux. *Voyez* FOURRAGE. (B.)

**AFFRANCHISSEURS.** Nom des hommes qui châtrent les animaux dans les environs de la Flèche.

**AFFRANCHISSEMENT.** C'est la castration des animaux domestiques.

**AFFRANCHIR** un tonneau. *Voyez* Tonneau.

**AFFRICHER.** Ancien mot qui est encore en usage dans quelques cantons de la France, et qui signifie *laisser un terrain en friche*, cesser de le cultiver pour qu'il se repose.

On espère prouver, dans le cours de cet ouvrage, qu'on ne doit jamais affricher, ou mieux, qu'il n'y a pas de pratique plus mal entendue, soit sous le rapport des produits annuels, soit sous le rapport de l'amélioration du fonds. ( B.)

**'AFFUT.** Espèce de chasse dédaignée par les véritables chasseurs, mais que pratiquent beaucoup les braconniers, et qui consiste à attendre le soir le gibier à sa sortie du bois, pour le tuer à coups de fusil. Elle demande beaucoup de connoissance des habitudes du gibier et des localités. L'agriculteur qui aime à aller à l'affût n'a pas véritablement le goût de son état, et n'améliorera pas son bien, car c'est du bon usage de son temps que résultent ses succès; or, sont-ce des heures bien employées que celles passées à attendre un lièvre qu'on ne tue pas toujours ?

Il est cependant des cas où il est utile qu'il sache se soumettre à l'ennui de cette sorte de chasse; c'est lorsqu'il s'agit de tuer le loup qui mange ses brebis, le sanglier qui ravage ses moissons, la fouine qui tue ses poules, la loutre qui dépeuple son étang, etc., parcequ'il y a plus de facilité pour lui à détruire ces ennemis de sa prospérité par ce moyen que par tout autre.

Au reste, je crois qu'il est superflu de m'étendre plus au long sur ce sujet, que la plupart des habitans des campagnes connoissent ou peuvent apprendre à connoître par la pratique. (B.)

**AGARIC BLANC.** *Voy*. Bolet du Mélèze.

**AGARIC DU CHÊNE.** *Voy*. Bolet amadouvier et Bolet onguiculé.

**AGARIC.** Genre de champignons dont le caractère est d'avoir la surface inférieure chargée de lames divergentes du centre à la circonférence.

Les espèces qui entrent dans ce genre, que Lamarck a appelé *ammanite*, ont, ou un pédicule sur lequel est placé un chapeau circulaire plus ou moins conique, ou sont sessiles, c'est-à-dire n'ont point de pédicule et sont attachées aux arbres, aux dépens desquels ells vivent, par la circonférence de leur chapeau ; ce qui établit deux divisions bien tranchées.

Quelques uns des agarics de la première division sont bons à manger, mais la plupart sont des poisons. Il en est dont le pédicule est nu et qui sont laiteux, ou mieux, laissent fluer une liqueur blanche ou jaune lorsqu'on les casse. Tous ces derniers sont dangereux au plus haut degré, excepté un, qui est si excellent qu'on lui a donné le nom d'AGARIC DÉLICIEUX. On le reconnoît à son chapeau tirant sur le rouge, dont le sommet est enfoncé, et à son pédicule tacheté. Il n'est pas rare en France sur les pelouses des montagnes. Il en est dont le pédicule est également nu et qui ne laissent point fluer de suc laiteux. On remarque parmi eux l'AGARIC ROUGE qu'on trouve dans les bois à la fin de l'automne, qui sert d'émétique dans quelques cantons, et dont le suc est si âcre qu'il produit sur la langue les effets de la brûlure. L'AGARIC AMER, qu'aucun insecte n'attaque, et qui exhale une odeur agréable. Enfin, l'AGARIC ODORANT, plus connu sous le nom de *mousseron*, qui se trouve sur les pelouses des pays montagneux et secs, dont l'odeur est très agréable, et qu'on emploie si fréquemment, dans les pays où il croît, pour l'assaisonnement des ragoûts. Il est de beaucoup préférable à l'AGARIC ESCULLENT, qui sert au même usage à Paris et ailleurs, comme je le dirai plus bas. On en fait l'objet d'un petit commerce, car il se dessèche fort bien, et conserve, en cet état, pendant un ou deux ans, une partie de ses propriétés. Le lieu où il doit naître est indiqué, au printemps, par un cercle de quelques pieds de diamètre, d'une intensité plus considérable de verdure, et il s'annonce de loin, par son odeur, lorsqu'il est sorti de terre. On doit le cueillir avant son épanouissement total et après la chute de la rosée, car ceux qui sont trop vieux et trop aqueux ne se gardent pas. Les gros se mangent cuits sur le gril, ou dans la poële, dans la journée de leur récolte; c'est un excellent mets.

Une mousseronnière peut être exploitée tous les deux jours pendant la saison, et donner chaque fois plusieurs livres de champignons, qui, desséchés, se réduisent des trois quarts. La méthode de leur dessication consiste à les peler, à les enfiler en chapelet, sans qu'ils se touchent, et à les suspendre dans un appartement où la poussière ne puisse pas pénétrer. Il faut les conserver dans des sacs de papier, placés dans une armoire très sèche.

Il est encore des *agarics* dont le pédicule est entouré d'un anneau, reste des bords de son chapeau lorsqu'il s'est développé. Parmi eux il s'en trouve également qui sont bons à manger, et qui sont très dangereux.

On y remarque principalement, au nombre des premiers, l'AGARIC ESCULENT, *agaricus campestris*, Linn., celui dont on consomme de si grandes quantités à Paris et autres grandes villes. On le trouve sur les pelouses sèches, et on le cultive sur couche pendant toute l'année. Le mode de sa culture sera indiqué au mot CHAMPIGNONS. Il est assez difficile à caractériser. Son pédicule est court et blanc, ses lames sont d'abord rousses, ensuite brunes et noires. Toutes ses qualités se perdent par la dessication, cependant on le fait quelquefois dessécher comme le mousseron. C'est lui qu'on a principalement en vue lorsqu'on parle de champignons à Paris, parceque c'est presque le seul qui y soit connu.

Après cette espèce, celui de la même division qui est le plus généralement employé dans les alimens est l'AGARIC ORONGE. Il est excellent et très abondant sur les montagnes et dans les bois des parties méridionales de la France; mais il se confond très facilement avec l'AGARIC MOUCHETÉ, ou la *fausse oronge*, qui est un poison des plus actifs. Tous deux sont d'un rouge éclatant, et ne se distinguent que par des caractères très légers, très sujets à manquer, tels que l'enveloppe de la base de son pédicule, ou le volva, qui est complète dans la première et incomplète dans la seconde; par le chapeau qui est toujours sans tache dans la première, et le plus souvent tacheté d'écailles blanches dans la seconde. La dernière espèce est la seule qu'on trouve aux environs de Paris.

La consommation d'*oronges*, qu'on fait dans quelques parties des montagnes de l'intérieur et du midi de la France, est immense. Les habitans des campagnes n'ont presque pas d'autre nourriture pendant deux mois de l'année. On les mange généralement cuites dans la poële ou sur le gril et assaisonnées avec du beurre ou de l'huile, du sel, du poivre et du vinaigre.

Je pourrois beaucoup étendre cet article, puisqu'on compte en France plus de cinquante espèces d'*agarics*; mais ils sont tous si difficiles à caractériser par des descriptions, que mon travail ne rendroit pas plus certaine la distinction des bonnes ou des mauvaises espèces. Je suis obligé de renvoyer aux ouvrages des botanistes, et sur-tout à celui de Buliard, intitulé : *les Champignons de la France*. Il me suffira ici de recommander aux cultivateurs de ne manger, ou laisser manger à leurs ouvriers, que les espèces les plus connues dans le pays qu'ils habitent, et d'avoir toujours l'attention de faire entrer du vinaigre dans leur assaisonnement; cette liqueur étant généralement le contre-poison des mauvais. Je me propose d'entrer dans des détails plus étendus sur les champignons, considérés comme alimens, au mot CHAMPIGNON.

Quant aux *agarics* de la seconde division, ils sont peu nombreux. Leur substance est coriace et fongueuse. Il ne faut pas les confondre, comme on l'a fait si souvent, sous le nom commun d'*agaric mâle*, avec les bolets, qui viennent également sur les arbres, et qui y sont attachés comme eux, mais dont les caractères sont différens. Trois sont moins rares que les autres, et se distinguent suffisamment par leurs noms. Ce sont les AGARICS DU CHÊNE, du BOULEAU et de l'AUNE. Comme ils vivent réellement aux dépens de ces arbres, ils possèdent une partie de leurs propriétés; aussi les emploie-t-on quelquefois dans la teinture noire. (B.)

AGE. Durée ordinaire de la vie de l'homme, des animaux, et de tout ce qui existe. La médecine divise la durée de la vie de l'homme en quatre périodes : l'enfance, l'adolescence, l'âge viril et la vieillesse. La même distinction peut s'appliquer aux animaux. Les uns et les autres ne sauroient vivre dans le premier âge sans le secours continuel de ceux à qui ils doivent l'existence; dans le second, la nature opère une espèce de métamorphose, soit pour le moral, soit pour le physique de l'homme, et dispose les animaux, ainsi que lui, à acquérir la faculté de se reproduire. Le troisième âge est le vrai temps de la reproduction saine, forte, vigoureuse, et qui assure ces précieuses qualités à l'individu qui en proviendra. Dès que l'animal a passé ce troisième âge, on diroit que la nature ne prend presque plus soin de son existence : chaque pas qu'il fait diminue sa force, sa vigueur, accélère sa chute; la vieillesse, la décrépitude succèdent, et la destruction ne laisse bientôt plus aucune trace de son existence.

L'habitude d'observer, ou plutôt l'intérêt, a appris à l'homme à connoître l'âge des animaux, des bois, etc. Dans ceux-là les cornes, les dents, sont des signes peu équivoques jusqu'à un certain âge; et dans ceux-ci, les couches concentriques du tronc. Pour connoître l'âge du *bœuf*, du *mouton*, du *cheval*, consultez ces mots et l'article DENTITION.

AGE. L'âge ne se dit, à proprement parler, que lorsqu'il s'agit de désigner, dans une charrue sans avant train, cette longue pièce de bois qu'on nomme *la flèche* dans les charues à roues. (R.)

AGRAVÉ. Nom latin du PITTE. *Voyez* ce mot.

AGGRAVE. *Engrave.* MÉDECINE VÉTÉRINAIRE. Maladie qui survient sous les pattes des chiens après de longues courses sur des terrains caillouteux ou sur la neige dont la surface est gelée. C'est une réunion de petites contusions qui sont suivies d'inflammation, de suppuration, et même d'excoriation de la peau calleuse. Cette maladie n'est ordinairement pas dangereuse, et elle se guérit d'elle-même; mais lorsqu'elle entraine la chute des ongles, elle est d'une longue durée. Des bains d'eau tiède dans laquelle on a fait infuser des plantes émollientes, des cataplasmes de mie de pain, de graines de lin, etc., sont très utiles dans ce cas. (B.)

AGNEAU. *Voyez* MOUTON.

AGNÈLEMENT. Mise bas des BREBIS. *Voyez* ce mot.

**AGNELIN.** *Peau d'agneau.* Voyez mouton.

**AGNUS CASTUS.** *Voyez* gatilier.

**AGRANEY.** Chanvre semé fort clair, afin d'avoir beaucoup de semence. Ce mot et cette culture sont usités dans le midi. (B.)

**AGRASSOL.** Synonyme de groseille à maquereau dans le département de Lot-et-Garonne.

**AGRICULTURE.** L'*agriculture*, proprement dite, est l'art de cultiver la terre, de la fertiliser, et de lui faire produire en plus grande quantité possible, mais sans l'épuiser, les grains, les fruits, les plantes, et généralement tous les végétaux qui servent aux besoins des hommes, ou qui sont destinés à augmenter ses jouissances.

Cette science embrasse encore l'art de gouverner, de multiplier tous les animaux utiles, et d'en améliorer les races, ainsi que les arts économiques qui appartiennent à l'industrie agricole. La pratique raisonnée de toutes les différentes branches de l'agriculture se désigne communément sous le nom plus exact d'*économie rurale*, qui signifie *lois de la maison des champs*.

## PREMIERE PARTIE.

*Précis de l'histoire de l'agriculture depuis son origine jusqu'à nos jours.* L'histoire de l'agriculture est appuyée sur des faits trop incertains pour pouvoir acquérir une authenticité incontestable.

Veut-on remonter à son origine? elle se perd dans l'obscurité des siècles, et il n'en reste de traces que dans les livres de mythologie.

Désire-t-on connoître ce qu'elle étoit dans des siècles moins reculés ou dans des temps moins incertains? Les historiens ne s'en occupent point; ou s'ils en parlent, c'est d'une manière si vague, et avec des expressions si générales, que l'on ne peut s'en faire une juste idée. L'agriculture des Romains est la seule qui ait eu ses historiens particuliers, ou du moins elle est la seule dont l'histoire suffisamment détaillée soit parvenue jusqu'à nous.

Enfin, veut-on étudier l'état actuel de celle des différens peuples de l'Europe? Le nombre des ouvrages qui ont paru sur cet art, ou qui en ont parlé, est immense depuis le seizième siècle; mais il est difficile de se reconnoître au milieu des contradictions, des exagérations et de la partialité évidentes qu'offrent la plupart de ces ouvrages, et l'agronome de bonne foi se trouve souvent embarrassé pour établir son opinion d'une manière assez satisfaisante.

Ne pouvant découvrir le vrai, il est forcé de se contenter du vraisemblable; mais, après avoir pesé et discuté les faits avancés par les historiens de l'agriculture de chaque puissance, il n'adopte le vraisemblable que lorsqu'il est d'accord avec l'intérêt plus ou moins grand qu'elle doit prendre aux travaux de son agriculture c'est-à-dire avec le rang plus ou moins élevé que cet art tient généralement parmi les autres moyens de prospérité que présentent sa position géographique, la nature de son sol, sa population, les mœurs et le génie de ses habitans.

Telle est la marche que nous avons suivie en esquissant cette histoire.

CHAPITRE PREMIER. *Essais sur l'origine et l'état de l'agriculture dans les temps fabuleux et incertains.* L'agriculture naquit avec les sociétés. Les premiers peuples étoient pasteurs, et vivoient isolés et par familles. Tant que le lait de leurs troupeaux et les fruits grossiers de la terre purent suffire à la subsistance de chaque famille, ils n'eurent d'autre prévoyance que celle de chercher le lieu où elle s'établiroit, après avoir épuisé celui qu'elle occupoit. Mais à mesure que la population de ces familles augmenta, les besoins suivirent la progression des individus, et la nécessité d'y pourvoir les força de cultiver la terre et de s'organiser en sociétés.

Dans les premiers temps, l'agriculture n'a dû consister que dans l'art mécanique de fouiller la terre pour lui faire produire des plantes alimentaires, et de conduire et soigner les bestiaux dans les pâturages.

Chaque famille étoit propriétaire du terrain qui avoit été son partage, le cultivoit et réunissoit dans son intérieur tout ce qui étoit nécessaire au petit nombre de ses autres besoins. Elle se suffisoit à elle-même, et n'avoit de relations avec les autres familles de la même société que celles de bienveillance et de bon voisinage, et d'autres liens politiques, que ceux du besoin de la défense commune.

Mais ensuite l'agriculture a dû étendre et varier ses travaux dans la proportion toujours croissante de la population, perfectionner ses procédés à mesure des progrès de la civilisation, et devenir, dans ces sociétés naissantes, l'art le plus considéré, parceque c'étoit celui qui importoit le plus à leur prospérité. Effectivement, à cette première époque, les produits de la terre étoient la seule richesse des peuples, et si l'exercice de quelque profession étrangère à la culture étoit déjà devenu chez eux un moyen d'existence, ce n'étoit que par l'échange de son travail contre des denrées, et l'agriculture en étoit l'unique source.

Les peuples devoient donc regarder cet art comme le seul et unique fondement de leur prospérité. La découverte d'un meilleur instrument aratoire, d'une nouvelle plante alimentaire, d'une meilleure manière de préparer les grains, étoit pour eux le plus grand des bienfaits, car le besoin de se nourrir est le plus impérieux des besoins. Ils élevèrent donc des autels à leurs auteurs.

*Osyris* chez les Egyptiens, *Cérès* et *Triptolème* chez les Grecs, *Janus* chez les Latins, et *Numa* chez les Romains, furent mis au rang des dieux pour les grands services qu'ils avoient rendus à l'agriculture de leur pays. Mais comment, dit Rozier, l'agriculture est-elle parvenue au point où nous la voyons ? A quelle nation, à quel siècle doit-on la découverte de la charrue, l'art du jardinage, l'art de greffer, etc. ?

Les annales des temps fabuleux et incertains sont insuffisantes pour répondre à ces questions, et celles des temps historiques parlent de l'agriculture, de la charrue, du jardinage, de la greffe, etc., comme de choses connues depuis long-temps, et sans en indiquer l'origine.

Il faut donc nous résigner à jouir et à profiter de ces importantes découvertes sans connoître leurs auteurs, ni les siècles qui les ont vus naître ; mais nous pouvons du moins essayer de chercher la route que l'agriculture a dû prendre pour parvenir jusqu'à nous, à partir de l'époque à laquelle on peut suivre ses traces.

Nous avons déjà fait observer que l'agriculture avoit pris naissance avec les sociétés, et qu'elle avoit dû se perfectionner chez chaque peuple en raison des progrès de sa civilisation.

Cela posé, l'agriculture du peuple le plus anciennement parvenu à un haut degré de civilisation doit avoir été le modèle de celle de tous les autres peuples qui ont eu avec lui des relations directes ou indirectes.

Si cette conséquence et son principe sont incontestables, comme nous le croyons, c'est aux Egyptiens qu'il faut attribuer l'honneur d'avoir appris aux nations l'art d'obtenir de la terre, par les travaux de la culture, une subsistance plus assurée, plus abondante, plus saine et plus agréable que les herbes et les glands dont elles étoient auparavant obligées de se nourrir ; car les Egyptiens passent pour être le peuple connu le plus anciennement civilisé sur la terre, et celui qui, le premier, étoit parvenu au plus haut degré de civilisation et de population.

Les Egyptiens furent, en effet, les premiers qui cultivèrent les sciences, et l'agriculture a dû être pour eux la première de toutes. Un ciel toujours pur, un sol que les inondations périodiques du Nil rendoient inépuisable, un climat favorable à la végétation, une population immense aux besoins de laquelle il falloit pourvoir constamment ; toutes ces circonstances rendoient l'agriculture la base fondamentale de leur prospérité. Aussi en étoit-elle vénérée à l'égal de la divinité, et, jusqu'aux animaux utiles, tout ce qui dépendoit de l'agriculture avoit chez eux unculte et des autels particuliers.

Avec des encouragemens aussi puissans, l'agriculture égyptienne dut être portée à un grand degré de perfection, et le lac Mœris, qui avoit été construit pour remédier aux inconvéniens de la trop grande irrégularité des inondations du Nil, et dont il reste encore des vestiges, en est une preuve assez forte pour détruire toutes les objections que l'on a pu faire contre cette opinion.

Mais la population de l'Egypte s'augmentoit avec les progrès de son agriculture et de sa prospérité ; elle devoit être immense, si l'on en juge par le nombre des grandes cités qui existoient alors sur les bords du Nil et dont l'histoire a conservé les noms, et par ces fameuses pyramides dont la construction a dû occuper tant de bras pendant si long-temps ; elle devint enfin si excessive, relativement au territoire cultivé, qu'il fallut avoir recours aux colonisations pour éloigner, sans secousses, de la mère-patrie, l'excédant de population qu'elle ne pouvoit plus nourrir. L'histoire apprend qu'elles ont été très nombreuses.

Les Grecs, dont les arts et la littérature sont encore aujourd'hui nos meilleurs modèles, reçurent des Egyptiens les premiers élémens des connoissances humaines ; ils leur donnèrent également les premières leçons d'agriculture ; car, à l'époque de la fondation des premières colonies égyptiennes dans la Grèce, ses habitans ne se nourrissoient encore que des fruits grossiers de la terre.

C'est donc par les différentes colonies que les Egyptiens ont successivement fondées dans toutes les parties du monde alors connu, que l'agriculture a dû pénétrer en Afrique, en Asie, peut-être même, comme le pense M. de Guignes, jusqu'en Chine ; parvenir en Europe, par quelques établissemens particuliers que les Grecs et les Phéniciens avoient formés en Italie et sur les côtes de la Gaule, et se répandre enfin dans toutes les Gaules par les Romains qui les ont soumises à leur domination.

Telle est la route probable que l'agriculture a dû suivre pour parvenir jusqu'à nous ; mais si l'histoire a pu nous guider dans sa marche, elle devient absolument insuffisante pour établir l'état dans lequel elle a été transmise par les Egyptiens aux différens peuples anciens, et particulièrement aux Grecs et aux Carthaginois, et si, avant de parvenir jusqu'aux Romains, elle avoit obtenu successivement quelques perfectionnemens soit dans ses pratiques, soit dans ses instrumens.

Cependant on ne peut admettre que les Grecs, qui ont porté tous les arts à un si haut degré de splendeur et de perfection, aient absolument négligé l'agriculture ; il faut croire au contraire que, malgré le reproche de légèreté et de frivolité que mérite quelquefois le caractère de ce peuple aimable, il a dû diriger à l'avantage de cet art une partie de son génie singulièrement inventif. Nous pensons même que l'agriculture avoit conservé en Grèce une grande partie de sa considération, autrement le sage et vaillant Xénophon ne se seroit pas déterminé à écrire sur l'administration des biens ruraux, et même à en donner des leçons publiques à Scillonte où son ingrate patrie l'avoit exilé. Il en est de même de l'agriculture des Phéniciens et des Carthaginois. Ce peuple étoit essentiellement commerçant, comme celui des Phéniciens; mais une partie de leur territoire étoit restée agricole; leurs relations continuelles avec les peuples de la Grèce et les autres nations les instruisoient dans les meilleures pratiques de culture, et ils avoient la sagesse de les introduire dans leur agriculture. C'est du moins ce qu'il faut conclure de la haute estime qu'elle avoit acquise aux yeux des Romains, et qui est d'ailleurs consacrée par l'histoire (1).

CHAPITRE II. *Agriculture des Romains ou du moyen âge.* Nous sommes à une époque de l'agriculture ancienne où elle commence à avoir des annales plus authentiques; les conjectures vont disparoître de son histoire, elle ne présentera presque plus que des faits.

Les principaux historiens de l'agriculture des Romains sont Caton, Varron, Columelle, Virgile, Pline, Palladius, etc. Ils entrent dans les détails les plus grands sur toutes les parties de cet art, et ils sont les garans des faits que nous allons rapporter.

Il paroît certain que le peuple soumis aux lois de Romulus n'étoit, dans le principe, qu'un ramas de brigands et d'esclaves qui avoient secoué le joug. Il faut croire aussi que le reste de l'Italie étoit dans un état de civilisation bien peu avancé, car on n'y connoissoit point encore l'art de faire du pain, et ce fut *Numa*, successeur de *Romulus*, qui apprit aux Romains à cuire les grains et à les manger comme des gruaux.

Nous ne suivrons point leur agriculture dans tous les degrés qu'elle a dû parcourir pour arriver à son état le plus florissant, parceque ses progrès ont nécessairement suivi ceux de leur civilisation, comme dans toutes les sociétés naissantes.

Nous la prendrons donc à son plus haut degré de prospérité, et nous en tracerons le tableau tel qu'il est consigné dans les anciens géoponiques, ou plutôt, tel que Rozier l'a donné.

_____

(1) A la prise de Carthage, tous les livres qui remplissoient les bibliothèques furent donnés en présent à des princes amis de Rome; elle ne se réserva pour elle que les vingt-huit livres d'agriculture du capitaine *Magon.* *Decius Syllanus* fut chargé de les traduire, et l'on conserva long-temps avec un très grand soin l'original et la traduction. ( *Encyclop. agricult.* )

Nous le terminerons par un exposé succinct des causes qui en ont favorisé les progrès et des circonstances qui en ont amené la décadence.

« *Des Terres*. Elles furent cultivées avec la charrue, si bien décrite par Virgile, et encore en usage dans nos départemens méridionaux ; elle étoit tirée par des bœufs et non par des chevaux.

« Les Romains, dans les derniers temps de la république, apprirent des habitans de la Gaule Cisalpine, à se servir de la charrue à roues, supérieure à tous les égards à la première.

« Les terres étoient semées une année, et l'année suivante elles restoient en jachères.

« *Des Engrais*. Ils ne tirèrent aucun avantage de la marne, quoique son usage fût connu chez les Gaulois et chez les Anglais ; mais leur industrie fut extrême pour se procurer d'autres engrais. Celui qu'on tiroit des cloaques de Rome fut une fois vendu jusqu'à 600,000 écus.

« Leurs basses-cours et leurs colombiers leur en fournissoient beaucoup. Comme le droit de chasse appartenoit exclusivement au propriétaire du terrain, le gibier étoit rare ; les gens aisés multiplièrent les volières, et leur donnèrent la plus grande étendue, afin d'y élever des perdrix, des grives et toutes sortes d'oiseaux : ces volières multiplièrent les engrais.

« Lorsque la masse du fumier n'étoit pas suffisante pour l'étendue des terres, on semoit des plantes légumineuses et même du seigle, et dès que le temps de leur floraison étoit passé, la charrue renversoit ces plantes dans les sillons, les recouvroit de terre, et la plante ainsi enterrée pourrissoit et formoit un engrais pour la récolte suivante.

« Le chaume étoit brûlé sur place, et les bestiaux parquoient en plein air. En un mot, rien n'étoit oublié pour multiplier les engrais (1).

« *Des Blés*. Les Romains comprenoient sous le nom de *frumentum* toutes les plantes qui fournissent un grain dont la farine étoit bonne à manger ou propre à faire du pain. Ils semèrent beaucoup d'orge dont ils faisoient du pain ; mais, dans la suite, ils en abandonnèrent l'usage à la nourriture des chevaux. Le *far* succéda à l'orge, et Columelle en comptoit quatre espèces. Ce grain fut le plus estimé, tint le premier rang, et fut préféré à celui que nous nommons *froment*.

_____

(1) Les Romains avoient élevé un temple au dieu *Fumier*, connu sous le nom de *Stercutus*, pour leur avoir enseigné l'usage des engrais sur les terres.

« Pline rapporte que le far bravoit les rigueurs de l'hiver , et qu'il se plaisoit dans les terrains crayeux et humides , comme dans les endroits secs et chauds : aussi le caractérise-t-il de l'épithète de très dur. On ne connoît plus cette plante graminée qui ne présente une certaine analogie qu'avec *l'orge escourgeon.*

« Les Romains , au rapport de Columelle, cultivèrent trois sortes de blés proprement dits : notre *froment ordinaire* , appelé *robus* , ou *blé rouge* , on *blé pesant*; la seconde espèce, le *siligo* , ou *blé blanc;* et la troisième , le *tremas* , ou *triticum trimestre* , que nous appelons *blé trémois.*

« La culture de l'*épeautre* , ou *zea* , étoit très considérable dans les environs de Vérone , de Pise , et dans la Campanie, ainsi que celle du *millet* et du *panis.* Le millet et le panis furent seulement connus au temps de Jules-César.

« Le *seigle* étoit peu estimé ; on mêloit sa farine avec celle du far , et l'exemple des habitans des pieds des Alpes , qui en faisoient du pain, ne produisit aucun effet sur l'esprit des Romains.

« *Des légumes.* Sous la dénomination de légumes, les Romains connurent la fève , les faséoles ou haricots , les lentilles , toutes les espèces de pois que nous cultivons ; la gesse , la vesse , l'ers, les lupins , etc. La culture de ce dernier légume étoit très en vigueur ; il servoit à la nourriture de l'homme et des animaux.

« *Des herbages.* Les raves , les navets, les raiforts étoient en grande recommandation dans l'empire ; et Columelle, en parlant des choux , dit qu'ils étoient estimés des peuples et des rois.

« Comme cette nation vivoit presque entièrement de végétaux , il est aisé de se figurer à quel point de perfection fut portée la culture des différens herbages , puisque, dans les derniers temps de la république , une grande partie des champs fut métamorphosée en potagers et en vergers.

« *Des prairies.* Les Romains élevoient beaucoup de bestiaux, et les bœufs seuls étoient appliqués à la charrue. Il falloit donc des prairies immenses , et elles furent un des principaux objets de leurs soins et de leurs attentions. Malgré leur étendue, elles ne suffisoient pas; il fallut avoir recours aux prairies artificielles et à tous les genres de culture capables de produire la nourriture des bestiaux. On voit ce peuple actif semer exprès du seigle pour le couper en vert , du lupin , et en donner les graines aux bœufs , après les avoir fait macérer dans l'eau pendant plusieurs jours afin que l'eau en enlevât l'amertume. On les voit semer ce qu'ils appeloient le *farago* , et que les Flamands nomment aujourd'hui *dragée.* L'orge et le far de rebut servoient à cet usage ; on mêloit ces grains avec des pois , des fèves, des lentilles, etc. ; et aussitôt que le grain étoit noué, la faucille coupoit le fourrage, et la charrue traçoit de nouveaux sillons.

« La luzerne fut la base de leurs prairies artificielles. Connurent-ils le sainfoin? On l'ignore. Le fenu-grec, inférieur à l'un et à l'autre, fut encore cultivé avec soin.

« *Des vignes.* Elles furent une des plus grandes richesses des Romains. Si l'on juge de la célébrité de leurs vins par l'art de les faire, il est constant qu'ils le portèrent au plus haut degré de perfection. Cependant il paroît qu'ils travailloient plus pour la quantité que pour la qualité, puisque Varron et Columelle disent qu'un journal de vignes hautes produisoit, dans les années abondantes, jusqu'à *quinze culées*, c'est-à-dire à peu près trente muids de notre mesure. Or, il est de fait qu'une telle vigne étoit plantée dans un terrain trop fertile, et dès-lors le vin devoit avoir peu de qualité. Les Romains avoient quatre manières de cultiver la vigne. Les ceps étoient rampans, ou liés à des échalas, ou disposés en treilles, ou mariés à l'ormeau, au peuplier, au frêne, etc. Ces dernières vignes étoient les plus estimées : on doit juger dès-lors de leur qualité ; aussi *Cyneas*, ambassadeur de Pyrrhus, plaisante les Romains sur l'âpreté de leurs vins : *Lusisse in austeriorum gustum vini, merito matrem ejus pendere, in tàm altâ cruce.* ( Pline. )

« Les espèces de raisins, cultivées par les Romains, étoient en grand nombre, et aujourd'hui on en connoît bien peu de celles qu'ils cultivoient.

« *Des oliviers.* Columelle en compte dix espèces, et Pline rapporte que, du temps de Tarquin l'ancien, l'olivier n'étoit pas connu en Italie.

« Les Romains exportoient l'huile d'olive dans toutes les provinces de leur empire ; et sa qualité la faisoit regarder comme l'huile la plus délicieuse. Aujourd'hui presque toute l'huile de l'Italie a un goût âcre, puant et détestable. »

Tel étoit l'état de l'agriculture romaine au moment de sa plus grande prospérité, c'est-à-dire dans les beaux jours de la république.

Ses progrès avoient été favorisés par toutes les circonstances qui pouvoient la faire arriver à l'état le plus florissant. Un climat délicieux, un sol singulièrement fertile, d'excellentes institutions, et l'empire de l'opinion plus fort encore que les institutions.

Les produits de la terre étoient depuis long-temps, pour les Romains, la seule représentation de la richesse, ou du moins à cette époque ils regardoient encore l'agriculture comme la source principale, la base fondamentale de leur prospérité, et tout portoit encore chez eux l'empreinte de la haute opinion qu'ils en avoient d'abord conçue.

La campagne de Rome étoit cultivée par les vainqueurs des nations. On vit, pendant plusieurs siècles, les plus célèbres d'entre les Romains, *Serranus*, *Quintius Cincinnatus*, etc., passer, dit Rozier, de la campagne aux premiers emplois de la république, et, ce qui est plus digne d'être observé, revenir des premiers emplois de la république aux occupations de la campagne.

Dans la distinction des citoyens, les premiers et les plus considérables furent ceux qui composoient les *tribus rustiques;* et c'étoit une grande ignominie d'être réduit, par le défaut d'une bonne et sage économie, à passer au nombre des habitans des villes, *in tribu urbana*.

Il falloit être propriétaire, et conséquemment cultivateur, pour être admis au nombre des défenseurs de la patrie. Enfin, pour récompenser un général d'armée, un vaillant citoyen, la république lui donnoit autant de terre qu'un homme pouvoit en labourer en un jour, et il regardoit ce modeste présent comme une grande marque d'honneur, etc.

Les lois n'étoient pas moins favorables à l'agriculture que l'opinion et les mœurs publiques. La propriété étoit établie d'une manière si invariable, que les empereurs eux-mêmes n'osèrent jamais y porter la moindre atteinte.

Les lois punissoient du supplice de la croix ceux qui gâtoient volontairement, ou qui coupoient la moisson des autres pendant la nuit.

Celui qui déplaçoit les bornes d'un champ étoit regardé comme un coupable, et l'on avoit droit de le tuer : c'est ce respect sacré pour la propriété qui avoit fait ériger un temple au dieu *Terme*.

Aucune loi ne forçoit de porter ses denrées au marché, et il étoit permis d'attendre une occasion favorable pour les vendre à un prix avantageux, *même au double de leur valeur ordinaire*.

Nul citoyen n'avoit le droit de conduire ses troupeaux sur le champ de ses voisins, et le droit de *parcours* étoit inconnu à Rome.

On y multiplia les marchés, les foires, et même il fut défendu de tenir aucune assemblée ces jours-là, afin de ne pas détourner le cultivateur.

Des grands chemins bien entretenus facilitèrent le transport des denrées; la liberté attira la concurrence, et la concurrence assura la consommation d'un peuple prodigieux rassemblé dans la métropole.

Enfin, les Romains ne négligèrent aucune occasion de recueillir chez les peuples étrangers, et de naturaliser chez eux toutes les pratiques, toutes les connoissances qui pouvoient perfectionner leur agriculture.

Voilà les moyens admirables qu'ils ont employés pour en activer les progrès, les bons effets qu'ils avoient produits cinq cents ans environ après la fondation de Rome, et, ce qui mérite d'être particulièrement remarqué, c'est que les meilleures de ces institutions ont été imaginées et établies par les premiers rois.

Mais cette époque de la grande prospérité de l'agriculture des Romains dura peu.

Déjà l'ambition de parvenir aux charges de la république et de la gouverner avoit remplacé chez quelques Romains l'amour désintéressé de la patrie, et le goût paisible des travaux de la campagne.

Ils avoient commencé par établir une discorde funeste entre le sénat et le peuple; ils y étoient parvenus en flattant la multitude d'un nouveau partage des terres et de distributions de grains au plus bas prix, si elle les nommoit aux places qu'ils convoitoient.

Ces moyens de corruption étoient particulièrement décourageans pour les cultivateurs, qu'ils privoient du juste salaire de leur travail par la taxe arbitraire qu'on mettoit à leurs grains. Mais comme ces distributions étoient, entre les mains des factieux, des armes presque toujours victorieuses, elles furent souvent répétées.

On vit ensuite les ambitieux proposer sans pudeur, et faire décider des guerres dans la seule intention d'obtenir le commandement des armées, ou afin d'éloigner de la métropole ceux qui leur faisoient ombrage, ou qui nuisoient à leur avancement. Enfin, le stratagème qui acheva de détruire les mœurs agricoles des Romains fut l'espoir de devenir les dominateurs du monde.

Dès-lors, ils ne respirèrent plus que pour la gloire militaire; toutes les ressources de la république furent uniquement employées à alimenter et à recruter les légions, les bras furent retirés à la culture; l'administration des terres fut confiée à des esclaves, ou affermée à des affranchis; des contributions de toute espèce furent assises sur les terres et sur leurs produits, et perçues avec l'arbitraire le plus révoltant; les cultivateurs furent foulés, vexés et écrasés; ils abandonnèrent la culture des terres pour se borner à celle des vergers et des potagers; et les travaux de la campagne perdirent toute leur considération.

Cependant les institutions, les lois favorables à l'agriculture n'avoient point été abolies; mais l'opinion publique étoit changée.

Malgré ces revers de l'agriculture, la république romaine arrivoit à grands pas à la monarchie universelle, et l'or, l'argent et les pierreries des peuples vaincus étoient transportés à Rome. Ces richesses prodigieuses, introduites dans la capitale du monde, y firent naître le goût du luxe, la soif des honneurs, et achevèrent la corruption des mœurs ; et les Romains, parvenus au faîte de leur gloire, mais dégénérés et amollis, ne connurent plus ensuite que deux besoins principaux, *du pain et des spectacles ;* la tranquillité du peuple étoit à ce prix.

Mais leur agriculture n'étoit plus en état de fournir au premier de ces besoins ; il fallut alors, comme le dit Columelle, avoir recours aux nations étrangères pour se procurer du pain.

C'est en vain que les empereurs, successeurs d'Auguste, dont le trésor s'épuisoit par ces achats de grains ; c'est en vain, disons-nous, que Pertinax, Aurélien, Constantin, Valentinien, Théodose et Arcade, tentèrent de remettre en vigueur et rendirent les lois les plus propres à faire renaître les beaux jours de l'agriculture romaine ; elle étoit entièrement déconsidérée dans l'opinion publique ; elle n'étoit plus pratiquée avec cette intelligence qui avoit fait sa prospérité ; et le sol italien, jadis si fécond, étoit devenu stérile.

Pline, frappé du contraste de Rome de son temps et de Rome ancienne, se demande quelle étoit la cause de la fertilité de son sol : « Il nous donnoit, dit-il, des fruits en abondance ; la terre prenoit, pour ainsi dire, plaisir à être cultivée par des mains couronnées de lauriers, et décorées de l'honneur du triomphe ; et pour correspondre à cet honneur, elle multiplioit de tout son pouvoir ses productions. Il n'en est plus de même aujourd'hui : nous l'avons abandonnée à des fermiers mercenaires, nous la faisons cultiver par des esclaves ou des forçats, et l'on seroit tenté de croire qu'elle a ressenti cet affront. »

CHAPITRE III. *État actuel de l'agriculture en Europe, et particulièrement en France.* Si les Romains ont perdu leur agriculture en abandonnant son administration à des esclaves, et en échangeant les paisibles jouissances de la campagne contre les brillantes illusions de la gloire militaire et la soif insatiable de l'or, il faut convenir du moins qu'ils ont mis autant de zèle à instruire les peuples conquis dans tous les arts utiles, et principalement à les familiariser avec les bonnes pratiques de culture, qu'ils en avoient eu à les naturaliser sur leur propre territoire. Que l'on parcoure la France, l'Angleterre, l'Allemagne, par-tout on trouvera le type de l'agriculture romaine qui s'y est conservé malgré les nombreuses révolutions que ces

États ont éprouvées pendant et depuis la chute de l'empire romain.

Cependant il faut croire que, dans les siècles d'anarchie et de barbarie qui ont éclairé ces révolutions, l'agriculture a dû être généralement abandonnée, ou du moins que la culture des champs a dû être exrèmement négligée : on ne sème que lorsqu'on est sûr de moissonner.

C'en étoit fait peut-être de l'art agricole, la tradition des bonnes pratiques se fût insensiblement perdue, le nom même de la charrue eût peut-être été oublié, si de vertueux céno-bites, qui s'étoient rendus respectables aux yeux même des barbares, n'eussent osé conserver ce dépôt précieux, avec les débris des sciences et des lettres qu'ils avoient su déterrer au milieu de ces ruines. Mais il a fallu bien du temps pour ré-parer les ravages du vandalisme ; c'est seulement dans les quinzième et seizième (1) siècles de notre ère, et après neuf siècles d'ignorance et de barbarie, que l'on voit l'agriculture renaître, pour ainsi dire, de ses cendres dans les nombreux monastères que la piété avoit fondés dans une grande partie de l'Europe, acquérir de l'importance dans l'opinion des prin-ces et des peuples, et s'élever ensuite, mais avec le temps, à un degré de perfection supérieur même à celui qu'elle avoit obtenu pendant sa plus grande prospérité chez les Romains.

Mais, pour avoir une juste idée de l'état actuel de l'agri-culture chez les différens peuples de l'Europe, il est préala-blement nécessaire d'établir les véritables rapports sous les-quels on doit envisager cet art, dans l'état de civilisation, de population et d'industrie, auquel presque tous ces peuples sont aujourd'hui parvenus ; leur exposé servira de justification aux jugemens que nous allons en porter.

Section première. *Considérations générales sur l'agricul-ture moderne.* L'agriculture n'est plus, comme dans l'en-fance des sociétés et jusqu'à ce qu'elles soient parvenues à leur âge viril, la source unique des richesses et de la prospérité publiques. Elle partage aujourd'hui cet avantage avec le com-merce, les manufactures et les arts ; et même, suivant les lo-calités, elle n'en est pas toujours la source principale.

En effet, les différens peuples de l'Europe ne sont pas tous aussi favorablement placés pour avoir une agriculture aussi étendue ni aussi florissante, et qui puisse devenir pour chacun d'eux la source principale de ses richesses ; car aucun ne peut réunir sur son territoire, ni le même climat, ni les mêmes

---

(1) C'est dans les seizième et dix-septième siècles que chaque puissance principale de l'Europe a produit un ouvrage classique en agriculture : celui d'*Herrera*, en Espagne ; de *Gallo*, en Italie ; de *Heresbach*, en Alle-magne ; de *Harlib*, en Angleterre, et d'*Olivier de Serres*, en France.

qualités de sol, ni la même population, ni les mêmes mœurs, ni la même intelligence, ni les mêmes capitaux disponibles, ni des débouchés aussi avantageux; en deux mots, ni les mêmes besoins, ni les mêmes ressources. Par les mêmes raisons, les différentes localités d'un grand état continental, d'un état que l'on pourroit regarder comme essentiellement agricole, ne doivent pas présenter toutes, ni les mêmes cultures, ni une agriculture aussi florissante.

Enfin l'agriculture ne peut avoir une certaine importance parmi les autres moyens de prospérité d'un Etat, ni acquérir généralement un certain degré de perfection, qu'autant que les circonstances locales rendent la profession de cultivateur assez lucrative et avantageuse pour être exercée et recherchée par des hommes *instruits, aisés et de bonne volonté*. (Caton et Columelle.)

Ces principes sont puisés dans la nature même des choses; car si l'on demande aux peuples les plus septentrionaux de l'Europe, quels sont leurs principaux moyens d'existence? Ils répondront, *la chasse et la pêche*. Si l'on interroge ensuite les Anglais, les Hollandois, les villes anséatiques sur les principales sources de leurs richesses, ils diront unanimement: C'est *le commerce*.

Enfin, si l'on fait les mêmes questions dans différentes localités d'un grand Etat, les réponses seront, ou l'agriculture, ou le commerce, ou les manufactures, etc., suivant leur position et les autres circonstances locales. Cela posé, il faut rejeter, comme inadmissibles et même nuisibles en agriculture, tous les systèmes uniques de culture, et les théories quelquefois si séduisantes, qui sont le fruit de l'imagination inexpérimentée de quelques agronomes, et ne peuvent résister à la moindre circonstance locale extraordinaire: il faut même s'abstenir de cette manie de comparer l'agriculture des différens peuples, et d'en fixer le rang; car si cet art ne peut pas être aussi étendu ni aussi varié chez chaque peuple; si même ces différences se remarquent dans les diverses localités d'un même Etat, comment peut-on supposer la possibilité d'admettre un mode unique de culture? Comment alors pouvoir comparer des objets dissemblables? Il faut donc se borner à examiner l'agriculture dans chaque Etat d'après ses besoins et ses ressources particulières.

Une autre erreur qu'il est encore nécessaire de détruire, par le préjudice qu'elle peut occasionner à l'agriculture, est celle qui fait dépendre la prospérité, et même la durée des empires, d'une *liaison intime entre le système d'agriculture et le système politique du gouvernement*.

Nous avouons que nous n'entendons pas trop ce que les auteurs de ce principe ont voulu dire, car nous ne pouvons pas plus admettre un *seul système politique* de gouvernement qu'un *seul système d'agriculture ;* et si les bornes de cet article nous le permettoient, nous établirions notre opinion par des raisons analogues et péremptoires. Nous nous contenterons d'observer à ce sujet, 1° que l'agriculture et tous les autres arts, pour parvenir au degré de prospérité auquel ils peuvent s'élever dans chaque État ou dans chaque localité, exigent des gouvernemens la même protection et les mêmes encouragemens ; 2° que la prospérité de l'un tient presque toujours à celle de tous les autres ; 3° que les lois ou institutions qui doivent contribuer à la prospérité de chacun d'eux sont à peu près les mêmes, et qu'elles sont absolument indépendantes de la forme des gouvernemens ; 4° enfin que la durée des États paroît dépendre essentiellement de la conservation des bonnes mœurs, de la libre disposition des facultés industrielles, du maintien de la tranquillité publique, enfin de la justice, de la prévoyance et de la modération des gouvernemens, quelle que soit d'ailleurs leur organisation.

Mais si l'agriculture a perdu son importance primitive et absolue par l'effet naturel des progrès de la population et de la civilisation, elle conserve encore une importance relative assez grande, sur-tout dans les États essentiellement agricoles, pour y être un objet particulier de la sollicitude de leur gouvernement. Cet art est d'abord la manufacture générale des subsistances de l'immense population qui, dans un grand État, ne cultive pas ou ne se livre pas à la culture des céréales ; et ses cultures industrielles fournissent encore à la consommation générale, au commerce, aux manufactures et aux autres arts, des plantes alimentaires, de la viande, des boissons, des huiles, etc., et un grand nombre de matières premières.

Lorsque les subsistances sont assurées, et qu'elles sont à un prix moyen relatif à celui de la main d'œuvre et des autres objets nécessaires à la culture, le fermier reçoit un juste prix de son travail et de son industrie, car c'est sur ce prix moyen qu'il a calculé ses bénéfices présumés en passant son bail. Alors il paye facilement ses contributions, son propriétaire ; les autres cultivateurs, les autres professions, se livrent avec sécurité à leurs travaux ordinaires ; les riches font travailler ; les pauvres trouvent de l'ouvrage ; l'État est tranquile, parceque tous les individus sont occupés, et le gouvernement n'est arrêté dans aucun des rouages de l'administration.

Lorsque les subsistances tombent au-dessous du prix moyen ordinaire, par l'effet d'une abondante récolte, le fermier seul semble souffrir, parceque ses frais de culture restant les mêmes, ses profits diminuent nécessairement ; mais si cette récolte abondante est suivie de plusieurs années plus abondantes encore, le fermier est bientôt en perte, et il finit par se ruiner ou par abandonner sa culture. C'est ce qui est arrivé en France pendant les récoltes abondantes et successives de 1759 à 1764. En 1763, un seul canton de la Brie, d'environ dix lieues de longueur, sur six de largeur, présentoit près de cinquante fermes abandonnées et dont les terres étoient restées incultes.

Les autres professions, et le gouvernement lui-même, semblent trouver de l'avantage dans ces années, qu'il est si naturel de regarder comme très heureuses; mais la contribution foncière est lente, difficile et quelquefois impossible à recouvrer; les propriétaires et les fonctionnaires éprouvent de grands retards dans la rentrée de leurs revenus; ils diminuent leurs dépenses ordinaires, suppriment leurs dépenses extraordinaires; et ces diminutions de dépenses, et conséquemment de travaux, ont nécessairement une influence fâcheuse sur les autres sources de la prospérité publique.

Ainsi, les effets de ces années successives de grande abondance de subsistances sont donc de diminuer les travaux du commerce, des manufactures et des arts, de ruiner les fermiers par la chute excessive de leur prix; enfin, et ce qui est le plus à redouter, de préparer la famine pour les années qui les suivent, à cause de la grande quantité de terres qui restent alors en friche : c'est ce qui est également arrivé en France en 1764. Au commencement de cette année les grains étoient au plus vil prix; la terre promettoit encore une belle récolte, lorsqu'une gelée tardive surprit les blés en fleurs. On s'aperçut de l'accident; les inquiétudes se répandirent dans toutes les classes de la société, et les grains triplèrent de prix sur-le-champ. Cependant tous les greniers des propriétaires et des cultivateurs, des maisons religieuses, des chapitres et des villes en étoient encore surchargés; mais la crainte de manquer de pain produit sur les esprits autant d'impression que la famine elle-même.

Enfin, dans les années de disette, et lorsque le prix des grains surpasse le taux moyen ordinaire, l'agriculture trouve alors les moyens de réparer les pertes qu'elle avoit éprouvées par une succession de récoltes abondantes; elle remonte ses fermes abandonnées, elle reprend ses travaux avec une nouvelle activité, les cultures industrielles cessent et sont remplacées par celle des céréales, et l'on est étonné, pour ainsi dire, de passer de la disette à l'abondance, presqu'aussi subitement que l'on avoit passé de l'abondance à la crainte de la disette.

Mais la disette de grains, lorsqu'elle devient excessive, ou qu'elle se prolonge pendant quelques années, est bien plus préjudiciable au gouvernement et aux non cultivateurs, que l'abondance ne leur avoit procuré d'avantages.

Pour prévenir la famine, on est obligé de faire venir de

l'étranger, et à grands frais, des grains que l'on est souvent ensuite obligé de distribuer à perte ; les contributions ne peuvent pas se lever ; tous les individus abandonnent leurs occupations ordinaires pour chercher des subsistances, et y consacrent leurs capitaux disponibles ; le travail cesse ; toutes les bourses se resserrent ; le commerce, les manufactures et les arts sont aux abois ; la misère est générale ; enfin la crainte de mourir de faim met les esprits en fermentation, sert quelquefois de prétexte aux attroupemens, aux propos séditieux ; les fermiers eux-mêmes sont menacés, leur domicile est violé ; et, au milieu de ces calamités, il se commet trop souvent des excès graves, que les gouvernemens n'osent pas toujours réprimer entièrement, et qui produisent dans l'ordre social un relâchement qu'ils ont le plus grand intérêt d'empêcher, ou au moins de prévenir.

Tels sont les différens effets que, dans les chances diverses de récoltes, l'agriculture produit sur la tranquillité et la prospérité publiques. Il en résulte évidemment que la position la plus favorable à la prospérité générale et particulière d'un grand État, est celle qui peut offrir constamment à ses nombreux habitans des subsistances toujours suffisantes et à des prix moyens justement combinés avec ceux de la main d'œuvre et des autres produits de l'industrie. Le maintien de cette juste proportion, autant que la nature des choses peut le permettre, est donc le but constant auquel doit tendre la prévoyance de son gouvernement.

Les moyens d'y parvenir sont simples et absolument indépendans de son organisation. Ils consistent à prévenir les disettes par le perfectionnement de l'agriculture, à éviter la surabondance des denrées par l'exportation, et à arrêter l'exportation aussitôt que leur prix intérieur excède d'une certaine quantité leur taux moyen ordinaire.

Section II. *Etat actuel de l'agriculture en Russie.* L'agriculture ne commence à se montrer dans cet empire qu'entre le soixante et le soixante-cinquième degré latitude nord ; mais si la rigueur du climat et la longueur des hivers ne lui permettent pas de donner de l'extension à ses cultures, la nature prévoyante a favorisé ses habitans d'un sol singulièrement fertile, sur lequel, en trois mois d'été, on peut cultiver, semer et récolter le petit nombre de plantes qu'on lui confie. Ce phénomène est dû aux abris naturels que les montagnes procurent aux vallées, et qui en adoucissent beaucoup la température.

La culture y est encore pratiquée généralement comme dans l'enfance des sociétés. Au rapport de *Pallas,* « le cultivateur « sème son avoine, son seigle, son millet, dans des jachères, « sans avoir reçu d'engrais ; il jette sa semence sur son champ,

« comme s'il vouloit donner à manger aux oiseaux ; il prend
« ensuite sa charrue et égratigne la terre, et un second cheval
« qui la suit en traînant la herse termine l'ouvrage. »

Cependant, à mesure que la température devient plus douce,
et particulièrement sur les bords du Volga et de la Kama, la
culture devient plus intelligente et mieux soignée, et la terre
peut recevoir des grains d'hiver. Les Russes, les Tartares et
les Tschérémisses, qui peuplent les stèpes de ces cantons,
cherchent, dit Pallas, à l'envi les uns des autres, à qui portera
la culture des terres à un plus haut degré.

Ils cultivent aussi avec succès le lin de la Valachie, qui croît,
sur les bords de la Kama, à une hauteur de sept empans ( environ un mètre et demi ), et fournit un lin beaucoup plus beau
que le lin ordinaire ; le chanvre, le tabac, les pois, les poti-
rons, les concombres, l'ail, les radis, les navets et les raiforts.

Les céréales que l'on cultive en Russie sont le froment en
petite quantité, le seigle, l'épeautre, l'orge, le millet, l'avoine
et quelque peu de sarrasin sur les terres épuisées.

Les assolemens sont presque aussi variés qu'il y a de peu-
plades différentes. Dans des stèpes, les terres rapportent tous
les deux ou trois ans, sans engrais et presque sans labours ; au
bout de douze à quinze ans, elles sont épuisées, et l'on en défriche d'autres. Dans les meilleurs cantons, on fait jusqu'à huit
récoltes de suite sur le même champ, sans autre engrais que
la cendre du chaume ; après quoi on l'abandonne pour cultiver
une nouvelle lande. Les récoltes se font dans l'ordre suivant :
deux fois de suite de l'orge, deux années d'avoine, deux années
de seigle, et quelquefois du seigle d'été dans la septième et huitième année. En animaux, on élève des rennes, des chevaux,
des moutons, des cochons et des poules.

Une grande partie de ce vaste empire est encore dans l'état
de peuple nomade, pour qui la chasse, la pêche et quelques
bestiaux sont les seuls moyens d'existence ; quant à celle qui a
été civilisée par Pierre-le-Grand, les principales sources de ses
richesses sont le commerce des pelleteries, des bois de construction, et la culture et le commerce des lins et des chanvres.

Ce sont les bras et l'instruction qui manquent à l'agriculture
dans les parties méridionales de cet empire, pour l'élever à un
certain degré de perfection, et mettre en valeur une immense
étendue de terrains dont le sol est d'une culture généralement
facile et d'une très grande fertilité. Il faudroit sur-tout dans
ces contrées des agriculteurs libres et qui pussent jouir avec
sécurité du fruit de leurs travaux ; mais dans toutes les parties
civilisées, la servitude personnelle existe ; la richesse territo-
riale s'y calcule moins sur l'étendue et la fertilité du sol que
sur le nombre des serfs attachés à la glèbe, et ils ne peuvent

avoir cette industrieuse activité qui caractérise les cultivateurs des États où cette servitude n'existe plus.

Il y a peu de jardinage en Russie, excepté chez les riches propriétaires.

SECTION III. *Agriculture de la Suède.* Cette puissance est dans une position agricole encore plus désavantageuse que la Russie. Placée sous une latitude également rigoureuse, elle n'a pas, sur son territoire, comme cette dernière, des parties favorisées par un ciel plus doux; mais l'agriculture est considérée en Suède; les mains libres des paysans mettent en valeur tout le terrain qui est susceptible de culture; et, par leur activité et leur industrie, ils parviennent à lutter avec succès contre l'âpreté du climat.

Cependant cette même âpreté s'opposera toujours à ce que l'agriculture suédoise obtienne une certaine extension; mais elle pourra augmenter ses cultures industrielles. Les cultures suédoises doivent donc être à peu près les mêmes que celles de la Russie dans les latitudes correspondantes : mêmes céréales, mêmes légumes, mêmes plantes textiles; mais, en Suède, elles présentent plus d'intelligence, les cultivateurs sont plus instruits; ils labourent mieux, et connoissent l'usage des engrais; leurs bestiaux, quoique petits, sont plus nombreux; ils leur donnent plus de soins, ainsi qu'à leurs prairies, et savent en tirer un meilleur parti.

Au surplus, l'agriculture n'est point la source la plus abondante de la prospérité des Suédois; les principales sont la chasse et la pêche, les bois de construction, et sur-tout les produits des mines de cuivre et de fer qui sont pour eux l'objet d'un commerce considérable. Aussi les Suédois passent-ils pour être les plus grands minéralogistes de l'Europe. Ils se glorifient encore de compter parmi leurs compatriotes le célèbre Linné.

SECTION IV. *Agriculture du Danemarck.* L'histoire de l'agriculture de ce pays prouve que la constitution des États, ou l'organisation particulière de leur gouvernement n'entre pour rien dans les causes qui influent sur ses progrès. Cet État est devenu despotique en 1660, par la volonté réelle du plus grand nombre des Danois, et, depuis cette époque, il n'y a point de gouvernement qui ait autant fait que le sien pour encourager les progrès de l'agriculture.

L'affranchissement des serfs de la couronne a été un de ses premiers bienfaits, et cet acte d'humanité a tourné au profit de la culture. Un si bel exemple a ensuite été imité par quelques grands propriétaires qui en ont obtenu les mêmes avantages.

D'ailleurs, l'instruction, les institutions, les encouragemens, tout a été employé par le gouvernement pour arriver à ce but. Cependant le Danemarck, la Norwège et l'Islande ne sont point essentiellement agricoles ; l'âpreté de la température, moins grande peut-être qu'en Suède, ne le permet pas, et la pêche, les manufactures et le commerce maritime sont les principales sources de leur prospérité. Mais la sagesse du gouvernement et le grand mérite administratif des ministres du nom de Bernstoff n'en ont négligé aucune.

Aussi cette puissance présente-t-elle dans ses différentes provinces, même dans la Norwège et dans l'Islande, une agriculture généralement aussi intelligente et aussi florissante que dans des pays plus favorisés par la température du climat, et aussi étendue que la rigueur du froid et la longueur des hivers peuvent le permettre.

Elle s'occupe particulièrement de l'éducation des bestiaux et des cultures du lin, du chanvre et des prairies naturelles et artificielles.

Les facilités que le gouvernement donne pour la réunion des terres, par la voie d'échange, et la suppression du droit destructif du *parcours*, y a favorisé singulièrement l'extention de la culture des prairies artificielles.

Cependant celle des céréales n'y est point négligée, et ses produits sont quelquefois assez considérables pour en permettre l'exportation.

C'est la première puissance du nord qui ait fondé une école vétérinaire. Son premier règlement sur l'éducation des chevaux est de l'an 1686. Tout le monde connoît les bonnes qualités de ceux du Holstein.

Section V. *Agriculture de la Pologne.* Cet État, tombé dans le siècle dernier sous la domination des empereurs de Russie et d'Autriche, et sous celle du roi de Prusse, par suite naturelle de sa constitution anarchique, vient d'être relevé, en partie, sous la dénomination de grand duché de Varsovie, et d'annexe du royaume de Saxe.

Dans son ancienne circonscription, la Pologne étoit souvent le grenier de l'Europe.

*Staravolscius*, écrivain polonais, prétend que la Pologne a tout, excepté le vin, la soie et les aromates. *Rzackzinsky* dit aussi que, depuis plusieurs siècles, la Pologne et les pays qui en dépendoient produisoient abondamment du miel, du chanvre, du blé, du lin, des fruits et des arbres d'une grandeur prodigieuse. De riches troupeaux y couvroient de gras pâturages, particulièrement dans cette Ukraine que les Polonais appeloient autrefois une terre *de lait et de miel*, et que les guerres ont entièrement ruinée.

C'est encore dans cette Lithuanie si fertile, dans cette Pologne proprement dite , appelée l'*Egypte de L'Europe* par le même écrivain, que les céréales viennent, pour ainsi dire , sans soins et sans culture. Veut-on cultiver un sol couvert de halliers ou de genêts, on y répand de la paille en abondance, et on y met le feu.

Dans les temps de disette , l'Europe, et particulièrement les puissances maritimes, tournent leurs regards vers la Pologne, où l'abondance des céréales est permanente, et qui a la facilité des transports par la voie de Dantzick, de Kœnigsberg , de Memel et de Riga. C'est dans ces ports que s'expédient des bâtimens chargés de blés pour toutes les contrées qui en manquent.

Mais de ce que les terres de la Pologne sont généralement d'une fertilité naturelle et inépuisable , il ne s'ensuit pas que son agriculture soit intelligente et dans un état florissant. Il faut penser, au contraire, que moins il faut de travail pour faire produire à la terre les végétaux qu'on lui confie , et plus la culture doit en être négligée. Il faut peut-être encore croire que si les bras étoient parfaitement libres en Pologne , il y auroit encore une plus grande étendue de terres en friche qu'elle n'en présente aujourd'hui ; car chaque chef de famille, pouvant par un travail de quelques jours en assurer la subsistance pendant toute l'année , ne cultiveroit que l'étendue de terrain nécessaire pour remplir cet objet ; et , à raison de sa fertilité naturelle , et de la régularité et de la constance de la température de chaque saison, cette étendue ne seroit pas considérable. Mais, semblable en quelque sorte au nègre des Colonies, il est le serf ou l'esclave de son palatin, ou de son seigneur, et , en cette qualité , il est obligé de cultiver une étendue déterminée de terrain. Le superflu de la récolte est accumulé dans les greniers du maître pendant les années d'abondance générale , pour être ensuite expédié sur les différens marchés de l'Europe lorsqu'elle est dans la disette.

Il résulte de la situation particulière de cet état, et de notre manière d'envisager l'agriculture, que, lors même que la servitude personnelle seroit abolie en Pologne , les récoltes de céréales toujours abondantes y seroient toujours un obstacle à la prospérité et aux progrès de son agriculture ; il faudroit cependant excepter celle des cantons les plus voisins d'expéditions ou des lieux de grande consommation , qui pourroit alterner avec beaucoup d'avantages la culture des céréales avec les autres cultures industrielles.

Dans son état actuel , la Pologne tire encore plus de profits de l'éducation des bestiaux, et des excellents bois de constructions que produisent ses nombreuses forêts, que de l'exportation de ses blés , dont presque tout le bénéfice restoit entre les mains des Hollandais avant la révolution.

On n'y voit de jardinage que chez les riches propriétaires.

Section vi. *Agriculture de la Prusse.* L'agriculture de cet Etat, érigé en royaume en 1701 en faveur de Frédéric I<sup>er</sup>, électeur de Brandebourg, avoit reçu de grands encouragemens de son second roi Frédéric-Guillaume II. Il dépensa près de 25 millions de notre monnoie à faire défricher les terres, à bâtir des villes et à les peupler. Il y attira plus de seize mille hommes de Saltzbourg, leur fournissant à tous de quoi s'établir et de quoi travailler.

Avec des moyens aussi puissans, on ne peut pas douter que l'agriculture de la Prusse ne se fût élevée au plus haut degré que la température du climat lui auroit permis d'atteindre, s'ils eussent été continués par le grand Frédéric son fils et son successeur.

Mais l'ambition démesurée de ce monarque le portoit à jouer un grand rôle dans les intérêts politiques de l'Europe ; ses talens militaires lui en donnoient l'espérance, et il sacrifia toutes les économies de son prédécesseur, et jusqu'à la population qu'il avoit acquise, pour devenir puissance prépondérante.

Pendant les longues guerres qu'il eut à soutenir avant de parvenir à ce but, l'agriculture dut perdre tous les avantages qu'elle avoit eus sous Frédéric-Guillaume, et elle seroit infailliblement retombée dans son ancienne routine, si, après avoir satisfait son ambition, Frédéric II ne se fût occupé d'en faire renaître l'activité.

Il le fit avec cette ardeur, cette volonté ferme et cette constance qu'il avoit montrée pour arriver au degré de puissance où il étoit parvenu.

Il fit dessécher et défricher les bords de la Netze et de la Warthe, dont les eaux marécageuses furent évacuées dans l'Oder, et y attira 3500 familles.

Les marais qui vont à Friedberg furent ensuite saignés et purent recevoir 400 familles.

La Marche et la Poméranie furent aussi assainies et mises en valeur par les mêmes moyens ; et la Frise vit élever dans le Dollart des digues par lesquelles on regagnoit pied à pied le terrain que la mer avoit submergé en 1724.

Tels sont les moyens que ce prince extraordinaire employa pour relever l'agriculture de la Prusse et remonter sa population.

Il ne perdit pas de vue non plus la restauration de ses forêts extrêmement dégradées par les guerres. A cet effet, il institua un conseil des eaux et forêts qui porta cette administration à un grand degré de perfection. On remarque entre autres choses que ce conseil étoit chargé d'*établir une proportion exacte entre l'étendue des forêts et celle des champs pour*

*que le pays eût toujours la quantité d'eau nécessaire à la végé-*
*tation , et que , par une succession de cultures différentes bien*
*entendues , il se bonifiât au lieu de se détériorer.*

Nous ignorons si, et comment , le problème a été résolu.
Ce conseil des eaux et forêts étoit formé dans la Marche élec-
torale de Prusse.

En définitif, cet Etat est plus manufacturier qu'agricole :
son agriculture s'occupe particulièrement des cultures du lin ,
du chanvre , des prairies naturelles et artificielles , et de l'é-
ducation des bestiaux et des insectes utiles.

La culture des céréales entre cependant à son tour dans leur
assolement ; mais le défaut de communications toujours praticables, sur-tout le voisinage de la Pologne qui est le grenier
naturel de la Prusse, et la rigueur naturelle de la température, la rendent nécessairement moins avantageuse aux cultivateurs que les cultures industrielles et l'éducation des bestiaux.

C'est en Prusse que commence la culture de la vigne.

Le jardinage y a été introduit par les Français que le grand
Frédéric avoit appelés auprès de lui , et a été porté depuis à
un degré de perfection assez élevé.

SECTION VII. *Agriculture de l'Allemagne.* Sous la dénomination d'Allemagne, nous comprenons tout ce qui formoit autrefois l'Empire Germanique , et qui est aujourd'hui connu
sous le nom de confédération du Rhin et des Etats de l'Empire d'Autriche. Nous n'en faisons qu'un seul et même article,
parcequ'à quelques exceptions près , leur agriculture a les
mêmes occupations principales. Elles consistent dans les cultures des forêts , de la vigne et des autres cultures industrielles , dans celle des prairies naturelles et artificielles et dans
l'éducation des bestiaux. La culture des céréales entre comme
récolte de rotation dans les cultures industrielles.

Seulement, à mesure que la température générale devient
plus douce , la culture est mieux entendue et plus productive,
le nombre des végétaux que l'on y soumet devient plus grand ;
les instrumens du labourage sont meilleurs. Mais cependant
la quantité de lacs, de fleuves, de forêts et de montagnes qui
existent sur ce vaste territoire rendent la température d'une
austérité assez générale pour nuire à l'extension de la culture
des céréales , et ce n'est que dans les parties les plus méridionales, et dans des gorges abritées par les hautes montagnes et
les forêts, que l'on rencontre de belles récoltes de grains.

La culture de la vigne y emploie beaucoup de bras.

Dans quelques parties, le jardinage et la culture des arbres
tant étrangers qu'indigènes y sont suivis avec soin , et l'art des
irrigations y est porté à un grand degré de perfection. C'est

généralement aux villes anséatiques que l'agriculture de l'Allemagne doit son perfectionnement.

Les citoyens de ces villes, presque tous commerçans, la pratiquent par délassement sur le territoire naturellement fertile, mais très circonscrit, qui est attaché à chacune d'elles. Ils apportent dans les travaux de la culture leur intelligence personnelle, les bonnes pratiques et les bons instrumens qu'ils ont recueillis par leurs nombreuses relations étrangères, et y consacrent tous les capitaux qui sont nécessaires pour réussir. Elle doit donc être, sinon la plus lucrative, du moins aussi parfaite et aussi étendue que la température peut le permettre. Aussi a-t-elle mérité d'être prise pour modèle par les Hollandais, et par ceux des habitans de l'Allemagne qui avoient avec eux des relations de commerce.

C'est particulièrement dans les montagnes du Tirol et de la Suisse, dont les sommets, toujours couverts de neige, semblent menacer de stérilité tout ce qui les environne, qu'il faut admirer les moyens simples et ingénieux que ces peuples laborieux et intelligens savent employer pour forcer la terre à produire les plantes alimentaires nécessaires à leur subsistance, et les fourrages destinés à la nourriture de leurs nombreux bestiaux pendant l'hiver.

Par ces éloges que paroît généralement mériter l'état actuel de l'agriculture allemande, il ne faut pas croire cependant que la pratique de ses différentes cultures soit par-tout aussi intelligente et aussi bien exécutée. Les circonstances particulières à chaque localité y apportent nécessairement des différences souvent considérables : ici, c'est la servitude personnelle ; là, c'est le défaut de débouchés ; ailleurs, c'est la qualité du sol, la température du climat, enfin l'intérêt local que peut avoir le cultivateur de soigner une culture plutôt qu'une autre. Mais ces nuances ne doivent point empêcher de rendre justice à son perfectionnement général, parcequ'elles existent toujours dans l'agriculture de tous les Etats.

Les manufactures sont aussi un des principaux moyens de prospérité de cette nation industrieuse.

Section VIII. *Agriculture de la Hollande.* Le royaume de Hollande est un Etat essentiellement commerçant, et le commerce maritime est en effet la source principale et la plus abondante de ses richesses. Cependant son agriculture, dont il n'a pas besoin pour assurer les subsistances de sa nombreuse population, mérite d'être particulièrement connue par l'intelligence et l'économie qui règnent dans les différens travaux de ses diverses cultures.

Ce phénomène, qui est une exception aux principes que nous avons adoptés en agriculture, est dû, 1° à une population si considérable, relativement à l'étendue du territoire, qu'elle s'élève à six mille six cent quatre-vingt-six individus au moins par myriamètre carré (près de dix-sept cents individus par ancienne lieue carrée); 2° au travail opiniâtre, à la sobriété, à l'économie et à l'industrie qui caractérisent ce peuple; 3° à la facilité des débouchés; 4° à la modicité des impôts.

La culture des céréales n'est pas l'objet principal de son agriculture. Indépendamment de la grande humidité habituelle de la température et du sol de la Hollande, qui ne seroit pas favorable à leur végétation, elle ne pourroit pas y être avantageuse au cultivateur, parceque cet Etat est le dépôt presque général du superflu de tous les blés qui se cultivent en Europe, et que, malgré que son agriculture n'en produise pas assez pour nourrir ses habitans pendant trois mois, nulle part on ne trouve le pain ni aussi abondant, ni à un prix aussi bas.

Mais le sol et le climat de la Hollande sont singulièrement favorables à toutes les cultures industrielles, et sur-tout à celles des prairies naturelles et artificielles, et des plantes-fourrages qui sont nécessaires à la nourriture et à l'engraissement des nombreux bestiaux dont l'éducation fait l'occupation principale de son agriculture.

« La rotation du cours des récoltes commence toujours par la culture des plantes légumineuses, ou des racines nourrissantes, et sur-tout de la pomme de terre, pour préparer, et ameublir et nettoyer la terre, au moyen des divers travaux que cette culture exige. L'ensemencement du trèfle accompagne ordinairement celui des grains. La culture des navets, semés fréquemment sur les chaumes retournés immédiatement après la moisson, procure une seconde récolte dans la même année, et une ressource précieuse pour la nourriture des bestiaux pendant l'hiver. Les engrais y sont abondans, variés et traités généralement d'une manière exemplaire; les plantations y sont multipliées et bien entendues. Un seul département, celui du Brabant, renferme vingt mille ruches; et un autre, celui de la Zélande, obtient, par la seule culture de la garance, un produit annuel de six millions; enfin, cette nation recommandable, sur une étendue d'environ deux cent quatre-vingt-un mille myriamètres carrés qu'elle a conquise en grande partie sur la mer par ses longs et industrieux travaux, et qui est coupée par de nombreux et magnifiques canaux, possède en races vigoureuses, grandes et très fécondes, deux cent quarante-trois mille chevaux, sept cent soixante mille bêtes à cornes; un million environ de bêtes à laines, dix à douze mille chèvres, quatre cent quatre-vingt-neuf mille porcs, et près de trois millions de volailles de toute espèce: ne peut-on pas lui appliquer la devise d'une de ses principales sociétés d'encouragemens, *felix meritis?*» (Yvard, discours d'ouverture du cours d'économie rurale théorique et pratique, prononcé en 1806 à l'école impériale d'économie rurale et vétérinaire d'Alfort. )

Le jardinage est aussi poussé en Hollande au plus haut degré de perfection, et il s'y fait un grand commerce de fleurs rares.

Nous avons cru devoir nous étendre un peu sur l'agriculture de ce royaume, parcequ'elle méritoit d'être citée avec distinction parmi celles des autres Etats de l'Europe, et qu'elle a été totalement oubliée par ceux qui ont cru pouvoir en classer l'agriculture.

Section IX. *Agriculture de l'Angleterre et de ses royaumes-unis.* Les parties méridionales de l'empire britannique semblent placées pour avoir une agriculture florissante. Un sol léger et fertile, une température ni trop froide, ni trop chaude, ni trop sèche, ni trop humide ; enfin un peuple riche, actif et industrieux, sont les circonstances locales qui devoient singulièrement favoriser ses progrès dans les différentes cultures qu'elles pouvoient lui permettre d'entreprendre.

Aussi les historiens de l'agriculture anglaise vantent-ils l'intelligence avec laquelle elle étoit autrefois pratiquée.

*Blith*, dont les ouvrages géoponiques ont été imprimés en 1652, traite déjà des cultures des vergers, du trèfle, du sainfoin, de la guède, de la garance, du lin et du chanvre, et de l'emploi de la marne et de la craie comme engrais des terres. Ces différentes cultures et l'emploi de ces engrais étoient donc en usage en Angleterre à cette époque ; c'est aussi celle que *Gautier Hart* (1) et d'autres historiens assignent à la plus grande prospérité de son agriculture, et ils en attribuent l'honneur à *Hartlib*, réfugié polonais, qui avoit puisé ses connoissances agricoles dans la Belgique.

Il est à présumer que son état florissant s'est maintenu tant que l'agriculture a été la source la plus abondante, ou du moins, l'une des principales sources de la prospérité de l'Angleterre, et, ce qui est la même chose, tant que la profession de cultivateur a pu y être exercée par des hommes aisés et intelligens.

Mais, par sa position et le génie à la fois actif et entreprenant de ses habitans, cette puissance devoit devenir essentiellement commerçante et manufacturière. Peu à peu on délaissa, on abandonna une profession qui n'étoit pas aussi lucrative que celle du commerce, des manufactures et des arts, et l'agriculture anglaise se trouva insensiblement et définitivement privée des principaux moyens qui avoient fait sa prospérité,

(1) Essais on Husbandry, London, 1765, in-8° p. 23

de cultivateurs instruits, et des bras et des capitaux nécessaires à la culture.

En effet, pour établir ces grands moyens de prospérité qui font aujourd'hui de l'Angleterre une puissance colossale, il falloit des hommes et de l'argent; et les hommes et les capitaux furent retirés de la culture. Pour protéger son immense commerce, défendre et alimenter les nombreuses colonies qu'elle avoit fondées, il falloit une grande quantité de vaisseaux de guerre, et pour les construire, les armer et les équiper, il falloit encore des hommes et de l'argent; on *pressa* les hommes, on établit des contributions de toutes espèces, directes et indirectes, et elles furent portées à un taux difficile à croire (1). Enfin, ces vaisseaux rapportoient journellement beaucoup d'or, et les médiocres profits de la culture perdoient beaucoup à la comparaison; les cultivateurs intelligens dûrent donc abandonner leur charrue pour se livrer aux spéculations de commerce; et l'agriculture est généralement livrée aujourd'hui en Angleterre, non pas à des esclaves comme chez les Romains, mais à de pauvres individus qui n'ont point assez de facultés intellectuelles pour embrasser avec succès une autre profession. Comment auroit-elle pu résister à des pertes aussi grandes ?

Il ne faut donc plus s'étonner de lire dans les ouvrages des plus fameux agronomes de l'Angleterre, « qu'une très foible portion de sa partie cultivée a été soumise jusqu'à ce jour à un système de culture judicieux et bien conduit (dans les comtés de Norfolk, de Suffolk, d'Essex et de Kent (2); qu'on rencontre en différens endroits du royaume une immense étendue des terres les plus riches et les plus fertiles, qui sont cultivées de la manière la plus imparfaite et la plus désavantageuse ; que sur soixante-sept millions d'acres que la Grande-Bretagne renferme, en en retranchant sept millions occupés par les maisons, les grandes routes, les rivières, les lacs, etc. ; des soixante millions restant, cinq seulement sont employés à la culture des grains, et vingt-cinq au pâturage, tandis que trente millions sont encore, ou dans un état complet de friche, ou soumis au système d'économie rurale le plus défectueux (3). »

(1) Le célèbre agronome *Arthur Young*, en négligeant de calculer ce qu'un propriétaire paie en droits particuliers de consommation, porte à 219 liv. 18 sous 5 deniers anglais la totalité des impôts relatifs à la culture d'un bien de 229 liv. 12 sous 6 deniers de revenu. ( Discours d'Yvart. )

(2) Arithmétique politique d'*Arthur Young*, tom. 1. p. 251. C'est environ quatre comtés sur les soixante-treize qui composent les royaumes d'Angleterre et d'Écosse.

(3) *Practical* agriculture, or a complete system of modern Husbandry, pag vij de l'introduction, 2 vol. in-4°, London, 1805, par *Dickson*.

Le même *Dickson*, après avoir cherché les principaux motifs qui ont arrêté l'avancement de l'agriculture, considérée comme science, et les avoir trouvés *dans le défaut de connoissances, de la part des cultivateurs anglais, des différentes branches des sciences qui ont une connexion intime avec l'agriculture*, ajoute que les causes qui s'opposent à son extension et à son amélioration, considérée comme art, sont si excessivement nombreuses et compliquées qu'il ne peut entrer dans des détails complets sur cet objet. Les principales sont, 1° l'existence d'une sorte de propriété communale qui, dans plusieurs comtés, s'étend sur près de la moitié du territoire arable, et qui astreint les propriétaires à se soumettre à des règlemens et à des restrictions absurdes et nuisibles à la culture; 2° les conditions onéreuses et même de *servitude* sous lesquelles une grande partie des terres est fieffée ; 3° les baux très courts des terres qui dépendent des corporations civiles ou religieuses; 4° le paiement de la dîme en nature, si vexatoire dans sa perception, si oppressif dans ses effets, que Dickson compare la position du cultivateur qui y est soumis *à celle d'un mercenaire qui, après avoir épuisé ses forces pour avoir à la fin du jour un repas frugal, se le voit enlever, au moment d'en jouir, par un de ses voisins qui, étant resté dans l'inaction pendant que celui-ci s'exténuoit de fatigue, vient, avec une autorité légale, lui arracher ce qu'il s'étoit procuré à la sueur de son front;* 5° la taxe des pauvres, taxe énorme dont le cultivateur supporte à lui seul près des trois quarts, et qu'Arthur Young appelle *un véritable instrument de dépopulation, une barbare et misérable invention qui semble avoir été conçue exprès pour arrêter l'industrie nationale* (1) ; 6° la courte durée, et, le plus souvent, l'absence des baux : lorsque les baux existent, ils sont de trois, cinq et neuf ans, excepté les quatre comtés que nous avons cités, où ils se trouvent quelquefois prolongés jusqu'à dix-neuf et vingt-un ans.

Si nous voulons examiner ensuite l'état de l'industrie agricole qui fait l'objet principal des occupations de l'agriculture anglaise, ouvrons l'Agriculture Pratique de *Marshall*, celui des agronomes anglais qui a observé avec le plus d'attention, de temps et de détails, l'agiculture des diverses provinces de ce pays, et nous y verrons, tome IV, page 575, « qu'en considérant *les animaux domestiques de ce royaume d'une manière générale, on trouve que chaque espèce, et presque chaque race, est susceptible de très grandes améliorations, et on peut dire, qu'à quelques exceptions près, les troupeaux de cette île sont dans un état beaucoup trop négligé, et qui réclame*

---

(1) Voyage en Irlande, tom. 2, pag. 302.

*hautement les améliorations nécessaires. Il y a*, continue-t-il, *dans certains districts de l'île, des races de bestiaux incapables d'être perfectionnés dans un espace de temps modéré, au point de remplir les trois objets principaux auxquels le bétail peut servir : savoir, le lait, le trait et l'engrais.* »

*Dickson* et le chevalier *Simclair* en ont la même opinion; *Bakewel* lui-même, le plus célèbre des réformateurs de leurs bestiaux et à qui ils doivent cette race factice de bêtes à laines, ou plutôt *de bêtes à suif*, ainsi que les qualifie si bien notre confrère Yvard, avoue que les avantages du volume excessif des bestiaux, *dont les Anglais sont si esclaves, n'existent que dans l'imagination* (1).

Les premiers mérinos introduits en Angleterre ont été envoyés par *Broussonet* au chevalier Banks, et quelques années après, MM. Huzard, Tessier et Lasteyrie, comme l'avoue le lord Sommerville dans son ouvrage, ont fourni aux Anglais les instructions nécessaires pour tirer parti de ce précieux dépôt; mais l'opinion des cultivateurs anglais s'est fortement prononcée contre l'extension de cette race, malgré les efforts du lord Sommerville et du chevalier Simclair pour détruire leurs préjugés, et nos commissaires ont trouvé très mal administré, et dans l'état le plus déplorable, le petit nombre de troupeaux de cette race qui existent encore en Angleterre, et dont la propagation lui auroit évité une importation annuelle et considérable de laines espagnoles (2). Les taureaux, les bœufs et les vaches dont on fait le plus de cas en Angleterre sont de races françaises. (Culley et Dickson.)

Enfin, la race des chevaux dont l'usage a été de mode en France avant la révolution, et que l'on payoit si cher, tandis que les Anglais, plus adroits que nous sous ce rapport, achetoient des chevaux de selle et de chasse dans le département de l'Orne; cette race étoit justement appréciée par les bons esprits de l'Angleterre : lord Pembrocke écrivoit à Bourgelat, *je ne conçois pas quelle est la fureur que les Français ont pour nos chevaux, quand je vois vos belles races normande, limousine, navarrine,* etc. (Instruction sur l'amélioration des chevaux en France, par *Huzard.*)

En Ecosse, l'agriculture, moins favorisée par la fertilité du sol, par la température, et également opprimée par les taxes et les autres circonstances, présente des pratiques encore plus défectueuses qu'en Angleterre; et l'Irlande, avec un sol géné-

---

(1) *Lord Sommerville.* Facts and observations on sheep, wool, etc. London, 1803. *Marshall*, et *Young*, etc.

(2) En 1787 et 1788 cette importation a monté à 8,361,836 liv. de laine; à 4 fr. seulement, 33 millions 447 mille 344 francs.

ralement plus fertile, quoique souvent marécageux, présente une grande quantité de friches, et les pratiques de culture les plus détestables sur les terres arables. Aussi l'oppression du cultivateur y est-elle encore plus grande que dans les deux autres royaumes.

Ainsi, les merveilles de l'agriculture anglaise, si vantée dans le siècle dernier, et que l'on a placée au premier rang parmi celle des différens peuples de l'Europe, se réduisent à présenter, dans quatre comtés sur cent cinq ( Irlande comprise ), une culture très judicieusement combinée avec la nature du sol, la température du climat et les besoins principaux de la population, et pratiquée avec de bons instrumens et une grande intelligence.

Encore faut-il observer, 1° que cette culture n'est qu'une imitation de celles que l'on pratique en Hollande et dans nos départemens septentrionaux; 2° que les exploitations où elle se montre la plus parfaite sont celles de luxe, dans lesquelles on ne ménage rien pour parvenir à la plus grande production des terres, et où l'on s'embarrasse peu de calculer le bénéfice réel et définitif que l'on peut en retirer; car, comme l'a fort bien remarqué *Arthur Young*, on peut très bien se ruiner en pratiquant la culture la plus parfaite; 3° que, même dans les comtés que l'on traverse pour arriver de France en Angleterre, on est frappé de l'étendue des friches qui, depuis Douvres, Brigsthelm-Stone, ou Yarmouth, jusqu'aux portes de Londres et de Windsor, se présentent si souvent. ( Yvard. )

Tel est l'état généralement déplorable dans lequel l'agriculture anglaise a été plongée par l'extension démesurée de son commerce maritime.

Il est vrai que, pendant la paix, l'Angleterre peut, à la rigueur, se passer des produits de son agriculture, car elle se trouve placée, pour ainsi dire, au milieu des marchés de grains de l'Europe; et le bas prix de cette denrée de première nécessité, en temps de paix, a dû être une des principales causes de l'abandon de sa culture par les cultivateurs anglais. Mais, dans les mauvaises années et en temps de guerre, l'Angleterre est toujours menacée de la disette. Pour remédier à ce fâcheux inconvénient, cette puissance devroit donc chercher à relever son agriculture, et elle ne pourroit y parvenir qu'en lui rendant les bras et les capitaux qui lui sont nécessaires, et en la délivrant, ou au moins en modifiant beaucoup les taxes en nature, les impôts de toutes espèces et ces vexations qui accablent le cultivateur anglais. Mais ces changemens ne peuvent arriver en Angleterre qu'aux dépens du commerce maritime et de toutes les autres branches d'industrie, parceque sa population est trop bornée pour cultiver à la fois et avec succès ces différens moyens de prospérité dans l'étendue qu'ils ont acquise ; et alors, comment cette puissance pourroit-elle acquitter les intérêts de la dette immense que son gouvernement a contractée pour satisfaire son ambition? . . . . . .

« L'Angleterre, dit Marshall (1), ne produit pas la quantité de nourriture suffisante pour ses habitans, tandis qu'une partie considérable de son territoire est absolument inculte, et que le reste est au-dessous du produit auquel il pourroit atteindre, à cause des pratiques défectueuses qui y existent. Elle éprouve les horreurs de la famine, malgré l'étendue de son commerce, *qui regarde le monde entier comme sa propriété.* A quels maux devons-nous nous attendre, lorsque l'orage éclatera, et que l'agriculture de *ce petit coin de terre, réduit à lui-même,* sera forcée de soutenir seule les victimes trompées du commerce de la moitié du monde ! . . . . »

SECTION X. *Agriculture de la Turquie d'Europe.* L'art agricole n'a presque rien retenu dans cette partie de l'Europe des bons procédés de culture que les anciens Grecs et les Romains y avoient sans doute laissés. L'islamisme a tout détruit ; et des avanies de toute espèce viendroient assaillir le cultivateur, s'il faisoit produire à sa terre au-delà de ce qui est nécessaire à la subsistance de sa famille.

L'agriculture de la Turquie est donc livrée à la routine la plus ignorante, et bornée à quelques récoltes peu variées. Elles consistent en froment, maïs, sorgho, millet, riz et orge. L'éducation des bestiaux et des insectes y est abandonnée à la nature.

*Belon,* qui a visité cet Etat au seizième siècle, se borne à nous vanter le goût des Turcs pour les fleurs et leur habileté dans le jardinage ; ce qui ne signifie pas toutefois, comme l'observe le sénateur Grégoire, que parmi les bostangis on trouve des *La Quintinie.*

SECTION XI. *Agriculture de l'Italie.* En visitant la campagne de Rome, on est tenté de se demander, à l'exemple de Pline, ce que sont devenues ces riches moissons qui couvroient la vaste plaine où étoit située la capitale du monde, et qui suffisoient en grande partie à nourrir une population d'un million d'habitans ; ces maisons de plaisance, dans lesquelles les citoyens romains venoient se délasser de leurs travaux guerriers et politiques, ou qui inspiroient à leurs poëtes des vers si harmonieux.

Toutes les habitations ont disparu, les arbres qui ombrageoient ce sol célèbre ont été détruits si complètement, qu'il n'y reste pas un buisson ; un cinquième seulement de cette plaine est mis successivement en culture, et c'est par des

_____

(1) Proposals for a rural institute of college of agriculture, pag. 5 et suiv.

mains étrangères : un Romain, même le plus indigent, rougi-
roit de cultiver la terre ; le surplus est en friche ou forme des
marais infects remplis d'animaux immondes. On n'y voit que
des tombeaux. Il semble que la Providence ait voulu réunir
dans cette partie de l'Italie, qui rappelle d'aussi grands sou-
venirs, le spectacle de toutes les espèces de destructions ; car
dans tous les Etats qui l'environnent on retrouve une agriculture encore intelligente et même très florissante dans quelques
uns d'entre eux. A Naples, l'agriculture est pratiquée avec
assez de soin dans certaines parties, et l'on y remarque l'emploi
avantageux qu'elle fait des buffles dans les travaux des champs.

Dans la Lombardie, aujourd'hui royaume d'Italie, la plaine
du Pô est cultivée comme un jardin soigné ; on y voit deux et
quelquefois quatre récoltes dans une année, et cette étonnante
activité est due à l'art des irrigations qui, sur-tout dans la vallée
du Pô, est poussé à un grand degré de perfection.

Dans les Etats de Toscane on voit une agriculture encore
plus savante, parceque le terrain est plus ingrat ; des races de
bestiaux singulièrement améliorées, et cette prospérité est entièrement due aux soins et aux sages institutions du grand duc
*Léopold.* Il en est de même d'une partie du pays Vénitien,
c'est-à-dire, des parties qu'arrosent la Brenta, l'Adige et la
Trévise. Enfin, dans le Piémont, si riche en productions de
toute espèce, l'agriculture est florissante, et ses succès ont été
singulièrement favorisés par de sages règlemens sur les soies
et sur le commerce des grains, et par la construction d'un
grand nombre de canaux dont les eaux sont réparties entre les
cultivateurs, comme dans la Lombardie, avec une sagesse digne
d'être imitée dans notre police des eaux.

SECTION XII. *Agriculture de l'Espagne.* L'Espagne avoit
d'abord fait quelques progrès en agriculture sous le gouvernement romain, et elle s'honoroit d'avoir donné le jour à *Columelle.* Les Maures réparèrent ensuite les maux que l'invasion
des Goths et celle des Sarrasins avoient faits à la culture espagnole.

Il existe, dit le sénateur Grégoire, un monument très précieux de l'état de la culture sous les Maures, dans l'ouvrage
d'*Ebn-al-Awam* de Séville, dont M. *Banqueri* vient de donner
une magnifique édition en 2 vol. in-fol., avec une version espagnole. (Madrid, 1802.)

C'est entre autres choses aux Maures que l'Espagne doit
l'usage des *noria,* ou roues à chapelets, pour les irrigations.

Après l'expulsion des Maures, l'agriculture se soutint, et
même fit quelques progrès, tant dans la pratique du labourage que dans l'éducation des bestiaux ; vers le seizième siècle
on vit paroître en Espagne plusieurs ouvrages d'agriculture,

et particulièrement celui d'Herrera ; mais la découverte de l'Amérique méridionale, qui pouvoit en seconder si puissamment les progrès, en augmentant ses capitaux disponibles, ruina entièrement l'agriculture, en offrant à tous les esprits l'espérance d'y faire rapidement, et avec facilité, des fortunes colossales, et en les éloignant du travail.

Il ne reste plus à l'agriculture espagnole que l'éducation de sa belle race de bêtes à laine, que l'on connoît sous le nom de *mérinos ;* encore cette branche d'industrie est-elle singulièrement contraire à la culture des terres, à cause des privilèges du parcours illimité accordés aux propriétaires de la *mesta* sur toutes les terres qui se trouvent placées sur la route de ces troupeaux ; et cette confédération des grands propriétaires de troupeaux contre les propriétaires de terres réduit ceux-ci à ne pratiquer que quelques cultures industrielles, dont les méthodes sont encore les mêmes que du temps des Maures. Ils élèvent des chevaux dont la race est estimée, et cultivent le chêne vert ( *quercus esculus* ) l'*arachis hypogœa*, le sparte ( *ligeum spartum* ) ; la vigne, les patates, et autres légumes.

Section XIII. *Agriculture du Portugal.* L'agriculture du Portugal a long-temps suivi les vicissitudes de celle de l'Espagne, dont elle faisoit partie ; et depuis sa séparation, elle est tombée dans le même état de pauvreté et d'ignorance par des causes à peu près semblables. Aujourd'hui, ce sont des étrangers qui cultivent avec peu de soins les terres des Portugais, mais qui exploitent avec beaucoup de succès les autres sources de leurs richesses. Les cultures des vignes, des citronniers et des orangers sont les seules remarquables en ce pays.

. Section XIV. *Agriculture de l'Empire français.* De tous les Etats de l'Europe, il n'y en a point dont l'agriculture soit aussi favorisée de la nature que celle de la France.

Sa situation entre le 43ᵉ et le 50ᵉ degré de latitude nord (elle se prolonge aujourd'hui jusqu'au 51ᵉ degré), et les abris naturels qui y sont très multipliés, lui procurent les climats, ou les températures les plus variées, en sorte qu'elle réunit sur son territoire depuis le climat glacial jusqu'à ceux des tropiques.

Son sol n'est pas moins varié que ses climats. Il est propre à tous les genres de culture, et peut suffire à l'éducation du plus grand nombre d'espèces d'animaux utiles à l'économie rurale et domestique.

Enfin, son territoire est coupé par une infinité de ruisseaux, de rivières, de fleuves qui, en distribuant leurs eaux sur presque toute sa surface, y répandent la fertilité, l'abondance et la vie. La France réunit encore à ces avantages territoriaux

qui lui procurent de grandes richesses, des ports nombreux
sur l'Océan et la Méditerranée, et une population de plus de
trente millions d'habitans doués d'intelligence , de courage et
d'activité, et propres à embrasser avec succès , et sans inconvénient pour l'agriculture, les autres professions, arts et mé-
tiers qui contribuent aussi à sa prospérité ; en sorte que les
produits de son territoire et ceux de son industrie intérieure
peuvent, pour ainsi dire, suffire à tous les besoins de sa nombreuse population, et en outre lui procurer un grand superflu de différens objets qui font l'aliment de son commerce extérieur.

Cependant , par sa position continentale , l'étendue et la
fertilité de son sol, l'immensité de sa population dont il faut
assurer les subsistances en tous les temps, et par son trop grand
éloignement des autres marchés de grains de l'Europe, la
France doit être regardée comme un état essentiellement
agricole.

Aussi, et par toutes ces circonstances , le tableau de ses
cultures est-il le plus étendu et le plus varié que l'on connoisse.

L'agriculture de la France se divise naturellement en trois
classes , dont chacune a une occupation principale , une industrie et des moyens de culture qui lui sont particuliers ,
et une utilité distincte.

La première est celle de la *grande culture* , dans laquelle
nous comprenons toutes les exploitations qui ont depuis deux
jusqu'à douze charrues de labour.

Le principal objet des travaux de ces grandes exploitations est
la culture des céréales. L'assolement des terres y est combiné
de manière à pouvoir produire annuellement, et sans en être
épuisées, la plus grande quantité possible de grains , malgré
la stipulation rigoureuse de leur culture triennale , qui est in-
sérée dans presque tous les baux des fermes de cette classe,
et à laquelle les propriétaires , plus instruits, ne tiennent plus
aujourd'hui. Les fermiers de la grande culture partagent donc
ordinairement les terres de leur exploitation en quatre soles
à peu près égales, et de manière que , chaque année , ils
puissent récolter environ la même quantité de blé, de grains
de mars et de fourrages artificiels. Par cet arrangement , ces
fermes ne présentent guère en jachères mortes que le quart
de l'étendue de leur exploitation, au lieu du tiers ; encore
voit-on plusieurs fermiers supprimer tout-à-fait ces jachères ,
lorsque leurs moyens pécuniaires et la nature des terres peuvent
leur permettre ce perfectionnement de la culture.

Les travaux de la grande culture se font avec des chevaux, et
non avec des bœufs. Cette préférence n'est point due à une rou-

tine aveugle, comme on l'a avancé, elle est le résultat d'un calcul positif, celui d'une balance raisonnée des avantages et de sin-convéniens que présente l'emploi de ces deux espèces d'animaux.

L'allure des bœufs est beaucoup trop lente pour la prompte expédition des labours de la grande culture, et il faudroit en multiplier beaucoup le nombre et celui de leurs conducteurs, pour que ces travaux fussent toujours exécutés en temps opportun.

D'un autre côté, les bœufs mangent beaucoup; il n'est guère possible de régler leur nourriture comme pour les chevaux; et il faut que leur énorme panse soit remplie tous les jours, si l'on veut les entretenir en bon état de service.

Enfin, la nourriture sèche ne convient point à leur constitution, sur-tout pendant l'été. Elle développe en eux les germes de différentes maladies inflammatoires, auxquelles les bœufs sont particulièrement disposés, et que l'on prévient en les mettant pendant cette saison dans les pâturages naturels; et il n'y en a point dans le plus grand nombre des pays de grande culture.

Ces pays se rencontrent ordinairement en France dans le voisinage des grandes villes, ou à la proximité des grands marchés de grains qui les approvisionnent, ou enfin dans toutes les localités qui ont, avec les lieux de grande consommation, des communications directes, faciles et avantageuses.

Ces grandes exploitations exigent de la part des fermiers beaucoup d'intelligence, d'activité, des capitaux assez considérables, et une grande expérience dans la culture des terres et dans les détails de l'économie rurale.

Les fermiers de cette classe ne tiennent pas la charrue; tout leur temps est employé à la prévoyance des travaux à faire, à la surveillance de leur exécution, à l'observation de leurs effets, à l'achat des objets nécessaires, à la conservation et à la vente des produits de la culture et des bestiaux. Plus leur exploitation a d'étendue, et plus ils trouvent de profits à faire des céréales, l'objet et le but principal de leur culture. Cette étendue a cependant pour limite naturelle celle où le *chef* ne pourroit plus surveiller par lui-même l'exécution de tous les travaux. Ces fermiers ne se permettent donc aucune industrie agricole qui puisse les détourner de leur occupation la plus lucrative; et si on les voit augmenter aujourd'hui leurs bestiaux, et sur-tout leurs troupeaux de bêtes à laine, c'est qu'indépendamment des bénéfices particuliers qu'ils leur procurent, ils y trouvent de puissans moyens d'augmenter la fertilité des terres par les engrais. Dans les temps de disette, c'est sur ces grandes exploitations que se portent les regards des habitans des villes et de toute la population qui ne cultive

pas de grains dans un grand État, et où ils trouvent effectivement des ressources que l'on chercheroit vainement dans les
autres classes de notre agriculture ; et ce sont elles qui méritent véritablement d'être appelées les *manufactures des subsistances* de la population.

Leur prospérité, comme celle des manufactures, est fondée
sur la plus sévère économie de temps et de moyens, et sur la
surveillance la plus immédiate. Les fermiers de ces grandes
exploitations n'emploient donc que le nombre d'hommes, de
bestiaux et d'instrumens strictement nécessaire aux besoins
de leur culture. A l'époque des travaux extraordinaires, ils
trouvent dans la population de leur localité, et dans celle des
départemens où la maturité des grains est plus précoce ou plus
tardive, et des pays de vignobles, des bras en suffisante quantité.

Voilà l'utilité très importante qui distingue les grandes
fermes, et qui n'a pas toujours été suffisamment appréciée.

La seconde classe de notre agriculture est celle de la *moyenne
culture*, dans laquelle nous plaçons toutes les petites fermes et
celles connues sous le nom de *métairies*. La culture des céréales
est aussi une des occupations des fermiers de cette classe ; mais
elle n'en est pas le principal objet, parceque les petites fermes
se trouvent ordinairement placées dans des localités privées de
nombreux consommateurs et de débouchés faciles et avantageux, où cette culture n'indemniseroit pas suffisamment le
cultivateur s'il en faisoit le but unique de sa culture, et lors
même qu'il la pratiqueroit avec toute l'intelligence et les
moyens des fermiers de grande culture.

Si la localité est riche en pâturages, en prairies naturelles,
il s'occupe particulièrement de l'éducation et de l'engraissement des bestiaux qui lui procurent des profits plus certains
et plus grands.

Si les terres en sont arides, il engage son propriétaire à les
complanter ou en châtaigniers, ou en noyers, ou en pommiers
à cidre, ou en mûriers, ou en oliviers, etc., suivant la position
et la nature du terrain et la température du climat : c'est ce
qu'a très ingénieusement précisé Rozier, en distinguant la
France agricole par climats de l'oranger, de l'olivier, de la
vigne et du pommier, etc.

Enfin, si la localité est favorisée par un sol excellent, par le
voisinage de la mer où l'on puisse trouver à peu de frais d'abondans engrais maritimes, et par une population nombreuse,
alors le fermier de moyenne culture peut y cumuler avec profit
la culture des céréales avec celle des plantes oléifères, textiles
et tinctoriales qui dépendent plus particulièrement de la petite
culture.

C'est à raison de ces différentes circonstances locales que

notre moyenne culture présente à l'observateur un tableau également fidèle, et de la culture la plus parfaite, comme dans un grand nombre de nos départemens frontières, maritimes et méridionaux, et de la culture la plus mauvaise, comme dans nos métairies des départemens de l'intérieur.

Dans ces dernières localités, les métayers n'ont ni aisance, ni instruction, et ils ne montrent de l'intelligence que dans la partie de l'agriculture qui fait l'objet principal et le plus lucratif de leurs occupations. Ce n'est pas la culture des céréales, comme nous l'avons déjà dit ; et elle est pratiquée trop souvent par eux avec une négligence impardonnable. Mais ils n'ont aucun intérêt à se procurer du superflu en grains, ils ne trouveroient point à le vendre avec profit, ils se contentent de travailler pour le nécessaire : et c'est par cette raison que, dans les temps de disette, la moyenne culture ne fournit presque aucune ressource pour la consommation générale ; car, dans ces années, les récoltes de grains y sont nulles.

Dans les autres localités, au contraire, ce n'est plus une routine aveugle qui guide les cultivateurs de la moyenne culture dans leurs différens travaux ; ils montrent une activité et une intelligence presque comparables à celles des bons fermiers de grande culture. Aussi, les assolemens de ces départemens, et particulièrement de ceux du Pas-de-Calais, du Nord, et de cette Belgique, dont la bonne agriculture existe depuis si long-temps, méritent-ils d'être cités, sinon comme étant les plus avantageux à la fortune des fermiers, du moins comme des modèles de perfection. Il résulte des différens buts principaux que se proposent les fermiers de la moyenne culture dans leurs localités respectives, que, si cette classe de notre agriculture ne contribue que foiblement à l'approvisionnement annuel des grains nécessaires à la subsistance de notre immense population, ses principales occupations n'en sont pas moins utiles à la consommation générale, et lui fournissent, pour ainsi dire exclusivement, des œufs, des volailles, du beurre, des fromages, de la viande, des bestiaux d'élève, des chevaux, des cidres, des huiles, etc., sans compter les autres matières que la moyenne culture procure aux manufactures et aux arts en concurrence avec la petite culture.

Ses travaux de culture s'exécutent indistinctement avec toutes les espèces d'animaux de trait, suivant les localités.

Enfin, la dernière classe de notre agriculture est celle de la *petite culture*, qui comprend toutes celles qui se font à bras d'homme, et qui, conséquemment renferme le plus de subdivisions.

Les occupations de la petite culture sont, en France, presque aussi variées que les localités. Dans chacune, elles sont subordonnées au genre d'industrie agricole qui est le plus avantageux au cultivateur à bras. Près des grandes villes, c'est la culture des légumes, des plantes alimentaires et des arbres fruitiers ; ailleurs, c'est celle des plantes oléifères, textiles, ou tinctoriales; enfin, dans d'autres, c'est la culture de la vigne, etc.

D'après ce peu de mots, il est facile de reconnoître que si cette classe de notre agriculture ne peut pas contribuer à la production des céréales, à cause de la trop grande dépense des labours à bras d'hommes pour ce genre de culture, elle n'en présente pas moins une utilité générale d'autant plus grande, qu'elle emploie un très grand nombre de bras ; qu'elle met en valeur de grandes étendues de terrain qui resteroient en friche sans son industrie et son activité ; enfin que ses travaux procurent encore des denrées de première nécessité à la consommation générale, et, aux manufactures et aux arts, un grand nombre de matières premières singulièrement favorables à leur prospérité particulière et à l'intérêt général.

Les cultivateurs de cette classe n'ont généralement aucune instruction; mais ils sont doués d'un sens droit, d'un esprit d'observation continuellement tendu vers l'objet principal de leur industrie agricole, et ils ont des connoissances positives sur cet objet que l'on ne s'attend pas quelquefois à rencontrer chez eux.

Tel est le tableau général que présente l'agriculture française, auquel il faut ajouter les progrès annuels que l'on remarque dans la détermination des assolemens; dans l'extension de la culture des prairies artificielles, aujourd'hui généralement adoptées en France, jusque dans cette Champagne pouilleuse *qui a tant fixé les regards et excité la compassion de M. Arthur Young* ; dans la fabrication et la multiplication des engrais; dans la culture des arbres fruitiers et des plantes indigènes et étrangères ; dans l'administration des bois; dans la culture des jardins, dans l'art vétérinaire; l'éducation des bestiaux, l'art des irrigations ; enfin, dans presque tous les arts économiques.

Ces progrès ne sont pas également marquans dans toutes les branches de notre agriculture, ou plutôt sont quelquefois moins sensibles dans une localité que dans d'autres ; mais ces différences sont presque toujours dues, ou à celle du climat, ou à celle du terrain, ou à l'absence de débouchés avantageux.

Il en résulte que si l'agriculture française est encore susceptible de grandes améliorations dans quelques unes de ses parties ; si quelque autre peuple de l'Europe peut présenter de meilleures pratiques dans quelques unes de ses cultures, aucun du moins ne peut lui contester l'avantage exclusif qu'elle a de pouvoir les embrasser toutes, et de remplir dans toute son étendue le but général que nous avons donné à cet art dans sa définition.

Il ne nous reste plus qu'à entretenir nos lecteurs des causes qui ont empêché ou favorisé ses progrès.

L'agriculture française commença à prendre un certain essor dans le 16° siècle, comme celle de presque tous les peuples de l'Europe. Il paroît même qu'elle étoit déjà florissante au commencement du 17e siècle, si l'on en juge par les excellens préceptes et les bonnes pratiques contenus dans l'ouvrage d'*Olivier de Serres*, qu'il a dédié au roi Henri IV en 1600. Effectivement, on lit, dans l'histoire, qu'en 1621 les Anglais se plaignoient que nous leur fournissions le blé en si grande quantité et à si bas prix dans leurs propres marchés, que les produits de leur culture ne pouvoient pas en soutenir la concurrence. Ce bas prix étoit cependant le tiers de la valeur du marc d'argent pour un septier pesant 240 liv. ancien poids de marc.

Cet état de prospérité de notre agriculture étoit dû à des ordonnances de François Ier, de Charles IX, de Henri III et de Henri IV, qui furent mises en vigueur aussitôt que les guerres civiles furent apaisées; à la haute opinion que le meilleur de nos rois et son digne ministre Sully avoient conçue de l'agriculture qu'ils regardoient comme *les mamelles de l'État;* et surtout à la liberté du commerce des grains qui étoit consacrée par l'ordonnance du 12 janvier 1599, et qui les maintenoit à un prix toujours avantageux au cultivateur.

L'agriculture conserva ces avantages jusqu'à la minorité de Louis XIV, que commença le système prohibitif de l'exportation des grains, et même de leur circulation de province à province. Les conséquences de ce système, toujours funestes à l'agriculture, ne furent pas aperçues par le célèbre Colbert : le génie de ce ministre le portoit à l'établissement du commerce et des manufactures, dont la création sembloit lui promettre une gloire plus brillante que celle d'être proclamé le nouveau restaurateur de l'agriculture; et si, sous Louis XIV, l'agriculture a obtenu quelques édits favorables; si les défrichemens et les dessèchemens ont été encouragés; si enfin un rayon de la faveur royale est tombé sur quelques cultivateurs, toutes ses graces, tous les encouragemens, pour ainsi dire, étoient réservés pour e commerce, les manufactures et les arts.

D'ailleurs, les guerres que Louis XIV eut à soutenir enlevèrent beaucoup de bras à la culture. Souvent brillantes, quelquefois malheureuses, elles avoient développé le caractère martial des Français. Jusque dans la chaumière du simple cultivateur, la gloire des armes l'emportoit sur le goût et l'habitude de ses paisibles travaux. L'agriculture fut délaissée, et les disettes devinrent plus fréquentes.

C'est à la suite de ces malheureuses circonstances que Louis XIV voulut relever la profession de cultivateur, en anoblissant un généreux laboureur nommé *Navarre* qui avoit secouru Paris avec le plus grand désintéressement pendant la famine de 1696.

On permit cependant l'exportation des blés en 1701, 1702 et 1703; mais l'abondance étoit à peu près générale ; d'ailleurs l'opinion des parlemens étoit prononcée contre la liberté du commerce des grains, et les obstacles qu'ils lui opposèrent détruisirent les bons effets qu'elle devoit produire sur l'agriculture. Elle fut accablée sous la régence licencieuse de la minorité de Louis XV ; et le système de Law, que nous ne pouvons comparer qu'à la fabrique des assignats pendant notre anarchie révolutionnaire, introduisit en France un esprit d'agiotage jusqu'alors inconnu, altéra les mœurs de ses habitans, déplaça les fortunes, et porta un coup funeste à toutes les branches de la prospérité publique et particulière. L'agriculture parut respirer un peu sous le long et pacifique ministère du cardinal de Fleury; mais ce ministre, encore ébloui de l'éclat des succès que le commerce, les manufactures et les arts avoient obtenus sous le ministère de Colbert, imita son indifférence pour l'agriculture, et le système prohibitif de l'exportation et de la circulation des grains fut maintenu. Le superflu des denrées d'une province ne pouvoit pas même être transporté dans la province voisine qui étoit dans le besoin ; en sorte que quelquefois les unes regorgeoient de subsistances, tandis que les autres étoient livrées aux horreurs de la famine.

Ce n'est qu'en 1754 que la liberté du commerce des grains dans l'intérieur de la France fut proclamée par un édit solennel, et qu'en permettant leur exportation, on en a limité la faculté dans des bornes convenables; et c'est de cette époque mémorable que datent les nouveaux progrès de notre agriculture.

Ce bienfait est dû en grande partie au zèle et aux écrits courageux de citoyens désintéressés qui ont osé combattre et détruire les anciens préjugés qui s'élevoient encore contre la liberté du commerce des grains, et au bon esprit des magistrats qui composoient alors le conseil de Louis XV.

Les écrits de ces citoyens ont été goûtés par les Français et par les étrangers, et leurs auteurs ont eu beaucoup d'imitateurs. Malheureusement ces derniers se sont laissé égarer par des systèmes sur la culture et sur l'impôt, et, avec d'aussi bonnes intentions que les premiers, ils ont été ridiculisés sous le nom d'*économistes*. Mais leurs ouvrages avoient inspiré le goût de l'agriculture aux riches propriétaires, et même aux autres classes de la société, et cet art avoit repris une grande importance dans l'opinion publique.

Les ministres de Louis XV profitèrent de cette impulsion, et la firent tourner à l'avantage de l'agriculture ; et, malgré la pénurie dans laquelle se trouvoit trop souvent le trésor royal, on institua des sociétés d'agriculture ; les intendans eurent ordre de favoriser leurs travaux , de répandre leurs instructions dans toutes les classes de cultivateurs , de les exciter à les suivre par des encouragemens et des prix , et principale-ment de protéger la libre circulation des grains.

D'un autre côté, Louis XIV avoit adopté et fait exécuter en faveur du commerce un système de navigation et de communications dont l'agriculture profitoit aussi pour le transport de ses produits : ce système ne fut point abandonné sous Louis XV et sous Louis XVI, et de nouvelles routes furent ajoutées à celles qui existoient déjà. Toutes les institutions qui tenoient encore à la servitude des biens ou des personnes furent abolies ; des écoles vétérinaires instituées à Lyon et à Charenton éclaircirent la science de l'hippiatrique, formèrent des élèves qui en répandirent les élémens dans tous les points de la France, et perfectionnèrent le gouvernement des bestiaux ; des haras furent établis pour améliorer les races de nos chevaux ; les corvées furent supprimées et remplacées par une prestation en argent ; grand nombre d'arbres et de plantes exotiques furent naturalisées; enfin, en 1776, la race des mérinos fut introduite en France par les soins de M. de Trudaine, qui partagea le troupeau qu'il avoit fait venir avec MM. d'Aubenton et de Barbançois ; en 1786, une nouvelle importation de quatre cents bêtes d'Espagne forma le troupeau de Rambouillet ; en 1787, une dernière colonie de mérinos fut accordée à quelques propriétaires de la Champagne, et a été la souche du troupeau de M. de Cernon : ces différens troupeaux se sont perpétués et existent encore dans leur beauté primitive.

C'est ainsi qu'avant la révolution, avec des encouragemens aussi peu dispendieux , et malgré quelques obstacles que d'anciens préjugés et quelques restes de la féodalité lui opposoient encore , notre agriculture étoit parvenue à prévenir les disettes , et à fournir en abondance à la consommation générale, au commerce, aux manufactures et aux arts, les denrées et les matières premières que ses travaux avoient fait croître.

Maintenant , si elle a pu conserver son intelligence et son activité pendant la révolution , et malgré les mesures destructives de toute industrie; les assignats , le *maximum*, les réquisitions d'hommes , de bestiaux et de denrées , les emprunts forcés, etc. ; quels progrès ne doit-elle pas faire lorsque la paix maritime lui rendra les bras dont elle a besoin pour ses améliorations, et viendra ranimer en même temps toutes les autres branches de la prospérité publique et particulière.

Au milieu des grands intérêts qui l'occupent et des travaux

de la guerre, le génie qui nous gouverne ne la perd point de vue, et prépare ses plus grands succès.

Les sociétés d'agriculture réorganisées rivalisent de zèle pour recueillir les bonnes pratiques de culture, provoquer le perfectionnement des instrumens aratoires, les faire connoître ensuite aux cultivateurs, et en encourager l'adoption; le gouvernement consacre annuellement des sommes assez notables pour fournir à ces sociétés les moyens d'encourager dans leurs départemens respectifs les branches de l'économie rurale qui peuvent y être les plus avantageuses à introduire ou à perfectionner; des propriétaires aisés secondent ces efforts par leurs exemples et propagent les bonnes méthodes de culture; les émigrés eux-mêmes naturalisent, sur les débris de leurs propriétés, les bonnes pratiques qu'ils ont observées chez l'étranger pendant le malheur de leur expatriation; le droit destructif du parcours diminue insensiblement, par la faculté que les lois actuelles accordent aux propriétaires d'enclore leurs héritages; les communaux ont été en partie partagés et mis en valeur; les dunes mobiles de l'Océan ont été fixées par des procédés simples et singulièrement ingénieux, sous la direction de notre savant confrère *Bremontier*, leur inventeur, et présentent déjà de belles plantations d'arbres verts; de grands dessèchemens ont été exécutés avec le plus grand succès sur les bords de la Charente, par les moyens simples autrefois employés par les Hollandais, et dont l'adoption est due au zèle et aux lumières de notre confrère M. de Chassiron. Les forêts se repeuplent avec une grande activité, et les plantations particulières se multiplient avec une émulation admirable; la liberté du commerce des grains est aujourd'hui reconnue généralement comme une mesure de droit naturel, et comme indispensable à la prospérité de l'agriculture, et leur exportation est permise lorsque le prix des blés est au-dessous de seize francs l'hectolitre; la multiplication de la race des mérinos est singulièrement favorisée par l'établissement de sept bergeries impériales placées sur les points les plus convenables de l'empire; des dépôts d'étalons, également bien distribués sur sa surface, vont contribuer efficacement à l'amélioration des races de nos chevaux; une chaire d'économie rurale théorique et pratique a été fondée à l'école impériale d'Alfort; un système général de communications et de navigation, beaucoup plus vaste dans sa conception que celui de Louis XIV, s'exécute sur toute l'étendue de l'empire, malgré les dépenses de la guerre, et présentera par-tout des débouchés avantageux pour les produits de la culture; enfin, un code rural, plus complet que celui de l'assemblée constituante, va assurer au cultivateur la jouissance pleine et entière du fruit de ses travaux.

## DEUXIÈME PARTIE.

*De la science agricole, ou de l'économie rurale.* Nous avons vu, dans la première partie de ce travail, que, dans l'enfance des sociétés, l'agriculture n'étoit que l'art mécanique de fouiller ou de gratter la terre pour favoriser la végétation des semences qu'on lui confioit ; que ses progrès avoient naturellement suivi ceux de la population et de la civilisation ; et qu'elle s'étoit élevée au rang des sciences, lorsqu'il fallut réunir l'instruction à l'expérience pour pouvoir tirer, d'une étendue limitée de terrain, des produits en quantité suffisante pour les besoins toujours croissans de la population.

Nous y avons esquissé son histoire ancienne, et examiné son état actuel chez les différens peuples de l'Europe. Il ne nous reste donc plus qu'à établir toutes les parties qui constituent cette science, les rapports qu'elles peuvent avoir les unes avec les autres, et à indiquer les moyens d'acquérir toutes les connoissances théoriques et pratiques que chaque cultivateur doit se procurer pour prospérer dans ses cultures particulières. C'est le sujet de cette seconde partie.

**CHAPITRE PREMIER.** *Nécessité d'étudier l'agriculture par principe pour obtenir de grands succès dans sa pratique.* Cette science est aujourd'hui, et principalement pour la France, la plus vaste de toutes par l'étendue et la variété des objets qu'elle embrasse, et qui la mettent en contact avec toutes les autres sciences : la physique générale, la physique particulière, la botanique, l'astronomie, la géométrie, la mécanique, la météorologie, la chimie, l'hippiatrique, l'architecture civile, l'architecture hydraulique, les arts mécaniques, etc. ; presque tous fournissent des élémens à la science agricole.

Elle est aussi la plus utile, parcequ'elle a pour but le perfectionnement de l'art qui fournit au premier et au plus impérieux de nos besoins.

Enfin, *de tout ce qui peut être entrepris ou recherché, rien au monde n'est meilleur, plus utile, plus doux, plus digne d'un homme libre que l'agriculture.* ( Offices de Cicéron, livre II. )

*Caton* et *Columelle* ont placé très judicieusement la connoissance de cet art au premier rang des qualités principales, sans lesquelles on ne peut faire aucun progrès dans sa pratique ; et cette connoissance de l'art consiste nécessairement dans celle de sa théorie et de sa pratique.

En effet, « celui qui, avec de simples connoissances théoriques, se croit suffisamment instruit, se trompe grossièrement. Il est un grand nombre de connoissances que la pratique seule peut donner, que l'œil et l'esprit saisissent aisément, que la force de l'habitude peut aussi communiquer, mais que la tradition transmet difficilement.

« Celui qui n'a que les connoissances pratiques est plus près du but, sans doute ; il opère du moins, tandis que le premier conjecture ou décide. Ses idées sont plus fixes, sont assises sur une base plus solide, son expérience ; mais, indépendamment des écarts, des erreurs et des fautes graves auxquels le manque absolu de théorie l'expose inévitablement, ses connoissances, circonscrites dans la sphère étroite de sa routine, lui refusent d'amples moyens de comparaison, rendent sa marche lente et pénible ; et, pour arriver, il est forcé à des détours que des connoissances préliminaires lui eussent épargnés. » ( Yvard, discours d'ouverture du cours d'économie rurale, etc.)

Il faut donc conclure avec les agronomes anciens et modernes, français et étrangers, que, sans une instruction complète, c'est-à-dire que sans la réunion d'une saine théorie et d'une pratique éclairée, il est impossible d'obtenir de grands succès en agriculture, et d'en accélérer les progrès, d'où il résulte évidemment la nécessité d'étudier cette science par principes.

CHAPITRE II. *Division et subdivisions de l'agriculture.* La science agricole se divise en deux parties principales, la *théorie* et la *pratique ;* et chacune de ces parties se subdivise ensuite en autant de sections qu'elle peut contenir d'objets différens.

Leur nombre est très considérable dans l'agriculture française, et il n'appartient de les approfondir tous qu'à une réunion d'hommes instruits et versés dans les différentes parties de cet art.

Heureusement, chaque cultivateur n'a pas besoin de l'universalité de ces connoissances pour réussir dans le nombre, ordinairement borné, des cultures qu'il a l'intérêt d'adopter dans sa localité, et il suffit qu'il se procure celles qui se rapportent à ses occupations habituelles.

Pour éviter à tous une perte de temps dans des recherc hes inutiles ou superflues, nous allons tracer ici la marche que chacun doit suivre pour étudier méthodiquement et avec fruit les parties de l'agriculture dont la connoissance lui est nécessaire. Dans les tableaux généraux de l'agriculture théorique, pratique et économique que nous allons donner, tous les objets différens seront classés dans un ordre méthodique, tel qu'en les cherchant ensuite dans l'ouvrage, à la lettre à laquelle ils appartiennent, on les y trouvera avec les détails théoriques et pratiques dont ils ont besoin pour leur intelligence.

Section Ire. *Agriculture théorique, ou notions préliminaires.* L'agriculture théorique comprend quatre divisions principales, 1° la physique agricole ; 2° la culture des champs ; 3° l'hippiatrique, ou l'art vétérinaire; 4° l'architecture rurale.

§. I<sup>er</sup>. *De la physique agricole.* Cette première division doit rassembler toutes les connoissances nécessaires et relatives, 1° aux élémens simples ou combinés qui favorisent ou contrarient la végétation, ainsi qu'aux météores nuisibles ou favorables; 2° à la désignation des différentes natures de sol, et à leurs propriétés plus ou moins favorables à la végétation des différentes plantes, arbustes et arbres; 3° à la structure, vie et mœurs des différens végétaux soumis à la culture; 4° à la désignation, ou nomenclature générale de tous les végétaux cultivés en France, avec leurs noms triviaux et systématiques, le climat sous lequel on peut les cultiver, la qualité et l'exposition du sol qui leur convient; 5° à la géographie agricole de la France, à ses différens bassins, à ses différens climats caractérisés par la culture en grand et la plus générale de certains végétaux, et aux circonstances locales qui en varient la température naturelle déduite de leur latitude; 6° à la mensuration des terres, au tracé et au toisé des travaux d'amélioration.

§. II. *Culture des champs.* Cette division doit contenir, 1° les principes généraux de la culture des terres, ceux qui doivent diriger chaque cultivateur dans la localité où il se trouve placé, et suivant la classe de l'agriculture à laquelle il appartient, soit pour tirer le meilleur parti possible des différentes cultures qui y sont établies, soit pour les améliorer par de meilleurs labours, par de meilleurs instrumens, par des engrais plus abondans, ou enfin par une meilleure succession de récoltes; 2° le détail de tous les instrumens aratoires, machines et ustensiles employés dans les différens travaux de la culture, avec l'indication de leurs effets suivant leur usage, et bonne ou mauvaise construction ; 3° les principes que l'on doit suivre dans les semis, plantations, replantations, multiplications, greffes, marcottes, etc ; 4° la théorie des engrais, les différens règnes de la nature dont on peut les tirer, les moyens de les multiplier, et leurs différens effets sur le sol, suivant sa qualité. Tous ces principes seront exposés en détail à chaque article de culture pratique qu'ils concernent.

§. III. *Hippiatrique, ou art vétérinaire.* Cette division doit comprendre les élémens nécessaires pour pouvoir gouverner, élever, améliorer, engraisser les différens animaux dont l'éducation appartient à l'agriculture, et les maintenir en bon état de prospérité.

§. IV. *Architecture rurale.* Et la théorie de l'architecture rurale contient des préceptes généraux sur l'art de construire les bâtimens de la campagne avec économie, solidité, commodité et salubrité, quelles que soient la nature et l'espèce des matériaux disponibles, et de les préserver des incendies et des météores nuisibles.

SECTION II. *Agriculture pratique.* L'agriculture pratique se partage en quatre divisions principales, 1° en agriculture proprement dite, ou culture des champs ; 2° en éducation des bestiaux et autres animaux utiles ; 3° en agriculture économique, ou arts économiques ; 4° en architecture rurale.

§. I. *Agriculture ou culture des champs.* Cette première division comprend les procédés qu'il faut suivre dans les cultures, 1° de toutes les différentes plantes indigènes et étrangères soumises à la culture en France ; 2° des arbustes, arbrisseaux, arbres fruitiers, d'agrément ou forestiers ; 3° de toutes les plantes légumineuses, oléifères, textiles, tinctoriales, et propres aux manufactures ; 4° des fourrages naturels et artificiels ; 5° des vergers, des jardins fruitiers, fleuristes, potagers et maraîchers ; 6° des jardins-parcs, ou paysagistes ; 7° des bois et forêts, et avenues.

§. II. *Éducation des bestiaux.* Dans cette seconde division, l'on trouvera, 1° tous les soins qu'il faut donner à chaque espèce d'animal domestique, quadrupède, ou oiseau, ou insecte ; 2° les animaux nuisibles, et les moyens de les détruire.

§. III. *Agriculture économique, ou arts économiques.* Cette troisième division contiendra les pratiques ou les procédés reconnus les meilleurs, 1° pour la conservation des différens produits de la terre ; 2° pour faire le pain de ménage ; 3° pour la fabrication de toutes les boissons fermentées, les ratafias et autres boissons d'agrément, confitures, etc. ; 4° pour extraire les huiles de toutes les plantes et de tous les fruits oléifères ; 5° pour la fabrication des beurres et de toutes les espèces de fromages ; 6° pour l'extraction du miel, et le blanchissage de la cire ; 7° pour la préparation et rouissage des produits des plantes textiles ; 8° pour celle des produits des plantes propres aux manufactures et aux arts.

§. IV. *Architecture rurale.* Enfin, on trouvera dans cette dernière division de l'agriculture pratique, 1° tous les détails de construction et de distribution intérieure de toutes les espèces de bâtimens que l'on est dans le cas de se procurer à la campagne, relatifs, soit à l'habitation et à l'économie intérieure, soit au logement des différentes espèces d'animaux domestiques, soit pour resserrer les grains et fourrages ; grains battus, légumes ; serres, etc., caves, greniers, meules, granges, etc. ; et même de tous les travaux d'art nécessaires pour faciliter les communications rurales, conserver les récoltes sur pied, assainir les terres en culture, dessécher les terrains marécageux, et faciliter les irrigations. ( DE PER. )

AGRIPAUME, *leonurus.* Plante à racine vivace, pivotante,

garnie d'un grand nombre de fibrilles rameuses, à tiges nombreuses, quadrangulaires, fermes, droites, hautes de quatre à cinq pieds, à feuilles opposées, petiolées; les inférieures à cinq ou trois lobes lancéolés et dentés; les supérieures simplement lancéolées et dentées; à fleurs d'un rouge pâle très petites, et disposées en verticilles dans les aisselles des feuilles supérieures.

Cette plante, qui vient communément dans le voisinage des lieux habités, parmi les décombres, se cultive quelquefois dans les jardins où elle produit un assez agréable effet par sa grandeur et la forme de ses feuilles. On la multiplie ou de semences qu'on place dans une terre légère et dans un lieu abrité du trop grand soleil, ou, ce qui est plus expéditif, par séparation des racines des vieux pieds, séparation qui s'effectue en automne ou au printemps.

On peut tirer parti de cette plante dans les pays où elle se trouve abondamment, pour augmenter la masse des fumiers ou fabriquer de la potasse. Les bestiaux la mangent quelquefois, mais ne la recherchent jamais. (B.)

AGRIOTTE. *Voyez* CERISE.

AGRONOME. Mot nouvellement introduit dans notre langue, et dont il n'est encore fait mention dans aucun dictionnaire; il est tiré du grec, et le mot original veut dire *versé*, *savant* en agriculture. Le sens qu'on y attache aujourd'hui désigne celui qui enseigne les règles de l'agriculture, ou même seulement celui qui les a bien étudiées. Ce sens se prend encore pour les écrivains sur l'économie rurale et sur l'économie politique. *Voyez* le mot ÉCONOMIE. ( R. )

AGROSTÈME, *agrostema*. Genre de plantes dont on cultive deux ou trois espèces dans les jardins d'agrément à raison de la beauté de leurs fleurs.

Une de ces espèces, l'AGROSTÈME COURONNE, a les feuilles opposées, ovales, lancéolées, et toutes ses parties couvertes de longs poils blancs; ses fleurs sont grandes et d'un rouge de sang. Elle est bisannuelle, et croît naturellement dans les parties méridionales de l'Europe. On la cultive souvent sous le nom de *coquelourde des jardiniers* dans nos parterres, dont elle fait l'ornement à la fin du printemps. Comme il faut attendre sa fleur jusqu'au milieu de la seconde année, on la sème rarement en place, et ordinairement on fait cette opération sur couche, afin de multiplier les chances d'en avoir de doubles. Le jeune plant se repique dans une terre préparée et bien meuble à l'exposition du levant ou du midi, et on le couvre avec de la paille ou de la fougère pour le garantir des grands froids auxquels il est sensible. Au printemps on le met en place, et on l'arrose copieusement. Cette plante ne demande plus, jusqu'à sa floraison, que les soins ordinaires, c'est-à-dire des binages et des sarclages. Il est bon d'en réunir plusieurs pieds ; car elle produit d'autant plus d'effet que ses fleurs sont plus abondantes et contrastent davantage avec ses feuilles.

L'AGROSTÈME FLEUR DE JUPITER, et l'AGROSTÈME ROSÉE DU CIEL, dont les fleurs sont d'un rouge plus pâle que celles de la précédente, se voient aussi quelquefois dans les jardins. La première est vivace, et la seconde annuelle.

L'AGROSTÈME GITHAGE, ou *Nielle des blés* si abondante dans les moissons, a été établi en titre de genre par Desfontaines, et sera mentionnée au mot GITHAGE. (B.)

AH AH. On entend par ce mot un large fossé, revêtu de mur qui interrompt le mur de clôture des jardins et des parcs vis-à-vis des allées, et continue cette clôture sans nuire à la vue.

Anciennement on faisoit les ah ah au niveau même du sol ; mais aujourd'hui, à raison des accidens qu'ils peuvent occasionner, on élève d'un à deux pieds leur mur intérieur, et on le garnit d'une palissade en buis, en rosiers nains ou autres arbustes. (B.)

AH MON DIEU. Dénomination d'une POIRE. (B.)

AICHE. *Voyez* ACHÉES, qui est le synonyme de ce mot.

AIGAIL ou AIGUAIL. Nom de la rosée dans certains cantons.

AIGRE. Ce nom s'applique à des terres difficiles à cultiver, et d'un produit extrêmement incertain, parceque les pluies abondantes les transforment en marais, et que les sécheresses prolongées en rendent la surface dure comme la pierre. C'est ordinairement une marne ferrugineuse, celle qu'on appelle plus communément glaise, qui les compose ; mais il en est aussi qui sont formées par de la tourbe desséchée. Au reste, ce mot n'est employé que dans quelques cantons de la France, et il tombe même en désuétude.

On appelle du même nom les prairies basses qui contiennent beaucoup de laiches, que tous les bestiaux repoussent d'abord, et qui, lorsqu'ils s'y sont accoutumés, donnent aux vaches un lait et un beurre de mauvaise qualité. (B.)

AIGREMOINE, *agrimonia*. Plante à racine vivace, pivotante, pourvue d'un grand nombre de fibrilles rameuses, disposées en paquets ; à tige cylindrique, rameuse, velue ; haute d'environ deux pieds ; à feuilles alternes, ailées avec impaire, et à folioles ovales dentées, alternativement grandes et petites ; à fleurs jaunes, sessiles, et disposées en un long épi interrompu.

On trouve cette plante dans les lieux ombragés, au bord des bois, des haies, etc. Sa présence indique toujours un bon terrain. Les moutons et les chèvres la mangent, mais les autres bestiaux n'y touchent point. Elle fleurit pendant tout l'été. On en fait assez fréquemment usage dans les campagnes comme vulnéraire, tant pour les hommes que pour les animaux. Les fleurs d'une de ses variétés ont une odeur agréable. On l'appelle quelquefois EUPATOIRE, *agrimonia eupatoria* en latin. (B.)

AIGRIÈRE. Petit lait aigri, mêlé avec du son, servant de boisson aux cochons dans le département des Ardennes. (B.)

AIGUIÈRE. On donne ce nom dans le département des Deux-Sèvres aux rigoles qui servent à écouler l'eau des champs ou à arroser les prés. (B.)

AIGUILLED. *Voyez* AIGUILLON DES BŒUFS.

AIGUILLE. Les jardiniers appellent ainsi le pistil des arbres fruitiers. Lorsque le pistil est gelé, il devient noir, et il n'y a plus de fruit à espérer. (B.)

AIGUILLON. Arme défensive de quelques végétaux. L'aiguillon diffère de l'épine en ce qu'il n'est attaché qu'à l'écorce, qu'il ne fait pas partie du bois. Il est tantôt droit, tantôt courbé. Les rosiers en offrent un exemple très commun. (B.)

AIGUILLON. Longue baguette qui, dans beaucoup de parties de la France, sert à exciter les bœufs au travail en les piquant. Tantôt l'extrémité de cette baguette est seulement épointée, tantôt elle est armée d'un clou plus ou moins acéré.

On a plusieurs fois discuté la question de savoir si, comme on le dit, les bœufs ne peuvent être conduits qu'au moyen de l'aiguillon, parceque, entre les mains d'un homme dur ou brutal, il devient un supplice pour ces pauvres animaux, et qu'il donne souvent lieu à des plaies qui occasionnent leur mort. J'ai vu des pays où on n'employoit pas l'aiguillon; j'en ai vu d'autres où il n'étoit pas épointé, et où cependant les bœufs remplissoient leur tâche aussi-bien et peut être mieux que dans ceux où ils sont le plus martyrisés; car ils alloient toujours le même pas, et ceux qui ne se conduisent que par l'aiguillon ralentissoient le leur aussitôt qu'ils ne le sentoient plus. La nature a constitué le bœuf de manière à avoir un pas lent.

Je voudrois donc que les bouviers renonçassent à mettre une pointe de fer à leur aiguillon, ou n'en fassent que le moins d'usage possible, et ce pour leur intérêt même. (B.)

AIL. *Allium sativum.* Plante bulbeuse de l'ordre des LILIACÉES (hexandrie monogynie), qui fournit un des assaisonnemens des plus forts et des plus employés dans beaucoup de pays, autant par goût que par confiance en ses effets salutaires. C'est un objet de commerce : la France en fournit beaucoup, ainsi que de l'échalotte et de l'oignon, dont la culture se mêle assez communément, notamment dans les sables maritimes de la côte opposée à l'Ile-de-Ré, à la Tranche et à Saint-Trojean, départemens de la Vendée et de la Charente , et sur les rives de la Garonne. Il s'en trouve quelquefois à la foire de Beaucaire de quoi faire le chargement de dix vaisseaux. On en fait beaucoup moins d'usage dans les pays du Nord, sur-tout à Paris, où l'on est rebuté de l'odeur assez durable que son usage donne à l'haleine.

Notre ail cultivé croît en Sicile et dans le midi de la France ; mais il n'est pas certain qu'il en soit originaire : il étoit connu des anciens : le continuateur du Journal de Cook dit l'avoir trouvé au Kamstchatka.

Le genre des aulx renferme un grand nombre d'espèces pour les botanistes. Lamarck en citoit trente-neuf : on en trouve cinquante-huit dans Wildenow. De ce nombre sont quelques plantes sauvages dont nous dirons un mot, et en outre les ci-boules et l'échalotte , l'oignon , le poireau , dont l'analogie frappe les yeux de tout le monde, et même si l'on veut l'odo-rat, mais dont la culture et les usages sont assez distincts pour être traités dans trois articles séparés.

L'ail élevé de graine se forme une bulbe unique, comme celle de l'oignon ; et le botaniste Gerard en a vu de sauvage qui en fleurissant ne donnoit toujours qu'une seule bulbe de remplacement, comme le fait souvent l'oignon de tulipe ; son état ordinaire , lorsqu'il est cultivé , est de produire depuis six jusqu'à quinze caïeux à peu près égaux : c'est ce qu'on appelle assez improprement les *gousses* ou *goussets* : leur réunion se nomme d'une manière aussi peu exacte , une *tête d'ail*. Ils adhèrent légèrement au petit disque d'où sortent les racines , et sont renfermés par des tuniques minces, blanches et sèches qui sont les bases de la tige feuillue que la plante a produite. Les feuilles peu nombreuses sont longues , étroites, sans ner-vures , unies sur leur bord , s'engaînant les unes les autres. La tige , qui s'élève de leur centre , n'est creuse que dans le bas, et se termine, à sept ou huit décimètres, par un gros sommet conique surmonté d'une longue pointe et revêtu d'une mem-brane qui est la spathe commune de l'ombelle des fleurs liliacées qu'elle produit.

Entre les pédicules de ses fleurs il se forme quelquefois des *soboles*, semblables aux caïeux de la racine , mais plus petits et plus secs , à raison de leur éloignement de la terre. Il y a une espèce d'ail dans lequel les soboles sont si abondants que les fleurs en deviennent stériles : on leur donne ainsi qu'à la plante le nom de *rocambole* , mot dérivé de l'allemand , et qui est devenu l'expression proverbiale des surcroîts inatten-dus et piquans qui ont lieu dans une affaire.

La ROCAMBOLE , nommée aussi *ail d'Espagne* ou *échalotte*

*d'Espagne* (*Allium scorodoprasum*), s'élève à près d'un mètre et est plus forte dans toutes ses parties que l'ail ordinaire. Les bords de ses feuilles sont légèrement crénelées ; le haut de la tige se contourne en spirale avant la maturité des bulbes ; ce qui est probablement un effet de leur poids, combattu par la force de la direction de la sève, car elle se redresse peu à peu à mesure qu'elle prend de la solidité. L'ail-rocambole se trouve en divers cantons de l'Europe.

L'ail peut être élevé de graine. On dit que c'est du temps perdu, parceque, semé dans un printemps, il ne donne sa récolte qu'à la seconde ou troisième année. Il se pourroit qu'il y eût de l'avantage à remonter, par ce procédé, la vigueur de là végétation. Les soboles de la rocambole ne vont guère plus vite : les gousses, ou plutôt caïeux, sont pour les deux espèces une voie beaucoup plus courte. On recommande d'éviter de les renverser en les plantant, les deux bouts différant assez peu. Pour la rocambole, si c'est la récolte des bulbes qu'on préfère, il faut planter les plus petits caïeux, les gros poussant aussitôt des tiges.

Les caïeux de l'ail étant plantés au printemps, aussitôt la bulbe s'accroît, donne des feuilles, et développe de nouveaux caïeux : on doit les récolter dès l'été, sans attendre les tiges qu'elles produiroient l'année suivante. On n'a aucun soin à y donner.

Lorsqu'on plante l'ail au pourtour des planches d'oignons, souvent on noue les feuilles qui embarrasseroient le chemin : on prétend que les bulbes en deviennent plus belles. Il paroît du moins que cela ne nuit pas, comme feroit de les couper.

Dès le mois de juillet, ses feuilles jaunissent : on l'arrache aussitôt ; mais on ne le lie en bottes, par ses feuilles desséchées, qu'après qu'il a été exposé douze ou quinze jours au soleil et au grand air. Gardé au sec, pour le mieux, dans des sacs pendus au plancher, on peut le conserver plusieurs années. Communément on le met par bottes, tressées de manière que les bulbes soient d'un seul côté.

Si on veut récolter de la graine, on replante les bulbes entières.

Toute terre convient à l'ail, pourvu qu'elle ne soit pas humide. La ressource, dans les terrains argileux, est de former sur le bord des sentiers de petits ados sur lesquels on le place.

Dans les printemps trop secs, l'ail profite cependant avec avantage des arrosemens qu'on donne à l'oignon avec l'arrosoir : mais dans les pays où on pratique l'irrigation, la plantation par ados est nécessaire.

Il faut pour l'extension facile des longues racines des liliacées, qui ne se ramifient jamais, qu'elles trouvent un terrain bien ameubli et plus profond qu'on ne le croiroit pour une production superficielle.

Les cultures d'ail les plus étendues paroissent être celles de la Tranche et de Saint-Trojean, indiquées par Rozier, et décrites par Tessier, d'après les renseignemens de M. *Picami*, médecin à l'Ile-de-Ré, et de M. Seignette, secrétaire de l'académie de la Rochelle. Elles s'établissent dans le sable mouvant, au pied des dunes qui les mettent à l'abri du vent. A *La Tranche*, ces cultures ont l'aspect du couchant ; à *Saint-Trojean*, celui du nord. Il paroit qu'on craindroit l'ardeur du soleil à l'aspect du midi. On commence par donner en septembre un labour à *la boucle*, instrument semblable à *la marre* des vignerons ; ce qui ne se fait qu'après avoir arraché les herbes qu'on y avoit laissé croître depuis la récolte précédente, car la culture de l'ail n'a que cette sorte d'alternat : ces herbes séchées servent au chauffage. Des chaloupes apportent, pendant tout octobre et novembre, le *sart* ou *goesmon* ( *voyez* au mot ALOUE) que la mer a détaché des rochers ; ce sont divers VARECS (*fucus*), mêlés de débris de litophyte dont la salure est destinée, à ce qu'il paroit, à conserver l'humidité que perdroit sans cela le sable des dunes. Vers Noël on laboure en sillons, qu'on aplanit bientôt pour planter l'ail au commencement de janvier. A Saint-Trojean, c'est sans égard aux phases de la lune. On finit par relever le terrain au pourtour, pour le garantir des animaux et s'opposer aux rafales de vent.

On a soin de ne planter que de beaux caïeux, et de s'adresser à des voisins si on n'est pas content des siens.

Ils sont placés dans des trous faits au plantoir, à cinq ou six centimètres de profondeur, et dix à onze de distance l'un de l'autre au moins, et les rangs à quinze ou seize. C'est avec la main que les trous sont légèrement remplis.

On couvre alors toute la surface avec du sart, mêlé ou non de fumier ou même de marc de raisin, l'épaisseur de trois à quatre centimètres. On retire la plus grande partie lorsque les plantes sont bien sorties de terre, excepté le fumier qu'on y laisse volontiers. Toutes ces couvertures temporaires sont enfouies dans des rigoles, pour s'y consommer et préparer un amendement pour l'année suivante.

On sarcle à la main et on bine à la bêche. Il y a des cantons où l'on sème des fèves entre les rangs, pour tirer une seconde récolte.

A Saint-Trojean, l'ail se place, aussi-bien que l'échalotte, au pourtour des planches d'oignons, dont il se fait aussi une culture considérable. Plus on s'éloigne du midi, plus la plantation de l'ail est retardée dans tout le courant du trimestre d'hiver.

Suivant les renseignemens publiés par Tessier, la poignée d'ail est à Saint-Trojean de cent têtes, et pèse de deux à trois livres (dix à quinze hectogrammes). On la vend communément trois sous (quinze centimes), et on croit que six pieds carrés de terrain (quatre mètres) peuvent en produire vingt à vingt-cinq poignées. A la Tranche, la botte d'ail de cinq à sept cents têtes varie de prix, suivant la grosseur et la bonté des gousses, depuis douze sous jusqu'à trois livres, différence que le savant historien trouve difficile à croire. Ce qu'on récolte d'ail dans ces deux villages, et leurs dépendances, est porté à Bordeaux, Rochefort, la Rochelle et Saint-Martin de Ré pour être embarqué. On en transportoit sur-tout à St.-Domingue, quoique l'ail y soit cultivé. Les marins le serrent dans l'endroit le plus sec qu'ils nomment cambuse. Eux-mêmes, matelots et officiers, en consomment beaucoup dans les traversées.

L'*ail* que l'on cultive pour le commerce est le blanc : il y en a une variété *rouge* qui se plante dès la Toussaint, et que l'on mange en salade au printemps; il est apparemment plus hâtif.

Ceux qui aiment l'ail, et qui en cultivent, ne manquent guère d'en mettre les feuilles hachées dans les salades. On en mange les bulbes cuites sous la cendre ; on les emploie dans les ragoûts et les sausses de poisson et de viande; on en pique la viande pour lui donner du goût.

Le gigot, nommé *à la fleur d'orange* par quelques amateurs d'ail, se mange avec une sauce dans laquelle les gousses d'ail couvrent entièrement le plat. Le peuple aime à l'exprimer sur son pain : on a cité, même assez près de Paris, des repas anniversaires du premier de mai, célébrés à l'ail, en en frottant toute la vaisselle, y compris la tasse à café. Le fromage frais, battu avec de l'ail haché et du poivre, est une des friandises des bords de la Loire.

L'ail entre dans la composition du *vinaigre des quatre voleurs*. Il est regardé comme antipestilentiel. Les gens qui craignent de contracter des maladies portent toujours sur eux de l'ail. Bien des ouvriers en mangent avant d'aller au travail, pour se préserver du mauvais air. On le fait prendre aussi à des animaux dans du vin.

L'infusion de l'ail est apéritive, diurétique, sudorifique, même antihystérique, et sur-tout vermifuge. Elle calme les douleurs causées par la pierre. Outre son odeur forte, l'ail est âcre et même caustique, puisqu'il fait partie des épispastiques, pour attirer la goutte aux pieds. On a vu des gens chercher des dispenses pour maladie, et les obtenir au moyen d'une gousse d'ail mise en suppositoire, qui suffisoit pour leur donner une forte agitation fébrile.

L'ail est employé dans les arts comme augmentant la force d'adhésion de la colle de farine. Un effet plus remarquable de cette même propriété est l'emploi de l'esprit d'ail pour appliquer facilement des bas-reliefs en or sur l'or ou sur l'argent, suivant un procédé dont le secret acheté par Dufay ne fut publié, d'après ses ordres, qu'en l'année 1745, dans les mémoires de l'académie des sciences.

Les Orientaux font aussi une grande consommation d'ail. Il paroit qu'ils ne s'en tiennent pas à l'espèce commune ; ils font plus que nous, ils les dessèchent pour pouvoir les garder plus long-temps, et les réduisent en poudre lorsqu'ils veulent s'en servir. Olivier, de l'institut, en a rapporté de deux espèces ainsi préparées. ( DUCHESNE. )

Il convient de mentionner encore ici :

L'AIL NOIR, dont la tige est cylindrique, nue, les feuilles lancéolées, et les pétales très ouverts. Il se trouve dans les sables maritimes, sur les bords de la Méditerranée. On en mange la racine, attendu qu'étant moins forte que celle de l'ail commun, elle plaît davantage à quelques personnes.

L'AIL A FEUILLES DE PLANTAIN.(*Allium victorialis*, LIN.)C'est l'espèce la plus haute. Sa bulbe est unique, comme celle de l'oignon ; ses feuilles sont ovales-oblongues ; sa tige nue, terminée par une très grosse tête de fleurs blanches. On en mange la bulbe, sous le nom d'*oignon sauvage*, dans quelques cantons des Cévennes et autres montagnes de nos départemens méridionaux où cette espèce croît naturellement. Sa saveur est douce. On la cultive quelquefois dans les jardins.

L'AIL DORÉ, ( *Allium Moly*, LIN. ) a les feuilles lancéolées, sessiles ; la tige cylindrique et nue, terminée par une tête de grandes fleurs d'un jaune vif. On le trouve dans les montagnes des parties méridionales de l'Europe, et on le cultive dans quelques jardins d'ornement, à raison de la brillante couleur de ses fleurs. Il fleurit au milieu de l'été. On le multiplie de ses bulbes. Il s'élève de plus d'un pied. Toute sorte de terre lui est bonne. En général, il ne produit un bon effet que lorsqu'il y a un certain nombre de tiges à côté les unes des autres, c'est à dire lorsqu'il fait masse : aussi les amateurs préfèrent-ils ne le relever que tous les deux ou trois ans ; mais, pour le commerce, il faut séparer sa bulbe tous les ans, en automne, et les replanter de suite.

Cette espèce est la seule qu'on trouve chez les marchands fleuristes ; mais l'AIL A TROIS COQUES, qui vient de l'Amérique septentrionale, et l'AIL VELU, qui croît naturellement dans le midi de la France, peuvent également être cultivés pour l'agrément, à raison de la grandeur de leurs fleurs. Il en est de même de l'AIL MUSQUÉ qui se trouve aussi dans les parties méridionales de la France, et dont la tige est cylindrique, les feuilles sétacées, l'ombelle de cinq à six fleurs au plus; car ses fleurs ont une odeur de musc très agréable quoique foible : et encore plus de l'AIL TRÈS ODORANT figuré par Desfontaines dans sa Flore Atlantique, et dont ce botaniste vante l'excellente odeur ; mais cette espèce ne se trouve pas dans nos jardins.

L'AIL A FEUILLES PÉTIOLÉES, ( *Allium ursinum*, LIN.), dont la tige est nue et triangulaire, la feuille pétiolée et lancéolée. On le trouve dans les bois et les haies de l'Europe septentrionale, et sur les montagnes élevées dans le midi de la France. J'en ai vu des cantons si peuplés, qu'il y avoit fait disparoître presque toutes les autres plantes, et qu'il formoit un tapis de verdure d'un très grand éclat. Ses fleurs sont blanches et agréables. Les bûcherons s'en servent pour assaisonner leurs mets. Sa saveur est douce.

L'AIL DES VIGNES, (*Allium vineale*, LIN.) a la tige cylindrique, les feuilles menues, fistuleuses, les fleurs rougeâtres, et porte presque toujours des bulbes à son sommet. Il est propre à l'Europe, et croit dans les vignes et les champs cultivés. Son abondance devient souvent un fléau pour les cultivateurs : les bulbes de sa tête, qui sont de la grosseur d'un grain de froment, restent dans le blé, et communiquent leur odeur à la farine qui en provient. Les vaches qui en mangent donnent un lait auquel il faut être accoutumé pour pouvoir en faire usage. J'ai vu dans la ci-devant Bourgogne des villages qui ne pouvoient vendre ni leur blé, ni leur fromage, ni leur beurre, dans les années où ces bulbes florales se montrent en grande quantité et ne tombent pas avant la maturité des blés, comme il arrive quelquefois. Il est en général fort difficile d'extirper cet ail des terres qui en sont infestées, ses bulbes inférieures étant presque toujours trop profondément enterrées pour que la charrue les atteigne, et sa multiplication étant si rapide que, quelques unes oubliées, suffisent pour en repeupler le terrain en peu d'années. Ce n'est qu'avec la bêche ou la pioche, dans une année de jachère, ou par des cultures de plantes qui demandent des binages fréquens en été, comme la pomme de terre et le maïs, ou peut-être des plantes à racines pivotantes comme la carotte et la betterave, qu'on peut espérer de s'en débarrasser ; mais, comme c'est dans des pays de montagne, c'est-à-dire pauvres et ignorans, et dans des sols sablonneux, argileux, c'est-à-dire de très mauvaise nature, qu'il se plaît, on s'occupe peu des moyens de le détruire.

J'ai observé fréquemment, pendant mon séjour en Amérique, que l'AIL DU CANADA, qui diffère à peine du précédent et porte de même des soboles ou bulbes florales, cause de semblables inconvéniens. Combien de fois ai-je senti cette odeur dans le pain que j'ai mangé ! Combien de fois surtout ai-je été obligé de me priver du lait caillé que je mangeois tous les soirs comme préservatif de la fièvre jaune, parceque mes vaches, qui dans ce pays vivent en liberté, étoient allé paître dans un canton où cette plante se trouvoit abondante !

L'AIL VERDATRE, (*Allium oleraceum*, LIN.), qui diffère également fort peu des précédens, produit quelques uns de leurs effets dans les parties méridionales de la France, c'est-à-dire, qu'il est quelquefois si abondant dans les champs et les pâturages, qu'il donne son odeur au lait des vaches qui le mangent. Il a été nommé *oleraceum*; cependant on n'en fait guère d'usage.

Il est encore sans doute quelques autres espèces du même genre qui ont les mêmes inconvéniens. J'ai cru m'apercevoir une ou deux fois, en Espagne, que le beurre que je mangeois étoit infecté par l'odeur du poireau sauvage qui y croît abondamment. Linnæus rapporte que l'AIL A FEUILLES PETIOLÉES infecte également le lait en Suède, et quoiqu'il m'ait paru que les vaches ne le mangeoient pas en France, on ne peut en douter, d'après une autorité aussi imposante; d'ailleurs, tel animal repousse une plante isolée, qui la mange lorsqu'elle se trouve mêlée avec d'autres.

Dans plusieurs campagnes, les feuilles et le fruit du coquelicot sont des *aulx* pour les paysans. (B.)

AIL DE LOUP; AIL DE CHIEN. C'est à Mirecourt le nom d'une plante qui croît dans les blés, et qui a paru à Tessier être le *Vaciet* (*Hyacinthus comosus*, L.), ailleurs nommée aussi improprement *poireau bâtard;* et à la Rochelle, *oignon sauvage* et *herbe de serpent.*

Cette graine; mêlée avec le grain à la proportion d'un 54ᵉ, donne au pain une amertume désagréable, mais qui n'est sensible que quelque temps après qu'on l'a mangé; au 18ᵉ, ce mauvais goût se fait sentir en le mâchant; au 9ᵉ, il est senti sur le bord des lèvres. Moins colorante que la carie, en proportion de 36 contre un, c'est l'amertume de cette farine qui la décèle. Son âcreté irritante a été reconnue par une affection d'éternuement qu'éprouvoient ceux qui piloient la graine pour ces divers essais.

Les animaux mangent avec peine le mélange au 18ᵉ. Il est

dur de voir la cupidité de quelques cultivateurs forcer les ouvriers à s'en nourrir.

Les feuilles n'ont rien de rebutant pour les bêtes à cornes, qui les mangent sans inconvénient ; mais il est assez probable que le lait en acquiert le désagrément. (Duch.)

AILES. On donne ce nom, dans la taille des espaliers selon la méthode de Montreuil, aux séries de branches qui se portent à droite et à gauche, c'est-à-dire qui sortent des mères branches. Lorsqu'une aile souffre par quelque cause que ce soit, il faut et visiter les racines qui sont de son côté pour juger de la cause, et la tailler court pour lui faire produire de nouveau bois. *Voyez* au mot TAILLE. (B.)

AIMANT. Mine de fer à l'état métallique, qui jouit de la propriété d'attirer le fer, et de donner à une aiguille de ce métal, suspendue sur un pivot, la faculté de se diriger vers le nord.

Par lui-même, l'aimant n'est d'aucun intérêt pour le cultivateur ; mais une boussole, c'est-à-dire une aiguille aimantée renfermée dans une boîte, au fond de laquelle sont tracés les trente-deux rumbs de vents, lui est très utile, soit pour diriger sa marche dans les forêts, soit pour lever le plan de ses domaines.

C'est à la BOUSSOLE qu'on doit la facilité de traverser les mers, et par conséquent le grand commerce qui unit aujourd'hui toutes les parties du monde. Sous ce rapport, elle rend au cultivateur de France, comme à celui de la Chine, le service d'étendre la consommation de ses denrées, par conséquent leur valeur. *Voyez* au mot BOUSSOLE. (CHAP.)

AJONC, *Ulex*, aussi appellé *jonc marin* et *brusque*. Arbuste qui, en France, s'élève rarement à plus de deux à trois pieds de haut, mais qui, en Espagne, parvient jusqu'à quinze ou vingt, ainsi que j'ai été à portée de le vérifier pendant mon séjour à la Corogne. Il pousse un grand nombre de rameaux diffus, serrés, garnis de beaucoup d'épines, et, au printemps, de petites feuilles simples ou ternées, qui bientôt se changent en épines, après quoi il entre en fleur, et y reste souvent une partie de l'été.

Défendu par ses nombreuses épines, et croissant exclusivement dans les landes presque désertes, telles que celles de Bordeaux, de la Bretagne, de la Sologne, etc., cet arbuste semble n'être pas destiné à devenir utile à l'homme, et cependant on peut établir sur lui les meilleures spéculations agronomiques.

En effet, il ne s'agit que d'en étudier l'emploi et la culture pour l'utiliser avantageusement. Par-tout, il est vrai, il sert déjà à des usages économiques, c'est-à-dire qu'on en fait

d'excellentes haies, que ses jeunes pousses sont données aux
bestiaux qui les aiment; ses vieilles tiges sont employées à
chauffer le four, etc. Mais dans quel endroit en tire-t-on tout le
parti possible?

En Espagne, comme je l'ai déjà dit, il devient presque un
arbre. Sans doute la chaleur du climat y contribue, mais
les soins y concourent aussi; car la différence entre la température des montagnes des Asturies et des plaines qui s'étendent
de Bordeaux à Baïonne ne peut pas être, et ne m'a pas paru
en effet bien considérable. Le vrai est qu'en Espagne on laboure
le terrain, on le sème, on le sarcle avec les précautions qu'on
emploie ici pour les arbres en apparence plus précieux. On le
garantit de la dent des bestiaux et des délits des malfaiteurs.
Chaque graine ne pousse qu'une tige; mais cette tige s'élève
promptement, et devient ce que je l'ai vue, c'est-à-dire un
arbre de la grosseur du bras.

Mais comme nous ne sommes pas encore arrivés au point de
dénuement de bois où se trouvent les montagnes de la Galice,
et qu'il est d'autres espèces d'arbres, principalement des arbres
verts qui peuvent être plus avantageusement semés dans les
landes, c'est sous le point de vue de plante fourragère, et de
plante propre à entrer dans l'assolement des terrains qui lui
sont propres, que je voudrois faire considérer l'ajonc.

On ne peut douter, par le résultat de l'expérience, que
les vaches, les moutons et même les chevaux, n'aiment beaucoup les jeunes pousses de l'ajonc; et que s'ils n'en mangent
pas toute l'année, c'est que les redoutables épines dont il
est armé les forcent à le respecter. Or, il ne s'agit que de
supprimer la vaine pâture sur les terres où il croît, de les labourer profondément une ou deux fois, et de le semer pour
en avoir toujours de jeunes.

La graine nouvelle est toujours préférable à l'ancienne. On
la répand à la volée, en automne ou au printemps, seule ou
mélangée avec d'autres graines. Il en faut environ douze livres
par arpent. Je dois remarquer que l'ajonc craint beaucoup
l'ombre; et que lorsqu'on le sème avec de l'orge ou de l'avoine,
il faut que ces céréales soient en petite quantité.

Il croît et s'élève assez vite pour qu'il soit possible d'en faire
une coupe, à la faux, dès l'automne de l'année suivante. Cette
coupe se renouvelle deux ou trois fois par an, au printemps et
en automne, toujours avant que la plante entre en fleur. En
été, elle est trop dure, et on risque de la faire périr. Lorsqu'un champ, ainsi semé, commence à vieillir, c'est-à-dire
qu'il y est mort beaucoup de pieds d'ajonc, on le retourne, et
on y sème du seigle ou autre grain, puis on y met du genêt

commun ou mieux du genêt d'Espagne, et on revient ainsi, au bout de six à huit ans, à l'ajonc.

J'ai oublié de dire que, comme chaque fois qu'on coupe l'ajonc il faut élever la faux pour ne pas être arrêté contre les chicots de la coupe précédente, on est obligé, tous les deux ou trois ans, de recéper les pieds absolument rez-terre avec la hache ; car l'important, dans cette manière de cultiver cette plante, est de n'avoir jamais de vieux bois. Dans beaucoup d'endroits, on coupe l'ajonc avec une serpe, et toujours rez-terre ; mais alors on ne peut pas employer le tout à la nourriture des bestiaux. C'est comme arbuste propre à chauffer le four qu'on le coupe ordinairement ainsi à un âge avancé.

Quoique l'ajonc, coupé avec la faux, soit assez tendre pour qu'on puisse le manier sans craindre d'être piqué, il convient de le faire battre avec un maillet de bois, ou de le faire passer sous un cylindre avant de l'offrir aux bestiaux, car il ne faudroit que quelque épine de la base des tiges, et il en est quelquefois de fortes, pour blesser leur palais. Cette précaution est encore plus obligatoire quand on leur donne sec cette espèce de four-rage, la dessication durcissant toutes ses parties.

Quabrat-Calloet, qui a donné, en 1666, un ouvrage sur la multiplication des chevaux, parle de l'utilité de cette plante pour la nourriture des poulains, et donne la figure d'une machine employée à la piler.

Le lait que l'ajonc donne aux vaches est, dit-on, extrêmement gras et savoureux.

La transplantation de l'ajonc réussit rarement ; ainsi, lorsqu'on veut l'employer à faire des haies, il faut absolument le semer. Ces haies, quand on peut, pendant les trois à quatre premières années, les garantir de la dent des bestiaux, sont les meilleures de celles faites avec des arbustes indigènes. On en voit beaucoup en Angleterre. Le seul inconvénient qu'elles aient, c'est qu'elles emploient beaucoup de terrain, parceque l'ajonc trace, et que, lorsqu'on veut l'arrêter en coupant ses branches latérales, elles meurent et entraînent la mort du pied. Souvent aussi les pieds meurent sans qu'on en puisse deviner la raison. De plus, ils gèlent quelquefois dans les grands hivers. Pour former ces haies, on laboure le terrain à la bêche ou à la pioche dans une largeur d'un pied, et on y sème la graine sur deux rangs. Une haie sèche, par les motifs énoncés plus haut, est presque toujours un moyen assuré de réussite.

Le nombre des fleurs de l'ajonc, et leur longue durée, le font placer quelquefois avantageusement dans les jardins paysagers ; mais comme ses effets ressortent mieux de loin, et qu'il n'est pas agréable à toucher, il ne convient que dans les grandes pelouses, sur les tertres, etc.

Il y a une variété de l'ajonc plus petite dans toutes ses parties qui doit être proscrite, puisqu'elle tient la place que l'autre emploieroit plus utilement.

On trouve, dans le troisième volume des Annales d'Agriculture, un très bon mémoire sur la culture de l'ajonc sur les bords de la mer entre le Havre et Dieppe. ( B. )

AIR. Fluide qui environne la terre, presse sa surface, et sans lequel les animaux et les végétaux ne peuvent vivre. C'est sa masse qui constitue ce qu'on appelle l'atmosphère. On le croyoit autrefois simple, c'est-à-dire un des élémens des corps; mais la chimie moderne a prouvé qu'il étoit composé d'azote et d'oxygène variant dans des proportions fort étendues, si on en juge par les diverses analyses qui en ont été publiées, et d'un peu d'acide carbonique. Les proportions les plus généralement adoptées sont 70 à 72 parties d'azote, 20 à 28 d'oxygène. L'acide carbonique paroît s'y former et s'y décomposer sans cesse. Il est probable qu'il en est de même de l'hydrogène. *Voyez* tous ces mots.

De ces trois parties, la seconde sert à entretenir la respiration des animaux, et la dernière la végétation des plantes.

L'observation prouve que l'air atmosphérique s'élève à une hauteur bien supérieure à celle des plus hautes montagnes du globe, et qu'il diminue en densité à mesure qu'il s'élève; cependant nous n'avons encore rien de certain et sur sa hauteur réelle et sur la progression que suit sa diminution de densité. Il se dilate par la chaleur, et se condense par le froid, mais, malgré cela, il est un très mauvais conducteur de la chaleur.

On a reconnu que l'air étoit pesant, et que sa pesanteur étoit égale à celle d'une colonne d'eau de même base et de trente-deux pieds de hauteur, ou d'une colonne de mercure également de même base et de vingt-sept pouces et demi de hauteur. Sa densité moyenne est huit cents fois moindre que celle de l'eau; aussi obéit-il à la moindre impulsion, aussi son équilibre est-il sans cesse rompu, sans cesse rétabli par diverses causes : de là les vents et leurs étonnantes variations. Son élasticité dans son état naturel est prouvée par le vol des oiseaux, par les sons, et dans son état de compression par l'effet du fusil à vent. Il est inodore par lui-même, mais se charge facilement des émanations de tous les corps susceptibles d'être dissous par lui, pour les déposer ensuite au loin. Une de ses propriétés la plus remarquable et la plus importante pour les cultivateurs, c'est celle de dissoudre l'eau à un certain degré de température, et de l'abandonner lorsque cette tempé-

rature baisse : de là l'évaporation , les brouillards , les nuages , les pluies, et autres phénomènes analogues.

La pression de l'atmosphère a une grande influence sur les
animaux et les végétaux. C'est elle qui sert de contre-poids à
l'action des poumons; c'est elle qui précipite vers la surface
de la terre l'acide carbonique si nécessaire à la vie des plantes.

La partie inférieure de l'atmosphère , outre les trois gaz
ci-dessus et l'eau, est encore souvent chargée de substances
non combinées , de vapeurs minérales, animales et végétales.

On appelle ces vapeurs *miasmes*, lorsqu'on les croit pouvoir
être nuisibles aux animaux qui les respirent, ou aux végétaux
qui les absorbent; *odeurs*, lorsqu'elles affectent les membranes
du nez , etc. , etc.

La respiration et la combustion décomposent l'air atmosphérique. Il en est de même de l'acidification , de l'oxygéna-
tion des métaux, etc., peut-être même de la végétation; mais
sur ce dernier article nous n'avons pas encore des données assez
certaines.

L'air se dissout dans l'eau , entre dans les plus petites cavités de la terre et s'y décompose , suivant Humboldt.

C'est le baromètre qui indique, avec le plus de certitude, la
pesanteur de l'air; et comme cette pesanteur tient ordinairement à la quantité d'eau dont il est chargé , ou à la force du
vent qui le comprime dans tel ou tel canton, cet instrument
annonce le plus souvent la pluie ou le vent lorsque le mercure
descend dans le tube dont il est composé.

C'est au thermomètre qu'on a recours lorsqu'il s'agit d'apprécier exactement le degré de chaleur ou de froid de l'air.

C'est avec l'hygromètre qu'on apprend à connoître , à peu
près, la quantité d'eau qui est dissoute dans l'atmosphère.

Enfin c'est l'eudiomètre qu'on emploie pour savoir quel est
le degré de pureté de l'air que nous respirons, soit en rase
campagne, soit dans une chambre, une écurie, etc.

Ces quatre instrumens , dont les cultivateurs peuvent à la
rigueur se passer, mais qui leur sont cependant d'une grande
utilité , sur-tout les deux premiers, seront décrits aux articles
qui portent leurs noms.

Les anciens étoient dans l'opinion que l'air devenoit partie
constituante des corps , et que les corps , en se décomposant,
restituoient leur air à l'atmosphère. Pithagore , Epicure et
Anaxagore regardoient ce fait comme indubitable. Quel est le
littérateur qui ne connoisse pas ces beaux vers du cinquième
livre de Lucrèce, *De rerum naturá*, qui commence ainsi :

 *Aëra nunc igitur dicam, qui corpore toto*
 *Innumerabiliter privas mutatur in horas.*

Autrefois tous les gaz étoient regardés comme de l'air. Ainsi on disoit que c'étoit de l'air qui sortoit du bois en état de combustion, du raisin en fermentation, de la pierre calcaire qu'on calcinoit, etc. Le rôle de l'air, sous le point de vue chimique, étoit donc bien plus étendu qu'il ne l'est aujourd'hui. C'est donc aux mots AZOTE, CARBONNE, OXYGÈNE, HYDROGÈNE, AMMONIAQUE, qu'on trouvera l'exposition de toutes les connoissances qu'on avoit sous ce rapport il y a une trentaine d'années. Là, j'ai cherché à lier assez l'ancienne doctrine sur l'air à celle sur les gaz, pour que les lecteurs ne fussent pas trop embarrassés dans les applications qui se trouvent dans les livres antérieurs à cette époque.

Lorsque l'atmosphère est pure, elle paroît bleue. Cet effet est, dit-on, produit par la décomposition des rayons lumineux dans le gaz hydrogène, qui, à raison de sa grande légèreté, est monté dans les couches supérieures de l'air; cependant la présence de ce gaz n'est point prouvée. On le voit bien se dégager perpétuellement des minéraux, des animaux et de végétaux en décomposition, mais jamais on n'en a trouvé des traces lorsqu'on a fait des analyses de l'air, à quelque hauteur qu'on se soit porté. Il est donc probable qu'il se change en eau. *Voyez* au mot LUMIÈRE.

L'art sait, au moyen d'une machine qu'on appelle *pompe pneumatique*, soutirer presque la totalité de l'air renfermé dans un ballon ou autre vase, ce qui a permis de faire des expériences très curieuses dans le vide, expériences qui n'intéressent que d'une manière fort éloignée les cultivateurs, et que je ne rapporterai pas, pour éviter de trop allonger cet article. Il leur suffit de savoir que les animaux périssent sur-le-champ dans le vide, et les plantes en peu de jours.

Par opposition, l'art, au moyen d'une pompe foulante, sait accumuler une grande quantité d'air dans un vase de métal; de là, le *fusil pneumatique*, avec lequel on peut tirer, presque sans bruit et successivement, un nombre de coups proportionnés à la quantité d'air comprimé, coups dont les premiers portent une balle presque aussi loin qu'un fusil ordinaire.

Le jeu des pompes aspirantes, des syphons, qu'on emploie souvent pour soutirer les vins, est due à la pesanteur de l'air.

C'est encore la pesanteur de l'air qui favorise la succion de l'enfant ou du veau qui tette. Si elle cessoit d'avoir lieu, les vaisseaux des animaux et des végétaux se distendroient, se briseroient, et causeroient leur mort, ainsi qu'on le voit lorsqu'on en place sous la machine pneumatique. C'est le commencement de cet effet qui cause le gonflement des veines, la fièvre momentanée, et la fatigue, si facilement réparée, qu'on ressent lorsqu'on monte au sommet des hautes montagnes.

L'action de la pesanteur de l'air sur la santé des animaux et sans doute des végétaux est très marquée ; son excès cause des suppressions de transpiration, des rhumatismes, etc. On a calculé que le corps d'un homme de moyenne taille supportoit une colonne d'air du poids de 31,360 liv., poids plus que suffisant pour l'écraser, si l'action des poumons, et d'autres causes, n'en contre-balançoit les effets.

On dit généralement, et l'expérience ne permet pas de se refuser à le croire, que l'air des montagnes est plus pur que celui des plaines, celui des plaines que celui des marais ou des villes populeuses ; cependant l'analyse de l'air de ces différens lieux n'a pas fourni des différences assez sensibles pour indiquer la cause des maladies qui sont la suite du séjour des pays maré-cageux. Il y a encore quelque chose qui nous est inconnu, que probablement on découvrira un jour, et dont l'action con-court, avec le gaz hydrogène sulphuré, à rendre le voisinage des eaux stagnantes malsain. Je dois dire en passant que des plantations d'arbres ou d'arbustes sont, dans les marais qu'on ne peut dessécher, le meilleur moyen de diminuer leurs dan-gers, et que, parmi les derniers, les *galés commun* et *cérifère* ont à un haut degré la faculté de purifier l'air. Je ne donne cette faculté au galé commun que par analogie ; mais elle est reconnue en Amérique dans le galé cérifère ; et on a soin, lors-qu'on établit une rizière en Caroline, d'en réserver des bou-quets ou des palissades de distance en distance. Il seroit à désirer que cette bienfaisante pratique fût adoptée en France.

L'élasticité de l'air, ou mieux encore l'alternative de sa dila-tation et de sa condensation, doit jouer un très grand rôle dans l'acte de la vie des animaux et des végétaux ; mais nous n'avons sur cet objet que des données extrêmement vagues. Aussi fais-je des vœux pour qu'un ami des sciences fasse des expériences propres à constater ses effets directs et indépendans de toutes autres circonstances.

C'est aux variations que la chaleur, le froid, la formation et la décomposition de l'eau dans les nuages, soit par l'électricité, soit par toute autre cause, autant qu'aux marées aériennes, que sont dus les vents, les pluies et autres météores qui ont une si grande influence sur l'agriculture. Le talent du cultivateur consiste à profiter de celles qui lui sont favorables, et à affoiblir l'effet de celles qui lui sont nuisibles. Il ne peut guère, dans ce dernier cas, exercer la puissance de son industrie que sur des espaces très circonscrits, des serres, des orangeries, des baches, des châssis, des cloches, des abris de toute espèce, etc. Quant à l'étude des causes, elle n'est point facile et ne peut être suivie avec succès que par des personnes qui s'y consacrent spécialement, c'est à dire par des physiciens.

Ingen-House a reconnu, par des expériences positives, que le terreau, à raison du carbonne qu'il contient, décomposoit l'air atmosphérique, et qu'il en résultoit de l'acide carbonique. La dissolubilité de ce même terreau est la suite de cet effet. D'après ces deux considérations, il est facile de se convaincre de l'utilité des labours et des jachères, puisque les premiers, en ramenant à la surface les molécules qui n'y étoient pas, en multipliant les interstices à travers lesquels l'air peut circuler, favorisent sa décomposition; et que les secondes, en laissant le temps à l'acide carbonique et au terreau solide de s'accumuler, augmentent leur masse.

En géneral, les agriculteurs voudroient un air toujours calme, toujours tempéré, parcequ'en effet cet état de l'atmosphère est fort favorable à la végétation; mais cela n'est pas dans l'ordre de la nature. Le monde n'existe pas pour eux seuls, quoique ce soient eux qui semblent en être les maîtres. Tout seroit bientôt dans le chaos, si les vœux d'un chacun étoient exaucés. En effet, les orages, les grands vents, les grandes pluies, les grands froids, les grandes chaleurs, etc., qu'on redoute tant, et qui réellement causent souvent des pertes très considérables, sont nécessaires à l'équilibre général, et par conséquent au succès des travaux de la culture. Développer toutes les idées que ce sujet appelle exigeroit peut-être un volume.

Mais quoiqu'un air peu agité soit le plus favorable au développement de la végétation dans la plupart des circonstances, un air non renouvelé lui est extrêmement funeste. Une plante renfermée dans un bocal exacteemnt fermé ne tarde pas à perdre ses feuilles et à périr. Ce fait s'explique aujourd'hui qu'on sait que les végétaux absorbent l'acide carbonique de l'atmosphère et lui rendent de l'oxigène. Cependant il est des jardiniers qui ne croient jamais avoir assez exactement fermé leurs châssis, leurs baches, assez enterré leurs cloches. Aussi combien de plantes ils perdent! Combien de semis se *fondent* entre leurs mains! Il faut donc souvent renouveler l'air dans tous les lieux fermés où il y a de la végétation.

Il faut également le renouveler dans tous les lieux fermés où des hommes et des animaux habitent, puisque l'oxigène de cet air est consummé par leur respiration, est remplacé par de l'acide carbonique, et que son azote devient plus abondant; de plus, les émanations des corps, même les plus sains, dans les appartemens les plus propres, forment des miasmes nuisibles, à plus forte raison dans les salles de malades, dans les écuries, etc. De là, l'indispensable nécessité pour les cultivateurs, 1° d'avoir des habitations convenablement grandes, soit pour eux, soit pour leurs bestiaux ; 2° de les nettoyer exactement de toutes substances susceptibles de fournir des miasmes; 3° d'ouvrir les fenêtres le plus souvent possible, sur-tout lorsqu'il y a beaucoup de personnes ou de bestiaux, qu'il y a des malades, des foins, des fruits de toute espèce, etc. Si les cultivateurs se doutoient combien il y a d'hommes et d'animaux qui périssent, chaque année, en France, par suite du défaut du renouvellement de l'air, ils seroient plus soigneux sur ce point qu'ils le sont généralement. Ils tiendroient sur-tout leurs écuries moins basses, et ils y laisseroient moins long-temps croupir leurs fumiers. Ce n'est pas le manque d'instructions écrites qui s'oppose à l'amélioration de leur pratique à cet égard, car elles ont été, depuis trente ans, répandues partout avec profusion. *Voy.* aux mots ASPHYXIE et DÉSINFECTION.

On doit à M. Parmentier d'excellentes observations sur les moyens de maintenir et de rétablir la salubrité de l'air dans la demeure des animaux domestiques, auxquelles je renvoie le lecteur. Elles sont insérées dans le huitième volume des Mémoires de la Société d'agriculture du département de la Seine.

Il est reconnu qu'un air froid n'est nuisible à la santé des hommes et des animaux que lorsqu'il est hors de mesure; mais qu'un air chaud est la cause première de beaucoup de maladies. Cette circonstance concourt, avec celle énoncée ci-dessus, pour engager les cultivateurs à ne pas tenir leurs écuries exactement fermées, à en enlever les matières susceptibles de produire de la chaleur, c'est-à-dire le fumier, et ce, soit pendant l'été, soit pendant l'hiver.

L'action d'un air froid sur les plantes n'est pas distinguée de celle du FROID même. *Voy.* ce mot.

Quoique l'air, lorsqu'il est agité, absorbe facilement le calorique, parceque le calorique le dilate, il est reconnu pour un mauvais conducteur de la chaleur. Ainsi, un homme a plus chaud lorsqu'il augmente le nombre de ses chemises que lorsqu'il augmente l'épaisseur de son habit de toile dans la même proportion ; ainsi, un moyen d'empêcher les serres, les baches de se refroidir, c'est moins de faire leurs murs épais que de faire deux murs, de leur donner double vitrage. Ducarla a prouvé, il y a long-temps, qu'on pouvoit faire cuire des pommes, de la viande même au centre d'une douzaine de récipiens de verre, superposés les uns aux autres, exactement fermés par le bas, et exposés au soleil. On garde du bouillon chaud pendant vingt-quatre heures en le mettant dans un vase entouré de trois autres vases isolés et écartés de quelques lignes. Que de considérations l'air pourroit encore me fournir ! cependant il faut m'arrêter. Je réserve de plus grands développemens pour les diverses occasions qui se présenteront dans le cours de mon travail ; car l'air se mêle à tous les phénomènes atmosphériques, et à la plupart de ceux de la vie animale et végétale. Par exemple, sans air point de PLUIE, de VENT, etc. (B.)

AIRE. On appelle ainsi le lieu où l'on bat le blé et autres grains ou graines, lieu dont le sol est préparé de manière qu'il résiste davantage ou au trépignement des animaux ou à la percussion du fléau.

Dans les parties méridionales de l'Europe où l'on fait la récolte au commencement de l'été, et où il pleut rarement dans cette saison, les aires sont presque toujours hors des habitations ; mais dans le nord elles sont constamment renfermées dans les granges.

Une aire, dans la construction de laquelle on a fait entrer deux parties de terre franche contre une de bouze de vache, est déjà d'une bonne consistance. Lorsqu'à ces matériaux on joint du foin ou de la paille hachée très menu, et encore mieux de la bourre, elle est encore meilleure. Dans les pays où on fabrique de l'huile d'olive on fait entrer son marc dans la composition de l'aire et on gagne considérablement de fermeté et de durée. Dans d'autres on l'enduit, à différentes reprises, de sang de bœuf. Enfin, quelques riches propriétaires les font couvrir de planches d'un pouce au moins d'épaisseur et bien ajustées ; mais dans la plupart des fermes les aires ne sont formées que d'une couche plus ou moins épaisse d'argile ou de charée ( cendres lessivées ), ou même de terre végétale battue, couche qui se détruit facilement, et dont les débris se mêlent parmi les graines pour en altérer la pureté.

Je sais bien que, comme dans cette opération, ainsi que dans toutes les opérations agricoles, il ne faut pas perdre de vue l'économie, on ne peut pas toujours construire une aire avec les meilleurs matériaux ; qu'il faut se contenter de ceux que produit le pays ; mais je sais aussi qu'on peut toujours en tirer un parti plus avantageux que la plupart des habitans des campagnes, qui négligent horriblement cette importante portion de leur établissement agricole.

Les soins à prendre dans la construction d'une aire consistent à en lier les matériaux de manière qu'ils soient au même degré de consistance dans leur totalité ; à les étendre sur le sol le plus également possible ; à faire en sorte qu'ils ne soient ni trop ni pas assez mouillés ; à la battre à diverses reprises pour la durcir en la tassant de plus en plus ; à boucher les crevasses ou les trous qui s'y forment presque toujours aux approches de sa dessication.

Une aire bien construite peut durer un grand nombre d'années si on y fait des réparations de temps en temps ; mais une fois qu'elle a commencé à se dégrader, elle se détruit rapidement. C'est pendant les chaleurs de l'été qu'il faut les construire et les réparer. (B.)

Dans les jardins on appelle aire la surface des allées, terrasses, esplanades, etc., dont on dispose le sol à peu près comme il vient d'être dit, afin que, l'eau des pluies n'y séjournant pas, on puisse s'y promener, à toutes les époques de l'année, sans se crotter ou se mouiller les pieds.

Ces aires se construisent avec des recoupes de pierres (résultat de la taille des pierres calcaires), passées à la claie, et ce sont les meilleures et les plus durables, ou avec des plâtras concassés, ou du moyen gravier qu'on lie ensemble par l'intermède d'un ciment ou d'un sable fin. On leur donne généralement une pente de plus d'un pouce, et au moins de six lignes par toise, pour faciliter l'écoulement des eaux.

Lorsqu'une fois les pentes sont déterminées, on place deux piquets au milieu de l'aire, l'un dans le haut, et l'autre dans le bas, dont les sommets doivent marquer la hauteur respective du sol ; ensuite, au moyen de jalons qu'on appuie sur la tête de ces deux premiers piquets, on en place d'intermédiaires dans la même direction, suivant la même pente, et à quatre toises environ les uns des autres. Pour établir après cela les contre-pentes, on pose aux deux extrémités de l'allée, et de chaque côté du premier piquet du milieu, deux autres piquets, l'un à droite et l'autre à gauche, que l'on enfonce au-dessous du niveau des deux premiers piquets, de deux, trois, quatre et cinq pouces de profondeur, suivant la largeur de l'aire et le degré de pente qu'on veut lui donner ; et pour mettre plus de précision et de régularité dans cette opération, on fait usage de la règle et du niveau ; on place ensuite, avec les jalons, d'autres piquets intermédiaires, de la même manière que nous l'avons dit ci-dessus pour la ligne du milieu.

Cela fait, les terrassiers piochent la surface de l'aire, sans déranger les piquets. Ils l'unissent ensuite à deux pouces au-dessous de la tête de ces mêmes piquets, auxquels ils attachent successivement des cordeaux qui les dirigent, et leur font observer plus exactement les pentes et les contre-pentes de l'aire. Ils ont soin que la terre de cette surface soit bien divisée dans toute son étendue, qu'il n'y reste pas de grosses pierres, et qu'il ne s'en trouve pas même à plus de deux pouces au-dessous, sans quoi les recoupes ou le salpêtre ne se lieroient pas avec le sol, et s'enlèveroient par plaques.

Quand l'aire est ainsi disposée, on la recouvre d'une couche de recoupes de pierres de taille passées à la claie, ou de marc de salpêtre blanc, à laquelle on donne trois pouces d'épaisseur, c'est-à-dire un pouce de plus que la hauteur des piquets, afin qu'elle se trouve ensuite à leur niveau lorsqu'elle aura été battue, et on l'unit avec le rateau. Si ces substances sont sèches, on les arrose avec un arrosoir à pomme, en observant, de verser l'eau le plus également qu'il est possible; une demi-heure après, on donne le premier coup de batte. Si le salpêtre ou les recoupes étoient trop imbibés d'eau, on attendroit qu'ils fussent moins humides, parcequ'au lieu de prendre de la consistance et de s'affermir, ils s'enlèveroient avec la batte, et l'aire n'acquerroit point de solidité.

On donne ordinairement trois volées de batte aux aires formées en recoupes ou en salpêtre. A la première, les batteurs frappent en avançant devant eux, et ils n'appuient que légèrement sur leurs battes, parceque, dans cette première opération, il s'agit moins d'affermir les recoupes, ou le salpêtre, que de lier ces matières avec la terre de l'allée. La seconde volée se donne quelques heures après la première, lorsque les substances qui couvrent l'aire ont perdu une partie de leur humidité. Dans celle-ci les batteurs frappent en reculant, et en laissant devant eux la partie battue; ils appuient plus fortement sur leurs battes que la première fois, à fin de comprimer davantage le terrain et les substances qui le recouvrent. On attend, pour donner la troisième volée, que les recoupes ou le salpêtre soient secs aux trois quarts; alors les batteurs frappent de toutes leurs forces, et achèvent ainsi de consolider l'aire et de l'affermir. Mais, avant cette dernière opération, il faut avoir soin de remplir exactement avec du salpêtre ou des recoupes humides les petites cavités qui se trouvent sur la surface de l'aire, et de l'unir dans toute son étendue, afin que l'eau ne puisse s'arrêter nulle part; et suive la direction des pentes et contre-pentes.

Immédiatement après avoir donné à l'aire la troisième volée, on la couvre de sable. Le meilleur est celui qui se trouve dans les lits des rivières, et dont le grain est un peu gros; celui qu'on tire des mines est en général terreux et trop fin, il s'imbibe d'eau, et la retient long-temps. Six lignes de sable de rivière suffisent pour donner un libre cours aux eaux. Si l'on en met davantage, il fuit sous les pieds, et la marche en est plus fatigante. Le sable s'étend d'abord avec le dos du rateau; et, lorsqu'il est bien uni, on se sert des dents pour en extraire les pierres et les corps étrangers qui s'y rencontrent.

Les aires qu'on construit avec du gravier sont plus aisées à faire et coutent moins, sur-tout dans les pays où cette substance est commune. Il ne s'agit que de dresser son terrain comme nous l'avons dit ci-dessus, de le couvrir avec une couche de gravier de trois à quatre pouces d'épaisseur ; et de faire passer ensuite un pesant rouleau par-dessus pour l'affermir, et rendre la promenade plus commode.

Les soins qu'exigent ces différentes aires pour les entretenir et les conserver, varient suivant la nature des matériaux qui entrent dans leur construction ; celles qui sont faites avec des recoupes et du marc de salpêtre blanc couvert de sable de rivière ont besoin d'être ratissées de temps en temps pour détruire les plantes adventices, et ratelées ensuite avec un râteau fin pour la propreté des jardins. Une autre attention non moins intéressante est de ne point marcher sur ces sortes d'aires pendant les dégels ; on mêleroit le sable avec le salpêtre, et on formeroit des trous qui gâteraient les allées pour le reste de la saison, et obligeroit à des réparations dispendieuses.

Les aires de gravier ou de cailloux mastiqués sont beaucoup moins sujettes à être endommagées par les dégels, mais elles coûtent infiniment plus à établir et à réparer.

Les recoupes de pierre de taille, le salpêtre et le gravier servent encore à former les aires des orangeries et des serres à légumes. On choisit alors la matière la plus convenable, suivant l'objet que l'on a en vue. (TH.)

AIRELLE, *Vaccinium*. Genre de plantes de l'octandrie monogynie et de la famille des bicornes qui renferme une quarantaine d'arbrisseaux ou de sous-arbrisseaux intéressans sous le rapport des fruits qui sont agréables à manger, sur lesquels même des nations fondent une partie de leur nourriture, et dont quelques uns sont cultivés dans les jardins d'agrément.

L'espèce la plus commune en France est l'AIRELLE MYRTILLE, qu'on appelle vulgairement le *raisin des bois*.

C'est un sous-arbrisseau d'un pied de haut au plus, dont les rameaux sont anguleux, les feuilles alternes, ovales, dentelées, les fleurs blanches et solitaires, les fruits bleus et de la grosseur d'un grain de raisin. On le trouve dans les bois des montagnes froides dont il couvre quelquefois presque exclusivement les pentes du côté du nord. Il fleurit au premier printemps, avant le développement complet des feuilles, et ses fruits mûrissent au milieu de l'été. Il trace beaucoup et s'étend avec rapidité dans les lieux qui lui conviennent ; mais il est rebelle à la culture au point qu'il n'est presque pas possible de le conserver plus de deux ou trois ans dans les jardins, quelque attention qu'on ait de le placer dans la même terre et à la même exposition. Ses fruits ont un goût légèrement acide et astringent assez agréable. Les enfans, les animaux et les oiseaux frugivores les aiment beaucoup. On en fait un sirop fort rafraîchissant et fort utile pour arrêter les dyssenteries et les ardeurs d'urine. J'ai prouvé, dans un mémoire inséré dans le Journal de Physique, qu'on pouvoit en faire des confitures sèches, susceptibles d'être gardées pendant plusieurs années, et fournir ainsi un petit supplément aux nourritures végétales. On les cueille généralement par-tout où il se trouve des vignes, pour colorer les vins et leur donner un petit goût piquant qui en augmente la valeur. Cette opération n'est aucunement nuisible à la salubrité. J'ignore si on l'a tenté ; mais je suis persuadé qu'il est très facile de faire une liqueur fermentée analogue au vin, uniquement avec ces fruits, et qu'elle seroit aussi saine qu'agréable.

L'AIRELLE PONCTUÉE, *Vaccinium vitis idea*, Lin., a les feuilles ovales, ponctuées en dessous, toujours vertes et les fleurs disposées en grappes terminales. C'est un très petit sous-arbrisseau qui croît dans les bois des montagnes du nord de l'Europe. Ses fruits, qui sont d'un beau rouge, ont un goût analogue à ceux de l'espèce précédente et se mangent de même. Il paroît qu'il est facile de le soumettre à la culture, puisqu'on en fait, en Suède, des bordures pour les jardins.

L'AIRELLE VEINÉE, *Vaccinium uliginosum*, Lin., a les feuilles ovales oblongues, glabres, veinées, les tiges cylindriques et les fleurs solitaires. Elle ne se trouve que sur les hautes montagnes. Son fruit est très gros.

L'AIRELLE CANNEBERGE, *Vaccinium oxicoccus*, Lin., a les feuilles presque rondes, et la tige rampante. On la trouve dans les marais parmi les sphaignes et autres mousses. Ses fruits sont rouges, turbinés et acidules. On en fait un genre particulier, sous le nom d'*oxicoccus* et de *schollere*. On la cultive dans les jardins, où elle a donné une variété à feuilles bordées de blanc.

L'Amérique septentrionale est la véritable patrie des airelles, puisqu'on y trouve plus de la moitié de celles qui sont décrites. Parmi celles le plus fréquemment cultivées dans nos jardins sont :

L'AIRELLE A LONGUES ÉTAMINES, *Vaccinium stamineum*, Lin., qui a les feuilles ovales, oblongues, aigues, glauques en dessous et les étamines plus longues que la corolle. C'est un très joli sous-arbrisseau, d'environ deux pieds de haut, extrêmement garni de fleurs, dont la couleur blanche contraste avec le noir de ses feuilles et le rouge de ses étamines. Son fruit est gros et presque insipide.

L'AIRELLE CORYMBIFÈRE, qui a les feuilles ovales aiguës, un peu velues, les fleurs ovales et en corymbe. Elle s'élève jusqu'à six pieds, et donne des fruits fort bons à manger. Le *vaccinium amœnum* doit lui être rapporté.

L'Airelle de Pensylvanie a les feuilles ovales, lancéolées, dentées, luisantes, et ses fleurs ovales disposées en corymbe terminal. Sa hauteur ne surpasse pas ordinairement deux pieds; ses fruits sont agréables à manger.

Parmi les autres, qui ne se trouvent que dans le jardin de Cels, je dois citer encore, 1° l'*airelle en arbre* qui s'élève à huit à dix pieds, affecte la forme globuleuse, et est si chargée de fleurs qu'elle semble couverte de neige : c'est un des plus agréables qu'on puisse cultiver; 2° l'*airelle résinifère*, dont les fruits sont les meilleurs à manger de tous ceux que je connois.

Ces espèces, et la plupart des autres que j'ai observées dans mon voyage en Amérique, croissent dans un sol léger, humide et ombragé. Elles demandent en conséquence à être placées dans une terre de bruyère à l'exposition du nord, et à être fortement arrosées pendant l'été. Elles sont un peu moins difficiles à conduire que l'espèce d'Europe; mais cependant on n'est jamais sûr de les conserver long-temps. La transplantation est toujours une opération très dangereuse pour elles. On les multiplie par leurs marcottes, qui prennent ordinairement racines dans l'année; par leurs rejetons, qui sont assez nombreux quand elles se trouvent dans un lieu qui leur convient, et par leurs graines. Ces dernières doivent être semées aussitôt leur chute de l'arbre et n'être pas recouvertes de plus d'une demi-ligne de terre. Elles demandent une terre constamment humide et extrêmement peu d'air. Il est presque toujours avantageux de recouvrir la terre de quelques brins de mousse qui s'opposent à la trop grande évaporation; mais il faut avoir attention à ce qu'ils n'amènent pas la pourriture. En général il est fort rare, malgré tous ces soins, de toujours réussir. Le succès tient à des circonstances impossibles à saisir. Lorsque le plant est levé, on diminue les soins, sans les cesser. Quelques personnes repiquent dès la première année, d'autres attendent la fin de la seconde. Cette opération est encore une crise qui fait périr beaucoup de pieds. Aussi, je le répète, les airelles sont-elles rares dans les jardins soit en nombre, soit en espèces.

Lorsqu'on est dans le cas d'envoyer de la semence d'airelle d'Amérique, il faut la stratifier dans de la terre fraîche, ou mettre les fruits, qu'on aura séparés de la branche en coupant le péduncule, dans une bouteille pleine d'eau. J'ai vu de ces fruits à Paris, ainsi disposés par Michaux fils, qui étoient aussi bons que ceux que j'avois mangés en Amérique.

Les habitans de l'Amérique septentrionale font une grande consommation d'airelles. Comme la maturité des différentes espèces se succède pendant près de trois mois, on en voit long-temps sur leurs tables. Les sauvages, de leur côté, en font aussi une ample récolte, qu'ils mangent dans l'état frais, ou qu'ils gardent pour l'hiver après les avoir convertis en confiture sèche. Dans l'un et l'autre état, elles servent merveilleusement à contre-balancer, par leur acidité, les mauvais effets du régime animal qu'ils suivent la plus grande partie de l'année. J'ai mangé de ces confitures, qui avoient trois ans de fabrication, et qui étoient encore bonnes. C'étoient des tourteaux de cinq à six pouces de diamètre sur un ou deux pouces d'épaisseur, percés dans leur milieu d'un trou, par lequel on les tenoit suspendus à l'abri de l'humidité, et des atteintes des animaux et des enfans. ( B. )

AISANCE. ( fosses d' ) Ce que nous allons dire dans cet article tient indirectement à l'agriculture, et cependant c'est un objet trop important pour le passer sous silence, puisqu'il intéresse la santé du cultivateur, et fournit un engrais excellent.

C'est une nécessité indispensable de choisir l'endroit le plus reculé du bâtiment pour placer la fosse d'aisance, parceque l'odeur qui s'en exhale par les vents du sud et du sud-ouest est aussi incommode que désagréable. Une seconde observation, aussi importante que la première, est de l'éloigner, le plus qu'il est possible, des caves, des puits, et de tous les autres souterrains, afin de se garantir des détestables effets de l'infiltration. La manière de la construire suppléera, pour beaucoup, à la distance que je demande.

Après avoir ouvert un creux proportionné au nombre des habitans du bâtiment, élevez, contre le terrain, un mur en pierre, et à la place du mortier, servez-vous d'argile bien tenace, bien pétrie et bien corroyée, et veillez attentivement sur les ouvriers, toujours négligens, pour qu'il ne reste aucun vide entre les pierres, et entre ce mur et le terrain. La forme de la fosse doit être ronde, afin d'éviter les angles, parceque l'expérience a prouvé que les angles servent de réservoir à l'air mortel et à la mauvaise odeur; il n'en coûte pas plus de bâtir en rond qu'en carré. Tout autour de ce premier mur, laissez un pied ou même dix-huit pouces d'espace, et au-delà; élevez un nouveau mur en bonne maçonnerie et en mortier. A mesure qu'on élèvera ce mur intérieur, de vingt pouces au moins d'épaisseur, faites remplir le vide qui se trouve entre les deux murs avec de l'argile ou terre grasse pas trop humide; et à chaque couche de trois pouces, il faut la battre et la corroyer, afin qu'elle ne fasse qu'un seul et même corps. C'est de la compacité de cette argile que dépend tout le succès de l'ouvrage. Les murs les plus épais et les mieux faits ne pourroient, à la longue, empêcher l'infiltration, quand même on se serviroit de pouzzolane. La pouzzolane, il est vrai, retient l'eau ; mais l'urine, les matières fécales la décomposent à la longue, ainsi que le mortier. Il n'y a que la terre argileuse qui résiste efficacement. Dès que les murs de la fosse seront à la hauteur convenue, il reste encore quatre objets à observer ; c'est-à-dire, le pavé, la voûte, la poterie et les soupiraux.

Le fond de la fosse doit être également garni d'argile bien battue et bien corroyée, et l'épaisseur de la couche sera d'un pied au moins ; sur cette couche on étendra un fort lit de mortier, dont le sable aura été passé au gros sas. Lorsqu'il aura un peu perdu de sa trop grande humidité, on rangera les pavés le plus près qu'il sera possible les uns des autres, et les interstices seront remplis avec du mortier clair. Lorsque tous les pavés seront placés, l'ouvrier fera jouer la demoiselle pour les enfoncer, et les enfoncer tous également. Ces moyens empêcheront toutes les infiltrations.

La forme de la voûte pour les fosses n'est point indifférente. Si elle est trop surbaissée, le courant d'air aura moins d'action. Elle doit ressembler aux voûtes des anciens, c'est-à-dire, décrire un arc de cercle aigu au sommet ; et la clef ou ouverture pour descendre dans la fosse doit être placée directement au milieu.

La poterie qui communique aux différens cabinets de la maison sera placée le plus perpendiculairement qu'on le pourra, et on évitera avec grand soin les coudes et les plans inclinés, parcequ'ils retiennent toujours quelque peu de matière qui y séjourne, et par conséquent qui infecte.

Aux deux côtés opposés de la fosse pratiquez deux soupiraux qui s'élèveront, avec la maçonnerie du bâtiment ou contre la maçonnerie, jusqu'au-dessus du toit. Sur l'un, pratiquez un petit moulinet, dont les ailes seront en fer battu ou en tôle peinte à l'huile. L'axe qui tiendra à ces ailes sera supporté, aux deux extrémités, sur les côtés du soupirail, de manière que la moitié des ailes soit cachée dans le soupirail, et l'autre moitié l'excèdera. Au moindre vent les ailes, mises en mouvement, chasseront de l'air frais ; et, par le moyen du second soupirail, il s'établira un courant d'air dans la fosse, qui entraînera par le haut toute la mauvaise odeur, et par conséquent elle ne se communiquera pas dans les appartemens. L'air des fosses est un air vicié, mortel, et beaucoup plus lourd que l'air de l'atmosphère. On voit par conséquent combien peu sert un seul soupirail.

On distingue, dans les fosses pleines, la croûte, la vanne, l'heurte et le gratin. La *croûte* est à la surface de la matière, et la couvre dans toute son étendue. Quelquefois cette croûte totale est soulevée complètement par l'air mortel qui est par-des-sous. La *vanne* est la partie intérieure au-dessous de la croûte ; elle est liquide , quelquefois verte , et répand l'odeur la plus infecte. L'*heurte* est un amas pyramidal de matières qui répond aux poteries sous lesquelles on le trouve. Le *gratin* est la ma-tière adhérente aux parois et au fond de la fosse. On vient de voir que la croûte étoit souvent soulevée et tenue, pour ainsi dire en l'air , par l'air méphitique qui est par-dessous. Jetez dans la fosse, par exemple , un boisseau de chaux réduite en poudre , et, s'il est possible, agitez la matière, et elle s'affais-sera aussitôt , de sorte que l'on pourra attendre plusieurs mois et même une année avant de la faire nettoyer. Ce n'est pas la croute seule qui s'affaisse , mais la totalité de la matière.

Il n'y a point d'année ni de mois que l'ouverture des fosses d'aisance et leur nettoiement ne coûtent la vie à des malheureux, sur-tout dans les petites villes et dans les campagnes , parceque les ouvriers, condamnés par la misère à ce genre de travail, en ont peu d'habitude, et par conséquent sont exposés à tous les dangers que des hommes plus exercés connoissent et savent éviter au moins en partie. Le lecteur pardonnera le dégoût qui résulte du sujet dont on parle en faveur du motif.

Outre la première propriété de la chaux dont on vient de parler , elle a encore celle de désinfecter l'air renfermé dans la fosse. Ce n'est donc point un moyen à négliger lorsqu'il s'agit de les vider ; mais le plus court, le plus efficace et le plus constant , c'est d'établir un fourneau sur la lunette de l'appar-tement le plus élevé de la maison. J'avois vu suivre ce procédé pour attirer , à l'extérieur des mines, l'air corrompu qui règne dans ces galeries souterraines, et souvent à plus de cent et de deux cents pieds au-dessous du niveau de l'entrée. Je le pro-posai à M. Cadet de Vaux si connu par son zèle patriotique, et qui s'occupoit alors, avec MM. Laborie et Parmentier, de la manière de désinfecter les fosses de Paris. Le succès répondit à leur attente; et ils ont tellement perfectionné cette manipu-lation , qu'il est impossible de voir périr aujourd'hui un seul ouvrier qui suivra leur méthode. Voici comment ces messieurs s'expliquent dans l'ouvrage qu'ils firent imprimer en 1778 , sous le titre d'*Observations sur les fosses d'aisance , et sur les moyens de prévenir l'inconvénient de leur vidange......* « Sur un des sièges d'aisance est placé un fourneau. Il est composé d'une tour sans fond ni porte, garni d'une chappe, portant à sa partie antérieure la porte mobile par laquelle s'introduit le charbon sur une grille placée à quelques pouces de la base du fourneau ; à cette chappe sont adaptés des tuyaux de tôle qui ont leur issue en dehors de la maison.

« A peine l'intérieur de ce fourneau est-il échauffé par le

charbon qui s'allume, que, si l'on vient à présenter un papier allumé à la porte de la chappe, la vapeur qui traverse prend feu et produit une flamme vive et brillante.

« Le charbon, une fois allumé, cette flamme devient un brandon constant qui s'élève de deux à trois pieds au-dessus de la chappe, quand on la débarrasse de ses tuyaux. Elle est fort différente, par sa légèreté et son volume, de celle d'un simple brasier de charbon. Cette flamme n'en diffère pas moins par sa couleur et par l'odeur qu'elle répand. On ne peut mieux la comparer à cet égard, qu'à la vapeur enflammée d'une disso-lution de fer dans l'acide vitriolique (sulfurique.)

« La première fois que nous fîmes cette expérience, c'étoit dans une maison où le local n'avoit point permis de choisir l'emplacement le plus convenable du fourneau. Il étoit au rez-de-chaussée, et les tuyaux n'avoient point d'issue en dehors du cabinet. L'odeur d'acide sulfureux volatil qui se répandit dans la maison étoit si forte, que nous ne voulûmes croire qu'elle venoit du fourneau qu'après nous être assurés qu'on ne brûloit point de soufre dans la maison. Nous avons fait res-pirer des oiseaux, des chats, au-dessus des tuyaux qui condui-soient ces vapeurs; non seulement ils n'ont plus respiré la mort, mais même ils n'ont paru affecté d'aucune sensation incommode. Nous avons été long-temps exposés à cette vapeur, sans en avoir éprouvé d'autre déplaisance que celle de l'acide volatil sulfureux que nous respirions.

« Ce n'est pas tout, nous avons observé que le feu supérieur rend le plus grand service aux ouvriers qui travaillent dans la fosse. Pour en juger, nous laissâmes éteindre le feu, et aussitôt l'ouvrier fut obligé de sortir; un second ouvrier ne put s'en retirer qu'à l'aide de ses camarades; et un troisième y seroit mort s'il n'avoit été secouru promptement.

« L'opération du fourneau exige que tous les sièges soient bouchés et scellés exactement, sans quoi le courant d'air se-roit dérangé, et une partie de l'odeur portée dans les appar-temens. Il est encore avantageux d'établir un second fourneau dans la fosse même, supporté par un trépied sur la matière : ses tuyaux de tôle doivent répondre à la poterie qui correspond au soupirail supérieur. »

Ce moyen bien simple et peu coûteux peut encore être mis en usage pour tous les souterrains remplis d'air mortel, et où celui qui y descendroit paieroit de sa vie son imprudence. Aux mots ASPHYXIE, MOFETTES, on indiquera les remèdes et les moyens nécessaires pour rappeler à la vie les asphyxiques.

Les fosses d'aisance pour les gens de la maison exigent moins de précautions que les autres, parcequ'elles doivent être net-toyées, au plus tard, tous les quinze jours. Le coin d'une cour, dans la partie la plus reculée de la ferme, un mur léger par devant, une porte et une toiture passable, suffisent. Une planche large et épaisse de six pouces doit recouvrir un petit mur, et encore mieux une séparation en planches fortes. Le fond du cabinet d'aisance, ainsi que la circonférence des murs sera garni de terre glaise bien corroyée, afin d'empêcher l'infiltration. La fosse aura deux pieds de profondeur, ou trois tout au plus, et sera aussi large que le cabinet. Elle sera recouverte par des planches mobiles et fortes qui porteront, par leurs extrémités, sur des chevrons fixés au mur. Cette fosse sera remplie de mauvaise paille jusqu'à la moitié pendant l'été, et tous les quinze jours ou toutes les trois semaines, le fumier en sera enlevé. Le point qui désigne le moment de l'enlever est lorsque la paille paroît bien humectée. Il convient même, en la jetant dans la fosse, de l'asperger de quelques sceaux d'eau. Dans l'hiver, comme la putréfaction s'exécute avec plus de lenteur, chaque semaine on mettra de la paille nouvelle, et on restera six semaines ou deux mois avant de l'enlever. Les planches mouvantes facilitent son extraction.

Le fumier qui résulte de ces soins n'est pas au point où il doit être ; il faut qu'il éprouve un nouveau genre de fermentation, et par conséquent une nouvelle combinaison. Pour cet effet, après l'avoir extrait de la fosse, faites-le porter dans l'endroit que vous consacrez aux fumiers. Là, sur un lit de demi-pied, couvrez-le d'un lit de bonne terre de trois pouces d'épaisseur, et ainsi successivement à mesure que l'on en retirera de la fosse. Le lit ou la couche supérieure doit nécessairement être en terre bien battue. Cette terre retiendra la chaleur dans la masse, et empêchera sa trop prompte opération. D'ailleurs, l'ardeur du soleil dessècheroit la couche de paille, et détruiroit les principes de l'engrais. Il est important que la place où sera déposé cet excellent engrais soit plus large que le monceau, et ait un pied de profondeur au-dessous du niveau du terrain, parceque ce fossé retiendra les eaux, entretiendra une humidité nécessaire à la fermentation de la masse. Lorsque l'on s'apercevra que l'eau du creux commencera à s'évaporer entièrement, n'attendez pas le moment de siccité avant d'en donner de nouvelle, sur-tout dans l'été : ce fumier prendroit bientôt le *blanc*, et il se consumeroit en pure perte. C'est alors le cas de faire des trous sur le haut de la masse avec de longues perches, afin que l'eau qu'on y jettera la pénètre dans toutes ses parties, et, l'opération finie, les trous seront rebouchés avec de la terre. On peut, à la seconde année, employer ce fumier en toute sûreté, et il produira, à coup sûr, le meilleur effet, sur-tout dans les terres compactes et argileuses.

Dans quelques parties de la Flandre et de l'Artois, on cherche moins de précautions. On délaye dans l'eau les matières stercorales, et on répand cette eau avec de grandes cuillers, et par aspersion, sur les champs qu'on vient de semer.

Il est bien étonnant que, dans plus de la moitié de la France, on laisse perdre un engrais si supérieur. Tous les habitans de la métairie vont soulager la nature derrière un mur, et le propriétaire, imbécille pour son intérêt, ne sait pas leur procurer des fosses d'aisance.

On objectera peut-être que cet engrais communique aux plantes un mauvais goût, une mauvaise odeur. Cela est vrai si on l'emploie en forte quantité et frais ; mais préparé ainsi qu'il vient d'être dit, j'ai la preuve la plus complète et la plus forte du contraire. Une ménagerie composée de six ou huit personnes peut fournir, par an, dix fortes charretées de ce fumier en y comprenant la paille et la terre.

*Voyez* aux mots Excrémens humains et Poudrette. (R.)

AJUSTER. *Voyez* ferrure.

AJUTAGE. Trou destiné à laisser sortir un fluide du lieu où il est artificiellement retenu. Un robinet est un ajutage ; un jet d'eau est un ajutage. (B.)

AIREI. C'est un synonyme d'arroser les prés par irrigation dans le département des Deux-Sèvres.

ALAISE, allonge ou bride. Brin d'osier, de jonc ou de paille, qu'on attache à une branche d'espalier et à une barre de treillis, pour suppléer au défaut de longueur de cette branche. *Voyez* au mot Palissage. (B.)

ALAMBIC. On appelle alambic un appareil destiné à séparer et recueillir les principes volatils des substances végétales ou animales.

Il paroît que les anciens ne connoissoient point ces sortes d'appareils, et nous n'avons commencé à avoir des procédés qui présentent quelque analogie avec ceux qui servent aujourd'hui à la distillation que dans les 13e et 14e siècles. Alors les alambics, comme ceux de nos jours, étoient composés de trois pièces principales :

1º Une chaudière ou *cucurbite*, dans laquelle on met les matières qu'on veut distiller pour en séparer et recueillir les produits volatils.

2º Un chapiteau qui recouvre la chaudière et la ferme bien hermétiquement pour qu'il n'y ait pas déperdition de la substance volatilisée.

3º Un *serpentin*, ou tuyau en spirale, pour recevoir et condenser les produits volatils qui se sont élevés de la chaudière, et sont transmis dans le serpentin par un bec pratiqué sur le côté du haut du chapiteau.

Vers la fin du 16ᵉ siècle, et successivement dans le 17ᵉ et le 18, on a proposé des changemens dans les formes de l'a-lambic qui ont amené des améliorations dans cet appareil.

En 1609, Porta, auteur napolitain, a proposé d'adapter à la chaudière un tuyau en forme de serpent ; et dans le même ou-vrage, imprimé à Strasbourg sous le titre de *Distillationibus*, il présente un nouvel appareil dans lequel la chaudière est sur-montée de plusieurs chapiteaux qui communiquent les uns aux autres par une ouverture pratiquée à leur partie supérieure, et versent le produit, qui se condense dans chacun d'eux, par un bec placé sur le côté dans un récipient particulier. A l'aide de cet appareil, il obtenoit de la même distillation, et en même temps, tous les degrés de spirituosité possibles, selon que la vapeur spiritueuse se condensoit dans un chapiteau plus ou moins élevé.

En 1669, Nic. Lefèvre a proposé de placer un long tuyau sinueux entre la chaudière et le chapiteau, pour parvenir au même résultat que Porta, c'est-à-dire pour obtenir un produit plus dépouillé de flegme (eau.)

On a vu successivement Barchusen, Boerhaave, Thavas, Poissonnier, enrichir l'art de la distillation de procédés plus ou moins parfaits, mais qui tous tendoient à dépouiller le produit volatilisé de la plus grande partie de son flegme, pour obtenir d'une seule opération le résultat le plus éthéré possible.

Vers 1780, la société libre d'émulation de Paris ayant pro-posé pour sujet d'un prix *la meilleure manière de construire les alambics et fourneaux propres à la distillation des vins*, le mé-moire de M. BAUMÉ, qui fut couronné, fit rétrograder l'art de la distillation, en consacrant des principes qui paroissent avoués par la théorie, mais qui sont démentis par la pratique. On y condamna les longs tuyaux à travers lesquels on faisoit passer les vapeurs ; on ne vit en eux qu'une suite d'obstacles multi-pliés qui s'opposoient à l'ascension des vapeurs et pesoient sur le liquide de la chaudière. On compara l'effort qu'éprouvent les vapeurs à la difficulté qu'elles subissent lorsqu'elles s'échappent de l'éolipile, etc. Enfin, le résultat de ce travail fut d'élargir la partie supérieure des chaudières, de supprimer le long tuyau qui séparoit la chaudière du chapiteau, de rafraîchir le chapi-teau par une couche d'eau pour condenser les vapeurs à mesure qu'elles s'élèvent, etc. ; et l'on ne vit pas que ces tuyaux avoient l'avantage, par un premier refroidissement, d'opérer la con-densation de la partie aqueuse qui se volatilise, tandis que la partie purement spiritueuse alloit se condenser plus loin.

De nos jours on est heureusement revenu aux anciens prin-cipes, et plusieurs établissemens formés dans le midi nous présentent de si grands degrés de perfection, qu'on ne peut plus les comparer à ce qui existoit à la fin du dernier siècle.

Edouard Adam, en combinant les moyens d'appliquer la chaleur par les vapeurs, d'après les principes de M. de Rumfort, avec les procédés du 16e siècle sur la condensation des matières spiritueuses, a construit des appareils qui produisent les plus grands effets, et donnent à volonté les degrés de spirituosité qu'on désire. A l'aide de tubes plongeurs, comme dans l'appareil de Woulf, il fait passer la vapeur, qui s'élève de la chaudière, dans de grands vaisseaux qui contiennent du vin. Par ce moyen, et avec le secours d'un seul foyer, il met en ébullition une quantité prodigieuse de ce liquide : les vapeurs spiritueuses qui s'en élèvent sont reçues dans une série de cases rafraîchies par l'eau, où s'opère la condensation des parties les plus phlegmatiques qui sont ramenées dans la chaudière par des conduits particuliers. Les parties les plus spiritueuses, en sortant de ces cases, vont se rendre dans un serpentin dont le vaisseau est rempli de vin ; là elles se condensent et donnent au vin un degré de chaleur assez notable. Ce vin est destiné à alimenter la chaudière. Les vapeurs condensées passent ensuite dans un serpentin rafraîchi par l'eau, d'où elles tombent dans le vase destiné à les recevoir.

Il est évident qu'en faisant parcourir à la vapeur plus ou moins de cases, on l'obtient plus ou moins déphlegmée, de sorte qu'à volonté on peut obtenir de la même chauffe tous les degrés de spirituosité connus dans le commerce.

Cet appareil n'a que l'inconvénient d'être dispendieux ; mais on peut le regarder comme celui qui réunit le plus d'avantages.

Isaac Bérard, fabricant d'eau-de-vie à Calvisson, dans le département du Gard, a proposé un appareil extrêmement simple et peu coûteux qui réunit tous les avantages qu'on peut désirer. Il conserve la chaudière et le serpentin ordinaires, et il se borne à interposer, entre les deux pièces principales de l'appareil distillatoire, un cylindre d'environ cinq pieds de long, sur huit pouces de diamètre. Ce cylindre est cloisonné dans son intérieur par des diaphragmes perpendiculaires aux côtés, lesquels établissent des cases qui communiquent entre elles par des ouvertures placées dans le haut pour laisser passer les vapeurs, et par des ouvertures placées dans le bas pour ramener dans la chaudière la liqueur phlegmatique condensée. Ce cylindre est baigné dans l'eau à 60 degrés de température ; il est légèrement incliné vers la chaudière, dont il reçoit les vapeurs à l'aide d'un tuyau qui s'élève perpendiculairement du milieu de son couvercle, et il communique au serpentin par un autre tube de cuivre. Jusquelà le cylindre ne seroit qu'un *condensateur* ; mais, à l'aide de robinets placés de distance en distance, on fait parcourir plus ou moins de cases à la vapeur qui s'élève de la chaudière, et on a, par ce moyen, les degrés de spirituosité qu'on désire. On peut même diriger de suite dans le serpentin la vapeur qui vient de la chaudière, lorsqu'on a le projet d'obtenir une eau-de-vie foible.

Nous discuterons très en détail les divers avantages de ces alambics lorsque nous parlerons de la DISTILLATION ; et je renvoie le lecteur à ce mot, pour avoir de plus grands éclaircissemens sur cette importante opération. (CHAP.)

ALATERNE. Arbuste du genre des NERPRUNS, *rhamnus*, Lin., qui croît naturellement dans les lieux humides des parties méridionales de l'Europe, et qu'on cultive dans les jardins d'agrément des parties septentrionales, parcequ'il conserve toujours ses feuilles et qu'il est d'un aspect agréable.

Cet arbuste a les feuilles alternes, ovales, dentées, et les fleurs petites, verdâtres, disposées en grappes axillaires, et tantôt mâles, tantôt femelles, tantôt hermaphrodites, sur le même ou sur différens pieds. Il s'élève de quinze à vingt pieds dans son pays natal, et fournit un grand nombre de variétés dont les principales sont : 1º à feuilles ovales plus grandes : d'Espagne ; 2º *idem*, marbrées de jaune ; 3º à feuilles rondes, presque épineuses, ainsi que les rameaux : de Mahon ; 4º à feuilles lancéolées, plus profondément dentées : de Montpellier ; 5º *idem*, bordées de blanc ; 6º *idem*, bordées de jaune ; 7º à feuilles presque en cœur : d'Italie ; 8º à feuilles ovales, sans dentelures : d'Espagne.

Les variétés non marbrées se reproduisent de semence, au rapport de Müller, ce qui sembleroit indiquer que ce sont des espèces ; et, en effet, je les ai vues quelquefois à côté les unes des autres en Espagne et en Italie ; mais leur différence est trop peu considérable pour mériter les honneurs de noms particuliers.

Dans les pays où les alaternes croissent naturellement on en fait des haies. Leurs fagots servent à chauffer le four, et leurs troncs, lorsqu'ils sont plus gros que le bras, sont employés dans l'ébénisterie. Leur bois est dur, serré, pesant, susceptible d'un beau poli et de prendre la teinture. Leurs fruits sont purgatifs et peuvent suppléer ceux du nerprun dans la fabrication du vert-de-vessie.

Dans le nord de l'Europe, aux environs de Paris, par exemple, ils ne servent qu'à l'ornement des jardins. Ils y produisent un très bel effet, sur-tout pendant l'hiver. Les variétés panachées jouent avec les autres d'une manière très pittoresque lorsqu'elles sont disposées convenablement.

La graine des alaternes réussit rarement dans le nord, et on est obligé de la tirer du midi. Il faut la semer aussitôt qu'elle est mûre ou la stratifier dans du sable humide ou dans de la terre, encore est-on souvent, malgré cela, obligé d'attendre sa germination jusqu'au printemps suivant. Loin qu'il soit nécessaire de la nettoyer de sa pulpe, cette opération devient nuisible puisqu'elle accélère sa dessication. On doit simplement écraser les baies dans de la terre, et frotter le tout entre les mains, pour écarter ou séparer les grains, et pouvoir par conséquent les semer plus également.

Comme le plant gèleroit immanquablement si on le laissoit exposé aux froids pendant ses premières années, il est indispensable de semer dans des caisses qu'on puisse rentrer dans l'orangerie aux approches de l'hiver. Dans les pépinières bien montées on sème dans des pots, qu'on enterre dans une couche, sous un châssis. Par cette méthode on est plus certain de la réussite et on obtient de plus beaux plants. La terre de ces caisses ou de ces pots doit être composée d'un tiers de terre de bruyère, d'un tiers de terre franche, et d'un tiers de terreau de couche, c'est-à-dire d'une terre en même temps légère et substantielle. Les arrosemens ne doivent pas être épargnés, mais il ne faut pas qu'ils soient trop copieux. On peut repiquer le jeune plant dans des pots à la fin du premier été, mais beaucoup de personnes préfèrent attendre la fin du second. Celles qui veulent faire leur repiquage en pleine terre doivent toujours être du nombre de ces dernières. Dans ce cas, il faut choisir un local garanti des vents froids par un mur ou autre abri, et susceptible d'être facilement couvert pendant l'hiver. La terre en sera analogue à celle dont la nature a été mentionnée plus haut.

Quelques précautions qu'on prenne, on perd toujours une certaine quantité de pieds d'alaternes par suite de leur transplantation. Il est toujours bon, en conséquence, de les transplanter le moins possible; donc la culture en pots doit être préférée. Aussi est-ce celle que l'on suit dans les pépinières de Paris.

Ce n'est guère qu'à quatre à cinq ans que les alaternes sont arrivés au point de pouvoir être transplantés à demeure. C'est au printemps, immédiatement après les gelées, que se fait cette opération. On doit croire, par ce qui vient d'être dit précédemment, qu'il faut encore alors les placer dans une bonne exposition, contre un mur au midi, par exemple; mais le fait est qu'ils y gèleroient bien plus certainement que s'ils étoient plantés à toute autre place. Un abri produit par un mur ou un massif d'arbres résineux est ce qui leur convient. On les empaille souvent pendant l'hiver; mais comme cette opération les déforme, est embarrassante, et ne remplit pas toujours son but, beaucoup d'amateurs aiment mieux courir la chance de la gelée, attendu qu'il est rare qu'elle atteigne les racines; et que lorsque la tige a été coupée par suite de cet évènement, ces racines poussent des rejets d'une vigueur telle que l'arbre, ou mieux, le buisson est refait dès la seconde année. Je dis le buisson, parceque c'est la forme la plus agréable de cette espèce, et qu'en conséquence on doit la lui laisser toujours.

. Les alaternes se multiplient aussi de marcottes, et ordinairement ces marcottes sont enracinées la seconde année. Cependant on est obligé d'attendre quelquefois la troisième. Comme les sujets ainsi produits ne sont pas si beaux ni si rustiques que ceux venus de graines, on réserve, lorsqu'on a des graines, cette sorte de multiplication pour les variétés panachées. C'est au commencement du printemps qu'il est le plus avantageux de l'entreprendre. Il convient dans ce cas d'arroser les pieds pendant les grandes sécheresses.

Les boutures d'alaternes réussissent quelquefois; mais leur succès est si incertain qu'on s'occupe très rarement d'en faire.

On greffe aussi les variétés panachées en écusson à œil dormant sur l'espèce. Ces variétés, même provenant de marcottes, sont sujettes à avoir des branches non panachées. Il faut les couper sans rémission, quoique cela nuise à la beauté de l'individu. (TH.)

ALBERGE. Variétés de PÊCHE et d'ABRICOT. *Voyez* ces mots.

ALBUGO. MÉDECINE VÉTÉRINAIRE. On donne ce nom à une pustule qui naît entre les lames de la cornée des yeux des animaux domestiques, supure légèrement, cause de grandes douleurs, et est souvent cause de la perte de la vue, et même de la mort.

On reconnoît l'albugo à une tache blanche qui occupe une partie ou toute l'étendue de la cornée transparente, à l'inflammation, au larmoiement de l'œil, à la tristesse et au dégoût.

Il paroît que cette maladie, qui est quelquefois endémique, reconnoît plusieurs causes difficiles à désigner; mais il en est une qui agit plus souvent, c'est celle du passage fréquent d'un lieu obscur à un lieu très éclairé. En effet, les vaches qui ne sortent de l'écurie qu'après la récolte des foins, c'est-à-dire à l'époque de l'année où la lumière du soleil est la plus vive, en sont plus fréquemment affectées que celles qui vont pendant toute l'année au pâturage. Il est aussi des cas où cette maladie est produite par un coup ou une piqûre.

Souvent l'albugo se guérit de lui-même en assez peu de temps, souvent aussi la plaie cesse de supurer, et la tache reste long-temps, même pendant toute la vie de l'animal. On en a vu se compliquer avec le charbon, la dyssenterie et autres maladies. Sa cure locale consiste à bassiner l'œil avec de l'eau tiède aiguisée d'eau-de-vie, et même à y mettre de légères compresses qu'on mouille souvent. Sa cure générale est de donner aux animaux une nourriture fraîche et de la bonne eau, de les tenir dans des écuries très aérées, et de les

purger légèrement, soit par des breuvages, soit par des lavemens. La saignée et des sétons conviennent aussi lorsqu'il est
opiniâtre et qu'il tend vers la malignité. ( B. )

ALBUMINE. C'est la matière du blanc d'œuf. Elle est principalement caractérisée par la faculté de se coaguler par la chaleur. On l'emploie à coller, à clarifier les vins et autres liqueurs.

La partie séreuse du sang, l'humeur vitrée de l'œil, la
lymphe, le lait, l'eau des hydropiques, etc., contiennent de
l'albumine, de sorte qu'elle joue un grand rôle dans l'économie
animale.

Fourcroy, à qui on doit un très important travail sur l'albumine, a reconnu qu'elle existoit aussi dans les végétaux,
principalement dans les crucifères, et que c'étoit à elle qu'on
devoit attribuer la formation de l'ammoniac que les plantes
de cette famille dégagent pendant leur décomposition. « Cette
substance, dit ce célèbre chimiste, existe en général dans toutes
les parties vertes, molles et succulentes des plantes; mais le
bois sec n'en donne plus, parcequ'elle y a pris la consistance
solide. J'ai reconnu que toutes les substances végétales acides, et
en particulier les fruits, ne contiennent pas un atome d'albumine, et qu'on y trouve au contraire constamment de la gélatine. J'ai vu souvent l'albumine du sang former avec les acides
nitrique, muriatique et acéteux, une espèce de gelée soluble
dans l'eau, fusible par la chaleur, et coagulable par le refroidissement : il seroit donc possible que l'albumine, qui existe dans
toutes les substances végétales jeunes et dépourvues d'acide,
se convertît en substance gélatineuse, par sa combinaison avec
ces acides, et à mesure que ceux-ci se forment par les progrès
de l'âge et de la végétation. »

Les conséquences de ces aperçus peuvent avoir un jour la
plus grande influence sur la physiologie animale et végétale.
*Voyez* au mot GÉLATINE.

L'albumine absorbe l'oxigène, et elle se durcit d'autant plus,
qu'elle en a plus absorbé. Voilà pourquoi les œufs frais cuisent
plus difficilement que les autres. C'est peut-être à cette absorption qu'on doit l'altération des œufs, si prompte dans les jours
orageux. *Voyez* ŒUF. ( B. )

ALCALI. *Voyez* ALKALI. ( B. )

ALCARAZAS. Vases d'argile peu cuite, minces et très poreux, dans lesquels on met de l'eau pour la rafraîchir, par le
moyen de leur exposition au soleil. On fait beaucoup usage de
ces vases dans les parties méridionales de l'Espagne, sur la côte
de Barbarie, en Égypte et autres pays chauds.

Il peut paroître surprenant, à ceux qui n'ont pas observé
les phénomènes physiques, qu'on expose de l'eau au soleil pour
la rafraîchir; mais le fait s'explique très bien par l'évaporation

de la partie de cette eau qui transsude à travers le vase, laquelle entraîne d'autant plus le calorique, que la chaleur est plus forte.

Pour rendre les alcarazas plus poreux, on fait entrer du sel dans leur composition, sel qui en fondant laisse des vides irréguliers.

Il est très facile de suppléer aux alcarazas d'une manière avantageuse avec des vases de métal, d'argent, par exemple, extrêmement minces, qu'on entoure d'un linge qu'on trempe dans l'eau et qu'on expose au soleil. Je dis d'une manière avantageuse, 1° parceque les métaux sont meilleurs conducteurs de la chaleur que l'argile, et qu'ils la transmettent par conséquent plus facilement à l'eau extérieure; 2° parceque les vases d'argile communiquent toujours un goût peu agréable à l'eau, sur-tout quand ils sont nouveaux.

Les cultivateurs qui n'ont pas d'eau de source ou de puits à leur portée pour rafraîchir leur boisson peuvent employer ce dernier moyen; car non seulement une boisson fraîche est agréable pendant l'été, mais encore elle est utile, puisqu'elle donne du ton à l'estomac et est antiseptique. ( B. )

ALCEE, *Alcea*. Genre de plante de la monadelphie polyandrie et de la famille des malvacées, qui renferme trois espèces d'une grandeur et d'une beauté remarquable, dont une décore fréquemment les jardins d'agrément.

Il ne faut pas confondre les alcées dont il est ici question, et que les jardiniers connoissent sous les noms de *mauve rose*, *passe rose*, *rose tremière*, avec l'alcée des herboristes, qui est une espèce de *mauve*.

La principale de celles-ci, l'ALCÉE ROSE, a les feuilles alternes presque en cœur, a cinq ou sept lobes crenelés ou anguleux, velues, souvent larges d'un demi-pied, et se présentent toujours dans le sens de leur largeur; les tiges velues, souvent hautes de six à huit pieds, et rarement rameuses; les fleurs grandes, et solitaires dans l'aisselle des feuilles supérieures, ou mieux, des bractées. Elle est originaire de l'Orient, d'où on dit qu'elle a été apportée en Europe du temps des croisades. On la trouve naturalisée dans quelques cantons des parties méridionales de la France. Elle fournit un grand nombre de variétés tirées principalement de la couleur de ses fleurs et de leur plus ou moins grand nombre de pétales; on en voit de toutes les nuances du rouge, du jaune et du blanc; de panachées dans toutes les proportions; de simples, de semi-doubles et de doubles. Elles ont le plus souvent trois à quatre pouces de diamètre, mais elles acquièrent quelquefois près d'un demi-pied.

Cette plante est naturellement bisannuelle; mais ordinairement, sur-tout lorsqu'on en coupe les tiges avant la maturité des graines, elles subsistent trois, quatre et cinq ans. Comme elle ne fleurit que la seconde année, on la sème rarement sur place; et comme sa beauté dépend de sa vigueur et de son plus ou moins de pétales, il faut la semer au printemps sur couche, ou dans un terrain bien fumé, bien labouré, chaud et humide, pour la mettre en place, à la même époque de l'année suivante, dans un trou rempli de terreau. On sait que lorsqu'elle a été semée sur couche, il est indispensable de repiquer ce plant en pleine terre un mois ou deux après. En général il est avantageux d'en retarder la floraison, pour que les racines aient plus de vigueur, puissent pousser des tiges plus hautes et plus nombreuses; en conséquence on doit couper, ou mieux, tordre celles qui, par extraordinaire, voudroient s'élever la première année. Il est bon de les arroser souvent dans leur jeune âge et après leur transplantation; mais une fois montées, il faut ne leur plus donner d'eau, du moins dans les pays du nord, car ce seroit risquer de les faire pourrir. Une fois qu'elles commencent à donner des fleurs elles ne demandent plus que des sarclages. Avant que leurs dernières fleurs soient épanouies, il est bon, comme je l'ai déjà fait entendre, de couper les tiges rez-terre, pour que les racines ne meurent pas, c'est-à-dire deviennent triennes et plus. Il se fait une nouvelle pousse d'automne qui gèle aux premiers froids, mais la racine n'est jamais, ou du moins rarement, attaquée par les gelées.

Peu de plantes sont plus propres à la décoration des parterres que l'alcée rose; mais il faut ou que ces parterres soient d'une grande étendue, ou qu'il y en ait un petit nombre, car quelque soin qu'on mette à varier les nuances des couleurs des fleurs, à les faire même contraster, leur abondance produit la monotonie. Elles ne produisent pas de moins brillans effets dans les jardins paysagers; mais là elles ont encore plus besoin d'être ménagées. C'est à l'angle produit par la réunion de deux chemins, autour d'un arbre isolé, etc., qu'elles sont le plus avantageusement placées. Leur floraison se fait successivement pendant une partie de l'été et de l'automne, c'est-à-dire que deux ou trois fleurs sur chaque tige s'épanouissent chaque jour, en commençant par le bas. La plupart du temps il faut leur donner un support de six ou huit pieds de haut, pour les garantir des efforts des vents qui ont beaucoup de prise sur leurs larges feuilles.

L'ALCÉE A FEUILLES DE FIGUIER et l'ALCÉE DE LA CHINE s'élèvent moins et ne varient point dans leurs couleurs. Elles sont plus délicates, plus sveltes, si on peut se servir de cette expression, que la précédente. Elles demandent plus de chaleur et sont plus sensibles aux variations de l'atmosphère. Du reste, elles exigent la même culture.

Toutes les alcées, ayant de fortes racines pivotantes et des tiges très hautes et souvent très nombreuses, épuisent rapidement le terrain. Il faut, en conséquence, n'en jamais planter deux fois de suite dans la même place; et lorsqu'on les conserve plusieurs années, il faut ou renouveler la terre autour de leurs racines, ou leur donner du fumier en abondance.

Les tiges des alcées sont très propres à augmenter la masse des fumiers, à chauffer le four. On pourroit aussi en tirer de la potasse, et elles sont susceptibles de fournir de la filasse. (TH.)

ALCHEMILLE, *Alchemilla*. Genre de plantes de la tétrandrie monogynie et de la famille des rosacées, qui renferme une demi-douzaine de plantes vivaces, propres aux montagnes élevées et même alpines.

L'ALCHEMILLE VULGAIRE, appelée *pied de lion*, ou *perce-pierre*, a les feuilles presque toutes radicales, a neuf lobes crénelés et plissés, les fleurs verdâtres, et disposées en corymbes terminaux.

Cette plante ne fait pas un mauvais effet dans les jardins paysagers, quoiqu'elle ne s'élève que de huit à dix pouces, à raison de la grosseur de ses touffes et de la forme remarquable de ses feuilles. On doit donc l'y placer au milieu des gazons, autour des massifs. Elle peut se multiplier de graines; mais on préfère le déchirement des vieux pieds comme plus expéfitif. Un terrain un peu frais et une exposition un peu ombragée sont ce qui lui convient. (B.)

ALCOHOL, ou ALKOOL. C'est le nom que les chimistes modernes ont donné à l'esprit de vin très pur. Je dois en parler ici, parcequ'il en est souvent question dans les analyses végétales, et qu'on en fait usage dans plusieurs arts et dans la médecine vétérinaire. L'eau-de-vie n'est presque que de l'alcohol étendu d'une plus ou moins grande quantité d'eau.

Une transparence complète, une grande volatilité, une saveur âcre et chaude sont les caractères physiques qui distinguent l'alcohol.

Il brûle sans laisser de résidu et sans donner de fumée, mais en formant beaucoup d'eau, ce qui a fait conclure qu'il étoit composé de carbone, d'hydrogène et d'oxigène.

Une des propriétés chimiques les plus importantes de l'alcohol, c'est de dissoudre les résines sous quelque forme qu'elles se présentent.

Il sert immédiatement à la médecine comme stimulant, et médiatement en facilitant l'emploi des substances qu'il dissout.

On regarde généralement l'alcohol comme le produit de la décomposition du principe sucré pendant la fermentation vineuse. Il s'obtient par la distillation du vin et autres liqueurs analogues. *Voyez* aux mots FERMENTATION VINEUSE, VIN, SUCRE, ESPRIT DE VIN, EAU-DE-VIE et DISTILLATION. (B.)

ALÉNOIS. CRESSON ALÉNOIS. *Voyez* PASSERAGE CULTIVÉE.

ALEXANDRIN. LAURIER ALEXANDRIN. *Voyez* FRAGON.

ALGUES. Ce mot a différentes acceptions.

En histoire naturelle c'est une famille de plantes rampantes, souvent aquatiques, d'une nature coriace ou membraneuse, ,u gélatineuse, ou filamenteuse, dont la fructification est imparfaitement connue. Elle renferme principalement les genres *bysse, conferve, tremelle, ulve, varec, lichen, hépatique* et *jungermane.*

Sur les bords de la Méditerranée, il s'applique principalement à la *zostère marine;* et sur les côtes de l'Océan, il se donne généralement à toutes les plantes marines qui sont rejetées par les flots, c'est-à-dire à une réunion de conferves, d'ulves et sur-tout de varecs, dans laquelle il y a quelquefois de la zostère, des sertulains, des alcyons, et beaucoup d'animaux marins morts et même en partie putréfiés.

Les habitans des bords de la mer emploient par-tout ces dernières, ou à brûler pour faire de la soude, ou comme engrais; mais dans fort peu de lieux ils en tirent, sous ces deux rapports, tout le parti possible.

La récolte des varecs ne se fait que pendant l'été et successivement, c'est-à-dire lorsqu'il y en a suffisamment d'accumulés sur la grève pour mériter la peine de les ramasser. C'est après les grandes tempêtes qu'on en trouve le plus; dans beaucoup de lieux même on va les couper au fond de la mer, à des époques et d'après un mode fixé par les règlemens. Lorsqu'on veut les employer à faire de la soude, on les étend sur la grève, hors des atteintes des plus grosses marées, pour les faire sécher. Lorsque c'est pour servir d'engrais, on les réunit en petits tas.

La manière de brûler les algues pour fabriquer de la soude consiste à creuser une fosse plus profonde que large, et proportionnée à la quantité qu'on a à sa disposition, de mettre au fond quelques branches sèches ou quelques poignées de paille auxquelles on met le feu et sur lesquelles on jette ces algues par petites parties et successivement. L'art consiste à conduire l'opération de manière que la combustion soit la plus lente possible, parceque l'alcali se forme, en partie, par suite de l'incinération même, probablement au moyen de la décomposition de l'air, et qu'il faut lui donner le temps d'opérer ses nouvelles combinaisons : aussi est-ce pour retarder cette combustion que je propose de faire la fosse plus profonde que large, quoiqu'on le néglige ordinairement. Tel brûleur d'algues peut produire, avec les mêmes matériaux, le double de soude que tel autre. J'en ai l'expérience, si ce n'est pour les algues à l'incinération desquelles je n'ai jamais assisté qu'une seule fois, du moins pour la fougère. Toute la provision d'algue brûlée, on couvre la fosse avec des gazons, et on ne revient enlever les cendres qu'au bout de quelques jours ; car, tant qu'elles sont chaudes, il se produit, dit on, de l'alcali.

La soude provenant des varecs est la plus mauvaise de toutes celles qui sont dans le commerce. La meilleure ne contient peut-être pas douze livres d'alcali pur par quintal ; c'est un mélange de sable, de terre, de sel marin et autres : elle mérite rarement les frais de transport. On la consomme généralement dans les environs du lieu de la fabrication pour les lessives, dans lesquelles on peut l'employer brute, ou pour faire du savon, après qu'on l'a purifiée par la lexivation, l'évaporation et la calcination, procédés dont on verra le détail au mot SOUDE.

Les bénéfices de l'emploi des algues pour faire de la soude ne peuvent entrer en comparaison avec ceux qu'on en peut retirer en l'employant comme engrais : aussi, en France, les réserve-t-on aujourd'hui presque généralement pour ce dernier objet ; mais on connoît dans bien peu d'endroits la meilleure méthode de les employer.

Presque par-tout on répand les algues sur la terre immédiatement après qu'elles sont sorties de la mer ; mais alors elles sont surchargées d'une quantité de sel marin telle, qu'au lieu de porter la fécondité, elles amènent l'infertilité, et donnent même au grain une saveur et une odeur particulière fort désagréable. *Voyez* au mot ENGRAIS et au mot SEL MARIN.

Dans d'autres endroits, on les étend sur le sable, hors de la ligne des hautes marées, comme quand on veut les faire sécher, et on les y laisse jusqu'à ce que les eaux des pluies aient lavé tout le sel marin qu'elles retiennent. On évite alors l'inconvénient précédent, mais on tombe dans un autre ; c'est que ces algues desséchées deviennent coriaces, et exigent alors deux ou trois ans de séjour dans la terre pour se réduire en terreau. Ce n'est que dans les terres fortes, qui ont besoin d'être soulevées pour donner passage à l'eau et à l'air, qu'il peut être bon de les employer dans cet état. Les cultivateurs du département de la Manche estiment plus les algues qu'ils arrachent sur les rochers que celles qui sont jetées par les flots sur la plage, parceque leur décomposition est plus prompte.

Le véritable moyen de tirer tout le parti possible des algues, sous le rapport de l'engrais des terres, c'est de les stratifier, immédiatement à leur sortie de la mer, avec de la terre franche, de manière qu'il y ait alternativement un demi-pied d'épaisseur d'algue et un demi-pied de terre. Dans les pays où la chaux est à bon marché, il sera très utile d'en saupoudrer les lits.

d'algues, cela favorisant leur destruction et augmentant considérablement leur action. On fera ainsi des tas plus ou moins larges, plus ou moins hauts, de six pieds sur toutes les faces; par exemple, on battra l'extérieur pour le rendre uni et peu perméable aux eaux des pluies. Il s'établira dans le centre de ces tas une chaleur assez forte, qui facilitera la décomposition des sels et celle de l'algue, en combinera les principes avec la terre, de sorte qu'au bout d'un an on aura un excellent fumier qui portera la fertilité sur toutes les espèces de terre. L'algue n'est pas encore décomposée, il est vrai ; mais elle contient déjà tous les élémens de sa destruction, et elle ne tarde pas à devenir terre végétale. Lorsqu'on ne met pas de chaux, on est quelquefois obligé d'attendre deux ans et d'arroser fortement le tas pendant les chaleurs de l'été pour arriver au même résultat. Cependant on y arrive aussi sûrement, quoiqu'on ait dit le contraire, du moins sur les côtes du nord de l'Europe, où l'humidité est plus considérable qu'ailleurs.

Les effets de cette espèce d'engrais sont si marqués, qu'on s'est plaint qu'il faisoit toujours verser les grains, et que, par ce motif, on a osé proposer de le proscrire, comme s'il n'y avoit pas de moyen d'en diminuer l'activité en le répandant en moindre quantité et à des époques plus reculées. Je ne puis donc trop recommander aux cultivateurs des bords de la mer de ne laisser perdre aucune portion des algues qui y sont amenées par les flots, et d'y joindre, autant que possible, des poissons morts ou parties de poissons qui en augmenteront les facultés. J'ai vu avec peine sur quelques unes de nos côtes, à Dieppe par exemple, laisser perdre des poissons altérés, des intestins, des ouïes, et autres parties de poissons, qui, donnés à des cochons, ou stratifiés avec de la terre, eussent augmenté nos moyens de subsistance. L'homme est-il donc trop bien traité par la nature, pour dédaigner ainsi une partie des biens qu'elle lui offre? (B.)

ALIBOUFIER, *Styrax*. Petit arbre des parties méridionales de l'Europe, de la Turquie d'Asie et des côtes de Barbarie, qu'on cultive dans quelques jardins d'agrément, et qui donne, dans les pays chauds, une résine d'une odeur agréable, très employée en médecine et dans l'art du parfumeur sous le nom de *styrax solide*.

Cet arbre a les feuilles alternes, ovales, velues en dessous, les fleurs blanches et disposées en grappes axillaires plus courtes que les feuilles. On le multiplie de graines qu'on tire des parties méridionales de la France, et qui demandent à être semées dans des terrines, sur couche et sous châssis. On le multiplie aussi de marcottes qui prennent assez facilement racines. Il demande un sol léger et une exposition chaude, car, même dans le climat de Paris, il gèle assez souvent. Ordinairement on l'empaille aux approches de la mauvaise saison. Au reste, ses racines meurent rarement dans ce cas, et lorsqu'on coupe sa tige, elles poussent des rejets vigoureux qui dédommagent bientôt de la perte de cette tige.

L'aliboufier produit un agréable effet dans les bosquets des parties méridionales de la France, par le grand nombre de ses fleurs et la nuance du vert de ses feuilles. On en cultive dans quelques jardins deux autres espèces, l'ALIBOUFIER A LARGES FEUILLES et l'ALIBOUFIER A FEUILLES GLABRES, qui sont originaires de la Caroline, où j'ai été à portée d'apprécier leur beauté. Elles demandent la même culture que la précédente.

C'est de l'ALIBOUFIER BENJOIN, autre espèce naturelle à Sumatra, qu'on retire la résine de ce nom, dont l'odeur est si agréable, et dont on fait un si grand usage dans les parfumeries et en médecine. (B.)

ALIGNEMENT, ALIGNER. Il y a deux manières d'aligner, ou au cordeau, ou avec des piquets. Cette seconde manière est préférable, lorsqu'il s'agit d'aligner, par exemple, une allée très longue. Une pierre, une ronce, sont capables de déranger le cordeau, de l'éloigner de la ligne droite, ainsi que les pieds des ouvriers. Que l'on se serve du cordeau ou des piquets, il convient, de temps à autre, de donner quelques coups d'équerre, afin de s'assurer qu'on est dans la ligne droite, et que les piquets n'ont pas été dérangés. (R.)

ALIGNER. C'est placer dans une direction déterminée ou des arbres et des plantes, ou des carrés, des plates-bandes, des planches des jardins.

Les cultivateurs sont fréquemment dans le cas d'aligner; ainsi ils doivent connoître les moyens d'y parvenir.

Lorsque la distance sur laquelle on doit placer l'alignement est peu étendue, on emploie le CORDEAU. *Voyez* ce mot.

Lorsqu'elle l'est davantage, on se sert de JALONS. *Voyez* ce mot.

Dans ce dernier cas, on fixe un jalon à chacune des extrémités de la ligne, et successivement plusieurs dans l'intervalle, dont une personne placée à une de ces extrémités juge la position à la vue, en prenant pour point de mire celui qui est à l'autre.

Il faut une certaine habitude pour bien diriger un alignement, mais cette habitude se prend bientôt. Une pratique de quelques jours met plus au fait, à cet égard, que des volumes de préceptes.

Aujourd'hui le goût des lignes droites est moins général qu'il ne l'étoit autrefois; mais quoi qu'on en dise, elles ont un genre de beauté qui est dans la nature et qui survivra aux caprices de la mode. (TH.)

ALISIER ou ALIZIER, *Cratægus*. Genre de plante sur les limites duquel les botanistes ne sont pas d'accord. Linnéus y avoit fait entrer des espèces dont les semences sont cartilagineuses, et d'autres dont les semences sont osseuses. Ces dernières en ont été séparées pour être reportées dans le genre des NÉFLIERS par les botanistes français, tandis que les premières au contraire ont été réunies aux POIRIERS par les botanistes du nord. Je suivrai ici l'opinion de mes compatriotes, qui est conforme à la nomenclature reçue parmi les cultivateurs.

On compte cinq espèces de véritables *aliziers*. Ce sont des arbres de moyenne grandeur, d'un beau port, d'un bois très liant, qui croissent dans les bois des montagnes de l'intérieur de la France, et qu'on cultive dans les jardins d'agrément.

L'ALIZIER BLANC, *Cratægus aria*, Lin., a les feuilles ovales, dentées, coriaces, velues, blanches en dessous, et les fruits ovales d'un beau rouge. Il aime les terrains calcaires et secs, et y parvient à trente ou quarante pieds de haut, sur un à un pied et demi de diamètre. Il fleurit au milieu du printemps. On le trouvoit autrefois en grande quantité dans la chaîne de montagnes qui est entre Langres et Dijon, pays où j'ai passé ma jeunesse; mais il y est devenu rare, ainsi que je l'ai dernièrement vérifié, par la raison suivante. Là, comme dans le reste de la Bourgogne et dans la Franche-Comté, on le considéroit, avant la révolution, de même que le mérisier, le pommier et le poirier sauvage, comme arbre fruitier, et on réservoit toujours, au-delà du taux de l'ordonnance, tous les vieux pieds et les baliveaux de belle venue qui se trouvoient dans les coupes. L'administration forestière ne donnoit permission d'en couper que sur des motifs plausibles. Aussi les aliziers et les autres arbres ci-dessus nommés étoient-ils devenus si nombreux qu'ils gênoient la croissance des taillis dans les bois des gens d'église et des communes, et qu'on en a sollicité la réduction, qui a été accordée et faite outre mesure. Aujourd'hui qu'on ne fait plus de réserve d'arbres fruitiers dans l'usage des forêts, ils resteront toujours rares, et par conséquent chers; car, je le répète, leur croissance est très lente et leurs jeunes pieds sont par conséquent fréquemment étouffés par les autres arbres qui poussent plus vite.

Le bois de l'alizier n'est pas dur, mais il est très liant ou très tenace, et il a une odeur agréable. D'après Varennes de Fenilles, il pèse, étant sec, à raison de cinquante-une liv. onze onces sept gros par pied cube. Il se rétrécit d'un douzième et d'un quarante-huitième. C'est le plus estimé, des indigènes, pour faire des vis de pressoir, des alluchons et des fuseaux dans les roues des moulins, parcequ'il ne se casse ni ne s'éclate. Les tourneurs l'emploient à faire des

boîtes à savonnettes, des flûtes, des fifres, et autres petits
articles. Les sculpteurs le préféreroient sans doute à d'autres, s'ils pouvoient en trouver facilement de forts échan-
tillons. Il prend un assez beau poli et reçoit bien la teinture. Tous ces avantages le font rechercher et le tiennent
toujours à un prix élevé dans les villes. On doit donc le
réserver, dans les forêts où il croît naturellement, et le
multiplier par toutes les voies possibles. Ses fruits, qu'on
appelle *alizes*, sont très acerbes, et très recherchés par les
oiseaux et quelques quadrupèdes. L'homme même les mange,
il en tire parti pour faire de la BOISSON. *Voyez* ce mot.

L'ALIZIER DE FONTAINEBLEAU, *Cratægus latifolia*, ou *Pyrus
intermedia*, Wild., a les feuilles presque rondes, dentées et à
neuf lobes peu profonds, coriaces, velues et blanches en
dessous, et les fruits ovales, d'un écarlate safrané. Il se trouve
dans la forêt de Fontainebleau, et est beaucoup multiplié dans
les jardins d'agrément. Il se rapproche infiniment de l'*alizier
blanc*; mais il est plus élevé, a les feuilles deux fois plus
larges, plus fortement lobées, plus profondément dentées, et
les fruits plus gros et d'une nuance de couleur différente. C'est
une espèce bien distincte, quoiqu'on ait soutenu le contraire, puisqu'il se reproduit de ses graines, et que toutes
ses parties diffèrent du précédent, auquel on l'avoit réuni.

L'ALIZIER A LONGUES FEUILLES, *Alouche de Bourgogne*, a
les feuilles lancéolées, dentées, coriaces, velues, blanches
en dessous, et les fruits pyriformes, d'un gris rougeâtre. Il se
trouve dans les montagnes de la Bourgogne et de la Franche-
Comté, ou planté dans les haies, autour des villages; pour
son fruit qui est de la grosseur du pouce, et absolument de la
forme d'une poire, on en fait une variété de l'*alizier blanc*;
et cela est possible, quand on considère la différence qui
existe entre les poires cultivées et la poire sauvage; mais il
faut avouer qu'on a de la peine à le croire lorsqu'on les
considère l'un à côté de l'autre. En effet, celui-ci a les feuilles
deux fois plus longues que larges, très aiguës; les fruits
quatre fois plus gros et d'une forme différente. Ces fruits se
cueillent un peu avant les gelées, et se déposent sur de la
paille au grenier. Là, ils prennent cet état qu'on appelle
*blossir* ou *bieussir*, état intermédiaire entre la maturité et la
pourriture, c'est-à-dire qu'ils deviennent bruns et mous,
qu'ils perdent presque toute leur âpreté, et sont, sinon bons,
au moins mangeables. Les enfans les recherchent sur-tout infiniment, et je me rappelle encore, en écrivant ceci, les
nombreuses visites qu'à l'âge de cinq à six ans je faisois
au fermier de mon père, et aux autres habitans du village,
dans l'intention d'en obtenir quelques poignées. On les fait

entrer dans une liqueur fermentée qu'on appelle *piquette*, et dont la base est la poire et la pomme sauvage, liqueur souvent très enivrante. Ils se conservent pendant deux mois au plus après qu'ils ont été cueillis.

Le bois de cet arbre pèse cinquante-cinq livres six onces six gros par pied cube. Il diffère donc de celui de l'alizier blanc.

L'ALIZIER A FEUILLES DÉCOUPÉES, ou l'*allier*, *Cratægus torminalis*, Linn., a les feuilles presque rondes, inégalement dentelées, à neuf lobes aigus, d'un vert pâle, mais non velues en dessous; ses fruits sont ovales et d'un rouge olivâtre. Il se trouve dans les forêts montagneuses du midi de la France, et même à Fontainebleau. Il s'élève un peu moins que les précédents, et quoique d'un feuillage très élégant, il n'a pas l'avantage de figurer aussi bien dans les massifs des jardins paysagers, parceque la couleur de ce même feuillage né contraste pas autant avec celui des autres arbres.

M. Tschoudi cite encore un ALIZIER D'ITALIE qui a les feuilles ovales, oblongues, et vertes des deux côtés, et qui s'élève à vingt pieds de haut. Il dit qu'il se trouve sur le Mont-Baldo, près Vérone; mais quoique j'aie herborisé deux jours sur cette montagne, je ne l'ai pas remarqué. Il n'est plus dans nos jardins.

Tous les autres arbres ou arbustes qu'on a mentionnés dans les auteurs sous le nom d'alizier seront compris dans les genres néfliers et aubépine. Je n'ai pas jugé bon de fatiguer le lecteur par une discussion de synonymie qui n'appartient qu'à la botanique pure. Il suffit aux agriculteurs de savoir ce qui existe. Les variations de la nomenclature scientifique les inquiètent peu, et avec raison.

Lorsqu'ils sont placés convenablement, les aliziers embellissent beaucoup les jardins paysagers, 1° par le contraste de leurs feuillages, que le moindre zéphir fait paraître tout blancs, avec celui des autres arbres; 2° par la grande quantité de bouquets de fleurs dont ils se chargent au printemps; 3° par l'éclat de la couleur de leurs fruits en automne. Leur port est beau et leur tête naturellement régulière. Aussi les y voit-on souvent, et l'art du jardinier a su accélérer leur croissance, en les greffant sur des sujets d'un développement plus rapide.

Tous les aliziers viennent de graine, et ce moyen de multiplication doit être préféré lorsqu'il s'agit d'avoir des arbres d'une longue durée et susceptibles d'être utilisés après leur coupe. Cette graine est cueillie aussitôt qu'elle est mûre, c'est-à-dire aussitôt qu'elle est rouge et molle, parceque les oiseaux n'en laisseroient point. Elle demande à être mise sur-le-champ en terre, ou au moins en jauge, car, étant du nombre des cornées, elle se dessècheroit, par son exposition à l'air, au point de ne pouvoir pas lever. Dumont Courset a même remarqué qu'elle levoit rarement lorsqu'on la dépouilloit de sa pulpe. Il est donc avantageux de semer les fruits entiers, et on ne doit pas craindre beaucoup le trop grand rapprochement des plants qui sembleroit devoir résulter de cette méthode, parceque, d'un côté, la plupart des pepins sont avortés, et que, lorsqu'il s'en trouve deux dans le même fruit, le plus gros empêche le développement du plus petit.

Malgré cette précaution, malgré des arrosemens fréquens, une partie de la graine reste presque toujours deux ans en terre avant de lever; c'est encore pis quand on ne sème qu'après l'hiver. Il n'en lève pas du tout la première année. Comme pendant cet intervalle les mulots, les oiseaux, etc., en détruisent toujours plus ou moins, la plupart des pépiniéristes la conservent, amoncelée en tas, dans une fosse à l'air libre, ou dans des caisses remplies de terre et renfermées dans la cave, pour ne la semer que la seconde année. C'est ce qu'on appelle *mettre en jauge*. Cette méthode est préférable, car lorsqu'il y a des plants de deux ans dans la même planche, le plus fort étouffe le plus foible, ou au moins nuit beaucoup à sa croissance.

La terre qui convient le mieux à ces semis est celle qui est plutôt légère que forte, c'est-à-dire qui conserve jusqu'à un certain point l'humidité. Ainsi la terre de bruyère n'y est pas propre. La graine doit être enterrée d'un demi-pouce. Ordinairement on fait peu attention à l'exposition, et on sème par-tout où on juge à propos.

Le plant levé n'a plus besoin que des sarclages ou serfouissages ordinaires, et de quelques arrosages dans les fortes chaleurs de l'été. On le laisse ordinairement deux ans en place, après quoi on le repique, à huit ou dix pouces de distance, dans la pépinière, pour le relever encore deux ans après, et l'espacer de dix-huit pouces ou de deux pieds. Là il reste, jusqu'à ce qu'il ait une destination définitive, ordinairement encore deux ou trois ans, et quelquefois plus. Il ne faut, dans aucun cas, ni le raccourcir, ni le tailler, et ses racines demandent à être ménagées.

Les aliziers se multiplient aussi par marcottes et par rejetons, et on gagne par-là au moins deux ans; mais, quoique plus expéditif, ce moyen devroit être repoussé, parcequ'il ne donne jamais d'aussi beaux arbres que le semis. On fait les premières à la fin de l'automne ou au commencement du printemps, et on les lève, ainsi que les seconds, aux mêmes époques de l'année suivante. Il suffit de blesser une racine pour déterminer une grande sortie de rejetons, et les pieds qui sont sortis de marcottes ou de rejetons y sont si sujets, lorsqu'ils sont dans une bonne terre, que cela devient un inconvénient grave.

Un des moyens d'avoir promptement des aliziers, c'est de les greffer sur poirier, cognassier, neflier et aubépine. C'est ordinairement à œil dormant qu'on le fait. Dès la première année on a des jets de trois à quatre pieds, et à trois ans un arbre propre à être mis en place; mais ces arbres ne viennent jamais forts, et ne durent pas de longues années. L'aubépine, qui a de foibles racines, a la propriété de faire former aux aliziers qu'on lui confie une tête naturellement bien arrondie et sans maîtresses branches, ce qui est un avantage dans certains cas. Il faut ici greffer rez-terre.

On greffe aussi les *aliziers de Fontainebleau*, *à longues feuilles*, et *à feuilles découpées*, sur l'*alizier blanc*, dont on se procure plus facilement des graines; et cette opération accélère leur croissance sans nuire à leur beauté, lorsque d'ailleurs la main du jardinier les a bien conduits. (B.)

**ALISIER.** On donne aussi ce nom au Micocoulier dans les parties méridionales de la France.

**ALKEKENGE.** *Voyez* Coqueret.

**ALKALIS.** Substances d'une saveur âcre et piquante, qui forment des sels avec les acides, des savons avec les huiles et les graisses, qui verdissent les couleurs bleues végétales, etc.

On ne connoît que trois véritables alkalis, l'*alkali végétal*, ou potasse, qui se trouve toujours en plus ou moins grande quantité dans les cendres de nos foyers; l'*alkali minéral* ou soude, qui est une des bases du sel marin, et qui provient de la combustion des plantes qui croissent sur les bords de la mer; l'*alkali volatil* ou Ammoniac, qui jouit de la propriété de s'évaporer à la plus foible température, et qu'on retire des matières animales en putréfaction.

La chaux jouit d'une partie des propriétés des alkalis.

L'affinité qui existe entre les alkalis et les acides et autres corps fait qu'on n'en trouve jamais de purs dans la nature. Ils sont toujours combinés, principalement avec l'acide carbonique, qui, étant répandu dans l'air, peut le plus facilement s'unir avec eux. C'est à lui qu'ils doivent la propriété de faire effervescence avec les autres acides, c'est-à-dire de laisser échapper, en bouillonnant, une espèce d'air.

Les alkalis combinés avec l'acide carbonique sont de vrais sels, quoiqu'ils jouissent encore de toutes les propriétés qui leur sont propres comme alkalis. Le végétal est déliquescent, c'est-à-dire attire l'humidité de l'air. Le minéral est efflorescent, c'est-à-dire qu'il perd son eau de cristallisation à l'air.

L'emploi direct des alkalis, dans l'économie domestique, se

réduit presque aux lessives ; mais leur usage dans les arts est extrêmement étendu ; ce sont eux qui transforment les huiles et les graisses en savon, c'est avec eux qu'on favorise la fusion des substances quartzeuses dans la fabrication du verre, etc., etc.

Pour rendre pur un alkali combiné avec l'acide carbonique, on le fait dissoudre dans l'eau et on verse sa dissolution sur de la chaux nouvellement faite. Cet acide, qui a plus d'affinité avec elle qu'avec l'alkali, quitte ce dernier pour s'unir avec la chaux. Alors on décante ou filtre la liqueur. Dans cet état, l'alkali porte le nom de *caustique*, parcequ'il agit violemment sur les substances animales, les cautérise, les dissout même entièrement. Lorsqu'il est desséché, on l'appelle *pierre à cautère*, à raison de son emploi dans la chirurgie.

Les alkalis sont parfaitement blancs lorsqu'ils sont exempts de matières étrangères; la couleur grise ou noire qu'offrent ceux du commerce tient au charbon et aux terres qui y sont mêlés.

Les combinaisons les plus connues de l'akali végétal sont, avec l'acide nitrique, le NITRE, ou *salpêtre* (*nitrate de potasse*), dont on fait un si grand usage pour la fabrication de la poudre à canon et pour la médecine; avec l'acide sulfurique, le *sulfate de potasse* ou *tartre vitriolé ;* avec le vinaigre, l'*acétate de potasse* ou *terre foliée du tartre ;* avec l'acide tartareux, le *tartrite de potasse* ou *sel végétal*; tous employés en médecine comme purgatif.

Selon la plupart des chimistes, l'alkali végétal se trouve tout formé dans les végétaux. Th. de Saussure a prouvé qu'il étoit plus abondant dans l'écorce des arbres que dans leur bois, plus dans leurs feuilles que dans leur écorce, plus dans la jeunesse des plantes que dans leur vieillesse. On le retire par l'incinération des végétaux et par la lexivation de leurs cendres. Voyez, au mot POTASSE, les procédés de la fabrication de ce sel, fabrication à laquelle il est à désirer que les cultivateurs se livrent avec ardeur pour leur intérêt et celui de la société en général. Je prouverai, à cet article, qu'il est même très avantageux pour eux de semer dans les mauvais sols certaines espèces de plantes vivaces, pour, en en coupant et brûlant les feuilles et les jeunes pousses plusieurs fois dans l'année, en retirer de la potasse propre à mettre dans le commerce.

Le marc et la lie de vin, desséchés et brûlés, fournissent une cendre très riche en alkali végétal, et qu'on vend dans le commerce sous le nom de *cendres gravelées*. Les vignerons devroient être plus soigneux, qu'ils ne le sont ordinairement, de rassembler ces objets dans le but d'en retirer la potasse. Ils devroient de même ne pas laisser perdre les résidus de la pression du raisin, qui en contiennent aussi.

Les combinaisons les plus connues de l'alkali minéral sont,

avec l'acide muriatique, le *muriate de soude* ou *sel marin*, dont l'usage est si général dans l'économie domestique, dans l'agriculture et dans les arts ; avec l'acide nitrique, le *nitrate de soude* ou *sel de seignette*, employé en médecine comme purgatif.

On retire l'alkali minéral des cendres de certaines plantes marines, qui décomposent ce sel marin par l'acte même de leur végétation. On les cultive dans beaucoup d'endroits, et principalement en Espagne, pour cet unique objet. Voyez, au mot SOUDE, les détails de leur culture et de l'extraction de leur alkali.

On peut aussi se procurer cet alkali par la décomposition du sel marin ; mais ce procédé est d'une difficile exécution.

C'est principalement l'alkali minéral qui sert à la fabrication des savons. Il est toujours plus rare et plus cher qu'il ne seroit à désirer, c'est pourquoi les amis de leur pays font des vœux pour qu'on cultive les soudes, sur les côtes de France, avec plus d'étendue qu'on ne l'a fait jusqu'à présent.

L'alkali volatil ou ammoniac ne peut rester libre, ni même combiné avec l'acide carbonique à moins qu'il ne soit renfermé dans des vases exactement bouchés, à raison de sa grande disposition à l'évaporation. On le retire de sa seule combinaison utile, c'est-à-dire du *muriate d'ammoniac*, ou sel ammoniac, en usage dans les arts et dans la médecine, au moyen des autres alkalis ou de la chaux, qui ont plus d'affinité que lui avec l'acide muriatique. Celui provenant de la décomposition par la chaux est caustique et extrêmement pénétrant. On l'appelle *alkali volatil fluor*, et on l'emploie fréquemment en médecine comme stimulant. Un cultivateur doit toujours en avoir un flacon pour adoucir les douleurs des brûlures légères, des piqûres d'abeilles, pour tenter de rappeler à la vie les noyés, les asphyxiés, et pour cautériser les morsures de vipères, de chiens enragés, etc. (Ce dernier effet est mieux produit par la potasse caustique.)

Le sel ammoniac est mis dans le commerce par les cultivateurs égyptiens. Ils l'obtiennent, en distillant, dans de grands vases de terre, la suie de leur cheminée. Pour entendre ce fait il faut savoir que le sol de l'Egypte est en partie imprégné de sel marin, et que les bestiaux lèchent perpétuellement ce sel. Or, il se décompose dans leur estomac, et son acide s'unit avec l'alkali volatil qui, comme je l'ai dit, fait partie constituante des substances animales ; le sel ammoniac, formé par cette nouvelle combinaison, reste dans les matières fécales, et comme les cultivateurs égyptiens n'ont pas d'autres moyens d'avoir du feu pour cuire leurs alimens que ces matières fécales, que le sel ammoniac se sublime par la chaleur, il s'élève dans les cheminées.

On fait aussi du sel ammoniac en France par des procédés chimiques très compliqués.

L'alkali volatil est composé d'Azote et d'Hydrogène. *Voyez* ces mots. ( B. )

ALCOOL. *Voyez* Alcohol.

ALLAITEMENT. Médecine vétérinaire. Les femelles des animaux domestiques qui allaitent leurs petits sont sujettes à plusieurs accidens pendant ce temps, sur-tout dans les commencemens ; leurs petits peuvent aussi se trouver dans le même cas.

Un de ces accidens est la dureté du pis et la tuméfaction du trayon. Il faut, pour le faire cesser promptement, suspendre l'allaitement, trayer la mère, et mettre un cataplasme émollient sur ces parties. On donne aussi une nourriture rafraîchissante, des lavemens, et on fait faire un exercice modéré aux femelles qui l'éprouvent.

Un autre est le défaut de lait. Quelquefois il tient à l'organisation même, d'autres fois à des circonstances momentanées. On doit rechercher sa cause et donner une nourriture abondante et d'excellente nature, sur-tout des herbes fraîches. Il périt beaucoup d'agneaux, nés avant la pousse des herbes, parceque leurs mères ne peuvent pas sécréter de lait avec les fourrages secs.

Les agneaux sont sujets à avoir des aphtes dans la bouche qui les empêchent de téter. Les veaux, les poulains et même les agneaux éprouvent des diarrhées, parcequ'ils ne digèrent pas bien le lait.

Il est des pays où on ne laisse jamais téter les veaux. Là, on traye la mère et on donne à son petit la portion de lait convenable. On l'accoutume à la boire, en plongeant la main dedans et en lui présentant le doigt qu'il suce. On attache aussi au fond du vase un chiffon de toile, qu'on appelle *la poupée*. Tous les petits des animaux domestiques peuvent être assujettis au même régime.

Il est rare, mais cependant il se trouve des petits qui ne reconnoissent pas leur mère, et des mères qui ne souffrent pas que leurs petits les tètent. Ce n'est que par des soins permanens qu'on peut redresser ces écarts de la nature.

Lorsqu'un petit a perdu sa mère et une mère son petit, il est souvent difficile de les déterminer l'un et l'autre à se substituer à ce qu'ils ont perdu. On dit qu'en frottant le petit avec le délivre, si celui de la mère est mort-né, on parvient à déterminer cette dernière à se laisser téter ; mais ce n'est pas le premier jour que cette translation est difficile, c'est lorsque la mère est accoutumée à son véritable nourrisson.

De tous les animaux domestiques, la chèvre est celle qui se laisse le plus facilement téter par des petits étrangers, non seulement à elle, mais encore à son espèce. On les emploie utilement dans les troupeaux de mérinos, sous ce rapport, lorsqu'il y a des jumeaux.

Il est de fait que plus les animaux consomment de lait dans les premiers jours de leur vie, et plus ils deviennent gros, forts et d'une bonne constitution. C'est donc un bien mauvais calcul que de refuser aux veaux destinés à faire des bœufs ou des vaches laitières, même à être livrés au boucher, la totalité du lait de leur mère. C'est bien le cas de dire que, pour épargner, on se refuse à gagner ; car il n'y a pas de comparaison entre le prix de quelques mesures de lait et celui qu'un animal peut acquérir par une plus forte taille ou une meilleure constitution. (B.)

ALLÉE. TERME DE JARDINIER, qui se dit des lieux propres à la promenade. Il y a plusieurs sortes d'allées, les allées *sablées*, les allées de *gazon*, ou pelouses, ou tapis verts, les allées *couvertes* et *découvertes*, les allées *simples* et les allées *doubles*, les allées *droites* ou *tournantes*, ou en *zig-zag*, *labourées* ou *hersées*, de *compartiment*, *d'eau*, etc.

Les allées couvertes sont celles qu'on forme avec des arbres, comme le tilleul, l'orme, le maronnier d'Inde, et même la charmille, etc., etc. Les branches de ces arbres doivent être entrelacées, ou tellement rangées en éventail, qu'elles dérobent la vue du ciel à ceux qui se promènent sous ces arbres. Ces allées doivent être tenues fort larges, pour peu qu'on leur donne une certaine longueur, sans quoi elles ressembleroient à un boyau, l'effet de la perspective étant de les rétrécir à l'œil dans l'éloignement : d'ailleurs, la hauteur qu'on veut laisser jusqu'à la naissance de la voûte doit contribuer pour beaucoup à la largeur qu'on se propose de donner à l'allée. Si la naissance de la voûte est prise trop bas, la voûte ressemblera à celle d'une cave, elle sera toujours humide, remplie d'insectes, et sur-tout de cousins. Si elle est trop élevée, il faudra par conséquent élever en proportion le milieu de la voûte ; et pour peu que l'allée soit longue, elle paroîtra trop étroite. Quelle doit donc être la largeur des allées couvertes? Il n'est pas possible de la fixer : c'est le local qui doit la déterminer, ainsi que la longueur et l'espèce d'arbre qu'on doit planter. On peut prendre, pour un exemple de perfection en ce genre, la grande allée des Tuileries à Paris.

Les allées principales d'un jardin qui font face à une maison doivent toujours être découvertes, et plus larges que les autres, afin de ne point borner la vue.

On appelle *allées simples* celles composées de deux rangs d'arbres ou palissades; *allées doubles*, celles qui en ont quatre, ce qui forme trois allées jointes ensemble, une grande dans le milieu, et deux autres de chaque côté; celles sur les côtés sont appelées *contre-allées*.

Dans un potager, les allées doivent être larges, et sur-tout celle du milieu; elles doivent encore être bordées par des plates-bandes, et ces plates-bandes elles-mêmes bordées ou en fraisier ou en oseille, ou avec quelques plantes aromatiques, comme thym, serpolet, marjolaine, lavande, etc.; ces bordures dessinent très bien l'allée. Les bordures en buis doivent absolument être exclues des jardins potagers : elles font le repaire, hiver et été, des insectes, des limaçons, etc., qui sortent pendant la nuit, et vont dévorer les plantes.

Il est prudent, lorsqu'on trace les allées, de les faire bomber dans le milieu sur toute leur longueur. C'est ordinairement sur ce milieu qu'on marche le plus, que les roues des brouettes passent et repassent, et par conséquent c'est la partie la plus fatiguée : si elle n'étoit pas bombée, elle se creuseroit insensiblement et retiendroit l'eau; elle coulera au contraire sur les côtés, et ira maintenir la fraîcheur au pied des bordures.

Les proportions des allées sont, pour les simples, de cinq à six pieds de large sur cent de long; pour deux cents toises, de sept à huit pieds de large; pour trois cents toises, de neuf à dix; pour quatre cents toises, de dix à douze. Dans les allées doubles, on donne la moitié de la largeur à l'allée du milieu, et l'autre moitié se divise en deux pour les contre-allées; par exemple, dans une allée de huit toises, on donne quatre toises à celle du milieu, et deux toises à chaque contre-allée. Afin d'éviter le grand entretien de celles un peu longues, on remplit le milieu d'un tapis de gazon, et on pratique de chaque côté des sentiers assez larges pour se promener. (R.)

ALLELUIA. *Voyez* OXALIDE.

ALLIAIRE. Espèce de VELAR. *Voyez* ce mot.

ALLUVION. Accroissement de terrain qui se fait peu à peu sur les rivages de la mer, des fleuves et des rivières, par les terres que l'eau y apporte.

L'accroissement d'un héritage par alluvion appartient au propriétaire de l'héritage accru, et celui de l'héritage diminué n'a aucun droit de revendication quand l'accroissement s'est fait insensiblement. Il n'en est pas de même quand l'accroissement s'est fait subitement par suite d'une inondation, ou par quelque autre cause; dans certains pays il y a des rivières, ou mieux, des torrens qui changent si fréquemment leur lit (même plusieurs fois dans l'année), qu'on ne leur applique pas cette loi. Là les propriétés riveraines doivent toujours rester de la même contenance.

Les accrues de la mer et les îles et îlots formées dans les rivières navigables appartiennent au domaine public, qui les vend ou concède.

Les terrains provenant des accrues, lorsqu'on les abandonne à la nature, peuvent être des siècles avant de devenir cultivables, parceque l'eau leur enlève souvent, en quelques heures, ce qu'elle leur avoit donné en un grand nombre d'années ; mais un cultivateur actif et éclairé peut les utiliser dès la première année de leur création en les plantant d'osiers, de chalefs, de roseaux des marais, de massettes, de rubaniers, de roseaux des sables, d'iris des marais, ou autres plantes aquatiques ou areneuses à racines traceantes qui retiennent les terres, rassemblent la vase et favorisent singulièrement, par ces moyens, l'élévation et l'amélioration du sol. Sur les bords de la mer les différentes soudes vivaces et le tamarix, outre le même avantage, ont encore celui de décomposer le sel marin dont le sol est imprégné, et de le rendre plus promptement susceptible d'être cultivé.

Voici comme doit procéder un cultivateur qui veut prendre possession d'une accrue. Au plus fort de l'été, lorsque les eaux sont très basses, il entourera son accrue de pieux de trois pieds de haut (d'aune s'il se peut) sur deux à trois pouces de diamètre, en les enfonçant d'un pied ou un pied et demi dans la vase. Si la vase est profonde et molle, il prendra des pieux plus longs. L'important est qu'ils soient fixés d'une manière solide et qu'ils dépassent la ligne de flottaison dans les eaux ordinaires. Il liera ces pieux par un clayonnage fait avec des branches (d'aune s'il se peut) aussi rapprochées que possible. Il fortifiera cette espèce de digue du côté du courant par quelques grosses pierres ou par des gazons, afin de rompre un peu l'effort de ce courant. Cela fait, l'automne suivant, il placera deux ou trois rangs de pieds de roseaux des marais, ou de massettes derrière le clayonnage, dans tout son pourtour, à la distance d'un pied ou à peu près, et les fixera, si la rapidité de l'eau le rend nécessaire, avec des bâtons pointus de la grosseur du doigt. Ces deux espèces de plantes s'enracineront et pousseront au printemps des jets nombreux, si quelque accident ne les a pas dérangées. Dans le courant de l'été suivant il se produira entre ces plantes et la partie sèche une stagnation dans l'eau qui favorisera la croissance des potamots, des renoncules et autres plantes aquatiques, au milieu desquelles on mettra des plants de rubaniers et d'iris des marais, qui demandent peu d'eau pour croître avec vigueur. Arrivé là, on peut être certain que tous les accrois-semens d'eau amèneront une quantité considérable de limon qui se déposera entre ces plantes et élèvera d'autant le sol. Ainsi ce terrain deviendra, en plus ou moins de temps, et quelquefois même en deux ans, susceptible de recevoir une plantation productive d'osiers rouges ou de saule qui permettront d'atten-dre plus patiemment l'époque où il sera possible de leur subs-tituer des prairies ou des cultures d'un autre genre. Lorsqu'on voudra augmenter encore son terrain, une nouvelle ceinture de pieux en fera l'affaire.

Il est quelquefois possible de profiter des alluvions de vase pour élever un terrain excavé, renouveler un sol usé. On voit dans la Feuille du Cultivateur, du 2 germinal an 4 de la répu-blique, qu'un terrain tourbeux sur les bords de l'Ourcq est de-venu solide par ce moyen habilement employé; mais il est peu de lieux susceptibles de cette sorte d'amélioration, et peu de cultivateurs assez riches pour l'opérer.

Lorsque les alluvions, et c'est le cas le plus ordinaire, sont de sable, alors il faut se contenter du terrain hors de l'eau aux moyennes eaux, et y planter des roseaux des sables, des osiers blancs, des chalefs, et autres plantes et arbustes propres, par leurs longues racines, à la fixer, l'en couvrir tout entier, et semer, dans l'intervalle, des salicaires, des épilobes, des laiches et autres plantes qui concourent au même but, et qui, par leur détritus, exhaussent et améliorent le sol.

Souvent on s'évite la fabrication de la digue par un simple fossé, avec la terre duquel on fait, en dedans du terrain, une berge qui s'élève au-dessus des eaux ordinaires; mais cette manière, moins longue et en apparence moins coûteuse, le devient presque toujours davantage par les réparations con-tinuelles qu'on est obligé de faire à son ouvrage.

Si cette pratique si simple étoit plus généralement connue et adoptée, on cesseroit de voir ces terrains vagues, si multipliés le long des grandes rivières, terrains où quelques bestiaux se promènent quelquefois, mais où ils ne trouvent que des plantes rares et courtes, ou des plantes peu de leur goût.

Ces observations ne s'appliquent pas aux lieux où il est dû un chemin de halage. Là, il faut laisser agir la nature. Le besoin du commerce l'exige.

Les alluvions, même lorsqu'elles sont de sable, forment un très bon sol; mais la crainte des débordemens, et leur fraî-cheur habituelle, ne permet que rarement de les cultiver de la manière la plus avantageuse. Ici, comme ailleurs, il faut savoir diriger, mais ne pas chercher à maîtriser la nature.

On peut distinguer deux sortes d'alluvions de mer. Les unes sont formées par les galets ou le sable provenant de l'action de la mer sur les côtes dont elle détruit les rochers; les autres résultent des terres et du sable que charrient les fleuves, et qu'ils déposent à leur embouchure lorsqu'ils ont perdu la force de leur cours.

Il y en a bien encore une troisième, celle de la retraite de la mer, du moins sur les côtes orientales des continens, principalement de l'Amérique et de la Tartarie chinoise; mais elle est sujette à discussion et sort de mon sujet actuel.

Les plus fortes rivières sur-tout, lorsqu'elles sont rapides, forment les plus grandes alluvions. La Basse-Egypte, la Nord-Hollande, le Bas-Languedoc, la Basse-Vendée, la Camargue, sont des alluvions du Nil, du Rhin, de la Loire et du Rhône. Celles qu'ont produites le fleuve des Amazones, le Mississipi, le fleuve Saint-Laurent, l'Indus, etc., etc., sont encore plus considérables. ( B. )

Les alluvions maritimes sont connues sous le nom de lais et relais de la mer. Une partie de la Hollande, des Pays-Bas, des côtes de la ci-devant Bretagne, du Poitou et du Languedoc sont des alluvions. Il est facile de distinguer, par la nature du sol, ce qui, sur les côtes maritimes de l'empire français, est dû aux alluvions. Tous les dessèchemens faits, tous ceux qu'on peut faire encore sur ces côtes, ne sont réellement que des *lais et relais de la mer*, c'est-à-dire *des alluvions*.

Cet accroissement de territoire n'est pas toujours un avantage pour le pays où la nature le forme; ces terres, vases ou sables, sans cesse apportés par la main infatigable du temps, comblent nos ports maritimes, rendent difficile l'entrée des rivières, s'opposent à l'écoulement de leurs eaux, qu'elles font refouler dans les terres où elles produisent de nombreuses inondations. Les travaux de l'homme sont souvent inutiles pour prévenir ces grands mouvemens de la nature; et l'art d'empêcher ces sortes d'alluvions est plus difficile que celui de les accroître. Rien n'est plus facile que ce dernier travail, qui peut devenir utile quand l'alluvion n'offre aucun danger.

Sur les terrains que la mer couvre et découvre, ouvrez plusieurs tranchées parallèles au rivage, multipliées et peu profondes; elles doivent ressembler à de vastes sillons tracés par la charrue. Dès les premières marées montantes ou flux de la mer, elle comblera ces tranchées. En répétant cette opération, et en pratiquant de légères digues en avant, la mer porte sans cesse des terres, vases ou sables que le reflux ne peut plus entraîner, tant-parcequ'elles sont retenues, que parceque l'action du reflux n'a pas la même puissance de force que celle du flux.

On a la preuve de ces faits intéressans en examinant l'effet des écluses construites sur les côtes pour y prendre du poisson;

ou bien les clôtures et parcs construits en mer pour y nourrir et engraisser les moules ou les huîtres (1). On voit avec quelle promptitude se forment derrière ces légères constructions des alluvions telles qu'il faut sans cesse descendre vers la mer.

L'homme, par son industrie, peut obtenir de plus vastes effets, et conquérir beaucoup de terrain partout où la mer paroît disposée à porter sur ses rivages. C'est sans doute ce qui avoit décidé nos pères, sur plusieurs des côtes de l'ouest, à adopter les limites suivantes, *confrontant à l'Espagne la mer entre deux*. Un grand nombre de titres portent ces limites qui annonçoient, il faut l'avouer, une longue prévoyance. Le code rural fait connoître tout ce qui est relatif à la législation des *alluvions*. ( CHAS. )

ALMANACH. Ces livres n'ont guère pour les gens du monde d'autre but que de leur faire connoître le calendrier, c'est à-dire la succession des dates, des jours de la semaine, les époques civiles et religieuses, et quelques uns des phénomènes célestes les plus apparens, tels que les levers et les couchers du soleil et de la lune; mais, pour les agriculteurs, ils seroient susceptibles d'un tout autre intérêt, s'ils indiquoient d'avance les vicissitudes du chaud et du froid, de la sécheresse et de la pluie, etc. Aussi s'est-il trouvé de tout temps une foule de gens présomptueux ou de mauvaise foi qui ont rempli de prédictions mensongères des almanachs que les cultivateurs peu instruits recherchent avec empressement, et dans lesquels ils ne trouvent que des erreurs.

Sans prétendre assigner des bornes aux progrès futurs de la MÉTÉOROLOGIE (*Voyez* ce mot), il faut dire que jusqu'à présent on n'a trouvé aucune règle sur laquelle on puisse, avec une probabilité bien fondée, asseoir quelques prédictions. Tout ce qu'on a pu conclure des observations les plus répétées se borne à des nombres qui expriment la température moyenne de chaque mois, la quantité moyenne d'eau qui tombe pendant ce mois, la durée des vents dominans d'une contrée; circonstances qu'il est bon de connoître sans doute, mais qui laissent toujours dans l'incertitude sur l'évènement du mois, sur celui de la semaine, et quelquefois même sur celui du jour.

C'est donc plutôt à détromper les agriculteurs de toutes ces annonces perfides, de ces remarques appuyées seulement sur des proverbes que la rime a suggérés (2), qu'il faut consacrer les articles qu'on ajoute au calendrier dans les almanachs.

_____

(1) On les nomme *Bouchauds* sur les côtes de l'ouest.

(2) Il faut en excepter quelques uns, comme celui qui a rapport au jour de Saint-Gervais, et qui répond aux pluies qui tombent assez souvent en France aux environs du solstice d'été.

Peut-être étoit-ce avec raison qu'on avoit essayé de changer leur dénomination en celle d'*annuaire*, afin de montrer qu'on devoit en bannir toutes ces futilités qui avoient rendu ridicule le nom même d'*almanach*.

Il y a quelques années, le ministère de l'intérieur, cherchant à donner un plus grand degré d'utilité aux almanachs ou annuaires, indiqua dans une circulaire les objets d'instruction générale qu'il étoit à propos d'y insérer, et qui n'auroient pas manqué de fructifier beaucoup en se propageant par des livres qui circulent dans un plus grand nombre de mains que les autres, et sur-tout dont le titre modeste rassure le lecteur qui se défie de son intelligence. Ce seroit une chose bien importante que de suivre cette idée, et de l'appliquer spé-cialement aux besoins des gens de la campagne. L'*Almanach du bon jardinier*, publié d'abord par M. de Grasse, continué par M. Vilmorin, puis par M. de Launay, remplit bien son but vis-à-vis des propriétaires et des amateurs qui veulent rassem-bler des arbustes et des plantes rares ou curieuses ; mais il renferme un très grand nombre d'articles qui seront toujours inutiles aux cultivateurs ordinaires, et ils n'y trouveroient rien sur la plupart de leurs travaux journaliers.

Ce seroit à chaque société d'agriculture à rédiger, suivant les localités, les annuaires destinés aux habitans de la campagne; et celle de la Seine a montré l'exemple, en proposant un prix sur ce sujet. D'après cette idée, il ne m'appartient pas de tracer le plan qu'on devroit suivre dans leur rédaction; mais cepen-dant je ne puis m'empêcher d'indiquer ici les principaux articles qu'il seroit à désirer d'y trouver :

1° Le calendrier dans la forme la plus simple, en annonçant à la tête, et par un avis formel, l'incertitude de toute prédic-tion. Il est à remarquer que l'académie des sciences fut obligée, pendant un grand nombre d'années, d'en insérer un semblable dans l'almanach astronomique, publié depuis plus de cent ans sous le titre de *Connoissance des temps*.

2° Les remarques générales et bien constatées sur le climat et le sol du département.

3° Les notions les plus précises sur les divers genres de culture auquel il est propre, en s'attachant spécialement à ceux dans les-quels il y a des procédés à réformer, des améliorations à tenter.

4° Des préceptes pour l'éducation des animaux utiles, en écartant avec soin toutes ces recettes, ces secrets qui se glissent quelquefois dans les journaux accrédités, et en les remplaçant, pour la santé des hommes comme pour celle des animaux, par quelques règles d'hygiène fondées principalement sur le choix et la préparation des alimens, sur les soins relatifs à la propreté et à la salubrité dans les habitations, etc.

5° Quelques notions du calcul décimal et du nouveau système métrique.

6° Quelques indications sur la géographie de la France et sur les productions propres aux diverses parties de son sol.

Je ne crois pas qu'il soit nécessaire de justifier l'utilité de l'avant-dernier article, à une époque où la plus belle innovation rencontre de toutes parts des obstacles qui ne viennent que de ce qu'on ignore ses avantages et la simplification qu'elle apporteroit dans tous les calculs, si on opéroit matériellement avec les nouvelles mesures. Quant au dernier article, j'observerai qu'il me semble propre non seulement à étendre les idées des agriculteurs, mais à leur indiquer des acquisitions utiles. (L. C.)

ALOÈS, *Aloe*. Genre de plante qui est remarquable, tant par l'épaisseur des feuilles de la plupart des espèces qui le composent, que par la forme singulière de quelques unes, et la beauté de leurs épis de fleurs : aussi beaucoup de personnes étrangères à toutes cultures se plaisent-elles à en avoir. Ces espèces, au nombre de près de trente, sont presque toutes originaires du cap de Bonne-Espérance, ou au moins propres à l'Afrique, et d'une culture très facile.

Une bonne terre franche, des arrosemens peu fréquens, sur-tout en hiver, et un abri sec contre la gelée, est tout ce qu'elles demandent. Pendant l'été on les met à l'air à une exposition chaude ou au moins abritée de grands vents, et on ne s'en occupe plus jusqu'à ce que les froids indiquent le moment de leur rentrée. A toutes les époques de l'année, mais sur-tout au printemps et en automne, on peut les multiplier par leurs rejetons enracinés, par boutures de leurs branches ou éclat de leurs racines, qu'on laissera faner pendant quelques jours avant de les planter, et qu'on placera ensuite sous un châssis, tant pour accélérer leur reprise par une chaleur un peu élevée, que pour les garantir de la pluie qui pourroit les faire pourrir. On peut cependant éviter même ces soins, car elles sont si vivaces qu'on risque rarement d'en perdre. Lorsqu'elles ne veulent pas donner de rejetons, il suffit de les couper un peu au-dessus du collet de la racine pour leur en faire pousser abondamment. Rarement elles donnent des graines dans nos climats. Il ne faut pas craindre, quand elles donnent des signes de pourriture, de les cerner jusqu'au vif; car le mal alors se répare aisément, sur-tout en les mettant immédiatement après à une haute température, tandis que si on ne faisoit pas cette opération, le pied périroit immanquablement, et entraînerait successivement ses voisins au même genre de mort. On a vu des serres peu soignées être ainsi complètement dégarnies dans le cours d'un hiver.

Les espèces les plus remarquables qui se cultivent dans les serres de Paris sont :

L'ALOÈS CORNE DE BÉLIER, *Aloe fruticosa*, qui est arborescent, a les feuilles amplexicaules, recourbées à leur extrémité, et bordées d'épines.

L'ALOÈS FÉROCE, qui est arborescent, a les feuilles amplexicaules, très garnies d'épines, et les étamines deux fois plus longues que la corolle. Loureiro rapporte qu'en faisant macérer ses feuilles dans une eau alumineuse, ensuite dans une eau pure, les habitans de la Cochinchine en retirent une fécule agréable au goût, qui n'a aucune des qualités délétères de la plante, et qu'on mange assaisonnée au sucre ou avec des viandes.

L'ALOÈS SUCOTRIN, qui est arborescent, a les feuilles oblongues, ensiformes, tachetées de blanc et bordées d'épines membraneuses.

L'ALOÈS DES INDES, *Aloe vera* ou *rubescens*, a les feuilles toutes radicales, amplexicaules, très ouvertes, lancéolées, bordées d'épines rougeâtres.

L'ALOÈS ORDINAIRE, *Aloe vulgaris* ou *flava*, a les feuilles toutes radicales, ouvertes, bordées d'épines, et la tige rameuse.

C'est de ces trois dernières espèces qu'en Asie, en Afrique et en Amérique, on retire le suc gommo-résineux, connu sous le nom d'*aloes*, et dont on fait un grand usage en médecine et en vétérinaire comme purgatif, vermifuge, antiseptique et vulnéraire. On l'emploie sur-tout beaucoup à l'extérieur dans les traitemens des ulcères et des plaies gangreneuses.

Pour obtenir l'*aloès sucotrin*, on arrache les feuilles, on en presse le suc avec la main, et on fait évaporer ce suc au soleil.

Pour obtenir l'*aloès hépatique*, on pile les feuilles, et on les laisse fermenter pendant plusieurs jours. On en sépare ensuite la lie, et on fait évaporer le suc. La lie, également desséchée, est l'*aloès caballin*.

L'ALOÈS MACULÉ a les feuilles linguiformes, glabres, tachées de blanc, les fleurs courbées et pendantes.

L'ALOÈS EN ÉVANTAIL, *Aloe plicatilis*, est arborescent, a les feuilles linguiformes, sans épines, unies, distiques, les fleurs cylindriques et pendantes. C'est, au rapport de Vaillant, presque la seule plante dont les Namaquois puissent faire du feu. Elle est fort singulière par la disposition de ses feuilles.

L'ALOÈS VARIÉ a les feuilles sur trois rangs, canaliculées, tachetées de blanc, cartilagineuses sur leurs bords.

L'ALOÈS PERLÉ, *Aloe margaritifera*, a les feuilles presque trigones, aiguës, couvertes de tubercules blancs et cartilagineux.

L'ALOÈS SPIRALE a les feuilles ovales disposées sur huit rangs, et les fleurs en grappes penchées.

L'ALOÈS POUCE ÉCRASÉ, *Aloe retusa*, a les feuilles triangulaires et disposées sur cinq rangs, ou mieux, au nombre de cinq.

Toutes ces espèces et plusieurs autres ont été décrites par moi et sont figurées dans le superbe ouvrage de Redouté, sur les plantes grasses, ouvrage auquel je renvoie le lecteur qui voudroit de plus grands détails sur ce qui les concerne.

Il ne faut pas confondre les aloès avec les *agaves*, telle que l'*agave d'Amérique*, qu'on cultive pour faire des haies dans les parties méridionales de l'Europe; ni avec l'*agave fetide* ou la *furcrée*, dont, sous le nom d'*aloès pite*, on tire, dans les contrées chaudes de l'Amérique, des filamens propres à faire de la toile, des cordes et autres articles analogues. *Voyez* PITE.

J'ai parlé de ces plantes, parceque presque toutes peuvent se cultiver en pleine terre dans les parties méridionales de la France, et qu'elles sont très communes, pendant l'été, dans les jardins du climat de Paris. ( DÉc. )

ALOUCHE. *Voyez* ALISIER.

ALOUETTE. Genre d'oiseaux dont la plupart des espèces habitent les champs, et charment le cultivateur par leur agréable gazouillement.

Des sept à huit espèces d'alouettes qui se trouvent en France, je ne parlerai que de deux, c'est-à-dire de celles qui sont les plus communes.

L'ALOUETTE DES CHAMPS, ou l'*alouette commune*, dit Sonnini, nouveau Dictionnaire d'Histoire Naturelle, est le musicien des champs. Son joli ramage est l'hymne d'allégresse qui devance le printemps, et accompagne le premier sourire de l'aurore. Ses accens sont les premiers qui frappent les oreilles du cultivateur vigilant. Le chant de l'alouette étoit, chez les Grecs, le signal auquel le moissonneur devoit commencer son travail, et il le suspendoit durant la portion de la journée où les feux du midi d'été imposent silence à l'oiseau. L'alouette se tait en effet au milieu du jour. Elle chante pendant toute la belle saison, lorsque le temps est clair et serein.

L'ALOUETTE commence à pondre dès les premiers jours du printemps, et fait plusieurs couvées dans la même année. Son nid est placé entre deux sillons, et généralement abrité par une motte de terre. Les petits sont nourris, dans les premiers jours de leur existence, avec des vers, des chenilles, des chrysalides, des œufs de fourmis, des œufs de grillons et de sauterelles. Plutarque rapporte qu'elle étoit consacrée dans l'île de Lemnos à cause des services qu'elle rendoit à l'agriculture, en détruisant les produits de la génération des insectes nuisibles. Plus tard, et dans l'âge adulte, elles mangent toutes sortes de graines, principalement celles des plantes qui nuisent aux moissons, telles que la nielle, l'ivraie, le chardon, le co-

quelicot, le bluet, etc., ce qui la rend encore utile aux
cultivateurs sous ces rapports. Elle consomme bien du blé
avant et pendant la moisson ; mais la quantité doit en être
peu considérable, attendu l'abondance des petites graines qui
se trouvent alors dans les champs. Elle devroit donc être res-
pectée en France, comme elle l'étoit à Lemnos ; mais il
n'en est pas ainsi. La bonté de sa chair la rend l'objet d'une
chasse tellement meurtrière, que cet oiseau est aujourd'hui
plus rare qu'autrefois dans nos compagnes, ainsi que je l'ai
constaté dernièrement dans les lieux où j'ai passé les premières
années de ma vie, et où j'en ai beaucoup pris.

Il paroît qu'une partie de nos alouettes passent, pendant
l'hiver, dans les pays plus chauds ; mais il en reste toujours une
certaine quantité dans les lieux qui les ont vues naître. A cette
époque de l'année, elles se réunissent en grandes troupes,
et recherchent les plaines abritées, le bord des eaux qui ne
gèlent point. Il en périt souvent beaucoup de faim, lorsque la
neige reste long-temps sur la terre.

On tire les alouettes avec le fusil ; mais, au prix où est la
poudre et le plomb, cette chasse ne peut être qu'un objet
d'amusement pour les gens riches.

Il est, malheureusement pour ces innocens et aimables oiseaux, des moyens bien plus certains et bien moins coûteux
de les détruire.

Le plus employé est le *filet à alouette*. Ce filet est composé
de deux parties ou nappes d'environ huit toises de long sur
huit pieds de large, et dont les mailles ont au plus un pouce
de diamètre. Une petite corde fortifie ces nappes dans tout leur
pourtour. Pour les tendre, on ajuste à leurs extrémités un
bâton, et on les couche sur le terrain où on sait qu'il y a
le plus d'alouettes à une distance un peu moins que double de
la largeur de l'une d'elles. Les bouts internes des bâtons sont
attachés à des piquets très rapprochés d'eux, et les bouts
externes à d'autres piquets sur la ligne des premiers, mais
éloignés de deux toises au moins. Deux cordes qui, à la même
distance de deux toises, se réunissent en une, sont fixées au
bout externe de ces bâtons d'un seul côté. C'est en tirant
de loin ces cordes, ainsi réunies, qu'on fait faire un demi-
tour de cercle en dedans aux deux nappes, et qu'on en couvre
les alouettes qui se sont posées dans leur intervalle.

Cela fait, il ne s'agit plus que de déterminer les alouettes à
venir se poser entre ces deux filets. Pour cela, on profite de
la singulière disposition qu'elles ont pour venir voir de près
les objets brillans, et de la confiance qu'elles accordent à des individus de leur espèce. Les objets brillans qu'on leur présente sont de petits miroirs d'un pouce au plus de diamètre,

fixés de distance en distance sur les côtés d'un morceau de bois d'un pied de long , taillé en toit un peu courbé. Cet instrument , appelé *miroir*, tourne continuellement tantôt dans un sens , tantôt dans un autre , au moyen d'un pivot de fer et d'une longue corde, dans un piquet fiché en terre. Les individus de leur espèce se nomment des *appelans* ou des *moquettes*. Ils sont attachés par la patte et peuvent faire de petits vols ; on les y force même par le moyen d'une corde.

Tout ceci , je le sais bien , n'est pas assez détaillé pour guider dans la construction et même dans la tendue d'un filet à alouette; en conséquence, je renvoie ceux qui voudront de plus amples éclaircissemens aux ouvrages qui traitent spécialement de la chasse.

Les jours où le soleil brille sont les seuls où on peut espérer du succès à la chasse des alouettes avec ce filet. Une petite gelée lui est très favorable.

Le filet ainsi tendu, le miroir ainsi disposé, le chasseur s'asseoit à cinquante pas dans un trou creusé à cet effet, tenant la corde du filet de la main droite, et faisant tourner le miroir de la main gauche. Il place, en appelans, les premières alouettes qu'il prend. Cette chasse dure depuis sept heures du matin jusqu'à midi. La saison la plus favorable est en novembre et en décembre.

La tonnelle murée est un autre filet fait en forme d'entonnoir , dont l'ouverture a au moins trois toises de diamètre, et qui est accompagnée de deux filets latéraux ou ailes de sept à huit toises de long. On rabat lentement les alouettes de la plaine du côté de ce filet ; et lorsqu'elles sont entrées dedans, on les épouvante , on les enferme et on les prend.

La chasse des alouettes au lacet et aux gluaux en fournit souvent de grandes quantités. La première a lieu à toutes les époques de la journée. La seconde n'a de succès qu'à l'entrée de la nuit. Dans toutes les deux , il est bon de rabattre , pour amener les alouettes , aux endroits où les pièges les attendent.

La seconde espèce d'alouette dont je me propose de parler est l'ALOUETTE HUPPÉE ou le *cochevis*; elle est plus grosse que la précédente, et remarquable par la huppe pointue du sommet de sa tête. Ses habitudes sont un peu différentes. Quoique beaucoup moins abondante, elle n'est cependant pas rare. Elle ne quitte jamais le pays pendant l'hiver , saison où on la voit fréquemment dans les cours des fermes, le long des grandes routes. Elle vient peu au miroir ; mais on la prend à la tonnelle murée, à la traînasse, aux lacets et aux gluaux. Sa chair n'est point inférieure à celle de l'alouette commune. ( B. )

ALPISTE. *Voyez* PHALARIDE.

ALPUGE. C'est, dans quelques lieux, une terre en friche.

ALSINE. *Voyez* MORGELINE.

ALSTROEMER, *Alstroemeria.* Genre de plantes de l'hexandrie monogynie et de la famille des narcissoïdes, qui renferme plus de vingt espèces.

La plus intéressante et la plus commune de ces espèces est
l'ALSTROEMER TACHETÉE, *alstroemeria peregrina*, Lin. plus connue sous le nom de *lis des Incas*, dont la tige est droite, les
feuilles presque linéaires et les fleurs ordinairement solitaires.
Elle s'élève d'environ un pied. Elle est originaire d'Europe.
Sa fleur, agréablement tachée de pourpre et de jaune sur un
fond blanc rougeâtre, dure fort long-temps et se fait remarquer par sa grandeur de près de deux pouces.

Cette plante est en végétation pendant presque toute l'année
et fleurit souvent deux fois. Quelquefois aussi elle ne fleurit
pas plusieurs années de suite. On peut la mettre en pleine terre
dans le climat de Paris, en la couvrant de fougère ou d'un
châssis pendant l'hiver, ainsi que je l'ai vu faire; mais comme
ses pétales sont très cassans et qu'une pluie un peu forte suffit
pour les faire tomber, il vaut mieux, comme l'observe Dumont
Courset, la conserver en pot, que l'on place pendant l'été à
une bonne exposition et sur-tout à l'abri des vents et de la
pluie, et qu'on met en hiver dans la serre tempérée. Une terre
franche et mêlée d'un peu de sable, sans engrais, est celle qui
lui convient le mieux. On change cette terre tous les deux ou
trois ans. Les arrosemens doivent être fréquens, mais modérés.
On la multiplie par ses graines qu'on sème au printemps dans
des terrines sur couches et sous châssis. Lorsque les jeunes plants
ont quelques pouces de hauteur on les repique isolément dans
des pots qu'on enterre encore quelque temps dans la couche
pour faciliter leur reprise. On la multiplie aussi par séparation
de ses racines, qui sont charnues et même un peu tubéreuses;
mais par ce moyen on risque de la faire périr.

L'ALSTROEMER A FLEURS RAYÉES, *Alstroemeria ligta*, Lin., a
la tige droite, les feuilles spatulées, les fleurs en ombelle,
blanches, rayées de rouge et odorantes. Celle-ci, beaucoup plus
délicate que la première et moins belle, quoique peut-être plus
élégante, exige impérieusement la serre chaude, quoique également originaire du Pérou. Au reste les mêmes soins lui conviennent. Dans son pays natal on tire de ses racines une fécule
dont on fait usage comme aliment. Les autres espèces ne se
voient point dans les jardins de Paris et paroissent ne pas cé-
der en beauté à celles ci-dessus mentionnées. (B.)

ALTÉRÉ. Ce mot se prend sous des acceptions fort différentes.

On dit qu'une terre est altérée lorsqu'on lui a fait produire
plus qu'on ne le devoit, et qu'on ne l'a pas labourée et fumée

convenablement, ou lorsqu'elle n'a pas depuis long-temps reçu l'eau nécessaire à la belle végétation des plantes qu'elle nourrit.

On dit aussi dans le premier sens que du fumier est altéré lorsqu'il a été conservé trop sec ou trop humide ; qu'un fruit est altéré lorsqu'il n'a pas sa saveur ordinaire ou qu'il commence à pourrir ; que du vin est altéré lorsqu'il devient vapide ou passe à l'aigre ; que le blé est altéré lorsqu'il est moisi ou détérioré par les charançons, etc., etc.

« L'altération produite par le défaut d'eau se reconnoît dans les plantes, dit Thouin, lorsque leurs feuilles deviennent flasques, et qu'au lieu de se soutenir sur leurs pétioles, elles retombent sur leurs tiges. Il faut tâcher de prévenir cet état de langueur, qui est pour les végétaux une maladie d'autant plus dangereuse, qu'ils ont souffert plus long-temps de la soif. Lorsqu'elle est arrivée à de certains degrés, elle cause d'abord la chute des fleurs, des fruits et des feuilles, ensuite la mort des branches, puis des tiges, et enfin des racines. Des arrosements dans les premiers de ces degrés, la coupe des branches et des tiges, dans les seconds, sont les seuls moyens de sauver les plantes.

« Les arrosemens, sur une terre trop altérée, continue le même savant, ne produisent que peu d'effet. L'eau coule sur la surface sans la pénétrer, ou s'insinue dans les gerçures, et descend plus bas que les racines. Dans cette circonstance, il convient de bassiner légèrement la terre avec l'arrosoir à pomme, particulièrement le soir, et à plusieurs reprises. La première couche s'imbibe alors beaucoup plus aisément, et permet de faire ensuite des arrosemens plus abondans. » (B.)

ALTERNE, ou *placé alternativement*, se dit en parlant de la position des boutons, des branches, des feuilles des plantes. Considérez une branche dépouillée de ses feuilles pendant l'hiver, les boutons paroîtront placés à certaine distance les uns des autres, et dans l'endroit où, dans la saison précédente, étoit placée la base de la feuille ou de son pétiole, ce bouton a grossi, s'est épanoui et a poussé au printemps suivant : la branche a été formée et a conservé sa position alterne relativement aux autres branches, et les feuilles qu'elle aura produites conservent la même direction, et sont rangées comme par degrés sur la tige, et disposées de côté et d'autre alternativement. (R.)

ALTERNER. Le mot *alterner*, pris dans son acception générale, signifie faire successivement des choses différentes ; appliqué aux opérations agricoles, il indique la rotation des récoltes, c'est-à-dire l'ordre de succession dans lequel la culture de divers genres ou espèces de végétaux s'observe sur le même champ.

Ainsi , un champ se trouve alterné par la conversion des prairies naturelles ou artificielles en terres arables , dont on exige d'autres produits, *et vice versá* ; par la substitution de la culture des plantes légumineuses à celle des graminées qui l'a précédée ; par l'introduction des plantes cultivées spécialement pour leurs racines , comme la rave, le navet , la betterave, la carotte, la pomme de terre, le topinambour , etc., immédiatement après la culture de celles dont le principal produit est en grain, comme le froment , le seigle , l'orge , l'avoine, etc.; enfin par le remplacement d'une culture quelconque par une autre d'un produit différent.

L'alternat des récoltes s'observe plus particulièrement dans la culture continue, ou sans jachère, qui exige essentiellement un ordre de succession convenable.

L'ordre dans lequel il convient d'alterner les cultures sur le même champ est , sans contredit , une des opérations les plus délicates et les plus essentielles de l'économie rurale. Toutes les opérations préliminaires , relatives à l'amélioration et à la préparation du sol, ne peuvent jamais donner qu'imparfaitement les résultats avantageux qu'on en attend , si l'on néglige d'apporter, à cette dernière opération, toute l'attention que son importance mérite. On ne sauroit trop répéter qu'elle ne doit jamais être faite arbitrairement, et qu'elle est susceptible, comme toutes les autres opérations agricoles, d'être soumise à des principes qui doivent diriger le cultivateur dans le plan de culture qu'il est de son intérêt d'adopter.

Il ne suffit pas d'obtenir du même champ une suite plus ou moins prolongée de récoltes abondantes; il faut encore que la série de ces récoltes soit telle que, 1º les produits soient le plus appropriés qu'il est possible aux besoins, aux débouchés et à toutes les circonstances locales et particulières dans lesquelles le cultivateur se trouve ; 2º que le champ qui aura donné ces produits se trouve toujours rigoureusement maintenu dans un état de netteté, d'ameublissement et de fécondité qui, en prévenant sa malpropreté, son endurcissement et son épuisement, lui conserve la précieuse faculté de fournir constamment à de nouveaux produits avantageux , sans rien perdre de son état progressif d'amélioration.

Le résultat inévitable d'un ordre de succession convenable dans les cultures est d'épargner les frais, de diminuer les labours, et de rendre moins nécessaires les engrais, en même temps qu'on s'en procure une masse plus considérable, en augmentant celle des fourrages, et , par une suite nécessaire, le nombre des bestiaux.

C'est dans cet ordre que consiste l'art si utile et si peu connu des assolemens.

, Comme nous nous proposons de traiter cet important objet avec tout le développement qu'il exige, nous renvoyons au mot Assolement, qui est plus ancien et plus répandu, dont la signification est aussi plus étendue , et sous lequel nous tâcherons d'exposer et de développer les principes théoriques et pratiques d'après lesquels il convient d'alterner, non seulement le même champ, mais encore toutes les divisions ou soles d'une exploitation rurale. (Y.)

ALTESSE (Prune d'). *Voy.* Prunier.

ALTHEA. Nom latin de la Ketmie. *Voy.* ce mot.

ALTISE, *Altica*. Genre d'insectes de l'ordre des Coleoptères, qu'il importe aux cultivateurs de connoître, parceque les espèces qu'il renferme vivent toutes aux dépens des plantes et causent souvent des dommages considérables aux récoltes, sur-tout dans les jardins.

Ces espèces, au nombre d'une vingtaine, sont en général très petites; leur corps est oval, un peu allongé, lisse et souvent d'un brillant métallique ; leurs antennes sont filiformes, presque de la longueur du corps, et composées de onze pièces distinctes. Leurs pattes sont terminées par des tarses de quatre pièces, dont la pénultième est bifide, et garnie en dessous de poils serrés. Leurs cuisses postérieures sont très renflées, souvent même globuleuses, et ne permettent guère de les confondre qu'avec quelques *charançons* qui ont aussi ce caractère.

On trouve des altises pendant toute l'année ; mais c'est au printemps qu'on en rencontre le plus et qu'elles causent le plus de ravages. Leurs larves sont de petits vers allongés, à six pattes, à tête dure et munie de mâchoires, qu'on trouve, pendant tout l'été, sur les plantes qu'elles rongent comme l'insecte parfait. Lorsque l'époque de leur transformation est arrivée, elles s'attachent contre les feuilles, les tiges des plantes, contre les pierres, etc. On ignore combien de temps chaque espèce reste en état de larve et de nymphe, on ignore même si toutes les espèces font deux générations par an ; mais il est certain qu'en trois mois la plupart ont parcouru tout le cercle de leurs transformations. Il paroît qu'une partie passe l'hiver en état d'insecte parfait, puisqu'il suffit d'un jour doux pour en trouver, dans cette saison, sur les plantes en état de végétation.

Dès qu'on veut toucher une altise, elle s'éloigne par un saut souvent de plus d'un pied, saut qu'elle exécute, comme la puce, au moyen de ses pattes postérieures dont les grosses cuisses renferment des muscles vigoureux, et qu'elle répète aussi souvent que le danger l'y sollicite. Souvent en approchant d'une plante qui en est couverte, on les voit toutes instantanément disparoître. Elle peut aussi voler, mais elle n'em-

ploie guère ses ailes que dans la chaleur du jour , et lorsqu'elle veut changer de canton. Elle a encore un moyen d'é-
chapper en contrefaisant la morte.

Les espèces d'altises les plus communes aux environs de
Paris , sont :

L'ALTISE BLEUE, *Altica oleracea*, qui est toute bleue , excepté
les antennes qui sont noires. Souvent ce bleu est verdâtre, mais
toujours très brillant. Sa longueur est d'une ligne. Elle se
trouve très abondamment dans tous les lieux où il se cultive
des choux , des raves , des radis et autres plantes de la même
famille , aux dépens des feuilles desquelles elle vit, ainsi que
sa larve. Elle fait, dans certaines années , le désespoir des
cultivateurs, qui la connoissent sous le nom de *puceron* ,
*pucerotte* , *tiquet*. Quelque nuisible qu'elle soit aux plantes
déjà grandes , dont elle perfore les feuilles , les fleurs et
les fruits , elle l'est bien davantage pour les plantes qui lèvent,
parcequ'elle se jette sur elles de préférence, qu'elle en mange
les feuilles séminales , en coupe les tiges encore tendres.
J'ai vu dans les jardins renoncer , certaines années , à semer
des choux et des radis , par l'impossibilité d'en voir arriver un
seul pied à bien. J'ai vu des semis de navette et de rave entièrement anéantis par elle. Ses dévastations ont lieu pendant
presque toute la belle saison , et il est extrêmement difficile
d'y apporter remède. Les seuls moyens qui aient eu quelque
efficacité , mais qu'on ne peut employer que sur des couches
ou sur des plates-bandes de jardin , sont des arrosemens avec
des décoctions de plantes âcres ou fétides, telles que le tabac , le noyer , le sureau , etc. La cendre , la suie et l'urine
ont produit de bons effets. Je ne les appellerai cependant pas
des remèdes certains , car ils ne réussissent pas toujours, ou
ils demandent à être si fréquemment répétés , que l'emploi
du temps absorbe les avantages qu'on en peut retirer. C'est des
variations atmosphériques que le cultivateur doit le plus attendre. En effet, il ne faut qu'une pluie froide , ou que quelques jours d'une chaleur trop active , pour faire périr la plupart des larves et peut-être même beaucoup d'insectes parfaits.
Il arrive ainsi que , lorsqu'on croyait en être le plus infesté ,
on s'en trouve presque instentanément débarrassé.

L'ALTISE DU CHOU, *Altica brassica* , est noire, avec les élytres
couleur de rouille pâle, avec tous les bords et une bande transversale noire.

L'ALTISE HOLSATIQUE est noire brillante , avec un point rouge
à l'extrémité des élytres.

L'ALTISE DU CRESSON est noire, avec les élytres couleur de
rouille et les bords noirs.

L'ALTISE PAILLETTE, *Altica atricilla*, est noire, avec le corselet et les élytres cendrés.

L'ALTISE NOIRE est noire, avec la base des antennes et les pattes brunes.

Ces quatre espèces vivent, comme la précédente, aux dépens des plantes de la famille des *crucifères*. Mais, quoique je ne les aie jamais vues assez abondantes en France, excepté la dernière qui mange aussi les feuilles de capucine, pour inquiéter autant les cultivateurs, elles peuvent l'être dans d'autres pays ; et il paroît même que l'*holsatique* est pour le Danemarck ce que l'altise bleue est pour la France.

L'ALTISE BEDAUDE, *Altica fuscipes*, est noire, avec les élytres d'un noir brillant et strié, le corselet rougeâtre et les pieds noirs. Elle vit, comme la précédente, aux dépens des choux ; mais elle est moins commune et ne fait jamais de grands dommages.

L'ALTISE DE LA MAUVE, *Altica fulvipes*, est bleue, avec la tête, le corselet, les pattes et la base des antennes rougeâtres. On la trouve sur la mauve, et autres plantes de cette famille, qu'elle ronge et dont elle cause quelquefois la mort. Comme ces plantes sont en général peu importantes pour l'homme, qui ne cultive guère que la *guimauve* et l'*alcée rose*, on remarque moins les ravages de cette espèce que ceux de l'*altise bleue*, quoiqu'ils soient très considérables. Sa longueur est d'une ligne et demie.

L'ALTISE RUBIS, *Altica nitidula*, est d'un vert brillant, avec la tête et le corselet dorés, et les pattes couleur de rouille. Elle se trouve sur le saule, dont elle mange les feuilles et auquel elle nuit beaucoup par son abondance. C'est un insecte des plus brillans.

L'ALTISE PLUTUS, *Altica helxines*, est d'un vert doré, avec les antennes brunes et les pattes couleur de rouille. Elle habite le sarrasin et autres plantes de sa famille. Je ne l'ai jamais vue assez abondante pour qu'on s'en soit plaint. Elle est encore plus belle que la précédente.

Quant aux autres espèces, elles n'intéressent ordinairement que le naturaliste, et je me dispenserai en conséquence d'en parler. (B.)

ALUCITE, *Alucita*. Genre d'insectes de l'ordre des LÉPI-DOPTÈRES, c'est-à-dire de celui où se trouvent les papillons.

C'est parmi les insectes de ce genre que se trouve cette teigne dont la chenille se nourrit des grains du froment et autres céréales, teigne qui cause quelquefois de si grandes pertes aux cultivateurs, sur-tout dans les pays chauds.

Les anciens agronomes, qui nous ont longuement parlé du charançon du blé, n'ont point mentionné de chenille comme vivant également à ses dépens ; cependant, il est de fait que celle de l'ALUCITE DES GRAINS est connue depuis long-temps des naturalistes. Leuwenhoek en parle ; Backer, Réaumur et Degeer l'ont figurée. N'auroit-elle donc étendu ses ravages que depuis trente ans ? Il est difficile de le croire ; mais on peut supposer que nos pères ont confondu la chenille de cette *alucite* avec la larve du charançon.

Quoi qu'il en soit, c'est à l'Amérique septentrionale que l'Europe doit l'éveil à cet égard. Quelques années après la paix qui consolida l'indépendance et la liberté des habitans de cet heureux pays, les papiers publics de Philadelphie parlèrent, sous le nom d'*hessian fly*, d'un insecte qui le menaçoit de plus de maux que la guerre, d'un insecte qui attaquoit et dévoroit les blés, dans le grenier, avec une activité telle que les plus gros approvisionnemens étoient bientôt réduits à quelques poignées de son. Ils accusoient les Anglais d'avoir introduit ce dangereux ennemi avec les blés qu'ils tiroient de la Hesse pour la subsistance de leur armée. Le parlement d'Angleterre, sur cette simple annonce, ou peut-être sur des plaintes de l'état défectueux où se trouvoient les blés d'Amérique qu'on apportoit en Angleterre, rendit une loi pour en proscrire l'importation. On étoit donc en France sur le qui vive à cet égard, lorsque le gouvernement reçut la nouvelle que le même insecte exerçoit ses ravages dans l'Angoumois. Il envoya sur-le-champ dans cette province MM. Duhamel et Tillet, pour s'assurer du fait et pour rechercher les moyens de les arrêter ou de les empêcher de se renouveler. Le résultat de leurs recherches constata que c'étoit en effet la chenille de l'*alucite des g ains* qui s'étoit montrée en si grande abondance dans l'Angoumois ; que cette chenille, d'un peu plus d'une ligne de long, s'introduit dans le blé par sa rainure et en mange toute la farine sans toucher à l'écorce, de sorte qu'on ne distingue un grain sain d'un grain altéré qu'à sa pesanteur ; qu'avant de se changer en nymphe, opération qu'elle subit dans le grain même, elle a soin de faire une ouverture à une de ses extrémités, sans en ôter le morceau, de manière qu'il ne faut qu'un très léger effort à l'insecte parfait pour en sortir. Il paroît, d'après les observations de Duhamel et Tillet, que cet insecte parfait dépose quelquefois ses œufs sur le blé encore en épis ; mais en général il ne se multiplie, en grande abondance, que dans les greniers.

Depuis cette époque, on a eu quelques indications des ravages de ces insectes dans d'autres parties de la France ; mais ils n'ont jamais eu de suites graves, à raison sans doute du rapide mouvement qui a eu lieu dans le commerce des blés, et qui n'a pas permis d'en accumuler de grandes quantités pendant plusieurs années de suite.

J'ai lieu de croire que les inquiétudes des cultivateurs du nord, à l'égard de cet insecte, doivent être presque nulles, parceque dans les pays froids il ne fait qu'une ou deux générations par an ; mais ceux du midi doivent prendre des précautions contre sa multiplication, vu qu'il en fait au moins six par an, une tous les mois de l'été. Non seulement il y attaque le blé, mais encore le seigle, l'orge et le maïs, probablement toutes les frumentacées. Dans la Caroline, aux environs de Charleston, j'ai vu le grenier, où je renfermois le maïs destiné à la nourriture de mes chevaux, si peuplé de ces alucites, qu'elles éteignoient fréquemment la chandelle, en se précipitant dessus, lorsque j'y allois la nuit (elles sont attirées par la lumière comme les teignes, les pyrales et autres espèces des genres voisins.) Là, comme dans la plupart des autres greniers du même pays, il y avoit fort peu de grains de maïs intacts; cependant, comme la farine que contient un de ces grains est plus que suffisante pour la nourriture d'une chenille, et que deux chenilles n'attaquent jamais le même, elles cessent naturellement leurs dégâts quand tous les grains ont été attaqués. J'ai évalué la perte à un quart. C'est toujours la partie par laquelle le grain tient à son axe qui est percée; celle qui lui est opposée est trop dure. Duhamel et Tillet l'avoient déjà observé d'une manière positive. Aussi, comme tout moyen de conservation qu'on emploieroit en Europe seroit ruineux en Amérique, où la main d'œuvre est très chère et les denrées souvent à très bon marché, n'oppose-t-on à ses ravages que la précaution de n'égrainer le maïs qu'à mesure de la consommation ou du besoin de la vente, et sur-tout conserve-t-on en épis tout celui destiné à la semence.

Quelques naturalistes et agriculteurs ont cru que c'étoit la même chenille qui lioit ensemble, avec de la soie, plusieurs grains de blé pour s'en faire un fourreau, du centre duquel elle dévoroit les blés dans le grenier; mais il est prouvé aujourd'hui que c'est une espèce de teigne. *Voy*. le mot TEIGNE, et les fig. 37, 38 et 39 de la planche citée plus bas.

Mais pour en revenir aux ravages de l'alucite en Europe, les moyens de s'y opposer sont absolument les mêmes que ceux indiqués contre le charançon; ainsi on n'est embarrassé que du choix. Je crois que le plus facile, le plus certain, et en définitif le plus économique, c'est de mettre, comme le conseille Parmentier, tout le blé de sa récolte dans des sacs isolés, et autant que possible suspendus dans les greniers. Je renvoie à l'article conservation des blés pour le développement des avantages de cette méthode sous les autres rapports.

Duhamel et Tillet se sont convaincus que lorsque deux larves ou chenilles se trouvent dans le même grain, elles se battent lorsqu'elles sont parvenues à une certaine grosseur, et que la plus forte tue l'autre.

On assure qu'à Moissac, ville où se fait un grand commerce de blé, on met dans les greniers, dont les fenêtres sont fermées avec des grilles de fer, des bergeronnettes, oiseaux qui vivent d'insectes et ne touchent pas au grain. Les bergeronnettes mangent les alucites à mesure qu'elles naissent, leurs larves toutes les fois qu'elles peuvent les voir, et empêchent par-là qu'el es se propagent. Quinze ou vingt suffisent pour le plus vaste grenier. Elles s'engraissent rapidement, ce qui fait qu'on les mange après les avoir remplacées par d'autres. La seule attention à avoir, c'est de tenir dans le grenier un ou plusieurs baquets constamment remplis d'eau.

Mais il y a deux alucites qui vivent dans les greniers, et les agriculteurs les ont confondues, c'est ce qui m'a engagé à n'en parler jusqu'ici que d'une manière générale ; je vais actuellement indiquer leurs caractères spécifiques.

L'ALUCITE DES CÉRÉALES est grise, avec trois taches plus obscures sur chaque aile. Sa longueur est de trois lignes. Elle est figurée dans Réaumur, vol. 2, pl. 39, n° 18.

L'ALUCITE DES GRAINS est d'un gris luisant, avec des taches plus blanches ou moins foncées, très peu sensibles dans beaucoup d'individus. Sa longueur est aussi de trois lignes. Sa chenille est blanche, sans poils, et a la tête brune. C'est celle dont Réaumur donne l'histoire dans le 3 vol. de ses Mémoires, sur laquelle Duhamel et Tillet ont fait leurs belles observations, et celle enfin que j'ai vue le plus communément. Elle se propage pendant toute l'année dans les pays chauds, se conserve sous forme de chenille, même dans le blé mis en terre.

Plusieurs autres espèces d'alucites nuisent encore aux cultivateurs, en mangeant les feuilles de quelques plantes d'agrément. Par exemple :

L'ALUCITE XILOSTELLE, dont les ailes sont grises, avec une tache irrégulière et longitudinale sur leur bord intérieur, a une chenille qui vit aux dépens des fleurs du *chèvrefeuille* et de la *giroflée*.

L'ALUCITE DE LA JULIENNE a les ailes relevées postérieurement, avec des lignes longitudinales et quelques taches brunes. Sa chenille vit sur la julienne, dont elle réunit les feuilles centrales par de la soie, et dont elle mange les jeunes pousses. Elle empêche ainsi souvent cette plante de fleurir.

L'ALUCITE DU BAGNAUDIER, qui a les ailes jaunâtres avec le

bord intérieur et extérieur blanc. Sa chenille se trouve sur le bagnaudier; elle vit aux dépens du parenchyme, des feuilles qu'elle rend quelquefois toutes blanches. Elle se fait, avec le parenchyme, de l'écorce de l'arbre, un fourreau qui a la forme d'un bonnet phrygien.

L'ALUCITE FLAVELLE a les ailes d'un brun doré avec une bande longitudinale, et une tache jaune. Sa chenille vit dans le bois de chêne anciennement employé. Elle concourt, avec plusieurs autres insectes, à détruire les charpentes et les meubles.

Toutes ces espèces ne peuvent être détruites qu'en les écrasant. Un jardinier vigilant les recherchera, en conséquence, lorsqu'il s'apercevra de leurs dommages. (B.)

ALUMINE. Terre particulière qui, mêlée avec de la silice, constitue l'argile, et qui entre comme base dans l'alun, ou sulfate d'alumine. Elle est blanche, douce au toucher, sans saveur, mais ayant une odeur propre lorsqu'on la mouille. Une de ses propriétés est de happer à la langue.

Comme elle ne se trouve pas dans la nature en état de pureté, elle n'intéresse pas directement les cultivateurs; mais étant souvent question d'elle dans les analyses des terres ou des pierres dans lesquelles elle entre comme partie constituante, il faut qu'elle soit connue de ceux d'entre eux qui veulent s'éclairer.

Les oxides métalliques ont une grande affinité avec l'alumine. C'est celui de fer qui la colore dans les argiles, les ocres, etc.

L'alumine est d'un grand usage dans les arts et dans la médecine vétérinaire. *Voyez* ALUN et ARGILE. (B.)

ALUN. Sel composé d'alumine et d'acide sulphurique qu'on retire de quelques terres et qu'on fabrique artificiellement. On l'appelle aujourd'hui *sulfate d'alumine.* L'usage qu'on en fait dans les arts, principalement dans la teinture, le rend l'objet d'un commerce important. On l'emploie aussi dans la médecine vétérinaire, après l'avoir privé de son eau de cristallisation par la calcination, pour consumer les chairs mortes. Les falsificateurs de vin ne le connoissent que trop. (B.)

ALUNER LE VIN. C'est jeter de l'alun dans un vin peu coloré pour en rehausser la couleur; mais ce moyen est peu avantageux, car au bout d'un mois, au plus, il est retombé dans son premier état. L'usage du vin aluné est très dangereux pour la santé; il altère, constipe, donne trop de ton à l'estomac et produit souvent des obstructions. (R.)

ALVARDE, *Ligeum.* Plante graminée, vivace, propre à l'Espagne, qui pousse des touffes de feuilles linéaires, rondes, d'environ deux pieds de long, et qu'on peut employer comme le

Sparthe (*voyez* ce mot), pour fabriquer des nattes, des cordes et autres petits articles d'économie domestique. On en fait des espèces de chaussons très propres à gravir les montagnes.

Cette plante gèle dans le climat de Paris, et ne s'y cultive que dans les jardins de botanique ; mais comme elle croît dans les terres sablonneuses les plus arides, elle pourroit entrer dans le système des assolemens des parties méridionales de la France, où ces sortes de terres ne sont pas rares. On la multiplie ou par semences ou par séparation de racines. J'en ai vu en Espagne des touffes de près d'un pied de largeur qui pouvoient fournir peut-être chacune deux ou trois cents plants de repiquage. (B.)

ALVEOLE. Petite cellule dans laquelle les abeilles déposent leur miel et leur couvain. *Voyez* Abeille.

ALVIN. *Voyez* Etang.

ALVIVAGE. Dans certains cantons on donne ce nom à l'alvin. Dans d'autres, aux petits poissons que prennent les pêcheurs, et qu'ils remettent à l'eau comme peu propres à la vente, soit qu'ils soient ou non d'espèces qui grandissent. (B.)

ALVINIERS. Alvinières. Petits étangs, placés à la tête ou dans le voisinage des grands, et dont l'objet est de garder le jeune poisson jusqu'à ce qu'il ait acquis assez de force pour se défendre contre le brochet, la truite, etc. La méthode des alviniers est fort peu pratiquée en France, cependant c'est certainement la plus avantageuse pour avoir du poisson en abondance et d'une belle grosseur. Je me propose de développer ce principe avec détail au mot Etang. J'y renvoie le lecteur. (B.)

ALYSSE. ALYSSON. Genre de plante qui renferme une trentaine d'espèces propres aux terrains montueux et arides de l'Europe et de l'Orient, et dont une se cultive fréquemment dans les jardins d'agrément.

L'Alysse des montagnes, la plus commune de toutes, est vivace, a la tige herbacée, les feuilles blanches, les inférieures elliptiques et les supérieures lancéolées. Elle se trouve souvent très abondamment dans les lieux arides des montagnes pelées. Il ne paroît pas que les bestiaux la recherchent beaucoup.

L'Alysse jaune, *Alyssum saxatile*, Lin., a la tige ligneuse, les feuilles lancéolées, molles et sinuées en leurs bords. Elle se trouve dans le midi de l'Europe, et se cultive dans les jardins d'agrément sous le nom de *corbeille d'or*, à raison de la multitude et de l'éclat de ses fleurs qui sont jaunes et subsistent long-temps.

Cette plante, qui ne s'élève pas à un pied de haut, s'étend souvent à deux ou trois de large, tant elle est garnie de branches qui se couchent sur la terre. Ses fleurs commencent à paroître au premier printemps, et embellissent les jardins pendant plus de deux mois et même pendant presque tout l'été lorsqu'on coupe une partie de leurs rameaux avant la chute des fleurs. On ne peut trop la multiplier, soit dans les parterres, soit dans les jardins paysagers, où elle produit un excellent effet au premier rang des massifs ou dans les petites planches qu'on ménage sous les grands arbres et au milieu des gazons. Toutes espèces de terrains, même les plus arides, lui sont bons. Elle a même plus d'éclat dans les mauvais, et y subsiste plus longtemps. Elle craint l'humidité et périt souvent en hiver par cette cause. On la multiplie avec la plus grande facilité de graines qui, étant semées au premier printemps, donnent quelquefois des fleurs dans la même année, de marcottes qui se font naturellement ou qu'on produit en jetant quelques pelletées de terre au milieu d'un gros pied ; enfin par boutures.

Ses graines doivent être semées dans une terre bien meuble et à une bonne exposition. On repique le plant, soit en place, soit en pépinière, lorsqu'il a deux à trois pouces de haut. Comme le bel effet que produit cette plante n'a lieu que lorsque ses pieds ont une certaine largeur, la plupart des jardiniers préfèrent ne la mettre en place que la seconde et même troisième année. Du reste elle ne demande que les cultures communes à tous les jardins. Elle présente plusieurs variétés, mais qui ne sortent pas des nuances de la couleur qui lui est propre. ( B. )

AMAIGRIE. On dit qu'une terre est amaigrie ou usée lorsque les plantes qui y croissent cessent de pousser avec la même vigueur.

Les plantes amaigrissent plus promptement la terre les unes que les autres. Une terre amaigrie par rapport à une espèce de plante peut cependant en nourrir avec succès et successivement un grand nombre d'autres. C'est sur ce principe qu'est fondée la théorie des Assolemens. *Voyez* ce mot.

On ne sait pas encore pourquoi la terre s'amaigrit pour une espèce plutôt que pour une autre, quoique tout le monde se croie en état d'expliquer et même explique ce phénomène ; mais il est de fait que des fumiers ou le repos lui rendent sa vigueur première. C'est sur cette observation qu'est fondée la théorie des Engrais et des Jachères. *Voyez* ces mots.

L'expérience qui semble jeter le plus de jour sur les phénomènes de l'amaigrissement est celle par laquelle Th. de Saussure a prouvé qu'une petite portion du terreau étoit dissoluble par l'eau, et que, lorsque la partie qui avoit résisté aux lotions étoit abandonnée à elle-même, à l'air, il devenoit de nouveau possible d'en dissoudre, et ainsi de suite jusqu'à ce que toute la masse fût dissoute.

Ce beau résultat appuie, sous quelques rapports, le système

établi par Rozier pour expliquer l'assimilation végétale. Il supposoit qu'il se formoit un savon avec les huiles et les sels qui se trouvent dans la terre, et que c'étoit ce savon qui seul, comme dissoluble, entroit par les racines dans les vaisseaux des plantes pour les nourrir. Je dis sous quelques rapports, parceque le terreau n'est pas un savon, et que l'analyse n'a jamais trouvé dans la terre ni assez de sel, ni assez d'huile, pour former le savon nécessaire à la nourriture des plantes. (B.)

AMAIGRISSEMENT. Diminution de l'embonpoint. C'est le contraire de L'ENGRAISSEMENT. *Voyez* ce mot.

Quelquefois l'amaigrissement n'a pas de causes apparentes, mais le plus souvent il est évidemment produit par le défaut d'aliment, par des alimens de mauvaise qualité, par des travaux excessifs, par la privation du sommeil, enfin par un grand nombre de maladies. Dans ce dernier cas il est le plus souvent symptomatique, et disparoît après la guérison.

Si une surabondance de graisse nuit à la vigueur des animaux domestiques, une maigreur excessive les affoiblit bien davantage. Un cultivateur éclairé doit donc employer toutes ses ressources pour tenir ses bestiaux dans un bon état intermédiaire.

Dans les maladies putrides et quelques autres, l'amaigrissement arrive très rapidement, quelquefois, comme dans les moutons gras, il donne lieu à une maladie putride. *Voyez* POURRITURE.

Des alimens suffisamment abondans et d'une bonne qualité, un travail bien réglé, sont les seuls moyens de conserver les bestiaux dans la situation la plus avantageuse pour qu'ils puissent rendre tous les services qu'on en attend. ( B. )

AMANDE. *Voyez* AMANDIER.

AMANDE, AVELINE. *Voyez* ABRICOT DE HOLLANDE.

AMANDE DE TERRE. *Voyez* aux mots SOUCHET-COMESTIBLE et ARACHIDE.

AMANDIER, *Amygdalus*. Genre de plante de l'icosandrie monogynie, et de la famille des rosacées, qui intéresse les cultivateurs sous le double intérêt du profit et de l'agrément.

Ce genre renferme sept espèces, toutes originaires de la haute Asie, toutes susceptibles d'être conservées en pleine terre dans nos climats, et dont deux sont une acquisition très précieuse pour les peuples de l'Europe moyenne et méridionale ; savoir, l'AMANDIER PÊCHER ou simplement le PÊCHER, et l'AMANDIER COMMUN, ou amandier proprement dit.

La première ( *amygdalus persica*, Lin. ) a pour caractère : dentelures des feuilles toutes aiguës ; fleurs solitaires ; fruits presque ronds, à pulpe épaisse, succulente, agréable au goût. Il en sera traité avec de grands détails au mot PÊCHER.

La seconde ( *amygdalus communis*, Lin.) a pour caractère : dentelures inférieures des feuilles, terminées par une glande ; fleurs géminées ; fruits allongés, aplatis, à pulpe mince, dure et désagréable au goût. C'est d'elle dont je vais d'abord m'occuper. Je dirai ensuite un mot des espèces de pur agrément.

L'*amandier commun* est un arbre de trente à quarante pieds de haut, dont les branches sont rapprochées, peu nombreuses, lisses, cendrées et épineuses par leur extrémité dans les variétés les moins perfectionnées ; ses feuilles sont alternes, lancéolées, dentées, glabres, d'un vert un peu blanchâtre, les moyennes longues de trois pouces sur six lignes de large ; ses fleurs, qui naissent toujours sur le bois de l'année précédente, et ont un pouce de diamètre moyen, sont blanches, avec une nuance de rose avant leur épanouissement, et offrent des pétales échancrés plus grands que le calice ; ses fruits, d'un vert rendu blanchâtre par les poils dont leur brou est couvert, ont rarement plus de deux pouces de long sur dix-huit lignes de large.

Toutes les variétés d'amandiers fleurissent dès les premiers jours du printemps, avant le développement des feuilles, et c'est cette circonstance qui en rend les produits si incertains. Leurs fruits ne sont ordinairement mûrs qu'à la fin de l'automne. En général, ce sont des arbres d'une culture scabreuse. On les perd sans cause apparente, au moment où on les croyoit dans l'état de vie le plus complet. Il est rare qu'ils conservent une belle tête au-delà des dix premières années de leur vie, parcequ'ils perdent des branches par des causes difficiles à prévenir. Lorsqu'on les blesse, et même naturellement, il flue de leur écorce une gomme d'abord blanche et transparente, et qui devient ensuite brune et un peu opaque.

Le type originel de l'amandier n'est pas connu ; mais la variété sauvage qu'on trouve si abondamment dans l'Orient, sur les côtes d'Afrique, dans les parties méridionales de l'Europe, s'en éloigne probablement très peu.

L'AMANDIER COMMUN A PETIT FRUIT, qu'on appelle vulgairement l'*amandier franc*, diffère à peine du précédent. Il est le plus robuste, aussi est-ce lui qu'on plante dans les pays froids. Sa coque est très renflée, à peine d'un pouce de long. Son amande est douce.

L'AMANDIER COMMUN A GROS FRUIT a toutes les parties plus grandes et le fruit plus gros du double que le précédent. Sa coque est épaisse, dure, pesante, et son amande douce. C'est lui qu'on cultive le plus dans les départemens méridionaux, à raison de l'abondance de ses produits, son fruit étant pour eux l'objet d'un commerce considérable. Il offre une sous-variété à amande amère.

L'AMANDIER A COQUE TENDRE, *Amandier des dames, l'abelan*

ou *l'abeilan* des provençaux, est plus petit dans toutes ses parties que le précédent. Son fruit est plus aplati. Sa coque est si tendre, qu'on la casse facilement entre les doigts. L'amande qu'elle renferme est douce.

Cet amandier fleurit plus tard que les autres, en même temps que les feuilles se développent. Sa fleur est sujette à couler. Plus l'arbre vieillit et plus la coque du fruit devient dure. Elle est également plus dure dans les pays chauds que dans les pays froids. Rozier croit que c'est au retard de sa production qu'elle doit son peu de dureté ; mais cette raison ne peut être admise, puisque celui de l'époque de la floraison des autres espèces, retard qui a souvent lieu, n'occasionne pas une diminution dans la dureté de leur coque.

L'AMANDE SULTANE est une sous-variété de celui dont le fruit est plus petit, et passe pour plus délicate.

L'AMANDE PISTACHE est dans le même cas. Elle est encore plus petite que la précédente ; elle a la forme et la grosseur d'une pistache.

Il faut encore lui réunir une *amande* que j'ai rapportée des environs de Padoue. Elle est longue de deux pouces, large de six à sept lignes dans son plus grand diamètre, et son extrémité pointue est relevée. On pourroit l'appeler l'*amande cornichon.* Sa coque est un peu moins tendre que celle des précédentes ; mais on la casse cependant assez souvent avec les doigts. On en voit à la pépinière du Luxembourg des pieds provenus de mes graines.

L'AMANDIER AMER. Cette espèce se distingue des variétés précédentes, dont le fruit est amer. Sa fleur est plus grande que celle de l'amandier commun ; ses pétales moins larges en proportion de leur longueur, plus échancrés, et conservent plus long-temps une nuance couleur de chair. Son fruit est beaucoup plus allongé, et terminé par une pointe plus longue et plus aiguë. Son écorce est plus brune et plus lisse.

L'AMANDIER PÊCHER. Cet arbre paroît être un hybride du pêcher et de l'amandier. Il tient plus du pêcher. On trouve souvent sur la même branche deux sortes de fruits. Les uns sont gros, ronds, divisés suivant leur longueur par une gouttière, très charnus et succulents comme la pêche. Ils sont verts en dehors et en dedans, amers, et ne peuvent être mangés qu'en compote. Les autres sont gros, allongés, n'ont qu'un brou sec et dur qui se fend comme celui des autres espèces. Tous deux ont un gros noyau qui n'est pas sillonné comme celui de la pêche, mais semblable à celui de l'amandier, et qui contient une amande douce. Ils mûrissent à la fin de l'automne.

Cette variété n'intéresse qu'à cause de sa singularité, aussi est-elle peu commune. Elle pousse avec une vigueur remarquable.

Toutes ces espèces d'amandiers aiment une terre légère, sèche et chaude. Elles donnent beaucoup de fruits dans les sables au milieu des cailloux, et seulement du bois dans les sols gras et humides. Lorsqu'on veut en planter dans cette dernière espèce de terrain, il faut les greffer sur prunier. Dans les parties méridionales de la France, elles sont l'objet d'une culture très étendue et d'une grande importance; elles y produisent un revenu moindre sans doute, mais plus assuré que celui de l'olivier. Dans les parties septentrionales leurs produits et même leur conservation sont si incertains, qu'on les y plante presque uniquement pour l'agrément.

Les pépiniéristes des environs de Paris sèment beaucoup d'amandiers dans l'intention de les faire servir de sujets pour la greffe des pêchers, des abricotiers, et même quelquefois des pruniers; et ce qui les y détermine principalement est moins d'améliorer ou de hâter les productions des espèces qu'on place sur eux, que la faculté dont il jouit de pouvoir être greffé l'année même de sa plantation, et par conséquent de leur faire gagner du temps.

Les amandes les plus belles, sur-tout celles qui sont tombées naturellement, doivent être préférées pour les semis. Comme elles se dessèchent promptement et se rancissent facilement, il faut les mettre en terre ou les stratifier avant l'hiver, si on veut qu'elles germent la même année. Encore, malgré ces soins, en est-il beaucoup qui ne lèvent que l'année suivante, lorsque le printemps est sec, sur-tout si elles appartiennent aux variétés à coque dure, plus vigoureuses, par conséquent plus recherchées que les autres pour la greffe.

On stratifie les amandes en les mettant, lit par lit, avec de la terre ou du sable, immédiatement après leur chute de l'arbre, dans des caisses ou dans des pots qu'on place hors des atteintes des rats et des mulots, et qu'on y laisse pendant tout l'hiver, soit en plein air, soit dans un cellier, une orangerie, etc. Il faut que la terre reste constamment ni trop sèche ni trop humide. Les amandes germent, et on les plante ainsi germées lorsque les gelées ne sont plus à craindre. Cette méthode a l'avantage d'empêcher une perte de terrain toujours bonne à éviter et souvent précieuse, en ce qu'on est sûr, ou presque sûr, de la réussite de ce qu'on plante, tandis que toujours une partie des amandes qu'on met en terre en automne ne lève pas.

La plupart des pépiniéristes trouvent un avantage de plus dans cette pratique, c'est qu'ils peuvent pincer la radicule, et par-là empêcher la formation du pivot, qui, dans cet arbre, acquiert quelquefois la longueur de deux pieds dès la première année, et qui, étant dépourvu de racines, nuit à la reprise des pieds lorsqu'on les transplante. *Voyez*, au mot Pivot, le développement des raisons qui militent pour et contre sa conservation.

Lorsqu'on plante les amandes ainsi germées, un pouce de terre suffit pour les recouvrir, à moins qu'elle ne soit très légère; tandis que lorsqu'on les confie à la terre avant l'hiver, deux et trois pouces ne sont pas de trop.

Il est des pépiniéristes qui prétendent qu'il faut toujours semer des amandes amères, parcequ'elles produisent des sujets plus robustes et plus vigoureux. S'il ne s'agissoit que d'avoir de beaux arbres, cela séroit vrai; mais il s'agit d'avoir de bons fruits, et le sujet influe, plus ou moins, sur sa qualité. D'ailleurs, toutes les variétés d'abricotiers et de pêchers ne se greffent pas avec le même avantage sur les amandiers provenans d'amandes amères. Parmi ces dernières, il n'y a, par exemple, que la bourdine, la madeleine-rouge, la royale et les trois violettes qui y réussissent.

Les amandes à coque tendre fournissent généralement des sujets plus foibles, et par cela même plus convenables dans quelques cas.

Lorsqu'on sème les amandes avant l'hiver, il faut, comme je l'ai observé plus haut, les enterrer plus profondément, afin qu'elles soient constamment entourées d'humidité, et que l'influence de la chaleur du printemps n'arrive pas trop tôt jusqu'à elles; car on doit employer tous les moyens possibles de retarder leur végétation jusqu'à la fin des gelées. Aussi quelques pépiniéristes éclairés, non contens de la profondeur sus-mentionnée, les couvrent-ils de paillassons ou de fougère, dans les jours où le soleil a de la force, c'est-à-dire qu'ils font le contraire de ce qu'ils ont fait pendant *tout* l'hiver pour les autres plantes qui craignent les gelées.

Une attention à avoir, dans tous les cas, c'est de placer les amandes la pointe en bas, afin que la plantule puisse s'élever directement au jour; ce n'est pas qu'elle ne sache se retourner si elle étoit dans le sens contraire; mais il y a toujours de l'inconvénient à lui laisser faire cette opération lente et dangereuse pour elle.

Lorsque le terrain où on place les semis d'amandes est frais et léger, le plant acquiert, dès la première année, quatre à cinq pieds et même plus de hauteur, et il se garnit d'une grande quantité de branches. Il peut, dès la fin de cette année, c'est-à-dire à la sève d'automne, être greffé comme je l'ai déjà dit.

On ne donne ordinairement qu'un pied de distance aux amandes: mais ce n'est pas assez lorsqu'elles poussent comme je viens de le dire; deux pieds et même deux pieds et demi ne sont pas de trop.

Le semis à demeure, si on est à portée de défendre ce jeune plant pendant les deux ou trois premières années, est préférable à tous les autres, principalement parcequ'on conserve le pivot, qui, allant chercher profondément les sucs nécessaires à la vie de l'arbre, et l'assurant davantage contre les efforts des vents, lui donne des avantages marqués. Il ne faut que comparer deux arbres voisins, dont l'un aura été planté en place et l'autre apporté de la pépinière, pour voir combien le premier l'emporte sur le second. *Voyez* au mot PIVOT.

La greffe à écusson et même à écusson à œil dormant est presque la seule pratiquée sur l'amandier, parceque l'abondance de la gomme qui suinte des blessures qu'on lui fait rend très incertaines toutes les autres. Lorsqu'un amandier est trop vieux pour être greffé de cette manière, il vaut mieux lui couper la tête pour lui faire produire du jeune bois sur lequel on greffera, que de tenter de le greffer en fente ou en couronne; cependant, avec des soins, en couvrant exactement la plaie au moyen de l'onguent de St.-Fiacre, ou autre plus solide, on peut espérer de réussir. *Voyez* ENGLUMENT.

Comme on n'est jamais certain que l'amande qu'on a semée rende exactement son espèce, les douces produisant quelquefois des amères, et des amères des douces, il est presque toujours nécessaire d'employer la greffe lorsqu'on veut avoir des fruits de deux espèces, et même seulement de beaux fruits. Il faut éviter de faire cette opération sur des sujets trop maigres; car elle seroit plus sujette à manquer, et le produit en seroit toujours défectueux.

On pourroit greffer l'amandier sur le pêcher et sur l'abricotier; mais on ne le fait pas, ou du moins on le fait rarement dans les pépinières. On le greffe toujours sur lui-même ou sur le prunier. Cette dernière greffe a deux avantages importans; celui de permettre à l'amandier de donner du fruit dans un terrain argileux et humide, terrain dans lequel prospère le prunier, et en retardant le développement des fleurs, d'assurer la production des fruits dans les années où les gelées printanières en privent ceux qui ne sont pas ainsi greffés. Cette pratique est sur-tout applicable aux climats froids, tels que ceux au nord de Paris.

Les amandiers greffés restent communément dans les pépinières jusqu'à leur quatrième ou cinquième année; cependant, il seroit plus avantageux de les mettre en place dès la troisième, parcequ'on mutileroit moins leurs racines en les arrachant, et qu'on seroit par conséquent plus certain de leur reprise. Tous les arbres réussissent mieux lorsqu'ils sont plantés jeunes que lorsqu'ils sont plantés vieux, ainsi que l'expérience le prouve ; et l'amandier qui a peu de racines latérales est plus dans ce cas que beaucoup d'autres.

La saison la plus favorable pour la transplantation de l'amandier est la fin de l'automne, même lorsqu'ils n'auroient pas perdu toutes ses feuilles. ( Il en est, sur-tout parmi ceux à amande amère, qui les gardent tout l'hiver.) En effet, il est un des arbres qui poussent le plus tôt au printemps. Il faut donc que la terre ait le temps de se tasser autour des racines pour les mettre en état de développer de nouveaux suçoirs, dès que les grandes gelées sont finies, au lieu que si on le plantoit au printemps, il resteroit des vides autour des racines qui ne se rempliroient que tard, et la végétation ne pourroit se faire aussi rapidement ni aussi complètement. Il est bon que les trous dans lesquels on le place soient faits quelques mois d'avance, et toujours plutôt trop grands que trop petits. On ne se fait pas d'idée quelle influence une augmentation d'un pouce sur toutes les faces d'un trou a sur la végétation de l'arbre qu'on y place. Il faut avoir été à portée d'apprécier la différence de vigueur qui en résulte pour y croire.

Il est très rare qu'on place l'amandier en espalier, en buisson, si ce n'est au nord de Paris. C'est en plein vent qu'il fournit le plus de fruits et qu'il prospère le mieux. Lorsqu'on le plante, on raccourcit les branches de manière à lui former une tête régulière, et il ne s'agit plus, les années suivantes, que d'arrêter quelques gourmands, et de couper quelques brindilles pour la lui conserver. Il n'aime point le tranchant de la serpette qui détermine toujours une plus ou moins grande sécrétion de gomme, sécrétion qui le fatigue et même l'épuise. Cependant il faut bien la lui faire sentir pour le débarrasser du bois mort, abattre les branches qui se croisent, et sur-tout lui faire produire du jeune bois sur lequel naissent exclusivement les boutons à fleurs, comme il a déjà été dit; et alors c'est toujours en automne, peu avant les premières gelées, qu'il faut agir. Lorsque l'amandier devient vieux, qu'il se charge de gomme, il faut le rajeunir, c'est-à-dire couper toutes ses branches à un ou deux pieds du tronc, pour qu'il pousse du jeune bois qui, la seconde année, commencera de nouveau à donner du fruit. Il est bon, dans ce cas, de fendre en même temps l'écorce du tronc dans toute sa longueur avec la pointe d'un couteau, afin qu'il se fasse un accroissement en grosseur; et qu'il se forme une lanière de nouvelle écorce. Ce moyen, qu'on pratique si avantageusement aux environs de Paris pour tous les arbres fruitiers, est principalement favorable aux arbres à noyaux; mais il est de rigueur de ne le mettre en usage qu'à l'époque précitée de l'année.

On doit labourer le pied des amandiers au moins une fois

chaque année pendant l'hiver, et débarrasser leurs branches, à la même époque, des lichens, des mousses, du gui qui s'y trouvent.

Comme, ainsi que je l'ai déjà observé plusieurs fois, c'est à la précocité trop grande de la floraison de l'amandier qu'est due le plus souvent la perte de sa récolte, on a cherché les moyens de retarder sa végétation. Quelques agriculteurs ont proposé de découvrir ses racines pendant l'hiver, comme si un degré plus considérable de froid, à cette époque, influoit sur la végétation au printemps. Bernard, qui a publié un mémoire sur la culture de l'amandier, propose de le tenir en buisson; mais sa théorie ne paroît pas fondée. Reste la greffe sur prunier. Ici il y a divergence dans les opinions des cultivateurs. Duhamel a fait des expériences qui semblent constater que cette greffe ne produit pas cet effet. Tschoudi assure qu'il n'y a que celle-là qui lui ait bien réussi. Sous ce rapport j'ai devers moi des faits qui appuient l'opinion de ce dernier, mais je n'ose cependant prononcer sur la cause. Le prunier est bien certainement d'un naturel plus tardif que l'amandier; mais on ne greffe l'amandier sur prunier que lorsqu'on veut le placer dans des sols argileux, c'est-à-dire froids et tardifs aussi. Est-ce la greffe ou le sol qui a agit? Pour décider il faudroit observer des amandiers greffés sur amandier et sur prunier, et placés dans des terrains légers et chauds, et c'est ce que je n'ai point fait.

Dans les terres trop grasses ou trop humides les amandiers poussent beaucoup en branches et portent peu de fruits. Le meilleur moyen à employer, c'est d'enlever la bonne terre autour de leurs racines et de la remplacer par de la mauvaise, ou de faire des incisions annulaires aux branches, incisions qui se recouvrent presque toujours dans l'année après avoir produit leur effet. *Voyez* INCISION ANNULAIRE.

Mais en général, je le répète, l'amandier est un arbre des collines sèches et arides; là seulement il donne du fruit de bonne qualité et du fruit en abondance; c'est donc là qu'il doit être cultivé pour le produit. Le véritable climat de l'amandier se trouve, en France, depuis Valence jusqu'à Marseille, et depuis Gênes jusqu'à Perpignan. Il y a cependant dans cet espace quelques cantons déjà trop chauds pour lui. On en trouve aussi beaucoup dans quelques vallées des Basses-Alpes, des Cevennes, du Gévaudan, du Jura et de la chaîne qui s'étend de Langres à Autun. Transplanté en Amérique il a donné peu de fruits, parceque la chaleur y est trop humide. Ceux que je cultivois aux environs de Charleston n'amenoient qu'une très petite partie de leurs fruits au point d'être mangés, et toujours ils tomboient avant d'être arrivés à maturité,

La récolte des amandes se fait généralement à la fin de l'été. Une partie, et ce sont les plus grosses et les meilleures, tombe naturellement de l'arbre par suite de l'ouverture des deux valves du brou ; mais l'autre y resteroit jusqu'à l'hiver et même quelques unes jusqu'au printemps, si on ne les cueilloit pas à la main, ou si on ne les gauloit pas avec une baguette. Le premier de ces moyens conserve mieux l'arbre ; le second est plus expéditif. C'est au propriétaire à choisir. Le bois de l'amandier étant fort cassant, il est toujours dangereux de monter dessus l'arbre et d'y appliquer des échelles simples ; en conséquence, lorsqu'on veut cueillir à la main, il faut se pourvoir d'échelles doubles. J'ai fréquemment employé une baguette fendue pour cueillir les amandes, en les contournant, sans monter dessus et endommager l'arbre ; mais ce moyen est encore plus long que celui à la main, à moins qu'on n'ait beaucoup d'habitude.

Les amandes cueillies sont mises à sécher soit sur place, soit au grenier, et lorsque, par suite du temps, tous les brous se sont ouverts, on les trie une à une, et après les avoir encore laissé sécher quelques jours, on les met dans des sacs où on les conserve jusqu'à la vente, en les garantissant le plus possible de l'humidité. Celles à coque dure se cassent, en partie, sur le lieu pour être expédiées au loin. Les autres se vendent avec leur coque.

L'amande a une saveur agréable. On en tire une huile qui est d'un grand usage dans la médecine, dans l'art de la parfumerie et dans quelques autres. Celle des amandes amères ne diffère point de celle des amandes douces. Pour retirer cette huile sans feu, il faut commencer par secouer les amandes dans un sac à claire voie, afin d'enlever leur pellicule, ou au moins sa poussière, qui est résineuse et occasionne des picotemens à la gorge, ensuite on les pile. La pâte qui en résult est mise dans un sac de toile forte, et assujettie à une puissant pression, sous une presse faite exprès. L'huile coule, et i reste, dans ce sac, une espèce de son ; c'est lui que les parfu meurs vendent sous le nom de *pâte d'amande.* Ce son contien encore de l'huile. Pour obtenir cette dernière, on jette dess de l'eau bouillante, on le porte dans une étuve, et on le pres de nouveau entre des plaques de fer chauffées. La premiè huile est douce ; c'est celle qu'on doit seule employer pour usages médicinaux. La seconde est amère. Toutes deux ranc sent facilement, mais sur-tout la seconde, qui l'est quelquefo au bout de peu de jours.

On mange les amandes un peu avant leur maturité, à l'é que de leur maturité, et après leur dessication. C'est au mome de leur maturité qu'elles jouissent de toute la finesse de leur goût. On peut prolonger le temps où elles restent bonnes en les stratifiant dans de la terre, ainsi qu'il a été dit à l'article des semis. J'ai souvent mangé avec plaisir celles qui avoient été semées et qui n'étoient pas encore levées à la seconde année, tandis que je répugne à manger celles qui ont plus de six mois de dessication. Dans quelques cantons on les confit au sucre quand elles sont encore tendres, comme dans d'autres on confit les noix.

Les amandes douces servent à faire des dragées et du nougat, brun et blanc.

Leur émulsion, mêlée avec de l'eau d'orge et du sucre, forme l'orgeat. Elles entrent dans beaucoup de préparations pharmaceutiques.

Les amandes amères sont employées dans la fabrication des massepains, et d'un grand nombre de pâtisseries et de sucreries. C'est, comme tous les amers de leur classe, un véritable poison qui n'agit sur l'homme qu'à grande dose, mais qui fait périr rapidement les oiseaux et les petits quadrupèdes. Combien de serins chéris, de perroquets d'un grand prix sont morts pour avoir mangé du massepain. *Voyez* au mot CÉRISIER AMANDE.

La gomme de l'amandier sert aux mêmes usages que celle du cerisier; mais elle ne se dissout pas complètement dans l'eau comme la gomme arabique. Ses feuilles forment une excellente nourriture pour les bestiaux, et sont sur-tout fort-recherchées par les chèvres et les moutons. Ce seul emploi, dans les pays méridionaux, suffiroit pour déterminer des plantations d'amandiers en touffes, dans les terrains arides, dans les fissures des rochers, et autres lieux impropres à la culture. Si les agriculteurs réfléchissoient sur leurs véritables intérêts, ils pourroient couper tous les ans, rez-terre, au milieu de l'été, la moitié de chaque touffe, c'est-à-dire les brins les plus forts, ceux restans suffisant pour continuer la végétation. Quoiqu'assez difficiles à sécher et à conserver en masse, parcequ'elles s'échauffent et noircissent facilement, il est probable qu'on pourroit y parvenir en suspendant les branches sous des hangars. Je sens que cela exigeroit beaucoup de place, mais aussi je ne prétends pas qu'on nourrisse tous les bestiaux uniquement de feuilles d'amandier; je désire seulement voir multiplier, par ce moyen, leur subtance dans des contrées où les prairies sont peu communes, et où il n'est pas rare de voir les cultivateurs fort embarrassés pour y suppléer, quoique la nature leur en offre tant de moyens.

Le bois de l'amandier est dur; il sert pour l'ébenisterie, pour monter les outils des menuisiers, des charpentiers, etc.

On cultive, dans les jardins d'agrément, deux variétés de

l'amandier commun. L'AMANDIER A FLEURS DOUBLES, et l'A-
MANDIER A FEUILLES PANACHÉES DE JAUNE ou de BLANC. La première fait un très bel effet lorsqu'elle est en fleurs. La seconde, ou mieux, les deux secondes, sont plus singulières qu'a-
gréables. Cependant, lorsqu'on sait les placer avec intelligence,
mettre leur feuillage blanc en contraste avec des arbres de couleur obscure, elles remplissent leur destination. On les multiplie par la greffe sur leur espèce ou sur le prunier.

Les autres espèces d'*amandiers* sont :

L'AMANDIER DE TOURNEFORT. Il se trouve dans l'Asie mineure,
la Perse et contrées voisines dont Tournefort d'abord, et ensuite
Michaux et Olivier, l'ont rapporté. J'ai cultivé en Caroline des
pieds provenus des graines plantées par Michaux, et ils fournissoient du fruit tous les ans. Ces fruits sont petits, presque
ronds, c'est-à-dire semblables pour la grandeur à ceux de
l'amandier pistache ; mais leur coque est extrêmement dure.
Rozier et autres l'ont regardé comme le type de l'espèce commune ; mais j'ai lieu de croire que c'est une espèce distincte,
principalement parceque, ainsi que je l'ai déjà dit, l'extrémité
de ses rameaux n'est pas épineuse. D'ailleurs, c'est un arbuste.
Les pieds dont je viens de parler n'avoient que trois à quatre
pieds de haut, et ceux provenus des graines d'Olivier, qui se
voient aujourd'hui dans le jardin du Muséum, ne paroissent pas
devoir s'élever davantage.

L'AMANDIER ARGENTÉ OU SATINÉ, *Amygdalus orientalis*, LIN.,
qui a les feuilles lancéolées, entières, persistantes et couvertes
en dessus et en dessous d'un duvet blanc. Il est originaire de
l'Orient, et s'élève à quinze ou vingt pieds. On le recherche
beaucoup dans les jardins d'agrément, où son feuillage produit
un très bel effet par le contraste de sa couleur avec celle de celui
des autres arbres. On le multiplie en le greffant sur l'amandier
commun. Il donne quelquefois des fruits qui sont fort petits et
amers. Ses fleurs sont roses.

L'AMANDIER BLANCHATRE, *Amygdalus incana*, LIN., a les
feuilles lancéolées, dentées en leurs bords et velues en dessous.
Il est originaire du Caucase. Il est moins élevé et moins beau
que le précédent.

L'AMANDIER NAIN, *Amygdalus nana*, LIN., a les feuilles
ovales, atténuées à leur base, simplement et profondément
dentées. Il vient de la Tartarie, s'élève au plus à trois pieds, et
est traçant. Ses fleurs sont roses et nombreuses. Sa variété
double est sur tout fort belle. On le multiplie de marcottes et
de drageons enracinés. On le greffe aussi sur l'amandier commun ; mais il n'y subsiste pas long-temps, à raison de la différence de grosseur des tiges. Son fruit est très petit.

L'AMANDIER DE LA CHINE, *Amygdalus pumila*, a les feuilles

lancéolées et doublement dentelées. Il se trouve en Afrique et dans l'Inde, où on le cultive à raison de sa beauté. En effet, ses fleurs qui, lorsqu'elles sont doubles, ont près d'un pouce de diamètre, sont d'un rose éclatant, et si serrées sur les rameaux qu'on n'en voit pas le bois. Elles durent plus de huit jours après leur épanouissement. On le multiplie par la greffe sur l'amandier commun ou sur le prunier.

Cette espèce est confondue avec la précédente dans quelques ouvrages ; mais quand on les a vues on ne peut commettre cette erreur. Le bois de cette dernière est noir et ses feuilles sont huit à dix fois plus larges que celles de l'autre. Il a, lorsqu'il est en feuilles, bien plus l'apparence d'un prunier que d'un amandier. Kolb rapporte que son fruit a l'amande extrêmement amère, et que, pour la manger, les Hottentots sont obligés de la faire bouillir dans différentes eaux. (B.)

AMARANTHE, *Amaranthus*. Genre de plante dont les espèces sont peu remarquables par leurs fleurs, mais que la grandeur ou la singulière coloration de leurs feuilles rendent propres à la décoration des parterres. Il est de la monœcie pentandrie et de la famille de son nom.

On compte une vingtaine d'espèces d'amaranthes, toutes annuelles ou bisannuelles, dont les tiges sont cannelées, les feuilles alternes, lancéolées et glabres ; les fleurs rougeâtres, fort petites, réunies en paquets aux aisselles des feuilles supérieures, ou disposées en pannicules ; les plus communément cultivées sont :

L'AMARANTHE TRICOLOR, qui a les feuilles grandes, panachées de vert, de jaune et de rouge ; les supérieures souvent uniquement d'un rouge foncé. Elle s'élève de deux pieds et est originaire des Indes. On en sème les graines sur couche, ordinairement à nu, et lorsque le plant a acquis trois à quatre pouces de hauteur, on le repique soit en pleine terre, à une excellente exposition, soit dans des pots qu'on remet sur la couche, et qu'on n'en sort qu'au moment où la plante va entrer en fleur. Il lui faut de l'ombre et des arrosemens ; plus au midi, elle vient en pleine terre, et se sème d'elle-même souvent plus qu'on ne le veut. Cette plante, qu'on appelle aussi *herbe de jalousie*, fait beaucoup d'effet dans des vases ou dans des plates-bandes ; mais elle ne demande pas à être trop multipliée dans un jardin, parceque l'habitude de la voir diminue son mérite.

L'AMARANTHE TRISTE a les feuilles d'un rouge obscur en dessus, et les fleurs en petits épis axillaires. Elle vient de la Chine, s'élève d'un pied et demi, et se cultive comme la précédente, excepté que, comme elle est plus rustique, on peut, sans crainte, la repiquer en pleine terre. Une fois en place, elle ne demande plus aucun soin particulier.

L'AMARANTHE MÉLANCOLIQUE a les feuilles cuivreuses en dessus et tantôt rouges, de diverses nuances, tantôt jaunâtres en dessous. Elle vient de l'Inde, et demande la même culture que la précédente. Elle s'élève de deux à trois pieds.

L'AMARANTHE OLÉRACÉE, qui est originaire des Indes et que je ne cite ici que parceque, dans ces contrées, on la mange en guise d'épinards.

L'AMARANTHE BLETTE, qui a les feuilles ovales et d'un vert obscur, et l'AMARANTHE VERTE, qui les a oblongues, échancrées et d'un vert clair, croissent naturellement en Europe, dans les environs des villes et des villages, contre les murs. Ce sont les seules indigènes. On mange aussi quelquefois leurs feuilles.

L'AMARANTHE SANGUINE a les feuilles vertes à la base et rouges au sommet. Elle vient de Bahama, et s'élève jusqu'à trois pieds.

L'AMARANTHE A FLEURS EN QUEUE a les grappes de fleurs cylindriques, très longues et pendantes, ce qui lui a fait donner le nom de *discipline des religieuses*. Elle vient des Indes; elle s'élève d'un à deux pieds.

Ces deux dernières sont encore plus rustiques que la seconde. Elles peuvent être semées en pleine terre, à une bonne exposition, et être repiquées en place, avec seulement le soin de les arroser pendant deux ou trois jours. Toutes demandent une terre plutôt légère que forte, mais cependant substantielle. Elles aiment beaucoup l'eau. On doit réserver pour graines les pieds qui ont fleuri les premiers, parceque, comme elles gèlent toutes aux premiers froids, ils en offrent davantage de bonnes.

On peut faire dessécher naturellement, ou au four, des sommités fleuries d'amaranthes, et les conserver dans un lieu sec. L'hiver suivant, en les faisant tremper dans de l'eau, elles reprennent une apparence de vie, et peuvent être employées à orner les cheminées.

On appelle encore *amaranthe*, et l'AMARANTHINE et les PASSE-VELOURS. ( B. )

AMARANTHINE, *Gomphrena*. Genre de plante qui diffère de celui des *amaranthes*, parceque ses espèces sont hermaphrodites; ont un calice à cinq divisions, avec deux feuilles extérieures, grandes, conniventes et colorées; des étamines réunies en un tube; un seul style à deux divisions.

Des neuf ou dix espèces d'*amaranthines*, connues des botanistes, on n'en cultive que deux dans les jardins d'agrément, encore la seconde l'est-elle rarement; ce sont :

L'AMARANTHINE GLOBULEUSE, qui a les feuilles opposées, lancéolées, entières, molles et pubescentes, et les fleurs en têtes globuleuses, d'un beau rouge. Elle est annuelle, s'élève d'un à deux pieds, et est originaire de l'Inde. Elle se cultive et se multiplie positivement comme l'AMARANTHE TRICOLORE, et craint peut-être même un peu plus les gelées. Il faut, dans le climat de Paris, rentrer de bonne heure, dans la serre chaude, les pieds qu'on destine à donner de la graine.

L'AMARANTHINE ARBRISSEAU est ligneuse, a les feuilles opposées, ovales, velues, et les fleurs pourpres, disposées en grappes terminales. Elle est originaire de la Nouvelle-Grenade, et se multiplie de graines et de plant enraciné. Sa culture se conduit comme celle de la précédente. Elle peut aussi rester à l'air pendant l'été, pourvu qu'elle soit à l'abri des vents froids. ( B. )

AMARILLIS, *Amaryllis.* Genre de plantes de l'hexandrie monogynie et de la famille des narcissoïdes, qui renferme une quarantaine d'espèces, dont plusieurs sont cultivées dans les jardins des curieux à raison de la rare beauté de leurs fleurs à laquelle se joint souvent une excellente odeur.

Les amarillis ont toutes des racines bulbeuses, des feuilles radicales lancéolées, charnues, creusées en gouttière, des hampes nues plus ou moins élevées, plus ou moins garnies de fleurs à leur sommet.

Celles qui se cultivent le plus communément dans nos jardins parmi les uniflores sont :

L'AMARILLIS JAUNE, qui a le spathe entier et obtus, la fleur jaune sessile et à divisions égales. Elle est originaire des parties méridionales de l'Europe, de la Turquie d'Asie, et de la côte de Barbarie. Elle s'élève à peine d'un demi-pied. Son principal mérite consiste à fleurir à la fin de l'automne, c'est-à-dire dans une saison où il y a peu de fleurs en pleine terre. On l'emploie en bordure dans les parterres, en touffe dans les corbeilles des jardins paysagers. L'abri des arbres et encore plus des murs lui est nuisible. Ses feuilles se dessèchent au milieu du printemps, époque où il convient de l'arracher lorsqu'on veut la planter ailleurs, ou la multiplier par le moyen de ses caïeux, qui sont nombreux. On fait rarement usage du semis de ses graines pour cet objet. En général, comme elle produit d'autant plus d'effet qu'elle est en touffes plus épaisses, il est bon de ne la relever que tous les trois ans ; mais si on tardoit plus long-temps, on seroit exposé à perdre beaucoup d'oignons, lesquels périroient faute de nourriture, car ils épuisent beaucoup la terre. Le principe des assolemens est applicable à cette plante comme à toute autre. Elle vient dans les diverses sortes de terrains ; mais ceux qui sont légers et sablonneux lui plaisent davantage.

L'AMARILLIS ATAMASCO a le spathe bifide, la fleur blanche rosée, sessile et à divisions égales. Elle croît naturellement en Caroline. Les sables les plus arides sont ceux où elle se plaît le mieux. Elle fleurit les premiers jours du printemps. On la cultive, dans quelques jardins de Paris et de Londres, dans des pots, parcequ'elle y est encore rare ; mais je suis persuadé qu'elle se conserveroit fort bien en pleine terre, en la couvrant pendant l'hiver. Elle s'élève environ d'un demi-pied, et produit un bel effet lorsqu'elle est abondante dans une localité.

L'AMARILLIS A FLEURS EN CROIX, *Amaryllis formosissima*, Lin., a la fleur recourbée et d'un rouge pourpre éclatant ; deux de ses divisions se relèvent, tandis que les trois autres, avec les étamines et le pistil, s'abaissent. Elle est originaire de l'Amérique méridionale, et se cultive depuis deux cents ans dans nos jardins, sa brillante couleur et sa forme extraordinaire ayant d'abord frappé les Européens qui sont allés les premiers dans son pays natal. En effet, il est impossible de la voir sans l'admirer. On l'appelle vulgairement *le lys de Saint-Jacques*, ou *la croix de chevalier*. Elle s'élève au plus à un pied ; ses feuilles sont d'un vert noir peu nombreuses, et ne paroissent qu'après la floraison.

Cette plante fleurit deux ou trois fois l'année dans les parties méridionales de l'Europe, où, au moyen de quelques précautions, on peut la laisser en pleine terre ; mais dans le climat de Paris, il lui faut la serre tempérée pendant l'hiver, ou au moins une bonne orangerie. En conséquence, on doit la tenir en pots avec une terre légère et peu substantielle ; car toutes les plantes bulbeuses ne fleurissent point, ou fleurissent plus rarement lorsqu'elles ont une surabondance d'engrais ; la placer, pendant l'été, à une bonne exposition, et lui ménager les arrosemens, excepté dans les grandes chaleurs : tous les deux ou trois ans la dépoter pour changer sa terre et séparer ses caïeux, seul moyen de multiplication qu'on emploie et qu'on puisse employer à son égard, ses graines n'arrivant pas ici à maturité.

Celles qu'on voit le plus fréquemment dans nos jardins parmi les multiflores sont :

L'AMARILLIS A FLEURS ROSES, *Amaryllis belladona*, Lin., *la belladone* des jardiniers, qui a les fleurs très odorantes, grandes, de couleur rose, mêlées de blanc, au nombre de cinq à huit. Elle est originaire de l'Amérique méridionale, s'élève de deux pieds, fleurit en automne, et ses feuilles ne poussent qu'au printemps. On la cultive fréquemment en pleine terre dans le climat de Paris, en la couvrant pendant l'hiver avec de la paille ou des feuilles ; mais elle est quelquefois plusieurs années de suite sans fleurir, probablement parcequ'on ne la met pas dans une assez mauvaise terre, et qu'elle n'a pas assez de chaleur. Le mieux est de la tenir dans des pots et de la rentrer l'hiver dans l'orangerie ; ses fleurs sont alors moins nombreuses, moins grandes sans doute, mais on est plus certain d'en jouir. Dans la partie méridionale de l'Europe elle ne demande d'autre soin que d'en relever les oignons tous les deux ou trois ans pour les changer de place et en ôter les caïeux, seul moyen de multiplication qu'elle ait.

L'AMARILLIS GUERNESIENNE, *Amaryllis sarniensis*, Lin., qui a les fleurs de grandeur médiocre, mais au nombre de huit ou dix sur chaque hampe, et d'un rouge vif. Elle est originaire du Japon, et s'est naturalisée dans l'île de Guernesey, à la suite du naufrage d'un vaisseau qui en apportoit en Europe. On la cultive, comme la précédente, en pleine terre dans le climat de Paris ; mais elle y périt presque toujours au bout de quelques années, et les caïeux qu'elle fournit donnent très rarement des fleurs, de sorte qu'on est forcé d'en tirer fréquemment de nouveaux bulbes de Guernesey. Il est encore probable que ce fait tient à ce qu'on lui donne une terre trop substantielle. Aussi sa culture en pot, quoique donnant des fleurs moins belles, est-elle généralement préférée, comme la conservant mieux et la faisant fleurir plus souvent.

L'AMARILLIS RAYÉE, *Amaryllis vittata*, qui a les fleurs blanches avec des raies longitudinales d'un rouge vif, qui vient des Indes-Orientales ; l'AMARILLIS DORÉE, *Amaryllis aurea*, dont les fleurs sont d'un jaune safrané brillant, qui est originaire de la Chine ; l'AMARILLIS DE LA REINE, qui a les fleurs rouges, géminées, qui s'élève à peine d'un demi-pied, et qui vient des îles de l'Amérique, se voient encore dans quelques jardins ; elles ne quittent jamais les pots, et exigent la serre chaude pendant l'hiver. Ce sont de très belles plantes ; mais on les multiplie très difficilement, et en conséquence il y a lieu de croire qu'elles seront encore long-temps rares et chères dans le commerce.

L'AMARILLIS ONDULÉE, a les divisions de la corolle linéaire et comme crépues. C'est une petite plante très élégante, originaire du cap de Bonne-Espérance. Elle fleurit tous les ans, dans les orangeries, pendant l'hiver. (TH.)

AMBRE JAUNE. *Voyez* SUCCIN.

AMBRETTE. Variété de POIRE.

AMBROISIE, *Ambrosia*. Plante annuelle à feuilles alternes, bipinnées, à folioles arrondies, molles, blanchâtres, à fleurs en épis jaunâtres, terminaux et velus, dont toutes les parties répandent, lorsqu'on les froisse, une odeur suave, et qui a donné son nom à un genre dans la monœcie pentandrie, et dans la famille des urticées.

L'Ambroisie maritime croît sur les bords de la mer dans les parties méridionales de l'Europe. On la cultive dans les jardins à raison de l'odeur qui lui est propre et de ses propriétés médicinales. Lesanciens en faisoient un fréquent usage.

Cette plante, qui s'élève de deux pieds, et qui n'est pas sans élégance, vient fort bien, en pleine terre, dans le climat de Paris. On la sème tous les ans au printemps, et en place. Sa culture ne consiste qu'à en éclaircir les pieds lorsqu'ils sont trop serrés, et aux façons ordinaires des jardins. On doit réserver les pieds qui fleurissent les premiers pour la graine.

Il y a encore trois ou quatre autres plantes de ce genre, mais qu'on ne voit que dans les jardins de botanique. Il ne faut pas les confondre avec l'AMBROISIE, ou *thé du Mexique*, qui est une ANSERINE, et qui sera décrite à ce dernier article. (B.)

AMÉLANCHIER. Espèce de NÉFLIER. *Voyez* ce mot.

AMÉLIORATION. C'est l'augmentation de la valeur absolue ou du revenu net d'un objet quelconque. On améliore un domaine lorsqu'on y joint de nouvelles terres ; qu'on échange celles qui sont plus éloignées contre celles qui sont plus rapprochées ; qu'on en surveille mieux la culture ; qu'on le pourvoit d'un plus grand nombre de bestiaux, etc.

Le but de l'agriculteur doit toujours être d'améliorer son fonds sous tous les rapports ; car il est de fait que dès qu'il cesse d'être amélioré, il se détériore, l'état qu'on appelle stationnaire étant presque impossible à conserver, à raison des accidens, des variations atmosphériques, etc. Je dis sous tous les rapports, parceque souvent une amélioration partielle mal combinée est plus nuisible qu'une non amélioration.

Ainsi, si on achète un plus grand nombre de bestiaux, et qu'on ne se procure pas du fourrage pour les nourrir, et qu'on ne dispose pas des terres pour recevoir leurs fumiers, on fait une fausse spéculation.

Chaque partie de l'agriculture a des moyens ou des procédés d'amélioration qui lui sont particuliers. On n'améliore pas un bois comme un champ, un troupeau de bêtes à laine comme un troupeau de vaches. La science agricole se compose principalement des connoissances propres à faire choisir, entre les différentes méthodes connues, celles qui vont au but plus directement et plus économiquement. C'est le principal objet de ce livre.

On améliore les races des animaux domestiques, 1º en prenant toujours les plus beaux individus de la race, tant pour mâle que pour femelle ; 2º en croisant des races qui ont des qualités différentes, pour en faire une mitoyenne ; 3° en les mettant dans les circonstances les plus favorables possibles. Dans ces cas c'est, comme on le sait, toujours le mâle qui a le plus d'influence sur la perfection, excepté la grosseur, et c'est par conséquent sur lui que doit se porter la principale attention, non seulement au physique, mais encore au moral.

Par exemple, veut-on améliorer la race des chevaux normands pour le trait, on choisit le plus bel étalon, soit relativement à sa forme, soit relativement à sa grosseur, et en même temps le plus ardent au travail, le plus sobre, le plus doux, etc., et on lui donne une jument qui approche le plus possible de lui sous les mêmes rapports. Les petits qui proviennent de leur accouplement seront surabondamment fournis de lait dans leur première enfance, non seulement par leur mère, grandement nourrie à cet effet, mais même par des vaches dont la traite lui sera consacrée ; plus tard il sera mis dans les pâturages les plus fins, les plus succulens et les plus abondans ; toujours on le traitera avec douceur, on l'accoutumera à vivre avec les hommes et les autres animaux, ou évitera tout ce qui pourroit lui faire peur, etc. On ne le mettra au travail, et on ne lui fera faire des petits, que lorsque son accroissement sera complet, que lorsque toutes ses parties osseuses et musculeuses seront consolidées, c'est-à-dire à sept, huit et même neuf ans.

Par exemple, veut-on donner à la race normande la vivacité, l'activité et les belles formes de la race limousine, pour en faire des chevaux de selle d'une beauté parfaite et d'une longue durée, on choisira l'étalon limousin qui ait les qualités mentionnées plus haut, on lui donnera une jument normande qui en soit également pourvue, et on prendra les mêmes précautions, excepté que, comme la grosseur est ici un défaut, lorsqu'elle passe certaines limites, il faudra s'occuper moins de la nourriture du poulain que de l'exercice qui doit lui donner les qualités propres à la race limousine.

C'est par ces moyens lents, mais certains, que les cultivateurs améliorent leur situation personnelle, et augmentent la prospérité de leur pays. Nous commençons à voir en ce moment les heureux effets de l'amélioration de nos laines par l'introduction des mérinos. Pourquoi ne s'occuperoit-on pas aussi de l'amélioration des autres animaux domestiques ? Les types ne manquent pas, ce n'est que la volonté d'en faire usage.

Il est en effet des ânes dans le ci-devant Berri qui équivalent à des chevaux pour la grosseur. On en a vendu, dit-on, des étalons au prix exorbitant de 6,000 francs. Pourquoi nos ânes sont-ils donc par-tout ailleurs si chétifs ?

Peut-on désirer une plus belle race de bœufs que ceux qui

labourent le ci-devant Morvant, quelques cantons de la ci-devant Normandie, etc.? Multipliez donc cette race pour avoir de bons animaux de labour et de bonnes vaches laitières.

Les chèvres des Pyrénées à hautes jambes et à pelage fauve et blanc, celles d'Angora, sont autant au-dessus de nos chèvres communes que ces dernières le sont des cabris à poils raz. Qu'en coûteroit-il donc pour les préférer ou au moins les croiser?

Les gros cochons à oreilles pendantes, et les cochons de Java, qui s'engraissent si promptement, valent beaucoup mieux que ces petits cochons à demi-sauvages, dont les oreilles sont droites, et qui sont presque les seuls connus dans les départemens du centre et de l'est.

Pourquoi ne pas choisir généralement parmi la grande quantité de variétés de poules, de pigeons, de canards, etc., celle qui est la plus avantageuse, soit sous les rapports de la grosseur, de la bonté, de la fécondité, du moindre entretien, etc.? Que de réflexions ce sujet peut faire naître! Mais il faut s'arrêter. (B.)

AMÉNAGEMENT DES BOIS ET FORÊTS ( *Art du forestier* ). L'art d'aménager les bois a été, pendant le siècle dernier, l'objet de la méditation et des recherches des savans les plus célèbres et des forestiers les plus recommandables. Les ouvrages de Réaumur, Buffon, Henriquez, Pannelier, Duhamel, Télès d'Acosta, Plinguet, Rozier, Varenne de Fenille, etc., ont répandu de grandes lumières sur ce sujet important; mais, pour s'être généralement attachés à chercher un système unique d'aménagement, ces hommes estimables ont échoué dans le but principal de leurs recherches.

L'aménagement des bois est effectivement la partie la plus difficile de la science forestière, à cause du grand nombre de combinaisons que sa détermination exige. Il échappe aux formules imposantes de la théorie, par la grande variété de nuances que présente la végétation des mêmes essences de bois, sur les terrains de différentes natures et sous les divers climats, et par la considération des circonstances locales, qui doit entrer aussi comme élément dans le calcul du meilleur aménagement des bois; c'est-à-dire, de celui qui, sans diminuer les ressources naturelles des générations futures, doit procurer au propriétaire actuel le revenu le plus considérable.

Le gouvernement peut cependant considérer le meilleur aménagement des bois sous le rapport de leur plus grand produit en matières, parcequ'il est dans une situation différente de celle du propriétaire particulier. Le premier, à cause de l'immense étendue des bois impériaux, peut et doit peut-être adopter les moyens les plus efficaces pour subvenir, au présent et au futur, à tous les besoins de la consommation générale, sans avoir égard au revenu annuel qu'il pourroit en retirer ; tandis que le propriétaire particulier ne verra jamais dans ce genre de propriété qu'une branche annuelle de ses revenus.

Il résulte déjà de cette première observation que le meilleur aménagement ne peut pas être le même pour le gouvernement et pour les grands propriétaires de bois ; c'est ce que M. Varenne de Fenille a judicieusement fait remarquer dans sa *Théorie du plus haut point d'accroissement physique d'un bois taillis*, qu'il a distingué en *maximum* simple ou absolu, et en *maximum* composé, et que nous désignons sous les noms de *meilleur aménagement théorique* et *meilleur aménagement pratique*.

En examinant ensuite la différence de situation qui existe entre les plus grands et les plus petits propriétaires de bois, nous trouvons que tous, désirant en obtenir le revenu le plus considérable, le meilleur aménagement pratique, pour chacun d'eux, est relatif, 1° à la quantité qu'il en possède ; 2° aux besoins et aux ressources de la localité ; 3° à ses autres moyens d'existence.

Ainsi, il y aura donc, pour ainsi dire, autant de meilleurs aménagemens pratiques qu'il y aura de propriétaires et de localités différentes, et, dans chaque cas particulier, ils s'écarteront d'autant plus du meilleur aménagement théorique, que chaque propriétaire aura moins de bois, ou qu'il sera privé d'autres moyens d'existence (1). C'est la classe des petits propriétaires de bois qui a accrédité cet adage si généralement funeste à la consommation générale : *qu'il vaut mieux couper deux fois qu'une.*

Cependant le bois est un objet de première nécessité pour les peuples, et leur prospérité tient plus qu'on ne le croit communément à la facilité de pouvoir s'en procurer annuellement à des prix modérés, et dans la proportion de leurs besoins. C'est le but auquel doivent tendre les efforts des forestiers, et la découverte de l'aménagement le plus avantageux à chaque localité est le principal moyen d'y arriver. Il faut convenir aussi que beaucoup de propriétaires de bois ne sont pas assez instruits dans la science forestière pour pouvoir le déterminer par eux-mêmes ; ils n'ont pu étudier,

---

(1) Cette observation, qui est fondée sur la nature des choses, doit attirer l'attention des hommes d'état sur les suites fâcheuses qui résulteroient d'une *subdivision indéfinie des bois de la France entre les mains des petits propriétaires.*

◆ ce sujet, que les méthodes analytiques des théoriciens, et il a été impossible de les appliquer à la pratique.

Il est donc nécessaire de rendre l'art d'aménager les bois assez simple pour être à la portée de tous les propriétaires, et les mettre en état de pouvoir le pratiquer eux-mêmes. C'est la tâche que nous avons entreprise en traitant cette partie de l'art du forestier.

*Plan du travail.* Section I^re. Principes de l'aménagement des bois ; 2^e, classement des bois pour parvenir à connoître leur meilleur aménagement ; 3^e, aménagement pratique des bois des différentes classes ; 4^e, exceptions à ces aménagemens ; 5^e, administration des futaies pleines ; 6^e, aménagement des bois résineux.

SECTION I^re. *Principes de l'aménagement des bois et forêts.*

1° La nature a fixé des limites à la végétation de chaque essence de bois, et, sauf les accidens, toutes parcourent successivement les divers degrés de leur végétation dans le temps qui leur est prescrit.

2° Cette durée d'existence n'est pas la même pour les différentes essences de bois dans des terrains de qualités égales et sous la même température. Elle n'est pas non plus la même, pour chaque essence en particulier, lorsque le sol dans lequel elle croît, ou la température sous laquelle elle se trouve, sont différens.

3° Des bois de même essence croissant dans des terrains de qualité égale, et sous une semblable température, donnent en matières des produits très différens, suivant l'âge auquel on les coupe.

4° Les bois, quelle que soit leur essence, ne produisent beaucoup de matières, et de bonne qualité, que depuis leur âge de virilité jusqu'à celui auquel commence leur décrépitude, c'est-à-dire que dans leur âge de maturité. Trop jeune, le bois n'est pas fait encore, et n'a pas acquis la grosseur nécessaire pour produire autant de matières qu'il pourroit le faire dans un âge plus avancé ; trop vieux, il tombe en pourriture et est passé ; et, dans ces deux états, non seulement le bois produit moins de matières sur la même surface que dans la maturité, mais encore, sous le même volume, il fournit moins de matière combustible.

5° Enfin, l'âge de maturité des diverses essences de bois n'est pas le même dans des terrains de nature différente, ni dans des terrains d'égale qualité placés sous des températures différentes.

Il résulte de ce petit nombre de principes, que nous déduisons des faits consignés à l'art. *exploitation des bois,* que c'est dans l'âge de leur maturité qu'il faut les couper pour en obtenir les plus grands produits en matière de la meilleure qualité.

Le meilleur aménagement théorique d'un bois est donc celui qui est fixé d'après l'âge de maturité des principales essences qui le composent.

Ces principes étoient en partie connus de ceux qui, avant nous, ont écrit sur l'aménagement des bois ; mais la grande difficulté étoit de trouver un moyen simple pour découvrir avec facilité, et avec une précision suffisante pour la pratique, l'âge de la maturité des bois dans leurs variétés d'essences, de sols et de climats.

« Il n'y a, dit Buffon, que des expériences faites en grand, des expériences longues et pénibles, des expériences telles que M. de *Réaumur* les a indiquées, qui puissent nous apprendre l'âge où les bois croissent de moins en moins ; ces expériences consistent *à couper et à peser tous les ans* les produits de quelques arpens de bois, pour comparer l'augmentation annuelle, et reconnoître au bout de plusieurs années l'âge où elle commence à diminuer. »

M. *Varenne de Fenille* trouve avec raison que cette méthode est insuffisante et fautive ; mais celle qu'il propose pour reconnoître le *maximum* simple des produits d'un taillis est-elle beaucoup meilleure ? Il conseille de mesurer annuellement, avec un compas courbe, les diamètres d'une vingtaine de brins choisis dans un taillis d'une *étendue indéterminée*, et de déduire leur grossissement de l'année, en comparant ( par la proportion qui existe entre les surfaces des cercles et les carrés de leur diamètre ) le carré du diamètre moyen de l'année, trouvé, par le compas courbe, avec celui du diamètre moyen de l'année précédente, ou d'une année moyenne précédente, si c'est la première année d'observation. On répète cette opération tous les ans, « jusqu'à ce que le calcul prouve qu'il n'y a presque plus de différence entre le dernier accroissement et l'accroissement moyen, pris sur toutes les années précédentes ; alors le taillis sera parvenu à ce point, à cet instant, passé lequel il n'y auroit presque plus que de la perte à en différer la coupe. »

Ainsi, dans la première méthode, il faut annuellement faire couper quelques arpens de bois, et en faire peser le produit jusqu'à ce qu'il commence à diminuer ; et dans celle de M. Varenne de Fenille, il faut tous les ans mesurer les même brins, calculer leur accroissement, et le comparer avec l'accroissement précédent jusqu'à ce qu'il ait été reconnu nul. Nous convenons d'abord que cette dernière méthode peut donner un résultat à peu près positif, mais seulement sur le bois soumis à l'expérience, ainsi qu'il résulte de nos principes, puisque les calculs sur lesquels ce résultat est fondé font abstraction des essences et des qualités du sol ; et en second lieu, que son exécution est moins difficile que celle de la méthode de M. de Réaumur ; mais en définitif, après avoir passé un certain nombre d'années (d'autant plus grand que le bois sera placé sur un meilleur fonds et qu'il sera meublé d'essences plus durables) à prendre les mesures et à faire les calculs, le propriétaire n'en obtiendra d'autre résultat que celui de savoir que son bois n'est plus susceptible d'accroissement ; et c'est ce qu'un bon garde forestier auroit pu lui apprendre sans autre secours que des yeux exercés.

D'ailleurs, si son principal revenu consiste en bois de plusieurs pièces, et de sols et d'essences de qualités différentes, il faudra donc qu'il se serve de la méthode pour trouver le *maximum* simple de chacune de ces pièces ; et, pendant que dureront les opérations, quelle pourra être la conduite de ce propriétaire ? Cessera-t-il ses coupes annuelles pour en attendre la fin ? Il ne voudra pas, il ne pourra pas même faire le sacrifice de leur revenu, et quelqu'ingénieuse que puisse être la méthode de M. Varenne de Fenille, il l'abandonnera pour suivre son ancienne routine.

Le savant et laborieux Duhamel, qui a si bien précisé les circonstances dans lesquelles il y avoit de l'avantage à avancer les coupes des taillis, et qui avoit sur l'exploitation des bois un peu plus d'expérience que M. Varenne de Fenille, n'ose point établir de règle générale, et sur-tout de méthode théorique sur leur aménagement, parcequ'il a senti que, n'en ayant aucune bonne à proposer, il valoit mieux s'arrêter à des préceptes généraux que de déparer son ouvrage par des idées systématiques.

Enfin, après avoir bien médité tout ce qui avoit été publié sur l'aménagement des bois, Rozier pense « qu'il n'est pas possible de fixer le nombre des années qu'un arbre, de quelque espèce qu'il soit, doit rester sur pied avant d'être abattu. Son existence est relative à sa végétation, et sa végétation à la qualité du sol dans lequel il croît, et au climat sous lequel il croît. Si l'on veut une règle générale, *il faut la prendre* dans la nature même. . . . . . »

C'est effectivement à de nombreuses observations sur la végétation des différentes essences de bois dans les diverses espèces de sols, et à une longue expérience dans leur exploitation, que feu M. de Perthuis a dû la solution pratique de l'important problème des aménagemens.

Suivant ce forestier, le meilleur aménagement théorique d'un bois doit être déterminé d'après l'âge de maturité des essences dominantes dont il est composé ; et pour trouver son meilleur aménagement pratique, il faut ensuite le combiner avec les besoins et les ressources de la localité, et avec la jouissance raisonnable du propriétaire.

Mais nous avons déjà observé que l'âge de maturité de ces essences dominantes dans les bois étoit plus ou moins éloigné, suivant la bonté plus ou moins grande du sol sous la même température. Il existe donc une analogie directe, un rapport toujours uniforme, entre l'âge de maturité des mêmes essences de bois et la qualité de terrain sur lequel elles croissent ; en sorte que, connoissant cette qualité du sol et l'espèce de ces essences, on pourra toujours en conclure l'âge auquel elles y parviendront à leur maturité.

Cela posé, les essences dominantes d'un bois étant toujours connues localement, la solution du problème se réduit à trouver un moyen simple et suffisamment exact pour la pratique, de déterminer la qualité du sol des bois, c'est-à-dire de les classer suivant les différentes qualités de leur sol.

SECTION II. *Classement des bois*. Il ne faut pas croire que, pour déterminer la qualité d'un terrain planté en bois, il soit nécessaire de le sonder en détail, ou de le soumettre à l'analyse chimique ; aucun de ces moyens ne rempliroit le but que l'on veut atteindre. Il suffit d'examiner la végétation des bois dans le terrain, et de la comparer avec la végétation des mêmes essences à un âge commun dans des terrains de qualité connue : et le résultat de cette comparaison indiquera sa qualité relative.

Par exemple : soit un terrain de qualité inconnue planté en bois, mais dont on connoît l'époque de la dernière coupe. Si, à cet âge, la végétation du bois n'est pas aussi forte que celle des bois de mêmes essences et de même âge, que l'on aura examinée dans un terrain de qualité connue, supposée moyenne, mais plus belle que dans les plus mauvais terrains, toutes choses égales d'ailleurs, on en conclura que le terrain dont on veut reconnoître la qualité est *moins bon* que celui de moyenne qualité, et *meilleur* que le terrain le plus mauvais. On placera donc le terrain, et conséquemment les bois croissant dessus, dans une classe intermédiaire entre les terrains les plus mauvais et ceux de moyenne qualité, et l'âge de maturité de ces bois se trouvera entre ceux de la maturité des bois des deux autres classes.

Ce moyen simple de classer les bois seroit suffisant pour des hommes également familiarisés avec la végétation des taillis et avec l'exploitation des bois, et qui, à l'aide de leur expérience, détermineroient aisément l'aménagement le plus convenable à chaque classe. Mais, pour l'instruction du plus grand nombre des propriétaires, il est nécessaire d'exposer les bases que nous avons adoptées pour classer les bois, et déterminer l'âge de maturité de leurs différentes classes.

Les produits des bois en matières, suivant leur essence, la nature du sol et l'âge auquel on les coupe (*Voyez* EXPLOITATION DES BOIS), nous ont fourni le principe, et nos observations multipliées sur leur végétation en ont facilité les applications à la pratique. On voit par le tableau de ces produits que, dans les meilleurs terrains, les bois taillis y croissent mieux, y vivent plus long-temps que sur les sols de qualité inférieure. Dans les cinq ou six premières années de leur coupe, le recru pousse vigoureusement et presque également dans toutes les espèces de terrains, et même les premières pousses sont souvent plus fortes dans les mauvais terrains que dans les bons, principalement dans les années chaudes et humides.

Mais, à partir de cette époque, l'allongement annuel des branches verticales du taillis, que nous nommons *pousses annuelles*, présente bientôt de grandes différences sur les diverses qualités de terrain.

Sur les mauvais, l'augmentation annuelle de ces pousses diminue à mesure que les taillis avancent en âge, tandis que, dans les bons terrains, leurs pousses annuelles se montrent encore de la même hauteur pendant un assez grand nombre d'années.

Par exemple, nous avons observé que la pousse annuelle des taillis de douze à quinze ans, croissant dans de mauvais terrains, n'est plus que de deux à six lignes, tandis que, dans les bons, elle est encore, au même âge, de douze à vingt-quatre pouces; et que, de quinze à vingt-cinq ans, la première n'est plus que de la hauteur du bourgeon.

L'âge de vingt-cinq ans est donc celui de la maturité des bois croissant dans les terrains les plus mauvais, puisque c'est à cet âge qu'ils cessent d'y prendre de la hauteur.

La cessation de l'allongement des pousses annuelles d'un bois peut donc être regardée comme un des caractères invariables de sa maturité, et c'est par ce moyen que nous avons établi les âges de maturité des bois taillis croissant sur les autres natures de sols.

C'est sur les pousses annuelles du chêne que nous avons fait toutes nos observations, 1° parceque cette essence est celle qui fait la base de presque toutes nos forêts; 2° parcequ'elle est la plus précieuse de toutes par son utilité; 3° enfin, parceque c'est l'espèce de bois dont les pousses annuelles sont les plus régulières, ses bourgeons ne se développant que lorsque la saison est déjà avancée.

Cela posé, nous divisons les bois taillis en *cinq classes*, dont chacune est déterminée par la nature du sol, manifestée par la longueur des pousses annuelles des brins de chêne à un âge commun.

*Dans la première classe* nous plaçons tous les taillis qui, de quinze à vingt ans, ne présentent que six à neuf pieds de hauteur, et dont les pousses annuelles ne s'allongent plus. C'est celle des bois croissant sur les terrains les plus mauvais.

*Dans la seconde classe*, les taillis qui, à vingt-cinq ans, n'ont qu'une hauteur de neuf à quinze pieds. Dans cette nature de terrain, ils ne prennent plus de hauteur dès qu'ils ont atteint l'âge de vingt-cinq à trente ans.

*Dans la troisième classe*, les bois taillis qui, à vingt-cinq ans, ont une hauteur de quinze à vingt-cinq pieds. Dans cette classe de bois, qui désigne ceux croissant dans les terrains de qualité moyenne, les taillis n'acquièrent plus de hauteur lorsqu'ils ont atteint l'âge de trente à quarante ans.

*Dans la quatrième classe*, les taillis qui, à vingt-cinq ans, présentent une hauteur de trente à quarante pieds. Les taillis de cette classe gagnent encore de la hauteur de quarante à quatre-vingts ans, et quelquefois jusqu'à cent ans.

Enfin, *dans la cinquième classe*, nous comprenons tous les taillis qui, à vingt-cinq ans, ont obtenu une hauteur de quarante à cinquante pieds. Les bois de cette classe grandissent encore à cent vingt ans, et quelquefois jusqu'à cent cinquante ans. Ce sont les bois qui croissent sur les meilleurs terrains.

L'âge de maturité des bois taillis étant ainsi déterminé pour chaque classe, indique nécessairement les âges de leur meilleur aménagement théorique; et il ne reste plus qu'à combiner celui-ci avec les besoins et les ressources de la localité et les convenances du propriétaire, pour parvenir à fixer leur meilleur aménagement pratique.

On voit que, pour pratiquer cette méthode avec succès, il ne faut que des yeux un peu exercés.

SECTION III. *Aménagement des bois taillis des différentes classes.* 1°. Les taillis de la première classe cessant de s'élever entre quinze et vingt-cinq ans, leur aménagement sera fixé à *vingt ans.*

Au-dessous de cet âge, les bois de la première classe ne produiroient pas de graines pour les repeuplemens naturels; et, pour en obtenir, on réservera quarante-huit baliveaux de l'âge par hectare, que l'on abattra à la coupe suivante. (*Voyez le mot* BALIVEAU.)

2° Les bois de la seconde classe cessant de s'élever de vingt-cinq à trente ans, ils seront aménagés à *vingt-cinq ans.*

A chaque coupe, on y réservera par hectare, 1° quarante baliveaux de l'âge; 2° huit arbres de deux âges; 3° deux arbres de trois âges, si l'on en trouve d'une assez forte végétation. Total, 50 *arbres*: on abattra le surplus.

3° Les bois de la troisième classe seront aménagés, 1° à

*trente-cinq ans*, si le chêne, ou le hêtre, ou le frêne, ou le châtaignier, y sont en quantité dominante; 2° à *trente ans*, lorsqu'ils sont peuplés des autres essences.

A chaque coupe des bois de cette classe on réservera par hectare, 1° trente-quatre baliveaux de l'âge, dont deux sont de surérogation pour remplacer ceux qui périssent pendant l'exploitation; 2° seize arbres de deux âges; 3° huit de trois âges; 4° quatre de quatre âges. Total, *soixante arbres*. 5° On aménagera les bois de la quatrième classe, savoir, 1° à *cinquante ans*, si les meilleures essences y dominent; 2° à *quarante ans*, lorsqu'elles y sont en minorité.

On réservera par hectare, à chaque coupe de ces bois, 1° trente-deux baliveaux de l'âge, comme ci-dessus; 2° seize arbres de deux âges; 3° huit arbres de trois âges; 4° et si cela est possible, deux arbres de quatre âges. Total, *cinquante-huit arbres*. 6° Les bois taillis de la cinquième classe seront aménagés, 1° à *soixante-dix ans*, si les meilleures essences y dominent en quantité; 2° à *soixante ans*, si elles sont en minorité; 3° à *cinquante ans*, si le bouleau y est l'essence dominante.

On réservera par hectare à chaque coupe des bois de cette classe, dans *le premier cas*, 1° trente-quatre baliveaux de l'âge; 2° seize arbres de deux âges; 3° quatre arbres de trois âges. Total, *cinquante-deux arbres*. Dans *le second cas*, 1° trente-deux baliveaux de l'âge; 2° seize baliveaux de deux âges; 3° six arbres de trois âges; 4° deux arbres de quatre âges. Total, *cinquante-six arbres*. Et dans *le troisième cas*, 1° trente-deux baliveaux de l'âge; 2° seize arbres de deux âges; 3° huit arbres de trois âges; 4° deux de quatre âges. Total, *cinquante-huit arbres*.

Au moyen de la modération apportée dans les réserves, dont le nombre a été déterminé d'après les essences dominantes et la nature du terrain, elles ne nuiront point au recru des taillis, et elles donneront une grande plus-value aux bois par le grand nombre de futaies que l'on trouvera à abattre à chaque coupe. (*Voyez*, dans notre *Traité de l'aménagement et de la restauration des forêts*, l'augmentation considérable que l'adoption de ces aménagemens procureroit à la *feuille des bois*.)

Pour le choix des réserves, *voyez*, art. *Baliveau*. On y trouvera aussi les raisons péremptoires qui nous ont déterminé à conserver l'usage des baliveaux et des futaies sur taillis.

SECTION IV. *Exceptions à ces aménagemens*. On voit d'abord que les aménagemens des bois des 3°, 4° et 5° classes ne peuvent être adoptés que par les grands propriétaires de bois, qui y trouveront une augmentation considérable de revenu. Ils en couperont bien annuellement une moindre étendue, mais ils l'adjugeront à un prix beaucoup plus élevé qu'une plus grande surface aménagée à des âges beaucoup plus rapprochés.

Les petits propriétaires de bois ne peuvent pas se conduire de la même manière ; et plus l'étendue qu'ils en possèdent est bornée, plus ils croiront devoir s'écarter de ces aménagemens, afin de pouvoir jouir de leur vivant du revenu qu'ils ont l'espérance d'en retirer.

Il existe cependant d'autres circonstances locales dans lesquelles l'intérêt bien entendu du propriétaire lui conseille d'avancer ou de reculer l'âge d'aménagement qui convient à la classe dans laquelle se trouvent ses bois.

Par exemple, lorsque des bois de première classe sont peuplés en quantité dominante de coudriers, ou de châtaigniers, ou de saule-marceau, ou quelquefois même de frênes et de chênes, et qu'ils sont placés près de gros vignobles, ou de grands ateliers de fours et fourneaux, localités qui peuvent donner au cerceau, à l'échalas, aux fagots et aux bourrées une valeur qui excède de beaucoup le prix relatif et local du bois de chauffage ; alors il est de l'intérêt de leurs propriétaires d'avancer les âges de leur coupe, et de les fixer à douze ou seize ans, suivant les essences qui y dominent.

Autre exemple : Si des bois des dernières classes, peuplés en quantité dominante des essences de la plus grande longévité, étoient situés dans des localités privées de débouchés, et où conséquemment le bois de chauffage fût à vil prix, alors le propriétaire trouveroit un grand avantage à les aménager en futaies pleines, administrées comme nous l'indiquerons ci-après ; parceque cet aménagement produiroit une bien plus grande quantité de matière, et de bois de grandes dimensions, qui pourroient supporter de plus grands frais de transport que dans les aménagemens que nous leur avons assignés pour les circonstances ordinaires.

C'est aussi par des raisons analogues que, dans les anciens pays du Morvan et du Gâtinois, où les bois sont aménagés de seize à vingt ans, on est dans l'usage d'y réserver à chaque coupe de soixante à cent baliveaux de l'âge par arpent.

SECTION V. *Administration des futaies pleines.* Ce genre d'aménagement ne peut être admis que par les plus grands propriétaires de bois, parcequ'il faut attendre deux à trois cents ans pour pouvoir en jouir, et qu'il n'y a point de propriétaire assez désintéressé pour se déterminer à faire un pareil sacrifice à sa jouissance personnelle.

Cependant, c'est dans les produits de ces vieilles futaies que la France pourroit trouver les plus grandes ressources pour satisfaire aux besoins de la consommation générale, et particulièrement à céux des constructions civiles et navales et des arts; et leur conservation paroît essentielle et indispensable.

Mais d'un côté le gouvernement seul peut en conserver; et de l'autre les futaies, telles qu'elles étoient établies par l'ordonnance de 1669, avoient des vices reconnus par les meilleurs forestiers, les constructeurs de marine et les architectes.

Ces futaies étoient anciennement possédées, 1° par la couronne, et leur coupe étoit fixée à trois cents ans, sans avoir égard ni aux essences, ni à la qualité du sol; 2° par les communautés religieuses et laïques, sous le titre de *quart de réserve*, que, sous différens prétextes, on coupoit quelquefois à un âge moins avancé que celui des coupes ordinaires des taillis. En sorte qu'en général on ne laissoit pas croître les futaies assez long-temps pour en obtenir des arbres de grandes dimensions; ou bien, lorsqu'on les laissoit vieillir jusqu'à trois cents ans, le plus grand nombre en étoit taré ou du plus mauvais service. (*Voyez* art. BALIVEAU.)

Ces inconvéniens attachés aux futaies pleines, abandonnés à la nature, devoient, ou en faire supprimer l'usage, ou mieux, engager l'administration générale à y obvier à cause des grands avantages que présentoient celles qui étoient convenablement placées. Feu M. Duhamel, qui avoit aperçu ces défauts des futaies pleines, sans cependant en convenir tout-à-fait, avançoit qu'*il falloit n'en planter que sur les meilleurs fonds*, les aménager à trois cents ans, et supprimer toutes les autres.

M. Varenne de Fenille est le premier en France qui ait pressenti et annoncé les grands avantages que l'on pouvoit obtenir des futaies pleines, en les éclaircissant tous les vingt ans jusqu'à l'âge de quatre-vingts ans, et en ne les coupant définitivement qu'à celui de cent cinquante ans.

Le bon effet des éclaircissemens sur les taillis étoit connu depuis long-temps, puisque l'ordonnance de 1669 en parle, en les défendant dans les bois du roi; mais on n'avoit pas encore appliqué cette méthode à l'administration des futaies pleines.

C'étoit donc déjà un grand pas de fait vers l'amélioration de leur administration. Cependant l'âge de cent cinquante ans, prescrit pour la coupe de ces futaies, n'est pas à beaucoup près assez avancé pour retirer de cet aménagement tout le produit qu'on peut en espérer; car, dans les bons terrains, l'âge de maturité des essences les plus dures se prolonge jusqu'à trois cents ans, terme fixé par M. Duhamel. D'un autre côté, il faut convenir que l'effet des éclaircissemens périodiques dans les futaies pleines est de procurer à leurs arbres, dans un temps plus court, les grandes dimensions qu'ils n'obtiennent qu'à trois cents ans dans les futaies abandonnées à la nature.

C'est d'après ces observations pratiques que feu M. de Perthuis, en adoptant, pour les futaies pleines, la méthode des
éclaircissemens périodiques, en a fixé les époques et la coupe
définitive ainsi qu'il suit :

1° Il ne veut pas, comme M. Duhamel, que l'on plante les
futaies pleines, parceque la dépense en est trop considérable ;
mais il propose de les *choisir* parmi les bois de la 4ᵉ et 5ᵉ classe,
les plus âgés, les mieux placés, et peuplés des essences les plus
durables.

2° Il fixe à trente ans leur premier éclaircissement, après
lequel les arbres restans se trouveront espacés de trois pieds
les uns des autres (1).

3° *Trente ans après*, c'est-à-dire à *soixante ans*, on fera un second
éclaircissement, tel que les arbres restans soient espacés d'environ six pieds six pouces.

4° *A quatre-vingt-dix ans*, un troisième éclaircissement, tel
que les arbres y restent espacés d'environ treize pieds.

5° *A cent vingt ans*, on fera le quatrième et dernier éclaircissement de manière à n'y laisser que soixante-dix arbres par
arpent : ces arbres se trouveront alors espacés d'environ vingt-
six pieds.

6° Enfin, *à deux cent vingt-cinq ans* on abattra la futaie.

M. *Hartig*, dans un ouvrage intitulé : *Instruction sur la
culture du bois*, traduit de l'allemand par M. *Baudrillart*,
professe aussi la même doctrine sur les excellens effets et les
grands avantages des éclaircissemens dans l'aménagement des
futaies pleines.

Cette manière d'aménager les bois des 4ᵉ et 5ᵉ classes est
donc la meilleure de toutes ; mais, comme nous l'avons observé,
les propriétaires particuliers ne voudront point l'adopter dans
l'aménagement de leurs bois, et les éclaircissemens périodiques sont inadmissibles dans l'administration des forêts impériales ; car nous pensons, avec M. Duhamel, que les excellentes raisons qui les ont fait proscrire dans l'ordonnance de
1669 subsistent encore dans toute leur force.

---

(1) Nous ne savons pas comment MM. Duhamel et Varenne de Fenille
n'ont trouvé que 900 brins par arpent dans un taillis de 20 ans non
encore éclairci. Car, suivant M. Duhamel lui-même, les semis et plantations de bois se font par rangées de trois pieds, et les plants espacés de
18 pouces, dans l'espérance qu'il en restera moitié, et présentent en définitif tous les plants espacés à trois pieds de distance les uns des autres.
Chaque souche tient donc sur le terrain une surface de 9 pieds carrés,
et en divisant 48,400 pieds carrés, superficie de l'ancien arpent des forêts,
par 9, le quotient donne 5,377 souches ou cépées, et non pas 900 brins.
Si les plants étoient à quatre pieds les uns des autres, ce qui est leur plus
grand espacement ordinaire, il y en auroit encore 3,025 souches par arpent ; et chaque souche contient plus d'un brin.

Ainsi, l'administration des futaies par des éclaircissemens périodiques, ou le mode d'exploitation par *expurgations successives*, comme l'appelle M. Hartig, tout avantageux qu'il seroit dans la pratique, demeure dans l'ordre des découvertes théoriques.

Mais les besoins de la marine, des constructions et des arts réclament impérieusement des arbres de longues dimensions, que les seules futaies pleines peuvent procurer : il est donc nécessaire d'en continuer l'établissement ordinaire ; seulement il faut ne conserver parmi les anciennes que celles qui sont placées dans les meilleurs fonds, supprimer les autres, et en remplacer l'étendue dans les classes de bois taillis que nous avons indiquées être les seules propres à produire des futaies.

SECTION VI. *Aménagement des bois résineux.* Ces bois ne sont pas soumis à des aménagemens réguliers comme ceux des autres essences, et l'on croit généralement que, pour en assurer le repeuplement naturel, il faut couper ces arbres *en jardinant*, à mesure qu'ils obtiennent les dimensions qu'on leur désire. Nous avons déjà eu l'occasion d'observer que cette manière d'exploiter les bois résineux nous paroissoit singulièrement préjudiciable à leurs propriétaires, et voici les motifs que nous en donnions, en 1803, dans le traité de l'aménagement et de la restauration des forêts.

1° Les arbres que l'on abat en jardinant tombent sur ceux qui sont réservés, et les écrasent ou les mutilent.

2° S'ils ne les écrasent pas, ils s'encrouent dessus, et il n'est pas toujours facile de les en débarrasser sans accident.

3 Il est toujours difficultueux de sortir des arbres aussi longs à travers ceux qui restent sur pied, et sans cesse les voituriers doivent se trouver gênés et embarrassés.

4° On ne peut voiturer sous des *bois en étaux* ou debout, sans contusionner ou endommager une grande quantité de sujets, et sans détruire un grand nombre de jeunes plants.

5° Lorsque les bois sont placés sur des pentes trop rapides pour permettre d'y faire arriver des voitures, il est souvent impossible de faire glisser les arbres jusqu'au bas de ces pentes, à cause des obstacles que les arbres restans opposent à cette manœuvre. Cet inconvénient n'existeroit pas dans un aménagement ordinaire, et l'on y remédieroit en laissant des passes sans baliveaux.

6 Enfin, lorsqu'il y a des difficultés à vaincre dans une exploitation, les frais en sont toujours en raison du nombre et de la nature de ces obstacles ; ils sont calculés d'avance par l'exploitant, et, en définitif, c'est toujours le propriétaire qui les supporte.

Pour excuser l'usage de jardiner les bois résineux, on prétend que l'ombrage est indispensable pour favoriser la végétation des graines et des jeunes plants ; mais, ajoutions-nous, si le tort occasionné à la masse d'un bois d'arbres résineux par l'usage de les jardiner est plus considérable que celui qui résulteroit de l'absence ou d'une diminution d'ombrage pour son repeuplement (ce que l'expérience peut vérifier), il nous semble qu'avec quelques précautions, il seroit possible de soumettre ces bois à des aménagemens périodiques comme ceux des autres essences.

Enfin, nous avertissions que le raisonnement seul nous avoit conduit à cette opinion, parceque nous n'avions pas sur les bois résineux la même expérience que sur les autres essences de bois.

Nous avons aujourd'hui la satisfaction de voir confirmer notre opinion par M. *Hartig*, qui blâme absolument la méthode de jardiner les bois résineux. Il conseille d'opérer leur coupe à blanc étant, mais par zones de dix verges de largeur en plaine, et de quinze verges en pente, tracées en ligne droite en avançant vers le sud, le sud-ouest, ou l'ouest, et toujours en remontant si c'est un terrain montueux. Ces zones seront abritées et repeuplées par les massifs voisins, qui ne pourront être abattus que lorsque les zones coupées seront assez âgées pour abriter ces massifs et les repeupler par leurs graines.

Lorsque les circonstances locales ou les besoins exigent que l'on donne plus de largeur aux coupes, il veut qu'on y laisse des bouquets de bois tout entiers, ou plutôt des réserves de cinq à six verges sur toute la longueur de la coupe.

Enfin, quand le bois à exploiter est en plaine, ou sur une élévation peu considérable, ou dans un endroit abrité par une montagne, il regarde comme suffisant pour assurer le repeuplement naturel de ce bois, d'y réserver par arpent depuis seize jusqu'à vingt-quatre arbres à semences, choisis parmi les plus courts, les plus forts et les plus branchus. *Dès que le terrain, ajoute-t-il, est suffisamment ensemencé, on doit abattre toutes les réserves (1), les enlever hors de la coupe, puis semer à la main les vides qu'elles ont laissés, et toutes les places qui ne le seroient pas.* On les coupe ensuite à cent ou cent vingt ans.

Ainsi, sans avoir jamais fait exploiter de bois résineux, sans avoir aucune notion de ce que l'on pratiquoit à leur égard

---

(1) Nous devons observer ici que la coupe de ces réserves est un véritable jardinage, et cependant M. Hartig pense avec nous que ce mode d'exploitation est très défectueux.

en Allemagne, feu M. de Perthuis avoit présenté et publié la meilleure manière de les administrer.

1° Ces passes sans baliveaux, qu'il conseilloit de laisser dans les pentes rapides pour faciliter l'extraction des arbres, sont bien évidemment les zones de M. Hartig ; 2' comme ce dernier, il propose de soumettre les bois résineux à des aménagemens réguliers, qu'il fixe à cent ans, lorsque les sapins et les mélèses y seront en quantité dominante, et à quatre-vingts ans seulement pour les pins, parceque ce sont les âges de leur maturité ; 3' Pour assurer leur repeuplement naturel, il pensoit avec M. Hartig qu'il falloit y réserver vingt-quatre baliveaux par arpent, mais *choisis parmi les jets les plus foibles, afin qu'ils ne soient pas dans un trop grand état de dépérissement à la coupe suivante ;* 4' enfin, pour favoriser encore davantage ce repeuplement naturel, il prescrivoit de ne laisser entrer les bestiaux dans les bois en aucun temps et sous aucun prétexte, et d'empêcher l'enlèvement des graines deux ans avant, et deux ans après leur coupe. En général, on trouve dans les ouvrages de ces deux forestiers une grande identité de principes et de vues, qui ne paroît pas avoir été aperçue par M. *Baudrillart*, traducteur de M. *Hartig*, et ils ne diffèrent que dans certains détails dont la discussion nous mèneroit trop loin. ( De Per. )

AMENDEMENT. AMENDER. C'est rendre la terre susceptible de produire une plus grande quantité de végétaux, ou des végétaux plus grands ou meilleurs que ceux qu'elle auroit produits si on l'avoit laissée ou abandonnée à elle-même.

Beaucoup de personnes confondent l'amendement avec l'engrais mais elles ont tort ; l'engrais est bien toujours un amendement, mais il y a beaucoup de sortes d'amendemens qui ne sont pas des engrais ; ainsi, labourer la terre est un amendement, l'arroser dans la chaleur en est un autre, la laisser reposer en est encore un autre, etc., et on n'a jamais dit que ces opérations fussent des engrais.

Pour bien comprendre la cause et l'effet des amendemens, il faudroit avoir une connoissance certaine de la composition et de la nutrition des végétaux ; mais, malgré les importantes découvertes faites dans ces derniers temps, il reste tant de choses à expliquer, qu'on peut dire que cette matière est encore à étudier. Aussi les considérations suivantes, quoique beaucoup plus fondées en raison que ce qu'on croit dans les campagnes, et que ce qu'on trouve dans les anciens livres d'agriculture, ne sont réellement qu'une pierre d'attente sur laquelle bâtiront les générations futures.

La science agricole, comme toutes les autres, s'est, jusqu'à ces derniers temps, contentée de mots qui n'avoient point véritablement d'acception propre , quoiqu'on pût *les* croire cependant dérivés de ces anciennes théories dont parle Bailly dans son Atlantide , théories fondées sur la nature même , et qui se sont perdues en passant à travers les siècles. On a dit que la terre contenoit des sels , que le nitre de l'air se fixoit dans la terre , que le soleil faisoit fermenter la terre, etc. , tous faits faux , puisqu'on ne trouve pas de sels dans la plupart des terres , même des plus fertiles ; que l'analyse de l'air n'y a jamais fait voir de nitre , et que la terre pure n'est pas susceptible de fermenter , mais tous faits qui sont en partie fondés comme je le ferai voir plus bas.

Depuis les découvertes de Priestley , d'Ingenhouz , de Sennebier sur la composition de l'air , et sur les gaz que la végétation absorbe ou exhale , la physique végétale a fait d'immenses progrès , et on a pu prendre une idée précise de l'effet des amendemens. C'est d'après les données qu'ont fournies ces hommes célèbres, et leurs successeurs en chimie, que je vais entreprendre de rédiger cet article.

L'eau , l'air, la chaleur et la lumière sont les seuls agens indispensables de la végétation. La terre même, ou mieux, l'Humus , *voyez* ce mot, que tout le monde s'accorde à croire si nécessaire, ne l'est que d'une manière très secondaire, comme le prouvent ces plantes qu'on fait germer , pousser et fleurir dans l'eau , comme ces angrecs, ces cotylets, ces crassules, etc. qui poussent et fleurissent sur le bois ou le marbre. C'est donc dans la réunion de ces trois agens, ou de deux , ou dans un seul , que se trouvent tous les élémens de la végétation. Or l'air paroît etre, d'après toutes les expériences , celui qui par sa décomposition fournit l'oxigène , l'azote, l'hydrogène , et sur-tout le carbone, que l'on retrouve en plus ou moins grande quantité, par l'analyse, dans tous les végétaux et parties de végétaux.

Beaucoup de physiciens et de chimistes prétendent que l'eau et la chaleur, ou mieux, le calorique, se décomposent aussi par l'acte de la végétation ; mais ce fait est contesté , et il ne m'importe que peu en ce moment que cela soit ou ne soit pas, les phénomenes que je veux expliquer pouvant l'être sans faire intervenir ces deux grands agens de la nature.

Le premier de tous les amendemens, celui qu'on a pratiqué dans tous les siècles, qu'on pratique dans tous les pays, et qu'on pratiquera éternellement, c'est le labourage. Mais comment agit le labourage ? Uniquement en divisant, 1° pour donner à l'air atmosphérique la possibilité de s'introduire dans l'intervalle des mollécules de la terre ; 2° pour permettre à l'eau de s'y répandre également ; 3° pour faciliter aux racines de plantes les moyens de s'introduire dans toutes les cavités. Je crois donc que c'est sur cela que reposent en partie les bases de la théorie de l'agriculture et par suite sa pratique.

En effet, les racines des plantes à qui la nature a donné la faculté de décomposer l'air et de pomper l'eau chargée de mucilage, lorsque la chaleur est montée à un certain degré, ( degré qui varie pour chaque espèce ) pouvant s'étendre par-tout, trouvant par-tout une égale quantité d'air et d'eau, multiplient leurs suçoirs, et en les multipliant augmentent d'au-tant leurs moyens d'action, par conséquent la végétation de la plante qu'elles sont chargées de nourrir.

Je ne dirai cependant pas, avec quelques agriculteurs, de répéter les labours sur jachères ; car, en les répétant, on va souvent, sur-tout quand c'est pendant l'été, contre le but du labourage ; mais je dirai de prendre le moins de terre pos-sible à la fois, d'approfondir le sillon autant que le sol le per-mettra, et de rendre très fréquens les binages d'été dans les genres de cultures qui en sont susceptibles, tels que la vigne, le maïs, les pommes de terre, les haricots, les pépiniè-res, etc., etc.

Mais il est des terres très faciles et d'autres très difficiles à diviser par le labourage. Ces dernières qu'on appelle terres fortes, ou terres argileuses, sont susceptibles d'une autre espèce d'amendement du même genre. C'est celui qui est pro-duit par le mélange, avec ces terres, de détritus de pierres, de plâtras, de gravier, de sable, de marne, de craie, de terres à demi-calcinées, etc., etc. Ces mélanges donnent à ces sortes de terres la faculté de se diviser plus facilement par les la-bours, de conserver plus long-temps cette division, et font par conséquent l'effet de plusieurs labours, ou de labours mieux faits dans une terre moyenne. De la paille, des tiges de petites plantes, des feuilles, des racines enterrées, agissent aussi toujours de la même manière, et de plus comme engrais, c'est-à-dire comme fournissant des principes aux végétaux.

Les terres trop légères, telles que les sables, les graviers, les craies, etc., qui se divisent facilement, ont une autre cause d'infertilité qui peut être corrigée par le mélange de celles dont il vient d'être question. En effet, comme c'est faute d'eau qu'elles ne peuvent nourrir les plantes qu'on leur confie, attendu que leur porosité est telle que celle des pluies passe à travers comme dans un crible, ou est très rapidement enlevée par l'évaporation, il ne s'agit que de leur donner ou une consistance telle qu'elles conservent les eaux des pluies, ou de fréquens arrosemens. L'argile, si infertile par elle-même, est donc un moyen d'amendement des terres légères.

Quant aux arrosemens, ils ont lieu de deux manières ; ou à la main, c'est-à-dire avec des arrosoirs, des tonneaux, des pompes, etc. ; ou par irrigation, c'est-à-dire en faisant couler sur le sol les eaux d'une fontaine, d'une rivière ou d'un étang plus élevé.

Les arrosemens produisent d'autant plus d'effets que la saison ou le climat sont plus chauds, et que les plantes qu'on y soumet sont plus amies de l'eau; mais ils peuvent cesser d'être des amendemens, devenir même des causes de mort, lorsqu'ils sont faits sans mesure.

La chaleur qui, comme je l'ai dit, est plus ou moins nécessaire à toute végétation, est, de tous les amendemens, celui sur lequel l'homme a le moins d'empire ; cependant il trouve les moyens de la maîtriser jusqu'à un certain point, de la faire naître et de la conserver pour l'avantage de ses cultures. Une serre où l'on entretient une haute température avec des poëles; un châssis, une couche où on la fait naître par la fermentation du fumier, sont donc des amendemens ; une orangerie, où on la conserve, en interceptant le plus possible la sortie de l'air qui s'y trouve renfermé, et en empêchant l'introduction de l'air extérieur, en est un autre ; le simple abri d'une montagne, d'un bois, d'un mur, de l'inclinaison de la surface d'une plate-bande au midi en sont encore.

Cependant, par contre, la privation de l'aspect du soleil est souvent un amendement. Beaucoup d'arbustes végètent mieux à l'exposition du nord qu'à toute autre. La plupart des arbres provenus de semences, depuis un jour jusqu'à cinq à six mois, c'est-à-dire ceux qui n'ont encore que des pousses herbacées, gagnent à être mis à l'ombre par le moyen des paillassons, des toiles, etc., pendant la grande chaleur du jour. Il en est de même des plantes qu'on vient de repiquer, et dont l'action végétative a été interrompue par l'arrachement.

L'air est aussi un amendement; mais ses effets sont très difficiles à reconnoître. Il n'y a que les personnes attentives aux phénomènes de la végétation, et accoutumées à réfléchir sur ce qui se passe autour d'elles, qui puissent les apprécier. Les semences de la plupart des plantes, mises dans un air stagnant, lèvent plus vite que les autres. Les plantes, placées dans le voisinage des boucheries, des voiries, des grands dépôts de fumiers, même seulement des terres nouvellement labourés, végètent plus fortement que les autres, toutes conditions égales. Je ne parle pas de l'action des gaz simples sur les plantes, attendu qu'ils ne sont point dans la nature. Il en sera question à l'article de ces GAZ. *Voyez* ce mot.

Il est encore des circonstances où l'air paroît être un amendement indirect, si je puis employer ce terme. Ainsi, lorsqu'il est très chargé de vapeurs, qu'il est ce qu'on appelle lourd, la végétation se développe avec bien plus de force. Il est probable qu'il agit alors non seulement en se décomposant plus rapidement et en plus grande quantité, mais encore en conservant mieux le calorique ou en en transportant davantage, à raison de sa densité. Ainsi, lorsque le temps est disposé à l'orage, que l'électricité surabonde dans l'atmosphère, il y a encore une augmentation d'activité très remarquable dans la végétation ; et des expériences ont prouvé que ce n'étoit pas le fluide électrique qui agissoit directement. *Voyez* aux mots ÉLECTRICITÉ, ORAGE, TONNERRE, et AIR.

Mais l'air n'agit pas seulement sur les racines des plantes ; il est décomposé par toutes leurs parties ; les feuilles sur-tout paroissent éminemment propres à l'absorber, et par leur nature parenchymenteuse, et par l'immense surface qu'elles lui présentent : aussi est on convaincu, par les expériences de Haller et autres, que les plantes vivent plus par leurs feuilles que par leurs racines, et que ce n'est pas un amendement que de les en priver en partie, comme on ne le fait que trop souvent dans les opérations du jardinage.

Enfin, les engrais proprement dits, c'est-à-dire toutes les substances animales et végétales susceptibles de fournir, en se décomposant lentement dans la terre, les gaz qui sont principes constituans de l'air, ainsi que l'humus qui sert de nourriture solide aux plantes, sont des amendemens, ou mieux, les complémens de tout amendement. Je développerai au mot ENGRAIS le mode de leur action d'après les données actuelles de la théorie chimique et des expériences agricoles les mieux constatées.

Puisque tout labour n'a pour but que de diviser la terre, il faut donc le faire de manière à ce qu'elle le soit le plus possible. Sont-ils laboureurs, ces conducteurs de charrues qui retournent des mottes de terre d'un pied de large sur deux ou trois de long et un demi d'épaisseur ? non. Ce n'est qu'en multipliant les sillons, les coutres, en choisissant la charrue la plus propre à émietter la terre, qu'on peut dire avoir rempli son objet ; et encore, malgré toutes ces précautions, le labour à la charrue sera toujours le plus mauvais, au moins dans les terres fortes. Je mets au premier rang des labours celui fait avec une pioche étroite et au moyen d'une jauge d'un pied de large, parcequ'ils ne peuvent se faire sans remuer toutes les particules de terre, soit lorsqu'on les arrache de leur place, soit lorsqu'on les jette derrière soi. Ainsi, le meilleur de tous doit être le défoncement à la pioche, et c'est ce que l'expérience prouve.

Après ce genre de labour, le plus avantageux pour amender les terres est celui à la bêche. En effet, si dans le premier on émiettit forcément la terre, dans celui-ci on l'émiettit autant qu'on le veut. Il ne s'agit que de prendre moins de terre à la fois, de la jeter plus loin, de la couper et recouper davantage, enfin de ne pas épargner ses peines. Aussi le labourage à la bêche est-il généralement employé dans les jardins et toutes les fois qu'il faut planter des objets à la réussite desquels on prend beaucoup d'intérêt.

Je ne mets qu'après le labour à la bêche ceux faits avec ces larges pioches qu'on emploie dans quelques cantons, et qui, comme la charrue, ne font, lorsque les terres sont fortes, que retourner la terre sans la diviser.

Il est un autre genre de labour pratiqué aux environs de Paris pendant l'hiver, et qui consiste à réunir la terre en petits cones de six à huit pouces de haut, pour, au printemps, les étendre sur le sol. Ce genre de labour, qui facilite à la terre les moyens de se diviser par l'effet des gelées, et par conséquent d'absorber une plus grande quantité de carbone ou d'oxigène est excellent ; mais sa pratique est vicieuse, en ce qu'on ne fait que gratter la surface du sol, tandis qu'il faudroit l'approfondir.

Ceci conduit à demander quelle est la profondeur qu'on doit donner aux labours. La plus considérable possible, réponds-je ; mais toujours en la subordonnant et au genre de culture, et à la nature du sol. Il seroit superflu de donner un labour de deux pieds à une terre destinée à recevoir du blé dont les racines n'ont que deux à trois pouces de long. Il seroit nuisible, du moins souvent, de ramener à la surface une couche inférieure de plus mauvaise nature que la supérieure.

Il est de plus un principe général en agriculture dont on ne doit jamais s'écarter, c'est que toujours toute dépense doit conduire à un bénéfice prochain ou éloigné. Je ne cesserai de le répéter à toutes les occasions, pour éviter le reproche qu'on fait généralement, et avec raison, aux écrivains de se laisser trop facilement entraîner par leurs idées, et de ne pas considérer que toute culture qui ne donne pas un produit définitif n'est qu'un amusement ou une folie. Les amendemens de quelque espèce qu'ils soient sont soumis comme tous les autres procédés agricoles à ce calcul ; et en conséquence, tout ce que je viens de dire doit lui être subordonné.

La théorie et la pratique se réunissent pour commander de laisser les terres labourées se saturer d'air petit à petit ; ainsi, comme je l'ai déjà dit, il ne faut pas rapprocher les labours, principalement les labours d'été, de tout temps reconnus plus nuisibles qu'utiles, sur-tout dans les terres légères et sèches, c'est-à-dire qu'il vaut mieux les faire plus parfaits que de les multiplier. C'est ce qu'ont heureusement senti les Anglais, et ce qui a contribué à leur donner une culture si perfectionnée. Chez eux les terres destinées à être ensemencées en blé ne reçoivent que deux labours, et presque toutes les autres n'en reçoivent qu'un. Mais quel labour, si on en juge par ce que disent leurs écrivains! La suppression des absurdes jachères a conduit à celle des labours d'été, remplacés chez eux par des binages dans les cultures qui en sont susceptibles.

Cette épithète d'absurde, appliquée aux jachères, doit révolter tous ces agriculteurs attachés à leur routine. Ils me diront qu'une pratique de tous les siècles ne doit pas être ainsi caractérisée ; que la jachère est évidemment un amendement, etc. Oui, la jachère est un amendement, mais un amendement du genre de ceux dont je parlois il y a un instant, c'est-à-dire de ceux qui coûtent plus qu'ils ne produisent. Il doit donc sous ce rapport être proscrit de toute bonne agriculture ; il le doit d'autant plus qu'en le remplaçant par des cultures qui, comme la vesse, conservent l'humidité dans la terre pendant l'été, et tuent les plantes nuisibles ; qui, comme le maïs ou les pommes de terre, exigent pendant l'été des binages propres à produire une partie des bons effets des labours ; qui, comme les raves ou les carottes, obligent d'approfondir davantage les labours, et laissent dans la terre quelques unes de leurs parties, on produit des effets bien plus étendus et plus durables. *Voyez* au mot ASSOLEMENT.

Rozier, qui avoit senti combien la théorie sur les amendemens étoit fausse, en a imaginé une autre ; mais à l'époque où il a commencé à écrire, la découverte des gaz étoit encore dans son enfance, et il ne lui étoit pas possible d'appliquer aux phénomènes de la végétation toutes les données qu'elle a fournies depuis ; cependant il a devancé les années à cet égard, car on ne trouve dans l'article que celui qui doit remplacer quelques idées qui y conduisent.

Ce savant agriculteur a donné, à mon avis, une action trop étendue à la fermentation, relativement aux phénomènes de la végétation. Sans doute, c'est par une espèce de fermentation que les engrais laissent échapper leur carbone et autres gaz qui entrent dans les racines et les feuilles des plantes, pour se transformer en sève, et de là en sucs propres, etc. Mais cette fermentation n'est pas la fermentation putride, n'est pas la fermentation vineuse, n'est pas la fermentation panaire, encore moins la fermentation acide. Nous n'avons sur elle que des notions extrêmement vagues ou tellement incertaines, qu'il vaut mieux avouer son ignorance que de l'employer à baser un système.

Il en est de même d'une autre idée que Rozier regardoit comme le fondement de sa gloire future, ainsi qu'il me l'a dit lui-même, idée qui m'avoit aussi d'abord séduit et enthousiasmé. C'est celle qui considère tous les engrais comme étant ou devant devenir à l'état savonneux. Certainement l'eau des fumiers est une espèce de savon, et c'est en effet le meilleur des engrais ; mais tous les autres engrais n'en sont pas et ne produisent pas moins ce qu'on attend d'eux. De cette seule observation on peut conclure, ce me semble, que ce n'est pas comme savon que le fumier agit. On en verra d'autres preuves au mot ENGRAIS. D'ailleurs, comment se produiroit ce savon dans la terre, lorsque l'analyse prouve qu'on y trouve rarement des sels, que l'eau de la pluie est la plus pure de toutes. Le nitre se forme bien dans la terre où il y de l'azote en dégagement, mais il est entraîné et décomposé par les eaux pluviales, puisque ce n'est que dans les pays où il ne pleut jamais, ou presque jamais, qu'on l'y trouve. On ne peut donc pas le croire essentiel à l'agriculture, soit directement, soit comme fournissant l'acide ou l'alkali propre à faire des savons, car il y a des savons de ces deux sortes.

Les expériences de Th. de Saussure sont plus satisfaisantes que la théorie de Rozier. Il a reconnu, 1° que le terreau, c'est-à-dire le produit direct et naturel de la décomposition des végétaux, renfermoit une certaine quantité de mucilage dissoluble dans l'eau, qui devoit être considéré comme la cause la plus puissante de son excessive fertilité ; 2° que le terreau, épuisé de son mucilage par des lotions répétées et exposé à l'air, en fournissoit de nouveau au bout de quelques jours, proportionnellement à sa subdivision ; 3° qu'il n'y avoit pas de motifs de croire que tout le terreau ne puisse ainsi se transformer en mucilage. Les alkalis, d'après le dire de Braconnot, dissolvent complètement le terreau, mais ne le transforment pas en savon, puisqu'il ne contient pas d'huile. La chaux agit de même, et c'est par cela qu'elle est le meilleur de tous les amendemens, et qu'elle use si promptement la fertilité de la terre. *Voyez* CHAUX.

Ingen-houze a prouvé que le carbone du terreau décomposoit l'air, formoit de l'acide carbonique qui entroit dans les racines des plantes par la faculté absorbante des pores de l'extrémité des racines.

Il n'en reste pas moins que l'idée de Rozier a un fondement vrai, et qu'elle doit concourir à sa gloire.

L'eau réduite à l'état de glace, dans l'intérieur de la terre, agit mécaniquement pour l'amender, c'est-à-dire qu'en soulevant ses molécules par suite de l'extension que prend alors son volume, elle fait l'effet d'un labour. C'est cette circonstance qui, dans les pays froids, améliore si fort les grossiers labours d'automne, rend les terres meubles susceptibles de se mieux façonner sous la charrue à l'époque des semailles du printemps ; elle agit même sur les terres semées en blé, en émiettant leur surface, en *fondant* leurs mottes, comme disent les laboureurs, pour les tasser au pied des trochées, et, ainsi que l'a prouvé Varenne de Fenilles peu de jours avant sa mort, pour, en les buttant, augmenter le nombre de leurs racines, et par conséquent leur force végétative.

Quant aux hivers abondans en neige, ils amendent la terre d'une autre manière, en conservant dans son sein les gaz qui s'y sont produits et qui se seroient évaporés. C'est ainsi qu'elle l'*engraisse*, pour me servir de l'expression des cultivateurs, et non en y apportant du nitre, comme on le croyoit autrefois. La glace agit de la même manière, et même encore mieux. Voilà pourquoi les hivers rigoureux, sans cependant l'être trop, sont plus avantageux à l'agriculture dans le climat de Paris que les hivers doux.

La transformation d'un champ en trèfle, ou l'ensemencement d'un champ en vesse, en pois, ou autres plantes rampantes et touffues, produit encore des effets analogues; mais en saison contraire, c'est-à-dire pendant l'été, en conservant la fraîcheur du sol, ces plantes empêchent en partie l'évaporation des gaz qui restent pour l'usage des plantes qu'on placera ensuite dans le même lieu. Ces genres de culture ont encore d'autres avantages, mais qui n'entrent pas dans mon objet actuel.

On peut encore conclure de là que les labours fréquens, ainsi que je l'ai déjà annoncé dans une autre circonstance, ne sont point un amendement, et cependant le labour est le meilleur des amendemens.

Il est des terres, ce sont les argileuses, qui s'émiettent au soleil; mais quoique cet effet soit encore un amendement, il faut le regarder comme le moindre de tous, parcequ'il a lieu à une époque où il devient presque toujours inutile.

Oter les pierres d'un champ qui en est surchargé, est presque toujours l'améliorer, je dis presque, parcequ'il est des terres légères, dans des expositions chaudes, à qui les pierres, sur-tout quand elles sont plates, sont utiles, en empêchant l'eau de s'évaporer promptement; et qu'il est des terres compactes et humides que les pierres, sur-tout quand elles sont poreuses, rendent plus fertiles, en formant des vides qui permettent à l'eau de s'écouler, et aux racines des plantes de pénétrer. Dans quelques cantons d'Espagne on pave les jardins avec de larges pierres, dans les intervalles desquelles on laisse des vides, pour y planter des choux et d'autres légumes. Rozier avoit ainsi fait paver une de ses vignes près de Béziers, et commençoit à en tirer de grands avantages, lorsque la persécution de l'évêque le força d'abandonner le pays. Mêler du sable, ou du gravier, avec l'argile, est y porter des pierres. On opère très fréquemment ce mélange, quoique certainement pas assez.

D'un côté, faire des fossés, des puisards pour l'écoulement des eaux dans les terrains marécageux, c'est améliorer ces terrains; de l'autre, creuser des rigoles, établir des prises d'eau pour arroser des terrains arides, c'est encore les améliorer.

Les acides minéraux sont aussi des amendemens, ainsi que Ingen-house l'a fait voir par l'expérience. *Voyez* au mot ACIDE. Je ne sache pas cependant que ses expériences aient été répétées.

Une autre série d'amendemens réclame l'attention des agriculteurs. Elle est composée de la chaux, de la craie, ou pierre calcaire réduite en poudre, de la marne, du plâtre, des cendres de bois, des cendres de tourbe, enfin du sel. Que de moyens de richesse elle offre aux agriculteurs de presque toutes les parties de la France, et combien peu ils savent en profiter ! C'est chez nos voisins les Suisses, les Allemands, et sur-tout les Anglais, qu'il faut aller pour apprendre à apprécier les immenses effets qu'offre, dans certains cas, l'emploi des matières qui la composent. Comme je me propose de parler longuement de ces matières aux différens articles qui les concernent, je ne m'étendrai pas ici sur elles. Je me contente, en conséquence, d'annoncer que je les considèrerai comme agissant mécaniquement d'une part, et chimiquement de l'autre; que je suis persuadé que les sept premières produisent leur effet de deux manières sous ce dernier rapport, c'est-à-dire en soutirant l'acide carbonique de l'air d'une part, et en dissolvant le terreau, ou mucilage végétal, de l'autre. Cette action dissolvante des substances alkalines rentre dans l'idée de Rozier, rapportée plus haut, et est appuyée sur les récentes expériences déjà citées de Th. de Saussure et de Braconnot. Arthur Young l'admet dans son Essai sur la nature des engrais. Elle doit dorénavant servir de base à toute bonne pratique agricole. Quant aux deux dernières, c'est comme stimulans qu'elles paroissent concourir à l'augmentation des récoltes. Je traiterai de cet effet au mot SEL. (B.)

AMENTACÉES. Famille de plantes dont les fleurs, le plus souvent monoïques ou dioïques, sont disposées en chaton (*amentum*) et privées de pétales. Les fruits, dans cette famille, sont tantôt nus et cachés sous des écailles, tantôt recouverts d'un péricarpe capsulaire et uniloculaire.

Ce sont exclusivement des arbres qui entrent dans cette famille. Leurs feuilles sont alternes et munies de stipules. Leurs fleurs paroissent ordinairement avant leurs feuilles. Il suffit de citer le *peuplier*, le *saule*, le *bouleau*, l'*aune*, le *coudrier*, le chéne, le charme, le châtaignier, le hêtre, le platane, l'orme, pour prouver le grand intérêt dont elle doit être pour l'agriculteur. ( B. )

AMÉTHYSTÉE. Plante annuelle de Sibérie, qui s'élève à un pied, et qu'on cultive quelquefois dans les jardins, parceque ses corymbes de fleurs bleues lui donnent un aspect agréable, et qu'elle a une légère odeur. Elle se sème en place, et ne demande aucun soin particulier.

AMEUBLIR. C'est diviser la terre, l'émietter, la réduire presque en poudre.

Plus la terre est compacte, et plus elle a besoin d'être ameublie.

Non seulement on ameublit la terre par des labours à la charrue, à la bêche, et sur-tout à la pioche, mais encore en la mélangeant avec des marnes, des graviers, des sables, des terreaux, des fumiers, etc.

L'ameublissement de la terre est un véritable AMENDEMENT ( voyez ce mot ); car, en facilitant aux racines des plantes les moyens de pénétrer profondément, on augmente leurs moyens de croissance.

« Les terres meubles, dit Thouin, conviennent en général à tous les semis et à toutes les jeunes plantes, sur-tout à celles qui sont annuelles et dont les racines tendres et délicates ne pénètreroient que très difficilement une terre dure et compacte. Mais il faut bien prendre garde, en voulant ameublir une terre, de la rendre trop légère. Il en résulteroit plusieurs inconvéniens. Les plantes dont les racines ne seroient pas assez affermies seroient bientôt renversées par les vents, et l'air, pénétrant en trop grande quantité à travers les molécules de la couche supérieure de la terre, lui enlèveroit l'humidité nécessaire à la végétation. C'est au jardinier intelligent à ameublir sa terre en raison de la nature de chacune des plantes qu'il veut y placer. »

A cela j'ajouterai que les terres meubles laissent le plus souvent passer trop facilement les eaux des pluies ou des arrosemens, et que les plantes qu'elles nourrissent sont par conséquent plus exposées que celles qui végètent dans les terres compactes à souffrir des sécheresses.

En général, c'est la couche supérieure de la terre qu'il est le plus utile de tenir meuble, parceque c'est celle qui est le plus exposée à être tassée par les pluies, les piétinemens des hommes et des animaux. ( B. )

AMIDON. Ce produit de la végétation est essentiellement blanc, reconnoissable par sa teinte, son toucher froid, et un cri qui lui est particulier ; se dissolvant dans l'eau bouillante, et acquérant, par ce moyen, la consistance d'une gelée transparente, connue sous le nom d'empois, d'un usage fréquent dans l'économie domestique.

L'ignorance dans laquelle on a été long-temps sur l'origine de l'amidon a fait naître une grande variété d'opinions concernant sa nature et ses propriétés ; il seroit superflu de les rappeler. Je me bornerai à définir cette matière, d'après ses effets que j'ai approfondis, une espèce de gomme, une gelée sèche, si j'ose m'exprimer ainsi, répandue dans une infinité de plantes de différentes familles, et dans plusieurs de leurs organes, indépendante de leur saveur, de leur odeur et de leur couleur, jouissant constamment d'un très grand degré de finesse et d'insipidité, inaltérable à l'air et indissoluble dans les véhicules aqueux et alcooliques, sans le concours de la chaleur.

De toutes les semences farineuses connues, le froment et l'orge étant celles qui fournissent le plus d'amidon, ce sont celles-là qu'on choisit de préférence ; le seigle, l'avoine et le maïs en contiennent trop peu pour valoir les frais de l'extraction. Voici l'opération par laquelle on parvient à l'obtenir.

### Manière de préparer l'amidon.

Elle consiste à mettre, dans des tonneaux nommés *bernes*, les recoupes, les gruaux et les grains eux-mêmes grossièrement moulus ; à ajouter ensuite de l'eau pour en former une espèce de bouillie, et suffisamment d'eau sûre ou aigre afin de déterminer plus promptement la fermentation vineuse qui doit s'y établir. Bientôt le mélange augmente de volume, et la liqueur répandroit infailliblement, sans l'attention que l'on a de ne pas tenir le vaisseau tout-à-fait plein ; alors l'amidon, dans l'espace de trois semaines ou un mois, suivant la saison et l'espèce de matière sur laquelle on opère, se dégage de ses entraves visqueuses, glutineuses et extractives ; on le sépare après cela, par le moyen du tamis, d'avec le son, sur lequel il nage comme sur une nacelle, et il se précipite. L'eau aigre, devenue grasse, étant décantée, on y substitue de l'eau pure, à diverses reprises, pour le laver ; on le change ensuite de tonneaux, on le met dans des corbeilles à égoutter, on le divise par morceaux pour le dessécher insensiblement à la chaleur modérée d'une étuve, et on le pulvérise. Telle est la méthode suivie dans les ateliers pour retirer l'amidon des deux grains communément employés à cet objet, et dont l'art se trouve décrit par Duhamel.

L'odeur désagréable que répandent au loin les fabriques d'amidon les a fait reléguer dans les quartiers les moins peuplés des villes. On avoit même conçu l'espérance de remédier à cet inconvénient en changeant de procédé ; mais, en y réfléchissant, il n'est guère possible de se dispenser d'employer la fermentation pour détruire le gluten et la matière muqueuse auxquels l'amidon est uni dans les semences farineuses, et alors la putrescence de cette matière, lorsqu'il fait chaud, empoisonne l'air ambiant des ateliers.

Il n'en est pas de même de l'amidon renfermé dans des fruits et des racines, car les semences céréales ne sont pas le seul réceptacle : il suffit, pour en opérer la séparation, de les diviser au moyen d'une rape, de déchirer les réseaux qui le renferment, de les soumettre à l'action d'une presse, de délayer la pâte dans l'eau, qu'on passe à travers un linge ou un tamis serré ; elle dépose, plus ou moins promptement, un sédiment blanc, une fécule, dont les propriétés les plus générales appartiennent à l'amidon. Les règlemens qui prescrivaient autrefois aux amidonniers de n'employer, dans leurs fabriques, que des gruaux réputés alors n'être à peu près que du son, c'est-à-dire la partie la plus grossière du grain, ne sauraient plus leur être applicables, parceque la mouture économique est parvenue à en retirer la plus belle farine. Les gruaux bruts sont même aussi chers que le grain lui-même d'où ils proviennent ; or, en supposant qu'on voulût renouveler ces règlemens, il faudroit se borner à exiger qu'ils ne consacrassent à cet objet que les blés gâtés, faute de pouvoir s'en procurer en proportion de ce qu'ils consomment, parceque sans doute l'art de conserver les grains est plus connu et mieux soigné ; ils sont forcés souvent de se servir des meilleurs grains.

Aussi, dans tous les temps, on a été révolté de penser que les grains de bonne qualité pouvoient être sacrifiés pour des arts de luxe, et il est arrivé souvent que, menacés de cherté ou de disette, plusieurs souverains de l'Europe, pour diminuer la consommation de l'amidon, se sont vus forcés de défendre aux troupes de se poudrer, les autres d'ordonner qu'on leur coupât les cheveux.

Nous ne retracerons pas ici les autres considérations qui ont considérablement diminué l'amidon dans la toilette, et relégué son usage dans les ateliers des blanchisseuses, des confiseurs, des cartonniers, des papetiers ; de manière que les fabriques de ce genre n'enlèvent plus autant de ressources à la subsistance publique qu'on a cherché dernièrement à le faire croire.

Au reste, toutes les expériences que j'ai faites pour m'assurer si réellement l'amidon pouvoit entrer dans la composition du pain, et accroître la masse de nos ressources alimentaires, n'ont abouti qu'à prouver que cette substance ne contractant avec l'eau froide, ni liaison, ni ductilité, elle n'était pas susceptible de subir l'action du pétrissage, ni le mouvement de la fermentation panaire ; que, mêlée dans la moindre proportion avec la farine de froment, on n'en obtient jamais qu'un pain lourd, compacte, fade et coûteux.

J'ai cru devoir insister sur cette observation, afin de prévenir les grandes administrations contre l'esprit de système
qui veut journellement éveiller leur sollicitude, en assurant
qu'on fait passer quelquefois nos grains à l'étranger sous
forme d'amidon, parcequ'on a ensuite la faculté de vendre
celui-ci, propre à la boulangerie. Je déclare donc que quand
l'on parviendroit un jour à lui rendre les substances muqueuses, glutineuses et extractives que la fermentation a détruites, ce ne seroit jamais qu'un tour de force d'où il ne résulteroit qu'un pain mauvais et excessivement cher.

Mais si l'amidon n'a aucune aptitude pour la panification,
l'usage qu'on en fait, comme empois ou colle farineuse, ne
laisse pas que d'en absorber encore assez. Mais nous indiquerons, au mot *fécule*, une foule de végétaux cultivés ou sauvages qui pourroient, en cas de disette de froment ou d'orge,
suppléer ces deux graines. (PAR.)

AMIRÉ JOANET. Variété de POIRE.

AMITIÉ. Les jardiniers disent que la terre est en amitié, ou
en amour, lorsque la végétation commence à se développer
au printemps.

Les machands de blés donnent le même nom au blé bien
conditionné, c'est-à-dire bien uni et bien plein. C'est la même
chose que la MAIN. *Voyez* ce mot. (B.)

AMMANITE. *Voyez* AGARIC.

AMMI, *Ammi*. Genre de plantes de la pentandrie digynie
et de la famille des ombellifères, qui renferme cinq à six espèces, dont deux sont d'usage en médecine et par conséquent
dans le cas d'être mentionnées.

L'AMMI COMMUN, *ammi majus*, Lin., a les feuilles inférieures,
pinnées, à folioles lancéolées, dentées, et les feuilles supérieures multifides, à folioles linéaires. Elle est annuelle, s'é-
lève d'un à deux pieds, et croît naturellement dans les parties méridionales de l'Europe, parmi les blés et les vignes.
Toutes ses parties, et sur-tout ses semences, sont aromatiques,
âcres, et passent pour stomachiques, emmenagogues, diuré-
tiques et carminatives.

L'AMMI VISNAGUE, *Daucus visnaga*, Lin., a toutes les feuilles
multifides et les folioles linéaires. On la trouve dans les parties méridionales de l'Europe, dans les champs et autres lieux
cultivés. Elle est annuelle et regardée comme jouissant des
mêmes propriétés que la précédente. Les rayons de ses ombelles servent aux Turcs à se nettoyer les dents, et en même
temps à donner à leur haleine une odeur agréable. Ces deux
plantes se sèment sur place dans une terre légère et dans une
exposition chaude, aussitôt après la maturité des graines, ou
au printemps suivant. Rarement on les repique. Au reste, leur

culture est circonscrite dans un très petit nombre de jardins. (B.)

AMMONIAC. Les chimistes donnent aujourd'hui ce nom à ce qu'ils appeloient autrefois alkali volatil. *Voyez* au mot ALKALI.

Berthollet a prouvé que l'ammoniac étoit composé de 2,9 d'hydrogène et de 1,1 d'azote.

Le moyen le plus ordinaire que la nature emploie pour former l'ammoniac, c'est la putréfaction des matières animales et de quelques végétaux, tels que les choux, les raves, le cochlearia et autres crucifères. On le retire artificiellement par la combustion des poils, des ongles et des cornes des animaux.

Les propriétés de l'ammoniac sont, outre celles des autres alkalis, de se transformer en gaz par le simple effet de la chaleur de l'atmosphère, et d'avoir une odeur vive et pénétrante.

Le carbonate d'ammoniac, ou la combinaison de l'acide carbonique avec l'ammoniac, est ce que les anciens chimistes appeloient simplement *alkali volatil*, *sel d'Angleterre*, *esprit de corne de cerf*, etc. Ils appeloient *alkali volatil fluor* celui qui est pur, c'est à dire celui que je considère ici sous le simple nom d'ammoniac.

La seule combinaison d'ammoniac qu'il soit de quelque utilité aux agriculteurs de connoître, c'est le *muriate d'ammoniac*, ou sel ammoniac ou commun, c'est-à-dire celle de l'acide muriatique, avec l'ammoniac. On l'emploie dans la médecine des animaux comme sudorifique, et dans plusieurs arts.

Comme c'est l'ammoniac qui donne principalement l'odeur aux viandes et aux poissons qui commencent à se gâter, et qu'il est très promptement et très complètement absorbé par le charbon, il est toujours facile de les rendre mangeables, en les faisant bouillir pendant quelques instans dans de l'eau où on aura mis du charbon grossièrement concassé.

Les qualités éminemment caustiques et stimulantes de l'ammoniac ( alkali volatil fluor ) le rendent d'un fréquent usage. Un agriculteur isolé doit toujours en avoir un flacon chez lui, en cas que ses gens ou ses animaux soient mordus d'un chien enragé, d'une vipère ; qu'ils aient été asphyxiés par la vapeur du charbon, par leur immersion dans l'eau ( noyés ), etc., etc. Dans le premier cas, il est vrai, les caustiques plus puissans, sur-tout un fer rouge, sont préférables; mais lors même qu'on emploie ce dernier moyen, il est toujours bon de donner quelques gouttes d'ammoniac dans de l'eau, en boisson, pour exciter une abondante transpiration. Dans le second cas, il faut seulement en faire respirer l'odeur ou en frotter les parties très sensibles, telles que les lèvres, les tempes, l'anus, etc.

Comme se combinant avec les acides végétaux, l'ammoniac

est très propre à faire disparoître, ou au moins à beaucoup affoiblir les taches produites sur les étoffes violettes, brunes ou toutes celles de faux teint, par le vinaigre, le citron, les pommes, etc.

On retire, pour l'usage de la médecine, l'ammoniac du muriate d'ammoniac, par le moyen de la chaux ou des alkalis fixes; mais cette opération n'est pas économique entre les mains des cultivateurs. Il y a à gagner pour eux de l'acheter chez les apothicaires. La seule précaution à prendre, c'est de le conserver dans des flacons exactement fermés, avec un bouchon de verre usé à l'émeri, car il tend toujours à s'évaporer.

Le sel ammoniac se retire, en Egypte, de la suie des cheminées où on brûle de la fiente de vaches ou de chameaux qui ont vécu d'herbes salées; et en France, des poils, des ongles, du cuir des animaux, et du sel marin décomposé par des procédés chimiques fort compliqués. (B.)

AMODIATION. AMODIER. Ce mot est, pour quelques parties de la France, le synonyme d'affermer. On amodie une ferme, une maison, à prix convenu et avec les formalités exigées par la loi sur les transactions, comme autre part on les loue, on afferme. *Voyez* BAIL. (B.)

AMOME, *Amomum*, Lin., nom d'un genre de plantes de la diandrie monogynie, et de la famille des drymyrhizées, qui croissent naturellement dans les pays chauds des deux continens, et principalement dans l'Inde. Ces plantes sont vivaces, et leurs fleurs disposées en panicule ou en épi radical.

On distingue parmi les amomes trois espèces, dont les racines ou les graines sont employées en médecine, dans la cuisine et par les parfumeurs, à cause de leur goût piquant et aromatique.

L'AMOME GINGEMBRE, *Amomum zinziber*, Lin., qui a une hampe nue, un épi ovale et des feuilles lancéolées et ciliées. Sa racine est tuberculeuse, nouée, d'un gris jaunâtre, d'une odeur assez agréable et d'une saveur douce et piquante. A Madagascar on la mange verte et en salade, mêlée à d'autres herbes. Aux Indes on en fait une pâte antiscorbutique, ou l'on en assaisonne les ragoûts après l'avoir rapée; aux Antilles on la prend souvent en boisson théiforme, pour fortifier l'estomac et réveiller l'appétit. Elle est tonique, mais échauffante; infusée dans du lait, elle est très bonne contre la goutte. Il se fait un assez grand commerce de gingembre dans l'épicerie.

L'AMOME CARDAMOME, *Amomum cardamomum* vel *granum paradisi*, Lin., se distingue de l'espèce précédente par son épi sessile et par ses feuilles allongées et pointues. Sa racine entre aussi dans le commerce, ainsi que ses graines, connues sur la côte de Malabar sous le nom de graines de paradis. Elles ont une saveur agréable et à peu près les mêmes propriétés que le poivre. On les emploie comme assaisonnement.

L'AMOME ZÉRUMBET, *Amomum zerumbet*, Lin., a une tige nue, un épi oblong obtus, et des feuilles lisses et ovales. Les Indiens mangent sa racine; mais elle ne fait pas un objet de commerce.

Dans leur pays natal on cultive les amomes pour leurs usages domestiques; elles demandent une terre substantielle, ombragée et fraîche : après l'avoir ameublée par des labours assez profonds, on plante en rayons et à des distances convenables les racines des amomes coupées par morceaux, de la même manière que nous plantons les pommes de terre. Cette opération doit se faire au moment où ces racines entrent en végétation. Elles n'exigent ensuite d'autres soins que d'être binées de temps en temps, d'être chaussées et d'être garanties des mauvaises herbes. On les récolte quand les fanes des plantes se dessèchent. Alors on enlève les racines de terre avec un instrument de fer à trois dents ; on les laisse ressuyer pendant quelques jours à l'air libre , et après les avoir séparées de leurs fanes on les nettoie et on les emmagasine dans un lieu sec.

En France, et dans les parties froides et tempérées de l'Europe , on ne peut élever ces plantes qu'en serre chaude. Au printemps on les change de pots , et on sépare leurs racines , qu'on ne doit pas couper en trop petits morceaux, sur-tout si on les destine à produire des fleurs ; car elles n'en donneroient que lorsqu'elles se seroient étendues jusqu'aux côtés des pots; par cette raison on doit éviter de les planter dans de trop grands pots. On les y place, au milieu, la couronne en haut. Elles doivent être mises dans une couche de tan et arrosées légèrement jusqu'à ce que leurs tiges paroissent ; alors elles ont besoin de plus d'humidité, sur-tout pendant les grandes chaleurs ; mais en automne on leur donne fort peu d'eau et presque point en hiver. Cultivées ainsi, les amomes produisent des racines qui pèsent jusqu'à une demi-livre et quelquefois davantage. (D.)

AMOME. *Voyez* MORELLE FAUX PIMENT.

AMORI. Nom qu'on donne dans la Haute-Garonne aux moutons attaqués du tournis. (B.)

AMORPHA , *Amorpha* , arbuste de l'Amérique septentrionale , qu'on plante fréquemment aujourd'hui dans les jardins d'agrément et qui y produit un bel effet pendant l'été et une partie de l'automne , à raison de la couleur de ses feuilles et de l'abondance de ses fleurs. Il est connu des jardiniers sous le nom d'*indigo bâtard* , et il fait partie d'un genre de la diadelphie décandrie et de la famille des légumineuses.

Cet arbuste a les feuilles alternes , ailées avec impaire, à folioles ovales, velues, au nombre de huit à dix paires. Ses fleurs sont violettes, disposées en épis fasciculés à l'extrémité des branches. Il forme des buissons de huit à dix pieds. Il vient fort bien et même fructifie dans le climat de Paris, mais y perd quelquefois ses jeunes pousses par l'effet de la gelée. On le multiplie par séparation des vieux pieds, par rejetons, par marcottes, par boutures, et principalement par ses graines, qu'on sème en pleine terre à une bonne exposition. Toutes ces opérations peuvent être faites indifféremment en automne ou au printemps. Pour peu qu'il y ait de racine on doit être certain de la reprise, pourvu qu'on ne ménage pas les arrosements pendant les premiers jours; car s'il aime la chaleur il aime aussi l'humidité, ainsi que je l'ai remarqué dans son pays natal, où on ne le trouve jamais dans les terres sèches. Il ne paroît pas cependant que les terres argileuses lui conviennent; ainsi c'est une terre moyenne qu'il faut lui donner.

Les jeunes plants que les graines d'amorpha ont produits doivent être repiqués l'hiver suivant en pépinière, à une distance de six ou huit pouces, et deux ans après transplantés encore en pépinière, à dix-huit pouces et plus; encore deux ans après ils sont en état d'être plantés à demeure.

La place de l'amorpha dans les bosquets où on le plante à demeure est le second rang. Il mérite aussi d'être mis en touffes isolées, soit en avant des massifs, soit au milieu des pelouses. Lorsqu'il devient trop vieux, ou que ses branches ont été atteintes par la gelée, il est avantageux de le couper rez-terre; ses racines poussent alors de si vigoureux rejets, que dès la seconde année la touffe ne paroît pas avoir été recépée.

L'AMORPHA dont il vient d'être parlé et qu'on appelle FRUTIQUEUX, paroît avoir été confondu, par Michaux, même avec deux autres espèces qui, en effet, s'en rapprochent si fort, qu'elles ne doivent pas être distinctes pour les cultivateurs.

Il y a encore un AMORPHA HERBACÉ qu'on a cultivé pendant quelques années dans les jardins de Paris et qui s'est perdu. Il s'élève d'un à deux pieds, et est plus fourni de feuilles et de fleurs que le précédent. Dans son pays natal, ainsi que je l'ai constaté, il dure deux ou trois ans; mais en France il est annuel. (B.)

AMOUR. On dit dans quelques cantons, aux environs de Paris principalement, que la terre entre en amour lorsqu'elle commence à s'échauffer au printemps et à mettre en action la force végétative des plantes. Par suite, que la terre est en amour tant que la circulation de la sève est dans un grand degré de vigueur. Cette expression, au reste, tombe de jour en jour, attendu qu'il est plus simple de dire que la sève commence à se mouvoir, que la sève est en mouvement, que la chaleur est assez forte pour développer la circulation de la sève, pour déterminer la germination des graines, etc. (B.)

AMOUR ( Pomme d' ). *Voyez* MORELLE.

AMOUR ( Poire d' ) *Voyez* POIRIER.

AMOURETTE DES PRÉS. *Voyez* LYCHNIDE FLEUR DE COUCOU.

AMOURETTES. Nom vulgaire des BRIZES.

AMOURIER. Nom du MURIER dans le département du Var.

AMPELITE. Schiste pyriteux très susceptible de se décomposer à l'air, et qui a joui autrefois d'une grande réputation en agriculture. On le regardoit comme un excellent engrais et comme propre à détruire les insectes. Ces deux avantages se trouvent en effet dans son usage; mais s'il paroît d'abord favoriser la végétation, il ne tarde pas à stériliser le terrain par la quantité de fer qu'il y porte ( *Voyez* CENDRE DE TOURBES ); et s'il tue les insectes, ce n'est qu'au moment où les pyrites qu'il contient (sulfure de fer) s'effleurissent, et ce moment est fort court. Au reste, cette matière est fort rare relativement aux besoins de l'agriculture. (*Voyez* au mot SCHISTE. )

On a appelé l'ampelite *terre à vigne*, dans la croyance que c'étoit principalement dans les vignes qu'elle produisoit le plus d'effet, ou peut-être parceque c'est sur les vignes que ses effets ont été d'abord observés. (B.)

AMPHIBIES. PLANTES. On donne ce nom aux végétaux qui ont la faculté de croître en pleine terre et dans l'eau. C'est une des divisions de la méthode qui a pour objet de classer les plantes suivant l'ordre de leurs habitudes. Dans cette section, il en est qui sont amphibies à différens degrés. Les unes sont simplement des plantes qui croissent sur les bords des eaux, et dont les pieds étant couverts par ces eaux pendant leur débordement, se conservent et croissent, pourvu que leur extrémité soit constamment au-dessus des eaux. Les autres sont des plantes dont les racines sont fixées dans la vase au fond de l'eau, dont les tiges et les feuilles s'élèvent à la surface, et qui, s'il survient des sécheresses, n'en vivent pas moins dans le sol où elles ont crû; mais elles sont infiniment moins vigoureuses.

Parmi les plantes de cette division, il en est beaucoup qui sont intéressantes par la beauté de leur feuillage, la grandeur et la couleur de leurs fleurs. Celles-ci sont propres à jeter de la variété dans les eaux des jardins paysagistes. D'autres ont des propriétés médicinales qui les font rechercher; et d'autres, enfin, ont des racines charnues qui, au moyen de quelque préparation, sont propres à la nourriture des hommes.

En général, ces plantes se multiplient plus abondamment que les plantes terrestres, et leur culture se réduit à leur donner un site semblable à celui où elles croissent naturellement, et un degré de chaleur analogue à celui des climats où elles ont été tirées. (Th.)

AMPHITHEATRE. Jardinage. Ce mot s'entend de plusieurs choses placées les unes au-dessus des autres sur différens plans, ou de plusieurs objets qui se dépassent graduellement et s'élèvent au-dessus les uns des autres, quoique le plan sur lequel ils sont placés soit à peu près de niveau.

Un jardin situé sur la pente d'une montagne, laquelle a été coupée par plusieurs terrasses qui dominent les unes sur les autres et sont orientées au même point de l'horizon, porte le nom de jardin en amphithéâtre. Ce qu'on nommoit anciennement *vertugadin* étoit des amphithéâtres de gazon qu'on pratiquoit dans les jardins, soit pour terminer un point de vue, soit pour faire disparoître un coteau ou une petite montagne qu'on n'avoit pas dessein de couper ou de soutenir par des terrasses. On y pratiquoit des estrades, des gradins et des plain-pieds qui conduisoient insensiblement depuis le bas jusqu'aux parties les plus élevées. On ornoit ces amphithéâtres de caisses d'orangers, d'ifs taillés en pyramide, en boule, etc., de vases remplis d'arbustes et de fleurs, suivant les saisons. On les enrichissoit de fontaines et de statues. Toutes ces décorations factices sont entièrement passées de mode. Lorsqu'on veut aujourd'hui distribuer un terrain irrégulier dans sa surface, on préfère avec raison d'y pratiquer des allées douces et sinueuses qui, suivant sans contrainte les pentes naturelles du terrain, sont plus commodes pour la promenade et plus agréables à l'œil que les coupes roides et régulières que figurent ordinairement les amphithéâtres.

Dans les jardins d'agrément et de botanique, on dispose en amphithéâtre, soit à l'air libre, soit dans les serres, les plantes étrangères qu'on cultive dans des pots ou dans des caisses. Si l'on est assorti en arbustes de différentes hauteurs, on se contente de les placer sur le même plan, en mettant les plus petits sur le premier rang, sur le second ceux qui sont plus élevés, et ainsi de suite jusqu'au dernier rang qui doit être composé des arbustes les plus grands. Si l'on ne possède que des plantes de la même taille, alors il faut pratiquer des gradins, soit en formant des banquettes en terre exhaussées les unes au-dessus des autres, soit en établissant plusieurs rangées de planches par étages, dans la longueur et sur la hauteur jugée nécessaire pour contenir les plantes dont on veut composer ces amphithéâtres; et afin que toutes les plantes jouissent également de l'aspect du soleil, on les élève, autant qu'il est possible, dans la direction de l'est à l'ouest. Les théâtres ou les amphithéâtres des fleuristes sont des espèces d'abris, construits en bois ou en toile, dont le fond est rempli par un gradin. Ils ne sont pas moins destinés à produire un effet agréable à l'œil qu'à procurer une jouissance plus commode, rapprochent de la vue des objets qui, par leur petite stature, en seroient trop éloignés s'ils étoient en pleine terre. Pour qu'un amphithéâtre de cette espèce puisse remplir ces divers objets d'agrément et d'utilité, il est nécessaire qu'il soit mobile, afin de pouvoir l'orienter à différentes expositions, suivant les différentes saisons de l'année, ou suivant la nature des plantes qui doivent le garnir. Sa construction est très simple. Il est formé de quatre montans de bois joints ensemble par des traverses qui présentent, dans leur plan, une moitié d'ovale, au fond de laquelle est un gradin de planches à cinq ou six étages. Ce bâti, dont l'élévation est d'à peu près huit pieds, et qui se termine en dôme par sa partie supérieure, est recouvert et garni de toile cirée dans tout son pourtour, ce qui lui donne la forme d'une niche à mettre une statue. On en ferme le devant avec un rideau. Quelquefois on construit entièrement ces théâtres en bois ; alors on leur donne la forme d'un carré long. On les peint en vert à l'extérieur, et en noir dans l'intérieur pour que les couleurs des fleurs ressortent davantage. Ceux-ci sont infiniment plus solides que les autres ; mais ils sont moins portatifs, et par conséquent moins commodes.

Les plantes dont on orne ces amphithéâtres varient suivant les saisons. Au printemps, on les garnit ordinairement avec les oreilles d'ours, les primevères, les jacinthes, et quelques espèces de tulipes. On les remplace, en été, par diverses espèces de quarantaines, de géroflées, de géranium, des pervenches du Cap et le lis de Saint-Jacques, etc. ; et, à l'automne, on y place les tubéreuses simples et doubles, les plus belles variétés d'amaranthes, de liseron tricolor, de balsamines, de gernesienne, et généralement de toutes les plantes dont les fleurs ont un mérite distingué, tant par la vivacité des couleurs, que par leur forme ou leur rareté, et dont on est bien aise de faire durer la floraison. Ces plantes doivent être disposées sur les gradins, de manière que les fleurs de l'une fassent ressortir celles de l'autre, et qu'elles concourent toutes à produire, par la distribution exacte de leurs couleurs, un ensemble agréable et pittoresque. On doit aussi avoir égard à la grandeur des plantes, à la couleur de leur verdure, à la forme de leur feuillage, afin que ces massifs, vus de près, offrent des tailles de forme bien contrastée, de teintes bien fondues, et que le gradin présente un tapis rapide et serré de bas en haut, pour qu'on n'aperçoive que le moins possible le fond de l'amphithéâtre.

Les soins qu'exigent les plantes d'un théâtre se réduisent, 1° à des arrosemens qu'il faut administrer avec prudence, et seulement aux individus qui ont soif ; car il seroit dangereux

de trop arroser les plantes qui, étant privées du grand air et
sur-tout du soleil, ne font qu'une très foible déperdition ;
2° à éplucher les feuilles mortes ou mourantes, et à changer
les individus dont les fleurs sont passées, pour les remplacer
par d'autres ; 3' enfin à fermer les rideaux du devant de l'amphithéâtre aux heures où les plantes pourroient être frappées
des rayons du soleil, et à les ouvrir aussitôt que leur effet
n'est plus à craindre. Il est nécessaire d'avoir la même précaution lorsqu'il survient des vents secs ou des hâles qui
absorbent l'humidité radicale des plantes ; mais ces plantes,
ainsi privées du soleil et du grand air, sont sujettes à s'étioler,
sur-tout lorsqu'elles restent long-temps renfermées dans ces
amphithéâtres. Le moyen de prévenir les suites de cette maladie est de tailler les plantes à mesure qu'on les retire de
dessous les théâtres, de supprimer toutes les tiges qui ont
produit des fleurs, et de ne conserver que celles dont on veut
avoir des graines, ensuite de les placer dans un lieu où elles
reçoivent l'air perpendiculairement, et où l'on soit le maître
d'y introduire le soleil à volonté pour les habituer insensiblement à supporter sa présence ; si on les y exposoit tout d'un
coup, on feroit périr les plantes délicates qui n'auroient pas
la force de résister à son action. Les amphithéâtres de fleurs
ne se construisent guère que dans les jardins symétriques.
On les place, pour l'ordinaire, à l'extrémité des allées dans les
endroits où l'on a besoin d'arrêter la vue.

Il nous reste à parler d'une autre espèce d'amphithéâtre que
quelques personnes ont essayé de pratiquer, mais dont on ne
voit encore nulle part l'exécution complète. Cet amphithéâtre
seroit formé sur un terrain de niveau par une masse d'arbres
qui s'élèveroient par gradation, et offriroient, dans leur réunion, depuis les arbustes les plus petits et les plus humbles,
jusqu'aux arbres les plus majestueux et les plus grands. Ce
projet, un des plus beaux qui aient été imaginés en jardinage,
exige, pour son exécution, des connoissances très étendues,
non seulement sur le port des arbres et sur leurs dimensions
respectives lorsqu'ils sont arrivés à leur état parfait, mais encore sur leurs habitudes et leurs facultés. En effet, il ne suffit
pas de connoître la nature du terrain qui convient à chaque
arbre en particulier, ni la hauteur à laquelle il peut parvenir,
il faut savoir en outre quelle qualité de sol est propre au plus
grand nombre de ces arbres, et à quelle hauteur ils doivent
atteindre en raison du rapport plus ou moins grand qu'a le
terrain qu'on leur destine avec celui où ils croissent naturellement et de préférence. Sans cette connoissance préliminaire,
il sera toujours très difficile, pour ne pas dire impossible, de
remplir parfaitement son objet, attendu que la nature du sol

et les circonstances particulières font varier à l'infini les dimensions des arbres. Si à la distribution par ordre de hauteur on veut ajouter ensuite la variété dans la forme des arbres, dans celle des feuillages, dans la teinte de leur verdure, dans la couleur de leurs fleurs, et dans les époques de leur floraison, toutes choses qui doivent être combinées d'avance, puisqu'elles contribuent à la perfection et à la beauté de l'amphithéâtre, combien ne faut-il pas encore plus de connoissances? et malheureusement il nous en manque une partie. De mille végétaux ligneux environ, tant indigènes qu'étrangers, que nous possédons en France, et qui s'y cultivent en pleine terre, il y en a près d'un quart dont nous n'avons eu occasion d'observer jusqu'à présent ni l'époque de la fleuraison, ni la hauteur dans leur état parfait, parceque n'étant cultivés que depuis peu de temps dans notre climat, nous n'en possédons que de jeunes individus. Il est probable que c'est à la difficulté de réunir ces connoissances, et plus encore à celle qu'on a eue de ne pouvoir se procurer, même à prix d'argent, une partie des végétaux qui doivent composer cet amphithéâtre, qu'on doit attribuer le retard qu'on a mis à effectuer un si beau projet. ( Th. )

AMPOULE. On donne ce nom à des tubercules qui se développent, sans causes apparentes, sous l'épiderme de la peau des animaux domestiques, ou, au plus, dans l'épaisseur de la couche de cette peau où les poils sont implantés.

Il ne paroît pas que les ampoules fassent beaucoup souffrir les chevaux, chez qui, pendant le printemps, on les remarque plus souvent que chez les autres animaux. Elles sont plus ou moins grandes, plus ou moins nombreuses, et affectent toutes les parties. Lorsqu'une humeur épaisse qui agglutine les poils en est sortie, elles se dessèchent et laissent tomber leur escarre. La peau n'est nullement altérée par suite de leur naissance, et elle ne tarde pas à se recouvrir de poils.

On n'emploie aucun remède interne contre cette maladie qu'on pourroit confondre avec le farcin, mais qui est bien différente. Des alimens rafraîchissans, des soins de propreté plus recherchés et un travail modéré est tout ce qu'il convient de faire. *Voyez* ÉCRAUFOULURES. (B.)

AMPUTATION. ( Vétérinaire. ) On ampute les oreilles ou la queue des chevaux, des moutons, des chiens, des chats, par mode ou par suite de quelque absurde opinion. On ampute des membres à tous les animaux domestiques, dans des cas de gangrène, de fracture, etc. ; mais ces derniers cas sont rares.

J'aurois honte d'indiquer ici la manière de couper les oreilles et la queue aux chevaux, pour les mettre ce qu'on appelle *à l'anglaise*, mode qui indique la perversion du goût, et qui, chaque année, cause la mort de beaucoup d'entre eux. *Voyez* au mot Cheval.

Il ne m'a jamais été possible de trouver le chien, le chat, qui avoit les oreilles et la queue coupées, plus beau que celui qui étoit tel que la nature l'avoit formé. Le lecteur n'a pas besoin sans doute que je réfute ici le conte du ver qui se trouve au bout de la queue des jeunes chiens ou des jeunes chats, et qui la mangeroit en totalité si on ne l'ôtoit pas en l'amputant. *Voy.* Chien et Chat.

On prétend qu'il est utile de couper la queue des moutons, sur-tout des mérinos, pour que leur laine soit moins salie par les matières étrangères qu'elle y porteroit. Cette question sera traitée au mot Mouton, et on y indiquera le mode et l'époque les plus favorables au succès de cette opération.

Il est des départemens où on coupe une des cornes, ou les deux cornes aux bœufs employés au labourage, d'autres où on coupe celles des vaches, des beliers et des chèvres. Les moyens qu'on emploie pour cet objet sont rarement accompagnés d'inconvéniens. Une scie est toujours le meilleur instrument. (B.)

AMUSER LA SÈVE, expression inconnue avant que les industrieux cultivateurs de Montreuil l'eussent introduite dans le traitement des arbres fruitiers. Roger Schabol l'a ensuite consacrée dans le premier volume de son ouvrage, *de la Théorie du Jardinage.* Amuser la sève, c'est laisser à l'arbre plus de bois et de bourgeons que de coutume. Par exemple, un arbre est trop vigoureux, il s'emporte ; un côté d'un arbre est plus fort que l'autre, il a des gourmands ; alors, pour amuser la sève, on taille plus long le côté vigoureux, et plus court le côté maigre ; on allonge beaucoup les gourmands pour laisser consumer par-là le trop de sève. Lorsqu'on voit que l'arbre est devenu plus modéré, on change de conduite et on le ménage davantage. Il faut beaucoup d'art et de jugement pour mettre en pratique les moyens d'amuser la sève.

Dans les pépinières, on trouve aussi fréquemment les occasions d'amuser la sève d'une manière utile au but qu'on se propose. Ainsi, lorsqu'un sujet pousse des bourgeons avant le développement du bouton ou des boutons de la greffe qu'il porte, il seroit dangereux de les supprimer tous sur-le-champ ; on en laisse un foible au-dessus ou au-dessous du point d'attache de cette greffe, selon qu'elle est en fente ou en écusson ; ainsi, quand on marcotte en totalité une mère arbuste, il faut conserver un rameau droit. Faute de ces précautions, on est exposé à perdre et la greffe et la mère. *Voy.* aux mots Greffe et Marcotte. (B.)

AN. *Voyez* Année.

ANAGALLIS. *Voyez* Mouron.

ANAGIRE, *Anagyris*. Arbrisseau de huit à dix pieds de haut, à écorce fétide lorsqu'on la frotte, à feuilles pétiolées, ternées, dont les folioles sont ovales, aiguës et entières, à fleurs jaunes disposées en grappes axillaires, qui croît dans les parties méridionales de l'Europe, et qui forme un genre dans la décandrie monogynie et dans la famille des légumineuses.

L'ANAGIRE FÉTIDE, qu'on appelle aussi *bois puant*, ne sert guère qu'à brûler. Il réussit mal dans les pays septentrionaux, même dans le climat de Paris, où il gèle souvent malgré le soin qu'on prend de l'empailler aux approches de l'hiver, de manière qu'il est plus rare dans les jardins que la beauté de son feuillage ne le fait supposer. On le multiplie de graines et de marcottes.

Les premières se sèment au printemps, sur couche et sous châssis ou en pleine terre, à une bonne exposition. Lorsque le plant a un an, on le lève pour le mettre dans des pots ou en pépinière, lieux où il reste jusqu'à ce qu'on le place à demeure, ce qui est ordinairement la quatrième ou cinquième année.

Les secondes se pratiquent à la même époque, et se relèvent souvent dès l'automne suivant. On fait passer l'hiver sous châssis, ou dans une bonne exposition, aux produits de cette opération. ( B. )

ANALOGIE, ou ressemblance, ou approximation qui se trouve entre les sucs, la texture, la configuration d'une plante, avec une autre plante ou d'un arbre avec un autre arbre. Il convient d'examiner attentivement cette analogie, lorsqu'il s'agit de la greffe. Sans analogies dans les sèves, dans les canaux de la végétation, point de succès. Par exemple, si la sève d'un individu tend, par son cours et par sa figure, à former dans le bois des fibres dont la direction sera perpendiculaire, ou en spirale, etc., il est constant que la spirale ne se mariera pas avec la perpendiculaire, et ainsi tour à tour. Si l'arbre qu'on veut greffer a des conduits séveux, larges et abondans, et que ceux de l'écusson de l'espèce qu'on veut lui donner à nourrir soient au contraire très étroits, très resserrés, il est certain que l'écusson prendra mal, parcequ'il sera noyé par une trop grande abondance de sève, qu'il ne pourra consommer par sa végétation, et ainsi tour à tour. Dès-lors, on ne doit point être surpris si le noyer ne prend pas sur le saule, l'olivier sur l'amandier, le peuplier sur le pommier, etc. Mais si, contre toute apparence, quelques uns de ces écussons végètent pendant la première année, ils périssent complètement à la seconde. Une autre raison qui rend l'analogie nécessaire, c'est le concours des sèves. L'amandier végète et fleurit même dans l'hiver, si le froid ne modère son impatience naturelle; le mûrier et le noyer, au contraire, plus prudens, attendent tranquillement le retour de la chaleur. Supposons actuellement qu'il y eût de l'analogie entre les fibres ligneuses de ces arbres, cette analogie partielle ne suffiroit pas. La chaleur de l'air qui l'environne suffira pour faire pousser la portion de l'amandier greffé sur le mûrier; mais qui nourrira et entretiendra sa végétation jusqu'au moment où les principes séveux commenceront à s'élever des racines du mûrier à ses branches? Sera-ce l'air, l'humidité de l'atmosphère? Ils y concourront et n'y suffiront pas. Tous les végétaux suivent la loi expresse que le créateur a assignée à chacun d'eux séparément, et toutes les fois que l'homme s'en écarte il en est puni par la perte de l'arbre.

L'analogie doit encore s'étendre sur la nature du terrain auquel on confie sa semence. Le riz semé, et le saule, le peuplier, etc., plantés sur des roches ou dans un terrain sec, périront; tandis que si le roc est calcaire, si ses couches sont susceptibles de divisions, l'abricotier y donnera des fruits délicieux, et le mûrier y fera des progrès rapides. Le cultivateur attentif et prudent ne tentera donc jamais aucune opération sans avoir étudié et vérifié auparavant si l'analogie concourt avec ses idées. (R.)

ANANAS, *Bromelia*. Genre de plante qui renferme une douzaine d'espèces, dont une est, dans les contrées intertropicales, l'objet d'une culture fort étendue, culture qui a également lieu dans presque toute l'Europe, au moyen des serres, des baches et autres abris du même ordre.

L'ANANAS ORDINAIRE est une plante monocarpique vivace, qui pousse du collet de ses racines des feuilles en gouttière, de consistance roide et garnies sur leurs bords de pointes aiguës; au centre de ces feuilles s'élève une tige forte et charnue qui supporte un épi de fleurs bleuâtres surmonté d'un faisceau de feuilles de même forme que celle de la base, mais infiniment plus courtes. Ce faisceau s'appelle la *Couronne*. A ces fleurs succède une masse pulpeuse, de figure pyramidale, mamelonnée, plus ou moins jaune, d'une odeur forte et agréable, d'une saveur acide très flatteuse, qui ressemble assez exactement à une pomme de pin. Cette masse a, dans les îles de l'Amérique, de douze à quinze pouces de long sur huit à dix de diamètre; mais il est rare qu'elle atteigne en France la moitié de cette grosseur.

Toutes les personnes qui ont habité les îles de l'Inde, de l'Afrique ou de l'Amérique, s'accordent à reconnoître l'ananas comme un des plus excellens fruits. Il semble réunir en lui le parfum et le goût de la fraise, de la framboise, de la pêche, de la pomme reinette et de nos autres meilleurs fruits. On n'en porte pas un jugement si avantageux lorsqu'on en mange en Europe; mais aussi comment exiger qu'une plante placée pendant toute la durée de son existence dans un pot et dans un local échauffé par l'art, donne des fruits aussi bons que celle qui a joui de tous les avantages d'un sol fertile et d'un climat brûlant.

On doit à l'estimable Thouin le meilleur traité sur la culture de l'ananas qui ait encore été publié. Ce qui suit n'en est presque que l'extrait.

Comme plante qui ne se multiplie pas de graines et qu'on cultive depuis long-temps, l'ananas offre un grand nombre de variétés dont les principales sont :

L'ANANAS JAUNE a le fruit pyramidal d'un jaune d'or très foncé en dehors et en dedans. Sa chair est très juteuse, peu acide et d'une saveur et d'une odeur des plus flatteuses.

L'ANANAS PAIN DE SUCRE a le fruit plus gros, plus pointu. Il est juteux et d'une saveur très agréable.

L'ANANAS DE MONTFERRAT. Son fruit est pyramidal, d'un jaune verdâtre, sa chair est d'un jaune doré, et passe pour la plus parfumée et la plus délicate. Il est encore rare en Europe.

L'ANANAS POMME DE REINETTE Son fruit est ovale, d'un jaune verdâtre et très petit, sa chair est d'un beau jaune, d'une saveur analogue à celle de la pomme de reinette, avec le parfum du coin. C'est le plus excellent et le moins malfaisant de tous. Il mûrit un mois plus tard que les autres.

L'ANANAS BLANC est ovale, d'un jaune orangé. Sa chair est blanchâtre à l'intérieur, et moins délicate que celle des autres variétés. Son suc agace les dents et fait saigner les gencives, tant il est acide. C'est le plus généralement cultivé en Europe.

L'ANANAS SANS ÉPINES a les feuilles presque sans épines, souvent colorées en rouge, le fruit petit et de très médiocre qualité. On appelle aussi cette variété *ananas pitte*.

Tous les ananas dont j'ai mangé, et j'en ai mangé beaucoup, principalement en Amérique, n'avoient point de graines fertiles, et j'ai tout lieu de croire que, quoiqu'on ait dit qu'on les multiplioit quelquefois de semences à St.-Domingue, il y a bien long-temps qu'on ne le fait plus qu'au moyen des œilletons que fournissent ses tiges, et sur-tout de sa couronne qui reprend très facilement de bouture. Cette plante est donc du nombre de celles qui, comme le bananier, le fruit à pain, etc. ont perdu, par la culture, la faculté de féconder leurs graines. Phénomène remarquable, et qui sera expliqué ailleurs.

Dans les îles de l'Amérique, où l'ananas a été transporté, et où il est comme naturalisé, sa culture est très facile. Elle se borne à prendre la couronne des plus beaux et des meilleurs fruits qui sont servis sur la table, à la planter n'importe dans quel terrain, à l'arroser dans les temps de sécheresse, et de sarcler son pourtour au besoin. Toujours ou presque toujours elle donne un nouveau fruit au bout de quinze à dix-huit mois, dont la couronne est de même employée à la reproduction.

En Europe, la culture de l'ananas exige beaucoup de soins et beaucoup de dépenses. Elle est un art qui demande à être long-temps pratiqué pour être conduit à perfection, encore les plus grands maîtres en ce genre ne réussissent pas toujours au gré de leurs désirs.

Ce furent les Hollandais qui les premiers entreprirent la culture de l'ananas en Europe, et aujourd'hui ce sont les Anglais qui s'y livrent avec le plus d'activité et de succès. Chez eux l'ananas est devenu un fruit commun. Presque tous les gens riches ont des serres qui leur en fournissent, et beaucoup de jardiniers spéculent sur leur vente. En France on en voyoit dans les potagers du roi et chez quelques amateurs ; mais en ce moment il n'y a que quelques jardiniers de Paris qui en aient. L'Allemagne et même la Russie sont en meilleure position que nous à cet égard, malgré l'âpreté de leur climat, ce qui ne prouve pas en faveur de notre agriculture.

La composition de la terre la plus propre à la culture des ananas a été long-temps un objet de controverse parmi les jardiniers. On mettoit à sa nature une importance exagérée. Aujourd'hui une expérience raisonnée a appris qu'il suffisoit qu'elle fût substantielle et de médiocre consistance, c'est-à-dire qu'il étoit inutile d'y insérer dix espèces d'ingrédiens. Celle dans laquelle il entre deux parties de bonne terre franche, une partie de terre de bruyère et une partie de terreau, paroît être la plus convenable, sauf à augmenter la proportion du terreau, si la terre franche ne paroît pas assez grasse.

La circonstance à laquelle il faut faire le plus d'attention quand on fabrique de la terre à ananas, c'est que le mélange soit bien intime. En conséquence, il faut commencer l'opération au moins un an à l'avance, et changer de place le tas, à la pelle, en jetant les pelletées à six ou huit pieds de distance, tous les deux à trois mois, et le passer à la claie au moins deux fois pendant cet espace de temps. D'ailleurs, la terre ainsi traitée pendant long-temps se charge des principes de la fécondité, d'acide carbonique, et devient plus propre, ainsi que le prouve l'expérience, à donner de belles et de bonnes productions. Je dois dire ici, en passant, que lorsqu'on mêle dans la terre à ananas trop de fumier, sur-tout de colombine et de poudrette, on risque de donner un mauvais goût aux fruits, ou au moins de diminuer l'agrément de leur saveur et leur odeur. *Voyez* au mot TERRE la manière de composer les terres artificielles. Thouin observe que la bonne terre franche, mêlée d'un peu de sable, remplit mieux son objet que la composition la plus compliquée, et qu'il est bon de diminuer la proportion du sable à mesure que les pieds vieillissent.

Je serois de son avis si, à l'imitation de quelques jardiniers, on plantoit toujours les ananas, en pleine terre, dans les baches; mais comme ils sont le plus souvent dans des pots d'une capacité rigoureusement calculée, il faut que leur terre soit d'autant plus substantielle qu'ils en ont moins.

Lorsqu'on veut planter des couronnes d'ananas, dit Thouin, il ne faut pas les couper, mais seulement les détacher des fruits, ce qui se fait fort aisément en les tordant; ensuite on enlève cinq à six rangs des feuilles de la base pour leur former une espèce de pied, et on les laisse se faner dans un lieu ombragé pendant quelques jours. Les œuilletons qu'on arrache du bas des tiges se préparent de la même manière.

On plante les couronnes et les œuilletons dans des pots de cinq à six pouces de diamètre sur environ autant de profondeur. On place ensuite ces pots sur une couche neuve, couverte d'un châssis, ou dans une serre. On les ombrage pendant les deux ou trois premières semaines, et on ne les arrose que quand on s'aperçoit qu'ils commencent à pousser, parceque la pourriture est fort à craindre pendant ce premier temps. Cette plantation peut se faire pendant toute l'année; cependant il vaut mieux l'exécuter au mois de mars et au mois de septembre, et on le peut toujours, les couronnes se conservant six mois hors de terre sans inconvéniens, lorsqu'elles sont suspendues dans un appartement sec et aéré.

Six mois après que les ananas ont été plantés, il faut les ôter de leur pot pour les mettre avec de la nouvelle terre dans de plus grands. Dans cette opération on enlève l'extrémité des racines, sur-tout celles qui sont contournées. Quelques jardiniers les coupent même toutes, et l'ananas ne paroît pas en souffrir; mais cela paroît trop contre nature pour être approuvé. D'autres au contraire mettent les pieds avec toute leur terre et leurs racines dans les nouveaux pots. Il est évident qu'ils ont tort, sur-tout lorsque l'inconvénient des racines contournées existe, parceque ces pieds auront moins de terre neuve et se nourriront par conséquent plus foiblement.

La troisième transplantation s'exécute dans le mois de juillet. Elle ne doit avoir lieu que pour les individus vigoureux dont les racines percent par le trou du fond du pot. Les pots dans lesquels elle se fait doivent avoir huit à neuf pouces de diamètre.

Enfin le quatrième et dernier rempotage s'exécute au mois d'avril de l'année suivante, dans des pots de dix à douze pouces et dans de la terre un peu plus forte que les précédentes. On doit leur ménager les racines le plus possible, c'est-à-dire ne couper que celles qui sont le plus contournées et celles qui ont traversé le pot. Après cette opération il ne faut plus toucher aux pieds , à moins de circonstances extraordinaires , parceque, devant fleurir au commencement de la troisième année , ce seroit nuire au but de leur culture que de le faire.

La chaleur à donner aux ananas pendant toute la durée de leur existence dépend de leur âge et de leur état de vigueur.

La première année une chaleur moyenne de huit degrés pendant l'hiver et pendant la nuit suffit pour les faire prospérer. Lorsque la présence du soleil fait, dans cette saison , monter le thermomètre à vingt ou ving-cinq degrés, ce qui est rare, il faut en profiter pour renouveler l'air des serres et arroser.

A mesure qu'on avance dans le printemps, on doit augmenter graduellement la chaleur par le moyen du feu, et la porter jusqu'à douze degrés, afin d'exciter la végétation et préparer les ananas, par gradation, à supporter, sans en être incommodés, les chaleurs de l'été.

Pendant cette dernière saison la chaleur peut être portée jusqu'à dix-huit ou vingt degrés ; mais il est essentiel qu'elle ne passe pas ce terme, parceque les jeunes plants pousseroient trop vite et ne produiroient que des fruits avortés. On doit donc leur donner de l'air toutes les fois que la température s'approche de ce terme, et les bassiner souvent. On les garantit d'une chaleur plus considérable en les abritant des rayons du soleil.

La chaleur doit diminuer en automne dans la même proportion qu'elle avoit augmenté au printemps.

A leur seconde année la chaleur moyenne des ananas doit être constamment tenue plus élevée , c'est-à-dire être de dix degrés au milieu de l'hiver, de quinze degrés au milieu du printemps et de l'automne , et de vingt-cinq degrés au milieu de l'été.

La troisième année on ne risque rien d'augmenter progressivement la chaleur , et de la porter pendant leur fructification au plus haut point d'élévation où elle puisse arriver dans notre climat par les moyens naturels et artificiels. On ne connoît pas le terme au-delà duquel ces plantes en seroient affectées, lorsqu'on la leur procure par degré, et qu'on y proportionne les arrosemens; mais on sait qu'elles supportent sans peine quarante et même quarante-cinq degrés , et qu'au contraire elles en poussent avec plus de vigueur. Il est cependant un point où il est bon de s'arrêter ; et ce point peut être trente-six degrés.

C'est le thermomètre de Réaumur qu'on emploie en France, pour mesurer le degré de chaleur des serres à ananas , ainsi que de toutes les autres.

On se procure des ananas en maturité pendant toute l'année , en graduant la chaleur de chacune des baches dans lesquels ils sont placés, ou en mettant dans la même des pieds à différens degrés d'avancement.

Les ananas craignent l'humidité avec excès. Souvent, pendant l'hiver, on en perd de grandes quantités, quelque soin qu'on prenne, soit parceque le soleil reste long-temps caché, soit parcequ'il est impossible de leur donner de l'air à cause du froid, ou à cause des brouillards. On ne peut donc trop leur ménager les arrosemens à cette époque de l'année. Au printemps et en automne il faut leur donner des bassinages fréquens, mais peu abondans. Ce n'est que dans les grandes chaleurs de l'été qu'il convient de leur distribuer de l'eau en plus grande abondance, mais cependant encore sans excès. Une attention à avoir c'est de ne verser l'eau qu'avec un arrosoir à goulot, et sur le collet de la racine, parceque la disposition des feuilles fait qu'elle se conserve dans leurs intervalles, et pourrit le cœur, si on la verse dessus. Pour l'époque, on se conformera aux préceptes généraux indiqués au mot ARROSEMENT. Lorsque les feuilles ont besoin d'être lavées, on le fait avec une éponge.

Quand l'ananas est en pleine végétation, il transpire avec excès; et comme sa culture exige des serres basses où l'air se corrompt bientôt, il faut le renouveler souvent si on veut avoir des plantes vigoureuses et de beaux fruits. Cela regarde principalement les jeunes plants et les pieds dont les fruits approchent de leur maturité. C'est en levant les châssis, lorsque le temps le permet, qu'on remplit le but.

Les couches à ananas ne diffèrent des couches ordinaires qu'en ce qu'elles sont plus fortes (plus épaisses et plus larges), à raison du long temps qu'elles doivent servir. *Voyez* au mot COUCHE. On les établit sur un lit de pierrailles recouvert de fagots, tant pour faciliter l'écoulement des eaux, que pour interrompre la communication avec la terre froide. On les fait, ou de fumier de cheval seul, ou de fumier de cheval mêlé avec du fumier de vache, ou de fumier recouvert de tan. Les couches de tan pur se pratiquent ordinairement pour l'hiver à raison de leur plus longue durée. Quelquefois on mêle à ce dernier de la sciure de bois pour le sécher plus vite. On n'y place les pots, garnis d'ananas, que lorsque la chaleur est tombée au-dessous de 40 degrés, les plus gros sur le derrière et les plus petits sur le devant, de manière que le tout fasse un amphithéâtre en face du soleil.

Lorsque les couches se refroidissent, au milieu de l'été ou au milieu de l'hiver, on les réchauffe, soit en labourant le tan qui les recouvre, ou les fouillant à une plus ou moins grande profondeur, soit en les recouvrant de tan neuf, dans une plus ou moins grande épaisseur.

C'est ordinairement en mars qu'on fait les couches d'été sous les baches ; et en octobre , les couches d'hiver dans les serres.

Moins sont grandes les serres et les baches à ananas , et plus leurs vitraux doivent être inclinés et rapprochés des couches. Leur construction diffère un peu de celle employée pour les plantes ordinaires , et cette différence sera indiquée au mot Serre et au mot Bache. Quant aux châssis , ils sont les mêmes ; les derniers ne servent que pour faire reprendre les couronnes et les œuilletons. *Voy*. Chassis.

Il y a des jardiniers en Hollande qui n'emploient que de grands châssis à doubles panneaux et à doubles vitraux. C'est une excellente et très excellente méthode dont je ferai valoir les avantages aux mots ci-dessus cités.

Un insecte du genre des Cochenilles , *voy*. ce mot , vit sur l'ananas , en suce la sève , et cause beaucoup de dommages aux cultivateurs négligens par son énorme multiplication. On ne parvient à le détruire , qu'en l'écrasant avec un pinceau ou brosse rude , en le mouillant avec une forte décoction de tabac ou une foible lessive de potasse. C'est pendant l'été qu'il acquiert toute sa grosseur et que ses ravages sont plus sensibles. Le plus souvent il empêche les pieds de porter du fruit , ou au moins retarde d'un an la production de ce fruit. Rarement il fait mourir les pieds.

On reconnoît la maturité de l'ananas à son odeur plus qu'à sa couleur. Pour le manger dans toute sa bonté il faut , après sa cueille , le suspendre pendant quelques jours dans une serre ou autre lieu sec et chaud , parcequ'il y perd la surabondance de son eau de végétation , et que son acide malique se transforme en acide sacharin. ( B. )

ANASARQUE. Espèce d'hydropisie dans les animaux , et espèce de pléthore aqueuse dans les végétaux. *Voy*. Hydropisie.

Les plantes qui sont affectées d'anasarque sont inodores et fades. Elles ne produisent pas de semences. C'est dans les années pluvieuses , et dans les jardins où on prodigue les arrosemens , qu'elles se font remarquer le plus fréquemment. Les salades , les petites raves , et autres légumes des marais des faubourgs de Paris , sont sujets à cette maladie. Les vignes plantées dans des terrains humides donnent des raisins qui en montrent des traces , et avec lesquels on ne peut pas faire un vin ni généreux ni de garde.

L'anasarque ne peut être guéri autrement que par la cessation des causes qui l'ont fait naître. Ses suites sont la pourriture. ( B. )

ANATOMIE DES PLANTES. *Voy*. Physiologie.

ANCOLIE, *Aquilegia*. Genre de plantes très remarquable par la singulière organisation de sa fleur, et dont une des espèces est généralement employée à la décoration des parterres.

L'ANCOLIE VULGAIRE, plus connue dans les campagnes sous le nom de *gand de Notre-Dame*, a les feuilles trois fois ternées, les feuilles trilobées, incisées, les fleurs bleues, etc. Elle est vivace, et se trouve, dans toute l'Europe, dans les bois, les friches. On la cultive fréquemment dans les jardins, où elle double et devient blanche, jaune, rouge et violette, où elle se panache de plusieurs manières. Sa hauteur est communément d'un à deux pieds. Elle aime les lieux ombragés et les sols fertiles. C'est là qu'elle se développe dans tout son éclat, qu'elle offre toutes ses variétés. On la multiplie de graine, et, plus communément par séparation des vieux pieds. Il faut semer ses graines immédiatement après leur récolte, sinon on risque de ne pas les voir lever, ou d'être forcé de les attendre une année entière. Selon moi, les plus belles sont celles de la nature, c'est-à-dire les bleues; mais quand les variétés sont mélangées avec intelligence, elles se font valoir réciproquement, et produisent des effets fort agréables. C'est dans les parterres, et sur le bord des massifs, des jardins paysagers, qu'on les place ordinairement. Leur culture est nulle, ou se réduit à celle qui est générale au jardin où elles se trouvent.

Quant aux autres espèces de ce genre, elles sont rares ou inférieures à celle dont il vient d'être question. Celle du Canada seule a un mérite de plus, c'est de fleurir au premier printemps, à une époque ou il y a encore fort peu de fleurs, et d'être fort élégante dans toutes ses parties. ( B. )

ANDAIN, ANDIN ou mieux ONDIN. Nom des rangées que forme le faucheur à mesure qu'il coupe le foin ou l'avoine. Un ouvrier habile forme toujours ses ondins de même épaisseur et les place à des distances égales. On reconnoît celui qui n'est pas accoutumé à ce genre de travail lorsque les ondins du soir sont moins garnis que ceux du matin ; car n'ayant pas su ménager ses forces, il embrasse moins d'espace avec la faux quand il se trouve fatigué. En général il est plus avantageux de faire de petits ondins que de gros, parceque le foin sèche d'autant plus rapidement lorsqu'il est moins épais.

Tessier rapporte qu'en Beauce on distingue deux espèces d'ondins. Les faucheurs y étant à deux mains, c'est-à-dire pouvant faucher de la gauche et de la droite. Alors, lorsqu'ils le jugent à propos, au lieu de retourner prendre la tête du champ selon l'usage général, ils reviennent sur leurs pas et par conséquent font des ondins où les sommités des herbes ( les épis lorsque c'est de l'avoine ) sont en sens contraire. Dans ce pays la manière ordinaire de faucher s'appelle *sangler*.

Il est évident par ce simple exposé que l'ouvrier perd moins de temps ; mais il faut cependant que cette fauche à deux mains ait quelques inconvéniens ou quelques difficultés autres que celles qui résultent de l'habitude, puisqu'elle est circonscrite dans un seul canton de la France, du moins ne l'ai-je jamais vu pratiquer quoique j'aie beaucoup voyagé. ( B. )

ANDILLY , espèce de Pêche.

ANDROGYNE. Plante dont les fleurs sont mâles et femelles sur le même pied. *Voyez* Monœcie. (B. )

ANDROMÈDE , *Andromeda.* Genre de plantes qui renferme des arbrisseaux ou sous-arbrisseaux à feuilles alternes, coriaces, et à fleurs disposées en grappes ou en épis axillaires, dont la culture est aujourd'hui très en faveur.

On compte une trentaine d'espèces d'andromèdes, parmi lesquelles onze ou douze sont seules dans le cas d'être citées, comme se trouvant plus communément dans les jardins des environs de Paris. Je les ai presque toutes observées dans leur pays natal, l'Amérique septentrionale, et je puis par conséquent en parler avec connoissance de cause.

L'Andromède en arbre a les feuilles elliptiques, aiguës, dentées, les fleurs cylindriques, pubescentes, disposées en grappes terminales et pendantes. Elle croît en Caroline et en Virginie, et s'élève de huit à dix pieds. C'est un très bel arbuste; mais on a de la peine à le conserver en pleine terre dans le climat de Paris. Il fleurit en été.

L'Andromède du Maryland , *Andromeda Mariana*, Lin., a les feuilles ovales, entières, luisantes, les rameaux en zigzag, et les fleurs blanches ou couleur de chair, grandes, ovales, allongées, réunies plusieurs ensemble en grappes axillaires, presque unilatérales. Elle croît dans les endroits ombragés, mais non aquatiques, de l'Amérique septentrionale, et s'élève jusqu'à trois pieds ; c'est celle qui a les plus belles fleurs, mais elle perd ses feuilles pendant l'hiver.

L'Andromède a feuilles de cassilé, *Andromeda speciosa*, Mich., a les feuilles ovales, dentées, glabres ; les fleurs grandes, campanulées, blanches, réunies en grand nombre dans les aisselles des feuilles supérieures. Elle se trouve en Géorgie , et s'élève comme la précédente. Ses feuilles tombent tous les hivers. Elle présente une variété dont les feuilles sont couvertes en dessous d'une poussière blanche, et cette variété est plus belle que l'espèce. Les graines que j'ai rapportées sont les premières qui aient réussi en France.

L'Andromède paniculée a les feuilles ovales, aiguës, entières, les fleurs petites, blanches et disposées en grappes axillaires et paniculées. On la trouve en Caroline, où elle s'élève de trois à quatre pieds. On a confondu avec elle une espèce qui s'élève deux fois plus et qui est velue sur toutes ses parties, même sur la corolle, et que j'ai rapportée du même pays. Je l'ai appelée *Andromeda tomentosa*. Elles perdent toutes deux leurs feuilles.

L'ANDROMÈDE A GRAPPES, *Andromeda racemosa*, Lin., a les feuilles ovales, oblongues, aiguës, légèrement velues, dentées; les fleurs blanches, cylindriques, disposées en grappes uni-latérales et divariquées, ou mieux, parallèles au sol. On la trouve dans les marais fangeux et même dans l'eau en Caroline et en Virginie. Elle s'élève de cinq à six pieds et forme des buissons fort agréables quand ils sont couverts de leurs longues grappes de fleurs. On a aussi confondu avec elle une autre espèce que j'ai rapportée, et que j'appellerai *Andromeda spicata*; espèce dont les feuilles sont lancéolées, dentées, très coriaces, et les fleurs disposées en grappes droites, très longues et très impar-faitement unilatérales. Toutes deux perdent leurs feuilles.

L'ANDROMÈDE CALICULÉE a les feuilles ovales, ponctuées; les fleurs blanches, presque cylindriques, et disposées en grappes recourbées et terminales. On la trouve dans le nord de l'Europe et de l'Amérique. Elle s'élève à deux ou trois pieds, et fleurit au premier printemps. C'est un fort joli arbuste, mais qui demande à être isolé pour produire tout son effet. Il conserve ses feuilles l'hiver.

L'ANDROMÈDE FERRUGINEUSE a les feuilles ovales, entières, couvertes en dessous d'écailles ferrugineuses, les fleurs presque globuleuses et disposées en petits bouquets dans les aisselles des feuilles supérieures. Elle se trouve dans la Caroline et la Virginie, et s'élève à trois ou quatre pieds de haut. Elle forme un buisson des plus élégans.

L'ANDROMÈDE AXILLAIRE a les feuilles ovales, oblongues, ai-gues, dentées; les fleurs allongées et disposées en grappes axil-laires.

L'ANDROMÈDE A FEUILLES AIGUES, *Andromeda acuminata*, a les feuilles lancéolées, pointues, tantôt entières, tantôt den-tées, et les fleurs cylindriques disposées en grappes axil-laires.

L'ANDROMÈDE A FEUILLES MARGINÉES, *Andromeda lucida*, Jacquin, a les rameaux triangulaires, les feuilles ovales, lancéolées, très entières, luisantes, plus épaisses en leurs bords, et les fleurs disposées en grappes axillaires.

Ces trois espèces, auxquelles il convient peut-être de joindre les andromèdes *catesaei* et *lucida*, Lam.; ou *coriacea*, Aiton, qui ont été confondues avec elles, se ressemblent beaucoup, et croissent, aux endroits toujours humectés par l'eau, dans la Caroline et la Virginie. J'en ai vu des centaines d'arpens entièrement couverts sous les grands arbres. Ce sont des sous-arbrisseaux de deux pieds de haut dont les rameaux poussent toujours obliquement.

L'ANDROMÈDE A FEUILLES REPLIÉES, *Andromeda polifolia*, Lin., a les feuilles lancéolées, repliées latéralement, blanches en dessous, les fleurs ovales, d'un blanc rougeâtre et réunies plusieurs ensemble à l'extrémité des rameaux. C'est un sous-arbrisseau d'un pied au plus de haut, qu'on trouve au nord de l'Europe, dans les marais, et qui fait un agréable effet par le luisant de ses feuilles toujours vertes, et parcequ'il est en fleur presque toute l'année. Il forme naturellement boule. On en connoît deux variétés originaires du nord de l'Amérique septentrionale, qui font peut-être espèces; l'une a les feuilles plus larges, et l'autre les a plus étroites que celle d'Europe.

Tous les *andromèdes* demandent la même culture. Une terre légère, fraîche par sa nature, est celle qui leur convient. Elles réussissent fort bien dans les plates-bandes de terre de bruyère exposées au nord et abritées du hâle par quelques arbustes de moyenne taille. Lorsqu'on veut les introduire dans les bosquets des jardins paysagers dont le sol est argileux, il faut nécessairement faire des fosses qu'on remplit de terre de bruyère ou autre analogue, et où on les place. Ces fosses doivent être au fond de quelque sinuosité, et abritées par des arbres et des arbustes de telle manière que le soleil ne les frappe que le moins de temps possible. Le rocher d'une cascade, du côté où il remplit cette condition, est un abri à préférer, à raison du voisinage de l'eau. Cependant, malgré cela, il leur faut du soleil et de l'air; car elles ne réussissent pas plus au milieu des massifs que la plupart des autres arbustes. Leur transplantation se fait à la fin de l'automne ou au commencement du printemps. Comme la plupart ont des racines traçantes, elles demandent à être peu enterrées, et les premiers jours à être fortement arrosées. Une fois en place, il ne s'agit plus que de leur donner les façons ordinaires de tous les jardins.

La multiplication des *andromèdes* n'est pas toujours aussi facile que leur culture. Toutes peuvent venir de graines; mais cette graine est si fine, et le plant qui en résulte si délicat dans sa première jeunesse, qu'il n'est presque jamais possible au jardinier le plus habile d'assurer leur réussite. D'abord, quand ces graines ont plus d'un an, elles ne lèvent que la seconde année, ou ne lèvent pas du tout; en conséquence il faut, lorsqu'on le peut, les semer immédiatement après leur récolte. Ensuite, si on les enterre seulement de deux lignes, elles pourrissent. On doit donc les répandre sur la terre, et les saupoudrer seulement de terre de bruyère pure. En général, il est même bon de ne les pas du tout enterrer, mais de les recouvrir d'un lit de mousse peu serré de trois à quatre lignes d'épaisseur. Cette méthode, qui est celle de la nature, a bien l'inconvénient de favoriser les insectes destructeurs, mais elle entretient une humidité constante et peu considérable qui favorise la germination. La mousse d'ailleurs peut être ôtée, ou au moins rendue plus claire, lorsque le plant est levé. Un lieu ombragé et abrité de tous les vents est celui qu'on doit choisir pour faire ces semis, lorsqu'on ne les fait pas sous châssis ; car il leur faut un air stagnant pour réussir.

Le plus communément les pépiniéristes mettent leurs semis sous châssis, sur une couche sourde, c'est-à-dire presqu'entièrement refroidie, et ils ne donnent que fort peu d'ouverture au panneau dans la plus grande chaleur du jour ; mais ce procédé, qui est excellent pour faire lever la graine, peut causer la perte entière du plant dans le courant du premier mois de sa sortie de terre, si on ne le visite pas plusieurs fois par jour. Il fond, comme on dit, c'est-à-dire que des gaz délétères, que sa foiblesse ne lui permet pas d'absorber, le frappent et le tuent. Tantôt c'est le carbone, tantôt l'azote, tantôt même l'hydrogène. C'est en ouvrant et fermant à propos les châssis qu'on évite ces inconvéniens.

Lorsque le plant d'andromède a échappé à ces évènemens et à celui, également grave et assez fréquent, de l'oubli d'être arrosé régulièrement, il se repique en pot au bout de la première ou de la seconde année au plus tard ; et au bout de la quatrième ou cinquième il peut être mis définitivement en place.

Les autres moyens de multiplication des andromèdes sont les marcottes, les rejetons et les séparations de racines. Aucune, à ma connoissance, ne vient de boutures. Ici il y a quelques variations dans la manière d'être de chacune. Toutes se multiplient par marcottes qu'on fait en automne ou au printemps. Il n'y a guère que les *andromèdes axillaires, à grappes* et *caliculée* qui fournissent beaucoup de rejetons. Les *andromèdes à feuilles repliées*, et *caliculées* sont celles dont on peut déchirer les pieds avec le moins d'inconvéniens. Autant toutes ces opérations sont faciles, lorsqu'on les fait sur des pieds qui sont en terre et en exposition convenable, autant elles sont sujettes à manquer, quand on oublie les convenances dont le principe a été développé plus haut. ( B. )

ANDROSEME, espèce de MILLEPERTUIS.

ANE. Quadrupède du genre du cheval, et qui, quoiqu'infiniment utile, semble être l'objet du dédain général.

« Pourquoi donc tant de mépris pour cet animal, si bon, si patient, si sobre, si utile, s'écrie Buffon ? Les hommes mépriseroient-ils, jusque dans les animaux, ceux qui les servent trop bien et à trop peu de frais ? On donne au cheval de l'éducation, on le soigne, on l'instruit, on l'exerce, tandis que l'âne, abandonné à la grossièreté du dernier des valets, ou à la malice des enfans, bien loin d'acquérir, ne peut que perdre par son éducation ; et s'il n'avoit pas un grand fonds de bonnes qualités, il les perdroit en effet par la manière dont on le traite : il est le jouet, le plastron, le bardeau des rustres qui le conduisent le bâton à la main, le frappent, le surchargent, l'excèdent sans précautions, sans ménagemens. On ne fait pas attention que l'âne seroit par lui-même, et pour nous, le premier, le plus beau, le mieux fait, le plus distingué des animaux, si dans le monde il n'y avoit pas de cheval : il est le second, au lieu d'être le premier, et par cela seul il semble n'être rien ; c'est la comparaison qui le dégrade ; on le regarde, on le juge, non pas en lui-même, mais relativement au cheval ; on oublie qu'il est âne, qu'il a toutes les qualités de sa nature, tous les dons attachés à son espèce, et on ne pense qu'à la figure et aux qualités du cheval qui lui manquent et qu'il ne doit pas avoir. Il est de son naturel aussi humble, aussi patient, aussi tranquille, que le cheval est fier, ardent, impétueux. Il souffre avec constance, et peut-être avec courage, les châtimens et les coups. Il est sobre et sur la qualité et sur la quantité de la nourriture. Il se contente des herbes les plus dures et les plus désagréables, que le cheval et les autres animaux lui laissent et dédaignent. »

Si on reproche à l'âne quelques défauts de caractère, il les rachète par de grandes qualités bien précieuses pour les pauvres cultivateurs. Il est patient, dur au travail, porte de pesans fardeaux relativement à sa grosseur, à sa marche lente, mais très assurée et très prolongée ; se nourrit, comme l'observe Buffon, de ce que les autres animaux rebutent.

La plupart des ânes sont d'un gris de souris avec une raie noire longitudinale sur le dos et une autre transversale, de même couleur, et fort courte sur les épaules. Son cri, qu'on appelle *braiement*, est fort, dur, désagréable à l'oreille, long-temps prolongé, et fréquemment répété.

Les yeux de l'âne sont bons, son nez est très fin, ses oreilles excellentes. Il est susceptible d'attachement et d'intelligence peut-être plus que le cheval. On en voit souvent des preuves dans les campagnes et dans les villes. Qui n'a admiré, à Paris, les ânes savans qu'on y montre de temps en temps au public pour de l'argent ? On dit proverbialement que *plus un âne est chargé mieux il va ;* et cela est vrai à un certain point, car il sait que plus tôt il sera arrivé et plus tôt il sera débarrassé de son fardeau, ce qui fait honneur à son intelligence. Lorsqu'on le surcharge ou que son harnois le blesse, il l'indique à son maitre en inclinant la tête, en baissant les oreilles et en refusant de marcher autrement que comme contraint. Sou-

vent il fait la grimace pour effrayer les hommes ou les animaux
dont la présence le tourmente ; et lorsque ce moyen ne réussit
pas , il fait usage de ses dents et de ses pieds de derrière pour
les éloigner. C'est pour lui un plaisir délectable de se rouler
dans la poussière ou sur le gazon ; mais ce n'est pas pour
se débarrasser de la vermine, comme on le croit communément ; de tous les animaux domestiques c'est celui qui y est le
moins sujet.

On accuse l'âne d'être paresseux ; mais ce mot peut-il être
employé lorsqu'on considère une espèce en général ? Sans
doute l'âne est plus lent que le cheval , mais c'est parceque la
nature l'a voulu ainsi. C'est en comparant un âne avec un
autre âne qu'un homme raisonnable pourra dire que tel est
paresseux , tel ardent, tel fort, tel foible. On l'accuse aussi
d'être têtu, parcequ'il se refuse à faire l'impossible. On voit
souvent des ânes, habitués à être exténués de fatigue , de surcharge et de faim, ne marcher qu'à force de coups, et même
périr sous le bâton plutôt que de marcher. On voit ceux accoutumés à la surcharge et aux mauvais traitemens se refuser
obstinément à un service doux. On voit ceux doucement traités
ne vouloir être conduits que par leur maître, et mettre en défaut la patience la plus éprouvée et la brutalité la plus exagérée. Tout cela peut être considéré sous un point de vue
favorable par des personnes désintéressées. La sage nature , en
accordant à l'âne peu de moyens actifs, lui en a donné de passifs
en dédommagement. Il peut supporter les coups, l'excès du
travail, la faim , la soif, beaucoup mieux que le cheval. On ne
doit apprécier que très imparfaitement les qualités de l'âne
d'après l'état où il se trouve dans presque toute l'Europe. C'est
en Asie, d'où il est originaire, sur la côte septentrionale d'A-
frique , qu'il faut aller pour juger de sa force, de sa beauté, et
des bons services qu'on en peut tirer. Là , il est presque l'égal
du cheval, puisqu'on l'emploie aux mêmes services, à celui
de la guerre principalement.

On se plaint en France de la difficulté de conserver long-
temps les ânes au trot et encore plus au galop ; mais il paroît
qu'il n'en est pas de même dans les pays ci-dessus, où on les
tient ordinairement à la première de ces allures des journées
entières, et fréquemment plusieurs journées de suite , d'après
le rapport des voyageurs.

La hauteur moyenne des ânes, en France, est de trois pieds
quatre à cinq pouces. Sa longueur de quatre pieds six pouces.
On devroit toujours tendre à en remonter la race , c'est-à-dire
à n'en faire procréer que de plus grands ; mais c'est le contraire, parceque par-tout les petits sont en plus grand nombre.
Rarement on prend des précautions pour accoupler les plus

beaux individus. Le hasard seul préside dans ce cas. « L'âne étalon, dit Huzard, doit être pris parmi les plus grands et les plus forts. Il ne faut pas qu'il ait moins de trois ans, ni plus de dix. Il aura les yeux pleins, vifs, bien fendus ; de grandes narines ; la membrane pituitaire vermeille ; la bouche fraîche ; le cou long ; le poitrail large, les reins fermes ; la croupe plate ; la queue courte ; le poil lisse, un peu luisant, doux au toucher, d'un gris foncé, ou noir, ou moucheté de rouge ; les organes de la génération gros et charnus. Il faut écarter ceux dont le genou est couronné, et sans poil, parceque cela prouve qu'ils s'abattent, et par conséquent qu'ils sont foibles des jambes ; ceux qui ont les yeux enfoncés ; ceux qui sont ombrageux, etc. »

Outre ces qualités, l'ânesse doit avoir le corsage large et le bassin ample. Elle fait ses plus beaux ânons depuis sept ans jusqu'à dix. On reconnoît qu'elle est en chaleur à la tuméfaction de l'orifice de la matrice, et à la liqueur blanchâtre qui en découle.

C'est en mai et en juin qu'il est le plus avantageux de faire saillir des ânesses, parceque portant onze à douze mois, les petits viennent au monde dans une saison douce, et où l'herbe est tendre et abondante. Un bon étalon pourroit couvrir deux ânesses par jour, mais on doit le ménager, pour que ses productions soient meilleures et qu'il dure plus long-temps. Les précautions à prendre, relativement à l'accouplement, sont les mêmes que celles qui seront indiquées pour le cheval. Il en est de même des soins à donner à l'ânesse pendant sa grossesse et son accouchement ; je renvoie en conséquence le lecteur au mot CHEVAL.

L'âne et l'ânesse sont également ardents en amour. Le premier jouissoit, dans l'antiquité, d'une grande réputation de puissance prolifique, puissance qui ne s'est pas affoiblie depuis, car on voit encore des étalons périr lorsqu'on les laisse en user en liberté. C'est une absurdité de croire qu'il faille battre les ânesses ou les faire courir rapidement pour qu'elles retiennent le germe. La liqueur spermatique qu'elles perdent immédiatement après l'acte de la génération est surabondante à la création du nouvel être.

Sept jours après l'accouchement, la chaleur se renouvelle dans les ânesses ; de sorte qu'elles peuvent toujours engendrer et nourrir.

Rarement l'ânesse fait plus d'un petit. Sa tendresse pour lui est extrême. Elle le lèche d'abord pour le sécher, s'inquiète de ses mouvemens, semble craindre qu'il ne puisse pas trouver son pis, etc. Tout, dans les circonstances qui accompagnent l'accouchement et qui le suivent, est semblable à ce qui arrive.

aux chevaux ; ainsi je me dispenserai encore ici d'entrer dans des détails qu'on trouvera à l'article de ces derniers.

Au bout de six mois on doit sevrer l'ânon, sur-tout si la mère est pleine ; mais autour des grandes villes, on le sèvre souvent à un mois, afin de tirer parti du lait de la mère, lait qui se vend extrêmement cher à Paris, pour l'usage de la médecine. Dans ce cas, on nourrit d'abord l'ânon avec du lait de vache, et ensuite avec de la farine de seigle, de froment ou d'orge délayée dans l'eau tiède. Il n'est pas bon, dans un cas, de le séparer de sa mère, parceque la séparation les affecte tous deux au point que la mère donne moins de lait, et que le petit ne profite pas. Pour empêcher que ce dernier tette, on lui met le museau dans un panier ou dans un filet, ou bien on couvre le pis de la mère avec un tablier.

Dans sa première jeunesse l'ânon est gai et même assez joli, lorsqu'il a perdu son long poil ; mais il ne tarde pas à prendre son allure lente et triste. Il dort moins que le poulain du même âge. Sa nourriture doit être abondante et choisie, si on veut qu'il profite. C'est en partie de là que dépendra sa force et sa grosseur à venir.

C'est ordinairement à deux ans et demi, c'est-à-dire au moment même qu'ils vont être en état d'engendrer, qu'on châtre l'ânon mâle. Cette opération se fait comme dans le cheval, et n'a pas plus de dangers. Peu après on le dresse, c'est-à-dire qu'on l'accoutume à supporter la bride, à se laisser charger de fardeaux, à se laisser monter, à traîner des voitures, etc. La plus grande douceur est indispensable dans ces premiers moments, lorsqu'on ne veut pas le rebuter. De la manière dont on s'y prend alors, dépend souvent le bon ou le mauvais service qu'il rendra pendant toute sa vie. Enfin, lorsqu'il a pris l'habitude du travail, on le ferre, et il n'est plus distingué des autres. C'est alors qu'on peut se dispenser de lui donner des fourrages fins, qu'il se contente de chardons et autres herbes grossières refusées par les autres animaux. Cependant il est juste de proportionner sa nourriture à son travail, et de lui fournir les moyens de réparer ses forces par des rations d'avoine, d'orge, de farine, etc., lorsqu'il les a utilement employées.

La localité agit sur l'âne comme sur le cheval. Celui des montagnes est petit, agile, et sur-tout a le pied sûr ; celui des plaines est plus fort et a l'allure plus douce ; celui des pays marécageux est mou et de peu de travail.

On arbitre que la durée moyenne de la vie d'un âne doit être de trente ans ; mais rarement en France il atteint à la moitié de cet âge. L'excès des travaux et la mauvaise nourriture le font ordinairement périr jeune.

On mange la chair des ânes dans quelques pays de l'Asie. On

dit même qu'on en compose en France un mets fort recherché des gourmets, des saucissons. Ses poils servent à rembourrer des fauteuils, des objets de selleries. Sa peau est employée à faire des tambours, des cribles, des souliers, du chagrin, du marroquin et autres articles.

Pour avoir du lait d'ânesse de bonne qualité, il faut la choisir jeune, accouchée depuis peu, empêcher le mâle de l'approcher, la laisser paître en liberté dans un bon pâturage, et lui donner le soir de l'orge ou de l'avoine, et un peu de fourrage sec.

Le fumier de l'âne ne diffère pas sensiblement de celui du cheval dans son emploi en agriculture.

Les maladies auxquelles les ânes sont sujets ne diffèrent pas de celles qu'on remarque dans le cheval, mais leur nombre est moins considérable. Je renverrai pour leur nomenclature au mot CHEVAL.

Le peu de distance que la nature a mis entre l'âne et le cheval fait qu'ils s'accouplent entre eux. Le résultat de cette union est le *mulet*, si c'est l'âne et la jument qui l'ont procréé; et le *bardeau*, si c'est le cheval et l'ânesse. La différence est toute en faveur des premiers. *Voyez* au mot MULET.

Lorsqu'on veut avoir de beaux mulets, il faut choisir des ânes de la plus grande taille; ceux de Malte sont recherchés pour étalons : il en est de même de ceux du Mirebalais, dans le ci-devant Poitou. Ces derniers sont presque aussi hauts et aussi forts que des chevaux normands. Ils ont le poil et le sabot d'un demi pied de long. On ne les emploie qu'à la reproduction. Les noirs sont les plus estimés. C'est de là que tout cultivateur jaloux de remonter la race de ses ânes ou de ses mulets doit tirer ses étalons. ( SILV. )

ANÉE, mesure en usage dans quelques provinces, soit pour les fluides, soit pour les liquides. Ce mot signifie encore la charge qu'un âne porte à chaque voyage. *Voyez* au mot MESURE. (B.)

ANÉMOMÈTRE, c'est-à-dire machine propre à mesurer la force du vent.

Sans doute il seroit utile aux cultivateurs d'avoir un anémomètre ; car il pourroit leur donner des indications propres à les guider dans l'exécution de leurs projets ; mais tous ceux qui ont été inventés jusqu'à présent sont chers et d'un emploi difficile. Je crois donc qu'il est superflu d'en donner ici la description. Je renverrai au Journal de Physique, de juin 1780, ceux qui voudront en faire construire. Pour la plupart des besoins agricoles, il suffit de considérer les effets des vents sur les nuages, la poussière, les arbres, les plantes, les eaux, sur nos sens même, et d'y joindre l'observation de la girouette.

*Voyez* ce dernier mot et les mots Vents, Ouragan, etc. ( B. )

ANÉMONE, plante de la polyandrie polygynie et de la famille des renonculacées, qu'on cultive dans tous les jardins, et qui le mérite en effet par son éclat. Sa tige s'élève de plus d'un pied. Ses feuilles sont fortement découpées en manière de doigts . et d'un vert foncé. Sa racine est tuberculeuse. On assure qu'elle a été apportée de l'Inde en France par M. Bachelier. Cependant l'abbé Rozier prétend que l'*anemone hortensis* est indigène sur les bords du Rhin et en Italie. Il pense aussi que les anémones à fleurs doubles proviennent de l'*anemone coronaria* comme de l'*anemone hortensis*, et que l'*anémone coronaria* croît dans les environs de Constantinople. Cette observation me paroît d'autant plus fondée qu'on trouve, dans les nombreuses variétés à fleurs doubles, deux feuillages dont la différence est très sensible pour l'œil le moins exercé. L'un est d'un vert clair, plus épais, plus arrondi et plus élevé que l'autre, qui rampe à terre, et dont la teinte est d'un vert foncé mêlé de roux.

Quelle que fût l'anémone de la nature, les amateurs fleuristes l'ont extrêmement modifiée par la culture. Ils l'ont tellement embellie par la variété de ses couleurs, la forme de ses pétales et la beauté de son feuillage, qu'ils l'ont jugée digne d'être rangée au nombre des quatre principales fleurs qui font l'ornement des parterres au printemps. Ils l'ont cultivée avec des soins extrêmes ; enfin, ils ont obtenu des fleurs semi-doubles et doubles. Ces dernières ont été préférées aux autres, quoique les simples aient plus d'éclat, et produisent plus d'effet dans les massifs par la vivacité de leurs couleurs.

On a examiné avec une attention minutieuse toutes les parties de la plante, et on a inventé de nouveaux termes pour les désigner. Son tubercule a été nommé *patte*. Les petits tubercules qui se forment autour du principal, et qui sont destinés par la nature à le remplacer un jour, *cuisses* ; les feuilles qui forment l'involucre caulinaire qui remplace le calice, *fanes* ; son feuillage, *pampre*. On désigne les pétales qui forment la corolle par l'expression *manteau*, dont la partie inférieure ou l'onglet est nommé *culotte*, et la supérieure *limbe*. Les petits pétales, qui remplacent les organes de la génération, sont divisés en trois parties. Celles du centre se nomment *pluche* ou *panne* ; celles qui suivent, *béquillons* ; mais celles qui avoisinent la corolle ou manteau qui tiennent la place des étamines, et se distinguent facilement des autres par leurs formes arrondies, comme par leurs nuances, sont comprises sous la dénomination de *cordon* de l'anémone. Ce cordon est recouvert par les béquillons ; et on n'en aperçoit que l'extrémité, quand la fleur s'épanouit.

Ce cordon de l'anémone est une de ces singularités opérées par la culture, et qui n'a point fixé jusqu'à ce jour l'attention des botanistes qui se livrent trop peu à l'étude des fleurs doubles, qu'ils ne considèrent que comme des monstres. En général, ils pensent que les fleurs ne deviennent doubles que parceque les étamines se changent en pétales, et ils attribuent à la surabondance de sève cette transformation, sans considérer que la plante à fleurs doubles, après avoir réuni tous ses sucs pour la formation de ses fleurs, dont la végétation est beaucoup plus lente que celle des fleurs simples, semble épuisée par un pareil effort, et n'augmente pas le volume de ses racines, comme celle à fleurs simples qui continue cependant à fournir des sucs aux ovaires jusqu'à l'époque de la formation et de la maturité des semences qui sont très multipliées.

Si on pouvoit admettre leur système, il faudroit faire une exception en faveur de l'anémone. En effet, la panne et les béquillons sont des pétales bien différens du cordon par la forme, et, la plupart du temps, par la couleur. Ce dernier occupe la place des étamines, et on peut leur appliquer le raisonnement des botanistes ; mais la panne et les béquillons, qui sont si multipliés, remplacent les ovaires ; et, dans cette partie de la plante, ce sont les ovaires qui ont été transformés en pétales. Il ne faut que jeter un coup d'œil sur l'anémone double pour se convaincre de cette vérité. Ce ne sont donc pas seulement les étamines qui deviennent pétales, mais bien toutes les parties de la génération. Comme la surabondance de sève ne peut être supposée qu'en comparant une fleur simple à une fleur double, au moment où elles s'épanouissent, sans considérer les produits qui en résultent, il faut donc avoir recours à un autre système pour expliquer la formation des fleurs doubles. *Voyez* FLEURS DOUBLES.

Les fleuristes se sont accordés dans l'emploi de ces termes ; mais il étoit difficile d'être d'accord sur les qualités qui devoient constituer la beauté de cette fleur. On est cependant convenu que, pour qu'une anémone méritât d'être cultivée, il falloit que son feuillage et sa fane fussent bien découpés et d'un beau vert ; que sa tige fût forte et droite ; que la fane fût écartée de la fleur du tiers de la hauteur de la tige ; que les pétales qui forment le manteau fussent bien arrondis et grands; que le cordon fût visible et que sa couleur tranchât avec celle des béquillons ; que ceux-ci fussent nombreux et peu pointus ; enfin que la pluche fît le dôme, et que la totalité de la fleur fût de 7 à 9 centimètres de diamètre, et proportionnée à la hauteur et à la force de la tige. Mais comme il est très rare de trouver toutes ces qualités réunies, on s'attache à celles qui ont le moins de défauts.

Quant aux nuances, on exige des couleurs pures, des coloris brillans, et si la fleur a plusieurs couleurs, qu'elles soient
bien distinctes et les panachés bien prononcés ; mais on varie
pour le choix des couleurs, et j'ai en général remarqué que
les nuances les plus rares étoient aussi les plus recherchées.
Cependant des amateurs, donnant leur manière de voir pour
le goût général, ont mis dans la première classe les rouges
cramoisies ; dans la seconde, les rouges panachées de blanc
et de pourpre ; dans la troisième, les agates panachées de
rouge et de blanc ; dans la quatrième, les roses panachées
de blanc ; dans la cinquième, les bleues ; dans la sixième,
les bleues-clair, mêlées de blanc ; dans la septième, la couleur pourpre ; dans la huitième, les bizarres en couleur. Mais
cette classification arbitraire et momentanée, puisque dans les
semences on a trouvé depuis de nouvelles nuances, ne peut
point asservir les amateurs, qui ne doivent rechercher que les
plantes qui, par leurs belles formes, et la variété de leurs
nuances, forment un émail qui frappe agréablement la vue.

Il n'est toujours question que de l'*anemone hortensis* ; car
l'*anemone coronaria* de Linnæus n'en est plus distinguée aujour-
d'hui par les botanistes. Il y a, comme je l'ai dit plus haut, des
anémones à fleurs simples, semi-doubles et doubles. Celles à
fleurs simples sont seulement désignées par la dénomination d'a-
némones pavots. Les semi-doubles sont peu recherchées ; mais
les doubles, qui attirent toute l'attention des fleuristes, ont une
nomenclature particulière. Elles sont très variées par leurs
nuances, et on en compte plus de cent espèces (expression dont
se servent les fleuristes pour désigner la même plante diver-
sement coloriée) ; mais leur nomenclature n'est pas uniforme
comme celle de la jacinthe. Les Hollandais, à qui nous devons les belles variétés de cette dernière fleur, qui en ont
établi la nomenclature, et l'ont conservée avec beaucoup
d'exactitude, ont donné le ton à tous les fleuristes de l'Europe
pour cette plante ; mais ils n'ont pas suivi la même marche
pour celle des anémones. Comme leurs terres sablonneuses ne
sont pas propres à la culture de cette plante, et que cependant, par la réputation que leur avoient procurée leurs jacinthes d'être les premiers fleuristes de l'Europe, ils rece-
voient journellement des demandes d'anémones, renoncules,
tulipes, etc. Le désir de satisfaire leurs correspondans les
détermina à se procurer toutes les plantes qu'on leur deman-
doit, et ils tirèrent des anémones de France, et particulièrement de la ci-devant province de Normandie, où elles réussissent parfaitement ; mais chaque fleuriste hollandais changea
la nomenclature des plantes qu'il recevoit, par des considérations particulières. Il en est résulté que la même plante a eu

jusqu'à cinq à six noms. Cette observation est importante pour les fleuristes de France qui cultivent cette fleur. Ils la tirent souvent à grands frais de Hollande, quand ils pourroient l'acheter en France à un prix inférieur; et souvent trompés par les catalogues, comme je l'ai été moi-même, ils font de grandes dépenses pour se procurer les plantes qu'ils ont dans leurs jardins sous d'autres dénominations.

C'est sans doute cette fausse nomenclature qui a donné lieu de croire qu'il existoit plus de trois cents variétés d'anémones, quoiqu'on en compte à peine la moitié. J'en possède cent quarante, et MM. Vilmorin, à qui j'en fournis, prétendent qu'ils ne connoissent pas de collection plus complète.

### De la culture de l'Anémone.

L'homme comblé de biens par la nature, tant sous les rapports d'utilité que sous ceux de simple agrément, doit savoir en jouir et non en être esclave. La liberté est un bien trop essentiel à notre bonheur pour la restreindre sans les considérations les plus importantes. La culture des fleurs procure, il est vrai, de grandes jouissances ; mais elles ne sont pas telles qu'elles puissent l'asservir long-temps à toutes ces règles minutieuses que quelques auteurs ont inventées pour leur culture. Aussi la plupart de ces règles sont-elles plus propres à en dégoûter qu'à fournir des moyens d'obtenir des jouissances réelles; et je m'étonne qu'il se trouve encore des amateurs fleuristes (quoique le nombre en soit diminué) qui consentent à entrer dans tous les détails qu'on exige d'eux pour la culture de l'anémone.

Les uns veulent une terre sablonneuse, les autres une terre franche. Ils varient autant sur les dispositions à faire avant de planter l'anémone. Selon plusieurs amateurs il faut enlever la terre de la planche à une certaine profondeur, y former une couche de plâtras, de planches ou de fagots, afin de donner de l'écoulement aux eaux et prévenir l'humidité. D'autres se contentent d'une couche de sable; mais tous demandent la préparation d'une terre artificielle, la seule convenable à l'anémone. Ce sont des gazons qu'on enlève dans les prairies, des feuilles qu'on amoncelle et des fumiers qu'on laisse consommer ; on les mélange ensuite. On les remue au moins tous les deux mois, et on ne s'en sert qu'un an ou un an et demi après le mélange. On place cette terre préparée sur la couche disposée dans la planche, et on y plante les anémones.

Sans nier les bonnes qualités de ce mélange, je pense, et j'ai pour moi l'expérience de vingt-cinq ans, qu'une bonne terre potagère peut la remplacer. L'anémone préfère une terre plus franche que sablonneuse, mais le climat doit fixer l'amateur sur la proportion du sable et de la terre franche. L'hiver et le printemps sont-ils pluvieux, il faut que la terre soit un peu plus sablonneuse pour lui faciliter les moyens d'écoulement. Si ces deux saisons sont sèches, il doit au contraire se contenter de diviser la terre par des terreaux consommés de fumier de vache, ou de feuilles : de fumier de vache si le terrain est chaud, et de feuilles s'il est froid. Les débris des couches suffisent à cet effet. On fait cette opération après la levée des fleurs printanières, c'est-à-dire à la fin de juin ou au commencement de juillet. Si on veut employer son terrain jusqu'au moment de la plantation, on a soin de proportionner la quantité de terreau à la voracité des plantes qu'on y place jusqu'à la mi-septembre, ou le commencement d'octobre, époque de la plantation des anémones. Un labour léger suffit alors pour achever le mélange de la terre et du terreau, et elle est prête à recevoir les pattes d'anémone. On a l'attention de rendre la terre plus légère pour les semis.

L'exposition des planches a été une matière à discussion. Il étoit cependant facile de voir que plus on est dans un climat chaud, plus on doit s'écarter de l'exposition du midi, et *vice versa*, pour une plante qui aime une température égale quoiqu'elle ne soit pas fort délicate. Au surplus, comme les amateurs ne sont pas toujours libres de choisir, et que l'exposition de la plante dépend fort souvent de celle du parterre, ils doivent avoir l'attention, si la chaleur est vive, de rapprocher les pattes, et de les mettre à cinq pouces, au lieu de six, dans les rangs, et s'ils veulent jouir de la fleur plus long-temps, de les couvrir, pendant la floraison, depuis dix heures du matin jusqu'à deux ou trois heures de l'après-midi. Cette précaution remédiera, en grande partie, à la difficulté de se procurer une autre exposition que celle du midi.

Cette marche que j'ai toujours suivie pour le choix de la terre et l'exposition des anémones, et qui m'a constamment réussi, m'a débarrassé de toutes les entraves qu'on avoit mises à la culture de cette plante.

L'amateur de l'anémone ne manque jamais de faire des semis, non seulement dans l'espoir de se procurer des fleurs doubles, qui offrent de nouvelles couleurs et font *espèces*, mais encore pour renouveler les simples, qui dégénèrent assez promptement et n'ont pas, comme les doubles, l'avantage de se conserver un grand nombre d'années. Pour cet effet, il choisit des graines sur des plantes dont la tige est forte et élevée, dont la colerette est éloignée de la fleur, et dont les pétales sont épais, arrondis et nombreux. Car, si l'anémone n'a que cinq pétales dans l'état de nature, elle en acquiert un plus grand nombre par la culture. Des couleurs bien nettes, bien vives et de beaux panaches fixent ensuite son indécision. Il marque ces plantes, tant pour en recueillir la graine que pour en conserver les pattes et pour rejeter les autres.

La maturité de la graine est facile à connoître. Elle change de couleur à cette époque, et devient d'un gris fauve. Celle de l'extrémité de la tête commence à se séparer; et, pour peu qu'on tarde à la cueillir, elle se détache peu à peu et couvre la planche. On s'empresse donc de faire sa récolte, avec l'attention, si on peut y retourner plusieurs fois, de ne prendre que la graine qui se détache, en pressant légèrement la tête avec les doigts. Dans le cas contraire, on la rompt à l'extrémité de la tige, on la met dans un sac de papier qu'on laisse ouvert et qu'on expose au soleil, jusqu'à ce que la graine soit entièrement séparée de la tête. On la ramasse ensuite dans un lieu sec.

Quand on veut s'en servir, ce qui a lieu à la fin de l'été ou au commencement du printemps, suivant la température ou la facilité des abris, le semis ne pouvant être exposé ni à des chaleurs très vives ni à un froid très rigoureux, on prépare sa terre, comme je l'ai déjà observé, ayant l'attention de la diviser le plus qu'il est possible. On prend la graine, qu'on mouille et qu'on mêle avec du sable fin ou de la cendre, parceque chaque grain est environné d'un duvet qui l'attache aux autres. On la frotte ensuite jusqu'à ce qu'on ait enlevé le duvet. Cette opération est indispensable pour la semer également. Après l'avoir semée, on la recouvre avec un demi-doigt de terre mêlée avec du terreau. Si on sème dans un temps qui exige de fréquens arrosemens, soit par la chaleur, soit par l'exposition, on couvre la terre avec de la mousse ou un paillasson, ou de la fougère, ou même de la menue paille. Ces couvertures empêchent la terre d'être battue par les eaux et de se tasser ; mais elles ont l'inconvénient d'attirer une foule d'insectes qui, si on laissoit la terre couverte jusqu'à la pousse du jeune plant, le dévoreraient. Pour obvier à cet inconvénient, on la découvre au bout de quinze ou vingt jours. Mais si la planche est à l'exposition du midi, il est indispensable de la couvrir pendant la chaleur par un paillasson léger qu'on soutient à un pied d'élévation, et de continuer cette opération jusqu'à ce que le plant soit fort ou la chaleur diminuée.

Il faut détruire avec soin les mauvaises herbes et les arracher avant qu'elles aient eu le temps de former de longues racines. Si on ne prenoit pas cette précaution, non seulement ces plantes parasites étoufferoient une partie du semis, mais on seroit encore exposé, en les arrachant, à déraciner un grand nombre de jeunes plantes.

On doit avoir l'attention d'arroser légèrement et fréquemment pour tenir la terre fraîche, autrement les graines ou les plantes qui ne sont enfoncées qu'à un demi-doigt seroient bien-

tôt desséchées. Cette précaution, et les abris, arrêtent le dessèchement du jeune plant la première année. La végétation continue au moment où le pampre ou la fane des fortes anémones
se dessèchent. Mais cette fraîcheur et ces abris attirent les
insectes des plantes voisines, et particulièrement la limace. Il
faut les chercher le matin et le soir, et les détruire. J'ai connu
des amateurs qui visitoient leurs semis sur les neuf à dix heures
du soir avec une lanterne sourde. Ce moyen est plus prompt
pour la destruction des vers, cloportes, limaces, etc. ; mais,
comme il est gênant, on peut se contenter de les chasser le
matin et le soir, jusqu'à ce qu'on n'aperçoive plus leurs ravages
et leurs traces, et jusqu'à ce que le semis ait pris de la force,
parcequ'alors les feuilles s'endurcissent et sont moins recherchées par ces animaux. J'ai souvent employé un moyen qui
accélère la destruction des limaces, et qui est d'autant plus
commode, qu'on n'a pas toujours le temps de chasser le matin
et le soir : c'est de faire autour des semis trois ou quatre tas
de poireaux ; une douzaine suffit pour chaque tas, parcequ'on
les coupe à six pouces de longueur. Les limaces et les cloportes
s'y retirent le jour pour se mettre à l'abri des rayons du soleil.
Il suffit alors de visiter de temps en temps ces tas et de les
renouveler. A défaut de poireaux, on emploie des plants
de laitue et de romaine. Si tous ces moyens manquent, on
peut se servir de mauvaises planches, qu'on place dans les sentiers et qu'on élève d'un pouce pour que les insectes puissent
s'y retirer.

Mais il y a deux ennemis qui exigent des soins préalables
pour la conservation de ces semis, comme pour celle des fortes
pattes et généralement pour toutes les plantes précieuses. Le
premier est le turc ou ver blanc. Il aime beaucoup ce tubercule. Comme les jeunes et anciennes pattes sont en terre au
moment où il exerce ses ravages, il est indispensable de le détruire avant de semer ou planter. Pour y parvenir, lorsqu'on a
la certitude qu'il en existe dans les planches destinées aux
anemones, on les bêche l'été qui précède et on y plante des
romaines, laitues, chicorées ou escaroles, on les visite souvent, et lorsqu'on aperçoit quelques plantes fanées, on les lève
avec précaution et on cherche le ver dont les mouvemens
sont trop lents pour échapper, on remplace les plantes dont les
racines sont rongées par d'autres et on continue jusqu'à l'entière
destruction de ces insectes ; si on prolonge cette chasse jusqu'à
la fin de septembre, époque de la plantation des anémones,
on a la certitude de détruire la ponte de deux années. Les
vers blancs de deux ans paroissent les premiers ; ceux de l'année
précédente remontent plus tard. Il m'est arrivé d'avoir passé
quinze jours sans en trouver. Les ravages recommençoient

ensuite ; mais on distinguoit facilement ces nouveaux ennemis à leurs dimensions et à leur couleur terne.

Le second ennemi est la courtillière ou taupe-grillon. J'ai de fortes raisons de croire qu'il ne mange pas les anémones, mais il n'en est pas moins dangereux, parcequ'il coupe les racines en faisant ses galeries et qu'il les évente : il est donc indispensable de les détruire. ( *Voyez* le mot COURTILLIERE. )

Si on a semé au printemps, le jeune plant, quoique fort petit, résiste aussi-bien au froid que les anciennes pattes, et n'exige, par conséquent, pas plus de précaution. Mais si le semis n'a été fait qu'à l'automne, en pleine terre, le plant est très foible et demande beaucoup de soins pendant l'hiver : on le couvre avec de la fougère ou des paillassons qu'on multiplie en raison de l'intensité du froid et qu'on soutient à quelques pouces au-dessus de la plante ; mais en semant à cette époque dans des terrines, on a la facilité de les rentrer à l'orangerie au moindre danger, et on évite tous ces soins.

Le printemps remplace l'hiver et vient embellir notre séjour: la végétation devient plus forte, et plusieurs des plantes semées au printemps précédent fleurissent, mais c'est en général le petit nombre : les anémones de semis exigent alors peu de soins ; leur feuillage conserve la fraîcheur, et il leur faut très peu d'arrosemens, qu'on cesse à la mi-mai ou à la fin de ce mois, suivant la végétation des plantes et leur exposition, pour qu'elles puissent se dessécher, ce qui a lieu à la fin de juin. On s'occupe alors de la récolte des tubercules, qu'on nomme *pois*, parcequ'ils en ont la grosseur et la forme seulement un peu allongée du côté de la racine et aplatie à l'œil.

Si les plantes ont pris de la force, on les trouve facilement ; il suffit de soulever la terre à un demi-pouce de profondeur, et de la diviser avec la main. Mais si les pois sont très petits, il faut enlever la couche de terre et la mettre dans un crible qui donne seulement passage à la terre ; les pois restent dans le crible. Si on a semé fort épais, il se trouve des pois si petits qu'ils passent avec la terre. Quelques amateurs étendent alors cette terre sur la planche et la soignent tout l'été ; ils en arrachent les mauvaises herbes et la tiennent fort sèchement. Pour éviter cet embarras, je mets cette terre dans une grande terrine que je place à couvert dans un lieu sec ; et au moment de la transplantation des anémones, je la répands uniformément sur une planche et je la recouvre d'un demi-pouce.

Les pois récoltés s'étendent dans un lieu sec et aéré jusqu'à leur dessiccation, qui a lieu dans huit ou quinze jours, suivant leur grosseur et les vents qui règnent à cette époque ; on les ramasse ensuite dans des sacs ou des boîtes et on les tient sèchement jusqu'au moment de leur plantation qu'on ne peut précisément indiquer, mais qui doit avoir lieu dans l'automne, lorsque les grandes chaleurs sont passées. Dans l'ouest de la France, cette plantation a lieu entre la mi-septembre et la mi-octobre.

Il y a trois manières de les planter. Après avoir préparé la terre, comme je l'ai ci-devant expliqué, l'avoir béchée et bien dressée, les amateurs qui ont beaucoup de temps tracent des lignes au cordeau, à cinq pouces de distance sur la longueur de la planche, ils les coupent à angle droit par d'autres lignes sur la largeur, à la même distance. Ils placent les pois dans les points d'intersection à un pouce de profondeur, l'œil en dessus. Ils donnent ensuite un coup de rateau et recouvrent avec un demi-pouce de terreau.

Mais cette méthode a le double inconvénient d'employer beaucoup de temps et de terrain, et les jardiniers qui travaillent en grand préfèrent les méthodes suivantes. Ils enlèvent un pouce de terre de la planche, sèment les pois bien également, recouvrent ensuite avec la terre qu'ils ont tirée de la planche, et mettent ensuite un demi-pouce de terreau; ou ils font des rayons d'un pouce de profondeur, à cinq pouces de distance, dans lesquels ils sèment les pois. Ils donnent ensuite le coup de rateau et mettent le terreau. Quatre pouces de distance seroient suffisans; mais cinq pouces facilitent les binages, la destruction des plantes parasites, et économisent le temps; ce qui me fait préférer cette méthode à la première, où il faut arracher les mauvaises herbes à la main.

Ces plantes, qui ont la vigueur de la jeunesse, résistent mieux au froid que les anciennes pattes. Elles demandent peu de soin jusqu'à la floraison. Leur pampre épais arrête les effets de la gelée, et il faut que le froid soit très vif pour qu'elles aient besoin de couverture. Au moment de la floraison, on les examine pour juger celles qu'on doit trier, celles qu'on doit rejeter, et pour découvrir celles qui sont doubles. Il est rare qu'elles fleurissent toutes la seconde année; et comme les doubles sont les plus tardives, on a l'attention, quand on les arrache, de mettre à part toutes les pattes qui n'ont pas fleuri, pour les vérifier l'année suivante. En suivant cette marche, on finit par avoir des anémones simples de la plus grande beauté, propres pour les massifs, et d'excellente graine qui fournit plus de fleurs doubles, mieux faites et d'un beau coloris.

Les amateurs qui se sont procuré, soit par les semis ou de toute autre manière, de belles anémones simples et doubles, les mettent en terre à deux époques; à l'automne, comme nous l'avons déjà dit, pour le jeune plant, où à la fin de l'hiver, c'est-à-dire depuis la mi-janvier jusqu'à la mi-mars.

Cette dernière méthode évite bien des soins ; mais il faut un printemps bien favorable pour que la patte puisse se nourrir, prenne de l'accroissement, et que la fleur soit belle. Il est rare que la fleur acquière ses dimensions, et que ses couleurs soient nettes. Elle est saisie par le soleil, et passe très vite. On n'en jouit que fort peu de temps ; au lieu que l'anémone plantée au commencement de l'automne fleurit depuis le commencement d'avril et souvent plus tôt. Elle dure jusqu'à la mi-juin, parceque de nouvelles fleurs succèdent aux premières. Les pattes qui ont été quatre ou cinq mois de plus en terre ont multiplié leurs tubercules ou cuisses, et ont rempli l'espérance du cultivateur, par la beauté des fleurs[1], leur grand nombre, leur durée et la multiplication de la plante. La plantation du printemps n'est donc admissible que dans les climats froids, où la terre est couverte de bonne heure de neige, et où les gelées sont fortes et de longue durée. Cependant ceux qui veulent prolonger leurs jouissances peuvent en faire des planches au printemps, qu'ils exposeront au nord.

Les pattes formées se plantent de deux manières. On trace au cordeau des planches de trois pieds et demi ou quatre pieds sur une longueur déterminée sur les dimensions du terrain. Les lignes sont à six pouces de distance, et coupées par d'autres lignes également à six pouces. On place les pattes dans les points d'intersection, à deux pouces et demi ou trois pouces de profondeur, en ayant l'attention de ne pas rompre les cuisses ; et pour cet effet, on les tient entre les doigts que l'on enfonce en terre avec la patte. Quelquefois on les place en quinconce ; mais alors il faut que les rangs soient en nombre impair. Pour cet effet, après avoir placé les pattes du premier rang dans les points d'intersection, on met celles du second rang entre ces points, c'est-à-dire à trois pouces de distance de chaque point. Tous les rangs impairs sont placés comme le premier rang, et les rangs pairs comme le second. Le coup d'œil en est plus agréable. L'une de ces méthodes est indispensable pour ceux qui tiennent leurs anémones par ordre et par noms. Un catalogue suffit pour lever les plantes sans les mélanger. Les amateurs doivent avoir l'attention de varier les couleurs et de les faire ressortir, en mettant une couleur claire auprès d'une couleur foncée, etc. On recouvre après avoir donné le coup de rateau, et on arrose en cas de sécheresse.

L'autre méthode consiste à former des rayons de deux pouces et demi à trois pouces de profondeur, sur six pouces de distance, dans lesquels on place les pattes. Cette marche que je suis pour les anémones doubles, en famille et en mélange, et pour les simples, a plusieurs avantages. Elle est plus expéditive. Comme les pattes sont d'inégale grosseur, on a la faculté de les écarter ou de les rapprocher; enfin, on ne tasse pas la terre sous l'anémone, ce qui arrête l'écoulement des eaux et nuit à la patte. Ce dernier inconvénient m'a forcé d'ouvrir, dans les planches d'ordre, la terre avec la main gauche, pour placer la patte, sans tasser la terre; mais cette opération allonge le travail.

Les anémones simples sont moins sensibles au froid que les doubles. Ces dernières suivent la règle générale, que les plantes, modifiées par le travail de l'homme, sont plus délicates en raison de cette modification; les simples exigent donc peu de soins l'hiver, et ne demandent de couverture qu'autant que le froid est de six à sept degrés. Mais les doubles ont besoin de couverture, à trois degrés, à moins qu'il ne tombe de la neige qui les garantit bien, et sous laquelle elles ne s'attendrissent point autant que sous les couvertures. Ces couvertures doivent être légères, et la fougère me paroît préférable à la paille et aux feuilles sous ce rapport. Elles ne doivent point porter sur les plantes, et, pour cet effet, on doit, avant de les placer, mettre des branches sur la planche pour les soutenir, ou faire de petits cadres de la largeur de la planche. On les appuie sur des piquets, à trois pouces d'élévation. Ce moyen est préférable à l'autre, parceque les piquets de devant pouvant être d'un pied, avec une simple entaille à trois pouces, servent, quand le temps est beau, à élever les cadres du côté du soleil, sans déranger les couvertures, et à donner de l'air sans avoir l'embarras de les porter et rapporter. Au moyen de ces précautions, on conserve les pattes; et si l'hiver n'est pas trop rude, on commence à jouir dès la mi-mars, et la jouissance se prolonge comme on l'a déjà dit jusqu'à la mi-juin.

La végétation cesse alors, et les fanes, après avoir jauni, se dessèchent. Cette dessiccation indique l'époque de lever les pattes. Mais si le temps est au variable et qu'on craigne un orage, il faut précipiter cette opération quand la dessiccation ne seroit pas parfaite, parceque la patte desséchée attire de l'humidité; elle se gonfle, la sève se met en mouvement, et il s'établit, avant qu'on ait pu l'arracher, une fermentation qui la vicie, la fait tomber en putréfaction. Si on n'a pu prévoir cet évènement, il faut s'empresser d'arracher les pattes, de les visiter, et de couper jusqu'au vif toutes les parties noires. On détache alors les cuisses et l'on sépare en deux ou trois parties les pattes qui sont très fortes.

Les plantes arrachées, divisées et nettoyées, se mettent à l'ombre sur des claies ou sur un plancher bien sec, dans un lieu bien aéré. On met à part les cuisses pour les planter séparément comme les pois d'un an; et quand tout est bien desséché, on le ramasse dans un lieu qui ne soit pas exposé à l'humidité ni au grand froid, où on peut conserver les pattes un ou deux ans sans les mettre en terre. Les pattes, ainsi conservées, dégénèrent moins, et sont moins sujettes à affoler.

Une anémone affole quand son feuillage monte verticalement et prend une teinte rousse; le pampre s'élève de huit à dix pouces et la fait facilement distinguer des autres. Elle fleurit rarement, et sa fleur, petite, mal formée, semi-double, annonce quelques signes de fécondation, sans cependant fournir de graine. J'en ai conservé plusieurs années sans pouvoir les rendre à leur état primitif. Des amateurs prétendent que ce changement doit être attribué à la manière dont la patte a été placée en terre, et que, toutes les fois que l'œil est placé en dessous, l'anémone affole. Pour éviter ces inconvéniens, il suffit, quand on ne distingue pas bien l'œil, de mettre la patte de côté. Cependant j'ai peine à croire que ce soit la seule cause de l'affolement. J'ai remarqué que les pattes reposées affoloient moins que les autres, et que les années où les pluies étoient abondantes l'hiver, et les dégels fréquens, enfin la saison très variable, étoient celles où les anémones affoloient en plus grande quantité.

On doit arracher les plantes affolées toutes les fois qu'on peut les reconnoître, ou au moins les marquer pour les séparer des autres à la levée des plantes; car je ne connois pas d'exemples de plantes affolées qui aient repris leur ancienne forme.

Tout le monde connoît l'emploi des anémones doubles et simples pour l'embellissement des parterres; mais on n'a pas fait usage jusqu'à ce jour des anémones simples dans les jardins anglais. Des massifs de cette plante y produiroient un bel effet par la vivacité de ses couleurs, qui feroient ressortir la belle verdure des arbres exotiques. Comme elle n'est pas sensible au froid, qu'elle y seroit plus abritée que dans les parterres, il faudroit un froid de neuf à dix degrés sans neige, pour qu'elle eût besoin de couverture, et quelques poignées de fougère, de paille, ou même de feuilles, suffiroient pour la garantir. Cette plante étant à bas prix, et les semis réussissant avec facilité, on pourroit en planter dans plusieurs saisons; et, au moyen des abris naturels de ces jardins, on en auroit en fleurs pendant neuf mois de l'année. (Feburier.)

Parmi les autres espèces d'anémones, au nombre de plus de trente, il en est quelques unes qui méritent aussi d'être cultivées à raison de la beauté de leur fleur; mais la plupart sont propres aux hautes montagnes et d'une culture très difficile. Je me contenterai en conséquence d'en citer trois: savoir, une qui, n'ayant pas l'inconvénient ci-dessus, se voit fréquemment dans nos jardins, et les deux autres, si communes dans certains cantons, qu'elles frappent tous les yeux.

La première est l'ANÉMONE HÉPATIQUE, ou simplement l'*hépatique*, qui croît naturellement sur les montagnes, au pied des rochers, en Europe et en Amérique, et qui orne nos jardins presque immédiatement après la fonte des neiges. Elle a une racine vivace, traçante et fibreuse, des feuilles toutes radicales, portées sur des pétioles velus, de trois à quatre pouces de haut ; elles sont composées de trois lobes d'un vert foncé en dessus, rougâtres en dessous, et qui deviennent toutes rouges en été, d'où le nom d'hépatique couleur de foie, que porte la plante ; des fleurs larges de 6 à 8 lignes solitaires, sur des tiges ou hampes en tout semblables aux pétioles. Ces fleurs sont, ou simples ou doubles, naturellement bleues, mais variant en rouge, en violet et en blanc, dans toutes les nuances possibles. Rien de plus beau que des touffes de ces différentes variétés, disposées à côté les unes des autres de manière à contraster. Généralement, chaque touffe fournit un grand nombre de fleurs qui s'épanouissent avant le développement complet des feuilles, et pas toutes ensemble, de sorte qu'on en jouit pendant un assez long-temps. Ces touffes sont donc d'autant plus belles qu'elles sont plus grosses ; ainsi il ne faut pas les châtrer trop souvent : cependant, comme leur forme semi-sphérique concourt à leur agrément, il est bon de régler leur accroissement lorsqu'il devient irrégulier.

Une terre légère, mais fraîche et ombragée, est celle qui convient le plus à l'anémone hépatique. Ces deux dernières conditions sont sur-tout de rigueur si on veut avoir de belles fleurs : aussi cette plante ne fait-elle pas bien dans les plates-bandes des parterres exposés au soleil ; aussi ne peut-on pas la cultiver dans ceux des parties méridionales de l'Europe. On doit donc, autant que possible, la placer contre les murs des terrasses exposés au nord, à l'abri des arbustes, etc. Quelques personnes la tiennent en pots, qu'ils enterrent au moment de la floraison dans un lieu où ils veulent en jouir, et ensuite dans celui qui est le plus favorable à leur nature, ainsi que je viens de le dire. Cette pratique est bonne à suivre dans les pays chauds sur-tout.

On multiplie l'anémone hépatique simple par la voie des semis et par le déchirement de ses racines, et la double par ce dernier moyen seulement. Ces opérations se font en automne, et ne diffèrent pas de celles décrites plus haut à l'occasion de l'anémone des jardins.

L'ANÉMONE PULSATILLE, ou COQUELOURDE, ou FLEUR DU VENT, ou PASSEFLEUR, a la racine vivace et pivotante, les feuilles toutes radicales, pétiolées, bipinnées et velues ; les tiges hautes d'un demi-pied et pourvues d'un involucre également bipinné; les fleurs grandes, solitaires; les pétales d'un bleu très vif et droits; les semences plumeuses. Elle croît naturellement, dans presque toute l'Europe, sur les montagnes arides, dans les plaines sablonneuses, et fleurit a la fin du printemps. La grandeur de ses fleurs, le bleu vif de ses pétales, qui contraste avec le jaune de ses étamines, la délicatesse de ses feuilles, la forme meme de ses semences, la rendent l'ornement des lieux où elle croît, sur-tout lorsque, comme cela arrive souvent, elle y est en grande abondance. L'odeur qu'elle exhale est fort désagréable, et son goût est très acre et un peu amer. Les chèvres et les moutons la mangent lorsqu'ils ont bien faim; mais les autres bestiaux n'y touchent jamais. Elle passe pour incisive, détersive et vulnéraire; cependant on en fait peu usage, quoique Storck l'ait beaucoup préconisée sous le nom de *pulsatille des prés*, qui est son vrai nom, c'est-à-dire celui de Linnæus. ( *L'anémone pulsatilla* du même auteur est très rare en France.)

On cultive quelquefois cette anémone dans les parterres, où elle varie en couleur et où elle forme de très belles touffes ou de brillantes bordures; mais elle ne s'y conserve pas long-temps, car elle n'aime point les labours. C'est donc au milieu des gazons, autour des arbustes des derniers rangs des jardins paysagers qu'il faut la placer. Elle en augmentera les charmes, et n'y demandera aucun soin. On les enmeuble avec des pieds arrachés dans la campagne; pieds qui ne reprennent pas toujours; mais qui, une fois repris, subsistent de longues années.

La plus grande partie des anémones qui brillent sur les gazons du sommet des Alpes, et qui ne peuvent que très difficilement être conservées dans nos jardins, se rapprochent de celle-ci par la forme des feuilles et la grandeur des fleurs; mais elles offrent d'autres couleurs.

L'ANÉMONE DES BOIS OU SYLVIE, *Anemone nemorosa*, Lin., a les racines vivaces, traçantes, les tiges de cinq à six pouces, portant un involucre de trois folioles ternées et incisées aux deux tiers de leur hauteur, et au sommet une seule fleur blanche de huit à dix lignes de diamètre. Elle couvre souvent, dès le premier printemps, le sol des bois, sur-tout de ceux qui sont un peu humides, et l'embellit pendant près d'un mois. Elle varie par sa fleur, qui est quelquefois en partie, quelquefois en totalité purpurine. Sa forme est des plus élégantes, mais ses qualités sont délétères; c'est-à-dire qu'elle est âcre, et cause des hémorrhagies aux moutons qui en mangent. Les autres bestiaux, qui la repoussent tous, mais qui sont cependant exposés à en manger fréquemment, ne paroissent pas en être aussi affectés. On emploie sa racine comme cosmétique et propre à guérir la teigne. On ne peut trop la multiplier dans les bosquets et les massifs des jardins, et cela est facile en y transportant des pieds enlevés dans les bois. Elle se refuse à la culture des parterres, parcequ'il lui faut de l'ombre et de la fraîcheur. (B.)

ANET, *Anethum.* Genre de plantes de la pentandrie digynie et de la famille des ombellifères, qui renferme trois espèces, dont deux intéressent les cultivateurs, savoir : l'ANET ODORANT dont il va être question, et l'ANET FENOUIL qui sera mentionné au mot FENOUIL.

L'ANET ODORANT, *Anethum graveolens,* Lin., est annuel, a les feuilles deux fois ailées, à folioles linéaires, et le fruit très aplati. Il se trouve naturellement dans les parties méridionales de l'Europe, et s'élève d'un pied et demi à deux pieds. Son odeur est forte et son goût âcre et piquant. On tire une huile grasse par l'expression de ses semences, et une huile essentielle par leur distillation. Son usage est à peine connu aujourd'hui; mais les anciens en faisoient beaucoup de cas, lui supposoient des propriétés sans nombre, telle que d'augmenter considérablement les forces du corps : aussi les gladiateurs en mettoient-ils dans tous leurs alimens. Les Romains s'en couronnoient dans leurs festins, comme étant le symbole de la joie.

On cultive l'*anet odorant* dans quelques jardins, plutôt pour sa bonne odeur que pour autre chose. Il suffit de le semer aussitôt que la graine est récoltée, dans une terre bien meuble et à une bonne exposition, car il aime la chaleur. Il ne demande que les soins ordinaires à tout jardin. Lorsqu'on ne le sème qu'au printemps, on risque de ne voir lever qu'une partie de la graine, et même quelquefois point du tout. (B.)

ANÉVRISME. Dilatation de la tunique d'une artère qui, s'augmentant progressivement, finit par amincir cette tunique au point qu'elle se rompt et que l'animal périt d'hémorrhagie.

Toutes les artères et portions d'artères sont susceptibles d'anévrisme. Il y en a par conséquent d'internes et d'externes. Les premiers ne peuvent être que soupçonnés ; les seconds se reconnoissent à une tumeur plus ou moins allongée, qui cède sous la pression du doigt et qui a un mouvement de pulsation.

Les causes de l'anévrisme sont très variées. Les seules qu'on puisse prévenir sont celles des coups et des piqûres sur les artères. Quand on voit la barbarie avec laquelle certains charretiers, cochers, etc., frappent leurs chevaux, les paysans leurs ânes; quand on sait combien la plupart des maréchaux sont ignorans en anatomie, on a lieu d'être étonné qu'il ne se développe pas plus d'anévrismes dans ces deux sortes d'animaux. Les bœufs, dans les pays où on les conduit à coups d'aiguillon, y sont très sujets.

Souvent l'anévrisme ne s'augmente pas ou s'augmente aveo une grande lenteur, et alors l'animal peut travailler et vivre. Souvent aussi quelques jours suffisent pour le faire arriver à une monstrueuse grosseur.

Les anévrismes internes sont incurables. Les externes ne peuvent être guéris que par la ligature de l'artère, c'est-à-dire sa suppression ; opération difficile, dangereuse, et qui ne doit être faite que par un artiste vétérinaire très éclairé. Toutes les artères non superficielles n'en sont même pas susceptibles.

On appelle Varices les anévrismes des veines. *Voyez* ce mot.

Les anévrismes faux sont les pertes de sang causées par l'ouverture d'une artère, perte qu'on ne peut arrêter que par la ligature de cette artère.

Quelques maréchaux prétendent guérir les anévrismes par la compression ; mais ils ne font le plus souvent ni bien ni mal, et quelquefois agravent les accidens. ( B.)

ANGAR. Espèce de remise destinée à mettre à couvert les chariots, les charrettes, les outils du labourage, du bois, etc Cette partie essentielle à la ferme est communément la moins dispendieuse à construire. De simples pieds droits, soit en bois, soit en pierres ou en briques ; une charpente grossière, des toiles ou du chaume suffisent pour l'élever. Je regarde l'angar comme un objet indispensable et de la plus grande ressource dans une métairie. Je désire que tout autour des murs qui lui servent de point d'appui, sur un, deux ou trois côtés, des planches d'une certaine épaisseur soient fortement scellées ; que ces planches soient garnies de chevilles plus ou moins fortes, de distance en distance, afin d'y attacher chaque soir les harnois des chevaux, des mulets, les cordes des charrettes, enfin tous les outils de la métairie, comme pelles, pioches, fourches, rateaux, etc. Tous les instrumens du même genre seront rangés du même côté, afin de les trouver plus commodément. Il est aisé de sentir combien cet arrangement conserve les choses, et les met, pour ainsi dire, à la main de l'homme qui en a besoin. Il n'en coûte pas plus à un ouvrier d'accrocher une pioche sur la cheville, que de la laisser par terre dans un coin lorsqu'il la quitte. Il ne faut jamais perdre de vue que l'esprit d'ordre facilite toutes les opérations et fait gagner un temps considérable. Que de momens perdus et vainement employés pour trouver un outil enfoui dans un monceau d'autres qui l'écrasent et le brisent ! Je ne connois point de classe moins soigneuse et moins rangeuse que celle du paysan. Le valet se prêtera avec peine à ces petits soins, sur-tout si le maître valet n'y veille de très près. Mais qui doit surveiller le maître valet, sinon le propriétaire ? Il faut donc que ce propriétaire vienne, au commencement, plusieurs fois par jour, et sur-tout le soir, visiter son angar ; qu'il revienne ensuite très souvent faire la même revue, et à des époques indéterminées. Dès qu'un outil ne sera pas mis à sa place, il appellera le maître valet, et l'obligera de le ranger lui-même. Celui-ci, ennuyé d'être réprimandé et d'être chargé des négligences de ses sous-ordres, les forcera enfin à mettre les choses en état.

Les conseils que je donne aux autres sont mis en pratique chez moi, et je m'en trouve très bien.

Ce n'est pas tout, le propriétaire obligera, chaque soir, le maître valet de faire sa revue, d'examiner si aucun outil n'est égaré. Je ne connois qu'un seul moyen de le rendre soigneux et vigilant, c'est de lui donner en compte le nombre des outils, de le rendre responsable de ceux qui seront perdus ou cassés, à moins qu'ils ne soient brisés par vétusté. Son intérêt lui tiendra l'œil ouvert.

La circonférence de l'angar, ainsi garni d'outils, les charrettes, tombereaux, etc., en occupent le milieu ; mais entre eux et le mur il doit rester un passage de quelques pieds de largeur, afin de pouvoir commodément se procurer les outils dont on a besoin ; et ceux qui servent le moins souvent seront placés dans l'endroit le moins commode de l'angar.

On connoît par la seule inspection, en entrant dans une métairie, si le propriétaire a un esprit d'ordre. Si au contraire le désordre y règne, il est très naturel de supposer que le même désordre règne dans la culture des champs, dans le gouvernement du bétail, etc. (R.)

ANGE. Espèce de POIRE.

ANGÉLIQUE, *Angelica*. Genre de plante de la pentandrie digynie et de la famille des ombellifères, qui renferme deux espèces, dont une est un objet de petite culture, et l'autre sert quelquefois à la médecine et aux arts.

L'ANGÉLIQUE DES JARDINS, *Angelica archangelica*, Lin., a une tige grosse, creuse, rameuse, haute de cinq à six pieds, des feuilles alternes, engainantes et membraneuses à leur base, deux fois ailées, à folioles opposées, luisantes, dentées, l'impaire lobée, à fleurs verdâtres et très nombreuses. Elle est originaire des hautes montagnes, et est cultivée dans nos jardins, où elle fleurit au milieu de l'été, et subsiste tant qu'on empêche ses tiges de monter en graines.

Toutes les parties de cette plante ont un goût aromatique un peu âcre et amer, et une odeur propre, fort agréable à quelques personnes. Elles sont cordiales, stomachiques, carminatives, emménagogues et antivermineuses. On en fait une eau distillée, un extrait, une poudre et une conserve pour l'usage de la médecine. On apporte sa racine sèche à Paris des montagnes des Alpes, du Puy-de-Dôme et des Pyrénées.

Mais ce sont ses tiges dont on tire le plus généralement

parti. Les peuples du nord, tels que les Lapons, les Samoïèdes, les Kamtschadales, etc., les mangent, soit crues, soit cuites avec de la viande ou du poisson après les avoir pilées ; et en France on les confit pour l'usage de la table. ( B. )

Le terrain propre à la culture de l'angélique doit être substantiel, humide, exposé à une certaine chaleur. *Il faut*, dit-on, *que l'angélique ait la racine dans l'eau et la tête au soleil.* Un sol argileux nuit à sa végétation, parceque les racines ne peuvent s'y étendre. Elle languit et monte à graine la première année avant d'avoir acquis toute sa force ; il paroît donc que ce qui lui convient c'est un sable gras. Elle n'est pas délicate ; mais on ne lui donne toute la perfection dont elle est susceptible qu'en réunissant les circonstances que j'ai indiquées, et qui ont lieu particulièrement à Niort.

Niort est le seul endroit du Poitou où l'on cultive l'angélique. Cette ville fournit presque toute celle qui passe dans le commerce ; cependant, quelque considérable qu'il soit, on n'a besoin d'y consacrer que peu de terrain, parceque cette plante pousse des tiges fortes qui sont les parties qu'on emploie. On assure que tous les jardins de Niort où on cultive l'angélique, s'ils étoient réunis, ne formeroient pas plus de deux arpens. Les fossés du château ont, à juste titre, la réputation de produire la plus belle et la meilleure ; aussi sont-ils affermés très cher. Ils reçoivent les égoûts d'une partie de la ville et ceux de quelques écuries. On y voit des tiges d'angélique de cinq pieds de haut ; il y en a du poids de plus de quarante livres.

On observera qu'a Niort, à Paris, à Nantes, on cultive constamment l'angélique dans les mêmes endroits de temps immémorial. Dans un partage de la fin du seizième siècle entre les habitans de Niort, il est question d'un jardin rempli d'angélique, dans lequel on en a toujours cultivé depuis, et où on en cultive encore maintenant ; ce qui suppose une terre qui a beaucoup de fond, et dont on renouvelle souvent la surface par des engrais de bonne qualité.

On sème d'abord l'angélique en pépinière, et on la transplante ensuite. Le terrain propre à recevoir la graine doit être très meuble ; on lui donne à la bêche trois labours de huit à dix pouces de profondeur ; on en écrase jusqu'aux moindres mottes avec un rateau à dents de fer. Avant le dernier labour, on le couvre de terreau formé, ou de boue ramassée dans les rues de la ville, et laissée en tas pendant un an, ou d'immondices de latrines qu'on a conservées quatre ans dans un trou découvert. Le dernier de ces deux engrais est préféré ; on assure qu'il ne communique aucune odeur à l'angélique. On se sert encore, mais avec moins d'avantage, d'un mélange de paille.

Le fumier seul donne un mauvais goût à la plante, qu'il fait d'ailleurs monter à graine trop promptement.

A Niort, c'est la graine du pays qu'on sème toujours, sans jamais la renouveler. Les uns la sèment au mois de mars, les autres au mois de septembre. Quand on la sème en mars, on la répand à la pincée, en la mêlant avec un peu de terre fine. On ne la recouvre point de terre ; les pieds, dans ce cas, se transplantent à la mi-septembre. Si on sème la graine en septembre, saison qui paroît la plus conforme à l'ordre de la nature, puisque c'est le moment de la maturité. Pour cela on coupe les têtes d'angélique qui ont monté à environ un pied de leurs tiges. On les fixe dans la terre à sept ou huit pouces les uns des autres : le vent les agite et dessèche les graines qui, comme je l'ai dit, n'ont pas besoin d'être recouvertes. Quelques personnes, dans cette saison même, la sèment aussi à la pincée en planches de trente pouces de large, et la recouvrent légèrement de terre fine avec un crible ; afin que le vent ne l'enlève pas, on transplante au printemps les pieds produits par ces derniers semis.

On ne sème de la graine d'angélique que tous les deux ans, parceque la première année on choisit, pour transplanter, les plus beaux pieds de la pépinière, et la seconde année, les autres qui se sont fortifiés. La graine se sème très drue ; aussi les pépinières occupent-elles peu de terrain. Dix pieds en carré suffisent pour fournir de quoi planter un espace trois mille fois plus grand. Les pieds se plantent environ six pieds les uns des autres ; plus éloignés ils ne conserveroient pas assez de fraîcheur ; plus pressés, ils se nuiroient et ne deviendroient pas si gros.

L'angélique semée en mars lève en mai ou en juin. Celle qu'on sème en septembre ne lève pas avant le mois de mars ; quelquefois elle ne paroît pas encore dans le courant d'avril. Dans ce cas, on donne une façon au terrain, et on la voit lever en juin comme celle qui auroit été semée en mars. M. Morand en a semé qui n'a levé qu'un an après.

Pendant que l'angélique est en pépinière, elle n'exige aucun soin. Quand elle est plantée, elle en exige dans les premiers temps.

Il est nécessaire que le terrain où on doit la transplanter soit meuble et garni de terreau, comme celui où on l'a semée. On arrache de la pépinière les jeunes pieds, lorsqu'ils ont la grosseur du céleri qu'on ôte de la couche. Quand ils sont mis en place, on a l'attention, dans le commencement, de détruire les herbes inutiles, et de remuer un peu la terre, si, pendant cette opération, on l'a foulée. L'angélique ayant acquis de la force, étouffe bientôt tout ce qui se trouve dessous ; on l'arrose fréquemment dans les étés secs, jusqu'à ce qu'elle ait pris racine. Dès ce moment, on se contente de labourer quatre fois par an avec une fourche à quatre dents, comme on laboure les fosses d'asperges. Au premier froid, les feuilles tombent ; le froid étant devenu plus rigoureux, la tige se fane, et la plante disparoît pour ne se montrer qu'au printemps. Alors on recouvre tout le terrain d'un pouce de terreau ; la nouvelle pousse du printemps s'annonce par un petit bouton rouge qui s'épanouit peu à peu. Quand tous les pieds sont sortis, on donne le premier labour ; le second un mois après, et les deux autres dans le courant de l'été.

L'angélique est tellement acclimatée à Niort, elle est d'une constitution si forte, qu'on n'y connoît point de circonstances qui lui soient nuisibles ; aucun insecte n'ose l'attaquer, à cause de son odeur aromatique et de sa saveur amère.

Dès la première année, on peut commencer à couper l'angélique ; mais elle n'a acquis sa perfection que la seconde année. Si l'hiver n'a pas été trop long, on la coupe à la fin de mai, quelquefois il faut attendre plus tard. On ne doit la récolter que lorsqu'elle est parvenue à toute sa hauteur ; on la coupe rez-terre et en biseau, en ne laissant que le cœur et une tige ; le même pied donne ordinairement depuis huit jusqu'à douze et quinze récoltes. On arrache les plus beaux pieds avec leurs racines pour les employer en entier ; on en vend ainsi du poids chacun de douze à treize livres. Il y en a, dans le commerce, qui pèsent, seuls, jusqu'à soixante livres ; mais ils sont formés de plusieurs réunis.

Les pieds d'angélique donnent leur graine la troisième année ordinairement, quelquefois la seconde, selon que l'été est chaud ; quand la graine en est ôtée, ils se sèchent et périssent. (Tbs. )

Les ouvriers qui se livrent à la préparation de confiture d'anglique en font une espèce de secret ; cependant on est parvenu à savoir positivement que la préparation consiste à prendre l'angélique d'une belle végétation, à choisir les tendres rejetons de cette plante bien mondée, à les plonger ensuite dans l'eau bouillante pour faciliter la séparation des filamens qui se trouvent à leur surface, et à les enlever avec précaution.

Après cette opération, en quelque sorte préliminaire, on plonge les tiges dans le sirop cuit en consistance requise, et on fait évaporer toute l'humidité, jusqu'à ce qu'elles aient subi le point de cuisson convenable : ainsi préparée, l'angélique est placée dans de grands vases de terre ou de grès, et recouverte de sirop bien cuit, pour pouvoir la conserver sans altération ; dans cet état, l'angélique se garde plusieurs années et ne perd rien ni de sa couleur, ni de son arome, ni de sa solidité.

Quand on fait des demandes d'un ou de plusieurs pieds d'angélique, on tire la quantité nécessaire des vaisseaux où ils se trouvent renfermés, pour composer les envois. Si l'angélique ne contient pas suffisamment de sucre ou qu'elle soit trop molle, on la plonge pendant quelques minutes dans du sucre cuit à la grande plume et on la retire en arrangeant méthodiquement les tiges les unes sur les autres; de cette manière on forme des pieds d'angélique du volume qu'on désire, on les expose à la chaleur douce de l'étuve pour les sécher légèrement; les sirops restans sont employés à faire des dragées que les petits confiseurs colportent dans les foires rurales des environs de Niort. On observe que les hommes qui, avant la révolution, se livroient à ce commerce, sont presque tous morts insolvables; que depuis cette époque ceux qui ont beaucoup travaillé ne se sont pas non plus enrichis : un seul est à l'aise, parcequ'il réunit à ce genre de commerce les liqueurs, le chocolat et d'autres préparations de cette espèce. Le prix de la confiture sèche d'angélique s'est soutenu depuis dix ans de 5 à 6 francs la livre. Ce prix suit maintenant la progression de celui du sucre.

Il n'y a pas de doute que le céleri ne soit, comme l'angélique, susceptible de présenter le même intérêt pour le dessert, si on lui appliquoit le même procédé; la graine de ces deux plantes et de beaucoup d'autres de la famille des ombellifères recouverte de sucre, c'est-à-dire mise en dragée, est même d'un arome plus agréable que celle de l'anis dont il se prépare de si grandes quantités dans nos fabriques de Verdun, si renommées à plus d'un titre. ( PAR. )

ANGELIQUE EPINEUSE. *Voyez* ARALIE.

ANGELIQUE, variété de POIRE.

ANGELIQUE SAUVAGE, *Angelica sylvestris*, Lin., ne diffère de l'angélique cultivée qu'en ce qu'elle s'élève moins que ses fleurs sont rougeâtres; les folioles de ses feuilles égales, et la terminale non lobée. Elle partage ses vertus, mais à un moindre degré. On la trouve, dans toute l'Europe, dans les bois humides et même marécageux. Dans certains cantons on coupe ses tiges à l'époque de leur maturité, et on en emploie les tronçons pour mettre sur les bobines des rouets à filer le coton. ( B. )

ANGELOT. Excellent fromage de Normandie, qui, sous de très petites dimensions, est ordinairement figuré en cœur ou en carré.

ANGINE, espèce d'ESQUINANCIE. *Voyez* ce mot.

ANGIOSPERME, ou SEMENCE CACHÉE. Ce mot est quelquefois employé en botanique pour désigner des plantes dont la semence est enveloppée dans une capsule différente de leur calice; ainsi les personnées, comme le mufle de veau, etc. sont des plantes angiospermes, parceque leurs graines sont dans un péricarpe propre, bien différentes en cela de la germandrée, de la queue de lion, de l'ortie blanche, et en général des autres labiées, dont les graines sont à nu au fond du calice; ce qui leur a fait donner le nom de plantes gymnospermes, ou à semence nue et apparente. (R.)

ANGLETERRE, variété de Poire.

ANGOBERT. Espèce de Poire.

ANGOLE (Pois d'). Légume cultivé dans les pays chauds. C'est un Cytise, *Cytisus cajan*, Lin.

ANGOUMOIS. Espèce d'Abricotier.

ANGOURE DE LIN. C'est la Cuscute. *Voyez* ce mot.

ANGREC, *Epidendum*, Lin. Genre de plantes remarquables par la beauté et souvent l'excellente odeur des fleurs des espèces qui le composent, mais dont la culture est très difficile en Europe, car presque toutes ces espèces ne croissent naturellement que sous la ligne, et sont parasites des arbres. On ne le mentionne ici que parceque la *vanille*, dont le fruit est l'objet d'un commerce important, en fait partie. On trouvera au mot Vanille la culture et les usages de cette espèce. (B.)

ANGUILLE. Poisson du genre des Murènes, qui vit dans l'eau douce et dans l'eau salée, et que sa forme allongée, semblable à celle des serpens, a fait appeler *serpent d'eau.*

La chair de l'anguille, quoique difficile à digérer, se fait rechercher sur la table des riches; et comme ce poisson se plaît dans les eaux stagnantes, et même vaseuses, il est de l'intérêt des cultivateurs, propriétaires d'étangs ou de portions de rivières, de l'introduire dans leurs eaux. Ses couleurs varient dans les nuances d'un brun verdâtre ou jaunâtre, selon leur âge et le lieu de leur habitation, celles qui vivent dans les eaux limoneuses étant plus brunes que celles des eaux courantes.

Il est reconnu que les anguilles n'augmentent pas d'un pouce de longueur chaque année, mais qu'elles peuvent vivre un siècle et plus; aussi en voit-on quelquefois de dix à douze pieds de long, et de huit à dix pouces de diamètre.

L'agilité, la souplesse et la force sont le partage de l'anguille; elle nage avec la plus grande facilité, et sort quelquefois de l'eau pendant la nuit, soit pour trouver d'autres eaux, soit pour aller chercher sa nourriture dans les prés, même, dit-on, dans les champs de pois, qu'elle aime passionnément.

Pendant le jour les anguilles se tiennent presque toujours enfoncées dans la vase ou dans des trous qu'elles se sont creusés dans le rivage, trous quelquefois très vastes, qui en contiennent un grand nombre, et qui ont le plus souvent deux ouvertures.

On a vu des anguilles vivre des mois, même des années entières, enterrées dans la vase des étangs desséchés, des rivières dont on avoit détourné le cours. Cette faculté fait qu'il n'est presque jamais nécessaire de repeupler les étangs qui ont été mis à sec pour la plus grande facilité de leur pêche, parcequ'il s'en conserve assez pour travailler à la multiplication lorsqu'on leur a rendu l'eau.

Il est prouvé aujourd'hui que les anguilles sont *ovovivipares*, c'est-à-dire que leurs œufs restent dans leur ventre jusqu'à la naissance de leurs petits. Quoiqu'il paroisse qu'elles ne peuvent pas engendrer avant leur douzième année, leur reproduction n'en est pas moins très rapide, ainsi que peuvent s'en assurer les propriétaires d'étangs. Elles s'accouplent à la manière des serpens.

Comme l'anguille est très vorace et qu'elle attaque tous les petits poissons et le frai des gros, il n'est pas bon qu'elle soit trop multipliée dans les étangs ordinaires, c'est-à-dire où les poissons de tous les âges et de toutes les espèces sont confondus; mais on peut, on doit même en conserver le plus possible dans celui destiné à compléter le grossissement des carpes, parceque là elle ne peut faire que du bien en mangeant le frai et les produits du frai de ces carpes, qui affameroient les mères. *Voyez* au mot ETANG.

L'accroissement des animaux dans leur jeunesse étant, jusqu'à un certain point, subordonné à l'abondance de leur nourriture, il est avantageux de fournir aux anguilles, ainsi qu'aux carpes, tous les restes animaux ou végétaux de la cuisine, les fruits gâtés de toute espèce, les marcs de raisin, de pommes, d'huiles de toute espèce, etc., etc.

On pêche l'anguille d'un grand nombre de manières. La plus simple de toutes est la pêche à la main, dans les trous; mais elle est dangereuse, parceque ce poisson mord cruellement, et est peu avantageuse à raison de ce que les plus gros individus ne peuvent être saisis. Dans les étangs et les rivières susceptibles d'être mis à sec, on les fait sortir de leurs trous au moyen de la fumée, ou on les découvre dans la vase en la piétinant, ou en observant les soupiraux de leur respiration, soupiraux disposés en forme d'entonnoirs. Lorsque les eaux sont peu profondes on les prend aussi avec des *fouënes*, ou *fouane*, fourches à six ou huit dents rapprochées, qu'on enfonce çà et là dans la vase, ou bien avec le même instrument, pendant la nuit, au moyen de flambeaux, sur la surface de l'eau où elles accourent pour voir la lumière. On les har-

ponne aussi avec facilité, pendant l'hiver, sous la glace, lorsqu'on connoît les *creux* (endroits profonds et vaseux) où elles
aiment de préférence à se réfugier.

La pêche à la seine fournit aussi, pendant l'été, beaucoup
d'anguilles à ceux qui savent l'employer et qui connoissent le
local ; mais rarement il y a, parmi celles qu'on prend ainsi, de
grosses pièces. Les moyens qui, sous ce rapport, deviennent
ordinairement les plus fructueux, sont la ligne dormante et la
nasse ou verveux.

La ligne dormante est une corde à laquelle sont attachées
de distance en distance ( deux pieds par exemple ) de petites
lignes, dont l'hameçon est garni de petits poissons, de gros
vers de terre, de pois, de fèves, de glands, etc. On place ordinairement cette ligne le soir pour la relever le matin.

On garnit les nasses et les verveux qu'on destine particulièrement à l'anguille de viande gâtée, d'intestins de volailles,
de vers de terre, de marc de raisin, de fèves, de purée de
pois, de haricots, de tourteaux provenant de la fabrication des
huiles, etc., le tout renfermé dans des canevas. Ces engins
se placent au milieu des eaux, dans les endroits qu'on sait ou
qu'on suppose les plus fréquentés par les anguilles, souvent à
l'ouverture de l'angle d'un clayonnage qui va obliquement
d'un bord à l'autre, ou des bords au milieu. *Voy.* NASSE et
VERVEUX.

Les anguilles peuvent être conservées long-temps en vie hors
de l'eau, et être nourries un grand nombre d'années dans de
très petits réservoirs, pourvu que l'eau s'y renouvelle de temps
en temps, et qu'on leur fournisse des alimens. Les cultivateurs
aisés doivent en avoir toujours quelques unes ainsi à leur
disposition pour être employées dans l'occasion.

La peau des anguilles est extrêmement tenace. On en fait
quelquefois usage dans les campagnes, comme moyen certain
de lier deux objets. (B.)

ANIL. *Voy.* INDIGO.

ANIMAUX. On donne généralement ce nom à tous les êtres
sentans, excepté à l'homme, qui a été déterminé, par orgueil,
à se placer dans une catégorie particulière.

Pour le naturaliste, les animaux se divisent en quadrupèdes,
en cétacées, en oiseaux, en reptiles, en poissons, en insectes,
en vers, etc. Pour l'agriculteur, ils se séparent en deux séries,
les animaux domestiques et les animaux sauvages.

Les animaux domestiques se réduisent, en Europe, au cheval,
à l'âne, au bœuf et à la vache, au buffle, au mouton, à la chèvre, au cochon, au chien, au chat, à la poule, à la pintade,
au dindon, au paon, à l'oie, au cygne, au canard, au pigeon
et à l'abeille. *Voy.* ces articles.

Parmi les animaux sauvages, il en est d'utiles, de nuisibles et d'indifférens à l'agriculteur. Quelques uns, comme ceux qui forment la série qu'on appelle gibier, sont en même temps utiles et nuisibles. D'autres sont regardés comme nuisibles, et font cependant plus de bien que de mal, comme les oiseaux de proie, les serpens, etc.

Ceux des animaux qu'on considère généralement comme nuisibles, au premier chef, à l'agriculture, sont le loup, le renard, la fouine, la belette, la taupe, les rats et les souris, les chenilles de plusieurs espèces, le charançon, la bruche, le hanneton et sa larve, appelée *man*, la courtilière, la guêpe, les pucerons, les cochenilles, etc., etc.

Tous ces objets seront particulièrement traités à leur article. (B.)

ANIMAUX DOMESTIQUES. Sous cette dénomination générale sont compris tous les quadrupèdes qui servent à la nourriture de l'homme, à la culture des terres et au transport des denrées; le *taureau* et la *vache*, le *buffle* et la *bufflesse*, le *belier* et la *brebis*, le *bouc* et la *chèvre*, le *cheval* et la *jument*, l'*âne* et l'*ânesse*, le *mulet* et la *mule*, le *verras* et la *truye*. Nous y ajouterons les *lapins domestiques*, devenus aussi utiles par leur chair que par leur peau, et dont le produit n'est pas plus à dédaigner dans une ferme quand on connoît bien le parti avantageux qu'on peut en retirer : *mugir, beler, hennir, braire, grogner, crier, aboyer, miauler*, tels sont les moyens par lesquels ils expriment leur amour, leur fureur, leur malaise et leurs besoins.

L'histoire prouve que les anciens peuples connoissoient parfaitement l'avantage d'avoir de grands troupeaux et de les renouveler fréquemment, puisqu'ils immoloient à leurs dieux cent bêtes à la fois, et que, pour l'objet de leur offrande, la préférence étoit toujours accordée aux génisses ou aux jeunes taureaux.

Les animaux domestiques formèrent donc, dans les temps les plus reculés, la richesse des hommes et même celle des rois. Job, qu'on croit avoir été souverain, possédoit jusqu'à sept mille brebis, trois mille chameaux, cinq cents paires de bœufs, et cinq cents ânesses. Aussi Caton, à qui ses contemporains demandoient un jour quelle étoit la voie la plus certaine pour s'enrichir à la campagne, fit cette réponse remarquable : des bestiaux, des bestiaux, et encore des bestiaux.

Atteints de la manie de défricher, nous avons étendu nos labours, sans augmenter dans la même proportion les pâturages et les engrais; à peine avons nous, sur certaines exploitations, le quart de bestiaux et de fumier nécessaires : en cela nous avons fait tout le contraire de nos voisins, qui, pour obtenir plus de grains, en ont moins semé, en même temps qu'ils ont employé plus d'engrais. Bientôt, sans doute, au moyen de prairies artificielles plus abondantes, les tanneries regorgeront de nos cuirs, les fabriques de draps de nos laines, les boucheries de nos bœufs ; tous les animaux, en un mot, mieux choisis, logés plus sainement et suffisamment nourris, donneront des produits meilleurs et en plus grande quantité. Déjà on s'occupe de leur perfectionnement dans les écoles vétérinaires, où l'enseignement n'est plus borné à la seule étude du cheval, digne sans contredit de toutes nos sollicitudes ; mais la connoissance de la structure, des mœurs et des maladies des autres espèces n'est pas moins digne d'intéresser l'agriculture, le commerce, etc.

Jamais les haras n'ont plus excité la sollicitude publique que dans ce moment ; pourquoi ne formeroit-on pas de pareils établissemens en faveur des bêtes à cornes, dont les services sont aussi importans pour la société en général, et pour les cultivateurs en particulier, que ceux de l'espèce du cheval? Ne sait-on pas que dans une seule vache réside souvent l'espérance d'une famille entière de pauvres gens, et que quand une jeune villageoise ne l'a pas éue pour dot en mariage, elle en fait le principal objet de son ambition et le premier soin de ses épargnes? Il n'est donc plus permis d'être indifférent sur la recherche des moyens d'avoir en France des races de vaches plus belles et d'un meilleur rapport qu'elles ne le sont communément, puisque ce seroit doubler la fortune du malheureux et augmenter nos ressources industrielles.

Une vacherie nationale placée, sur différens points de la France, dans des bas-fonds où l'herbage seroit abondant et de la meilleure qualité, opèreroit bientôt l'amélioration générale dont il s'agit. La ferme de Rambouillet en est un exemple frappant, graces aux soins éclairés de nos collègues Huzard et Tessier, qui ont dirigé long-temps cet établissement. On a déjà l'espérance que la race italienne à grandes cornes, importée avec les buffles, réussira dans les pays à bœufs; que la race sans cornes, croisée avec les races ordinaires, donnera également des produits sans cornes et de bonnes vaches laitières.

Mais il ne suffit pas d'avoir fait un bon choix d'animaux, il y a des soins à employer pour les rendre propres à l'objet qu'on a en vue. Ils consistent principalement dans les moyens de subsistances, dont la multiplication a été de tout temps regardée comme un des meilleurs principes d'agriculture : c'étoit la maxime des anciens. Une plante nouvelle applicable à la nourriture des hommes et des animaux, pendant la morte-saison, est une double conquête ; mais l'attention de la leur distribuer avec ménagement, c'est-à-dire peu et souvent, est une pratique qu'on ne doit jamais perdre de vue.

Malheureusement plusieurs cantons de la France, qui depuis long-temps font un grand commerce de bestiaux, ne connoissent ni les prairies artificielles, ni cet art plus intéressant encore, exécuté avec tant de succès sur d'autres points de l'Empire, celui de se procurer des prairies momentanées à la faveur de plantes annuelles choisies dans la nombreuse famille des graminées et des légumineuses. Ces plantes, employées sur les jachères, améliorent les terres les plus ingrates, soutiennent dans tous les temps le bon état physique des bestiaux.

Les propriétaires attentifs, dont une partie du revenu consiste dans les troupeaux, doivent avoir l'intime conviction que ce ne sera jamais en économisant sur les subsistances qu'ils parviendront à former des établissemens solides en ce genre ; que c'est contre ce système absurde d'épargne, contre cette avarice sordide, qu'il faut crier dans les campagnes, et ne cesser de répéter, avec M. *Delamerville* : La nourriture, la nourriture, est le premier des soins, et le premier des besoins.

Nous traiterons, à l'article *Hygienne vétérinaire*, de tout ce qui a rapport aux moyens de maintenir en vigueur et en santé les animaux domestiques. Bornons-nous, pour le moment, à indiquer les bénéfices d'autant plus nombreux qu'on doit en espérer, qu'ils ont été mieux soignés et nourris plus largement.

### Des profits qu'on retire des animaux domestiques.

Indépendamment des ressources qu'ils procurent pendant la durée de leur existence, les produits qu'on peut encore en retirer aussitôt qu'elle cesse sont incalculables : la chair, les peaux, les cornes, les os, les nerfs, les graisses, forment autant de branches de commerce propres à fournir à la subsistance publique et à alimenter nos manufactures. Mais le croiroit-on, la France qui, par l'étendue de son territoire, les avantages de son climat, de ses sites et de ses débouchés, devroit être, pour ses voisins, le magasin général d'une grande partie de ces matières premières, loin d'en avoir suffisamment pour fournir à sa consommation, est forcée de recourir à l'étranger pour se procurer ce qui lui manque. Quelle honte pour notre patrie ! Hâtons-nous de réparer nos torts ; le moment est favorable : un concours de spéculations va multiplier, appeler et fixer sur leurs domaines un grand nombre de propriétaires, déterminer les vues et l'esprit des capitalistes à ne se porter que sur des matières agricoles et commerciales.

*Produits des bœufs et des moutons.* La classe des ruminans est sans contredit celle qui nous offre une des ressources les plus assurées de notre subsistance ; après viennent les peaux, le suif, les boyaux, les os, les cornes ; il n'est aucune partie de la dépouille des bœufs et des moutons qui ne soit d'une utilité indispensable à tous les ordres de consommateurs ; si la graisse, chez eux, est lente à se former, en revanche, elle est dure et compacte, tandis que, dans le cheval, l'âne et le mulet, elle est molle et presque fluide.

*Produits de la chèvre.* Elle fournit beaucoup et de bon suif, très blanc et très solide ; on connoît les différens usages que l'on fait de sa peau et de sa toison ; pouvant s'améliorer par le croisement avec les beliers d'Angora, son poil alors est plus long, plus soyeux, plus recherché dans le commerce et les manufactures. Celui de la chèvre d'Angora, de race pure, est bien fourni et si fin, qu'on en fabrique des étoffes aussi belles et aussi lustrées que les étoffes de soie : dans les cantons où il y a de nombreux troupeaux de chèvres, les chevreaux se vendent par quartier, comme les agneaux ; leur chair est très bonne, celle des boucs et des chèvres engraissés, quoiqu'un peu dure, sert cependant encore d'aliment, et on en sale des provisions pour la cuisine.

*Produits des chevaux.* Nous n'indiquerons que ceux qu'on peut en obtenir quand ils cessent de vivre. Leur peau, contenant moins de gélatine que celle du bœuf, n'est pas si propre au tannage. Cependant on la passe très bien en courroierie, en mégisserie, en parcheminerie ; et elle est employée à une infinité d'usages, principalement dans l'art du bourrelier, c'est-à-dire pour faire toutes les courroies, les longes et autres objets qui servent an harnachement des chevaux de selle, de trait, de bât, etc. La chair des chevaux, quoique coriace, devient quelquefois en Europe une ressource importante.

*Produits de l'âne.* Chez les anciens, toutes les sécrétions de cet animal passoient pour avoir de grandes vertus, mais ces prétendus remèdes sont abandonnés depuis long-temps. Cependant on fabrique encore en Chine la colle de peau d'âne, et cette préparation est fort estimée dans l'Inde pour la guérison de beaucoup de maux. Selon toute apparence, elle n'est pas plus efficace que la gélatine. Sa chair est regardée comme une viande fort dure et plus désagréablement mauvaise que celle du cheval. Il n'y a guère que la peau qui nous serve à faire des cribles, des tambours, des souliers, du gros parchemin, et le cuir connu sous le nom de *chagrin.*

*Produits des cochons.* Ils ne sont réellement utiles qu'après leur mort ; et, pour peu qu'on ait séjourné un certain temps à la campagne, on connoît le prix d'avoir chez soi une viande toujours prête à nourrir les gens de la ferme ou à assaisonner les légumes. Tout sert dans cet animal ; sa chair fraîche et salée, le sang, les intestins, les viscères, les pieds, la langue, les oreilles, la graisse, le lard, parent les festins et forment la base de nos repas domestiques; ses soies nous donnent des vergettes, des brosses et des pinceaux ; sa peau fait les panneaux des meilleures selles, recouvre nos malles, etc. ; rien, en un mot, de ce qui appartient au cochon ne reste sans un emploi avantageux.

*Produits des lapins.* Outre leur chair, le poil et la peau de ces animaux sont encore un objet de commerce qui n'est pas à dédaigner. Le premier entre dans la composition du feutrage, et on évaluoit de quinze à vingt millions le prix annuel des peaux de lapins que les chapeliers de France consommoient avant la révolution ; les maîtres cardeurs les achètent aussi pour en vendre le poil à la livre. A l'égard des peaux, elles ne sont propres qu'à la fabrique de la colle forte. Si le lapin d'Angora ne rapporte qu'un profit médiocre pour le manger, parcequ'il est toujours chétif et maigre, d'un autre côté on gagne beaucoup sur sa fourrure. Il faut commencer à le tondre dès l'âge de six mois; et on ne lui laisse que le poil sous le ventre, parceque les mères en ont besoin pour faire leurs nids : d'ailleurs, cette soie est de moindre qualité que celle qui recouvre le dos, le cou et les cuisses. C'est un mauvais procédé que de peigner les lapins d'Angora, vu que le peigne, arrachant la soie, la gâte et fait souffrir mal à propos l'animal. Après la tonte, on prépare la soie de même que le coton ; on la file, et on tricote des bas, des gants et des schals qui sont moelleux, souples, chauds, et valent pour l'usage et la qualité ceux en soie ordinaire.

Au nombre des produits qu'on retire des animaux domestiques, nous n'avons pas compté le fumier que fournissent leurs sécrétions, et pour le bénéfice duquel souvent nous prenons la peine de les entretenir. Cet objet sera développé au mot ENGRAIS. Il nous reste à parler d'un autre résultat dont l'homme de toutes les contrées a su profiter comme aliment ou comme médicament : c'est du lait dont il s'agit, et que nous employons, dans les différentes saisons de l'année, à une foule d'usages. Ce fluide, quoique composé des mêmes principes, porte toujours le cachet particulier de l'animal qui le fournit : ainsi la vache, la brebis, la chèvre, d'où l'on obtient le lait le plus universellement utile, donnent, toutes circonstances égales d'ailleurs, différentes espèces de lait qui varient pour la proportion, la qualité et la cohérence des parties constitutives. C'est ce que nous aurons lieu de faire remarquer quand nous traiterons du lait en général. ( PAR. )

ANIS, *Pimpinella anisum*, Lin. Plante annuelle, à tige haute d'un pied et plus, cannelée, rameuse, à feuilles alternes, pinnées, les inférieures à trois folioles arrondies et profondément dentées, les supérieures lancéolées, incisées, à découpures presque linéaires et à fleurs blanches, qui fait partie du genre *boucage*, genre de la pentandrie digynie et de la famille des ombellifères.

Cette plante, originaire d'Egypte, est âcre et aromatique dans toutes ses parties. Ses semences sur-tout, qui sont rondes et de plus d'une ligne de diamètre, ont une saveur des plus suaves. Elles sont employées en médecine comme cordiales, stomachiques, carminatives et digestives. On en retire, par expression, une huile grasse, odorante, et par distillation une huile essentielle qui jouit de toutes les propriétés de la plante et sur-tout de son agréable odeur. Aussi les parfumeurs et les confiseurs en font-ils un grand usage. Les premiers pour faire entrer dans leurs parfums, les seconds pour composer des liqueurs de table et ces excellentes petites dragées que de son nom on appelle anis.

La culture de l'anis se borne en France à quelques pieds dans les jardins, et à quelques champs aux environs d'Angers et aux environs de Bordeaux. Elle demande une terre légère, subtsantielle et une exposition ou un climat chaud. A Paris on la sème ordinairement sur couche et on la repique au midi, à l'abri d'un mur; mais sa graine n'y a jamais le parfum qu'elle a à Bordeaux, comme j'ai été à portée d'en juger, par comparaison, dans cette ville.

La graine d'anis devroit être mise en terre immédiatement après sa récolte, comme toutes celles des ombellifères dont le germe se dessèche; cependant comme le plant craint la gelée, on ne peut la semer qu'au printemps. Aussi, quand on veut être sûr de sa réussite, la garde-t-on dans la cave ou dans du sable humide. Elle se répand à la volée sur le sol qui a été bien préparé par des labours à la bêche ou à la charrue, et rendu bien uni par le rateau ou la herse. On l'enterre fort peu. Lorsque le plant est levé, on le sarcle ou sarfouit deux fois jusqu'à l'époque de la floraison, et à chaque fois on arrache les pieds les plus foibles lorsqu'il s'en trouve de trop près les uns des autres; car ce n'est qu'autant que les pieds restans ont de l'espace pour développer leurs racines et leurs branches, que la graine acquiert la grosseur désirable. Dix à douze pouces de distance au moins est ce qui leur convient. La récolte de l'anis se fait à la fin de l'été, et son époque est indiquée par la chute des graines de l'ombelle centrale qui est la première complètement mûre, parcequ'elle a fleuri avant les autres. Quelquefois alors il y a encore des ombelles dont la graine n'est pas encore moitié mûre qu'il faut se résoudre à perdre, car ce sont les premières mûres qui sont les plus grosses et les plus odorantes, et elles tomberoient si on vouloit attendre la maturité des autres. Au reste, on ménage, autant que possible, les pertes en ce genre, comme on peut bien le penser, c'est-à-dire qu'on coupe, on arrache les pieds et on les suspend au-dessus d'une aire propre à permettre de ramasser les graines qui tombent naturellement. Cette récolte se fait toujours le matin avant la chute de la rosée ; les pieds desséchés se battent et la graine se vanne, se sépare en plusieurs lots relatifs à sa grosseur, et se conserve dans des sacs suspendus dans des greniers bien aérés. Les tiges servent à chauffer le four ou à brûler dans le foyer. Le produit de ces récoltes est presque exclusivement vendu à Nantes et à Paris.

On ne met jamais deux années de suite de l'anis dans le même terrain aux environs d'Angers.

Aux environs de Bordeaux, outre la culture en grand telle que je viens de la rapporter d'après Tessier, on pratique aussi une petite culture qui fournit peut-être autant de produits que l'autre. Presque tous les propriétaires de jardins en sèment des bordures au bas de leurs espaliers exposés au midi ou au levant. On ne leur donne pas d'autres façons que celles ordinaires aux jardins. Il m'a paru qu'on perdoit beaucoup de graine, parceque les pieds en sont si chargés qu'ils versent ; mais il seroit facile, comme on le pense bien, d'empêcher cet inconvénient. Ordinairement le produit de ces bordures est employé, par le propriétaire même, pour fabriquer cette excellente liqueur qu'on appelle par tout l'univers *anisette de Bordeaux* ; mais ce qui reste au-delà de cette fabrication est mis dans le commerce et tout exporté dans le nord de l'Europe ou dans les colonies.

La culture de l'anis en grand seroit inutilement tentée au nord de Paris, et elle ne peut même beaucoup s'étendre au midi, parceque la consommation de sa graine est nécessairement bornée. (B.)

ANIS ACRE. C'est le Cumin.

ANIS ÉTOILÉ ou DE LA CHINE. *Voyez* Badiane.

ANIS DE PARIS. C'est la semence de Fenouil.

ANKILOSE. On nomme ainsi, pour les animaux, l'union des deux os articulés et soudés ensemble, de manière qu'ils ne font plus qu'une seule pièce. Cette soudure, contre nature, empêche le mouvement de l'articulation et se nomme *ankilose vraie*, pour la distinguer de l'*ankilose fausse*, dans laquelle l'articulation permet quelques légers mouvemens. Cette dernière peut être occasionnée par des tumeurs osseuses qui surviennent aux jointures, telles que la courbe, l'éparvin ; par le gonflement des os, des ligamens, et l'épaississement de la synovie. Toutes ces causes empêchent le mouvement des articulations, dégénèrent souvent en ankilose vraie, lorsque la soudure devient exacte et qu'il y a perte de mouvemens.

Cette maladie vient aussi à la suite de l'entorse, des luxations et des fractures non réduites.

Le pronostic à tirer est différent, suivant les différences de la maladie. Une ankilose, par exemple, produite par une luxation non réduite, est plus facile à guérir, lorsqu'on peut replacer l'os, qu'une autre qui survient après la réduction; celle qui est ancienne présente plus de difficultés que la nouvelle. Pour réussir dans le traitement de chacune d'elles, il faut bien connoître la cause qui y donne lieu. Tout ce que nous disons ici est relatif à l'ankilose fausse; car celle où il y a impossibilité de mouvement est incurable. Arrêtons-nous seulement à celle qui est fréquente au boulet et au jarret des chevaux. Elle arrive ordinairement à la suite d'un coup, d'une piqûre, d'une entorse et d'un effort, sur-tout si l'on a manqué de remédier au gonflement de la partie par les saignées, les fomentations émollientes et résolutives.

Dans cette espèce d'ankilose, la saignée est à pratiquer dans le commencement, s'il y a douleur, inflammation. Cette opération doit être suivie de l'application des cataplasmes et des fomentations anodines. Quand la douleur est passée, il faut commencer à faire mouvoir doucement les parties, sans rien forcer. Dans les tentatives du mouvement, on ne donne que celui que la construction de la partie permet. Ainsi on ne remuera en rond que les articulations par genou, comme le bras avec l'épaule; il faut fléchir seulement les articulations par charnière, telles que le tibia avec le principal os du jarret. Lorsque la douleur, l'inflammation et le gonflement auront cessé on aura recours aux résolutifs, tels que les fomentations spiritueuses et aromatiques avec le gros vin, contenant de la sauge, du thim, du romarin et d'autres plantes de cette nature. Ces remèdes seront suivis des frictions d'eau-de-vie camphrée et amoniacale, et du feu, si ces derniers n'ont pas eu l'effet désiré.

Les dispositions à l'ankilose dépendent quelquefois d'une gourme, d'une gale, des eaux aux jambes que l'on aura fait indiscrètement rentrer par des topiques, et qui dépravent l'humeur synoviale. Dans ce cas il s'agit d'abord de détruire la cause, en la combattant par les remèdes appropriés. *Voyez* GOURME, GALE, EAUX AUX JAMBES. ( R. )

ANNEAU. C'est une espèce de ride ou de pli formé sur l'écorce des branches qui doivent donner du fruit, et sur tous les boutons à fruit. Cette expression du vœu de la nature se manifeste clairement sur les arbres à pépin, et avertit les jardiniers de ménager les branches et les boutons. La forme de ces plis et replis varie beaucoup sur la même branche : ici, ils sont plus saillans, et là plus enfoncés. La nature les a destinés à épurer la sève en la filtrant, et ils font, pour ainsi dire, l'office d'un crible qui rejette tout ce qui n'est point assez atténué, assez élaboré pour passer.

On doit à M. Roger de Schabol une excellente observation. Lorsque les boutons à fruit s'allongent trop, lorsque les anneaux sont trop multipliés, ils ne peuvent plus être féconds. Lorsque les boutons à fruit sont allongés, on doit les abattre, parcequ'ils pouriroient et tomberoient d'eux-mêmes, au lieu qu'en les coupant il s'en forme de nouveaux. La trop grande multiplicité de ces rides rend la sève trop atténuée. L'arbre qui est dans ce cas demande qu'on lui donne un engrais gras et onctueux ; tel est le terreau du fumier de vache, celui du fond des marres, etc.

Les anneaux sont de véritables BOURRELETS naturels. *Voyez* ce mot. ( R.)

ANNEAU. C'est la même chose que BAGUE, c'est-à-dire des œufs de chenilles.

ANNEAU MAGIQUE. *Voyez* CERCLE MAGIQUE.

ANNÉE. Temps pendant lequel le soleil parcourt les douze signes du zodiaque, qui correspondent à chacun des douze mois.

L'époque de la floraison ou fécondation des graines dans tous les végétaux quelconques, et l'état où ils se trouvent à cette époque, forment le moment critique, et c'est de lui, en général, que dépend l'abondance. Quant à la qualité, elle tient essentiellement à la maturité et aux alternatives qu'éprouvent les graines avant d'y parvenir. Ce que l'on dit des graines s'applique à la vigne, à l'olivier, aux arbres fruitiers, etc. La constitution de l'air et des météores, dans le cours des douze mois, concourt plus pour l'abondance que le grain de terre et le travail qu'on lui a donné. ( R. )

ANNONA. *Voyez* COROSSOL.

ANNONE. Variété de froment qu'on cultive aux environs de Draguignan ; elle est rougeâtre.

ANNUAIRE. *Voyez* ALMANACH. L'annuaire du cultivateur seroit celui qui renfermeroit l'indication exacte de ce que doit faire dans chaque mois un cultivateur intelligent et assidu ; il faudroit par conséquent l'approprier à chaque localité. (L. C.)

ANNUEL. On dit qu'une plante est annuelle, lorsqu'elle naît et meurt après avoir parcouru tous les degrés de son évolution dans le courant d'une année. Il est des plantes annuelles qui ne subsistent que pendant peu de temps, la drave printanière par exemple. Il en est qui ne meurent qu'au printemps de l'année suivante. Beaucoup peuvent être conservées en vie pendant deux et même trois ans, en les empêchant de fleurir, et même quelquefois seulement en s'opposant à ce qu'elles amènent leurs graines à maturité. Quelques unes se propagent en poussant des rejetons de leurs racines, et semblent par-là vivaces, telles que les liliacées et les orchidées à racines bulbeuses.

Il est extrêmement important pour les cultivateurs de connoître exactement la durée de la vie de chaque plante, afin d'approprier leurs opérations conformément à cette durée : aussi ai-je toujours eu soin de la noter dans le cours de cet ouvrage. Ordinairement on l'indique par le signe astronomique du soleil ☉, ou simplement ☉.

Les plantes bisannuelles sont celles qui ne portent de graines que la seconde année, et qui meurent ensuite. On les distingue par le signe de Mars ♂, qui est deux ans à faire sa révolution.

Décandolle, considérant la grande variation qui existe dans le temps de la durée des plantes appelées annuelles et bisannuelles, a proposé de les réunir sous la dénomination de plantes monocarpiques, c'est-à-dire qui ne portent des graines qu'une seule fois, en opposition aux plantes dites vivaces qui, portant des graines pendant une longue suite d'années, quelquefois pendant des siècles, sont appelées polycarpiques. Quelque fondée que soit l'opinion de ce savant physiologiste, la division des plantes en annuelles et bisannuelles est trop utile aux agriculteurs pour qu'ils doivent l'abandonner. En effet, quand on sait que telle plante est dans la première division, on connoît déjà une partie de la culture qui lui convient, on détermine l'emploi de sa terre pour un temps moins ou plus long, etc., etc.

On trouvera au mot PLANTE des développemens physiologiques sur les causes de la durée de la vie végétale. J'y renvoie le lecteur, ainsi qu'au mot VIVACE. ( B.)

ANODONTE, *Anodonta.* Coquille bivalve que Linnæus avoit réunie avec les MOULES, et qu'on connoît généralement sous le nom de *moule d'étang*, mais dont Bruguière a fait un genre particulier.

Cette coquille est un bienfait de la nature envers les cultivateurs qui en emploient les valves, sous le nom d'*écrémière*, pour enlever la crème de dessus le lait. En effet, rien de si bon marché ne peut être employé à la suppléer, car elle remplit toutes les données exigées pour son service, c'est-à-dire la forme, le peu d'épaisseur, la solidité et l'indissolubilité. Les cuilliers de bois ou de métal qu'on lui substitue ne réunissent pas à beaucoup près les mêmes conditions, puisque les premières ne peuvent être aussi minces, et sont susceptibles d'absorber le petit lait, et par conséquent de porter dans celui qui n'est pas encore aigri un ferment d'altération ; celles de métal, excepté d'argent et d'or pur, auxquelles on peut donner le même degré d'épaisseur, sont attaquables par l'acide du lait et plus ou moins dangereuses. On ne peut donc trop recommander aux habitans des campagnes où la coquille de l'anodonte ne se trouve pas, de chercher les moyens de s'en procurer par la voie du commerce. Elles se ramassent dans les étangs vaseux, lors de leur pêche, et ne coûtent que les frais de leur extraction et de leur transport; ce qui est toujours peu de chose à raison de leur abondance et de leur légèreté. Elles durent un temps indéterminé, lorsqu'on les garantit de la main des enfans et des accidens d'un service inattentif.

L'anodonte est nacrée intérieurement et d'un brun verdâtre extérieurement. Sa grandeur est communément de cinq à six pouces, mais on en voit fréquemment de plus grandes. L'animal qui l'habite se mange dans quelques endroits, mais est dédaigné généralement, sans doute à cause du goût vaseux qu'il doit avoir. Il seroit sans doute possible de le rendre aussi bon que celui d'autres coquillages, des huîtres par exemple, en le mettant pendant quelque temps dégorger dans une eau pure. Sa grosseur et son abondance peuvent le faire regarder comme un moyen de subsistance important à ménager. Il présente un phénomène anatomique remarquable, c'est que ses intestins passent à travers son cœur; et il partage avec la plupart des autres bivalves celui non moins singulier d'employer ses branchies, c'est-à-dire ses poumons, à la génération de ses petits, qui naissent vivans et couverts de leur coquille. (B.)

ANON. Petit de l'ANE.

ANONIS. Nom latin de la BUGRANE. *Voyez* ce mot.

ANOUGUE. Nom qu'on donne dans le département du Var aux bêtes à laine, depuis leur première tonte jusqu'à l'âge de deux ans et demi. (B.)

ANOUIL. Nom d'un jeune bœuf destiné au labourage dans le Médoc.

ANSERINE, *Chenopodium*. Genre de plantes de la pentandrie digynie et de la famille des chénopodées, qui comprend une trentaine d'espèces, dont plus de la moitié se trouve en Europe, et dont quelques unes intéressent les cultivateurs sous différens rapports. Leurs tiges sont presque toujours cannelées, leurs feuilles alternes, souvent sinuées, anguleuses, leurs fleurs peu apparentes et disposées en petits paquets axillaires, formant des panicules à l'extrémité des tiges et des rameaux.

Parmi les anserines à feuilles anguleuses, il faut remarquer l'ANSERINE HÂTÉE, *chenopodium bonus Henricus*, Lin. Elle a les feuilles triangulaires, sagittées, les épis axillaires et sans feuilles. Elle est vivace et se trouve en Europe autour des lieux habités, et est connue en France sous le nom de BON HENRI. *Voy.* ce mot.

L'ANSERINE DES MURS, *Chenopodium murale*, Lin., a des feuilles ovales, inégalement dentées, le corymbe des fleurs nu et la tige rameuse. Elle est commune sur les vieux murs et le long des chemins. On l'appelle vulgairement la *patte d'oie*. Elle est annuelle et passe pour émolliente, vulnéraire et détersive. On la mange en guise d'épinards. Les bestiaux la dédaignent presque tous.

L'anserine verte, *chenopodium viride*, Lin., a les feuilles lancéolées, sinuées et dentées, les grappes de fleurs rameuses et foliacées. Elle est annuelle et se trouve dans tous les jardins, les champs et autres endroits cultivés. C'est une des plantes les plus communes et les plus inutiles aux cultivateurs, aux récoltes desquels elle nuit souvent. Elle est vulgairement connue sous le nom de *poule grasse*. Les moutons, les chèvres et les cochons sont les seuls animaux auxquels elle convienne, et encore les premiers ne la mangent-ils qu'au défaut d'autres.

Dans quelques endroits on en récolte les tiges à leur maturité pour brûler dans le four ou dans le foyer, ces tiges, dans des terrains même de fort mauvaise nature, ayant quelquefois deux à trois pieds de haut et la grosseur du pouce. J'ai essayé une fois d'en manger les graines, qui sont extrêmement petites, mais très abondantes, après les avoir écrasées, fait cuire dans de l'eau, assaisonnées avec du beurre, du lait, etc., et j'ai jugé qu'on en pouvoit faire un mets très agréable. J'avois été conduit à cette expérience par ce que m'avoit dit Dombey, de l'excellence de la nourriture que les Péruviens tirent de l'anserine quinoa, plante de leur pays fort peu différente de celle-ci, qu'ils cultivent en grand pour ses graines qu'ils mangent en guise de millet, et dont ils font une espèce de bière, et pour ses feuilles qu'ils mangent également en guise d'épinards. Je ne doute pas que l'espèce dont il est ici question ne remplisse complètement les mêmes données. Quelle conquête à faire que de transformer une plante nuisible par son abondance, et presque inutile aux cultivateurs, en un moyen de subsistance !

L'anserine pourprée, *Chenopodium atriplicis*, Lin., a les tiges droites, les fleurs nombreuses et axillaires, les feuilles rhomboïdes et lancéolées, les inférieures dentées ou sinuées et couvertes d'une espèce de farine rouge qui s'enlève lorsqu'on les touche. Elle est originaire de Chine et annuelle. On la cultive dans quelques jardins à raison de son beau port et de la couleur de ses feuilles qui contrastent avec celles de la plupart des autres plantes. Elle produit, quand elle est disposée avec intelligence, des effets très remarquables. Sa hauteur est communément de deux à trois pieds ; mais dans un bon sol elle s'élève encore davantage. Comme elle craint les gelées, elle demande à être semée sur couche lorsqu'elles ne sont plus à craindre, et à être repiquée lorsqu'elle a acquis cinq à six pouces de hauteur. Les premiers jours de sa transplantation il faut la garantir du soleil, et ne pas lui ménager les arrosemens, ensuite elle n'exige plus que les soins ordinaires à tout jardin.

L'ANSERINE ROUGE et l'ANSERINE BLANCHE, toutes deux plantes annuelles d'Europe, mais peu communes, se rapprochent beaucoup de la précédente sous tous les rapports.

L'ANSERINE VERMIFUGE, *Chenopodium antelminticum*, Lin., a les feuilles ovales, oblongues, peu dentées, les grappes de fleurs sans feuilles et trois styles. Elle est vivace et se trouve très abondamment, dans toute l'Amérique septentrionale, autour des maisons, sur la lisière des bois, ainsi que je l'ai observé. Son odeur est très forte, et sa saveur fort amère. On en estime beaucoup la décoction contre les vers des enfans. Elle s'élève de quatre à cinq pieds, et n'est pas sans élégance. Elle tient le milieu entre les plantes et les arbrisseaux par la nature de ses tiges.

L'ANSERINE DU MEXIQUE, *Chenopodium Ambrosioides*, Lin., a les feuilles lancéolées, dentées, les grappes de fleurs feuillées et simples. Elle est annuelle, originaire du Mexique, et se cultive dans nos jardins sous le nom de *thé du Mexique* ou d'*ambroisie*. Toute la plante est aromatique et a une odeur agréable quoiqu'un peu forte, une saveur âcre et amère.

Ces deux dernières plantes se cultivent dans quelques jardins, quoiqu'elles soient très sensibles à la gelée. Celle qui est vivace se sème sur couche en pot pour qu'on puisse la rentrer dans l'orangerie pendant l'hiver ; l'autre se place à une exposition chaude ; on la multiplie aussi de bouture, qu'on peut faire pendant presque toute l'année, les froids exceptés. Toutes deux veulent une bonne terre et des arrosemens fréquens.

L'ANSERINE BOTRIDE, *Chenopodium botris*, Lin., a les feuilles oblongues, sinuées, les grappes des fleurs nues et très nombreuses. Elle est annuelle, se trouve dans les lieux secs des parties méridionales de l'Europe. Son odeur est agréable quoique forte. Elle est enduite d'une viscosité résineuse qui s'attache aux mains lorsqu'on la touche. On l'appelle vulgairement *piment*. On la cultive dans quelques jardins du climat de Paris, où elle demande à être placée à une bonne exposition, mais où elle n'exige aucun soin particulier.

L'ANSERINE GLAUQUE, *Chenopodinm glaucum*, Lin., a les feuilles ovales, oblongues, largement dentées, ou mieux, sinuées, blanchâtres en dessous et les fleurs disposées en épis ramassés et sans feuilles. Elle est annuelle, ne s'élève pas à plus d'un pied, et se trouve en Europe autour des maisons, des cloaques, dans les lieux les plus infectes dont elle améliore l'air par sa vigoureuse végétation. Aucun animal domestique n'y touche.

Parmi les *anserines* à feuilles entières on doit plus particulièrement citer :

L'ANSERINE MARITIME, *Chenopodium maritimum*, Lin., qui a les feuilles à demi cylindriques, ou charnues et subulées, les fleurs ramassées en bouquet dans les aisselles des feuilles. Elle est annuelle, et se trouve dans les sables du bord de la mer, où elle est connue sous le nom de *blanchette*. Elle ressemble aux soudes, et fournit comme elles de l'alkali minéral par sa combustion. Il ne paroît cependant pas que sa culture doive être préférée à celle de ces dernières plantes.

L'ANSERINE A BALAI, *Chenopodium scoparium*, Lin., a les feuilles aplaties, linéaires, lancéolées, ciliées en leurs bords, et les fleurs disposées en petits paquets dans les aisselles des feuilles. Elle est annuelle et originaire des contrées orientales et même de la Chine. D'un côté, sa hauteur de 2 à 3 pieds, sa forme ramassée comme le peuplier d'Italie, et la finesse de son feuillage, la rendent propre à la décoration des parterres; et de l'autre, le nombre, la flexibilité et la disposition de ses rameaux permettent de l'employer naturellement comme balai. Aussi la cultive-t-on pour l'ornement dans quelques jardins de France, et en grand, pour la vente, dans quelques cantons de l'Italie, de l'Orient et de l'Inde. Dans le premier cas, on en sème ordinairement, dans le climat de Paris, la graine sur couche, au printemps, et on en repique le plant, en place, lorsqu'il a acquis cinq à six pouces de haut. On pourroit également la semer en pleine terre; mais comme il faudroit retarder cette opération de quinze jours, à raison des gelées que cette plante craint beaucoup, et que la couche accélère la croissance de quinze autres jours, on gagne un mois à employer le premier de ces moyens. Une fois reprise, elle ne demande plus aucun soin que ceux ordinaires aux jardins, ou au plus quelques arrosemens pendant les grandes chaleurs de l'été.

En Italie, où j'ai vu sa culture pratiquée en plein champ, on la sème, soit en place, soit en planche, pour la repiquer lorsqu'elle a cinq à six pouces. Dans le premier cas, on l'éclaircit beaucoup, car il faut que les pieds aient toute la liberté nécessaire pour s'étendre et recevoir les influences solaires; et dans le second, on les espace de deux pieds au moins. Il m'a semblé qu'on préféroit employer à cette culture des terrains sablonneux et arides, probablement parceque ses branches y sont plus nombreuses, plus déliées et peut-être plus égales, ce qui est un mérite pour l'usage auquel on la destine. Sa récolte se fait à la fin de l'été, un peu avant que les feuilles tombent, en arrachant les pieds qu'ensuite on suspend à l'air pour que leur dessication s'achève. Au reste, cette culture ne m'a pas paru fort étendue, et son résultat ne s'emploie que dans les campagnes.

L'ANSERINE POLYSPERME, *Chenopodium polyspermum*, Lin., a les feuilles ovales, entières, et les grappes de fleurs presque sans feuilles et fort nombreuses. Elle est annuelle, et se trouve, en Europe, dans les endroits cultivés, dans les haies, etc. Elle n'est pas commune par-tout, mais elle abonde dans certains lieux. Sa hauteur est d'un à deux pieds. Ce qui la distingue, c'est l'immense quantité de graines qu'elle produit ; graines qu'on pourroit sans doute employer comme aliment, encore mieux que celles de *l'anserine verte*.

L'ANSERINE FÉTIDE, *Chenopodium vulvaria*, Lin., a les feuilles ovales, rhomboïdes, les fleurs ramassées en tête dans les aisselles des feuilles, et les tiges couchées et diffuses. Elle est annuelle, et se trouve autour des maisons, dans les haies de presque toute l'Europe. On la connoît sous le nom d'*arroche puante* et de *vulvaire*, à raison de l'espèce d'odeur qui lui est propre, et qu'elle exhale sur-tout lorsqu'on l'écrase. On lui attribuoit autrefois de grandes vertus dans les maladies de la matrice. (B.)

ANTENNES. Ce sont ces deux espèces de cornes, le plus souvent articulées, que portent les insectes sur leur front On n'a pas encore de notions positives sur l'usage des antennes. Leur forme varie beaucoup. *Voyez* au mot INSECTE. (B.)

ANTENOIS, ANTANOIS, ANTAN, ANTANAIRE. Ces mots étoient autrefois généralement appliqués à tous les jeunes animaux domestiques d'un an. Aujourd'hui on ne les emploie plus guère qu'aux agneaux, au moins dans les environs de Paris. *Voy*. MOUTON. (B.)

ANTHÉMIS. Nom latin de la CAMOMILLE.

ANTHÈRE. C'est l'organe mâle des fleurs. On la reconnoît à sa forme ovoïde ou parallèlogramique, souvent un peu courbée, presque toujours sillonnée et de couleur jaune. Elle est ordinairement composée par deux bourses accolées l'une à l'autre, et attachées, soit immédiatement aux pétales, soit à un filet plus ou moins long. Chacune de ces bourses renferme une poussière fine, appelée *pollen*, *poussière fécondante*, et dont en effet l'action est nécessaire pour vivifier les graines.

Les botanistes considèrent les anthères relativement à leur forme, à leur disposition et à leur nombre. Elles fournissent quelquefois de bons caractères.

Lorsque la fleur est épanouie, on voit presque toujours les anthères sans être obligé de la disséquer, parceque l'action de l'air est nécessaire à l'opération qu'elles doivent consommer. La valisnère le prouve bien évidemment, puisque dans cette plante elles s'élèvent du fond de l'eau à la surface, pour aller féconder les fleurs femelles, les fleurs mâles naissant au collet de la racine.

Lorsque l'anthère a acquis un certain degré de maturité, ses bourses s'ouvrent avec élasticité, soit par leur milieu, soit par une de leurs extrémités, et lancent, à une petite distance, la totalité ou une partie de la poussière qu'elles contiennent. Les vents et les insectes font le reste.

Ce n'est pas toujours au moment même que la fleur s'ouvre que les anthères remplissent leur destination. Il faut, dans la plupart des plantes, que l'air soit sec et chaud, et en effet, si elles s'ouvroient pendant la pluie, pendant le froid, leur poussière ne pourroit pas se répandre, ou ne trouveroit pas les organes femelles ( le Pistil, *voy.* ce mot ) assez dilatés pour la recevoir. Aussi, est-ce toujours du temps qu'il fait, lorsque les blés, la vigne, et en général, plus ou moins, toutes les plantes, tous les arbres, sont en fleur, que dépend l'abondance de la récolte. En langage agricole, on appelle *coulure* le résultat de cet effet, qu'on peut prévenir, sur un espalier, en le couvrant d'un paillasson, ou mieux, d'une toile à claire-voie, mais qu'il est impossible d'empêcher dans une plaine à blé, dans un vignoble de quelque peu d'étendue qu'il soit. Je dis qu'il vaut mieux employer une toile à claire-voie qu'un paillasson, parcequ'il est d'observation que la privation de la lumière est un obstacle absolu à la fécondation. Les anthères de la plante la mieux portante, la mieux fleurie, cessent de remplir leurs fonctions dès que cette plante est portée dans un lieu obscur. Les abeilles et autres insectes qui nourrissent leurs petits de poussière fécondante, même ceux qui ne font que sucer le miel des fleurs, sont un des moyens que la nature emploie pour assurer la réussite des graines. En effet, brisant les bourses qui renferment cette poussière, ou simplement déterminant leur ouverture par l'irritation qu'ils occasionnent, ils accélèrent sa sortie et ils la transportent sur d'autres fleurs du même pied ou des pieds voisins. Peut-être même font-ils des Hybrides ( *voy.* ce mot. ) Ils sont donc aussi ignorans que coupables, ces cultivateurs qui mettent du miel mêlé d'arsenic autour de leurs champs de sarrasin (comme je l'ai vu), dans le but de détruire les abeilles qui, selon eux, empêchent cette plante de produire des graines.

La poussière fécondante est très abondante dans les pins comme dans la plupart des plantes monoïques et dioïques. Il arrive quelquefois que les vents la poussent au loin, et que les cultivateurs qui ne la connoissent pas la prennent pour du soufre dont elle a la couleur ; de là les pluies de soufre qui ont épouvanté des pays entiers , lorsque l'instruction étoit plus rare qu'aujourd'hui. ( B. )

ANTHÉRIC , *Anthericum*. Genre de plantes propre au cap de Bonne-Espérance , et dont on cultive quelques espèces dans les orangeries des jardins de botanique. Comme ces plantes ont peu d'agrément, elles ne se mettent point dans le commerce , et ne sont pas dans le cas d'être particulièrement mention- nées ici.

Ce genre est de l'hexandrie monogynie et de la famille des liliacées. ( B. )

ANTHOLIZE, *Antholiza*. Genre de plantes de la triandrie monogynie , et de la famille des iridées, qui renferme cinq à six plantes du cap de Bonne-Espérance assez agréables par leurs fleurs, et qui se cultivent dans les orangeries ou les serres.

L'ANTHOLIZE CUNONE, *Antoliza cunonia*, Lin. La plus com- mune de toutes, a les fleurs rouges et disposées en épi unila- téral. Elle se multiplie de graines et de caïeux. Les graines se sèment en terrine, sous châssis, immédiatement après leur récolte, et lèvent ordinairement au printemps suivant. Les jeunes pieds doivent être tenus sous châssis tempéré, et recevoir une culture continuée pendant cinq à six ans avant de donner leurs fleurs. Les caïeux se séparent en automne des oignons des pieds qui ont fleuri pendant l'été précédent, se plantent sépa- rément, et donnent des fleurs la seconde ou la troisième année, lorsqu'ils ont été bien conduits.

Ordinairement on relève les oignons ou bulbes de ces plantes tous les deux ou trois ans, pour leur donner de nou- velle terre. ( B. )

ANTHORA. *Voy*. ACONIT.

ANTHRAX, Maladie des animaux. *Voyez* au mot CHARBON,

ANTHRÈNE, *Anthrenus*. Genre d'insecte dont je dois parler ici , parcequ'une de ses espèces, l'ANTHRENE DESTRUCTEUR , nuit souvent plus ou moins aux cultivateurs, quoique très peu la connoissent.

·Ce genre, qui est de l'ordre du coléoptère, a pour carac- tère un corps oval, presque globuleux, couvert de petites écailles faciles à enlever. Les espèces qui le composent se trou- vent à l'état d'insectes parfaits, souvent en grande quantité, pendant l'été, sur les fleurs , dont elles sucent le miel. Leur grosseur surpasse à peine une ligne. Dès qu'on les touche ou seulement qu'on en approche, elles se laissent tomber , con- tractent leurs pattes , font enfin les mortes, jusqu'à ce qu'elles jugent le danger passé ; ensuite elles s'envolent pour aller cher- cher la sécurité autre part. Leurs larves sont blanches, avec une tête écailleuse , brune, et couverte de faisceaux de poils dont les deux postérieurs sont susceptibles de se relever lorsqu'on les inquiète. Elles vivent aux dépens des cadavres dépouillés de la plus grande partie de leur chair, de la viande à moitié desséchée, des pelleteries, des plumes, etc. Elles nuisent sur-tout aux naturalistes, dont elles détruisent les collections d'oiseaux, d'insectes, etc. Ces larves restent un an dans cet état, et se transforment en insectes parfaits vers le milieu du printemps.

Les housses des chevaux, lorsqu'elles ont été mal corroyées ; les plumes d'oies et de poules, lorsqu'elles ne sont pas bien renfermées; les peaux de lapins et autres qu'on conserve trop long-temps, etc., sont les objets utiles aux cultivateurs que les anthrènes attaquent le plus souvent. J'ai vu un morceau de lard suspendu au plancher, et qui avoit sans doute été mal salé, en être couvert. Il n'y a guère que l'eau chaude ou la chaleur du four qui puissent les faire mourir. Toutes les fumigations ou autres recettes servent au plus à les éloigner momentanément. C'est seulement par une surveillance toujours active qu'on peut s'opposer à leurs ravages. (B.)

ANTHYLLIDE, *Anthyllis*. Genre de plantes de la diadelphie monogynie, et de la famille des légumineuses, qui renferme une vingtaine d'espèces, dont quelques unes croissent naturellement sur nos montagnes, et d'autres se cultivent dans nos jardins.

L'ANTHYLLIDE VULNÉRAIRE, la plus commune de toutes les espèces, se trouve dans les prés secs, sur les pelouses des montagnes de presque toute l'Europe. Elle est vivace, a les tiges herbacées, couchées, les feuilles inégalement ailées, les têtes de fleurs géminées. On la regarde comme vulnéraire, et on l'emploie en conséquence dans les campagnes. Les bœufs, les moutons et les chèvres sont les seuls animaux domestiques qui la mangent. Elle fleurit pendant presque tout l'été. Ses fleurs sont ordinairement jaunes ; mais elles varient assez souvent en rouge.

L'ANTHYLLIDE DES MONTAGNES est vivace, a les tiges ligneuses, à moitié couchées, les feuilles également ailées, et les fleurs disposées en tête simple et oblique. Elle se trouve sur les montagnes sèches des parties méridionales de l'Europe. Elle partage les propriétés de la précédente.

L'ANTHYLLIDE BARBE DE JUPITER est frutescente, a les feuilles pinnées, à folioles égales et soyeuses, les fleurs jaunâtres, disposées en tête globuleuse et accompagnées de bractées. On la trouve sur les montagnes sèches des parties méridionales de l'Europe. C'est un joli arbuste de quatre à cinq pieds de haut, dont le feuillage blanc persiste tout l'hiver. Il demande l'orangerie ou au moins une exposition très chaude dans le climat de Paris. On ne le multiplie que de graines semées en automne dans des terrines, et qu'on ne fait lever qu'au printemps, en les plaçant sur couche et sous châssis. Le plant levé peut être ôté de dessous le châssis et déposé, jusqu'aux approches de l'hiver, dans une exposition chaude. Il est bon de ne le repiquer qu'au bout d'un an, au rapport de Thoüin, et ce dans des pots qu'on placera encore pendant quelque temps sous châssis, pour faciliter la reprise de ce plant. Lorsqu'il a acquis quatre à cinq ans il commence à fleurir, et peut être employé à la décoration, soit en pot, soit en pleine terre. Les pieds qu'on risquera en pleine terre seront soigneusement empaillés pendant l'hiver, mais du reste ne demanderont que les cultures communes.

L'ANTHYLLIDE DE CRÈTE est frutescente, a les feuilles pinnées ou ternées, à folioles égales et soyeuses; les fleurs rougeâtres, disposées en épis terminaux. Elle croît naturellement dans l'île de Candie, se cultive et multiplie dans nos jardins positivement comme la précédente, dont elle se rapproche beaucoup. Elle est seulement un peu plus délicate. On a cru long-temps que c'étoit elle qui donnoit *le bois d'ébène* au commerce; mais on sait aujourd'hui positivement que c'est un PLAQUE-MINIER.

Il y a aussi l'ANTHYLLIDE FAUX CYTISE, et l'ANTHYLLIDE D'HERMANN, qui se voient dans quelques orangeries; mais elles n'ont pas l'intérêt des précédentes, et leur culture est la même. Il faut, à toutes celles qu'on conserve, une terre légère et peu d'arrosement en hiver. On leur donne de la nouvelle terre tous les deux ou trois ans. (DÉC.)

ANTIMOINE. Métal blanc, brillant et très fragile, qui donne de la roideur et de l'élasticité aux métaux mous auxquels on l'allie, et dont l'oxide, préparé de diverses manières, est d'un grand usage dans la médecine vétérinaire.

C'est l'antimoine qui rend sonore le cuivre avec lequel on fond les cloches, et qui rend dur le plomb avec lequel on fond les caractères d'imprimerie.

On trouve ordinairement l'antimoine dans ses mines en état de sulphure et ayant tout l'éclat dont il jouit sous la forme métallique.

Toutes les préparations d'antimoine sont ou des purgatifs, ou des vomitifs, ou des sudorifiques, et souvent tout cela ensemble.

La mine d'antimoine, appelé *antimoine cru* dans le commerce, s'emploie souvent par les vétérinaires. Il en est de même du *foie d'antimoine*, du *verre d'antimoine*, qui ne sont que la même matière fondue à divers degrés.

L'*antimoine diaphorétique*, le *kermès minéral*, et l'*émétique* sont encore des préparations pharmaceutiques de l'antimoine; mais comme il n'est pas bon que des mains non exercées les préparent et encore moins les emploient, même dans la médecine des animaux, je me dispenserai d'en parler plus au long. C'est chez les apothicaires que les cultivateurs doivent se pourvoir de celles de ces préparations qui leur sont indiquées (B.)

**ANXIÉTÉ.** On donne ce nom à l'inquiétude que témoignent les animaux souffrans au physique et au moral. Un cheval attaqué de tranchée donne des signes d'anxiété. Une vache à laquelle on vient d'enlever son veau en donne également. Cet état étant symptomatique, il disparoît avec ses causes. (B.)

**AORIVIER.** Nom de l'OLIVIER dans le département du Var.

**AOUQUE.** Nom de l'OIE dans le département du Var.

**AOUT.** Le second mois de l'été, et souvent le plus chaud, quoique le soleil ait déjà beaucoup baissé, parcequ'il continue à lancer ses feux à travers un ciel sans nuage, et que la sécheresse en favorise l'accumulation sur la terre.

Ce mois est celui où se complètent les moissons, de là le nom d'*août* qu'elles portent dans beaucoup de lieux. C'est pendant sa durée qu'on charrie le fumier sur les terres destinées à porter du blé ; qu'on donne le troisième labour à ces terres ; qu'on bat le seigle pour les semailles ; qu'on arrache le chanvre mâle, etc., etc., Il est le plus productif de tous, soit pour celui qui se livre à la grande culture, soit pour celui qui se contente des travaux du jardinage. Les légumes et les fruits surabondent alors. On ne sait à qui donner la préférence.

Pendant le mois d'août on sème encore beaucoup de légumes, tels que des haricots, des pois pour l'automne, des carottes, des panais, des oignons, des laitues, des choux qui restent en terre tout l'hiver pour le printemps.

On lie la chicorée et les escaroles pour les faire blanchir. On continue de cueillir les graines qui mûrissent successivement. Les sarclages, les binages et les arrosemens ne doivent pas être négligés. Les plates-bandes des parterres sont labourées et replantées en fleurs annuelles d'automne, telles que astère de la Chine, zinnia, taget, etc. Les œillets sont alors dans toute leur splendeur. Le second ratissage des allées et la seconde tonte des gazons doit avoir lieu au commencement de ce mois. Ces derniers seront arrosés si cela devient nécessaire.

Pendant ce mois la sève est comme suspendue dans les arbres. Leurs bourgeons se durcissent, s'*aoûtent*, comme disent les jardiniers ; et leurs boutons se perfectionnent. Ceux de ces arbres qui conservent un peu de sève peuvent encore se greffer en écusson à œil dormant. On continue d'ébourgeonner et de lier la vigne, de palissader les espaliers, lorsqu'on n'a pas terminé ces opérations avant son commencement. Il faut visiter les greffes du mois précédent, et les desserrer si elles sont *étranglées* par la laine qui les assujettit.

Souvent ce n'est que pendant ce mois que lèvent les graines des arbres et arbustes étrangers semés au printemps. Les jeunes plants qu'elles ont donnés doivent être sarclés, arrosés, enfin soignés de toutes les manières.

Ce mois est peut-être le plus favorable de tous pour la transplantation des arbres résineux ; mais on l'ignore généralement.

Souvent, lorsqu'il pleut pendant ce mois, la seconde sève se développe : de là le nom de *pousse d'août* qu'elle porte dans beaucoup de lieux. C'est à la fin de cette seconde sève qu'on élague, dans les pépinières, les arbres qui doivent en sortir l'hiver suivant, et qu'on devroit élaguer tous les arbres en général qu'on soumet à cette opération, dans l'intention de leur donner un tronc dégarni, parcequ'alors il ne repousse pas de bourgeons autour des plaies, comme quand, selon l'usage général, on la fait à la fin de l'hiver (B.)

AOUTER. Dans le langage des jardiniers aoûter c'est mûrir, parceque la plupart des fruits achèvent leur évolution pendant ou peu après le mois d'août.

On emploie plus particulièrement ce mot pour indiquer la transformation des bourgeons des arbres en bois, transformation qui a également lieu à la même époque.

Les pépiniéristes doivent apporter une grande attention au moment où leurs arbres aoûtent leurs branches, parceque c'est alors qu'ils peuvent commencer à les couper pour les greffes à œil dormant, les boutures, etc.

Il est possible d'accélérer l'aoûtement de plusieurs manières, principalement en refusant de l'eau aux arbres ou arbustes en pot ou en coupant l'extrémité de toutes les branches ou d'une seule branche. Cette dernière est fort employée. On peut aussi arriver au même but par la ligature, par l'incision annulaire de la branche. *Voyez* aux mots Sève, Bourgeons, Boutons, Greffe, Maturité. (B.)

AOUTER. C'est faire la Moisson. *Voyez* ce mot.

AOUTEROU. On donne ce nom aux moissonneurs dans quelques lieux.

APALANCHE, *Prinos*. Genre de plante de l'hexandrie monogynie et de la famille des rhamnoïdes, qui renferme huit ou dix espèces, dont deux, qui sont des arbustes de l'Amérique septentrionale, se cultivent en pleine terre dans nos jardins d'ornement.

L'apalanche verticillée, *prinos verticillata*, Lin., a les feuilles alternes, ovales, lancéolées, surdentées, velues sur leurs nervures inférieures, et les fleurs blanches disposées en petits bouquets dans les aisselles des feuilles. C'est un arbrisseau qui se trouve, dans toute la partie chaude de l'Amérique septentrionale, dans les lieux humides. Il s'élève à six ou huit pieds au plus, fleurit au milieu de l'été et produit un agréable effet lorsque ses fruits, qui sont d'un rouge vif, extrêmement abondans et de longue durée, sont arrivés à leur maturité. Les plus fortes gelées ne l'atteignent point. Sa place est au second rang dans les bosquets d'agrément, ou sous des arbres qui le garantissent des rayons du soleil et entretiennent autour de lui une fraîcheur constante, On le multiplie par graines, par rejetons enracinés, par séparation de pieds ou par marcottes. Il réussit également bien de toutes ces manières lorsqu'elles sont employées en temps convenable.

Le semis de cet arbuste doit s'effectuer aussitôt que la graine est cueillie. Si on attendoit au printemps suivant, une partie de ces graines ne lèveroit que l'année suivante, et l'autre ne lèveroit pas. Quoiqu'il puisse se faire avec succès en pleine terre, la plupart des pépiniéristes, pour accélérer la croissance des plants, préfèrent de le placer dans des terrines qu'ils mettent au printemps suivant sur couches et sous châssis. Par ce moyen on peut repiquer le plant ou dans d'autres terrines en automne, ou en pleine terre au printemps de l'année suivante. C'est ce dernier parti qu'on préfère ordinairement. Les soins que demande cette culture sont les mêmes que ceux de la plupart des semis de semblable nature. Ordinairement il faut au plant trois à quatre ans avant d'être en état de figurer dans un bosquet ; aussi cette méthode des semis n'est-elle guère pratiquée, le plant enraciné et le marcottage, seuls, fournissent autant de pieds que les besoins du commerce l'exigent. En effet, un vieux pied placé dans une terre de bruyère, au nord d'un mur et à la proximité de l'eau, peut fournir chaque année de cinquante à cent marcottes, qu'on met en place au printemps suivant et qui forment buisson un an après.

L'APALANCHE AMBIGU de Michaux diffère de celui-ci par ses feuilles plus larges et ses fruits plus gros et jaunes. Je l'ai observé souvent en Caroline. On en cultive quelques pieds dans la pépinière de Trianon.

L'APALANCHE GLABRE, *prinos glaber*, Lin., a les feuilles lancéolées, obtuses, glabres, dentées seulement à leur extrémité et toujours vertes. Il croît naturellement en Caroline dans les endroits marécageux, et couvre souvent seul, ainsi que je l'ai remarqué, des étendues de terrains très considérables. Son feuillage d'un vert noir, et ses fleurs blanches, odorantes et disposées en panicules à l'extrémité des rameaux, le rendent bien plus propre à la décoration des bosquets d'agrément ; mais sa culture et sa multiplication sont beaucoup plus difficiles.

En effet il porte rarement des graines dans le climat de Paris, et il fournit très peu de marcottes chaque année. J'ai lieu de croire que ce qui fait qu'il réussit moins bien, c'est qu'il a encore plus besoin d'eau et d'ombre et qu'il souffre davantage dans les hivers rigoureux. J'avois voulu diriger sa culture sur ces principes dans la pépinière de Trianon, mais les circonstances ont contrarié mes vues. Il fleurit au milieu de l'été et reste en fleur pendant près d'un mois. Ses fruits, qui sont noirs, deviennent la pâture de beaucoup d'oiseaux. (B.)

APHTES. Ce sont de petits ulcères superficiels qui se montrent dans l'intérieur de la bouche des animaux. Leur siège principal est l'extrémité des vaisseaux excrétoires des glandes salivaires, et de toutes les glandes qui fournissent une humeur semblable à la salive ; ce qui fait que le palais, la langue et le gosier de l'animal se trouvent attaqués de cette maladie.

La cause des aphtes est un suc visqueux et âcre qui s'attache aux parois de toutes ces parties, et y occasionne, par son séjour, ces espèces d'ulcères.

On juge de la malignité des aphtes par leur couleur et leur profondeur. Ceux qui sont superficiels, transparents, blancs, séparés les uns des autres, et qui se détachent facilement sans être remplacés par de nouveaux, ne sont pas dangereux. Les lotions de rue, d'ail, de vinaigre, les guérissent radicalement. Mais ceux, au contraire, qui creusent profondément, s'agrandissent, deviennent noirs ou de couleur livide, sont d'une espèce maligne. Tel est, par exemple, le chancre qui occupe ordinairement le dessous de la langue des chevaux. *Voyez* CHANCRE. Telle est encore la pustule maligne de la nature du charbon, qui fait périr le bœuf et le cheval, s'ils ne sont pas promptement secourus. *Voyez* CHARBON. Les autres espèces d'aphtes n'étant que les symptômes ou les effets de quelque maladie, cèdent à l'usage des remèdes qui leur sont propres. Il nous reste seulement à dire qu'il est très important, dans toutes les maladies, d'examiner la bouche des animaux. Les aphtes, venant tantôt d'une cause, tantôt d'une autre, exigent un traitement différent. (R.)

On doit à Huzard un excellent mémoire sur les aphtes, inséré dans le cinquième volume de la Feuille du Cultivateur, pag. 217. J'y renvoie les lecteurs qui voudroient plus de détails sur leur cause et leur traitement. (B.)

API. *Voyez* POMME.

API. *Voyez* CÉLERI.

APLOMB. Mot employé par les ouvriers pour indiquer qu'un mur, qu'une perche, etc., sont perpendiculaires à l'horizon. Ce nom vient de ce qu'on emploie ordinairement un morceau de plomb attaché à une longue ficelle pour s'assurer que ce mur, cette perche, le sont en effet. Ce fait tient à l'attraction de la terre. *Voyez* au mot PESANTEUR. ( B.)

APOCIN , *Apocinum*. Genre de plantes de la pentandrie digynie et de la famille des apocinées, qui renferme une quinzaine de plantes, toutes exotiques, à une seule près, et dont deux ou trois se cultivent ou peuvent se cultiver dans les jardins d'ornement et même être utiles dans les arts.

Tous les *apocins* rendent un suc laiteux lorsqu'on coupe ou seulement blesse leurs tiges ou leurs feuilles. Leurs feuilles sont toujours opposées, et leurs fleurs disposées en corymbes axillaires ou terminaux.

L'APOCIN GOBE-MOUCHE, *Apocinum androsœmifolium*, Lin. , a les feuilles ovales et luisantes, les fleurs rougeâtres et disposées en panicules terminales. Il est vivace et originaire de l'Amérique septentrionale, où il croît dans les lieux humides et s'élève de deux à trois pieds. On le cultive dans quelques jardins d'agrément à raison de son feuillage et de son port qui sont très agréables. Il fleurit au milieu de l'été. Son nom de *gobe-mouche* vient de ce que les mouches, en voulant extraire le miel de ses fleurs, causent aux corpuscules qui en font partie une irritation telle, qu'ils se resserrent et les prennent par la trompe comme dans un piège à ressort. J'en voyois peu de pieds, en Amérique, qui n'eussent ainsi toutes leurs fleurs garnies de mouches mortes ou mourantes. On le reproduit rarement de graines, qui mûrissent mal dans le climat de Paris, et qui sont long-temps à procurer des jouissances. On préfère de le multiplier par séparation de ses racines, qui drageonnent beaucoup et s'étendent à six ou huit pieds de sa touffe principale. Ce moyen, employé au premier printemps avant la pousse des tiges, donne des pieds qui fleurissent souvent la même année. Il lui faut, pour qu'il jouisse de tous ses avantages, un sol humide et léger et une exposition chaude. La place qui lui convient dans les jardins paysagers est le dernier ou avant-dernier rang des massifs. Il produit aussi un bon effet en touffe isolée sur le bord de l'eau.

L'APOCIN A FLEURS HERBACÉES, *Apocinum cannabinum*, Lin. , a les feuilles oblongues, velues en dessous, et les fleurs disposées en corymbes axillaires plus longs que les feuilles. Il est vivace, croît naturellement dans toute l'Amérique septentrionale, fleurit au milieu de l'été, et s'élève à trois ou quatre pieds. Il est encore plus rustique que le précédent et peut s'employer de même , mais il est moins agréable.

Linnæus a appelé cette espèce *cannabinum*, qu'on pourroit traduire par *chanvrière*, parceque ses tiges, rouies dans l'eau ou autrement, donnent une filasse un peu moins fine peut-être, mais aussi forte que celle du chanvre et propre aux mêmes usages. Thouin observe que cette plante étant vivace, et s'ac-

commodant de toute espèce de terrain, fourniroit des produits
bien moins coûteux que ceux du chanvre, et mériteroit par
conséquent d'être cultivée de préférence. Je ne sache pas qu'on
ait encore entrepris sa culture en France ; mais j'ai entendu dire
qu'on employoit quelquefois en Amérique celle qui y croît spontanément à faire des cordes et des ficelles. Ce sont des essais à
tenter qui seroient certainement peu dispendieux, et dont les
résultats pourroient cependant devenir d'une importance majeure.

L'APOCIN MARITIME, *Apocinum venetum*, Lin., a les feuilles
elleptiques, mucronées et dentelées en leurs bords. Il est vivace,
traçant, et se trouve sur les bords de la Méditerranée, sur-tout
aux environs de Venise. J'en ai vu beaucoup de pieds à Chioza,
et ils étoient en fleur au milieu de l'été. On le multiplie comme
le précédent, et encore plus facilement, puisque les terrains
les plus secs lui conviennent. Sa fleur est blanche, et il a une
variété à fleurs rouges qui produit un effet encore plus agréable
dans les bosquets. Il s'élève à deux ou trois pieds.

Thouin propose d'employer cette plante, qui trace considérablement, pour fixer les sables des bords de la mer dans les
parties méridionales de la France. Je ne puis qu'appuyer le
conseil de cet excellent agriculteur. ( B.)

APOCIN A LA HOUETTE. *Voyez* ASCLÉPIADE DE SYRIE.

APOPLEXIE DES ANIMAUX. *Voyez* COUP DE SANG.

APOSTÈME, ou APOSTUME. C'est une tumeur contre nature, produite par la matière humorale. L'apostème étant
formé par les liqueurs renfermées dans le corps de l'animal,
il doit y avoir autant de différens apostèmes qu'il y a de ces
différentes liqueurs. Le sang produit des apostèmes par sa
partie rouge, ou par sa partie blanche.

Dans le premier cas, si le sang est épanché, et en outre
infiltré dans le tissu de l'artère, l'apostème qu'il forme est un
véritable anévrisme, et s'il est contenu dans les veines par
une dilatation contre nature, une varice.

Dans le second, la partie blanche occasionne des apostèmes en s'arrêtant dans les vaisseaux ou en s'extravasant ; tels
sont le squirre et le gonflement des glandes.

Les liqueurs émanées du sang peuvent aussi être des causes
d'apostèmes. L'humeur des amygdales, par exemple, retenue
dans les glandes, cause leur gonflement ; la salive arrêtée
dans les glandes salivaires produit les parotides ou les avives ;
la synovie, lorsqu'elle n'est pas repompée par les pores ressor-
bant des ligamens de l'articulation, forme l'ankilose ; l'humeur muqueuse qui séjourne dans les glandes de la membrane
pituitaire occasionne la morve, et ainsi des autres.

L'apostème reçoit différens noms, par rapport aux parties

où il siège. Lorsqu'il est placé au sommet de la tête entre les deux oreilles, on l'appelle *taupe ;* au gosier, *étranguillon, esquinancie ;* au devant du poitrail, *avant-cœur ;* sur la couronne proche le sabot, *javart encorné.*

Les uns se forment promptement, les autres lentement. Les premiers sont ordinairement des apostèmes chauds, comme le PHLEGMON et l'ERYSIPÈLE. (*Voy.* ces mots.) Les seconds sont appelés apostèmes froids, par exemple, l'ŒDÈME, le SQUIRRE. (*Voyez* ces mots.) Les uns sont bénins, les autres malins ; ceux-ci critiques, ceux-là symptomatiques.

Leurs causes sont internes ou externes. Les causes internes viennent du vice des solides et de celui des fluides. Le vice des solides consiste dans leur trop grande tension ou dans leur contraction, dans la perte ou l'affoiblissement de leur ressort et dans leur division. Le vice des fluides réside dans l'excès ou dans le défaut de leur quantité, et dans leur mauvaise qualité.

Les causes externes sont les coups, les contusions, les fortes ligatures, les piqûres, les morsures d'animaux venimeux, la mauvaise qualité de l'air, des alimens, l'excès de travail et le trop grand repos. Toutes ces causes produisent des embarras, des engorgemens, des obstructions, et conséquemment des apostèmes.

On remarque aux apostèmes, comme à toutes les maladies, quatre temps ; le commencement, le progrès, l'état et la fin. Le commencement est le premier point de l'obstruction, le progrès est l'augmentation de cette même obstruction ; l'état est celui où l'obstruction est à son plus haut point, et on la reconnoît à la violence des symptômes ; la fin est leur terminaison.

La terminaison se fait par résolution, par suppuration, par délitescence, par induration, et par pourriture, ou par mortification. Toutes ces terminaisons peuvent être avantageuses ou désavantageuses, suivant les cas et les circonstances de la maladie ; elle sera avantageuse, par exemple, lorsque dans la gourme, la terminaison se fera par la suppuration des glandes lymphatiques de la ganache et des parotides, etc. La cure de l'apostème étant particulière à chaque espèce, *voyez* l'article de chaque tumeur. (R.)

APPAREIL. C'est l'enveloppe dont on entoure quelquefois les plaies des arbres qu'on veut garantir du contact de l'air. Ce mot a été assez souvent employé dans des ouvrages sur l'agriculture, mais il n'est pas d'usage dans la pratique. *Voy.* aux mots ONGUENT DE SAINT-FIACRE, ENGLUMEN et PLAIES DES ARBRES. (B.)

APPAREILLER. Ce mot se prend dans deux acceptions. On appareille des chevaux pour les atteler, ou à un carrosse, ou à une voiture de roulier, ou pour les employer à la reproduction.

Dans le premier cas l'appareillage a rapport à l'égalité de la taille, de la couleur, de l'encolure, à la docilité. On fait peu ou point d'attention aux différences d'ardeur ou de force, parceque le travail des chevaux de carrosse est ordinairement au-dessous de leurs moyens.

Dans le second cas on doit considérer la taille et la docilité, mais porter principalement ses regards sur des chevaux d'une ardeur et d'une force égale. Qui n'a pas mille fois observé qu'une voiture de roulier, attelée de six à huit chevaux, n'étoit souvent traînée que par deux ou trois? Qui peut douter qu'un bon cheval s'use bien plus rapidement dans ce cas, que s'il étoit employé à traîner seul un poids proportionné à ses moyens? Il n'y a pas de doute que le manque de soins à cet égard ne soit la cause d'une grande perte de chevaux tous les ans, et ne nuise à la fortune des conducteurs, quelque surveillance qu'ils exercent sur leurs chevaux paresseux.

On dira peut-être qu'il est difficile, pour ne pas dire impossible d'appareiller rigoureusement les chevaux sous ce dernier rapport, et j'en conviendrai; mais ce n'est pas une égalité absolue que je demande, c'est l'approximation la plus complète que faire se peut.

Ce principe doit s'appliquer même aux chevaux de cavalerie, qui, faisant des manœuvres égales, doivent tous avoir la force de les supporter également. Sans doute bien des milliers de soldats sont tombés sous les coups de l'ennemi, parceque leurs chevaux ne pouvoient pas suivre les autres avec la même vitesse ou pendant le même temps.

Les bœufs, les mulets et les ânes, même les chiens courans sont dans le même cas que les chevaux, lorsqu'on en emploie plusieurs au même objet et en même temps.

Les animaux destinés à la reproduction doivent être choisis, le mâle et la femelle, lorsqu'on veut entretenir une race aussi pure que possible de la plus parfaite égalité sous tous les rapports. Les qualités morales sur-tout sont fort importantes. Lorsqu'on est dans l'intention de remonter cette race par des croisemens, il faut que le mâle soit supérieur à la femelle, soit en force, soit en beauté, soit en caractère; car le mâle apporte toujours plus du sien dans l'acte de la génération. En conséquence, les chevaux vicieux seront rejetés des haras. Au reste, ce n'est que par gradation qu'on peut relever une race. (B.)

APPÉTIT. Excitation des sucs digestifs des animaux, qui les porte à rechercher des alimens.

Lorsque l'appétit est bien réglé il y a ordinairement certitude de bonne santé. Il diminue et cesse même tout-à-fait à l'approche et pendant la durée de la plupart des maladies. Lorsqu'on s'aperçoit d'un commencement de changement à cet égard, on doit changer leurs alimens, leur en donner de plus savoureux, de plus rafraîchissans, et même les rendre encore plus appétissans en les saupoudrant de sel, diminuer et même suspendre leur travail. Par ces précautions une maladie qui étoit prête à se déclarer ne se développe souvent pas.

Quelquefois l'appétit se déprave dans les animaux domestiques : on leur voit manger de la terre, du linge, du vieux cuir, du fumier, le plâtre ou la chaux des murs; ce sont des symptômes de mauvaises digestions, qui disparoissent ordinairement par l'usage des boissons alkalines.

Les billots, les mastigadours et autres moyens que les maréchaux ignorans emploient pour, disent-ils, exciter l'appétit des chevaux, augmentent bien la circulation de leur salive, mais ne remédient presque jamais au mal, et fatiguent beaucoup ces animaux : il ne faut y avoir recours que dans des cas particuliers, où le défaut d'appétit seroit produit par la diminution de cette sécrétion. ( B. )

APPÉTIT. Nom commun à l'ÉCHALOTTE, à la ROCAMBOLE et à la CIBOULE. *Voyez ces mots.*

APPLANIR LE TERRAIN. Il est un grand nombre de cas où il est très utile, même nécessaire, que le terrain soit très uni, principalement quand on veut arroser par irrigation. D'ailleurs il semble qu'un terrain qui n'est pas uni, sur-tout lorsqu'il est situé en plaine, manque de quelque chose. Dans les jardins, ce défaut seroit intolérable : les prairies l'exigent plus que les autres cultures, soit qu'elles soient naturelles, soit qu'elles soient artificielles. Un habile laboureur, soit à la bêche, soit à la pioche, peut fort bien applanir, dès la première façon, un terrain qui n'est pas trop inégal. Il y parvient également avec la charrue, mais au bout d'un long temps, parceque chaque fois il ne peut ôter qu'une petite quantité de terre des parties élevées, et la transporter à une petite distance, c'est-à-dire seulement la déranger.

M. Pictet Mallet, à qui on doit un très bon mémoire sur la culture des environs d'Alicante, a donné la figure et la description d'une machine très propre à accélérer cet applanissement. Cette machine ressemble, quant à la forme, à l'égouvillon ou échope avec lequel les bateliers vident l'eau de leur bateau; c'est-à-dire que c'est une espèce de caisse carrée, de deux ou trois pieds de large sur un de haut, dont un des côtés est courbé de manière à s'oblitérer et à devenir tranchant. Aux côtés latéraux de cet instrument est fixée une limonière où est attelée une mule; et au côté postérieur, c'est-à-dire opposé au côté tranchant, si je puis employer ce mot, est fixé un manche. On promène cet instrument sur une terre nouvellement labourée à la charrue, en conduisant la mule de la main gauche et en tenant l'instrument dans une position verticale au moyen de la main droite. Le conducteur fait mordre le tranchant dans les places trop élevées, en redressant la machine et en appuyant sur son manche ; après quoi, la baissant en arrière, il transporte la terre dont elle s'est remplie dans le lieu où il en manque et l'y verse en la redressant de nouveau. Il suffit de jeter la vue sur la figure pour sentir l'effet de cette manœuvre si simple et si expéditive. Tout le monde, à sa seule inspection, pourra faire faire une machine semblable, plus ou moins grande, pour son usage. J'ai lieu de m'étonner qu'elle ne soit pas connue en France, ses applications étant très fréquentes. Je dois dire cependant que j'ai vu quelque part des tombereaux destinés à des transports de pierrailles pour les routes terminés ainsi par un bord tranchant.

Cette machine, connue depuis long-temps, se nomme RAVALE.

On sent que, pour expédier mieux l'ouvrage, il peut être bon d'armer le bord tranchant d'une lame de fer. *Voyez* fig. 6, planche 1. ( TH. )

APPROCHE, espèce de GREFFE.

APPUI. En jardinage, ce mot se dit d'une palissade, d'un mur, etc., élevés de trois pieds à trois pieds et demi, et qui forment un plan horizontal en dessus, de manière qu'ils se trouvent à la hauteur des coudes, et qu'on peut s'y appuyer commodément. On dit encore des tentures d'appui, pour désigner toutes celles qui ne sont pas au-dessus de la hauteur des bras.

Les palissades d'appui sont employées, dans les jardins symétriques, à border les allées, à former des massifs et à dessiner des formes. Les murs d'appui s'établissent dans les mêmes jardins, pour couper la différence des niveaux du terrain, pour établir des espaliers nains dans les jardins potagers, ou pour enclore des melonières. La partie supérieure de ces murs est ordinairement couverte de tablettes de pierre, sur lesquelles on place des vases et des pots de fleurs qui font un effet agréable.

Les appuis de croisées, dans les orangeries, sont très propres à la conservation d'un grand nombre de plantes qui aiment l'air et qui craignent l'humidité pendant l'hiver ; il faut donc avoir soin de leur ménager ces places. (TH.)

AQUATIQUE. On dit qu'un terrain est aquatique lorsqu'il est baigné d'eau pendant la plus grande partie de l'année. On dit qu'une plante est aquatique lorsqu'elle croît dans l'eau.

Un terrain aquatique a ordinairement pour base un fond argileux, que les eaux ne peuvent pénétrer et sur lequel elles ne peuvent couler, par défaut de pente. Il y en a de tous les degrés, depuis le marais où on enfonce pendant toute l'année, jusqu'au pâturage qui mouille à peine la semelle des souliers pendant l'été, et chacun donne naissance à des plantes particulières et susceptibles d'une culture différente.

Les marais sont les terrains aquatiques au premier degré. Il sera question à leur article de leurs diverses espèces, et de la culture qui convient à chacune d'elles.

J'ai parlé à l'article ALLUVION des terrains qui, sans être aquatiques par la nature de leur sol, le sont devenus par leur position dans le voisinage d'une rivière ou d'un ruisseau, par le débordement circonstanciel d'un lac ou d'un étang, etc.

Les terrains aquatiques sont généralement d'une culture plus difficile et plus coûteuse que les terrains arides. Le nombre des articles qu'on peut y semer ou planter avec avantage est très circonscrit. Cependant il est quelques uns de ces terrains qui, desséchés par des travaux convenables, ont fait la fortune de leurs propriétaires. On ne doit donc jamais désespérer d'en tirer parti.

Il est aussi des lieux rendus aquatiques par les eaux de la mer; mais la nature des plantes qui y croissent est particulière, et on ne peut en tirer parti qu'en y semant de la SOUDE, *voyez* ce mot.

Un pays peut être aquatique sans être marécageux; il suffit pour cela qu'il soit abondamment pourvu d'eaux courantes ou stagnantes. Un tel pays ne peut pas être aussi sain pour les hommes et les animaux qu'un pays sec, mais il n'est pas ordinairement dangereux. Les moutons seuls se trouvent mal de la nourriture trop aqueuse qu'ils y trouvent. Sa fertilité est souvent considérable. Il a ou peut se procurer des débouchés faciles par le moyen des rivières ou des canaux.

Les plantes aquatiques ont la plupart un aspect qui les fait reconnoître. Toutes leurs parties sont molles et épaisses. Plusieurs, sur-tout dans les familles des ombellifères et des rosacées, sont de dangereux poisons. Deux seules fournissent de la nourriture à l'homme : l'une par ses feuilles, le *cresson*; l'autre par ses fruits, la *macre*. Beaucoup ont des propriétés médicales. Fort peu sont du goût des bestiaux, et sur-tout des moutons. On ne s'en sert, dans les campagnes, que pour faire de la litière, et augmenter par-là la masse des fumiers.

On néglige trop de mettre des plantes aquatiques dans les jardins paysagers. Il en est plusieurs qui, par la beauté de leurs fleurs, d'autres qui, par la grandeur ou l'élégance de leur port, serviroient fort bien à leur embellissement. Elles sont même nécessaires dans les eaux empoissonnées, parcequ'elles fournissent de l'ombre pendant l'été, et favorisent la multiplication des insectes. Le plus grand reproche qu'on peut leur faire, c'est qu'elles se propagent ordinairement avec plus de rapidité qu'il seroit à désirer, et qu'il n'est pas toujours facile de les détruire. Témoins le roseau, la masette.

La liste ci-dessous des plantes de cette sorte qui croissent naturellement en France fournira au lecteur les moyens d'apprendre à connoître leurs avantages ou leurs inconvéniens, attendu que toutes ont un article particulier.

Les plantes aquatiques les plus communes en France appartiennent aux genres :

| ENTIÈREMENT noyées. | LE PIED DANS L'EAU pendant toute l'année. | LE PIED DANS L'EAU pendant une partie de l'année seulement. |
|---|---|---|
| Charagne, toutes. | | |
| Conferve, toutes. | Berle, 2 espèces. | |
| Cresson, 1 espèce. | Bident, 1. | Aune. |
| Fetuque, 1. | Bourgène, 1. | Bident, 1 espèce. |
| Flechière, 1. | Butome. | Bouleau, 1. |
| Fluteau. | | Caillelait. |
| Fontinale, 1. | Caillelait, 1. | Ceraiste, 1. |
| Hottone. | Calle, 1. | Chardon, 3. |
| Isnarde. | Epilobe, 2. | |
| Laiche, 4. | Galé. | Eupatoire, 1. |
| Lenticule, toutes. | Germandrée, 1. | Fontinale, 1. |
| Macre. | Grassette. | Frêne, 1. |
| Marsile. | | Inule, 2. |
| Massette. | Gratiole. | Jonc, 4. |
| Meniante, 2. | Jonc, 2. | Laiche, 6. |
| Millepertuis, 1. | Iris, 1. | Linaigrette, 2. |
| Nayade. | | Littorelle. |
| Nénuphar, 2. | Laiche, 6. | Lobelie, 1. |
| Pesso. | Menthe, 1. | Lycope. |
| Pliulaire. | Œnanthe, 1. | Lycopode, 1. |
| Plumeau. | Orchis, 1. | Menthe, 2. |
| Prêle, 2. | Patience, 1. | Obier, 1. |
| Renoncule, 2. | Populage. | Parnassie. |
| Renouée, 1. | Renoncule, 2. | Peuplier, tous. |
| Roseau, 1. | | Pigamon, 1. |
| Rubanier, 1. | Renouée, 1. | Polypode, 1. |
| Scirpe, 2. | Scirpe, 1. | Prêle, 2. |
| Souchet, 2. | Souchet, 1. | Saule, tous. |
| Stratiote. | Toque, 2. | Scrophulaire, 1. |
| Sysimbre, 1. | Tormentille, 1. | Spirée, 1. |
| Varec, tous. | Zanichelle. | Tythymale, 1. |
| Véronique, 2. | | |
| Ulve, touste. | | (B.) |
| Utriculaire, toutes. | | |

AQUILEGIA, nom latin de l'ANCOLIE. *Voy.* ce mot.

ARA. Une des deux charrues en usage dans le département des Deux-Sèvres. Elle a deux oreilles.

ARABETTE, *Arabis*. Genre de plantes de la tétradynamie monogynie et de la famille des crucifères, qui renferme une vingtaine d'espèces, la plupart propres à l'Europe, et dont une mérite d'être cultivée dans les jardins d'agrément.

Parmi ces espèces il convient de remarquer :

L'ARABETTE DES ALPES qui a les feuilles alternes, oblongues, lancéolées, fortement dentées et amplexicaules. Elle est vivace, et se trouve sur les montagnes élevées de l'Europe. On la cultive dans les jardins d'agrément, où elle forme des touffes toujours vertes, et où elle se couvre, dès le premier printemps, de fleurs blanches, légèrement odorantes, qui produisent un fort joli effet. Elle n'est pas délicate sur le choix du terrain, et ses moyens de multiplication sont rapides et certains. On peut l'obtenir de graines, mais on préfère déchirer les vieux pieds qui sont toujours chargés de drageons à la fin de l'automne. On place cette plante dans les parterres et dans les jardins paysagers sur le bord des massifs. Elle ne demande aucune autre culture que celle employée généralement pour ces sortes de jardins. Les gelées ne lui sont pas nuisibles. Il n'y a que les chaleurs et la sécheresse qui la font souffrir quelquefois, sans cependant la faire ordinairement mourir.

L'ARABETTE RAMEUSE, *Arabis thaliana*, Lin., a les feuilles radicales, oblongues, pétiolées, les caulinaires lancéolées, sessiles, la tige hérissée à sa base, et les pétales deux fois plus longs que le calice. Elle est annuelle, et se trouve par toute l'Europe dans les terrains sablonneux les plus secs et les plus arides. Elle peut servir d'indication aux laboureurs qui se proposent d'acheter un terrain pour en donner le plus bas prix possible. De tous les bestiaux, les brebis seules la mangent. Elle fleurit de très bonne heure au printemps, et s'élève de huit à dix pouces.

L'ARABETTE TOURRETTE, *Arabis turrita*, Lin., a les feuilles amplexicaules, les siliques planes, linéaires et plus épaisses en leurs bords. Elle est annuelle, se trouve dans les montagnes sablonneuses, dans les terrains secs, les bois arides, fleurit à la fin du printemps, et s'élève de deux à trois pieds.

Les autres espèces sont, pour la plupart, de petites plantes qui croissent sur le sommet des plus hautes montagnes dans le voisinage des neiges, et qu'on ne cultive que dans les jardins de botanique. (B.)

ARABLES (TERRES.) Ce sont les terres qu'on cultive au moyen de la charrue, et que l'on sème en blé ou autres céréales. (B.)

ARACHIDE, ou *Pistache de terre*. Plante annuelle de la diadelphie décandrie et de la famille des légumineuses, à tiges couchées à leur base, et hautes d'environ un pied, à feuilles alternes, ailées, composées de quatre folioles ovales, accompagnées d'une stipule membraneuse, à fleurs jaunes, solitaires ou géminées dans les aisselles des feuilles qui, à raison de son fruit d'un goût agréable et abondant en huile, est cultivée de toute ancienneté dans les pays chauds des quatre parties du monde, et, depuis quelque temps, dans les parties méridionales de l'Europe et même de la France.

Un phénomène physiologique digne des méditations des scrutateurs de la nature se remarque dans cette plante. Il n'y a que les ovaires inférieurs, privés de corolle, fort petits et portés sur de longs et foibles pédoncules, qui soient susceptibles d'être fécondés; et, après leur fécondation, ils se recourbent, s'insinuent dans la terre, et y achèvent leur évolution, de sorte qu'il semble que c'est aux racines qu'on cueille ses graines. Les ovaires supérieurs avortent toujours.

Il y a quelques années que l'arachide n'étoit pas connue en France. Aujourd'hui elle s'y cultive dans quelques cantons du département des Landes et autres. Des écrivains, qui ne l'ont jamais vue qu'en figure, la vantent au-delà de toute mesure. J'ai suivi, pendant deux années, sa culture en Caroline, pays où le sol et le climat lui sont extrêmement favorables; cependant je n'en ai pas l'opinion avantageuse qu'on a voulu en donner.

On cultive l'arachide dans tous les pays intertropicaux où il y a des nègres; car ce sont principalement eux qui en aiment le fruit qu'ils mangent cru ou grillé comme les châtaignes; mais nulle part elle n'est, à ce que m'ont assuré des personnes qui ont voyagé dans les Colonies, un objet de grande importance. Par-tout, comme en Caroline, on en voit quelques planches dans le voisinage des habitations, mais point de champ d'une grande étendue.

Pourquoi en effet en avoir beaucoup ? On ne fait point d'huile avec ses fruits, ils ne servent même pas véritablement de nourriture, puisqu'ils ne se mangent que hors des repas, comme en France les noisettes, et qu'ils ne peuvent se garder une année sur l'autre à raison de leur grande disposition à rancir. Je les trouvois déjà altérés, en Caroline, quinze jours après leur récolte. Aussi généralement les laisse-t-on en terre aussi long-temps que possible, et en plante-t-on, à différentes époques, de quinze jours en quinze jours, par exemple, pour en avoir plus long-temps de fraîches.

J'ai dit, autre part, que les pieds d'arachide ne donnoient que sept à huit gousses à deux ou trois graines chacune, et je l'ai dit après en avoir arraché un grand nombre dans le jardin qui étoit à ma disposition, et où mes nègres les avoient plantés; mais il paroît que j'ai été induit à erreur par la mauvaise nature du sol ( un sable aride ) et le défaut de culture;

ear M. Darimajou en a obtenu jusqu'à quarante gousses sur un seul pied dans le département des Landes, et la plupart des autres personnes qui ont cultivé cette plante en France en ont obtenu des quantités supérieures à ce que j'ai annoncé.

La graine de l'arachide, qui est de la grosseur du petit doigt, a un goût d'amande altéré par un goût de pois secs ou de haricots. Ce goût ou ces goûts ( car ils sont distincts, le premier se développant d'abord) ne plaisent pas à tout le monde, et de plus ils sont souvent suivis d'un picotement désagréable dans la gorge. Aussi, je le répète, en Caroline il n'y a que les nègres et même les enfans des nègres qui en mangent beaucoup. Jamais on ne la sert sur la table des colons. Je n'ai pas pu m'y accoutumer, ainsi que plusieurs autres Français d'Europe de ma connoissance. Je ne crois donc pas que, sous le rapport de la nourriture de l'homme, l'acquisition de l'arachide ait l'importance qu'on a voulu lui donner. Quant à la nourriture des bestiaux, qui tous aiment avec ardeur ses feuilles et sa graine, il s'agit de calculer les frais de sa culture et la masse de ses produits, et de juger s'il n'est pas d'autres plantesplus propres à remplir économiquement cet objet. Je n'ai point fait d'expériences positives, mais j'ai lieu de croire que la plupart des fourrages et des graines qu'on donne généralement aux bestiaux l'emportent sur elle. Reste donc sa propriété de donner, de l'huile et de l'huile d'excellente qualité, très abondante et de bonne garde.

Au rapport des Espagnols, c'est au Pérou qu'on a commencé à tirer de l'huile des graines de l'arachide. C'est là qu'on a pris l'idée de cultiver la plante, pour cet objet, en Espagne, où elle paroît donner des produits importans, selon Ulloa qui a fait un traité sur sa culture.

L'arachide donne en huile la moitié de son poids, terme moyen, ce qui est en effet un produit on ne peut plus avantageux et qui mérite toute l'attention des cultivateurs. Cette huile est propre à tous les usages de la table, et paroît même supérieure à l'huile d'olive, pour brûler, faire du savon, etc. Elle ne se fige qu'à une très basse température. On prétend qu'elle ne rancit pas, ce qui est en opposition avec ce que j'ai observé en Caroline; cette huile conserve long-temps son goût de fruit, ce qui doit la rendre peu agréable; mais elle le perd à la longue.

En Caroline, comme je l'ai déjà observé, et sans doute dans les colonies françaises et autres, on sème l'arachide à différentes reprises, pendant les mois de mars, d'avril et de mai. Mais on ne lui donne aucune ou presque aucune culture, parceque les colons ne s'en mêlent pas, et que les nègres travaillent le moins qu'ils peuvent, qu'ils soient ou non contraints. En Espagne, où le climat est plus froid, on sème depuis la mi-mai jusqu'à la mi-juin. Pour cela on gratte la terre, préalablement bien labourée, et, en la ramenant sur une ligne, on en forme des billons d'un pied de large sur six pouces de haut, tous parallèles. C'est au milieu de ces billons qu'on met les graines de l'arachide, à six ou huit pouces de distance. Lorsque le plant est levé on le bine et on le butte. On renouvelle cette opération quand la graine est formée. Dans l'intervalle on sarcle, si cela est nécessaire, car un binage pendant la floraison est le plus souvent nuisible.

Un sol léger et humide est celui qui convient à l'arachide. Elle ne pourroit introduire ses capsules dans un terrain trop argileux, et elle fourniroit peu dans un sable trop sec. En Espagne, d'après Ulloa, la culture ordinaire donne cent pour un, et la culture soignée deux cents et même trois cents; ce qui paroît fort. Elle demande aussi une exposition complètement découverte et abritée des vents du nord.

L'époque de la récolte de l'arachide est indiquée par le changement de la couleur de ses feuilles, et mieux, par leur absolue dessiccation; mais il est rare que les gelées, auxquelles elle est extrêmement sensible, ne la frappent en Espagne, et encore plus en France, avant cette dessiccation, et il est bon de les prévenir.

On récolte l'arachide comme les pommes de terre, c'est-à-dire en tirant la tige à soi et en cherchant dans la terre les gousses qui auroient pu y rester. On les fait sécher, sans les séparer des tiges, dans un grenier où les graines achèvent de se perfectionner, et on ne les bat qu'au moment du besoin, parcequ'elles se conservent mieux dans la gousse. Les moyens à employer pour cette dernière opération sont les mêmes que ceux usités lorsqu'on écosse les haricots, c'est-à-dire ou la main ou un léger fléau.

Il y a très long-temps que l'arachide est cultivée tous les ans, en France, dans les jardins de botanique, et principalement à Paris et à Montpellier; mais ce n'est que depuis cinq à six ans qu'on a pensé à la cultiver en grand et pour des usages domestiques. MM. Darimajou, Borda, Pons et autres ont commencé à la cultiver dans le département des Landes, de graines venues d'Espagne; MM. La Fabrie, Berthe et Victor Broussonnet, aux environs de Montpellier, de graines rapportées par eux du même pays. On l'a aussi cultivée aux environs de Toulouse, aux environs de Toulon, aux environs de Turin, etc. Par-tout les résultats ont donné les plus belles espérances, c'est-à-dire quatre-vingt-dix pour un; cependant je n'entends pas dire que cette culture s'étende beaucoup. A qui en attribuer la cause? Probablement ou à ce que les cultivateurs ne trouvent pas à se défaire des produits, ou à ce que les frais sont trop considérables pour pouvoir donner les feuilles ou les graines aux bestiaux, peut-être par ces deux raisons à la fois. Il est d'expérience que toute culture nouvelle trouve, dans sa nouveauté même, des obstacles à sa réussite. Espérons que petit à petit celle de l'arachide surmontera ces obstacles, si réellement elle est aussi productive en huile qu'on l'a annoncé.

La fabrication de l'huile d'arachide ne diffère de celle des autres huiles qu'en ce qu'elle est plus facile, puisque, d'après Ulloa, une seule pression de la pâte suffit, en Espagne, pour l'extraire en totalité, sans le secours d'une chaleur artificielle.

Le marc qui reste après la pression est, selon le même Ulloa, une substance amiclacée dont on fait, en le mêlant avec quantité égale de farine de froment, un pain de bonne qualité. On se sert de cette espèce de farine pour faire des pâtisseries, et elle peut entrer dans la composition du chocolat pour une moitié et même deux tiers.

Ce dernier mélange est très pratiqué aujourd'hui en Espagne et même dans le reste de l'Europe. Il paroît même que c'est lui qui soutient la culture de l'arachide en Espagne. Le fruit de cette plante est en effet, par sa nature huileuse, très propre à remplacer le cacao; mais son goût de fruit, qu'on ne peut lui enlever, et qui, ainsi que je l'ai observé, déplaît à ceux qui n'y sont pas accoutumés, s'oppose à ce qu'on l'emploie seul à la fabrication de cette pâte. J'ai mangé, en Espagne et en France, de ce chocolat mi-parti de cacao et d'arachide, et j'ai fait des vœux pour que l'abondance du cacao reparoisse bientôt.

On fait aussi du café avec l'arachide torréfiée; ses racines peuvent remplacer le réglisse. ( B. )

ARAIGNÉE, *Aranea*. Ce n'est pas comme naturaliste que je veux entreprendre de parler des insectes de ce genre. Mon intention n'est pas de décrire ici les deux cent cinquante espèces connues qu'il renferme. Mais comme plusieurs de ces espèces sont fréquemment sous les yeux des cultivateurs, qu'elles l'intéressent sous divers rapports, je crois qu'il n'est pas inutile de donner un aperçu des principaux faits qu'offre leur histoire. N'aurai-je fait que mettre quelques personnes en état de repousser les préjugés qui règnent à leur égard dans les campagnes, mon temps aura été bien employé.

C'est dans la classe des insectes que sont placées les *araignées* par la plupart des naturalistes; mais Lamark en forme une classe particulière à laquelle il a imposé le nom d'*arachnides*, dans la division des *aptères*, de Linnæus; des *ugonates*, de Fabricius; et des *acères*, de Latreille.

Toutes les *araignées* sont carnivores, c'est-à-dire ne vivent que du sang des insectes qu'elles saisissent; ainsi, lorsqu'on

les accusera d'avoir détruit un semis , fait couler les abrico
en mangeant les jeunes pousses , en piquant les boutons
fleurs, etc. , on peut le nier avec assurance ; c'est à des coups
de soleil, à des gelées ou autres causes atmosphériques qu'il
faut attribuer ces accidens, souvent même à la faute du jardinier. J'ai vu deux ou trois fois des semis , prétendus détruits par elles, et qui s'étoient fondus parcequ'on n'avoit pas
renouvelé l'air des châssis sous lesquels ils étoient faits. Il est
si commode à l'ignorance ou à la paresse de se disculper ainsi
par des mots !

Si les araignées se rendent en abondance , au printemps,
dans les serres, sous les châssis, sur les couches, c'est qu'elles
trouvent la chaleur qui leur plaît et les insectes qu'elles recherchent , insectes que cette même chaleur y fait éclore plus
tôt et en plus grande abondance qu'ailleurs. Sans doute elles
nuisent au plant en le couvrant de leurs fils, et elles doivent
en conséquence être éloignées ; mais cela n'est pas toujours
facile. Il n'y a guère que les fumigations de feuilles de tabac, de
vieux cuir ou d'autres matières âcres, qui puissent en débarrasser.

C'est avec leurs mandibules plus ou moins longues, plus ou
moins robustes, selon les espèces, qu'elles saisissent et tuent
leur proie. C'est avec leurs mâchoires qu'elles en sucent le
sang. Quelques espèces, outre ces moyens d'attaque, ont encore une espèce de venin , qui distille, par un trou placé un
peu au-dessous de la pointe des mandibules, dans la plaie
qu'elles ont faite. Ce venin , sans doute suffisant pour tuer
une mouche, ne peut causer de mal grave à un homme ou à
un animal domestique. Lorsque, sous le règne de la proscription , j'étois réfugié dans les solitudes de la forêt de Montmorency, et que, pour charmer mes ennuis, je m'occupois
d'un grand travail sur les araignées, travail auquel j'ai renoncé
depuis que Latreille et Walkenaer se sont emparés du même
sujet, je me fis mordre par plusieurs des quatre-vingts espèces
que j'y décrivis et dessinai, mais aucunes de celles qui voulurent bien se prêter à cette expérience ne m'occasionnèrent
de douleur vive. Je dis, voulurent bien se prêter , car, excepté parmi les araignées sauteuses, peu le firent. Depuis, j'ai
été mordu en Amérique par une araignée de la même division, et elle m'a prouvé qu'il en étoit qui pouvoient faire du
mal, celui que je ressentis au doigt ayant été atroce pendant
plusieurs heures, et la douleur n'étant pas encore complètement dissipée deux ou trois jours après. Je ne puis mieux la
comparer qu'à celle que produiroient deux ou trois guêpes-fre-
lons qui piqueroient simultanément à la même place. Celle-
là a du venin , et le trou qui le distille est très visible. On
peut donc croire que l'opinion qui a circulé de tout temps

dans les campagnes, sur le venin des araignées, est fondée en raison, mais qu'elle est exagérée. Des expériences répétées dans ces derniers temps sur la tarentule, espèce d'*araignée loup*, qu'on accusoit de donner lieu à des maladies graves et souvent à la mort, ont constaté que sa morsure ne causoit qu'une douleur locale et un peu durable, comme celle que j'ai éprouvée en Amérique, et que tout ce qu'on en a écrit de plus doit être mis au rang des fables.

Il ne paroît pas que les dangers qu'on croit généralement dans les campagnes être la suite de l'introduction des araignées dans l'estomac des hommes ou des animaux domestiques soient plus fondés en raison que ceux qu'on attribuoit à la tarentule. Il est des oiseaux qui en vivent presque exclusivement. On a des exemples de personnes qui en ont mangé, et un astronome célèbre de Paris s'en régaloit sans inconvéniens toutes les fois qu'on l'en sollicitoit. Il n'est pas douteux pour moi, quand je considère le grand nombre de celles qui se cachent entre les feuilles des plantes, que les chevaux, les vaches, les moutons en avalent chaque jour des douzaines en pâturant, et cependant ils ne meurent pas. Un bœuf qu'on accusoit d'en avoir mangé une, parceque son ventre enfloit extraordinairement, avoit été vu par moi une heure avant dans une luzerne, de sorte que je jugeai que c'étoit une véritable indigestion; mais, pour ne pas s'exposer aux reproches, le berger ne voulut pas en convenir. Gilbert a fait beaucoup d'expériences qui ont eu le même résultat. Il y a donc lieu de croire que les araignées sont encore moins dangereuses à l'intérieur qu'à l'extérieur, et que tous les maux qu'on leur attribue sont dus à d'autres causes.

Mais il faut revenir à la description de l'araignée dont j'ai été écarté par l'exposé de ces faits.

Au-dessus du corselet, sur son bord antérieur, sont placés les yeux, ordinairement au nombre de huit et quelquefois de six, de grandeur souvent inégale, et disposés régulièrement, mais différemment relativement les uns aux autres dans les diverses familles. C'est sur cette différence de position que les naturalistes ont fondé les subdivisions de ce genre, comme on le verra plus bas.

L'abdomen ou le ventre des araignées varie de forme, mais la globuleuse est la plus commune. Il est susceptible de se distendre beaucoup dans les femelles. C'est vers sa partie postérieure, en dessous, que sont placés les quatre mamelons destinés à filer la toile, les deux stigmates, ou organes de la respiration, l'anus, et dans les femelles l'ouverture des organes de la génération. Ceux de la génération des mâles sont à l'extrémité des antennules ou palpes.

Il n'y a jamais ni plus ni moins de huit pattes dans les

araignées, toujours attachées sous le corselet, mais elles varient dans chaque espèce et en forme et en longueur respective. Elles tombent fort aisément, et sont susceptibles de repousser comme les pattes des crustacés, au dire de quelques naturalistes.

Toutes les araignées vivant d'insectes doivent faire et font réellement chaque année une grande destruction parmi eux. Ce sont sur-tout les insectes à deux ailes, tels que les mouches, tipules, cousins, etc., qui deviennent leurs victimes; mais beaucoup d'autres, bien plus forts, tombent également dans leurs filets. J'ai déjà dit que quelques unes introduisoient dans le sang de ces insectes un venin qui les faisoit périr presque subitement; d'autres, qui ne sont pas pourvues de ce moyen de les arrêter, savent les envelopper presque instantanément d'un réseau qui ne leur permet plus de se défendre. Il est peu de personnes instruites, habitant la campagne, qui n'aient été à portée d'observer leur manœuvre dans ce cas. Certaines araignées d'Amérique, principalement l'*aviculaire*, s'emparent, même des petits oiseaux, par ce moyen. J'ai dans ma collection un roitelet (*motacilla troglodytes*, Lin.) que j'ai trouvé, en Caroline, ainsi pris dans une toile de l'*araignée à six épines*, et qui en étoit complètement entouré. Il est à observer que cette araignée n'a pas plus de quatre lignes de diamètre; mais son corps est crustacé et ses fils sont visqueux, ce qui lui donne quelques avantages sur celles de même grosseur qui se trouvent en Europe.

C'est donc avec quelque raison que les habitans des campagnes laissent les araignées dans leurs étables, puisqu'elles détruisent les *mouches*, les *stomoxes*, les *taons*, les *cousins*, etc., qui tourmentent les bestiaux; cependant ils étendent un peu trop le principe, car il est quelques unes de ces écuries où on n'enlève jamais leurs toiles, de sorte qu'elles tombent fréquemment sur le manger de ces bestiaux et leur occasionnent des toux convulsives qui peuvent avoir des suites graves. Je crois que, s'il ne faut pas proscrire totalement les araignées des étables, il ne faut pas non plus les laisser s'y multiplier en trop grande quantité, et que deux balayages généraux par an ne peuvent être qu'approuvés du plus grand nombre des agronomes.

C'est en automne que la plus grande partie des araignées s'accouplent. Cette opération n'est pas sans dangers pour le mâle, que la femelle dévore souvent. Toutes sont ovipares, et toutes ont une manière particulière d'assurer la conservation de leur postérité. Les unes placent leurs œufs sous leur toile même; d'autres sous des pierres, dans les fentes des arbres, dans des feuilles qu'elles contournent et assujettissent avec des fils; d'autr s enfin dans des boules qu'elles portent continuellement avec elles. Ces œufs éclosent les uns en automne, les autres au printemps, et les petites araignées qui en proviennent savent déjà se saisir de leur proie et filer peu d'instans après leur naissance.

Cette faculté de filer des toiles pour arrêter les insectes dont elles se nourrissent a de tout temps excité l'intérêt des observateurs, soit en elle-même, soit relativement aux diverses modifications que chaque espèce y apporte. Lorsqu'une araignée veut en user, elle fait sortir de ses mamelons une goutte de liqueur, et l'applique contre un corps solide, ensuite elle s'en éloigne en filant, fixe son fil sur une autre place, en file d'autres parallèles de la même manière, puis elle croise ces premiers par d'autres, qui sont transversaux, et la toile est faite. L'observation a prouvé que chaque araignée ne pouvoit faire que six à huit toiles dans sa vie, et que, lorsque sa matière étoit épuisée, il falloit qu'elle mourût, ou s'empara de la toile d'une autre, c'est ce qu'elles cherchent ordinairement à faire; mais il y a presque toujours un combat à soutenir, dont un et quelquefois les deux combattans sont victimes.

Quelques *araignées* se tiennent au centre de leur toile, d'autres sur ses bords; et dès qu'un insecte s'y est jeté elles accourent, averties par l'impulsion, le saisissent et l'emportent, s'il est petit; l'entourent de fils et le sucent sur place, s'il est gros. Jamais, à moins qu'elles ne puissent faire autrement, elles ne laissent de cadavres sur ces toiles.

On a, à diverses reprises, cherché à tirer parti de la soie des araignées. On en a fabriqué des gants, des bas et autres petites pièces de ce genre, presqu'aussi forts que ceux de coton; mais il a été prouvé, d'un côté, que ces articles ne pouvoient pas être établis à un prix modique, parcequ'il falloit aller ramasser les toiles de côté et d'autre, et qu'il s'en perdoit beaucoup dans les préparations préliminaires; de l'autre, qu'il étoit impossible de nourrir des araignées pour cet objet, à raison de leur disposition à se manger réciproquement. On a donc renoncé à ce genre d'industrie.

Quant aux propriétés médicinales des toiles d'araignées, elles sont toutes regardées comme absurdes par les praticiens. Leur emploi pour arrêter les hémorrhagies peut être bon, mais de la charpie et encore mieux de l'amadou seroient meilleurs.

Mais toutes les araignées ne filent pas. Il en est qui prennent leur proie à la course, d'autres en sautant sur elle, d'autres qui se cachent dans des trous, sous des feuilles, pour la saisir au passage.

Latreille et Walkenaer ont, en dernier lieu, proposé de diviser le genre des araignées en plusieurs autres; mais comme,

malgré l'excellence de leurs motifs, les cultivateu. s n'adopte‑
ront pas de long-temps les nouveaux noms qu'ils ont imposés à
ces genres, je crois devoir m'en tenir ici aux divisions indiquées
par Olivier dans l'Encyclopédie méthodique, et qui suffisent
à ceux qui ne sont pas naturalistes, et veulent cependant en
avoir une idée.

1<sup>re</sup> Famille. *Araignées tendeuses*. On les connoît sous le
nom d'*araignées des jardins*. Leurs yeux sont ainsi disposés
ℹ. Le rapport de la longueur de leurs pattes est première
paire, seconde, quatrième et troisième. Elles font des toiles
circulaires et régulières, en réseau clair et vertical, au centre
desquelles elles se placent. Elles s'accouplent vers la fin de
l'été, enveloppent leurs œufs et les placent le long d'un mur,
ou dans les fentes d'un arbre où ils éclosent au printemps.

La plus commune d'entre elles est l'Araignée porte croix,
*Aranea diadema*, Fab., qui a l'abdomen presque globuleux,
d'un rouge brun, avec une tache plus brune, et une triple
croix de points blancs. La femelle a quelquefois l'abdomen d'un
demi-pouce de large, lorsqu'elle est pleine d'œufs. Cette es‑
pèce est souvent très incommode dans les jardins par l'abon‑
dance de ses toiles, qu'on rencontre à chaque pas, et qui cou‑
vrent le visage et les habits des promeneurs. Elle meurt pen‑
dant l'hiver.

2<sup>e</sup> Famille. *Araignées filandières*. Leurs yeux sont ainsi dis‑
posés ℹ. Le rapport de la longueur de leurs pattes est première
paire, quatrième, seconde et troisième. Elles font des toiles irré‑
gulières ou sans figures déterminées, et ne diffèrent que peu
des premières par les mœurs. Quelques unes vivent plus d'une
année. On les trouve dans les jardins et dans les greniers.

L'espèce la plus commune est l'Araignée couronnée, *Aranea*
*redimita*, Lin., qui a l'abdomen ovale, jaune, en dessus, avec
deux lignes rouges ondulées, qui se réunissent par leurs ex‑
trémités; en dessous, obscur au milieu, avec une ligne longi‑
tudinale noire. Elle a trois lignes de long, et plus lorsque la
femelle est pleine d'œufs.

3<sup>e</sup> Famille. *Araignées tapissières*. Elles sont généralement
appelées *araignées domestiques*, parcequ'elles se plaisent dans
les maisons, les écuries et autres bâtimens. Leurs yeux sont
ainsi disposés ℹ. Le rapport de la longueur respective
de leurs pattes est quatrième paire, première, seconde et
troisième. Elles font des toiles horizontales, régulières, d'un
tissu serré, à une des extrémités desquelles elles se tiennent
en embuscade. Elles s'accouplent en été, déposent leurs œufs
à côté de leur loge, et vivent plusieurs années.

La plus commune d'entre elles est l'Araignée domestique,
*Aranea domestica*, Fab., qui a l'abdomen ovale, brun, avec cinq

taches noires qui se touchent et dont les premières sont plus grandes. C'est elle dont on a tenté de filer la soie, et qui a été le plus observée. Tout le monde la connoît. Beaucoup de personnes, sur-tout de femmes, l'ont en horreur ; elle ne fait cependant pas de mal, mais elle indique le défaut de propreté, et toute ménagère jalouse de remplir ses devoirs doit lui faire une guerre à mort.

4e FAMILLE. *Araignées loups.* On les appelle vulgairement *araignées loups*, parcequ'elles prennent leur proie à la course. Leurs yeux sont ainsi disposés ⁜. Le rapport de la longueur de leurs pattes est quatrième paire, première, seconde et troisième. Elles ne filent point de toiles, ne sucent point les insectes qu'elles saisissent, mais les dévorent. Elles s'accouplent au milieu de l'été, portent leurs œufs dans une boule de soie, et leurs petits sur leur dos. Elles vivent plusieurs années.

La plus célèbre de cette division est l'*araignée tarentule* qui est grise, dont l'abdomen est ovale avec des taches triangulaires noires, et les pattes avec des taches de même couleur, mais irrégulières. On la trouve dans les parties méridionales de l'Europe. Elle se creuse un trou dans la terre, où elle se tient en embuscade, et d'où elle saute sur les insectes qui passent à sa portée. Sa grandeur est de près d'un pouce. Elle mord avec fureur ; mais il n'est pas vrai, comme je l'ai déjà dit, que sa morsure cause une maladie dangereuse, et encore moins qu'on ne puisse guérir cette maladie qu'au son de la musique.

J'ai rapporté de Caroline une espèce très voisine de celle-ci, et qui vit absolument de même.

5e FAMILLE. *Les Araignées phalanges.* Elles ont été appelées aussi *vagabondes* ou *sauteuses.* Leurs yeux sont ainsi disposés ⁖. Leurs pattes postérieures sont les plus longues, et les autres sont égales. Elles ne font point de toiles, mais filent continuellement en marchant et en sautant sur leur proie. Elles s'accouplent en été, et mettent leurs œufs dans une coque qu'elles fixent dans la fente d'un mur ou d'une écorce : elles meurent ensuite.

L'espèce la plus commune d'entre elles est l'ARAIGNÉE CHEVRONNÉE, *Aranea scenica,* Fab., qui a le corselet presque cubique, d'un gris luisant ; l'abdomen ovale, noirâtre, avec trois chevrons brisés blanchâtres. Elle a rarement plus de deux lignes de long, se trouve sur les murs exposés au midi, se cache dans leurs fentes ; et lorsqu'on l'inquiète, elle se laisse tomber en filant un fil au moyen duquel elle remonte lorsque le danger est passé.

6e FAMILLE. *Araignées crabes.* On leur a donné ce nom parcequ'elles sont aplaties, presque carrées, et marchent à reculons ou de côté comme les crabes. Leurs yeux sont ainsi disposés ° ° ° ° °. Leurs deux premières paires de pattes sont de beaucoup plus longues que les deux dernières. Elles ne font point de toiles, mais filent lorsqu'elles courent ou qu'elles se laissent tomber d'un arbre dans le danger. Elles attendent leur proie cachées sous les fleurs ou les feuilles. Elles s'accouplent en été, enveloppent leurs œufs dans une coque qu'elles cachent à côté d'elles. Elles meurent en hiver.

L'espèce la plus commune de cette division est l'ARAIGNÉE CALICINÉE, *Aranea calicina*, Lin., qui est d'un jaune pâle, très aplatie, dont l'abdomen est obtusément triangulaire et un peu obscur. Sa longueur est de deux lignes. C'est principalement sur les fleurs en ombelles qu'on la rencontre.

7e FAMILLE. *Araignées aquatiques.* On ne connoît qu'une seule espèce dans cette famille à laquelle ce nom a été donné, parcequ'elle vit dans l'eau et s'y fabrique avec de la soie, sous une feuille ou une pierre, une loge qu'elle remplit d'air, et d'où elle se jette sur les insectes aquatiques qui passent à sa portée. Elle est toute couverte de poils très courts et très serrés, entre lesquels l'eau ne peut pas pénétrer. Lorsqu'elle a besoin de renouveler sa provision d'air, car elle se noieroit comme les autres animaux si on la tenoit forcément sous l'eau, elle monte à la surface, et, après avoir fait sortir tout son corps de l'eau, elle y rentre brusquement. Alors elle est entourée d'une bulle d'air qui la fait paroître argentée, et elle va la déposer dans son magasin. Cette manœuvre, qui a excité l'admiration de ceux qui l'ont observée pour la première fois, est réellement fort remarquable. Cette araignée est brune, a trois à quatre lignes de long, et la longueur respective de ses pattes est première paire, quatrième, seconde et troisième. Il y a lieu de croire qu'elle se cache dans la terre aux approches de l'hiver.

8e FAMILLE. *Araignées mineuses.* On leur a donné ce nom parcequ'elles se creusent un trou dans la terre qu'elles bouchent avec un opercule qui s'ouvre par un des côtés, et d'où elles se jettent sur leur proie. Leurs yeux sont ainsi disposés ° ° ° ° ° La longueur respective de leurs pattes est quatrième paire, première, seconde et troisième.

Les espèces de cette famille sont rares ou du moins difficiles à observer. Leurs mœurs ne sont pas moins singulières que celles des autres. C'est à Latreille qu'on doit les meilleurs détails qui aient été publiés à leur occasion. (B.)

ARAIRE, AREAU. C'est le nom de la charrue sans roue qu'on

emploie dans presque toutes les parties méridionales de l'Europe. Par suite, on a donné ce nom à la mesure de terre qu'une charrue de cette espèce peut labourer en un jour. On a beaucoup écrit pour savoir si l'emploi de l'araire étoit préférable à celui des autres espèces de charrues. Elle a pour elle la simplicité et l'économie, mais cela ne suffit pas. C'est la plus ancienne des charrues ; elle est figurée dans les ruines de Thèbes et de Minné qui existent depuis plus de six mille ans. On verra cette question discutée de nouveau au mot CHARRUE. (TH.)

ARALIE, *Aralia*. Genre de plantes qui renferme douze espèces, dont deux ou trois se cultivent assez fréquemment dans les jardins paysagers.

L'ARALIE ÉPINEUSE a la tige presque arborescente, couverte, ainsi que les pétioles des feuilles d'épines acérées; ses feuilles sont surcomposées et souvent de plus d'un pied de diamètre, à folioles ovales, oblongues et dentées; ses fleurs sont blanches, disposées en corymbe, d'une odeur agréable, et ses baies noires. Elle est originaire de l'Amérique septentrionale, où je l'ai observée dans les endroits humides et ombragés, et où elle entre en fleur à la fin du printemps. Ses tiges acquièrent jusqu'à douze ou quinze pieds de haut, et la grosseur du bras. On emploie ses racines pour les maladies des chevaux. Ses baies sont fort recherchées des oiseaux.

En Europe, l'*aralie épineuse* se multiplie de semences, de drageons et de racines. On sème les premières, aussitôt après leur récolte, dans des terrines remplies d'une terre légère et substantielle, qu'on enterre dans un endroit exposé au soleil. Au printemps suivant, on place ces terrines sur une couche à châssis, et les graines ne tardent pas à lever. Le plant, pendant l'été, reçoit les soins généraux de culture du même genre. A la fin de l'automne, après les premières gelées, on rentre les terrines dans l'orangerie. Ce n'est qu'au printemps suivant qu'on lève le plant pour le mettre dans des pots qu'on enterre dans une couche tiède, et on les y laisse jusqu'à l'automne, qu'on les rentre dans l'orangerie comme l'année précédente. Alors ces plants ont acquis assez de force pour être mis en pépinière au printemps, dans une exposition ombragée et bien abritée. La distance qui doit les séparer est au moins de deux pieds, à raison de l'étendue de leurs feuilles. On ne doit pas craindre de multiplier les arrosemens dans les temps secs, sur-tout en été; et pour rendre l'effet plus durable, on fera bien de couvrir la terre de paille, ou de feuilles, ou de mousse. On peut les mettre en place après deux années de pépinière, devant avoir alors deux à trois pieds de haut. Lorsque la terre du lieu qu'on leur destine, et qui doit toujours être ombragée, est trop forte, on l'enlève dans une largeur de deux pieds cubes, et on la remplace par de la terre de bruyère mêlée par moitié avec de la terre franche. Les *aralies* alors ne tardent pas à fleurir, et ne demandent plus d'autres soins que d'être légèrement binées à leur pied deux ou trois fois par an, et empaillées aux approches des fortes gelées. Si, malgré cette précaution, les tiges venoient à périr par suite des rigueurs de l'hiver, il ne faudroit pas beaucoup s'en inquiéter, car les racines repousseront de nouveaux jets qui, en deux ou trois ans, auront acquis la force des premiers.

Il est rare, quand le terrain est bon et la position bien choisie, que ces racines ne donnent pas toutes les années quelques rejetons, et on peut les forcer à en donner en les blessant légèrement. Il faut laisser les jeunes tiges pendant deux ans sur place, ensuite les sevrer en automne, pour les transplanter au printemps suivant en pépinière. Les plants provenus par ce moyen sont peut-être un peu moins beaux, mais fleurissent ordinairement plus tôt que ceux provenus de graines.

La multiplication par racines se fait de deux façons, et au premier printemps. Ou on se contente de couper une racine de la grosseur du petit doigt, et d'en faire sortir le bout de terre; ou on enlève la racine entière, on la divise en tronçons de six pouces de long, qu'on place dans des terrines sur couche et sous châssis, de manière que le plus gros bout de chaque tronçon sorte un peu de terre. Les tronçons poussent ordinairement dans le courant de l'été, lorsqu'on les a entretenus dans une chaleur et une humidité constantes, mais modérées. Cependant ce moyen est moins certain que l'autre, et donne toujours des pieds plus foibles.

L'ARALIE A GRAPPES, *Aralia racemosa*, Lin., a la tige herbacée, sans épines; les feuilles surcomposées, à folioles ovales et glabres; les fleurs blanches, disposées en grosses grappes axillaires. Elle est vivace et se trouve dans les montagnes de l'Amérique septentrionale. On la cultive dans quelques jardins, où ses tiges parviennent chaque année à deux ou trois pieds de haut. On la multiplie de graines, ou mieux, par drageons qu'elle pousse abondamment, et qu'on met en pépinière pendant une année. En général, cette plante demande la même culture que la précédente; mais, comme elle est beaucoup moins délicate sur le choix du terrain, et qu'elle ne craint point les plus fortes gelées, on est plus certain de la conserver.

L'ARALIE A TIGES NUES, *Aralia nudicaulis*, Lin., a la tige nue et très courte, les feuilles surdécomposées, ou mieux, deux fois ternées; et les fleurs blanches, disposées en grappes terminales. Elle vient de l'Amérique septentrionale. Sa culture ne diffère pas de la précédente, à laquelle elle ressemble beaucoup.

Toutes les *aralies*, placées isolément dans les jardins paysagers, à quelque distance des massifs, ou entre les derniers rangs de ces massifs, produisent un bon effet par l'abondance et la grandeur de leurs feuilles, et la première, qu'on appelle vulgairement l'*angélique épineuse*, par la singulière conformation de sa tige, et par l'abondance de ses fleurs et de ses fruits. (B.)

ARBOIS. *Voyez* CYTISE DES ALPES.

ARBOUSE D'ASTRACAN, espèce de COURGE.

ARBOUSIER, *Arbutus*. Genre de plantes de la décandrie monogynie, et de la famille des bicornes, qui renferme une douzaine d'espèces d'arbustes, dont plusieurs se trouvent en Europe, et dont quelques uns se cultivent dans les jardins des amateurs.

L'ARBOUSIER COMMUN, *Arbutus mudo*, a les feuilles alternes, dentées, glabres, et les fleurs blanchâtres, disposées en petites grappes terminales; les fruits rouges, tuberculeux, et ressemblant beaucoup à une grosse fraise, d'où le nom de *fraisier en arbre* qu'il porte dans les pépinières. Il se trouve dans les parties méridionales de l'Europe, aux lieux secs et arides, où il parvient à douze ou quinze pieds de haut. J'ai vu en Espagne des montagnes qui en étoient entièrement couvertes. Les enfans en recherchent les fruits, quoique peu agréables au goût. Dans quelques parties de la Grèce et de l'Orient on emploie ses feuilles pour tanner le cuir. Ces feuilles restent vertes toute l'année, et ses fruits subsistent tout l'hiver, ce qui le rendroit extrêmement précieux à employer dans les bosquets des jardins paysagers; mais il est très sensible à la gelée dans le climat de Paris, et ne peut pas y être conservé en plein air sans des précautions nombreuses et coûteuses. Son bois est dur et très cassant. Il y en a une variété à fleurs rougeâtres qui vient d'Irlande et d'Allemagne, qui est plus belle que l'espèce commune, et qui de plus est beaucoup moins sensible au froid, puisqu'on la cultive en pleine terre dans le climat de Paris, avec la seule attention de l'empailler pendant les fortes gelées. Il y en a aussi une variété à fleurs doubles, mais elle est de peu d'effet; et une autre à fruits pyriformes fort rare.

Cet arbuste se multiplie de graines qui mûrissent assez bien dans les orangeries de Paris, ou qu'on tire des parties méridionales de la France, où il est assez commun. On le multiplie aussi de marcottes qui sont fort longues à prendre racines, et qui font rarement de beaux arbres. Les graines doivent être semées aussitôt qu'elles sont tombées de l'arbre. Si on les laissoit se dessécher, elles ne lèveroient que l'année suivante ou point du tout. On les place dans des terrines remplies de parties égales de terre de bruyère, de terre franche et de terreau de couche, que l'on met sur couche et sous châssis, et qu'on traite comme toutes les autres, c'est-à-dire qu'on aère, mouille et sarcle au besoin. L'hiver suivant on rentre ces terrines dans l'orangerie, et au printemps on sépare le plant, qui doit alors avoir deux ou trois pouces, pour le mettre dans de petits pots. Quelques personnes ne mettent pas ces terrines sur couche, mais les enterrent à une bonne exposition, prétendant, et avec raison, que le plant qui en doit sortir sera plus robuste et craindra moins les gelées; mais alors, à moins que l'été ne soit très favorable, le plant ne peut être repiqué que la seconde année. Le plant repiqué dans des pots est mis à une exposition chaude et arrosé convenablement, mais pas avec excès, car il craint l'humidité. On lui donne de la nouvelle terre tous les ans ou au moins tous les deux ans, en le changeant de pot; et lorsqu'il a acquis deux ou trois pieds de haut, on le met dans des caisses, ou on le place en pleine terre. On a remarqué qu'il geloit moins à l'exposition du nord, pourvu qu'il fût abrité des grands vents, qu'à toute autre. Cette singularité s'explique par la considération qu'au nord il éprouve moins les vicissitudes du chaud et du froid, qu'il s'endurcit davantage et pousse plus tard. On ne doit pas pour cela négliger de l'empailler dans le climat de Paris; mais plus au midi, à Lyon, par exemple, cette précaution est inutile.

Cet arbuste fait naturellement pyramide et ne doit pas être gêné dans son développement. Il ne faut donc jamais, ou du moins fort rarement, lui faire sentir le tranchant de la serpette. Ceux qu'on rentre dans l'orangerie pendant l'hiver demandent à être peu arrosés dans cette saison, car l'humidité fait tomber leurs feuilles.

L'ARBOUSIER A PANICULES, *Arbutus andrachne*, Lin., a les feuilles ordinairement très entières en leurs bords, très luisantes, et les fleurs blanchâtres, disposées en grosses panicules terminales pendantes. Il se trouve dans les îles de la Grèce, sur le mont Ida et en Natolie. C'est un arbuste de la grandeur du précédent, mais qui s'en distingue fort bien par la largeur et le luisant de ses feuilles, qui sont rarement dentées, et par son écorce toujours lisse et rougeâtre. Il est beaucoup plus sensible au froid que le précédent. On le multiplie de graines qui, à moins qu'on ne les ait semées à leur chute de l'arbre, ne lèvent pas la première année; de marcottes qui prennent racines difficilement, et qu'on doit laisser trois ans en terre avant de les lever, surtout lorsqu'on les fait dans des pots en l'air, comme cela arrive presque toujours, et en le greffant sur l'espèce précédente, en fente et au printemps, ou plus sûrement en écusson à œil dormant. Cet arbuste est en général d'une difficile culture, et rarement d'une belle venue dans les orangeries de Paris; c'est dommage, car il est d'un charmant effet. Il subsiste au reste fort bien en pleine terre dans le midi de la France.

L'ARBOUSIER DES ALPES a la tige rampante, les feuilles oblongues, dentées, ridées et ciliées. Il croît, en France, sur les plus hautes montagnes et dans le nord de l'Europe. C'est un très petit arbuste qui s'étale sur la terre dans les lieux humides, mais ne s'élève pas de plus d'un à deux pouces. Ses baies sont noirâtres et d'un goût agréable. C'est, avec celles de la *ronce arctique*, les derniers fruits mangeables que l'on trouve en allant vers le pôle; aussi sont-ils très précieux pour les Lapons, les Samoyèdes, les Kamtchaldales, les Kouriles, etc., qui habitent au-delà du cercle polaire.

L'ARBOUSIER TRAINANT, *Arbutus uva ursi*, Lin., a la tige rampante et les feuilles entières. On le trouve dans les Alpes et dans le nord de l'Europe et de l'Amérique. Il se rapproche du précédent. Ses baies sont rouges. Les ours les aiment beaucoup, d'où vient le nom de *raisin d'ours* qu'il porte. Ses feuilles ressemblent à celles du buis, d'où vient le nom de *busserolle* qu'il porte encore. Ses fruits ne sont pas si agréables que ceux du précédent, mais ils se mangent également; ses feuilles sont excellentes pour tanner les cuirs.

On ne cultive guère ces deux espèces que dans les jardins de botanique. Elles demandent de l'ombre et de la fraîcheur. On les multiplie de graines et de marcottes. Elles sont employées contre la gravelle. (B. )

ARBRE. Plante très élevée, dont les racines, la tige et les branches sont ligneuses, et subsistent un grand nombre d'années. *Voy.* au mot PLANTE.

On appelle les arbres les géants du règne végétal, et en effet il en est d'une prodigieuse hauteur, trois et quatre cents pieds; d'une prodigieuse grosseur, douze ou quinze pieds de diamètre. Leur vie se prolonge pendant des siècles. On en connoît en Europe qui ont peut-être plus de deux mille ans.

L'importance dont sont les arbres dans la nature, les nombreux genres d'utilité qu'en tirent les hommes, le soin qu'on apporte à la culture de beaucoup d'entre eux, exigeroient que je les considère ici d'une manière fort étendue; mais ces motifs mêmes les rendant un des objets principaux de cet ouvrage, font que ce qui les concerne est disséminé dans une multitude d'articles, auxquels celui-ci doit principalement renvoyer.

On divise les arbres d'après un grand nombre de considérations.

Les fruits MONOCOTYLEDONS ou DICOTYLEDONS ( *voy*. ces deux mots) donnent d'abord deux grandes divisions fort importantes en ce que l'organisation des arbres qui les portent est différente. Comme ce sont les derniers qui croissent le plus communément en Europe, c'est principalement sur eux que doit porter l'attention des cultivateurs.

D'après leur grandeur, les arbres se divisent en arbres proprement dits, en ARBRISSEAUX et en ARBUSTES. *Voy.* ces deux derniers mots ; et les arbres proprement dits en arbres de première grandeur, c'est-à-dire qui ont plus de cent pieds de haut lorsqu'ils sont parvenus à toute leur croissance dans le meilleur sol ; en arbres de seconde grandeur, lorsqu'ils sont susceptibles de s'élever de cinquante à cent pieds dans les mêmes circonstances ; enfin, de troisième grandeur quand, même dans la situation la plus avantageuse, ils ne s'accroissent que depuis quinze jusqu'à cinquante pieds.

Je fais mention de la nature du terrain, parceque la même espèce d'arbre, le chêne pédonculé, par exemple, qui est de première grandeur, a souvent peine à arriver à la troisième dans les sols arides.

Relativement à leur nature, on divise les arbres en arbres à feuilles qui tombent tous les hivers, et en arbres toujours verts, c'est-à-dire qui conservent leurs feuilles d'une année sur l'autre. Ces derniers se subdivisent de plus en ARBRES VERTS proprement dits, et en ARBRES RÉSINEUX. *Voy.* ces deux mots.

Quant à leur genre d'utilité on divise les arbres en arbres forestiers, en arbres fruitiers et en arbres d'agrément.

Dans un mémoire inséré parmi ceux de l'ancienne société d'agriculture de Paris, j'ai observé que nous possédions en France environ quatre-vingts espèces différentes d'arbres. De ce nombre vingt-quatre sont de première grandeur, quatorze de la seconde, et quarante-deux de la troisième. Ces arbres sont :

L'érable commun.
——— de Montpellier.
——— sycomore.
——— plane.
Le caroubier.
Le bouleau blanc.
L'aune.
Le buis en arbre.
Le charme.
Le micocoulier.
Le cornouiller mâle.
——————— sanguin.
Le noisetier.
L'alisier des bois.
——— de Fontainebleau.
——— allier.
Le coignassier.

Le cytise des Alpes.
Le chalef.
L'olivier de Bohème.
Le fusain commun.
——————— à larges feuilles.
Le châtaignier.
Le hêtre.
Le frêne commun.
——————— à fleur.
Le houx.
Le genevrier des bois.
——————— cade.
Le mélèze.
Le laurier.
L'azédérac.
L'aubépin.
L'azerolier.

Le néflier.

L'olivier.

Le filaria à feuiles étroites.

———— à feuilles larges.

Le pin sauvage.

———— mugho.

———— maritime.

———— cembro.

———— d'Alep.

Le sapin commun.

———— pesse.

Le pistachier vrai.

Le thérebinthe commun.

———————— de Narbonne.

———————— petit.

Le peuplier blanc.

———— grisard.

———— noir.

———— tremble.

Le cérisier mérisier.

———— à grappes.

———— mahaleb.

Le prunier sauvage.

Le poirier.

Le pommier.

Le chêne rouvre.

———— pédonculé.

———— yeuse.

———— liège.

———— cerris, etc.

Le nerprun.

La bourgène.

Le saule marceau.

———— blanc.

———— osier.

———— à feuilles d'amandier.

———— cendré.

———— argenté.

Le sureau noir.

———— à grappes.

Le sorbier des oiseleurs.

Le cormier.

L'alibousier.

L'agnus castus.

Le tilleul commun.

———— de Hollande.

L'orme.

De tous ces arbres, dix-huit seulement sont employés à former la base des plantations des forêts, le reste ne s'y trouve qu'accidentellement, et croît isolé. De ces dix-huit, cinq sont propres aux terrains humides; neuf forment les plantations des terrains secs et pierreux, et quatre seulement sont employés pour les hautes montagnes.

Ce petit nombre d'arbres est bien loin de suffire à la quantité et à la variété des terrains qui existent en France, aussi beaucoup de ces terrains restent-ils incultes. C'est principalement pour rendre plus vulgaires les moyens d'y suppléer que cet ouvrage a été entrepris. Nos richesses nouvellement acquises sont considérables, il ne s'agit que de les savoir utiliser.

Les arbres actuellement acclimatés en France, c'est-à-dire qui s'y cultivent habituellement, quoique provenans d'autres pays, appartiennent aux genres :

Érable.

Maronnier.

Frêne.

Noyer.

Platane.

Robinier.

Amorpha.

Pêcher.

Amandier.

Aralie.

Bouleau.

Aune.

Catalpa.
Charme.
Micocoulier.
Gainier.
Oranger.
Cornouiller.
Cyprès.
Plaqueminier.
Fusain.
Figuier.
Fèvier.
Bonduc.
Hallesia.
Genevrier.
Tulipier.
Aubépine.
Mûrier.
Pin.

Planaire.
Peuplier.
Cérisier.
Abricotier.
Ptelée.
Pommier.
Chêne.
Sumac.
Ailante.
Sophora.
Thuya.
Tilleul.
Viorne.
Arbousier.
Bacchante.
Liquidambar.
Magnolier.
Nyssa. *Voy.* tous ces mots.

On compte, en ce moment, en Europe environ douze cents variétés ou sous-variétés de fruits différens, dont près des deux tiers peuvent être servis sur les tables crus, cuits, ou confits au sucre. L'autre tiers est employé à faire du cidre ou autres boissons. Ces variétés ont été produites par soixante-dix-huit espèces qui font partie des trente-sept genres différens, et appartiennent à dix-huit familles.

Voici ces genres aux articles desquels on renvoie le lecteur.

| | | |
|---|---|---|
| Amentacées. | Châtaignier, Chêne. Noisetier, Hêtre. | |
| Berberidécs. | Vinetier, | |
| Bicornes. | Airelle. Arbousier. | |
| Caprifoliacées. | Cornouillier. | |
| Conifères. | Pin. | |
| Ebénacées. | Plaqueminier. | |
| Glyptospermes. | Anone. | |
| Hespéridées. | Citronier. | |
| Jasminées. | Olivier. | |
| Laurinées. | Laurier. | |
| Légumineuses. | Caroubier. | |
| Myrthoïdes. | Goyavier. Grenadier. | |
| Rhamnoïdes. | Jujubier. | |

Rosacées.

Rosier.
Framboisier.
Azerolier.
Néflier.
Cormier.
Poirier.
Pommier.
Coignassier.
Prunier.
Cérisier.
Abricotier.
Pêcher.
Amandier.

Sarmentacées. Vigne.
Saxifragées. Groselier.

Thérébinthacées. Pistachier. Noyer.

Urticées. Figuier. Mûrier.

*Voyez* ces mots et le mot Fruit.

On distingue les arbres fruitiers, relativement à leurs fruits, en arbres à fruits à Pepins, à Baie, à Noyau et Capsule ligneuse ou coriace ; encore en arbres à fruits d'Été, d'Automne et d'Hiver. (*Voyez* ces mots) et relativement à leurs formes ; en arbres en Plein vent, en Demi-tiges, en Espalier, en Contre-espalier, en Buisson ou en Vase, en Pyramide, en Quenouille et en Nain. *Voyez* tous ces mots.

Les arbres fruitiers se cultivent tous en pleine terre ; cependant on en met quelquefois en serre pour avoir des fruits hors de saison ; mais cette culture, qui n'a d'autre objet que de satisfaire un luxe mal entendu, n'entre que secondairement dans le plan de cet ouvrage.

Les arbres d'agrément sont confondus dans la liste des arbres forestiers. Ils produisent l'effet qu'on en attend, soit par leur port, soit par la couleur, la grandeur ou la forme de leurs feuilles, soit par leurs fleurs, soit enfin par leurs fruits. Entrer dans tous les détails qu'ils suggèrent seroit ici un double emploi, puisqu'ils sont rapportés à l'article concernant chacun d'eux. On peut dire en général que tous les arbres peuvent devenir arbres d'agrément, lorsqu'ils sont convenablement placés, qu'ils se soutiennent les uns par les autres, contrastent les uns avec les autres.

On appelle arbres de ligne ceux qui, étant de la première ou de la seconde grandeur, sont destinés à former des avenues, des allées de jardin, à border les routes, etc. L'orme, le tilleul, le maronnier d'Inde, le frêne, le poirier, le pommier, le noyer, le mûrier, le sycomore, sont presque les seuls arbres qu'on emploie à cet objet ; mais beaucoup d'autres pourroient y servir également.

Les arbres de ligne sont ou abandonnés à eux-mêmes, ou Élagués, ou taillés en Palissade. *Voyez* ces mots.

Lorsque ces arbres ont acquis dans la pépinière quatre à cinq ans d'âge et cinq à six pouces de tour, on les appelle *arbres faits*, c'est-à-dire propres à être plantés à demeure. On les appelle encore *arbres défenséables*, parcequ'ils sont assez forts pour n'être pas facilement arrachés ou cassés par les hommes ou les animaux.

A l'extérieur, les arbres paroissent composés de Racines, d'une Tige ou d'un Tronc, de Branches, de Rameaux, de Boutons ou Bourgeons, de Feuilles, de Fleurs ou de Fruits, le tout recouvert d'une Épiderme. *Voyez* tous ces mots.

Les racines, les tiges et les branches des arbres offrent sous leur épiderme, 1° une écorce souvent crevassée, composée de plusieurs Couches corticales, renfermant dans leurs Mailles ou Lacunes une substance Parenchymateuse ; 2° un Liber qui, au moment de la sève, est imprégné d'une matière GOMO-AMILACÉE qu'on appelle CAMBIUM, et qui sert à l'accroissement en grosseur. Après le liber vient L'AUBIER qui en est presque toujours facilement séparable, et qu'il faut considérer comme un bois plus imparfait que celui qui vient après, et qu'on appelle plus spécialement le BOIS; puis au centre se trouve, dans les jeunes arbres, la moelle qui disparoît presque entièrement dans les vieux. *Voyez* tous ces mots.

L'aubier et le bois sont composés de fibres, ou mieux, de MEMBRANES qui ont l'aspect FIBREUX, et qui laissent dans leurs intervalles des espaces vides, longitudinaux, très nombreux, et des transversaux qui le sont moins. Ces cavités s'appellent des VAISSEAUX, et servent les uns au passage de l'air, ce sont les TRACHÉÉS; les autres à celui de la sève, ce sont les VAISSEAUX LYMPHATIQUES et les UTRICULES; les autres enfin à celui des sucs particuliers à chaque arbre, ce sont les *vaisseaux propres*. *Voyez* tous ces mots et les mots GOMME, RÉSINE, EXTRACTIF, AIR, GAZ, OXIGÈNE, HYDROGÈNE, AZOTE; CARBONE, CHARBON, CENDRE, ALKALI, ACIDE, VÉGÉTATION, ACCROISSEMENT, COUCHES LIGNEUSES, TISSU CELLULAIRE, ÉPINES, AIGUILLONS.

Les arbres se multiplient par le semis de leurs GRAINES, par les REJETONS qui sortent naturellement de leurs racines, par la section d'une partie de leurs racines, par BOUTURE, par MARCOTTE et par GREFFE. *Voyez* tous ces mots.

L'expérience a prouvé que les arbres qui n'étoient multipliés, pendant une longue suite d'années, que par la voie des rejetons, des marcottes et des boutures, étoient toujours plus foibles que ceux provenant de graines, et que même plusieurs perdoient, dans ce cas, la faculté de fournir des semences, c'est-à-dire que leurs fruits ne contenoient pas de graines fertiles. Le bananier, le fruit à pain, l'épine-vinette, le jasmin blanc, etc., en offrent des exemples. Les cultivateurs amis de la perfection doivent donc toujours préférer de se procurer des arbres forestiers par le semis de graines; mais il est des cas, et les espèces citées plus haut le démontrent, où il est avantageux de faire disparoître les graines des fruits propres à la nourriture de l'homme, pour les rendre plus succulens et plus nourrissans.

La greffe assure la permanence des variétés de fruits, de fleurs ou de feuilles. L'usage qu'on en fait est extrêmement étendu. On a beaucoup répété, et il y a lieu en effet de croire, que son action s'étend jusqu'à perfectionner ces variétés; mais il y a encore quelques expériences à répéter pour constater ce fait important.

Les arbres étant les plus grands et les plus durables des végétaux, leurs maladies ont été plus étudiées que celles des plantes proprement dites. On a donné à ces maladies des noms correspondans à ceux que portent celles des animaux, quoique réellement elles soient fort différentes. Ainsi ils offrent des Plaies, des Ulcères, des Caries, des Exostoses, des Exfoliations, dans leurs couches corticales et ligneuses, etc. Ainsi leurs feuilles présentent la Panachure, la Cloque, la Brulure, la Rouille, le Blanc, la Chute prématurée, etc. Ainsi leurs Fleurs deviennent stériles par différentes causes. Leurs Fruits sont inféconds par d'autres. *Voyez* tous ces mots et les mots Etiolement, Plétore, Ictère, Anassargue, Gelée, Champlure, Cadran, Plantes parasites, etc., etc.

La plantation des arbres est une des opérations les plus importantes de l'agriculture et une de celles qui sont généralement les plus mal faites. Presque par-tout, par une fausse économie, on ne fait pas les trous destinés à les recevoir assez grands. On ne les creuse pas assez long-temps avant la plantation. Rarement on les espace suffisamment. Le plus souvent on mutile les racines de ces arbres avec excès, on coupe complètement leur tête, etc.; opérations qui toutes ont des inconvéniens graves. *Voyez* aux mots Arrachis, Plantation.

En général les plantations des arbres jeunes sont toujours préférables à celles des arbres vieux; cependant il est beaucoup de cas où il est nécessaire de les faire avec ces derniers.

Lorsque les arbres ont repris, pour ainsi dire malgré le cultivateur, on ne cesse de s'opposer à leur accroissement ou en les taillant et encore plus en les élaguant sans mesure. *Voyez* aux mots Taille et Élagage. Aussi combien voyons-nous de beaux arbres dans nos vergers, le long de nos routes? En vérité, quand un ennemi caché nous dirigeroit dans leur conduite, il ne pourroit pas nous donner des conseils plus contraires à nos intérêts que ceux que notre ignorance, nos préjugés, nos habitudes nous suggèrent.

Ce sont principalement les arbres qui ont préparé la terre à nous donner d'abondantes récoltes de céréales et autres. Elle doit à leurs débris entassés pendant une longue suite de siècles, cet *humus* ou *terreau* qui assure la richesse des cultures. Défrichez une forêt, semez du blé sur son sol, et vous aurez d'abord des produits étonnans; mais peu à peu la terre végétale sera ou absorbée par la végétation, ou entraînée par les pluies, et ce terrain, qui étoit noir, changera de couleur et deviendra stérile. C'est ainsi que nos montagnes, couvertes de forêts lors de l'entrée des Romains dans les Gaules, sont aujourd'hui des pâturages presque stériles, par suite de la destruction des arbres qui les couvroient.

On peut accuser les cultivateurs de ne pas faire assez attention à cette augmentation de terreau que produisent les arbres. Il est à désirer que les propriétaires renoncent aux minces récoltes qu'ils retirent des terrains maigres, aux produits encore plus minces des pâturages des mêmes terrains, et qu'ils les plantent d'arbres et d'arbustes propres à fournir de l'humus. Cultivez la plaine en plantes annuelles, mais boisez le sommet des montagnes. Il n'est point de localité qui ne puisse recevoir sans grands efforts des plantations d'arbres lorsqu'on sait les lui approprier, c'est-à-dire que, par le seul effet des abris temporaires, les sols les plus arides, les plus brûlés par les feux du midi, peuvent être couverts d'arbres. Le duc de Toscane Léopold avoit ordonné des plantations d'arbres sur les sommets de toutes les montagnes de son duché. Les amis de l'agriculture française ont souvent émis le vœu qu'une loi semblable fût promulguée chez nous. Ses avantages scroient immenses. *Voyez* au mot Montagne.

On se plaint par-tout que le bois devient rare, et pourquoi le devient-il? Parceque les propriétaires défrichent leurs Forêts, abattent leurs Avenues, détruisent leurs Vergers (*voyez* ces mots), et ne mettent rien à la place. Un véritable cultivateur ne doit jamais arracher un arbre sans en planter plusieurs à sa place. Il faut, lorsqu'il entend bien ses intérêts, qu'il trouve sur son propre fonds non seulement ce qui est nécessaire chaque année pour son chauffage, son charonnage, ses constructions, etc., mais un ample superflu pour le service de ses voisins non propriétaires, pour l'usage des villes, etc. Autrefois c'étoit sur des coupes extraordinaires de bois que les familles comptoient pour réparer de grandes pertes, pour faciliter des opérations importantes. Aujourd'hui ce secours leur manque presque par toute la France; aussi deux ou trois années de mauvaise récolte, la perte d'un procès, etc., suffisent pour les ruiner à jamais, parcequ'ils sont obligés d'emprunter à gros intérêts, qu'ils ne peuvent faire d'économies assez importantes sur leur revenu pour se remettre au courant. Il est bien à désirer que l'on imite par-tout ce qui se pratique dans quelques cantons du nord de l'Europe et de l'Amérique. c'est-à-dire que chaque père de famille plante, à la naissance de chacun de ses enfans, un nombre d'arbres proportionné à l'étendue de son domaine, lequel sert à l'établissement de ses petits, ou arrière-petits-enfans. Il est d'observation que les pays où l'on plante le plus d'arbres isolés sont les plus riches.

Tout n'a qu'un terme dans la nature! Chaque pas que fait l'animal, que fait l'arbre dans la vie, le conduit à la mort. La raison et le besoin doivent prouver la nécessité de couper l'arbre avant qu'il soit détérioré. Ainsi dès qu'un arbre ne travaille plus à augmenter la hauteur de sa tige, il décline et se dégrade insensiblement, quoiqu'il soit encore dans le cas de grossir. Le principe que quelques écrivains ont mis en avant relativement à l'angle toujours plus obtus que font les branches avec le tronc à mesure que l'arbre vieillit, quoique généralement vrai, ne peut servir de règle dans ce cas, parcequ'il souffre trop d'exceptions relatives au nombre des feuilles et des fruits, car c'est le poids de ces feuilles et de ces fruits qui agit dans cette circonstance.

Les forestiers disent qu'un arbre est COURONNÉ (*voy.* ce mot), lorsque les branches de son sommet se dessèchent. Chaque arbre se couronne à un âge différent, et la même espèce d'arbre plus promptement dans un mauvais sol que dans un bon, parcequ'il a plus promptement épuisé ce sol des sucs qui sont nécessaires à sa nourriture.

Ce sont souvent des arbres qui, dans les forêts, servent de limites aux propriétés. Pour cela on choisit les espèces les plus vivaces et de moindre valeur. Le cornouillier mâle, qu'il est si difficile de détruire, parceque la plus petite de ses racines laissée en terre suffit pour donner naissance à un nouveau pied, doit-être préféré, et l'est toutes les fois que cela est possible. Ce sont peut-être des pieds de cet arbre qui, en France, offrent des exemples de plus grande vieillesse, à raison de cet usage. Ordinairement ces arbres de limites se coupent à deux ou trois pieds de terre, pour pouvoir toujours être facilement distingués de ceux qui font partie du bois. Des peines corporelles et pécuniaires existent contre ceux qui les coupent rez-terre, encore plus contre ceux qui les arrachent.

Lorsqu'il s'élève une contestation sur la propriété d'un arbre, on l'adjuge à celui sur le terrain duquel est le tronc. Quand ce tronc est exactement dans la limite, l'arbre est commun aux deux propriétaires.

Il n'est au reste pas permis de planter des arbres, sur sa propriété, de manière à pouvoir nuire à la propriété du voisin. La distance est fixée de six à douze pieds, suivant la grandeur à laquelle l'arbre peut parvenir.

Quand un arbre étend ses branches sur le bâtiment d'un voisin, ce voisin peut demander qu'il soit coupé ; si c'est sur un jardin ou autre terrain cultivé, il a droit seulement qu'il soit élagué, de son côté, à quinze pieds de terre. Il est permis dans l'usage, au voisin qui souffre que les branches d'un arbre soient pendantes sur son héritage, de cueillir les fruits de ces branches.

Les arbres morts appartiennent à l'usufruitier. Ceux abattus par le vent, à celui qui a la propriété.

Un fermier qui a planté des arbres peut les enlever à la fin de son bail ; mais le propriétaire du fonds a droit de les retenir en en payant la valeur. *Voy.* pour le surplus, à la fin du dernier volume, le nouveau Code rural qui, sans doute, fixera ces objets d'une manière plus précise. ( Th. )

ARBRE AUX ANÉMONES. *Voyez* Calycanthe.

ARBRE A LA CIRE. *Voyez* Galé.

ARBRE DE CORAIL. *Voyez* Erytherine.

ARBRE DE NEIGE. *Voyez* Chionanthe.

ARBRE DE JUDÉE. *Voyez* Gainier.

ARBRE POISON. *Voyez* Sumach radicant.

ARBRE AUX POIS. C'est le Caragan.

ARBRE AUX QUARANTE-ÉCUS. *Voyez* Genko.

ARBRES RÉSINEUX. Ce nom s'applique particulièrement aux arbres qui, lorsqu'on les blesse, laissent fluer un suc propre, le plus souvent concret, quelquefois liquide, qui a la propriété de s'enflammer par le contact d'un corps incandescent et de ne se dissoudre que dans l'alkool. Comme la plupart de ces arbres restent verts toute l'année, on les appelle aussi, mais mal à propos, arbres verts.

Soit sous le rapport de l'utilité, soit sous celui de l'agrément, les arbres résineux sont d'un grand intérêt pour les agriculteurs. Ils croissent pour la plupart avec une grande rapidité; ont un bois solide quoique léger, peu susceptible de pourriture, et une résine dont différens arts ne peuvent se passer. L'effet qu'ils produisent dans les jardins paysagers les y font rechercher par les amateurs.

La culture des arbres résineux est différente de celle des autres arbres. Ils demandent à être semés dans une terre très légère ( la terre de bruyère, par exemple), et à une exposition ombragée, à être repiqués à la fin de la première année, quelquefois même auparavant, et à être changés de place chacune des trois suivantes, pour pouvoir être plantés à l'âge de quatre à cinq ans, avec certitude de succès. C'est au moment où ils entrent en sève, soit au printemps, soit au milieu de l'été, qu'il faut les changer de place, et cette opération doit être faite, avec la plus grande rapidité possible, par un temps humide ou au moins couvert, car leurs racines sont d'une telle délicatesse, que le plus petit *coup de hâle* suffit pour les faire périr. Cette circonstance empêche de les transporter au loin, autrement que dans des pots (ou des paniers), et détermine beaucoup de pépiniéristes à les repiquer et à les tenir dans ces pots jusqu'à la vente. *Voyez* Mannequin.

Tous les arbres verts, excepté les thuya, ne repoussent pas, ou du moins très rarement, lorsqu'on les coupe par le pied. En général ils craignent beaucoup la serpette, et il faut la leur ménager rigoureusement à toutes les époques de leur vie. On en reproduit plusieurs par bouture, et la greffe peut leur être appliquée dans certains cas : cependant on ne les multi-plie presque que de semences, parceque cette voie est la seule qui donne de beaux arbres et des arbres de longue durée.

Il est quelques espèces de ces arbres dont le semis en grand peut devenir un moyen de fortune pour beaucoup de cultiva-teurs qui possèdent des fonds de médiocre valeur. Je citerai les pins silvestre, maritime et lariccio, pour les pays sablon-neux. Les cyprès distique et thuyoïde pour les pays maré-cageux. Le sapin, le mélèse pour les montagnes élevées. Pres-que tous seront avantageusement employés pour regarnir les forêts épuisées, parcequ'ils croissent fort bien à l'ombre des autres arbres, et aiment, dans leur jeunesse, la nature du sol qui en recouvre le fonds, c'est-à-dire une terre légère for-mée de détritus de végétaux. Il ne s'agit, dans ce cas, que de gratter la superficie de ce sol, au printemps, par places, sur lesquelles on répand quelques graines.

Dans les jardins paysagers les arbres résineux ne produisent de bons effets qu'autant qu'ils sont isolés ou groupés en petit nombre, ou qu'ils sont sur le devant, même à quelque dis-tance des massifs. Ceux des arbres résineux propres à l'Europe, ou susceptibles d'être cultivés en pleine terre dans le climat de Paris, sont tous compris dans les genres Pin, Sapin, Melese, Cyprès, Génevrier, If. Comme j'entre dans de grands dé-tails sur ce qui concerne les espèces de ces genres aux articles qui en traitent, je dois me dispenser d'étendre davantage ce-lui-ci. (Th.)

ARBRE DE SOIE. *Voyez* Acacia julibrizin ou de Cons-tantinople.

ARBRE SUIF. *Voyez* Croton portesuif.

ARBRE AUX TULIPES. Tulipier.

ARBRE DE VIE. *Voyez* Thuya.

ARBRES VERTS. Les arbres ou arbustes qui conservent leurs feuilles pendant tout l'hiver portent particulièrement ce nom, et parmi eux se trouvent la plupart des arbres résineux qui l'ont presque exclusivement usurpé dans le langage commun.

Il n'est pas plus facile de rendre raison de la cause qui fait qu'en Europe quelques arbres conservent leurs feuilles toute l'année, tandis que la plupart des autres les perdent aux approches de l'hiver, que de celle qui fait que sous la ligne c'est tout le contraire. On trouvera cependant au mot Arbre et au mot Feuille quelques considérations générales sur cet objet. Mon but ici n'est que de rappeler quelques uns des prin-cipes de culture qui sont applicables à ces sortes d'arbres.

On a remarqué que la plupart des arbres verts, autres que les résineux, avoient le bois dur, étoient difficiles à la reprise, soit lorsqu'on les marcottoit, soit lorsqu'on en faisoit des boutures, soit même lorsqu'on les transplantoit avec leurs racines à un certain âge. Il n'y a peut-être que le buis, l'olivier, à qui cette dernière règle ne soit pas applicable. On est, en conséquence, obligé de les multiplier presque exclusivement de semences.

Ce que j'ai dit de la transplantation des arbres résineux s'applique encore ici. On les repique chaque année pendant leur premier âge, et on les plante au moment où la sève entre en action, pour augmenter les chances de leur reprise. On les accoutume ainsi à l'opération, qui est la plus dangereuse pour eux, en multipliant le nombre de leurs racines. Tel de ces arbres ne reprend jamais si on ne lui a pas fait subir plusieurs transplantations.

Les principaux arbres ou arbustes toujours verts qui sont propres à la France, ou qu'on cultive dans les jardins du climat de Paris, sont : les Alaternes, les Filaria, les Arbousiers, le Buplèvre frutescent, les Cérisiers laurier et de Portugal, la Viorne thim, le Laurier franc, le Buis, le Houx, les Chênes verts, les Fragons, la Lauréole commune, les Rosages, les Kalmies, le Neflier buisson ardent, la Bourgène glanduleuse, le Genêt d'Espagne, le Budlège, les Andromèdes, les Lédons, les Jasmins jaune et blanc, les Bruyères, le Romarin, la Sauge, la Lavande, les Prinos glabres, etc.

*Voyez* ces différens noms, où on trouvera le détail de ce qu'il convient de savoir pour cultiver les arbres et arbustes qui les portent. (B.)

ARBRISSEAU. Plante ligneuse qui ne s'élève pas au-delà de quinze pieds ou à peu près. Lorsque, placée dans les mêmes circonstances, une plante ligneuse devient plus haute ou plus petite, elle prend le nom d'Arbre ou d'Arbuste. *Voyez* ces mots.

Les arbrisseaux, au reste, ne diffèrent pas par leur organisation, par leur végétation, des arbres et des arbustes.

On les divise en arbrisseaux utiles, comme l'aubépine ; en arbrisseaux agréables, comme le syringa, le lilas ; et en arbrisseaux en même temps agréables et utiles, comme le grenadier. Il est donc de l'intérêt des cultivateurs de les étudier sous tous leurs rapports. Comme j'ai eu soin de mentionner dans cet ouvrage tous les arbrisseaux qui sont naturels à l'Europe ou qui s'y cultivent en pleine terre, et que le mot arbre renferme l'indication des renvois de physiologie végétale et de culture qui concernent les arbrisseaux, je ne m'étendrai pas plus sur ce qui les concerne. (B.)

ARBUSTE. Plante ligneuse qui ne s'élève pas, dans les circonstances les plus favorables, au-delà de deux ou trois pieds, et qui est par conséquent plus petite que l'ARBRISSEAU et encore plus que l'ARBRE. *Voyez* ces deux mots.

On appelle aussi les arbustes des sous-ARBRISSEAUX. La plupart des arbustes ne s'élèvent pas en tige unique comme les arbres et les arbrisseaux, mais forment des buissons plus ou moins touffus. Leurs racines sont souvent si délicates, qu'elles ne peuvent pénétrer dans les terres argileuses : c'est principalement pour eux que la terre de bruyère est nécessaire. *Voyez* au mot BRUYÈRE.

Le nombre des arbustes utiles est fort circonscrit, mais celui des arbustes agréables est considérable : aussi recherche-t-on beaucoup la plupart de ceux qui sont exotiques; aussi ai-je eu soin de faire connoître tous ceux qui sont cultivés en pleine terre dans le climat de Paris, soit qu'ils appartiennent au sol de la France, soit qu'ils proviennent des pays étrangers. L'Amérique septentrionale est le pays qui en a le plus fourni. (B.)

ARCANSON. On appelle ainsi, dans les landes de Bordeaux, la résine qu'on a retirée du pin maritime, et qu'on a fait dessécher au feu. (B.)

ARCHANGÉLIQUE. *Voyez* ANGÉLIQUE.

ARCHIDUC. Espèce de POIRE.

ARCHITECTURE RURALE. *V.* CONSTRUCTIONS RURALES.

ARÇON. Ce mot a deux significations. Dans la première, il désigne une des deux pièces de bois qui soutiennent la selle d'un cheval et lui donnent la forme. Il y a l'arçon de devant et l'arçon de derrière. C'est de la bonne ou mauvaise configuration de ces deux parties que dépend la bonté de la selle; et chaque cheval de prix devroit avoir sa selle particulière, dont les mesures seroient conformes à la courbure de son dos, sans quoi la selle le fatigue et le blesse. Peu de bourreliers savent bien faire un arçon. *Voyez* le mot SELLE.

La seconde dénomination est consacrée à la vigne, et signifie le sarment long de six à huit yeux, et même plus, qu'on laisse sur le cep, lors de la taille, dans les pays où le cep et le sarment sont accolés contre des échalas de sept à huit pieds de hauteur. *Voyez* le mot ACCOLER. L'arçon a, en général, un pied et demi de longueur, et même deux pieds, suivant la force du cep. Le sommet du cep, haut de deux à trois pieds, est fortement lié contre l'échalas, au moyen d'un osier partagé en deux; et, près de cette ligature, on ramène le sommet de l'arçon, de manière qu'il plie presque en rond. A l'extrémité supérieure du sarment, qui par ce moyen devient presqu'égale à la base, on applique un autre brin d'osier pour le maintenir contre l'échalas; et si l'arçon est grand, un autre brin d'osier l'ajustera encore contre l'échalas dans la partie supérieure qui forme la partie vraiment cintrée.

Cette manière de tailler la vigne nécessite chaque année un rabaissement, autrement l'arçon, prenant la consistance du cep, l'élèveroit à une hauteur disproportionnée relativement à l'échalas et à sa force. A cet effet on ménage, lors de la taille, un peu au-dessous de l'arçon, une bonne pousse de sarment à bois et même à fruit, s'il n'y en a pas d'autre, à laquelle on ne laisse qu'un œil, et on l'appelle le *coq*. Cet œil donne un bon bois d'arçon pour l'année suivante, et facilite le rabaissement du cep, de manière qu'il demeure toujours à peu près à la même hauteur. Si le coq a manqué par une cause quelconque, l'arçon sera coupé, lors de la taille suivante, au-dessus de son premier œil, et cet œil fournira l'arçon.

Dans es vignes treillagées de Bourgogne, cette méthode est assez communément suivie lorsque le bois le permet ; mais, comme le cep est très foible en comparaison des premiers, l'arçon est proportionné à sa force.

Il est constant que cette méthode de forcer le sarment à décrire presqu'un cercle renferme des avantages réels, quoique les derniers yeux de ce sarment ne poussent que des branches à bois et peu vigoureuses. On détruit par ce moyen le canal direct de la sève ; les conduits séveux sont rétrécis dans la partie cintrée, la sève monte mieux élaborée ; le sarment s'emporte moins, et le suc du fruit est plus parfait. Le second avantage qui en résulte, c'est de procurer au raisin un grand courant d'air, de le préserver de la trop grande humidité, et par conséquent de la pourriture ; enfin, de le laisser exactement exposé à l'ardeur du soleil. La partie des sarmens qui se sont élancés des premiers yeux de l'arçon, est liée contre l'échalas avec de la paille, et ne peut plus retomber sur le raisin.

Une grande attention à faire lorsque l'on plie l'arçon, c'est de ne le point couder. S'il l'est, il ne donnera que des feuilles et point de fruits. L'habitude est le meilleur maître, et c'est l'ouvrage des femmes : elles empoignent l'arçon des deux mains, l'inférieure sert de point d'appui, et de la droite elles plient peu à peu l'arçon ; enfin, en glissant les mains l'une après l'autre, et parvenant ainsi jusqu'à l'extrémité de l'arçon, elles lui donnent la forme nécessaire ; alors, des trois derniers doigts de la main gauche, elles tiennent l'extrémité de l'arçon fixée contre le cep, et des deux autres doigts de cette main le bout de l'osier ; enfin, avec la main droite elles tortillent l'osier contre le cep, pour assujettir cette partie du sarment d'une manière solide et durable.

Si le cep est fort vigoureux et pourvu de bon bois, on lui

laisse, outre cet arçon, une *garde*, ou *engarde*, ou *allonge*. C'est encore un sarment qui donnera du fruit; alors on le tire en ligne parallèle, et on fixe son extrémité sur l'échalas voisin. Comme les ÉCHALAS (*voyez* ce mot) forment des trépieds, parcequ'ils sont assujettis ensemble par leur extrémité supérieure, cette garde, considérée avec le sommet, forme le triangle dont elle est la base. Il est constant que cette manière d'opérer assure une forte récolte. Le propriétaire qui aimera ses vignes la permettra rarement; mais le paysan qui prend des vignes à ferme multiplie les gardes, ne pense qu'aux années pendant lesquelles il doit jouir, et c'est un moyen des plus efficaces pour ruiner une VIGNE. *Voy.* ce mot. (R.)

ARCTOTIDE, *Arctotis*. Genre de plantes propre au cap de Bonne-Espérance, et dont on cultive quelques espèces dans les jardins des curieux, où elles se font remarquer par la grandeur et l'éclat de leurs fleurs. Les principales de ces espèces sont :

L'ARCTOTIDE A FEUILLES DE PLANTAIN a les feuilles ovales, lancéolées, nervées, dentelées et amplexicaules; les fleurs jaunes en dedans et violettes en dehors, portées sur une tige très courte. Elle fleurit depuis le milieu de l'été jusqu'aux froids.

L'ARCTOTIDE RAMPANTE a la tige herbacée, les feuilles inférieures lyrées et les supérieures lancéolées, les unes et les autres hérissées de poils et velues en dessous. Ses fleurs sont jaunes, avec la base interne des rayons d'un noir brun, et l'extérieur strié de brun. Elle fleurit en été.

L'ARCTOTIDE RONCINÉE, *Arctotis aspera*, Lin., a la tige frutescente, les feuilles pinnatifides, rudes au toucher en dessus, velues en dessous, et les découpures repliées en leurs bords. Sa fleur est d'un jaune doré très brillant en dedans et pourpre en dehors. Elle est toujours verte, et fleurit au milieu de l'été.

Ces trois plantes sont vivaces et ne se cultivent, aux environs de Paris, que dans des pots, car elles demandent à être rentrées dans l'orangerie pendant l'hiver, étant très sensibles à la gelée. Elles végètent avec une très grande force, et il faut les changer de pots ou déchirer leurs pieds toutes les années, même plusieurs fois dans l'année lorsqu'elles sont dans de la bonne terre franche. On ne leur ménage pas les arrosemens en été; mais, en hiver, il faut ne leur en donner que le moins possible, parcequ'elles pourrissent aisément. Lorsqu'on les tient dans la serre chaude pendant cette saison, elles y fleurissent ordinairement une seconde fois.

La dernière, qui trace moins que les autres, se multiplie fort bien de boutures, dont la reprise peut être accélérée en les mettant sur couche.

Les graines de ces plantes mûrissent souvent dans le climat

de Paris ; mais la facilité de les reproduire autrement les fait négliger. Il n'y a donc que celles des espèces annuelles, dont je n'ai point parlé parcequ'on ne les voit guère que dans les jardins de botanique, qu'on doive s'occuper de récolter.

En général, les *arctotides* sont de très belles plantes ; mais chaque fleur ne restant qu'une ou deux heures épanouie, et encore seulement quand le soleil brille, peu de personnes les recherchent dans le climat de Paris. Il n'en est pas de même en Italie, où elles subsistent en pleine terre toute l'année. Là elles forment de larges touffes très garnies de fleurs, dont plusieurs s'épanouissent successivement chaque jour pendant une partie de l'été et de l'automne. (B.)

ARDILLON. Nom de la corde qui sert à attacher les vaches dans l'écurie.

ARDOISE. Sorte de pierre fissile ou lamelleuse, dont on se sert pour couvrir les maisons, à raison de sa légèreté, de sa solidité et de sa durée.

Cette pierre, qui est ordinairement d'un gris plus ou moins bleuâtre, ou plus ou moins noirâtre, n'est qu'une espèce de schiste, dont les couches sont moins épaisses que celles des autres.

On distingue des *ardoises primitives*, c'est-à-dire qui se trouvent dans le voisinage des granits, et des *ardoises secondaires*, qu'on trouve loin des montagnes granitiques.

Les premières sont ordinairement plus épaisses, et ne peuvent se lever qu'en grandes pièces. On ne les emploie pas moins à couvrir les maisons ; mais comme elles chargent beaucoup, il faut que la charpente en soit très forte. J'ai vu en France dans les Cevennes, et en Espagne dans la Galice, beaucoup de villages dont les maisons étoient ainsi couvertes ; tantôt ces tables sont irrégulières et très grandes, comme trois à quatre pieds de large ; tantôt taillées en carré ou en losange, et plus petites, c'est-à-dire de moins de deux pieds. Ces dernières remplissent beaucoup plus parfaitement leur objet, en ce qu'on peut mieux les recouvrir. Un autre usage auquel on les emploie c'est, en les plaçant de champ à la suite les unes des autres, pour enclore les champs, comme je l'ai vu faire dans les montagnes de la Galice : là, dans un certain canton, toutes les propriétés étoient entourées par un mur de trois à quatre pieds de haut, et de deux ou trois pouces d'épaisseur au plus. C'est certainement la clôture la plus économique lorsqu'on n'est pas forcé à de longs charrois pour l'exécuter. J'en ai été enthousiasmé la première fois que je l'ai vue. Tantôt elle étoit faite avec des pièces parallélogrammiques, et de même hauteur ; tantôt avec des pièces irrégulières en forme et en hauteur. Dans ce dernier cas, le mur avoit souvent trois épaisseurs de pierre, parcequ'on enterre de petites pièces, des deux côtés des grandes, pour les soutenir. Je suis surpris qu'on ne fasse pas plus fréquemment usage de cette espèce de clôture dans les pays de montagnes où se trouve cette sorte d'ardoise, qui n'est pas rare en France. Il est quelques endroits, par exemple, sur la chaîne calcaire qui lie les montagnes granitiques des Vosges à celles des environs d'Autun, où on l'imite quelquefois grossièrement avec des pierres calcaires fissiles, qu'on appelle *lave*; mais c'est plutôt une indication de propriété qu'une véritable clôture. Tout ami de l'agriculture doit faire des vœux pour que les cultivateurs saisissent tous les moyens que leur fournissent les localités pour enfermer leurs champs, et celui qui y sera parvenu avec le moins de dépense et de perte de terrain possible aura bien mérité de ses concitoyens.

Quant aux ardoises secondaires, elles sont plus rares. On n'en connoît que trois ou quatre carrières en France, dont une seule, celle d'Angers, réunit toutes les qualités désirables. C'est elle qui fournit l'ardoise à Paris et autres grandes villes de l'intérieur et des bords de la mer. Cette espèce se divise en feuillets de moins de deux lignes d'épaisseur, et se taille très facilement en parallélogrammes de petite dimension. Elle est l'objet d'un commerce fort important. Excepté aux environs des carrières, elle est généralement, par son haut prix, hors de la portée du cultivateur. Je voudrois cependant en voir une plaque dans chaque ferme, dans chaque chaumière, pour, comme en Angleterre et dans l'Amérique septentrionale, au moyen d'un crayon de même matière, faire les calculs courans, placer des notes, et sur-tout apprendre à écrire aux enfans d'une manière économique. Quand verrons-nous en France, comme dans les pays ci-dessus, tous les cultivateurs savoir lire, écrire et compter !

On emploie encore utilement ces sortes d'ardoises, taillées en plaques étroites et allongées, pour servir d'étiquettes ou de porte-numéro, dans les jardins et les pépinières où on sème un grand nombre de graines. On écrit dessus avec un stylet d'acier.

Ces deux espèces d'ardoises sont infertiles par elles-mêmes, probablement à raison de la lenteur de leur décomposition naturelle et de la portion de magnésie qu'elles contiennent. On peut cependant les employer quelquefois, comme amendement, dans les terres très argileuses; mais dans ce cas elles agissent mécaniquement, comme le sable, c'est à dire en divisant. *Voy*. les mots SCHISTE et AMPÉLITE. (B).

AREAU. Sorte de CHARRUE dont on se sert dans l'Angoumois.

**ARÉOMÈTRE.** Instrument destiné à connoître la pesanteur spécifique des différens fluides, et par suite des solides qu'on y plonge.

Ces deux usages de l'aréomètre déterminent la forme de cet instrument, qui doit varier et qui varie en effet selon le but qu'on se propose.

L'aréomètre pour les fluides, qu'on appelle aussi *pèse-liqueur*, est presque toujours de verre. Il est formé par un globe ou un cylindre d'un diamètre plus ou moins grand, auquel est fixé, inférieurement, un autre petit globe rempli de mercure et qui ne communique pas avec lui, et supérieurement par un tube étroit fermé à sa partie supérieure, et gradué dans toute sa longueur.

Lorsqu'on veut se servir de cet aréomètre, on le place dans la liqueur dont il s'agit de connoître la pesanteur spécifique, et dans laquelle il doit se tenir droit, s'il est bien fait. La quantité de degrés dont il s'enfonce, comparée à celui qu'il marque lorsqu'on le met dans l'eau distillée, donne la mesure comparative de la pesanteur, en plus ou en moins, de cette liqueur.

Pour les agriculteurs, l'usage de cet aréomètre se réduit presque à la connoissance de la force des eaux-de-vie et des eaux de lessive; mais dans les arts son emploi est très étendu.

Comme il est toujours embarrassant de faire l'opération de la comparaison de la densité de la liqueur à celle de l'eau distillée, les aréomètres que construisent les fabricans d'instrumens de physique doivent indiquer cette dernière. Leur graduation peut être arbitraire, mais on est convenu d'adopter celle qui a été proposée par Baumé; ainsi, toutes les fois qu'on demandera un de ces instrumens à un fabricant, il faudra indiquer le nom de ce célèbre chimiste. Il faudra également dire si l'objet est de vérifier la force de l'eau-de-vie ou des eaux chargées de sels, parceque, pour éviter l'embarras d'un trop long tube de graduation, on en fait pour ces deux destinations. Pour la première, la graduation est supérieure au degré de l'eau distillée (qui est 10 dans l'aréomètre de Baumé), et pour la seconde, elle est inférieure au même degré.

Il ne peut jamais être avantageux à un cultivateur, soit sous le rapport de la perfection, soit sous le rapport de l'économie, de tenter de fabriquer des aréomètres; ainsi je n'indiquerai pas le mode de leur construction, je me contenterai de leur recommander de s'adresser toujours au fabricant le plus renommé, et à Paris plutôt qu'ailleurs, attendu qu'une augmentation de prix d'un à deux francs n'est rien en comparaison des avantages d'une plus grande perfection.

On trouvera aux mots ÉAU-DE-VIE, ESPRIT DE VIN, SELS,

Lessive, etc. , des considérations de pratique relatives à l'emploi du pèse-liqueur de Baumé.

L'autre sorte d'aréomètre, qu'on appelle aussi *balance de Nicholson*, peut également servir pour les liquides ; on n'en fait guère usage que pour les solides, attendu qu'il n'est pas encore très connu hors des cabinets de physique et des laboratoires de chimie, quoiqu'il mérite à tous égards la préférence sur les aréomètres construits d'après les principes précédens.

Il peut être très souvent utile aux cultivateurs de connoître la pesanteur spécifique des pierres, des métaux qu'ils emploient. En conséquence, je crois devoir donner ici une description sommaire de cet instrument remarquable par sa simplicité et son exactitude.

Il consiste dans un cylindre de fer-blanc formé en cône à ses deux extrémités, portant, 1º à sa partie inférieure, au moyen d'une anse, un cône renversé et lesté ; 2º à sa partie supérieure, une tige de laiton surmontée d'une cuvette, le tout disposé de manière à se tenir parfaitement droit en flottant sur l'eau.

Au milieu de la tige de laiton est une marque indicative du point où l'instrument s'enfonce dans l'eau distillée, lorsque son plateau inférieur est lesté.

Quand on veut prendre la pesanteur spécifique d'un fluide plus léger que l'eau, on y plonge l'instrument, et on charge la cuvette supérieure de manière que la tige de laiton s'enfonce jusqu'à la marque indicative, et le poids employé indique le rapport de la pesanteur de ce fluide avec l'eau distillée.

Quand ce fluide est plus dense que l'eau, qu'il tient des sels en dissolution, qu'il est mêlé avec un acide, on met les poids dans le cône inférieur, et on fait la même opération, mais en tenant compte de la différence qui résulte de la pesanteur spécifique de ces poids qui doivent être de verre ou d'un métal inattaquable aux acides.

Veut-on prendre la pesanteur spécifique d'une pierre, on la place d'abord sur le plateau supérieur, et on procède comme ci-devant ; puis on la met dans le cône inférieur, et on ajoute dans le plateau autant de poids qu'il est nécessaire pour faire une seconde fois descendre la tige jusqu'à la marque indicative. On connoît donc le poids de la pierre et le poids du volume d'eau qu'elle déplace. Alors on forme cette proportion. Le poids du volume d'eau déplacé par la pierre est au poids absolu de cette pierre comme $1 : x$, c'est-à-dire qu'en divisant le poids absolu de la pierre par celui du volume d'eau, on a la pesanteur spécifique de la première. (B.)

ARÊTES ou queues de rat. Croûtes dures et écailleuses qui viennent aux jambes des ânes et des chevaux, et qui occupent ordinairement toute la jambe, depuis le jarret jusqu'au boulet. Il y en a de deux espèces, les sèches et les coulantes. Les premières sont sans écoulement de matières; les secondes présentent des croûtes humides, d'où découle une sérosité roussâtre, dont l'âcreté est quelquefois si grande, qu'elle ronge les tégumens, sur-tout des ânes. Ce mal doit être mis au nombre des maladies de la peau qui ont leur source dans une humeur plus ou moins âcre, et plus ou moins visqueuse.

Si les arêtes sont sèches, le meilleur remède est d'y appliquer le feu, et d'y mettre dessus de l'onguent populeum. Lorsque l'escarre est détachée, on dessèche la plaie avec la colophane ou la céruse. Si elles sont coulantes, au contraire, il faut les guérir en employant un onguent fait avec le miel, le vert-de-gris et la couperose; mais nous pouvons dire en général que ce mal, et tous ceux qui attaquent la peau de l'âne et du cheval, exigent, lorsqu'ils sont portés à un certain point, un traitement interne. *Voyez* GALE. Le poil tombe dans cette maladie; mais elle ne porte aucun préjudice à l'animal, puisqu'il peut toujours rendre les mêmes services. ( R. )

ARGALOU. C'est le PALIURE.

ARGAN, *Sideroxyllon*. Genre de plantes dont on cultive quelques espèces dans les jardins de Paris. Il a été divisé en deux autres sous la considération que leurs baies ont tantôt cinq, tantôt une seule semence; et comme c'est, dans le nouveau genre, celui où les baies n'ont qu'une semence, que se trouvent les plus importantes de ces espèces, j'en parlerai au mot BUMÈLE.

Ces espèces sont la BUMÈLE LYCIOIDE, la BUMÈLE SOYEUSE et la BUMÈLE RÉCLINÉE, tous arbrisseaux de l'Amérique septentrionale, extrêmement propres par la grandeur et le nombre de leurs épines, par la tenacité et l'entrelacement de leurs épines, à faire des haies dans les parties méridionales de l'Europe. (B.)

ARGEMONE, *Argemone*. Plante annuelle du Mexique, dont la tige est rameuse et épineuse, les feuilles alternes, amplexicaules, anguleuses, roncinées, épineuses et très larges; les fleurs jaunes, grandes, solitaires à l'extrémité des rameaux; qui forme un genre dans la polyandrie monogynie et et dans la famille des papavéracées, et qui se cultive dans quelques jardins d'agrément sous le nom de *pavot épineux*.

L'ARGEMONE est presque naturalisée en Europe, du moins elle se trouve dans les campagnes de ses parties méridionales, sur-tout autour des ports de mer. Sa grandeur de plus d'un pied, la couleur blanchâtre de toutes ses parties, la vivacité du jaune de ses fleurs, la font figurer avec avantage dans les parterres. Elle n'est point difficile sur le choix du terrain. Un sol léger et une exposition chaude sont tout ce qu'elle demande dans le climat de Paris. On la sème ordinairement sur couche pour accélérer sa croissance; mais, même dans ce climat, elle vient fort bien lorsqu'on la sème sur place. Elle rend, lorsqu'on la blesse, un suc jaunâtre, comme la chelidoine, avec laquelle, au reste, elle a beaucoup de rapports. Elle fleurit au milieu de l'été. ( B.)

ARGENTINE, *Potentilla anserina*, Lin. Plante à racines vivaces, traçantes, à tiges stériles stolonifères, à feuilles pinnées, dont les folioles sont ovales, dentées, blanches en dessous, alternativement grandes et petites, et les fleurs jaunes, portées sur des hampes, quelquefois rameuses de trois ou quatre pouces de long, qu'on trouve dans toute l'Europe au bord des rivières, dans tous les lieux sablonneux et humides, et qui fleurit pendant une partie de l'été.

Cette plante, qui fait partie du genre des *potentilles*, garnit agréablement les pelouses, et peut être employée avantageusement dans certaines parties des jardins paysagers. Quoique mangée par tous les bestiaux, et très recherchée sur-tout par les cochons qui en aiment la racine, elle ne doit pas être conservée dans les prés, parcequ'elle ne s'élève qu'à quelques pouces, que ses larges feuilles empêchent les autres plantes de pousser, et qu'elle s'étend, par ses filans, de manière à s'emparer bientôt exclusivement de tout le terrain lorsqu'il lui convient. Les agriculteurs soigneux doivent donc la faire arracher, à la pioche, à la fin de l'automne, avant la chute de ses feuilles, ou, si le terrain en est surchargé, ils doivent le faire labourer, et le cultiver pendant quelques années en céréales ou autres productions, avant d'y semer de nouveau du foin. (TH.)

ARGENTINE. On donne aussi ce nom au *céraiste cotonneux* qu'on cultive dans les jardins, à cause de ses feuilles blanches qui contrastent avec la verdure des autres.

ARGILE. C'est pour le chimiste une terre composée de silice et d'alumine; happant la langue, et exhalant une odeur particulière, susceptible de se ramollir dans l'eau, de se durcir au feu. C'est pour l'agriculteur une terre simple, absolument impropre à la culture lorsqu'elle est pure, mais rendant très fertiles toutes celles avec lesquelles elle est mélangée naturellement ou artificiellement.

En effet, les terres calcaires, les terres siliceuses et autres laissent passer l'eau des pluies, l'argile seule la retient, et sans eau il n'y a pas de végétation. Elle sert de lit à presque toutes les eaux qui coulent dans la terre et à sa surface. Sans elle la moitié du globe seroit inhabitable.

On trouve l'argile tantôt en bancs d'une grande épaisseur, tantôt en couches très minces, tantôt à une grande profondeur, tantôt à la superficie du sol, tantôt d'une homogénité parfaite, plus souvent mélangée, dans toutes les proportions, avec d'autres terres. On en voit de blanche, de noire, plus souvent de bleue, de verte, de jaune. Elle varie si fort qu'on n'en cite point de parfaitement semblable dans des pays diffé-rens. Son origine varie également. Il en est qu'on appelle primitive, qu'on trouve en masse dans les pays granitiques ou schisteux, et qui paroît avoir été formée en même temps que le schiste (dont, au reste, toutes les argiles diffèrent peu) comme la terre de Deux-Ponts, dont on fait les pipes dites de Hollande, celle de Chimay, dont on consomme beaucoup à Paris. On en trouve en couche dans les mêmes pays qui proviennent évidemment de la décomposition des granits, des porphyres et autres roches. De ce nombre est celle de Limoges, dont, sous le nom de *kaolin*, on fait de la porcelaine. Celle qu'on rencontre dans les pays volcaniques provient de la décomposition des laves et des basaltes, comme la terre de Sauxillanges, sur laquelle mon père a fait un mémoire, la terre de Lemnos, dont Olivier a si bien constaté la nature ; enfin celle des pays à couche, dont l'origine varie sans doute et est souvent difficile à assigner. C'est presque uniquement de celle-ci dont il doit être question dans cet article, parceque c'est la plus commune, celle sur laquelle l'agriculteur a le plus fréquemment occasion de s'exercer, et qu'on emploie le plus généralement dans les arts.

L'argile existe, comme partie constituante, dans un grand nombre de pierres, et, comme partie intégrante, dans un grand nombre d'autres. Je n'entrerai pas ici dans l'énumération de ces pierres, attendu que cela me mèneroit trop loin. Je citerai seulement le SCHISTE, le GYPSE, et la CHAUX CARBONATÉE (*voy.* ces mots), comme intéressant plus particulièrement les cultivateurs.

Quoique l'argile pure ne laisse point passer l'eau, elle s'en imbibe cependant à la longue ; alors elle devient tenace, susceptible de prendre sous la main toutes les formes possibles, de se couper dans tous les sens, et même de prendre une espèce de poli. Elle est complètement infusible et éprouve, par la cuisson, un retrait assez considérable.

Mais il est peu d'argiles pures. Presque toutes sont mélangées, dans des proportions sans nombre, avec de la silice, de la chaux, du fer, et autres matières moins communes. Quelquefois ces mélanges conservent aux argiles une partie des propriétés ci-dessus, quelquefois ils les affoiblissent, et même les anéantissent : ainsi le kaolin, qui sert à faire la porcelaine : ainsi la terre à foulon, dont on fait un si important usage dans les manufactures de laine, ne sont point tenaces, et, si on peut employer ce terme, elles fusent dans l'eau à rai-

son de la silice qu'elles contiennent ; ainsi la marne, qui renferme de la chaux, se délite de même à l'air, propriété très
précieuse pour les cultivateurs. *Voyez* au mot MARNE.

Les argiles qui contiennent beaucoup de chaux ou beaucoup
de fer sont très fusibles ; cependant on les emploie fréquemment pour fabriquer des briques, des tuiles, de la poterie
grossière, etc. Il n'y a d'autres précautions à prendre, dans ce
cas, que de ménager le feu auquel on les expose, pour les mettre
à l'état qu'on appelle *cuit*. Cet emploi de l'argile est souvent à la
portée des cultivateurs, mais peu s'y livrent. Font-ils bien ?
font-ils mal ? c'est ce que je ne déciderai pas ici. Le principe
de la division du travail, principe si important à mettre en
pratique pour la prospérité publique, s'y oppose ; la nécessité
de profiter de tous les momens que font perdre les mauvais
temps, et autres circonstances agricoles, le demande. On
peut toute l'année, l'époque des gelées exceptée, fabriquer
des briques, des tuiles dans une grange, pour son propre
usage.

C'est, comme je l'ai déjà dit, principalement à l'argile
qu'on doit, dans les pays à couches, sur-tout dans les plaines,
la formation et la durée des courants d'eau souterrains qui donnent naissance aux sources, qui permettent de creuser utilement
des puits. C'est encore elle qui détermine la conservation de
l'humidité dans la couche supérieure du sol, soit directement,
lorsqu'elle se trouve mélangée dans ce sol, alors elle fait l'office d'éponge ; soit indirectement, lorsqu'elle arrête l'eau en
masse, alors elle fait l'office de réservoir. Il y a déjà long-
temps qu'on a remarqué que quand les bancs d'argile sont
très éloignés ou très rapprochés de la couche végétale, cette
couche est peu fertile, souvent même aride. En effet, dans le
premier cas, l'eau est trop profonde pour pouvoir se vaporiser
et abreuver les racines des plantes ; dans le second, elle s'évapore trop rapidement par l'effet de la chaleur ou des vents.
D'après cela, il paroîtra sans doute utile de sonder lorsqu'on
veut faire une acquisition, et préférer toujours le terrain où
l'argile ne se trouve ni trop loin ni trop près de la surface.
Dire quel est juste le point le plus favorable, est chose impossible, puisque ce point peut être avancé ou reculé, selon la
nature des terres intermédiaires, selon le climat, etc. ; cependant on peut assurer qu'il y a moins d'inconvéniens qu'il soit
plus bas lorsque les couches supérieures sont consistantes que
lorsqu'elles sont légères. Si la plaine des Sablons, près Paris,
n'avoit que trois pieds d'épaisseur de sable au lieu de trente ; si les
plaines de la Champagne pouilleuse n'avoient que la même épaisseur de craie, au lieu de cent qu'elles offrent au dessus de l'argile, elles seroient plus fertiles. Si, par opposition, les landes de

Bordeaux, de la Sologne, de la Bretagne, avoient une couche de sable trois fois plus épaisse ; si beaucoup de montagnes secondaires, qui présentent l'argile à nu, en avoient une semblable, on ne se plaindroit pas autant de leur stérilité.

C'est presque toujours à la présence d'une couche d'argile superficielle ou peu profondément située que l'on doit les lacs, les étangs et même les rivières qui se voient sur la terre ; aussi, lorsque dans un jardin où les couches superposées à l'argile sont très épaisses, ne parvient-on à y établir des bassins, des réservoirs, des ruisseaux, qu'en leur donnant artificiellement pour base et pour contour un lit épais d'argile. Aussi, quand on désire former un étang dans un vallon, en arrêtant l'écoulement des eaux, doit-on composer la digue, ou au moins partie de la digue, avec de l'argile. C'est ordinairement de la *glaise*, c'est-à-dire une marne argileuse, très chargée de fer, qu'on emploie pour ces objets, parcequ'elle est des plus communes ; mais cependant on doit toujours préférer, lorsque cela est possible, des argiles plus pures, comme moins susceptibles d'être pénétrées par les racines des arbres, par les vers, d'être percées par les taupes, les rats, etc. Dans ce cas, il faudroit peut-être ne les employer qu'en état de dessiccation et de poudre grossière bien battue en place, afin que leurs molécules en se gonflant se pressent d'autant plus. Cependant par-tout on préfère de les imbiber d'eau au point de pouvoir être ce qu'on appelle *corroyées*.

On a vu souvent des sols en pente, reposant sur des glaises ou autres argiles très perméables à l'eau, descendre dans les vallons, avec les arbres, les cultures et même les maisons qui s'y trouvoient, par suite de l'imbibition de l'eau, après un dégel ou de longues pluies. Des pieux enfoncés de distance en distance peuvent souvent suffire pour empêcher ce singulier accident, qui s'annonce ordinairement d'avance, aux yeux observateurs, par des déchiremens partiels, c'est-à-dire des crevasses transversales plus ou moins marquées.

L'infertilité de l'argile, peu abondamment mélangée avec d'autres terres, tient à trois principales causes : 1° à ce que les racines des plantes ne peuvent pénétrer dans sa masse ; 2° à ce qu'elles ont trop d'eau en hiver ou après les pluies, et pas assez en été ou pendant les sécheresses ; 3° à ce que, par son retrait dans ce dernier cas, retrait toujours accompagné de fendillemens nombreux, leurs racines se compriment outre mesure ou se cassent. Cependant il est des plantes qui s'y plaisent. On peut citer entre autres le *tussilage pas d'âne*.

Parmi les plantes cultivées, celles qui y réussissent le mieux sont la luzerne et les fèves de marais. Le froment, lorsque les années sont favorables, y a de l'apparence, mais graine peu. En général, tous les légumes qu'on cultive dans les jardins dont le sol est argileux ont moins de saveur qu'ailleurs.

De toutes les natures de terre, c'est celle où l'argile domine qu'il est le plus difficile d'amener à produire de bonnes récoltes. On ne peut y introduire un assolement aussi varié et aussi fructueux que dans les autres. Des fossés, des nivellemens, des mélanges de terre sablonneuse ou calcaire, y sont presque toujours nécessaires. On les a appelées *froides* dans beaucoup de lieux, parceque l'eau qu'elles conservent plus longtemps, au printemps, retarde la végétation des plantes qu'on y sème, peut-être aussi parceque la chaleur n'y pénètre pas aussi facilement que dans celles qui sont légères.

Des labours profonds et répétés sembleroient, en divisant la terre, devoir faire disparoître les inconvéniens cités plus haut; mais leur effet n'est qu'instantané. Une pluie suffit souvent pour lui rendre la ténacité qui lui est propre. D'ailleurs ces labours peuvent rarement, quelque précaution qu'on prenne, remplir complètement le but qui les fait faire, ainsi que l'expérience de tous les temps et de tous les lieux le prouve.

Le seul moyen certain d'améliorer ces sortes de terres est, comme je l'ai observé plus haut, de mélanger avec elles, dans des proportions variables comme leur nature, des sables, des craies, des marnes calcaires, des platras, et autres matières propres à les diviser. Le fumier même, qu'on incorpore avec elles, doit être plutôt un amendement qu'un engrais, c'est-à-dire qu'il faut préférer celui qui est sec et peu consommé, celui de cheval à tout autre. C'est parceque ce dernier y agit plus efficacement qu'on le regarde comme plus *chaud*. Mais quelles sont les terres argileuses dont la valeur soit assez considérable pour permettre de faire la dépense nécessaire à leur complète amélioration? Peu sans doute. Heureusement que la plupart sont déjà mélangées de sable, de terre calcaire, de terre végétale, etc., sont de véritables marnes, qui n'ont qu'à un degré inférieur les inconvéniens des argiles pures. On ne voit de ces dernières que dans les lieux remués, depuis peu de temps, par la main de l'homme, ou sur la pente des montagnes dont les eaux pluviales ont enlevé la couche supérieure.

La sage nature, en accordant à l'argile presque pure la faculté de nourrir certaines espèces de plantes pour, en y introduisant la terre végétale qui résulte de leur décomposition, la rendre propre à en nourrir un plus grand nombre, a indiqué à l'homme le moyen de la rendre fertile. C'est d'augmenter la quantité de cette terre végétale plus promptement, en semant des plantes dans l'intention de les enfouir ensuite avec la charrue avant l'époque de la maturité de leurs graines. Ce sont les plantes à tiges et à feuilles sèches qu'on doit préférer dans ce cas, à raison du principe émis plus haut, de la nécessité de soulever la terre le plus long-temps possible, et de favoriser par-là l'introduction des racines des céréales et autres plantes, qu'on doit y semer ensuite pour en tirer un produit direct.

Lors même qu'on ne seroit pas effrayé par la dépense de l'extraction, du voiturage, et de la dispersion des sables, craies, marnes, etc., sur les terres argileuses, on ne peut pas toujours les améliorer par leur moyen, car il n'y a pas par-tout de ces matières et moins fréquemment dans les cantons argileux qu'ailleurs, la marne exceptée. Il faut donc chercher d'autres moyens. On en a heureusement trouvé dans l'argile même, lorsqu'on lui a fait subir un degré de cuisson suffisant pour qu'elle ne soit plus ramollie par l'eau, lorsqu'on l'a transformée en un véritable ciment aussi divisant que le sable, et plus propre à retenir long-temps les eaux pluviales dans ses cavités.

Ainsi, dans beaucoup de lieux, on écobue la surface des terres argileuses, c'est-à-dire qu'on en calcine l'argile, au moyen des plantes qui en garnissent la surface. (*Voyez* au mot Écobuage.) Cette opération, dans ce cas, seroit excellente, si elle ne détruisoit pas la portion d'humus déjà fixée dans cette surface par suite de la décomposition des plantes qu'elle a produites, portion qui concourt si puissamment à l'amélioration subséquente du terrain. Je préfère donc calciner l'argile qui est au-dessous de la première couche, au moyen de broussailles, ou de tourbes apportées du voisinage, et, pour cela, faire quelques fouilles de distance en distance, en rejetant sur le bord la terre de cette première couche; fouilles qu'on comblera ensuite par tous les moyens que suggèrera le local. (B.)

Voici le détail des procédés indiqués par un agriculteur français pour calciner ou mieux cuire économiquement l'argile.

Marquez une pièce de terrain de quarante-deux pieds de longueur, et de vingt-deux de largeur; tirez, sur le terrain que vous aurez marqué au cordeau, neuf petits canaux, à quatre pieds les uns des autres, et de seize pieds de longueur. La surface intermédiaire sera mise de niveau, et on formera ces canaux de six pouces de largeur, sur autant de profondeur, et ainsi ils seront à quatre pieds les uns des autres, et la surface qui les sépare sera égalisée et rendue unie.

A travers ces petits canaux pratiquez-en quatre autres à quatre pieds les uns des autres, et on les creusera sur la même largeur et profondeur que les premiers. Mettez le gazon et la terre que vous couperez, en faisant ces tranchées, dans le milieu des carrés qui sont marqués par ces fossés, et ensuite vous ouvrirez les tranchées mêmes avec des tuiles épaisses, ou avec des briques.

On les laissera ouvertes aux endroits où elles se traversent, car ces parties doivent servir d'autant de cheminées ; mais par-tout ailleurs on les couvrira le plus exactement que faire se pourra.

Tirez une partie de la terre sur les briques ou tuiles, pour les assurer dans leur place, et ensuite élevez une espèce de muraille entre chaque deux tranchées, avec du gazon sec ; elle doit avoir trois bons pieds de hauteur ; mais elle ne demande pas plus d'épaisseur qu'il n'en faut pour contenir les gazons ensemble.

Quand cela sera fait, construisez des murs aux extrémités avec de l'argile humide, et laissez à chacune des rigoles un trou pour allumer le feu. Cette muraille ne doit pas avoir plus de hauteur que les autres ; mais on lui donnera un pied d'épaisseur. Sur chacun des trous, aux endroits où les rigoles se croisent, élevez une cheminée de briques, de six pieds de hauteur, et assurez-la en dehors avec un peu d'argile humide.

Ensuite mettez de la paille sur les rigoles et quelques fagots par-dessus : arrangez-en autant qu'il en faudra pour remplir les espaces qui restent entre les murs, et jusqu'au niveau des murs mêmes. Construisez ensuite, aux deux côtés, des murs d'argile de la même manière que ceux qui sont dans les bouts, et laissez au-dessus de chaque canal un trou de neuf pouces, de même que dans l'ouvrage précédent.

Couvrez le tout avec quelques bons fagots, et remplissez leurs intervalles avec de la fougère ou autre matière semblable, pour donner au tout une certaine solidité et une surface unie : ensuite élevez les quatre murs des extrémités et des côtés aussi haut que ces fagots auront élevé tout l'ouvrage, et alors le tout sera en état de recevoir l'argile.

On la creusera, autant qu'on le pourra, en gâteaux, de la largeur et de la longueur d'un fer de bêche, et on la posera uniment sur le faîte des fagots. La couverture d'argile doit avoir deux pieds d'épaisseur, et être disposée d'une manière si serrée, que le feu puisse être parfaitement contenu en dedans ; car s'il se faisoit passage par quelque endroit, il s'éteindroit bientôt de lui-même, sans avoir perfectionné sur l'argile l'opération qu'on a en vue.

Corroyez ensemble un peu d'argile et de terre avec de l'eau, et quand le mélange sera assez mou pour pouvoir être manié commodément avec une truelle, enduisez-en bien épais la partie extérieure des murailles jusqu'à la hauteur de trois pieds. Par ce moyen, l'argile dont ces murs sont composés aura également sa portion de la chaleur, et deviendra aussi bon engrais que le reste.

Lorsque le tout est ainsi préparé, apportez une bonne quantité d'argile, et garnissez-en le bâtiment tout autour : on pourra en préparer vingt charges, ou plus, pour cet usage, et on en jettera par-tout où le feu percera : par ce moyen, elle se calcinera aussi-bien que le reste, en même temps qu'elle remplira son objet, qui est de contenir le tout en bon ordre. Faites une ouverture de trois pieds de longueur, en partant du bout de chacune des tranchées, et qui ait autant de largeur et de profondeur qu'elles ; mais elle n'a pas besoin d'être couverte.

Quand le tout sera ainsi préparé, on y allumera le feu dès la pointe du jour, afin d'avoir à soi toute la journée pour cette opération, que l'on fera de la manière suivante. Observez de quel côté le vent souffle ; préparez-vous à allumer de ce côté-là. Vous boucherez toutes les autres ouvertures des murs, et, à celles qui sont du côté du vent, vous mettrez le feu à la paille qui est au-dessus des rigoles. Cette paille allumée portera la flamme dans toute la place, les fagots et tout le reste seront bientôt en ignition. Comme l'argile bouche les endroits où naturellement la flamme auroit pu percer, elle continuera de cuire lentement, et d'une manière presqu'étouffée, comme on se le propose.

Par-tout où on apercevra une crevasse au sommet, on y jettera une quantité d'argile fraîche qu'on aura préparée à cet effet, jusqu'à ce que la crevasse soit entièrement bouchée, et ainsi cette partie sera calcinée comme le reste.

Aussitôt que le feu est bien allumé, on doit boucher tous les trous qui sont dans les murs au-dessus des rigoles. Un homme sera continuellement occupé à faire la ronde pour voir s'il y a quelques crevasses par où la fumée sorte ; il faut les boucher à temps : ainsi la chaleur fera son office ; et l'argile qui couvre tout l'ouvrage se calcinera dans toutes ses parties d'une manière graduée et régulière.

A mesure que le feu continuera de brûler, les matériaux se détruiront, et le lit d'argile qui couvre le sommet s'affaissera irrégulièrement en divers endroits. Cela occasionnera des crevasses de plus en plus grandes, qu'il faudra recouvrir avec de la nouvelle argile, et de la même façon qu'auparavant ; mais on en mettra une moindre épaisseur, à proportion que le feu deviendra plus foible.

En dix ou douze heures de temps, le tout sera affaissé au point de n'être plus qu'à environ trois pieds au-dessus de terre, et alors la partie de l'argile qui se trouve sur les murs de traverse sera jetée dans le feu ; celle qui se trouvera la moins calcinée sera poussée vers l'endroit où le feu a le plus d'activité.

S'il arrivoit que quelque portion de toute cette construction brûlât mal, il y faudra pratiquer une ouverture dans cet endroit, et boucher le canal qui est vis-à-vis ; c'est un moyen prompt et facile d'établir un courant d'air et d'y porter la flamme ; mais il faudra boucher le canal qui est vis-à-vis.

Pendant tout le temps que cette argile continue à brûler, on tient de l'argile nouvelle toute prête pour la jeter où le besoin l'exigera. A mesure que le bois se consume, on entretient toujours les cheminées, pour le moins à six pouces au-dessus du niveau de la surface ; par ce moyen, et en y veillant avec soin, les murs et toute la masse étant tenus en bon état, il n'y aura pas la moindre difficulté. Si, au contraire, on laisse un seul moment le feu exposé à l'air, la flamme sortira sur-le-champ, et le courant d'air entraînera avec elle la chaleur. Lorsque le feu est éteint et l'argile bien refroidie, le monceau sera brisé, et toute la terre étendue sur la partie qu'on veut améliorer.

La glaise ainsi préparée devient un excellent engrais, non seulement pour les champs argileux, mais encore pour les terres à grains non argileuses, pour les prairies, etc.

Si on trouve le procédé qu'on vient d'indiquer trop coûteux, on peut faire de distance en distance, par exemple de vingt en vingt pieds, de petits monceaux de matières combustibles, les recouvrir avec la glaise levée par tranches, et en former comme des espèces de fours (*voyez* le mot Écobuer). Ces petits fours exigent les mêmes attentions que l'opération dont on vient de parler, c'est-à-dire qu'on doit empêcher la flamme de passer par les crevasses. (R.)

En Angleterre, où on fait aussi calciner l'argile pour amender les terres argileuses, on emploie un fourneau différent. Il est formé de murs de gazon longs de douze pieds, larges d'un, et hauts de deux ou trois, éloignés de trois pieds l'un de l'autre, et dans l'intervalle desquels on pratique une conduite d'air de six pouces de profondeur de plus. L'entre-deux de ces murs se remplit de tourbe ou de broussailles, qu'on recouvre d'argile sèche dans une hauteur proportionnée à la quantité du combustible, et on y met le feu du côté du vent. Le résidu de la calcination peut être employé au sortir du four. On brise les plus gros morceaux lorsque l'argile employée est très pure et que le feu a été assez violent pour opérer un commencement de vitrification ; mais, comme elle l'est rarement, ils fusent d'eux-mêmes à l'air lorsqu'ils ont été mouillés.

Tous autres fourneaux, sur-tout les FOURNEAUX A CHAUX (*voyez* ce mot), rempliroient également le même but.

Young observe que l'amendement de l'argile cuite (c'est une véritable marne argileuse dont il parle) convient à toutes espèces de terrains, ceux composés de sable et de gravier exceptés ; qu'il dure long-temps ; dispose merveilleusement le terrain pour toute espèce de productions, sur-tout des fourrages, et coûte moins cher que le fumier et autres engrais. La quantité qu'on doit en répandre dépend de la nature du sol. On ne doit rien fixer de général à cet égard. On peut indifféremment en mettre une petite quantité à la fois, comme douze tombereaux à deux chevaux par arpent, ou une grande quantité, comme cinquante tombereaux : on en est quitte, dans le premier cas, pour recommencer plus souvent l'opération.

La chaux et le plâtre sont d'excellens amendemens pour les terres argileuses, sur-tout lorsqu'elles sont en prairies naturelles ou artificielles ; mais, comme la quantité qu'on leur en donne n'est jamais considérable, leur action n'est pas de longue durée : il faut recommencer tous les trois ou quatre ans au moins. La marne calcaire doit donc être préférée, lorsqu'on en a à sa portée.

Il a été fait en Angleterre des essais qui constatent que l'argile naturelle peut être un amendement pour les terres argileuses ; mais comme Young qui rapporte ces essais ne nous a pas donné l'analyse des argiles qui y ont été employées, et que, comme je l'ai déjà observé, plusieurs fois on en voit rarement de la pure, on peut supposer qu'elles contenoient ou de la terre calcaire, ou du sable, car la théorie ne permet pas de croire à leurs résultats.

Dans les terres très légères, l'argile est plus avantageuse à employer pour amendement que la marne même la plus argileuse, ainsi que l'indique la même théorie ; mais, comme elle ne se délite pas facilement à l'air, elle est moins avantageuse sous ce rapport, économiquement parlant. Cependant on en fait usage dans nombre de lieux d'où la marne est trop éloignée ou son extraction trop coûteuse. Si ses effets sont plus lents à se faire sentir, ils durent aussi plus long-temps.

Les argiles qui contiennent de la magnésie, et on en trouve de telles dans les montagnes primitives, sont complètement infertiles, et communiquent leur infertilité à toutes les terres dans lesquelles on les mélange. *Voyez* au mot Magnésie et au mot chaux. La cause de ce fait est encore inconnue. (B.)

ARGOT ou ERGOT. C'est l'extrémité morte d'une branche qu'on a coupée. Il se produit chaque année quantité d'*argots* sur les arbres fruitiers en espalier par suite de leur taille, et sur les arbustes des pépinières par suite de leur rebottage, de leur mise sur un brin, etc., etc., et il ne dépend pas toujours du jardinier de les empêcher d'avoir lieu ; mais il doit les faire disparoître avant la sève d'automne ou au plus tard avant celle du printemps de l'année suivante. En effet, ces argots, outre le désagrément de leur vue, empêchent la sève de recouvrir les plaies, les branches de se redresser, et donnent souvent lieu à des chancres qui accélèrent le dépérissement de l'arbre.

C'est à l'extravasion de la sève par la plaie que les argots sont le plus souvent dus ; aussi les arbres que l'on taille en pleine sève y sont-ils plus sujets que ceux qui l'ont été pendant l'hiver, et de là une des meilleures raisons en faveur des tailles de cette saison ; aussi les arbres d'une foible végétation y sont-ils également plus sujets, parcequ'une déperdition quelconque de sève leur est plus préjudiciable. Lorsque ces arbres sont précieux, il faut donc recouvrir les plaies avec de l'onguent de Saint-Fiacre ou toute autre matière ; car par-là, en diminuant cette déperdition, on augmente les chances de leur conservation.

Quand on enlève un argot on doit toujours le couper ras de la grosse branche, dans le vif, ou dans le voisinage d'un œil. Sans cela on ne feroit que diminuer les désagrémens du coup-d'œil. Il faut, je le répète, que l'écorce puisse recouvrir la plaie, et elle ne peut le faire que dans ces derniers cas, ou par suite de la pourriture de l'argot. (B.)

ARGOUSIER, *Hippophae*. Arbrisseau épineux de la diœcie tétrandrie et de la famille des éléagnoïdes, dont les feuilles sont alternes, linéaires, lancéolées, et parsemées, ainsi que les rameaux, d'écailles blanchâtres ou roussâtres; dont les fleurs sont axillaires, petites, verdâtres et les fruits jaunes ; qui croît dans les sables maritimes, le long des rivières et des torrens, et qui peut être avantageusement employé dans la grande et dans la petite culture.

L'ARGOUSIER, qu'on appelle aussi *griset* et *rhamnoïde*, ne s'élève pas ordinairement à plus de huit ou dix pieds dans les vallées des Alpes où il est extrêmement commun, parcequ'on le coupe toujours jeune ; mais il est susceptible de parvenir jusqu'à la hauteur d'un arbre moyen et à la grosseur de la jambe. Il aime les lieux sablonneux et humides et croît avec une grande rapidité. On l'emploie très souvent à faire des haies qui seroient d'une très bonne défense, à raison des épines de l'extrémité de ses rameaux, si tous les bestiaux, et sur-tout les moutons et les chèvres, n'étoient pas aussi friands de ses jeunes pousses et de ses feuilles; mais cette cause fait, comme je l'ai souvent observé, que ces haies ne sont jamais bien garnies. Par sa propriété de beaucoup tracer et de se multiplier très facilement de rejetons et de marcottes, il fournit un des meilleurs moyens pour contenir les eaux des torrens, pour soutenir ou arrêter les sables, conserver la berge des fossés, etc. Il suffit de voyager dans les Alpes piémontaises et italiennes pour se convaincre de ses grands avantages sous ce dernier rapport. Souvent j'y ai vu une seule touffe d'argousier arrêter les dévastations d'un torrent, diriger ses eaux à la volonté des propriétaires riverains, changer en prairies ou au moins en pâturages des lieux qui étoient couverts de cailloux et ne donnoient naissance à aucune plante. Aussi dans les vallées de ces montagnes lui rend-on la justice qu'il mérite, apprécie-t-on les services qu'il rend. On le coupe souvent ,' parceque plus on le fait et plus il trace, et plus ses touffes sont épaisses ; mais on ne l'arrache jamais, et lorsque la fureur extraordinaire des eaux, ce qui arrive quelquefois, a mis ses racines à découvert, on a bien soin d'y apporter de la terre et de les fortifier par des quartiers de rocher pour les défendre pendant quelques années, c'est-à-dire jusqu'à ce qu'elles aient repris tous leurs rameaux, contre les débordemens ordinaires. Il est des endroits où des massifs de cet arbuste appartiennent à la communauté, parcequ'ils garantissent tout un territoire, et où on ne peut y toucher sans une délibération municipale.

L'argousier vient fort bien en pleine terre, dans les jardins des pays les plus froids, où il produit un effet pittoresque par la couleur de son feuillage qui contraste avec celle des autres arbres.

Le bois de l'argousier est très dur et presque incorruptible ; mais, comme je l'ai déjà observé, on ne le laisse pas venir à une grosseur convenable pour l'employer à des ouvrages de menuiserie ou d'ébenisterie. On emploie les fascines faites avec ses branches à fabriquer des haies sèches qui durent huit à dix ans, et, confectionner des digues qui subsistent presque autant de temps, sans avoir besoin de réparations. Ses fruits sont acides et astringens ; les habitans de la campagne, et sur-tout leurs enfans, les mangent avec plaisir. En Laponie, on en fait un rob qui sert de sauce au poisson et à la viande.

On multiplie très facilement l'argousier dans nos jardins par semence, par rejetons enracinés, par marcottes. Les semences demandent à être mises en terre aussitôt qu'elles ont été cueillies, sans quoi on risque de ne les voir lever que la seconde année. On sent, par ce que j'ai dit précédemment, qu'il leur faut une terre légère et un peu fraîche. Du reste, les soins à donner aux plants sont peu rigoureux. Il suffit de les entretenir exempts de mauvaises herbes, et de les repiquer à une distance convenable, lorsqu'ils sont arrivés à cinq à six pouces de haut, c'est-à-dire au printemps de l'année suivante. Les rejetons et les marcottes se lèvent aussi à la même époque, et se mettent, pendant une ou deux années, en pépinière, avant d'être placés à demeure au second ou troisième rang des massifs.

Il y a un argousier du Canada, envoyé par Michaux, dont on ne possède que le mâle dans nos jardins. Il a les feuilles ovales, et beaucoup plus larges que celles de celui d'Europe, mais sa contexture est la même et sa culture ne doit pas être différente. ( Th. )

ARIA. Nom latin de l'ALISIER.

ARIDE. Se dit d'un terrain sec et stérile, et même d'une contrée en général. L'aridité provient de trois causes, ou de ce qu'il ne pleut jamais dans le canton, ou de ce que l'eau ne peut pénétrer la terre, ou si elle la pénètre, de ce qu'elle s'écoule trop rapidement. Les couches de rochers, ou d'argile, ou de craie pure, sont les causes de l'aridité; un amas trop considérable de sable produit le même effet par un moyen opposé. Si le sol est aride en raison du froid ou de la chaleur excessive du climat, on tenteroit en vain de le cultiver. Quand cette aridité est produite par une couche du rocher, on est dans le même cas, à moins que le rocher ne soit brisé par la main de l'homme, et planté ensuite en vignes; telles sont les côtes du Rhône depuis Vienne jusqu'au-delà de Valence, au moins pour la plupart. La dépense de cette opération est excessive; mais les avances sont bientôt retrouvées par la qualité des vins. Sans les vignes, le pays dont on vient de parler laisseroit dans l'esprit du voyageur l'idée d'un pays sauvage, ingrat, tandis qu'il ne sait ce qu'il doit le plus admirer, ou des efforts de l'industrie humaine, ou des ressources de la nature. Tout rocher ne mérite pas les frais que nécessite cette culture. Ils seroient prodigués en pure perte dans les granits, dans les rochers dont le gluten tient ses parties si serrées qu'elles ne se décomposeroient pas à l'air.

Si le terrain est rendu aride par l'argile, il convient, avant de faire aucune tentative, d'examiner si le produit correspondra avec la dépense, et ce doit toujours être la première question que l'agriculteur est obligé de se faire à lui-même. *Voyez* ce qui a été dit au mot ARGILE, relativement à son amélioration.

Si le terrain est sablonneux, au contraire, l'amélioration en sera moins difficile, puisqu'il ne s'agit que de lui donner de la consistance par l'addition des terres fortes et argileuses, et c'est encore l'ouvrage du temps. (R.)

ARISTOLOCHE, *Aristolochia.* Genre de plantes de la gynandrie hexandrie et de la famille des asaroïdes, dont on connoît une trentaine d'espèces, parmi lesquelles deux seules sont dans le cas d'être mentionnées ici, parceque l'une intéresse le cultivateur, comme se trouvant dans les champs, et l'autre peut être employée avantageusement à la décoration des jardins paysagers.

L'ARISTOLOCHE CLÉMATITE a les racines épaisses, presque tubéreuses, les feuilles alternes, en cœur, et pointues, les fleurs relevées, terminées en languette, et rassemblées en petits bouquets axillaires. Elle est vivace, s'élève de deux ou trois pieds, et croît dans toute l'Europe aux lieux argileux et humides sur le bord des rivières, etc. Elle fleurit au milieu de l'été, et n'est pas sans agrément, à raison de la grandeur, de la forme et de la belle couleur de son feuillage. Toutes ses parties, et sur-tout ses racines, ont une odeur forte et une saveur âcre et amère. On peut utilement employer la décoction de ses feuilles pour chasser les pucerons et les fourmis des serres et des châssis, même des plantes précieuses de pleine terre.

L'existence de cette plante, dans un champ ou dans une vigne, dénote toujours une terre forte, humide, difficile à travailler, et d'une récolte également incertaine dans les années trop pluvieuses ou dans les années trop sèches. Elle peut seule guider et le cultivateur dans la nature des articles qu'il doit y placer, et l'acquéreur dans le prix qu'il doit en offrir. Ces sortes de terres ont toujours beaucoup de fond, et sont toujours susceptibles d'être améliorées lorsqu'on a du sable ou des marnes calcaires à sa proximité.

Les ARISTOLOCHES RONDES et LONGUES sont plus petites que celles-ci, et ne se trouvent que dans les parties méridionales de l'Europe. Leurs vertus sont plus actives que celles de la commune. On dit qu'elles peuvent communiquer une saveur désagréable aux raisins des vignes où elles croissent, mais cela a besoin de confirmation. Elles sont toutes trois fort difficiles à extirper, parcequ'il suffit de laisser quelques racines pour qu'il repousse beaucoup de tiges.

L'ARISTOLOCHE A GRANDES FEUILLES, *Aristolochia sipho* L'her., a la tige ligneuse et grimpante, les feuilles alternes, en cœur, et les fleurs pendantes, recourbées en forme de pipe, et à trois divisions égales. Elle se trouve dans l'Amérique septentrionale, et se cultive dans les jardins, à raison de la grandeur de ses feuilles qui ont ordinairement un demi-pied de diamètre, et dont la forme et la couleur sont très agréables. Elle fleurit au milieu du printemps avant que les feuilles aient acquis toute leur grandeur. Sa fleur ressemble aux pipes turques, et frappe toute personne qui la voit pour la première fois.

Cette plante, qui s'élève à la hauteur des plus grands arbres, donne peu de graines dans son pays natal, ainsi que j'ai été à portée de le vérifier, et encore moins dans le climat de Paris. Aussi est-ce par drageons, par marcottes et par boutures, qu'il faut chercher à la multiplier dans nos jardins. Elle aime les terrains sablonneux, gras et humides, et ne craint point les gelées. Lorsqu'on en a un pied dans un tel terrain, on peut, chaque année, en faire autant d'autres qu'on aura de fois deux nœuds aux tiges qui seront susceptibles d'être couchées, chacun de ces nœuds, lorsqu'il est en terre, poussant des racines, tandis que l'autre pousse des tiges. Pour plus grande sûreté, on peut faire une incision, comme pour les œuillets, en avant de chaque nœud qu'on met en terre. Les marcottes peuvent presque toujours être levées au printemps suivant.

Quant aux boutures, on peut les faire ainsi que les marcottes, ou en automne, ou au premier printemps, avec de jeunes branches bien aoûtées. On les coupe à quatre yeux, et on les enterre à la profondeur de trois dans une terre meuble et fraîche à l'exposition du nord. Si l'été est trop sec, on les arrosera de temps en temps. Les boutures reprises peuvent être levées au printemps suivant; mais il est mieux d'attendre une année de plus, afin qu'elles prennent beaucoup de racines; et alors, après deux autres années de pépinière, elles sont dans le cas d'être plantées à demeure.

La place de l'*aristoloche à grandes feuilles*, dans les jardins paysagers, est contre les grands arbres qui avoisinent les murs au nord, sur la partie extérieure des grottes, etc. Quelques pieds qui rampent à terre sur le bord des massifs produisent aussi de bons effets, lorsqu'ils sont disposés avec intelligence. Ses racines ont une odeur agréable.

Il est encore quelques *aristoloches* telles que l'ARISTOLOCHE ÉLEVÉE, l'ARISTOLOCHE TOUJOURS VERTE, l'ARISTOLOCHE GLAUQUE, qu'on cultive dans les orangeries de quelques amateurs; mais elles ne sont point dans le commerce. (TH.)

ARISTOTÈLE, *Aristotelia*. Arbrisseau du Chili, dont les feuilles sont opposées et toujours vertes, les fleurs blanches, disposées en petites grappes axillaires ou terminales, et les fruits rouges, acides, et de la grosseur d'un pois.

L'ARISTOTÈLE MAQUI, ou simplement le MACQUI, est de la dodécandrie monogynie, se cultive dans les jardins de Paris, et y fleurit tous les ans. Il peut, à la rigueur, y être mis en pleine terre; mais comme il gèle dans les hivers rigoureux, il vaut mieux le tenir en caisse pour pouvoir le rentrer dans l'orangerie pendant cette saison. A Lyon et au-delà, il ne craint plus ce danger, et j'en ai vu en Italie qui étoient d'une grandeur remarquable. Il ne présente aucun autre avantage que la permanence de ses feuilles et l'acidité de ses fruits, avec lesquels les habitans du Chili font une boisson rafraîchissante qu'on dit fort agréable.

On le multiplie de semences, de marcottes et de boutures. Les premières sont souvent avortées, quoique extérieurement de belle apparence, et on ne les emploie guère, les deux autres moyens fournissant plus de sujets qu'il n'est nécessaire. On fait les marcottes et les boutures à la fin de l'hiver, époque de la végétation de cet arbuste, et les unes et les autres sont suffisamment enracinées en automne pour être sevrées à cette époque ou au printemps suivant, et mises dans des terrines qu'on place pendant quelques jours sur couche et sous châssis pour faciliter leur reprise.

Il est possible qu'un jour le *maqui* devienne d'une certaine importance pour les parties méridionales de l'Europe; mais il n'y est pas encore assez commun pour qu'on puisse y apprécier ses avantages.

Les graines de cet arbrisseau ont été apportées du Pérou par Dombey. (Th.)

ARMOISE, *Artemisia*. Genre de plantes de la syngénésie superflue et de la famille des corymbifères, qui renferme près de cent espèces, dont la moitié appartient à l'Europe, et sont remarquables par leurs feuilles blanches très divisées, et par leur odeur forte. Plusieurs sont d'un grand emploi en médecine, et quelques unes se cultivent dans les jardins pour l'usage des pharmaciens.

Ce genre a été divisé en deux par quelques botanistes. *Voy.* au mot Absinthe.

La seule espèce que je suis dans le cas de citer ici est l'armoise vulgaire, dont la racine est vivace, traçante, les tiges cylindriques, cannelées, droites, hautes d'environ trois pieds ; les feuilles alternes, multifides, d'un vert foncé en dessus, blanches en dessous, les fleurs disposées en panicules terminales. Elle croît autour des villages, dans les décombres, sur le bord des chemins, dans les lieux gras et frais. Son odeur est forte et aromatique ; sa saveur âcre et amère. On en fait un grand usage en médecine, comme emménagogue et apéritive. Les bestiaux ne la recherchent point, mais tous en mangent lorsqu'elle se trouve mêlée avec leur fourrage. Nulle part on ne la cultive ; mais elle peut se placer avec avantage dans les jardins paysagers, car ses touffes ont de l'élégance.

Le meilleur usage qu'on puisse faire de cette plante, c'est de la ramasser, soit pour augmenter la masse des fumiers, soit pour en tirer de la potasse par sa combustion convenablement dirigée. *Voyez* au mot Potasse. Dans quelques lieux elle est si abondante que c'est chose blâmable de la laisser perdre, comme on le fait généralement. (B.)

AROMATIQUE. On donne le nom d'*aromatique* à toute substance qui exhale une bonne odeur, soit épices, herbes, fleurs, semences, graines, racines, bois. Les herbes aromatiques sont celles qui sentent fort, comme le genièvre, le thym, la lavande, le romarin, la marjolaine, etc. Quelques résines ou gommes résines portent aussi le nom d'*aromat* ; telles que le benjoin, la myrrhe, l'encens, l'ambre gris. Ce sont en général des médicamens échauffans, et qui conviennent quand les forces languissent, et quand le sang, après une chute, est ralenti dans ses mouvemens. *Voyez* Médicamens. (R.)

AROME. Les chimistes modernes ont donné ce nom au principe volatil et invisible qui constitue l'odeur des végétaux. C'est plutôt une propriété qu'un corps réel. On l'appeloit *esprit recteur* avant l'établissement de la nouvelle chimie.

Fourcroy, qui s'est beaucoup occupé de l'analyse végétale, distingue cinq sortes d'aromes.

1° *Les odeurs extractives ou muqueuses*, telles que celle de la bourrache. On les obtient par la distillation avec de l'eau.

2° *Les odeurs huileuses fixes*, comme celles de la tubéreuse, du jasmin, etc. On ne se les procure qu'en les faisant entrer dans de l'huile de ben ou autres.

3° *Les odeurs résineuses* ou *aromates proprement dits*, qu'on tire de la famille des labiées par la distillation avec de l'alcohol.

4° *Les odeurs acides*, les eaux de vanille, de cannelle, etc., qui rougissent les couleurs bleues végétales.

5° *Les odeurs hydrosulphureuses*. Les eaux distillées de choux, de cresson, qui sont fétides, précipitent l'argent, forment du soufre, etc.

Au reste, la science est encore fort peu avancée relativement à la composition et à la décomposition de l'arome. On en parle, on le sent, et c'est presque tout ce qu'on en sait. *Voyez* le mot ODEUR. (B.)

ARPENT. Nom qu'on a donné en France à plusieurs mesures agraires très différentes en étendue. Les principales sont : l'arpent de *Paris* et celui des *eaux et forêts*. Tous deux contiennent cent perches carrées ; mais la perche du premier a dix-huit pieds de longueur, et celle du second vingt-deux. La perche de dix-huit pieds, contenant trois toises linéaires, il s'ensuit que la perche carrée contient neuf toises carrées, et l'arpent de Paris neuf cent toises carrées. Cet arpent étant rapporté ainsi par un nombre rond très simple à la toise carrée, donnée par la toise linéaire, unité fondamentale de l'ancien système métrique, est bien plus commode pour les calculs que l'arpent des eaux et forêts, dont la valeur, en toises carrées, est exprimée par le nombre fractionnaire 1344 $\frac{4}{9}$. On ne peut même réduire ce dernier arpent, en un carré dont le côté comprenne un nombre exact de toises, puisque ce côté, composé de dix perches linéaires ou de dix fois vingt-deux pieds, auroit trente-six toises quatre pieds de longueur. L'arpent de Paris, au contraire, répond précisément à un carré de trente toises de côté. Ce rapprochement est bien propre, ce me semble, à montrer l'incurie qui régnoit autrefois à l'égard du système métrique, puisqu'on y avoit laissé subsister comme légale, une mesure aussi incohérente avec la toise, que cet arpent des eaux et forêts.

Si de l'usage des deux arpens, que je viens de citer, il résultait déjà beaucoup d'embarras dans les calculs, c'étoit bien pis encore lorsqu'on embrassoit la totalité des mesures particulières aux diverses provinces de la France. Il n'est pas possible de penser à ce chaos de valeurs bizarres, et à la confusion qu'elles devoient jeter dans la comparaison des transactions semblables, faites dans des lieux différens, sans apprécier le service que rendra le nouveau système métrique, quand il sera universellement et franchement employé par tous les Français. On sent alors combien il seroit raisonnable que l'on voulût bien consacrer quelques momens pour en acquérir l'usage, en renonçant à de vieilles habitudes qui conduisent à des opérations beaucoup plus longues que celles que prescrit le calcul décimal. Le temps qu'il en coûteroit pour prendre une teinture de ce calcul seroit bien moins considérable que celui qu'exigent journellement les conversions maladroites que l'on fait, des anciennes mesures en nouvelles, uniquement parceque l'on s'obstine à mesurer toujours avec l'ancien *pied*, l'ancienne *toise*, l'ancienne *perche*, au lieu d'employer le *décimètre*, le *mètre*, le *décamètre*, etc. qui leur répondent dans le nouveau système. Nous donnerons une idée de ce système au mot MESURES, où l'on trouvera aussi un tableau de comparaison entre les principales mesures agraires de l'ancien système et celles du nouveau. (Lc.)

ARPENTAGE. C'est l'art de mesurer l'étendue des terres, ce qui se fait soit immédiatement sur le terrain, soit sur le plan qu'on en a *levé*, et qui le représente en petit. De là vient que l'on comprend quelquefois dans la définition de l'arpentage l'*art de lever les plans*, mais à tort; car l'un n'emploie tout au plus que les procédés les plus élémentaires de l'autre, qui s'étend à la construction des cartes des régions les plus considérables, et jusqu'à la mesure de la circonférence de la terre. Tous deux empruntent le secours de la *géométrie*, science qui paroît devoir sa naissance au besoin qu'on eut, presque dès l'origine des sociétés, de fixer et de reconnoître les limites des champs. Ce n'est aussi qu'à ce besoin que doivent satisfaire les notions d'arpentage qu'il est convenable d'insérer dans un livre de la nature de celui-ci; car on ne sauroit aller au-delà sans entrer dans un détail de méthodes et d'instrumens qui supposent une connoissance assez étendue des diverses branches des mathématiques, pour laquelle il est indispensable de recourir aux traités spéciaux, très multipliés et très répandus.

Mais les premières notions, qui s'appuient sur un petit nombre de vérités géométriques presque évidentes par elles-mêmes, peuvent être néanmoins très utiles à l'habitant des campagnes, parcequ'elles le mettent en état de connoître ou de vérifier par lui-même la *contenance* des pièces de terre qu'il exploite, de celles qu'il voudroit échanger, pour réunir des propriétés trop morcelées, et de substituer, dans les transactions qui l'intéressent le plus, sa propre conviction à la confiance plus ou moins incertaine qu'il est obligé d'avoir dans les arpenteurs de profes-

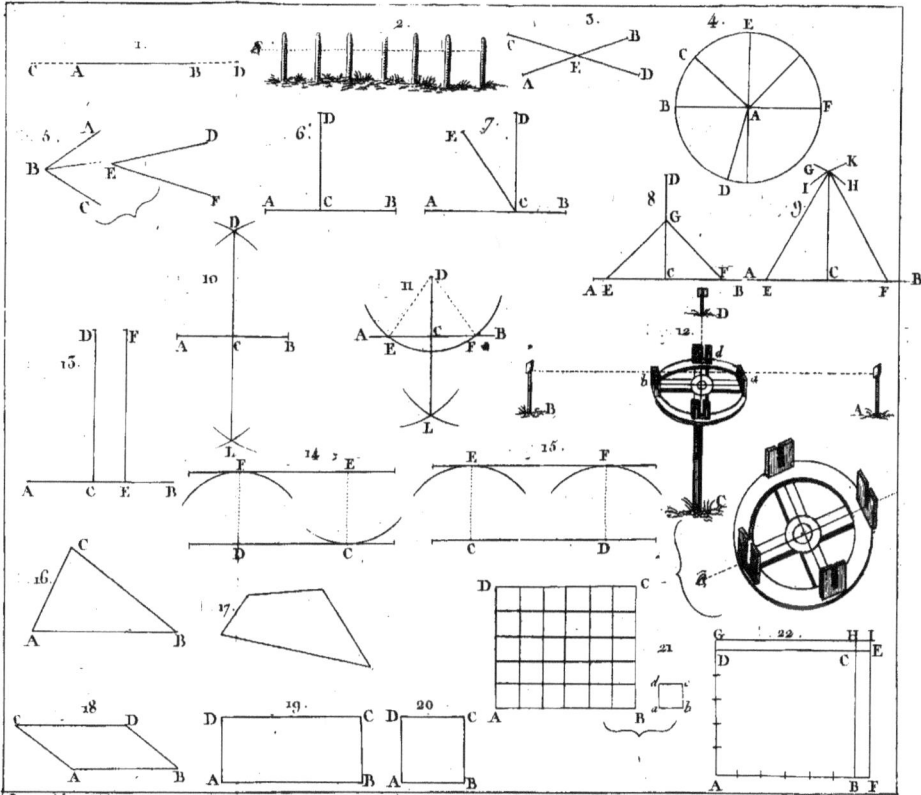

Arpentage.

sion. Ces mêmes notions devroient entrer dans l'instruction de quiconque sait écrire et calculer ; car en donnant aux nombres un objet sensible, et en obligeant à tirer des lignes, à tracer des plans, elles offrent à la fois le meilleur moyen d'exercer l'intelligence, et de préparer la main au genre de dessin nécessaire pour représenter les machines et les travaux des arts de construction, dessin dont il importe beaucoup de répandre les élémens. (*Voyez* dans les *Essais sur l'enseignement en général, et sur celui des mathématiques en particulier, par S. F. Lacroix*, ce qui regarde le dessin.)

**PREMIÈRE PARTIE.** *De l'arpentage sur le terrain.*

1. C'est uniquement de la superficie, ou de l'*aire* du terrain que s'occupe l'arpentage, c'est-à-dire d'une étendue qui n'a que deux dimensions, *longueur* et *largeur* ; et il la suppose d'abord plane, ou du moins n'ayant que des inégalités trop petites pour qu'il soit nécessaire d'en tenir compte.

Cet article étant destiné aux personnes qui n'ont aucune connoissance de la géométrie, nous les prévenons qu'il est à propos qu'elles prennent la peine d'exécuter toutes les opérations, qu'elles tracent toutes les figures que nous indiquons : c'est le seul moyen de comprendre les procédés que nous enseignons et les raisonnemens qui en font sentir la justesse.

2. Les figures auxquelles on rapporte l'aire d'un terrain pour la mesurer, et qu'il est nécessaire de savoir construire, ont leur contour formé de *lignes droites*.

3. Tout le monde entend par une ligne droite le plus court chemin pour aller d'un point à un autre, quand il n'y a aucun obstacle interposé entre ces deux points.

Deux points déterminent une ligne droite, c'est-à-dire que dès que l'on voit deux points, on conçoit sur-le-champ la ligne qui va de l'un à l'autre, et on ne peut la prolonger que d'une seule manière, de chaque côté de ces points.

AB, *figur.* 1re, est une ligne droite déterminée par les points A et B ; et les prolongemens ponctués AC et BD ne forment encore avec AB qu'une même ligne droite.

4. Pour tracer une ligne droite sur le terrain, il suffit de planter un piquet à chacune de ses extrémités, et de tendre de l'une à l'autre un cordeau.

Si cette ligne doit être d'une grande étendue, il faut marquer plusieurs points entre ses extrémités ; ce qui se fait en plaçant des piquets de manière que, lorsqu'on se met à quelque distance derrière le premier, il cache parfaitement tous les autres : cela prouve qu'ils sont dans la direction du rayon visuel qui va d'une extrémité à l'autre de la ligne, et qui est toujours droit. *Voyez* la *fig.* 2.

C'est là ce qu'on appelle *aligner* ou prendre un *alignement*.

C'est aussi en visant le long du bord d'une règle, comme si on vouloit l'aligner sur un point, que l'on reconnoît si elle ne bombe pas, ou si elle ne creuse pas entre ses extrémités, et par conséquent si elle est bien dressée ou non.

Avec une règle bien dressée, on s'assure si une surface est plane ou non; car, dans le premier cas, le bord de la règle s'applique dans tous ses points sur cette surface, dans quelque sens qu'on le place : ce qui n'a pas lieu dans le cas contraire.

5. Pour tracer une ligne droite sur le papier, on se sert d'une règle bien dressée, qu'on applique contre les deux points par lesquels doit passer la ligne, et l'on fait glisser le long de cette règle un crayon ou une plume.

Si l'on veut que la ligne soit tracée bien exactement, il faut que le crayon soit taillé à plat, afin qu'il puisse s'appliquer immédiatement contre la règle. Cela n'est plus possible lorsqu'on se sert d'une plume. Il convient alors d'y mettre peu d'encre, afin qu'il n'en coule point de la règle sur le papier; de plus, il ne faut pas placer la règle sur les points donnés, mais au-dessous, de manière que quand la plume est appuyée contre la règle, son bec puisse tomber sur ces points; et on doit avoir soin de le maintenir à la même distance de la règle dans toute la longueur de la ligne que l'on trace.

6. Deux lignes ne peuvent se couper qu'en un seul point, que l'on considère comme n'ayant aucune étendue.

AB et CD, *figure* 3, ont pour intersection le point E. Ce point est à proprement parler une petite surface; mais son étendue est d'autant plus petite que le trait des lignes AB et CD est plus fin; et l'on voit que, quand il s'agit des alignemens aperçus par l'œil, leurs intersections n'ont aucune étendue. C'est dans ce sens qu'on dit que *le point n'a aucune dimension.*

7. La ligne droite n'est pas la seule nécessaire aux opérations que j'ai à décrire; on y emploie encore la ligne courbe appelée *circonférence du cercle*, qui sert à marquer sur un plan tous les points qui sont à une distance donnée d'un point donné sur le terrain. Elle se décrit avec un cordeau, dont on fixe une des extrémités à un point, autour duquel on fait tourner l'autre extrémité, en tenant le cordeau tendu; cette dernière extrémité passe ainsi par une suite de points qui sont tous éloignés du premier d'une quantité égale à la longueur du cordeau.

Pour tracer une circonférence de cercle sur le papier, on emploie l'instrument appelé *compas*, qui est à peu près connu de tout le monde, ainsi que la manière dont on s'en sert. Dans ceux dont on fait usage pour tracer des cercles, une des pointes peut s'ôter, pour la remplacer, soit par un *porte-crayon*, soit par un *tire-ligne*; on peut à la rigueur s'en passer dans beaucoup de cas où le cercle ne doit pas rester sur la figure : on le trace alors en appuyant un peu la pointe sur le papier ; cela s'appelle *tracer à la pointe sèche.* Quand on veut tracer à l'*encre*, on y parvient encore assez bien avec un peu d'adresse, en piquant la pointe du compas dans un bout de plume taillée fin et un peu dure.

8. La considération de la circonférence du cercle a fait naître les définitions et les dénominations suivantes :

*La circonférence du cercle, ou la ligne circulaire, est une ligne courbe dont tous les points, situés sur le même plan, sont également éloignés d'un autre point pris dans ce plan, et que l'on nomme* centre.

*Le cercle est l'espace renfermé par cette courbe.*

La ligne BCD , *fig.* 4 , est une *circonférence de cercle.*

Le point A en est le *centre.*

Les lignes AB, AC , AD , qui vont du centre à la circonférence , se nomment *rayons,* et sont toutes égales.

La ligne AF , qui passe par le centre et qui se termine des deux côtés à la circonférence , est un *diamètre.* Tous les diamètres sont égaux.

Toute portion de la circonférence d'un cercle se nomme *arc ;* BC , CD , etc. , sont des arcs de cercle.

9. La situation respective de deux lignes , AB et BC , *fig.* 5 , qui se rencontrent en un point B , dépend de l'espace qu'elles comprennent entre elles, et qu'on nomme *angle.* Il faut bien remarquer que l'on n'envisage cet espace que par rapport à son ouverture, et qu'ainsi l'angle formé par les lignes AB et BC est plus grand que l'angle formé par les lignes DE et EF, quoique celles-ci soient plus longues ; parceque si on découpoit le papier suivant les lignes DE et FF, puis qu'on plaçât le morceau sur l'angle ABC , en mettant DE sur AB , et le point D sur le point A , la ligne ED tomberoit en dedans de l'angle ABC.

Les lignes qui forment un angle en sont les *côtés ;* le point où elles se rencontrent est le *sommet.*

On voit , par ce qui précède, que la grandeur d'un angle ne dépend pas de la longueur de ses côtés.

Dans le discours, on désigne les angles par trois lettres , en plaçant au milieu celle qui occupe le sommet. Les angles de la *figure* 5 se nommeroient ainsi ABC et DEF, parceque le sommet de l'un est en B, et celui de l'autre en E. Quelquefois aussi , quand il n'y a pas de confusion à craindre , on n'emploie que la lettre du sommet : on diroit bien ici l'angle B , l'angle E , puisqu'il n'y a qu'un seul angle à chaque point.

On ne pourroit pas énoncer de même les quatre angles qui ont leur sommet en E dans la *figure* 3 ; il faut nécessairement écrire pour chacun les trois lettres qui les distinguent des autres.

10. Parmi les diverses situations que peuvent prendre, à l'égard l'une de l'autre, deux lignes qui se rencontrent, il y en a une si remarquable que tout le monde la connoît et la juge ; je veux parler des *lignes perpendiculaires entre elles*.

La *figure* 6 représente cette situation.

La ligne DC qui tombe sur la ligne AB, sans pencher ni vers le point A, ni vers le point B, est *perpendiculaire* sur cette ligne ; telle est la direction que prend le *fil à plomb* dont se servent un grand nombre d'ouvriers, lorsqu'il tombe sur une ligne située dans un plan horizontal ou de niveau.

11. Les deux angles ACD et BCD, que la perpendiculaire DC fait avec la ligne AB, sont égaux ; on les nomme *angles droits*.

Toute ligne qui n'est pas perpendiculaire sur une autre est *oblique* à l'égard de cette autre ; telle est CE, *fig.* 7 ; celle-ci fait avec AB deux angles ACE et BCE, qui sont inégaux.

L'angle ACE, plus petit que l'angle droit ACD, est *aigu*.

L'angle BCE, plus grand que l'angle droit, est *obtus*.

12. La perpendiculaire DC, *fig.* 8, est évidemment le plus court chemin pour aller d'un point D à la droite AB.

13. Si de chaque côté du point C, où la perpendiculaire DC rencontre AB, on prend des distances CE et CF égales, chaque point de la perpendiculaire sera autant éloigné du point E que du point F ; c'est-à-dire que les *obliques qui*, comme GE et GF, *s'écartent également du pied C de la perpendiculaire, sont égales*.

C'est d'après ce principe que l'on parvient à mener une ligne perpendiculairement à une autre, opération qui revient souvent dans l'arpentage. Voici le procédé pour l'exécuter, d'abord sur le papier et ensuite sur le terrain, suivant les diverses circonstances qui peuvent se présenter.

14. Supposons d'abord que la perpendiculaire doive partir d'un point C, *fig.* 9, pris sur la ligne AB, on portera sur cette ligne, de chaque côté du point C, deux distances égales CE et CF ; du point E comme centre, avec une ouverture de compas prise à volonté, mais cependant plus grande que EC, on décrira un arc de cercle GH, puis, conservant la même ouverture de compas, on prendra pour centre le point F, duquel on décrira l'arc IK : ces deux arcs se couperont en un point qui sera évidemment à égale distance du point E et du point F ; et par conséquent situé sur la perpendiculaire cherchée.

Si le point C étoit à l'extrémité de la ligne donnée, en sorte qu'il n'y eût de tracée que la partie AC, il faudroit prolonger cette partie au-delà du point C vers B.

15. Si l'on doit élever la perpendiculaire sur le milieu de AB, on le pourra sans qu'il soit besoin de connoître ce point ; car il n'y aura qu'à prendre les points A et B pour centres des arcs indiqués dans l'opération précédente, et décrire de chacun de ces points deux arcs du même rayon, l'un au-dessus de AB et l'autre au-dessous, comme on le voit dans la *figure* 10 : on trouvera ainsi les points D et L évidemment à égale distance du point A et du point B. La ligne qui les joindra sera par conséquent perpendiculaire sur AB ; et, comme elle aura tous ses points à égale distance des extrémités A et B, le point C où elle rencontrera AB en sera nécessairement le milieu. L'opération que nous venons d'enseigner peut donc aussi servir à partager une droite en deux parties égales.

16. Si la perpendiculaire doit partir d'un point D, *fig.* 11, donné hors de la ligne AB, il faut d'abord décrire de ce point comme centre et avec un rayon plus grand que la distance DC, à la ligne AB, une portion de cercle qui marquera deux points E et F, dont le point D sera également éloigné ; il ne restera plus qu'à trouver un autre point L qui soit aussi à égale distance des points E et F, ce qui se fera comme précédemment. Si la droite AB n'est pas assez longue au-delà du point C pour qu'on puisse y trouver le point F, il faudra la prolonger.

17. Les trois opérations décrites ci-dessus s'exécutent très aisément sur le terrain avec un cordeau et des piquets. Pour la première, on prendra un cordeau plus long que la ligne EF, *fig.* 9, on en marquera le milieu ; et, ayant fixé les extrémités aux points A et B, on le tirera par son milieu, de manière que ses deux moitiés soient également tendues : ce milieu marquera alors le point D.

Pour la seconde, il faudra de plus passer le cordeau au-dessous de la ligne AB, *fig.* 10, afin de trouver le point L ; et plantant des piquets à ces deux points, ils donneront l'alignement de la perpendiculaire.

Lorsque la perpendiculaire doit partir d'un point D, pris hors de la ligne AB, *fig.* 11, on commence par fixer le milieu du cordeau à ce point, et on tend ses moitiés jusqu'à ce que leurs extrémités tombent sur la ligne AB. Ayant trouvé de cette manière les points E et F, on y fixe les extrémités du cordeau ; on détache son milieu, et on le passe de l'autre côté de la ligne, comme il vient d'être dit, ce qui donne le point L. On pourroit aussi se contenter de déterminer le point C, milieu de EF.

18. On ne pourroit de cette manière opérer que lentement dans un très petit espace, et souvent avec peu de précision, à cause de la difficulté de tendre également les parties du cor-

deau, sur-tout quand son milieu est fixé. Pour éviter ces inconvéniens, on emploie un instrument nommé *équerre d'arpenteur*. On lui donne plusieurs formes ; mais je pense que
celle que présente la *figure* 12 est la plus avantageuse. Les
deux directions perpendiculaires y sont marquées par des
plaques fendues, ou *pinnules*, placées aux extrémités de deux
diamètres se coupant à angle droit dans un cercle. On pose
cet instrument sur un pied, ou piquet, qui s'enfonce en terre.

Quand on vise sur un point B à travers les fentes des pinnules du même diamètre, les deux autres marquent la direction perpendiculaire ; en sorte que si l'on fait planter des
piquets dans l'alignement de ces dernières, ils indiqueront la
perpendiculaire élevée, par le pied de l'instrument, sur la
ligne qui répond au premier alignement.

L'exactitude de l'équerre consistant dans l'égalité des quatre
angles formés par les deux diamètres, on la vérifie aisément
de la manière suivante :

On fait planter deux piquets A et D dans la direction de
ses deux diamètres ; on tourne ensuite l'équerre sur son pied
jusqu'à ce que la pinnule *d* qui répondoit au piquet D vienne
dans l'alignement du piquet A ; si l'équerre est exacte, il faut
que la troisième pinnule *b* soit placée dans l'alignement du
piquet D.

On sent qu'il n'est pas toujours nécessaire de planter des
piquets ; on peut se contenter de remarquer, sur les objets
environnans, les points auxquels répondent les deux premières
pinnules. Plus ces points seront éloignés de l'instrument, plus
la vérification sera sûre ( 1 ).

Quand on veut employer cet instrument à mener une perpendiculaire par un point pris hors d'une ligne, il faut recourir à une espèce de tâtonnement, qui consiste à placer le pied

( 1 ) J'ai décrit l'équerre d'arpenteur sous sa forme la plus ancienne,
qui me paroît en même temps la plus commode et la plus simple ; on
lui en donne maintenant une autre plus portative, mais qui semble moins
exacte, parceque l'intervalle entre les deux fentes qui tiennent lieu de
pinnule est plus court, et ensuite, parceque formant devant l'œil une
sorte d'écran, elle empêche qu'on ne reconnoisse aisément le point sur lequel on vise, puisqu'elle dérobe la vue des objets environnans qui aide-
roient à le distinguer.

On ajoute souvent aux équerres des pinnules, ou des fentes, qui indiquent la direction qui tient le milieu entre la droite et sa perpendiculaire ;
mais cet accessoire n'est pas indispensable à l'arpentage.

Je termine en observant que si l'on traçoit avec soin sur une planche
droite et assez épaisse deux lignes perpendiculaires, et qu'on plan-
eurs extrémités quatre aiguilles très fines et très droites, on auroit
e frais un instrument qui pourroit servir lorsqu'il ne s'agiroit pas
bien en grand.

de l'instrument sur différens points de la ligne AB, jusqu'à ce qu'on soit parvenu à celui dans lequel l'un des diamètres étant dirigé sur AB, l'autre répond au point D. Avec un peu d'habitude, on aura bientôt trouvé de cette manière le point C, auquel on plante ensuite un piquet ; et si on mesure l'intervalle DC, on a la plus courte distance du point D à la ligne AB.

19. Après les lignes perpendiculaires, se présentent les *lignes parallèles*, qui se montrent dans toutes les constructions d'édifices réguliers, et que tout le monde connoît par cette raison.

On juge que deux lignes sont *parallèles* lorsqu'elles conservent dans toute leur étendue la même distance ; telles sont les lignes CD et EF, *fig.* 13.

Pour leur donner cette situation, je les ai menées perpendiculairement à la même droite AB, parcequ'alors ne penchant d'aucun côté de AB, elles ne tendent ni à s'approcher ni à s'éloigner entre elles.

20. On voit par-là que, pour mener par un point E, *fig.* 14, une ligne qui soit parallèle à une ligne donnée CD, il faut abaisser du point E une perpendiculaire EC sur CD, puis par un autre point quelconque D, pris sur la droite CD elle-même, élever une perpendiculaire DF, sur laquelle on portera la distance EC, ce qui donnera le point F : en tirant la droite E F, on aura la parallèle demandée.

On abrège l'opération en se bornant à chercher par tâtonnement l'ouverture de compas avec laquelle on pourroit décrire du point E, comme centre, un arc de cercle, qui ne fît que toucher la ligne CD ; puis avec cette ouverture, et du point D comme centre, on décrit un arc de cercle, et on tire la ligne EF, de manière qu'elle ne fasse que toucher cet arc, et qu'elle passe en outre par le point E.

21. S'il s'agissoit de mener la parallèle EF, *fig.* 15, à une distance donnée de la droite CD, il faudroit, par deux points quelconques C et D de cette dernière, élever les perpendiculaires CF et DF, qu'on feroit de même longueur, ou seulement décrire avec la distance donnée, prise pour rayon, des arcs de cercle, sur le sommet desquels on feroit passer la ligne EF qui seroit la parallèle demandée.

Les procédés indiqués seroient faciles à modifier pour être exécutés sur le terrain, soit avec le cordeau et les piquets, soit avec l'équerre d'arpenteur ; ainsi je passe maintenant à la construction des figures auxquelles on rapporte les superficies ou les aires à mesurer.

22. La manière la plus simple de fermer un espace exige trois lignes droites, et il en résulte la figure ABC, *fig.* 16, que

l'on nomme triangle, et où l'on distingue trois côtés, AB, AC, BC, et trois angles, A, B, C. En joignant donc par des droites trois points quelconques, on forme toujours un triangle.

23. Viennent ensuite les *quadrilatères* qui sont les figures de quatre côtés : la *figure* 17 en représente un quelconque; mais dans cette espèce de figures on distingue séparément, sous le nom de *parallélogrammes*, celles dont les côtés opposés sont parallèles.

ABCD, *fig.* 18, représente un parallélogramme; et entre ces derniers, on considère encore à part, sous le nom de *parallélogrammes rectangles*, ou simplement de *rectangles*, ceux dont les côtés contigus sont perpendiculaires.

ABCD, *fig.* 19, est un rectangle; c'est aussi ce que l'on appelle vulgairement un *carré long*, parceque l'on nomme *carré* le rectangle dont les quatre côtés sont égaux, comme dans la *fig.* 20.

24. Pour construire un carré, lorsque la grandeur de son côté est donnée, il faut tirer une droite AD de cette longueur, élever en A et en D des perpendiculaires AB et DC, qu'on fait de la même longueur que AD; et tirant BC on achève de fermer la figure.

25. Le carré, à cause de sa régularité, a été choisi pour mesurer les surfaces. On prend pour unité celui qui a pour côté l'unité linéaire : ainsi la *toise carrée* est un quarré d'une toise de côté, le *mètre carré* a un mètre de côté. (*Voyez* l'article MESURES.)

Cela posé, mesurer une surface quelconque, c'est chercher combien de fois elle contient le carré pris pour unité. Si cette surface a la figure d'un rectangle ABCD, *fig.* 21, on pourra d'abord poser dans le sens de sa longueur, autant de carrés égaux à *abcd*, que le côté *ab* sera contenu de fois dans AB; on en formera de cette manière une rangée, que l'on pourra répéter dans le rectangle autant de fois que la largeur de ce dernier contient le côté du carré *a b c d*, c'est-à-dire autant de fois qu'il y a d'unités linéaires dans le côté AD. Le nombre total des carrés contenus dans le rectangle ABCD sera par conséquent égal au produit des nombres d'unités linéaires contenues dans les deux côtés contigus de ce rectangle. Sur la figure, l'un de ces côtés contient cinq parties, l'autre six; le nombre des carrés contenus dans le rectangle sera donc de 5 fois 6 ou 30. De là suit cette règle, que *la mesure d'un rectangle est égale au produit de sa longueur par sa largeur.*

26. Une simple multiplication suffit donc pour trouver la surface de cette figure; mais le calcul demande quelques attentions particulières, lorsque les côtés ne contiennent pas un nombre exact d'unités. Le moyen le plus simple est de les ex-

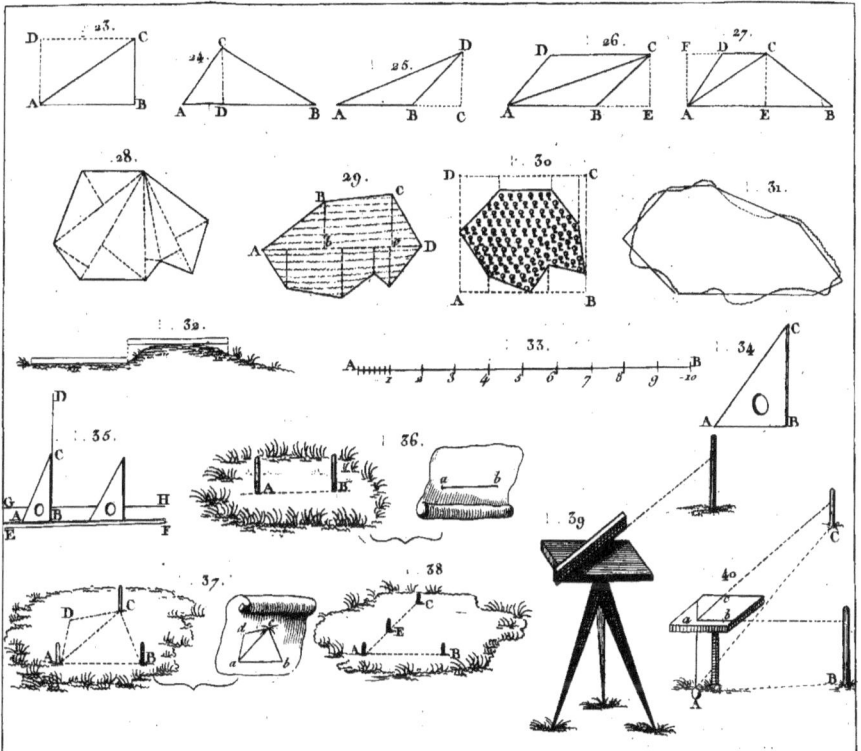

*Arpentage.*

primer par les fractions de la plus petite espèce, et de prendre alors pour unité de superficie le carré formé sur cette petite espèce, c'est-à-dire le *pied carré*, si l'on a réduit les longueurs en pieds; le *pouce carré*, si on les a réduites en pouces, et ainsi de suite, parcequ'il est toujours aisé de convertir un nombre de pouces carrés en pieds carrés, puis un nombre de pieds carrés en toises carrées.

Soit, par exemple, un rectangle dont l'un des côtés ait 5 toises 2 pieds, et l'autre 6 toises 4 pieds; en réduisant tout en pieds, on trouve 32 pieds et 40 pieds : le produit de ces nombres est 1280 pieds carrés. Pour rapporter cette mesure à la toise carrée, il faut diviser par le nombre de pieds carrés contenus dans une toise carrée; et comme cette toise est un rectangle dont les deux côtés ont chacun 6 pieds de longueur, elle contient 36 pieds carrés : divisant donc 1280 par 36, on obtient 35 toises carrées, et il reste 20 pieds carrés. Telle est la mesure du rectangle proposé.

Cette manière d'opérer conduit souvent à de grands nombres qu'on évite, en décomposant la surface proposée comme le montre la *figure* 22. On prend d'abord la surface du rectangle ABCD, dont les côtés AC et AD sont respectivement de 5 toises et de 6 toises, ce qui donne 30 toises carrées. Il reste à évaluer le rectangle BCEF qui a 5 toises de long sur 4 pieds de large, le rectangle CDGH, qui a 6 toises de longueur sur 2 pieds de largeur, enfin le rectangle CEIH, qui a 4 pieds de longueur sur 2 pieds de largeur. Le premier de ces 3 rectangles s'obtient en multipliant 5 toises par 4 pieds qui sont les $\frac{2}{3}$ d'une toise; il en résulte donc les $\frac{2}{3}$ de 5 toises carrées, ou 3 toises carrées et $\frac{1}{3}$, ou 3 toises carrées et 12 pieds carrés. Le rectangle CDGH a pour mesure 6 toises, multipliées par 2 pieds, ou par $\frac{1}{3}$ de toise, ce qui produit 2 toises carrées. Enfin, le rectangle CEIH, dont la longueur est de 4 pieds et la largeur de 2, donne 8 pieds carrés. En réunissant les 4 nombres :

| | | |
|---|---|---|
| 30 toises c. | | |
| 3 toises c. | 12 pieds c. | |
| 2 | » | |
| » | 8 | |

On trouve, comme ci-dessus,   35     20

Cet exemple suffira à ceux qui possèdent le calcul des fractions, ou des parties aliquotes, pour les mettre en état d'opérer sur des nombres quelconques. L'usage des mesures décimales simplifie beaucoup ces sortes de calculs, ainsi qu'on le verra à l'article MESURES.

27. On ne doit pas confondre les rapports des côtés des figures avec ceux de leurs surfaces. Lorsqu'on énonce, par exemple,

6 pieds en carré et 6 pieds carrés, la première surface, qui est
la toise carrée, ayant 6 pieds de longueur sur autant de largeur,
contient 36 pieds carrés, tandis que l'autre surface est seulement équivalente à 6 de ces pieds.

De même, quand on double la longueur des côtés d'un carré,
on le rend quatre fois plus grand qu'il n'étoit d'abord, puisque,
s'il avoit 1 pied de côté, il en acquiert 2, et son aire contient,
par conséquent, 4 pieds carrés.

28. La mesure du rectangle fait trouver aisément celle des
triangles. Parmi ces derniers, je considèrerai d'abord ceux qui
ont deux côtés perpendiculaires, et qu'on nomme à cause de
cela *triangles rectangles*. Tel est le triangle A B C de la *figure* 23,
dans lequel le côté CB est perpendiculaire sur le côté AB, et
l'angle B est par conséquent droit.

Si l'on conçoit par le point A la ligne AD parallèle à BC, et
par le point C la ligne DC parallèle à AB, on formera un rectangle ABCD, dont le triangle ABC sera évidemment la
moitié. Ce rectangle auroit pour mesure le produit de sa longueur AB par sa largeur BC (*Voyez* ci-dessus, n° 23). Le
triangle ABC, qui en est la moitié, aura donc pour mesure la
moitié du produit de ses deux côtés perpendiculaires AB et BC,
ou, ce qui revient au même, le produit de l'un d'eux par la
moitié de l'autre. AB, par exemple, étant égal à 7 unités, et
BC à 4, on aura 2 fois 7 ou 14 pour la surface du triangle ABC.

Un triangle quelconque peut toujours être ramené à deux
triangles rectangles, en abaissant de l'un de ses angles une perpendiculaire sur le côté opposé ; ce qui présente deux cas, selon
que la perpendiculaire tombe en dedans du triangle, comme
dans la *figure* 24, ou en dehors, comme dans la *figure* 25.

Cela posé, le triangle ADC, *figure* 24, étant rectangle en D,
aura pour mesure, d'après ce qui vient d'être dit, le produit
de AD par la moitié de DC ; de même le triangle BDC aura
pour mesure le produit de BD par la moitié de DC : en ajoutant ces produits, on aura la surface du triangle proposé ABC,
puisqu'il est la réunion des deux autres. Il est à remarquer que
ces produits étant formés avec un multiplicateur commun, qui
est la moitié de DC, on en trouveroit immédiatement la somme
en prenant pour multiplicande la somme des multiplicandes
partiels AD et BD, c'est-à-dire le côté AB tout entier. En
supposant que AB contienne 14 unités et DC, 8, on aura donc
4 fois 14, ou 56, pour la surface du triangle.

Dans la *figure* 25, le calcul des triangles rectangles ADC
et BDC est encore le même ; mais, au lieu d'ajouter les produits, il faut les retrancher, parceque le triangle proposé ABC
est l'excès du triangle ADC sur le triangle BDC. Au lieu
de multiplier séparément AD et DB par la moitié de DC,

pour retrancher ensuite le second produit du premier, on pourra prendre d'abord l'excès de AD sur BD, qui est précisément le côté AB, pour le multiplier par la moitié de CD. Le côté AB contenant 6 unités, par exemple, et DC, 8, on aura 4 fois 6, ou 24 unités carrées pour la surface du triangle ABC.

Le côté du triangle sur lequel on abaisse la perpendiculaire se nomme *base*, et la perpendiculaire *hauteur*. On voit donc, d'après ce qui précède, que *la mesure de la surface d'un triangle est le produit de sa base par la moitié de sa hauteur.*

29. Des triangles on passe aux parallélogrammes. En tirant dans le parallélogramme ABCD, *figure* 26, de l'un des angles à son opposé, une ligne AC, que l'on nomme *diagonale*, on partage ce parallélogramme en deux triangles qui sont visiblement égaux; l'un d'eux, le triangle ABC, par exemple, a pour mesure, d'après le n° précédent, la moitié du produit de sa base AB par sa hauteur CE; le parallélogramme, étant double du triangle, aura donc pour mesure ce produit tout entier.

Il faut observer que la perpendiculaire CE marque la *hauteur* du parallélogramme; et que, donnant alors au côté AB le nom de *base*, on dit que *l'aire d'un parallélogramme est égale au produit de sa base par sa hauteur.*

30. Dans les quadrilatères, on distingue encore le *trapèze*, qui n'a que deux côtés parallèles : ABCD, *fig.* 27, est un trapèze. On le partage en deux triangles, en tirant une diagonale AC. Le triangle ABC a pour mesure AB multiplié par la moitié de EC, et le triangle ACD, CD multiplié par la moitié de AF; mais AF est évidemment égal à CE, à cause du parallélisme des lignes AB et CD : le multiplicateur sera donc le même dans les deux produits, et l'on aura par conséquent la somme de ces produits, ou l'aire du trapèze, en multipliant tout de suite la somme des multiplicandes CD et AB, par le multiplicateur commun qui est la moitié de la hauteur CE.

Il suit de là que *l'aire d'un trapèze a pour mesure le produit de la somme de ses deux côtés parallèles par la moitié de leur distance perpendiculaire.*

Si AB contenoit 9 unités, DC, 5, CE, 4, l'aire du trapèze s'obtiendroit en ajoutant les nombres 9 et 5, et multipliant leur somme 14 par la moitié de 4, ce qui donneroit 28.

31. Avec les règles précédentes, on mesure tout terrain dont le contour est composé d'un nombre quelconque de lignes droites, pourvu qu'on puisse le parcourir dans tous les sens. Il suffit pour cela de joindre l'un de ses angles à tous les autres, en traçant dans son intérieur des lignes diagonales, comme on le voit dans la *figure* 28. Il se trouve partagé en triangles, dont on calcule séparément l'aire, en mesurant le côté sur lequel on a abaissé la perpendiculaire, et cette perpen-

I                                             28*

diculaire elle-même ; la somme de tous les résultats donne la surface du terrain proposé.

32. Il y a une autre manière de décomposer en figures simples un terrain quelconque, par laquelle on a moins de lignes à mesurer que par la précédente. Au lieu de mener des diagonales d'un angle à tous les autres, on tire une ligne, comme AD, *fig.* 29, qui traverse le terrain dans sa plus grande longueur, et de chacun de ses angles on abaisse une perpendiculaire sur cette ligne ; le terrain se trouve alors partagé en triangles rectangles, et en trapèzes dont deux côtés sont perpendiculaires au troisième.

L'aire de chaque triangle s'obtiendra en prenant la moitié du produit de sa hauteur qui est la perpendiculaire abaissée de son sommet sur la ligne AD, par sa base qui est la distance du pied de cette perpendiculaire à l'une ou à l'autre des extrémités de la ligne AD, que je nommerai *directrice*.

Pour calculer chaque trapèze, B*b*C, par exemple, on regardera les perpendiculaires B*b* et C*c* comme les bases, et on prendra *bc* pour sa hauteur.

Cela fait, la somme des surfaces des triangles et de tous les trapèzes dont la figure est composée donnera celle du terrain.

33. Le procédé exposé dans l'article précédent a, sur celui du n° 28, l'avantage de pouvoir s'appliquer aux terrains dont on ne peut point parcourir l'intérieur dans tous les sens. La *fig.* 30 représente cette application : on y a d'abord tiré une directrice AB, de manière que ses extrémités A et B dépassent entièrement les parties du terrain qui s'avancent le plus de chaque côté ; aux points A et B, on a élevé deux nouvelles directrices AD et BC, perpendiculaires à la première ; puis on en a tiré une quatrième DC, perpendiculaire sur AD, ce qui achève d'envelopper le terrain dans un rectangle ; enfin, de chacun des angles du terrain, on a abaissé, sur ces directrices, des perpendiculaires, qui partagent en trapèzes ou en triangles rectangles tout l'espace compris entre le rectangle ABCD et le terrain proposé. Si on avoit en effet mesuré les hauteurs et les bases de ces trapèzes et de ces triangles, on en calculeroit les surfaces d'après les règles données ci-dessus ; et retranchant leur somme de la surface du rectangle ABCD, on auroit celle du terrain proposé, quelqu'irrégulière que fût sa figure.

34. Si le terrain à mesurer n'est pas terminé par des lignes droites, on pourra toujours l'envelopper dans une figure rectiligne qui en diffère très peu, ou faire passer chaque côté de cette figure, partie intérieurement, partie extérieurement au terrain proposé, de manière que les portions laissées en dehors du terrain compensent celles qui sont restées en de-

hors de la figure, comme dans la *fig.* 31 ; ce qui sera toujours aisé à faire, quand on aura multiplié assez les lignes droites dans le contour du terrain pour n'avoir à estimer à vue que des portions fort petites.

Les simplifications que les diverses formes de terrain pourroient apporter dans les procédés ci-dessus donneroient lieu à beaucoup de remarques qui ne sauroient trouver place ici ; mais tout lecteur susceptible d'attention, et qui se sera exercé, en commençant par des exemples faciles, sur les opérations que je viens d'indiquer, imaginera sans peine les expédiens convenables aux circonstances qu'il rencontrera : la vue du terrain en suggère beaucoup plus qu'on n'en sauroit rapporter dans un traité même assez développé.

Pour avoir mis le lecteur en état d'arpenter sur place un terrain quelconque, qui seroit à peu près horizontal, il ne me reste plus qu'à parler de la manière dont on prend sur le terrain la mesure des lignes, parceque j'ai déjà dit aux n$^{os}$ 16-18 comment on mène les perpendiculaires.

35. On emploie pour mesurer une distance soit des mesures inflexibles, comme une toise, une perche, soit un cordeau divisé par des nœuds, en un certain nombre d'unités, soit une chaine ; et dans quelques parties de la France on se sert d'un grand compas de bois, de trois à quatre pieds de longueur, portant entre ses branches un arc de fer, sur lequel sont indiquées les diverses longueurs qu'embrassent les ouvertures qu'on lui donne. Ce dernier instrument devroit être entièrement rejeté, d'abord parcequ'il est défectueux en lui-même, ensuite parcequ'il est difficile par son moyen de mesurer bien en ligne droite, et enfin, parceque les pointes s'enfonçant plus ou moins, suivant la consistance du terrain sur lequel on passe, les enjambées du compas ne sont pas toutes égales ; et comme une médiocre distance en contient un grand nombre, la plus petite erreur, étant répétée autant de fois, donne lieu à des inexactitudes assez considérables.

Le moyen le plus exact et en même temps le plus simple de mesurer une distance est d'employer deux perches de bois bien sec, qu'on a divisées d'avance avec soin, suivant la mesure adoptée, soit la toise, soit le mètre. Pour en faire usage, on tend un cordeau dans la direction de la ligne à mesurer, qui est marquée par un nombre suffisant de piquets ( n$^o$ 4 ), et on pose les deux perches bout à bout, le long de ce cordeau, puis on relève la première perche pour la placer à la suite de la seconde. En continuant de cette manière jusqu'à ce qu'on soit parvenu à l'extrémité de la ligne, avec l'attention d'éviter dans le placement successif des perches tout choc qui pourroit déplacer celle sur laquelle on s'appuie, ou obtiendra une mesure très exacte, sur-tout si l'on a soin de placer les perches horizontalement, en élevant celle de leurs extrémités qui seroit la plus basse bien d'aplomb sur l'extrémité qui lui correspond dans la perche précédente ; la *figure* 32 représente cette dernière opération.

On peut, à la vérité, se passer le plus souvent de ces précautions minutieuses ; mais je pense qu'il n'est jamais bien sûr de substituer aux perches un cordeau, dont la longueur peut varier à chaque instant, suivant la force avec laquelle il est tendu. C'est pour éviter cet inconvénient que les arpenteurs font usage d'une chaîne de fer, terminée par deux anneaux qu'on fixe sur le terrain avec des piquets de fer appelés *fiches*. L'inspection de cette chaîne en fera mieux connoître l'usage que la description que j'en donnerois ici ; mais j'indiquerai la manière dont on se sert des fiches, pour prévenir les erreurs que l'on peut commettre dans le nombre de fois que l'on place la chaîne sur une même direction.

Deux personnes portent la chaîne ; celle qui marche devant a dans sa main toutes les fiches au nombre de dix, et en plante une dans l'anneau qu'elle tient, après avoir tendu la chaîne sur le terrain dans la direction convenable. Cela fait, elle enlève la chaîne, se remet en marche jusqu'à ce que la personne qui porte l'autre extrémité de cette chaîne soit arrivée à la fiche plantée, et y ait placé l'anneau qu'elle tient. Quand, dans cette seconde situation, la chaîne est tendue par la personne qui marche devant, elle y plante sa seconde fiche, l'autre personne relève la première, et vient se placer à la seconde, qu'elle relève ensuite de même. De cette manière, les fiches passent successivement dans la main de la personne qui les relève, et lorsqu'elle les tient toutes, il est sûr que la chaîne a été placée dix fois de suite, depuis le premier point jusqu'à celui où cette personne est arrivée ; elle rend alors les fiches à la première, et l'opération continue dans le même ordre qu'auparavant. En notant avec soin chaque dixaine de chaînes, on prévient tous les mécomptes qui pourroient avoir lieu sur le nombre de ces chaînes, et qui, sans la précaution que je viens d'indiquer, seroient extrèmement fréquents.

## DEUXIÈME PARTIE. *De la levée des plans.*

36. Les mesures étant prises, on peut, au lieu d'effectuer les calculs sur le lieu même, à la suite de chaque opération partielle, consigner ces mesures sur un *croquis* où l'on a figuré à peu près les lignes qui ont été conçues sur le terrain, et faire chez soi les opérations numériques ; mais alors rien n'est plus aisé que de construire, avec les mesures données, le plan du terrain qu'on s'est proposé d'arpenter ; il suffit, pour cela, de

réduire les mesures prises sur le terrain dans une proportion qui permette de les placer sur le papier que l'on destine au plan; comme, par exemple, de prendre un pouce pour représenter une toise, ou douze toises, ou cent vingt toises, etc., suivant la grandeur du terrain à figurer. Si l'on mesuroit au mètre, il faudroit prendre le centimètre pour représenter un mètre, ou dix mètres, ou cent mètres, etc., car, c'est une précaution, sinon indispensable, du moins très utile, de faire toujours les réductions d'après les nombres qui divisent exactement la mesure adoptée. Quand on prend, par exemple, un pouce pour représenter une toise, chaque pied du terrain occupe sur le papier deux lignes : si c'est douze toises que représente le pouce, la toise du terrain occupe une ligne sur le papier, et ainsi de suite. On n'a donc pas besoin d'autre chose que d'un pied bien divisé pour trouver la grandeur que doit prendre chaque droite, en passant du terrain sur le papier. Cette opération seroit encore plus facile et plus exacte si l'on avoit mesuré au mètre, parceque les réductions décimales, étant conformes à la base de notre numération, s'effectuent avec la plus grande promptitude, et que d'ailleurs on trouve dans le commerce des doubles décimètres en buis, bien supérieurs, pour l'exactitude des divisions, à l'ancien pied de roi, et moins chers.

37. Lorsqu'on n'a pas un double décimètre ou un pied assez bien divisé pour s'en servir, comme je viens de le dire, ou lorsque, pour renfermer tout un plan sur un papier de grandeur donnée, on veut adopter pour la toise, ou pour le mètre, une longueur qui n'est pas marquée sur le pied, ou sur le décimètre, il faut alors construire une *échelle*, c'est-à-dire assigner une ligne AB, *fig. 33*, pour la grandeur que doit occuper sur le papier un nombre donné de toises ou de mètres, dix, par exemple. On divise d'abord cette ligne en deux parties égales, ce qui fournit cinq toises ; ensuite, on divise chacun de ces intervalles en cinq parties, et on a la grandeur que doit occuper une toise ou un mètre ; enfin, on divise en six parties l'espace qui représente une toise, afin d'avoir des pieds, ou en dix, celui qui représente un mètre, afin d'avoir des décimètres. Il y a des moyens de faire sans tâtonnement toutes ces divisions, mais leur exactitude est plutôt intellectuelle qu'effective ; et un peu d'habitude rend le tâtonnement plus prompt et plus sûr que l'emploi de ces moyens.

Pour peu qu'on ait manié le compas, on sait qu'après avoir pris à vue la moitié d'une droite, il faut porter l'ouverture du compas deux fois sur cette droite, en partant de l'une de ses extrémités ; et si l'on ne tombe pas exactement sur l'autre, on partage à peu près la différence en deux parties égales, en ouvrant ou en fermant le compas d'une quantité

convenable. **On** porte cette no uvelle ouverture deux fois sur
la ligne, et le plus souvent elle la donnera exactement; mais
si cela n'arrivoit pas, on corrigeroit l'erreur, ainsi que l'on a
fait pour la première ouverture, et l'on arriveroit bientôt à
l'ouverture de compas qui embrasse la moitié de la ligne. Ce
procédé s'applique à toutes les divisions de la ligne droite, et
son succès est fondé sur la facilité qu'a l'œil de partager en
portions égales les petits espaces.

38. Quand on a construit l'échelle, il est bien aisé de tracer
sur le papier les *figures* 29 et 30; car il n'y a qu'à mener les
directrices, porter sur chacune le nombre de divisions qui
représentent les distances des pieds des perpendiculaires à l'une
ou à l'autre des extrémités de ces directrices, puis élever les perpendiculaires par leur pied ainsi trouvé, et joindre leur seconde
extrémité par des droites, comme elles le sont sur le terrain.

39. Ce tracé, qui ne doit présenter aucune difficulté, lorsqu'on aura effectué toutes les opérations décrites précédemment, pourroit sembler long, si l'on élevoit toutes les perpendiculaires suivant le procédé du n° 14. On l'abrège en se servant d'une équerre, qui est le plus ordinairement un triangle
de bois représenté dans la *figure* 34. On applique l'un des
côtés de son angle droit sur la ligne sur laquelle on veut élever
la perpendiculaire, et de manière que le point B tombe sur
le pied de cette perpendiculaire; traçant alors une ligne le
long du côté BC, ce sera la perpendiculaire demandée.

On seroit sûr de son exactitude si l'équerre étoit juste, mais
c'est ce qui arrive rarement; et même une équerre qui seroit
juste peut cesser de l'être par le travail du bois: c'est pourquoi
il vaut mieux construire une première perpendiculaire avec
tout le soin possible, et employer l'équerre à mener parallèle-
ment à celle-là toutes les autres, comme je vais le dire. On
appliquera un des côtés de l'équerre sur la première perpendiculaire BD, *fig.* 35, et on placera sous l'autre côté une règle
EF; puis en maintenant celle-ci dans la même situation, on fera
glisser l'équerre, dont le côté BC s'avancera toujours parallèle-
ment à lui-même; et en l'amenant successivement aux différens points de la ligne GH, par lesquels on veut élever des
perpendiculaires, il en marquera la direction.

Quand, par ces moyens, on aura construit le plan du terrain proposé, on pourra y tracer telle figure que l'on voudra;
on en mesurera les côtés au moyen de l'échelle, et on en calculera les surfaces par les règles propres à chacune de ces figures. A la vérité, les directrices perpendiculaires (n° 32),
s'écartant quelquefois beaucoup du contour du terrain, embrassent un trop grand espace, et obligent à mesurer plus de
lignes qu'il n'en faudroit; mais pour faire connoître des

moyens plus expéditifs, il est nécessaire de reprendre les choses de plus haut.

40. En ne considérant d'abord sur le terrain que deux points A et B, *fig.* 36, tout ce qu'on peut faire pour en représenter sur le papier la situation respective se borne à mesurer la distance de ces points, et à tirer sur le papier une droite *ab*, à laquelle on donnera, en parties de l'échelle, une longueur égale à la mesure de la distance AB.

Si l'on prend ensuite sur le terrain un troisième point C, *fig.* 37, il faudra le lier avec les points A et B, de manière à déterminer sa situation à l'égard de ces points, et transporter sur le papier les données fournies par cette opération, afin de trouver un point *c* placé à l'égard des points *a* et *b*, comme le point C l'est à l'égard de A et de B.

Tel est le problème que l'on a sans cesse à résoudre lorsqu'on lève un plan quelconque; on peut le faire de trois manières différentes que je vais exposer successivement.

41. On conçoit sans peine que la connoissance des distances AC et BC fera trouver sur terrain la position du point C; quand même il n'y seroit pas marqué; car si on fixoit au point A l'une des extrémités d'un cordeau de même longueur que la distance AC, et au point B celle d'un cordeau de même longueur que la distance BC, en rapprochant les deux autres extrémités de ces cordeaux, elles se réuniroient précisément au point C.

On peut effectuer sur le papier une opération analogue, en prenant successivement sur l'échelle deux ouvertures de compas correspondantes aux distances AB et BC mesurées sur le terrain; puis décrivant du point *a* comme centre, avec la première de ces ouvertures, et du point *b* comme centre avec la seconde des arcs de cercle, ils se couperont en un point *c*, dont les distances aux points *a* et *b* seront dans le même rapport que les distances du point C aux points A et B.

Par une semblable opération, on lieroit à deux quelconques des points A, B et C, un quatrième point D, et l'on trouveroit la position du point *d* qui lui correspond sur le papier; puis en passant ainsi de proche à tous les points remarquables d'un terrain, on en lèveroit le plan sans y employer d'autres instrumens que la perche, ou la chaîne, et des piquets.

42. Au lieu de lier le point C aux points A et B par les distances AC et BC, on peut chercher à déterminer l'inclinaison de la ligne AC à l'égard de la ligne AB, ou l'angle que ces deux droites font entre elles, et mesurer seulement la distance AC, car si l'on avoit sur le terrain un point E, *fig.* 38, dans l'alignement de la droite AC, on tomberoit sur le point C, en portant sur cet alignement une longueur égale à la distance AC.

Les angles sur le terrain se prennent immédiatement avec

la *planchette*, instrument qui, réduit à sa forme la plus simple, n'est autre chose qu'une petite table portative, ayant un
pied tel que l'on puisse, sans beaucoup de peine, la placer
horizontalement. On fixe sur cette table la feuille de papier
qui doit recevoir le plan ; et pour prendre les alignemens, on
peut se servir d'une règle épaisse que l'on place *de champ*,
et dont on dirige le bord sur le point auquel on vise (voyez
la *figure* 39) ; en tirant une ligne le long de la règle, on a
sur le papier l'alignement désiré.

Pour mesurer l'angle BAC, *fig.* 40, on portera la planchette en A ; on plantera une aiguille au point *a*, répondant
à plomb sur le point A du terrain ; on appliquera le bord
de la règle contre cette aiguille, et on le dirigera dans l'a-
lignement du piquet du point B, puis on tirera sur le papier
la ligne *a b* ; on fera venir ensuite le bord de la règle dans
la direction du point C, en ayant soin que ce bord soit toujours appliqué contre l'aiguille ; on tirera la ligne *ac* : l'angle
*bac* sera le même que l'angle BAC.

On achèvera de déterminer la position respective des trois
points *a*, *b*, *c*, en portant sur les droites *ab* et *ac*, à partir du
point *a*, les nombres de parties de l'échelle correspondans aux
distances AB et AC, mesurées sur le terrain.

La même opération, effectuée sur les différens points qu'on
peut apercevoir du point A, les lieroit tous ensemble, et donneroit la position de ceux qui les représentent sur le plan : c'est
ce que la *figure* 41 indique suffisamment. On y voit comment,
en dirigeant successivement la règle sur les piquets plantés aux
points B, C, D, E, F, puis mesurant sur le terrain les distances
AB, AC, AD, AE, AF, on a obtenu sur le papier les points
*b*, *c*, *d*, *e*, *f*, et formé la figure *a b c d e f*, semblable au contour du terrain.

Pour lier avec le point C, *fig.* 42, un quatrième point D, que
l'on n'apercevroit pas du point A, ou qui en seroit trop éloigné,
il faut transporter la planchette en C ; planter l'aiguille au
point *c*, placer ensuite la règle contre l'aiguille, et sur la
ligne *ac*, puis tourner la planchette de manière que le point *a*
soit dans la direction du piquet planté en A. Cela fait, on
dirigera la règle vers le piquet planté en D ; on tirera *cd*,
et on aura l'angle *acd*.

Mesurant ensuite la distance CD, et prenant la longueur
correspondante en parties de l'échelle, pour la porter sur *cd*,
on obtiendra le point *d*, qui représente sur le plan le point D.

En continuant d'opérer ainsi, on passeroit à un cinquième
point, et on suivroit un contour quelconque, en se portant
au sommet de chacun de ses angles, ou à tous les changemens remarquables de sa direction.

Si le contour étoit fermé, on devroit, en déterminant le dernier côté, retomber sur le point duquel on est parti, c'est là ce qu'on appelle *se fermer*. Il est bien rare qu'on y réussisse exactement; mais lorsqu'on ne trouve pas une erreur trop considérable, on dérange un peu chaque point, afin d'arriver juste au dernier, en répartissant cette erreur sur l'ensemble de l'opération.

43. La troisième manière de lier un point C avec deux autres points A et B, et qui s'applique au cas où l'on ne sauroit approcher de ce point, *fig.* 43, consiste à prendre les angles A et B du triangle BAC. Elle est fondée sur ce que le point C seroit déterminé sur le terrain, si l'on avoit un point E dans l'alignement AC, et un point F dans l'alignement BC, parcequ'en prolongeant ces alignemens, soit avec des cordeaux, ou autrement, leurs directions ne pourroient se rencontrer qu'au seul point C.

On établira donc d'abord la planchette en A, *fig.* 44, pour tracer l'angle *bac*; comme on l'a enseigné n° 42; mais on ne mesurera que AB, pour donner à la droite *ab* la longueur correspondante en parties de l'échelle, puis on transportera la planchette en B; on l'y placera de manière que le point *b*, où l'on plantera l'aiguille, réponde à plomb sur le point B, et que le point *a* soit tourné vers un piquet qu'on aura planté au point A, lorsqu'on en aura enlevé la planchette. Cela fait, on dirigera la règle sur le piquet du point C; elle rencontrera au point *c* la droite menée du point *a* vers le même piquet du point C.

Par ce dernier procédé, on lève très promptement le plan d'un terrain, lorsqu'il est possible d'y trouver deux points desquels on en aperçoive un grand nombre d'autres; et on n'a besoin que de mesurer une distance des deux premiers points, distance qu'on appelle *base*, et qu'il ne faut pas prendre trop petite. La *fig.* 45 explique suffisamment cette opération.

Enfin, il faut encore observer que si on vouloit marquer sur le plan un point E qui ne fût pas visible des points A et B, on y parviendroit en portant successivement la planchette en deux points C et D, déjà déterminés, et desquels le point E seroit visible. On opèreroit à chacun de ces points comme on l'a fait en A et en B, seulement il ne seroit pas nécessaire de mesurer sur le terrain la distance des piquets C et D, puisqu'on auroit sur la planchette la longueur de la ligne *cd*.

44. Si l'étendue de la planchette n'étoit pas assez grande pour contenir tout le plan qu'on se propose de lever, on changeroit le papier; mais il faudroit placer sur la nouvelle feuille deux des points marqués sur celle qu'on a ôtée, afin

de pouvoir par le moyen de ces points, qui leur sont communs, assembler les deux feuilles.

On est souvent obligé, dans la levée des plans, d'employer tour à tour tous les procédés enseignés jusqu'ici ; on a recours aux perpendiculaires ( n° 32 ), lorsque l'on rencontre des sinuosités trop fréquentes ou trop resserrées pour les ramener aisément à des lignes droites ; on fixe par de petits triangles, comme on l'a indiqué n° 41, les points très rapprochés, et qui exigeroient des déplacemens trop fréquens de la planchette.

On est sur-tout obligé de se servir de ce moyen ou de quelqu'autre analogue, lorsqu'en levant un contour, il faut partir de points sur lesquels on ne sauroit poser un instrument, comme les angles d'un mur ; on se place alors dans le prolongement de l'une de ses faces, ou bien on tire en dedans, ou en dehors, une parallèle à cette face.

La *fig.* 47 donne un exemple de ces diverses circonstances, et fait sentir les avantages de la planchette, même à l'égard des opérations où elle n'est pas nécessaire. Elle permet de rapporter sur le papier ces opérations, à la vue même des objets que l'on veut représenter ; tandis que quand on se borne à prendre les mesures sur le terrain pour les assembler chez soi, à moins d'écrire jusqu'à des détails très minutieux, ou d'en charger sa mémoire, on est exposé à négliger beaucoup de circonstances nécessaires à la vérité du plan.

Afin de rendre la planchette plus commode, on lui a donné un pied à trois branches, fait de manière qu'elle puisse être facilement mise dans une situation horizontale et tourner autour de son centre sans s'incliner d'aucun côté.

Au lieu d'une règle ordinaire, assez difficile à bien aligner, on emploie une *alidade*, ou règle de cuivre garnie de pinnules ( voyez la *fig.* 46 ) bien perpendiculaires dans tous les sens, sur la lame qui les joint, et bien hautes, afin que, sans incliner la planchette, on puisse viser aux points du terrain qui sont plus élevés ou plus bas ; souvent on met une lunette sur l'alidade, en place des pinnules, afin de mieux voir les objets éloignés ; mais la condition essentielle pour la sûreté et la promptitude de l'opération est que la tablette ne s'ébranle pas sous la main qui dessine, afin que les lignes que l'on y trace conservent bien la direction des rayons visuels. On s'en assure, lorsqu'on prend un angle, en remettant l'alidade sur le premier côté, pour vérifier s'il a conservé l'alignement du point qui est à l'extrémité de ce côté.

45. Lorsqu'on veut copier un plan levé à la planchette, soit pour en avoir un double, soit pour le mettre au net, il faut le *piquer* ou le *calquer*. La première opération consiste à

poser la feuille qui étoit sur la planchette sur une nouvelle feuille de papier, et à piquer la première avec une épingle bien fine dans tous les points remarquables du plan situés sur son contour et dans son intérieur. On joint ensuite par des lignes convenables les piqûres marquées sur la feuille inférieure.

Pour calquer un plan, il faut le placer sur un carreau de verre exposé au grand jour, et les traits du plan paroîtront à travers le papier blanc appliqué dessus. On pourra se borner à marquer seulement les points nécessaires pour déterminer les contours et les lignes du plan, ou bien suivre, avec le crayon, ces contours et ces lignes dans toute leur étendue.

46. Si l'on ne vouloit pas piquer le plan *minute*, et qu'on trouvât trop incommode de le calquer à la vitre, comme il vient d'être dit, on pourroit en construire une copie par des procédés analogues à ceux qu'on a employés pour le lever ; c'est-à-dire en mesurant les angles et les côtés, pour en faire d'autres qui leur soient égaux, sur la feuille destinée à recevoir la copie. La détermination des points sur cette copie peut s'opérer par les procédés des n$^{os}$ 41, 42, 43; il faut seulement ajouter aux deux derniers la manière de faire sur le papier un angle qui soit égal à un autre, ce qui est très aisé.

Soit BAC, *fig.* 48, un angle donné, et qu'il s'agisse d'en construire un égal en *a* sur la ligne *ab*; on prendra sur les côtés du premier angle deux distances égales AB et AC ; on portera la même distance sur *ab*; puis du point *a* comme centre, et avec cette distance comme rayon, on décrira un arc de cercle *ef*, et prenant sur le premier angle l'ouverture de compas BC, on s'en servira pour décrire du point *b* comme centre un arc de cercle *g h*, qui coupera le premier en un point *c*, tel qu'en tirant *ac*, on aura l'angle *bac* égal à l'angle BAC. On sentira l'exactitude de ce procédé en observant que l'ouverture *bc* du second angle étant égale à l'ouverture BC du premier, et placée aux mêmes distances du sommet, ces deux angles se couvriroient parfaitement si on les posoit l'un sur l'autre.

Si on vouloit réduire le plan minute à de plus petites dimensions, il faudroit faire sur la copie les angles égaux à ceux de l'original, mais réduire les côtés dans les rapports que l'on veut établir entre les dimensions de la copie et celles de l'original.

47. Avec la planchette on trace aisément sur le terrain toute figure qu'on a construite sur le papier. La *fig.* 41 représente cette opération qui est l'inverse de celle du n° 42. Il faut d'abord se donner un point du contour et la direction de l'un de ses côtés, le point A et la ligne AB, par exemple. En plaçant

la planchette de manière que le point *a* réponde à plomb sur son analogue A, et que le côté *ab* soit dans l'alignement de AB, il n'y aura plus qu'à porter successivement l'alidade sur les droites *ab*, *ac*, *ad*, *ae*, *af*, et mesurer dans ces alignemens des distances correspondantes aux longueurs des lignes *ab*, *ac*, *ad*, *ae*, *af*, données par l'échelle.

48. On a vu dans les n$^{os}$ 42, 43, et sur-tout dans le dernier, le parti que l'on peut tirer de la mesure des angles pour la levée des terrains ; aussi a-t-on imaginé divers instrumens pour les mesurer. La construction de tous ces instrumens repose sur les considérations suivantes :

Si on conçoit que le rayon AC, *fig.* 4, ait été d'abord couché sur le rayon AB, et qu'il s'en écarte en tournant autour du point A, comme sur une charnière, il fera successivement avec AB tous les angles possibles. On prouve en géométrie, et on conçoit assez facilement d'ailleurs, que les arcs embrassés par les divers angles ont entre eux les mêmes rapports que ces angles ; c'est pour cela qu'on fait servir les arcs à la mesure des angles : et comme il ne s'agit que de rapports, on prend pour terme de comparaison des arcs la circonférence entière que, dans l'ancien système métrique, ou divise en 360 parties appelées *degrés*. Les degrés sont divisés à leur tour en 60 parties appelées *minutes*.

Dans le nouveau système métrique, on prend pour terme de comparaison l'angle droit BAE qui embrasse le quart de la circonférence, puisqu'il comprend la moitié de la demi-circonférence BEF appuyée sur le diamètre BF ; on divise l'arc BE en 100 parties, que l'on nomme *grades* : la circonférence en contient alors 400.

Les instrumens avec lesquels on mesure les angles sur le terrain, étant spécialement consacrés aux grandes opérations, ont, lorsqu'ils sont faits avec soin, beaucoup de parties accessoires destinées à en assurer la précision, et exigeraient, tant pour leur description que pour leur usage, des détails que je ne puis donner ici ; je me bornerai à indiquer succinctement l'usage de la *boussole*, instrument bien inférieur à la planchette pour l'exactitude, mais que l'on rencontre assez fréquemment.

49. Pour n'être pas induit en erreur par la boussole, il faut savoir que l'aiguille aimantée ne se dirige vers le même point de l'horizon que lorsqu'on ne change pas beaucoup de lieu pendant un temps assez court, quelques mois, par exemple, et sur-tout ne pas confondre cette direction avec la véritable méridienne.

Avec ces conditions, l'aiguille aimantée indique aux différens points où on la pose des lignes qui sont toutes parallèles.

La boussole dont on se sert ordinairement est représentée dans la *figure* 49. La boîte qui la renferme porte à son côté une alidade formée d'un tuyau de bois mobile, par l'intérieur duquel on vise aux points à déterminer. On doit avoir soin, quand on approche de la boussole, d'éloigner tout ce qu'on pourroit avoir de fer sur soi, parcequ'en attirant l'aiguille, il la dérangeroit. Quand on a dirigé l'alidade vers un point, et que l'aiguille n'oscille plus, on lit sur la circonférence du cercle qui l'entoure le nombre de degrés compris entre l'extrémité de la partie nord de l'aiguille (partie que l'on reconnoît à sa couleur violette), et l'une des extrémités du diamètre parallèle à l'alidade. Pour éviter toute erreur, il faut toujours ployer la même; je choisis celle qui est tournée vers l'objet. Il ne reste plus qu'à déterminer de quel côté elle se trouve, en regardant vers le nord; et on le marque par les mots *est* et *ouest*; le premier indiquant alors la droite, et le second la gauche.

50. La boussole ne donnant pour chaque angle qu'un nombre de degrés, il faut avoir recours à l'instrument appelé *rapporteur* pour construire cet angle sur le papier. Ce rapporteur est ordinairement un demi-cercle de cuivre, *fig.* 50. Son centre est marqué par une coche faite sur le diamètre. On pose ce diamètre sur la ligne sur laquelle doit être fait l'angle proposé; et l'on place le centre au point que doit occuper le sommet : alors, comptant sur la circonférence du rapporteur, qui est divisée en degrés, le nombre de degrés trouvés, on arrive à un point $c$ qui, joint avec le sommet $a$, donne le second côté de l'angle $bac$. Si cet angle étoit tracé sur le papier, l'arc $bc$ en marqueroit la mesure, au moyen de laquelle on en feroit un égal sur tout autre endroit du papier.

51. Voici comment la boussole remplace la planchette dans l'opération du n° 42 : lorsqu'on a pris les angles NAB, NAC, *fig.* 51, que l'aiguille aimantée fait avec les lignes AB et AC, on tire sur le papier une ligne $ab$ pour représenter la première de ces directions, et on fait l'angle $nab$ de même nombre de degrés que NAB, ce qui donne la direction $an$ que doit avoir sur le plan l'aiguille aimantée ; en faisant ensuite l'angle $nac$ égal à NAC, on a la direction de $ac$ ; il ne reste plus qu'à porter sur les lignes $ab$ et $ac$ les longueurs que donne l'échelle, d'après les distances mesurées sur le terrain.

La *figure* 52 montre comment on lieroit entre eux de la même manière tous les points d'un contour.

52. Pour employer la boussole à l'opération du n° 43, on observe aux points A et B, *fig.* 53, les angles que l'aiguille aimantée fait avec les lignes AB, AC et BC; on mesure AB; on tire sur le papier une droite $ab$, d'une longueur correspondante

à cette mesure; on y place la direction de l'aiguille aimantée, en construisant un angle *nab* du même nombre de degrés que NAB; construisant ensuite les angles *nac*, *nbc*, du même nombre de degrés que NAC, NBC, on obtient les lignes *ac* et *bc*, qui donnent le point *c*. On étendra sans peine ce procédé au cas où l'on rapporteroit un nombre quelconque de points à la ligne *ab*.

Dans tout ce qui précède j'ai supposé que le terrain étoit de niveau ou peu incliné; s'il l'étoit beaucoup, il faudroit mesurer les distances horizontalement (n° 35) et non pas suivant la pente, puisqu'en prenant les angles horizontalement, comme l'exigent la planchette et la boussole, on ne représente pas la surface même du terrain, mais sa base sur le plan horizontal; et on ne mesure que la superficie de cette base : on en trouvera la raison au mot Cultellation.

Pour *orienter* exactement un plan, il faudroit connoître la déclinaison de l'aiguille aimantée, c'est-à-dire l'angle dont elle s'écarte de la méridienne. Il y a, pour la déterminer, un moyen assez facile auquel je ne saurois m'arrêter, ayant déjà été forcé d'omettre beaucoup de détails qu'on pourroit regarder comme plus utiles; mais l'expérience m'a convaincu que, lorsqu'on a bien saisi l'esprit du problème que j'ai indiqué n° 40, et des trois solutions dont il est susceptible, on trouve toujours de soi-même les expédiens qu'exigent la variété infinie des circonstances locales; et la pratique est le seul maître qui puisse bien apprendre l'usage des divers instrumens. D'ailleurs, si la lecture de cet article peut inspirer le désir de connoître à fond l'arpentage, et l'art de lever les plans, j'aurai complètement rempli mon but, puisqu'il existe sur l'un et sur l'autre plusieurs traités très recommandables, parmi lesquels j'indiquerai, pour le premier, le *Nouveau traité de l'Arpentage*, par M. Lefevre; et pour le second, les *Traités de Géodésie et d'Arpentage*, par M. Puissant. ( L. C. )

ARQUÉ( Cheval. ) On dit qu'un cheval est arqué lorsqu'un ou plusieurs de ses pieds ne sont pas en ligne droite. Cette conformation est ou naturelle, et alors on appelle *brassiscourts* les chevaux qui l'offrent, ou le produit de travaux trop violens ou trop prolongés.

Quelques vétérinaires guérissent l'arqûre en coupant l'apo-névrose du biceps; mais le plus souvent on conserve l'animal avec ce vice, qui ne l'empêche pas de continuer à être utile.(B.)

ARQURE DES BRANCHES. *Voyez* Courbure.

ARRACHER, est l'action de détacher avec effort ce qui tient à quelque chose. Le vrai sens du mot *arracher* s'applique plus à ce qu'on veut détruire qu'à ce qu'on veut conserver. Ainsi, l'on dit *arracher les mauvaises herbes*, *un arbre mort*,

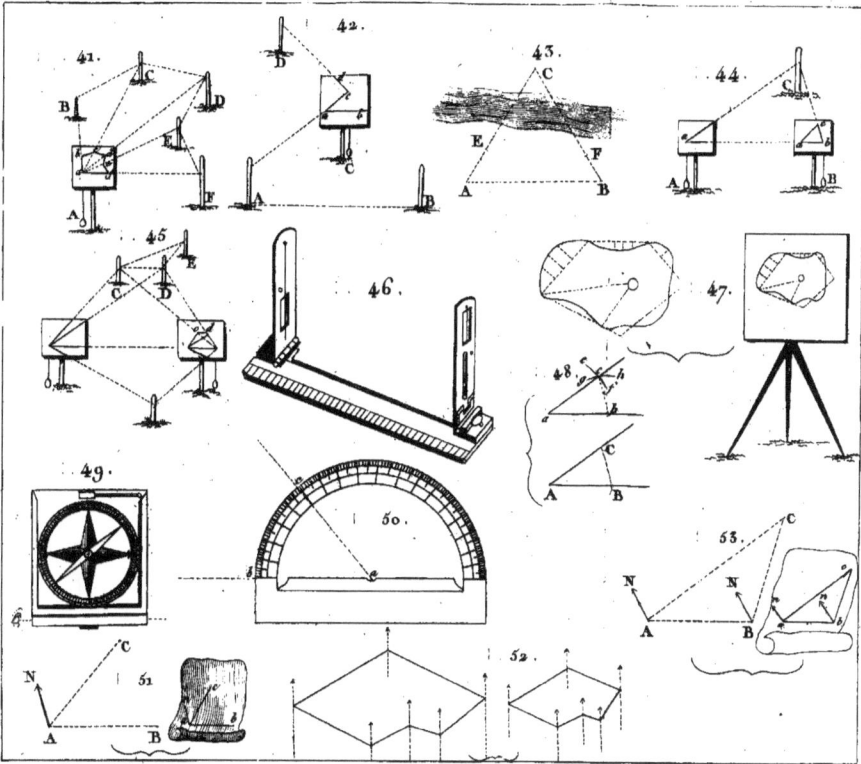

*Arpentage*.

*une vigne*, etc. ; mais s'il s'agit de tirer de terre une plante ou un arbre pour le placer ailleurs, on doit employer le mot LEVER DE TERRE pour les plantes, et celui de DÉPLANTER pour les arbres. *Voyez* ces mots. (R.)

ARRACHIS (plant en). Les pépiniéristes donnent ce nom au plant qui a été arraché sans motte, c'est-à-dire dont les racines sont à nu.

Les plants en arrachis qu'on veut planter de suite ne doivent être levés qu'à mesure du besoin pour que leurs racines ne soient pas exposées au hâle qui les dessècheroit. Ceux qu'on se propose d'envoyer au loin sont, aussitôt qu'il sont sortis de terre, emballés dans de la mousse, de l'herbe fraîche, ou de la paille humide et non mouillée. Si ce sont des arbres verts, il faut de plus tremper leurs racines dans un mélange en consistance de mortier clair, composé de bouze de vache, de terre franche et d'eau.

Dans quelques endroits, on circonscrit encore plus l'acception du mot plant en arrachis, en ne le donnant qu'aux plants arrachés dans les bois, plant qui est de différent âge, qui n'a qu'un petit nombre de racines latérales et presque pas de chevelu. Ce plant ne vaut rien pour former des plantations un peu étendues, et quelque bon marché qu'il soit, un propriétaire gagne toujours à lui préférer du plant de pépinière. *Voyez* au mot PLANT. (B.)

ARRAGONE. Variété de la JULIENNE.

ARRENTEMENT. Synonyme de fermage. *V.* BAIL.

ARRÊT. La manière d'arrêter les chevaux dans leur marche, et encore plus dans leur course, influe beaucoup sur la conservation des avantages dont ils jouissent ; il faut donc s'étudier à l'exécuter conformément aux indications de la nature. Dans aucun cas un animal libre ne s'arrête subitement, c'est-à-dire que toujours il diminue progressivement sa course avant de la cesser complètement. Les écuyers se sont depuis long-temps aperçus que les arrêts brusques, trop fréquemment répétés, détérioroient les barres, les jarrets et les reins des chevaux, ôtoient la grace de leur encolure, etc. Nos guerriers qui sont allés en Egypte ont reconnu que tous les chevaux des Mameloucks, d'ailleurs si excellens, étoient inférieurs aux nôtres sous quelques rapports, par suite de la manœuvre de *brusque-arrêt*, à laquelle on les dressoit.

Un cavalier qui court à bride abattue doit donc préparer l'arrêt de son cheval par un temps d'avertissement, temps qui consiste à charger un peu la croupe en s'enfonçant dans la selle et en tirant légèrement la bride au moment où le cheval s'enlève. Le second temps et le troisième s'exécutent de même, mais toujours avec plus de force.

Les chevaux de voiture doivent être également arrêtés par gradation. Un cocher qui n'a pas cette attention les ruine plus tôt que celui qui y met l'importance qu'elle mérite. Quant aux chevaux de rouliers, comme c'est presque toujours la voix qui les guide, ils ne sont pas sujets aux inconvéniens ci-dessus; ils mettent toujours la progression nécessaire dans le ralentissement de leur marche.

Il est des chevaux de selle qui obéissent à la voix aussi-bien qu'à la bride. J'en ai eu un en Amérique que le mot anglais *stai* arrètoit. (B.)

ARRÊT. JARDINAGE. Ce sont de petits ados qui coupent transversalement les allées plates, dont la pente longitudinale est rapide, et empêchent que les eaux pluviales n'y forment des ravines et ne les dégradent; ces ados, en arrêtant les eaux, les dirigent dans les massifs, où l'on établit ordinairement des fosses pour les recevoir.

Les arrêts se font en maçonnerie, avec de menues pierrailles, liées avec un mortier de chaux et de sable. Ils ont depuis huit jusqu'à douze pouces de largeur, et quatre à six pouces d'élévation, en forme de dos d'âne. On donne aux uns la figure d'un chevron brisé, lorsque les allées sont larges et bordées de massifs des deux côtés; les autres sont simplement une ligne qui coupe l'allée obliquement pour renvoyer les eaux d'un seul côté. On fait encore des arrêts d'une manière plus simple, en formant un dos d'âne en terre, qu'on bat fortement, et que l'on recouvr d'un liseré de gazon de huit à dix pouces de large.

On place ordinairement les arrêts à la distance de quatre à six toises les uns des autres, suivant le degré de pente du terrain et sa largeur, afin que la masse d'eau, calculée d'après un grand orage, puisse être détournée sans passer par-dessus les arrêts; mais il ne faut placer les arrêts dans les allées que lorsqu'il n'est pas possible de les bomber. Ces sortes d'ados produisent toujours des inégalités non moins désagréables à l'œil qu'incommodes pour la promenade. (TH.)

ARRÊT. *Voyez* CHIEN.

ARRÊTE BŒUF. *Voyez* BUGRANE.

ARRÊTER. C'est, dit Thouin, une opération de jardinage qui consiste à couper ou pincer la sommité d'une tige ou d'une branche en état actuel de végétation.

Cette opération a pour objet de faire fructifier plus tôt les plantes qu'on y soumet, de leur faire produire des fruits plus beaux et meilleurs. Elle est fondée sur ce que la sève, n'ayant plus à produire une augmentation de bois, se porte toute entière sur le fruit, le fait croître plus promptement, plus vigoureusement, et multiplie ses sucs propres.

On arrête aussi les arbres, soit pour les retenir à une certaine hauteur, soit pour les faire garnir du pied, soit pour accélérer la formation du bois de leurs branches, dont on a besoin pour la greffe.

La taille à crochet des jeunes arbres des pépinières, ou des arbres des avenues et des routes, est aussi dans la même catégorie, puisqu'elle arrête la sève dans les branches latérales pour la faire porter avec plus de force dans la tige principale. Il en est de même de la taille des arbres fruitiers, qui a pour objet de faire porter une plus grande quantité de sève dans les boutons à fruits ; mais ne se faisant pas dans les temps de la sève, ces opérations doivent avoir et ont en effet un autre nom.

Arrêter les plantes ou les arbres est donc bon en soi, est donc dans les principes de la saine physique ; mais ici, comme dans beaucoup d'autres pratiques d'agriculture, l'ignorance fait souvent accumuler sottises sur sottises. Par exemple, pour arrêter un pied de melon on coupe la moitié de sa tige, ou on ne lui laisse qu'une branche à fruit, et on supprime toutes les autres, sans considérer que les plantes vivent autant par leurs feuilles que par leurs racines, et que, supprimer les feuilles, c'est condamner le fruit à rester petit et sans saveur, c'est aller directement contre le but du jardinage. J'ai vu presque partout nuire ainsi aux récoltes en voulant les assurer : d'un autre côté, quand on arrête de trop bonne heure, la sève, qui a encore trop de vigueur, au lieu de se porter sur le fruit, ou de rester dans la branche pour la faire plus promptement *aoûter*, comme disent les jardiniers, développe de nouveaux bourgeons qui l'absorbent en entier et font tomber le fruit, ou prolongent la végétation jusqu'à l'hiver.

Mais dans quel cas faut-il donc arrêter, demandera-t-on ? Il est difficile peut-être de le dire, mais très facile de le voir, lorsqu'on est bien pénétré des lois de la végétation. C'est principalement pour les fruits, lorsqu'ils sont prêts à entrer en maturité, pour les branches lorsque la sève commence à tomber. On doit n'employer cette opération que lorsqu'elle est évidemment nécessaire. Il est des pays où, par exemple, on arrête constamment les pois. Certainement on peut rapprocher de huit à dix jours leur maturité en le faisant ; mais si le lendemain il tombe une pluie chaude, la végétation se ranimera, il se développera de nouveaux jets qui retarderont de quinze jours la maturité des gousses. Je crois, en général, qu'il est bon de réserver cette opération pour les fruits ou les plantes des pays chauds, qui peuvent craindre de ne pas mûrir assez promptement lors de la diminution de la chaleur. On arrête souvent la vigne dans les pays septentrionaux et on fait bien, mais il faut attendre que le raisin commence à se colorer, et laisser le plus possible de feuilles sur la branche où est la grappe,

c'est-à-dire l'arrêter positivement à son extrémité. Si le besoin
de diminuer le nombre des feuilles du cep, pour mettre le fruit
en regard avec le soleil, se fait sentir, il vaudra mieux ôter
celles des bourgeons qui ne portent point de grappes que celles
de ceux qui en offrent. (B.)

ARRHER un marché. C'est faire prendre à quelqu'un
l'engagement de vendre une marchandise, qui n'est pas encore livrable, en lui donnant une petite somme représen-
tative d'une portion du paiement de cette marchandise. Ainsi
un boucher arrhe un veau qui doit naître le mois suivant, en
donnant 24 sous seulement au propriétaire de la mère. Ainsi
un fermier arrhe les foins de son voisin dont il a besoin pour
augmenter sa provision. Ces conventions varient prodigieusement dans leurs clauses, et sont généralement utiles lorsqu'elles ne portent que sur un petit nombre d'objets; mais
quand des hommes avides arrhent tout le blé, tout le vin
d'une récolte, alors elles deviennent un délit que les lois ré-
prouvent et punissent. Elles prennent alors le nom odieux
d'accaparement.

Quelques personnes, mieux intentionnées qu'instruites
des travaux agricoles, ont proposé de proscrire toute espèce
d'arrhement; mais cette mesure seroit premièrement nuisible
à la prospérité de l'agriculture; secondement, impossible à
faire mettre à exécution. En effet, il est souvent indispensable d'être assuré d'avance de la propriété d'une chose pour
une époque fixe. Il est souvent plus avantageux d'arrher de
petites récoltes à des marchands que de les vendre soi-même.
Il n'est personne qui ne se soit fréquemment trouvé dans le
cas de faire des marchés de ce genre dans les campagnes, où
on ne trouve pas toujours à acheter ce dont on a besoin au
moment même de ce besoin.

On arrhe aussi les journaliers pour les avoir le jour où on
en a besoin, les domestiques pour être assuré qu'ils ne s'en-
gageront pas autre part.

Dans tous ces cas la remise des arrhes est réellement la si-
gnature du contrat; et dans quelques pays, lorsqu'elle est
prouvée ou simplement affirmée, ces parties sont condamnées
juridiquement à en exécuter les clauses; mais le Code civil
nouveau, paragraphe 9, du chap. 1 du tit. 6, porte ce qui
suit : « Si la promesse de vente a été faite avec des arrhes,
chacun des contractans est maître de s'en départir; celui qui
les a données, en les perdant, et celui qui les a reçues, en res-
tituant le double. » (B.)

ARRIÈRE-FLEUR. Ce mot n'est pas encore généralement
reçu; il manque au jardinage pour désigner les fleurs qui paroissent sur un arbre, et contre toute attente, ou pendant

l'été, ou pendant l'automne, quoiqu'il ait fleuri au printemps, et que ses fleurs se soient aoûtées.

Cette seconde fleuraison annonce toujours l'état de souffrance de l'arbre par une cause quelconque. La sécheresse du printemps ou de l'été en est souvent la cause. La sève a langui dans ses canaux, elle a été trop peu abondante; et s'il survient, après un long espace de temps de sécheresse, une pluie assez considérable pour pénétrer jusqu'aux racines, la sève reprend ses droits, monte avec impétuosité; mais comme elle trouve d'abord les diamètres de ses conduits trop resserrés, elle s'emporte vers ceux qui le sont moins, et force les boutons à fruit, qui auroient épanoui l'année suivante, d'épanouir alors.

Il paroît des arrières-fleurs sur la vigne lorsqu'on a arrêté ou pincé les sarmens. Sur les arbres fruitiers ou autres, lorsque les chenilles ont dévoré leurs premières feuilles, lorsqu'une sécheresse prolongée a empêché les premières fleurs de se développer : l'art fait naître à volonté ces phénomènes sur beaucoup d'espèces d'arbustes d'agrément, car il suffit de les empêcher, par un moyen quelconque, de fleurir au printemps, et de leur donner beaucoup de chaleur et d'humidité en automne. ( R. )

ARROBE. Nom de l'Ers dans quelques cantons. *Voyez* ce mot et le mot Lentille.

ARROCHE, *Atriplex*. Genre de plantes de la polygamie monœcie et de la famille des chénopodées, qui renferme une douzaine d'espèces, dont une se cultive dans les jardins à raison de ses feuilles qu'on mange cuites ou crues.

L'arroche que l'on cultive, l'ARROCHE DES JARDINS proprement dite, s'appelle aussi *bonne-dame* ou *belle-dame*. Elle offre pour caractère spécifique une tige droite et des feuilles triangulaires. Elle est annuelle. On la croit originaire d'Asie. Elle s'élève de cinq à six pieds, et a des feuilles plus larges que la main. Sa couleur est d'un vert très pâle; mais elle fournit deux variétés, l'une dont la tige seule est rouge, et l'autre dont la tige et les feuilles le sont également. On préfère généralement la blanche pour l'usage de la table, et la rouge pour la décoration des parterres et des jardins paysagers.

La culture de l'*arroche* consiste à en semer les graines tous les quinze jours, savoir, au printemps et en automne, dans un terrain léger et à une exposition chaude; en été, dans un sol compacte et frais; à éclaircir le plant de manière qu'il y ait toujours au moins six pouces de distance entre chaque pied, et à le sarcler ou biner au besoin. La raison pour laquelle on en doit semer si souvent, c'est qu'elle monte très rapidement en graines, et que ses feuilles sont d'autant plus tendres qu'elles sont plus jeunes. Ses graines sont très nombreuses et restent d'une année à l'autre sur la tige, de sorte qu'elles se sèment d'elles-mêmes, et que dans beaucoup de jardins on se contente des pieds qui croissent ainsi spontanément çà et là; mais ce mode de culture n'est pas le meilleur.

On mange rarement les feuilles d'arroche seules, parce-qu'elles sont peu savoureuses; mais on les mélange avec l'oseille, avec les épinards, pour les adoucir; on les met dans les potages, dans les salades, etc. La consommation qu'on en fait dans certains lieux ne laisse pas que d'être considérable.

Lorsqu'on sème les arroches colorées pour l'ornement, il faut n'en mettre que trois ou quatre graines ensemble, afin que le plant s'élève et touffe convenablement.

Il convient encore de citer ici:

L'ARROCHE HASTÉE, dont la tige est frutescente et les feuilles deltoïdes, entières et permanentes. Elle croît sur les bords de la mer, dans les parties méridionales de l'Europe, et s'élève à douze ou quinze pieds. On mange ses feuilles en salade, et on les confit au vinaigre pour les mettre dans les sauces en guise de câpres. Les oiseaux sont très friands de sa graine.

L'ARROCHE POURPIÈRE, dont la tige est également frutescente, mais dont les feuilles sont épaisses et ovales. Elle croît avec la précédente. On emploie ses feuilles aux mêmes usages.

L'ARROCHE DU BENGALE, qu'on ne voit ici que dans les jardins de botanique, est généralement cultivée dans l'Inde comme plante potagère. Elle ne diffère pas beaucoup de la première espèce ci-dessus mentionnée. (DÉC.)

ARROSEMENT, ARROSER. La chaleur et l'eau sont, ainsi qu'il sera prouvé dans un grand nombre d'articles de cet ouvrage, les deux principales bases de la végétation: les arrosemens sont donc un des objets sur lesquels les agriculteurs doivent porter le plus d'attention.

Les pluies, les rosées, l'infiltration des eaux et les débordemens des rivières sont les seuls arrosemens naturels. Ils suffisent toujours ou presque toujours dans les pays incultes, parceque, 1° chaque espèce de plante s'y trouve casée dans le lieu qui lui est le plus convenable; 2° elle y germe, pousse et fleurit aux époques précises voulues par la nature; 3° les grands arbres y attirent les nuages et s'opposent à la trop prompte évaporation de l'humidité.

Mais l'homme sème souvent les plantes dans des terrains où elles ne croîtroient pas sans son intervention, pendant des saisons différentes de celles où elles germent ordinairement: par des labours fréquents il augmente l'évaporation de l'eau absorbée par la terre, par la destruction des forêts il favorise l'abaissement des montagnes et diminue la fréquence des pluies. Il seroit donc à désirer qu'il pût arroser toutes ses cultures

*Pl. V. T. 1. Page 462.*

*Fig. 2.*

*Fig. 1.*

*Fig. 5.*

*Fig. 6.*

*Fig. 7.*

*Fig. 4.*

*Fig. 3.*

Desve del. et Direxit.

*Arrosoirs.*

pour suppléer à ce qui leur manque d'humidité; mais la privation d'eau dans un grand nombre de lieux, mais l'excessive dépense de son transport dans beaucoup d'autres, le force frequemment de laisser au hasard des pluies le succès de ses semis et plantations, et par conséquent le résultat de ses récoltes. Aussi, combien de fois, dans le cours de sa vie, tel cultivateur s'est-il vu privé de foin, d'avoine, de chanvre, etc., par le manque de pluie au printemps! Combien de fois ses maïs, ses vignes, ses arbres fruitiers, etc., ont-ils donné de foibles récoltes par suite des longues sécheresses de l'été? Combien de fois la même cause a-t-elle empêché en automne ses navets, ses blés de germer?

Il est plusieurs sortes d'arrosemens qui se pratiquent à différentes époques de l'année, à différentes heures du jour, qui varient suivant les climats, les localités, la nature des terres, l'objet des cultures, etc. Je vais successivement les passer en revue.

L'arrosement le plus convenable pour la grande culture est celui qui consiste à amener sur le sol en culture les eaux d'une rivière, d'un étang, etc. On l'appelle IRRIGATION. Il oblige quelquefois à des dépenses premières très considérables, mais dont les effets durent des siècles. Cette sorte d'arrosement a principalement lieu dans le midi, où les pluies sont plus rares, l'évaporation plus forte, et où la chaleur unie à l'humidité donne à la végétation une force telle qu'on tire quelquefois du même champ jusqu'à six récoltes par année. Elle est moins pratiquée dans le nord; cependant elle pourroit, dans certaines années sur-tout, y avoir des résultats très avantageux. Comme elle est d'une importance majeure pour la grande culture, elle fera la matière d'un article particulier. *Voyez* au mot IRRIGATION.

L'arrosement par infiltration consiste à tenir l'eau au niveau du terrain. Il ne peut être pratiqué en grand que dans les pays plats, dont le sol est tourbeux, tel que celui de la Hollande, ou dans les pays sablonneux voisins des rivières, comme dans les morenes de San-Lucar de Barameda, en Espagne. Pour l'effectuer, on entoure la terre de fossés plus ou moins larges, plus ou moins profonds, et on y amène et élève l'eau par des moyens appropriés à chaque localité. Cette eau, dans les deux cas, baigne les racines des plantes d'une manière permanente. Cette manière d'arroser ne convient pas à toutes les plantes, ni à tous les climats.

Dans les jardins, on arrose quelquefois par infiltration temporaire ou permanente des caisses ou des pots où se trouvent des plantes aquatiques, ou des semis qui craignent l'arrosement ordinaire. Pour cela on enfonce ces caisses ou ces pots plus ou moins dans l'eau d'un bassin, d'une terrine, etc.

A la Chine, dans l'Inde, dans les îles de la mer du Sud,

pays très peuplés, et où la main d'œuvre est à bas prix ou nulle, on arrose souvent les champs à bras d'homme ; mais ce moyen ne peut avoir lieu en Europe, à raison de l'excessive dépense à laquelle il entraîneroit : cependant on y arrose quelquefois les prés, les chenevières et autres cultures, avec des échoppes, des pompes à main, mais cela est fatigant et de peu d'effet. On doit préférer, comme plus facile, plus général, et souvent même plus économique, l'arrosement avec un tonneau porté sur une charrette traînée par des hommes ou des chevaux.

Il y a deux manières d'arroser au tonneau.

Dans la première, le tonneau est placé longitudinalement sur la charrette, et son fond postérieur est pourvu, à sa partie inférieure, d'un robinet terminé par un tuyau transversal droit ou courbé, parallèle au terrain, et percé de distance en distance de petits trous par lesquels s'écoule l'eau lorsque le robinet est ouvert. *Voyez* la fig. 1, pl. 5. Cette manière est fréquemment employée pour arroser les allées et les promenades publiques ; elle peut l'être aussi pour arroser les gazons et les prés dont l'herbe ne pousse pas encore. Elle remplit très bien son objet.

Dans la seconde, le tonneau est placé transversalement ; ses deux fonds sont pourvus d'un robinet, au bout desquels se visse une virole qui est attachée à l'extrémité d'un boyau de cuir plus ou moins long, et susceptible de s'allonger à volonté par le moyen d'une semblable virole, en y vissant d'autres boyaux. A l'extrémité du dernier boyau est vissé, ou une tête d'arrosoir, ou un simple tuyau de cuivre qu'un homme dirige sur les planches, ou au pied des arbres des carrés, tandis que la charrette marche dans les allées. Cette manière d'arroser est, dans les grands jardins, la plus prompte et la plus économique, et je ne sais pas pourquoi elle n'est pas employée par-tout. On pourroit faire, pour les jardins où les allées sont étroites, des espèces de brouettes portées sur une roue fort large, et se reposant sur deux pieds, à peu près comme cela est indiqué dans la fig. 2 de la même planche ; mais je n'en connois pas d'exécutées.

Dans la plupart des jardins on arrose avec l'arrosoir, instrument qui varie infiniment dans sa matière, sa forme, sa grandeur et son objet. *V.* au mot ARROSOIR.

La sortie de l'eau dans les uns se fait par un goulot plus ou moins large, plus ou moins long ; dans les autres, par une pomme ou renflement, extrêmement variable dans ses dimensions, et percée de trous dont le nombre et la grandeur sont également fort variables.

Les semis de grosse graine s'arrosent avec des arrosoirs dont la pomme est à larges trous, pour aller plus vite ; ceux dont la graine est fine, avec ceux à petits trous, pour que la chute de l'eau ne dérange pas ces graines. Il en est de même pour les plants nouvellement levés. L'eau que versent les plus gros des premiers s'étend sur plus de deux pieds carrés ; celle que versent les plus petits des seconds ne s'étend pas au-delà de six pouces.

Les plantes déjà avancées en âge, qu'on transplante, s'arrosent le plus souvent avec le goulot, c'est-à-dire sans pomme, et pour cet effet on pratique à leur pied un petit réservoir propre à empêcher l'eau de s'écouler.

Lorsqu'on verse l'eau des arrosoirs à pomme, il ne faut pas hâter sa chute, parcequ'alors elle forme un ruisseau qui découvre les graines, couche ou déchausse le plant, et qu'elle s'écoule sans entrer dans la terre. Le talent consiste, au contraire, à lui donner le temps de s'imbiber petit à petit en promenant la pomme au-dessus du terrain, et en la ramenant une ou deux fois sur le même point : le mieux même est d'arroser en deux temps, c'est-à-dire de faire un premier arrosage général et léger, puis un second plus copieux. Cette précaution est également nécessaire lorsqu'on arrose avec un arrosoir à goulot.

Les arrosemens qui sont faits avec un arrosoir à très petits trous, et qui sont peu abondans, s'appellent des BASSINAGES. *V.* ce mot.

La plupart des jardiniers sont dans l'habitude de jeter avec force, sur la planche ou sur la plante qu'ils arrosent, l'eau qui reste dans le fond de leur arrosoir ; c'est une très mauvaise pratique, car ils enlèvent la terre et dérangent les graines, ou mettent à nu les racines du plant, comme on s'en aperçoit en les voyant opérer.

Un des grands inconvéniens des arrosemens à la main, c'est que, quelque multipliés qu'ils soient, ils produisent rarement un effet assez considérable ou assez durable pour la dépense qu'ils occasionnent. Il faut les renouveler chaque jour, et quelquefois plusieurs fois par jour dans les chaleurs de l'été ; tandis qu'un arrosement par irrigation agit pendant un temps souvent fort long.

Un point essentiel à tout bon arrosement, c'est que l'eau qu'on y emploie soit à la température de l'atmosphère, ou quand c'est une serre, une orangerie, une bâche, etc., à celle qu'y marque le thermomètre. En effet, comme je l'ai dit au commencement de l'article, la chaleur est aussi nécessaire à la végétation que l'eau : or, quand cette dernière est plus froide, elle enlève ce qu'il lui faut de la première pour se mettre en équilibre avec elle. Donc la terre est refroidie, la végétation diminuée, peut-être même suspendue, et des perturbations de cette sorte, répétées fréquemment, ont une influence grave sur la santé des jeunes plants, comme beaucoup d'observations l'ont prouvé. Ainsi il faut faire attention de ne pas employer aux arrosemens des eaux puisées à une fontaine, ou tirées d'un puits, avant de les avoir, pendant au moins quelques heures, laissé, dans un baquet ou un réservoir, se mettre à la température de l'air.

Certaines plantes demandent plus d'arrosemens que d'autres, le céleri, par exemple, qui est sorti des marais, veut beaucoup d'eau, tandis que l'oignon, qui est originaire des sables de l'Egypte, craint son excès. La quantité d'arrosement qu'exige chaque plante sera indiquée à l'article qui la concerne.

Une plante qui vient d'être transplantée gagne toujours à être arrosée, à quelque époque de l'année et dans quelque nature de terrain que ce soit, ne fût-ce que pour tasser la terre autour de ses racines, et la mettre par-là plus à portée de l'humidité et des sucs qu'elle est dans le cas d'en tirer. L'arrosement devient indispensable lorsque la transplantation a lieu dans un pot; mais dans ce cas il faut se garder de le faire surabondant, car il deviendroit nuisible, peut-être même mortel, sur-tout si le trou du fond du pot se trouvoit bouché. Lorsque c'est de la terre de bruyère sèche qu'on arrose, l'eau doit être versée à différentes reprises, fort lentement et avec un arrosoir à pomme percée de petits trous, parceque cette terre refuse d'en absorber une grande quantité à la fois.

Quelques personnes pensent qu'il est mieux d'arroser avec des eaux de fumier, ou des eaux corrompues, qu'avec des eaux claires. Il est des pays où on ajoute même à ces eaux une partie des ingrédiens qui passent, avec raison, comme portant la fertilité avec eux, tels que la colombine, les crottins de moutons, etc. Hé bien, il résulte des expériences directes de Th. de Saussure et autres, que ces compositions sont souvent dangereuses, et que l'eau la plus limpide est toujours la meilleure.

Je vais successivement traiter des arrosemens pendant toutes les saisons de l'année.

En hiver, l'humidité habituelle de l'air et la suspension de l'action végétative dans les plantes rend les arrosemens inutiles en plein air; mais il en reste quelques uns à faire dans les serres. Je dis quelques uns, parceque toujours ils doivent être peu fréquens et modérés, pour ne pas exciter la pourriture des racines ou des feuilles et des tiges des plantes, souvent à demi étiolées qu'on y cultive. Il est même des natures de plantes, telles que les succulentes, telles que les bulbeuses, dont il faut seulement empêcher la terre de se dessécher. A cette époque de l'année, l'instant le plus favorable à l'arrosement est vers le milieu du jour. En principe général on doit éviter de donner en même temps de l'eau à toutes les plantes d'une serre, tant pour ne pas occasionner une humidité surabondante, ce qui seroit nuisible à la totalité des végétaux qui y sont renfermés, que pour ne pas exciter une évaporation trop considérable qui refroidiroit l'air. Par-tout on perd plus de plantes dans les serres par excès d'arrosemens que par défaut d'eau.

Au printemps, le soleil acquiert plus de force, les jours deviennent plus longs, les pluies sont moins fréquentes. Alors les arrosemens sagement faits deviennent nécessaires; je dis sagement faits, parceque, trop abondans, ils refroidiroient la terre, et trop économisés, ils ne fourniroient pas le véhicule indispensable à toute végétation. Observons la nature : au printemps les pluies sont très multipliées; mais elles ne sont pas de longue durée, et le plus souvent un soleil très chaud les précède ou les suit. Pour administrer les arrosemens avec connoissance de cause, il faut étudier la nature du sol, c'est-à-dire que les terrains argileux qui conservent long-temps l'eau des pluies seront moins fréquemment et moins copieusement arrosés que les terrains sablonneux qui la laissent passer avec la plus grande facilité. L'exposition doit aussi apporter des modifications à la quantité et la quotité des arrosemens. Ceux exposés au nord en ont moins besoin que ceux exposés au midi. Enfin une terre nue doit être plus arrosée que celle qui est couverte d'arbres, d'arbustes ou de plantes d'une certaine grandeur.

Les arrosemens du printemps auront toujours lieu avant midi, une ou deux heures après le lever du soleil, pour éviter les inconvéniens des nuits froides, la gelée ayant beaucoup plus de prise sur les végétaux humectés que sur ceux qui ne le sont pas.

C'est au printemps qu'on donne la première irrigation aux prairies naturelles ou artificielles, qu'on arrose le plus fréquemment les semis, les jeunes plants qui ont changé de place, qu'on multiplie les arrosemens dans les serres, ou qu'on les rend plus copieux sans inconvéniens; et c'est aussi alors qu'on doit donner avec un arrosoir à pomme percée de petits trous, ou mieux, avec une pompe à main, garnie d'une pomme semblable, un arrosement ou deux aux feuilles de ces plantes pour les laver et leur rendre toute leur puissance aspirante et exhalante. Pour cela on choisit un jour sec et chaud, mais sans soleil.

Cependant les arrosemens du printemps ne doivent pas être trop multipliés, parcequ'ils distendent les vaisseaux des plantes, donnent à toutes leurs parties une luxuriance qui ne pourroit s'entretenir pendant les chaleurs de l'été; ils doivent avoir uniquement pour but de rafraîchir la surface de la terre. Ces brillans semis de quelques pépiniéristes, qui, selon leur expression, sont *poussés l'eau*, se fondent par un seul coup de soleil du printemps, ou se dessèchent pendant les mois de l'été, parceque les racines, les tiges et les feuilles des plantes qui les composent sont trop tendres. Qui ne s'est pas aperçu du défaut de saveur des salades, des melons et autres légumes qui ont été arrosés avec exagération au printemps?

En été les plantes sont arrivées au maximum de leur grandeur, les pluies sont moins fréquentes, le soleil plus chaud, le besoin d'eau se fait donc sentir pour elles. Les arrosemens copieux sont indispensables à un grand nombre de cultures, et leur abondance contribue singulièrement à la qualité et à la quantité des récoltes. Les inconvéniens cités plus haut n'existent plus au même degré, parceque les plantes ont acquis de la consistance et que la plus grande partie de leurs vaisseaux n'étant plus susceptible de prendre de l'amplitude n'absorbe que la quantité d'eau qui leur est nécessaire. Les végétaux languissans, qui poussent foiblement, dont les feuilles sont jaunes; les plantes dont la végétation s'achève, doivent cependant être encore arrosés avec modération, même pas du tout.

Dans cette saison les terrains argileux se crevassent et se couvrent d'une croûte extrêmement dure; il faut les arroser fortement, mais peu fréquemment. Au contraire les terrains légers et sablonneux ont besoin d'arrosemens plus multipliés et moins abondans. On sent en effet que les premiers gardent l'eau qu'on leur donne, tandis que les derniers la laissent s'infiltrer à une profondeur où elle devient inutile, qu'ainsi c'est peine perdue que de la leur prodiguer.

Le moment le plus favorable pour arroser pendant l'été, c'est la chute du jour, parceque l'eau est plus à la température de l'air, qu'elle s'évapore moins rapidement, qu'elle appelle la rosée de la nuit et forme une atmosphère humide autour des feuilles. Ceux qui arrosent au milieu du jour retardent toujours les progrès de leur culture et, refroidissant la terre, souvent occasionnent le dépérissement des plantes, et, de plus, perdent inutilement une grande quantité d'eau que l'évaporation fait presque instantanément monter dans les régions supérieures de l'air. Si un besoin urgent, indiqué par l'affaissement des feuilles, force d'arroser, il faut seulement mettre de l'eau, avec l'arrosoir à goulot, au pied de la plante qui en demande.

Comme, pendant cette saison, la plupart des plantes de serre sont dehors, on ne s'occupe pas particulièrement d'elles. Toutes les plantes en pot, sans exception, lorsqu'elles ne sont pas au nord, doivent être arrosées tous les jours, même quelquefois deux fois par jour dans les temps extraordinairement chauds.

Pour diminuer ce besoin d'arrosement, on enterre les pots et on couvre leur terre de mousse ou de paille hachée.

Les arrosemens sur les feuilles doivent avoir lieu de temps en temps lorsque les pluies ne viennent pas les laver. Cette opération est très utile à la santé et à la pousse des plantes, mais elle ne doit jamais être faite quand le soleil brille, parceque les gouttes d'eau qui resteroient sur les feuilles occasionneroient la BRULURE. *Voyez* ce mot.

En automne, les jours diminuent, les nuits deviennent fraîches, la terre perd sa chaleur, les fruits mûrissent, le bois se solidifie complètement, les arrosemens deviennent en conséquence superflus, souvent même nuisibles. En effet, ils retarderoient la maturité des fruits, diminueroient leur qualité savoureuse et conservatrice, prolongeroient la végétation de beaucoup d'arbres qui seroient frappés de mort partielle, ou générale, par les premières gelées. Cependant il est des cas où il est encore bon de les continuer quand la chaleur et la sécheresse se prolongent, lorsqu'on veut faire augmenter en grosseur les choux, les raves et autres objets de la grande culture, lorsqu'on veut faire des semis d'automne; il faut également continuer d'arroser les plantes en pots. Ces arrosemens se feront depuis le lever du soleil jusque vers les neuf heures du matin. Dans cette saison il vaut mieux attendre que ces plantes annoncent le besoin d'être arrosées que de les prévenir.

Le choix des eaux employées aux arrosemens dépend rarement de la volonté des cultivateurs, qui sont obligés de se servir de celles que la nature met à leur disposition. Cependant il est des cas où ils peuvent opter, par exemple, lorsqu'ils sont sur le bord d'une rivière et qu'ils ont des puits. L'article EAU renfermera tous les résultats avoués par la théorie et par la pratique, et qu'il importe aux cultivateurs de connoître pour se guider dans son choix; ainsi je me dispenserai d'en entretenir ici le lecteur. Je dirai seulement que les eaux pluviales rassemblées dans des étangs sont les meilleures de toutes; ensuite les eaux des grandes rivières, puis des petites; enfin celles des fontaines et des puits. Ces dernières sont souvent chargées de sélénite ou de carbonate calcaire, substances terreuses qui, en se déposant sur les racines des plantes, bouchent leurs pores absorbans et occasionnent la mort principalement des plantes vivaces. Les moyens de diminuer les dangers de leur emploi, c'est de les laisser long-temps exposées à l'air. (TH.)

ARROSOIR, vaisseau qui sert à arroser. C'est un des ustensiles les plus nécessaires aux jardiniers. On les construit de différentes matières, en terre cuite, en bois, en tôle, en fer-blanc et en cuivre; ces derniers sont les plus solides et les plus généralement employés. On leur donne diverses formes; dans quelques endroits, ce sont des cônes tronqués; à Paris, ils ont la figure d'une poire; cette forme est la plus commode pour les arrosemens, et la plus agréable à l'œil. Leur capacité est en général d'un seau d'eau.

Tout arrosoir est composé de cinq parties, 1° du corps qui contient l'eau; 2° d'un fond avec son rebord; 3 de la gueule ou ouverture par où il se remplit; 4° d'une anse; et 5° du conduit par où il se vide.

Les arrosoirs sont de deux espèces : savoir, à pomme ou à goulot. Ce qui constitue l'arrosoir à pomme est un cône renversé qui s'adapte au conduit par une soudure, et quelquefois par une emboîture, afin d'avoir la facilité de le retirer au besoin, et qui se termine, dans la partie supérieure, par une plaque percée de petits trous. Cette plaque est ronde, on lui donne ordinairement dix-huit à vingt-un pouces de circonférence; elle est régulièrement convexe du centre à la circonférence, dans la proportion de sept à neuf lignes. Les trous sont du diamètre d'une aiguille à tricoter; ils sont placés par rangs circulaires, à partir du point du milieu de la plaque, et distans entre eux, dans tous les sens, de quatre lignes environ. Ces dimensions sont celles des grands arrosoirs. Il y en a de petits qui sont de moitié moins grands dans toutes leurs parties.

Les grands arrosoirs à pomme servent aux maraîchers, et sont propres à tous les arrosemens des semis de pleine terre; tels que salades, légumes, gazons, etc., etc. Les petits sont plus particulièrement destinés à la culture des semis en pots, au bassinage des plantes des serres, etc.

L'arrosoir à goulot diffère de ceux-ci, en ce qu'au lieu de pomme, le conduit se termine par un bec allongé, coupé en biseau, dont l'ouverture peut avoir un pouce de diamètre. Il y en a pareillement de grands et de petits. Les grands sont plus particulièrement destinés aux arrosemens des plantes et des arbustes cultivés dans des pots, des vases, des caisses, etc., et les petits sont employés pour les arrosemens des poteries disposées sur des gradins, où l'on est obligé de se servir d'échelle, ou pour ceux que l'on fait dans les baches à ananas, lorsqu'il est important que l'eau des arrosemens ne tombe point sur les feuilles.

La planche 6 montre les formes les plus ordinaires des arrosoirs usités à Paris, et une pomme séparée. Ces formes peuvent être différentes sans inconvéniens.

On ne peut trop recommander aux jardiniers la surveillance sur leurs arrosoirs. Il semble qu'ils n'ont point de valeur, tant les arroseurs prennent peu de soin pour leur conservation. On les jette par terre, on les cogne contre les murs, les arbres, etc. ; et ils exigent des réparations continuelles. Ceux en fer-blanc, que leur bon marché et leur légèreté fait préférer par beaucoup de jardiniers, ont de plus l'inconvénient de se rouiller lorsqu'on les laisse exposés à la pluie on qu'on n'a pas soin de les faire égoutter après s'en être servi. Employés avec les précautions convenables, ceux qui sont bien conditionnés, c'est-à-dire fabriqués avec de la tôle épaisse, peints avec de la bonne huile, pourroient durer six à huit ans, et ils en durent à peine deux dans les mains de la plupart des jardiniers. ( Tu. )

ARS. C'est l'intervalle qui sépare la poitrine de l'articulation de l'épaule avec le bras. Nous disons qu'un cheval *est frayé aux ars*, lorsqu'il y a inflammation et écorchure à la partie interne et supérieure de l'avant-bras.

Un cuir naturellement délicat, un voyage de longue haleine, principalement dans l'été, qui aura produit une écorchure par le frottement de cette partie contre le corps de l'animal, sont les causes qui peuvent y donner lieu. Nous avons vu des chevaux en être tellement incommodés qu'ils marchoient à peine, et qu'ils fauchoient en cheminant, comme s'ils avoient pris un écart.

Ce mal cède facilement aux fomentations émollientes. L'inflammation dissipée, il faut bassiner la plaie avec du vin chaud miellé, et achever la cure par l'usage des poudres dessicatives. ( R. )

ARSENIC. Substance demi-métallique, pesante, volatile, qui se dissipe dans le feu sous la forme d'une fumée qui répand une odeur semblable à celle de l'ail.

On distingue trois sortes d'arsenic, le *blanc* ou *cristallin*, le *jaune* et le *rouge*. La loi et toutes les ordonnances de police défendent de vendre de l'arsenic aux particuliers, à moins qu'ils ne soient connus.

Sous prétexte de détruire les rats et les souris, on achète une composition connue sous le nom de *mort-aux-rats*, et qui plus d'une fois a causé la mort des hommes. Il y a tant de moyens de détruire ces animaux, qu'il est absurde de recourir à un piège si dangereux, et dont la couleur et la texture ressemblent si bien à celle de la farine.

L'usage de l'arsenic devroit être proscrit de la médecine, même à petite dose ; soit intérieurement, soit extérieurment, il est dangereux. C'est un caustique et un corrosif au suprême degré, dont le vrai correctif n'est pas encore connu. L'idée seule de ses ravages sur l'économie animale fait frémir : pris intérieurement, il occasionne une chaleur brûlante et les douleurs les plus atroces dans l'estomac et les intestins ; une soif dévorante qu'aucune boisson ne sauroit éteindre, suivie de fortes envies de vomir, de syncopes, de hoquets, de sueurs froides, de vomissemens de matières noires, de selles fétides. Le ventre s'aplatit, le pouls se resserre, se concentre ; la gangrène dévore l'estomac, les intestins ; enfin le malheureux meurt dans des douleurs inouïes et au milieu des plus horribles convulsions.

Les secours ne sauroient être assez prompts : le lait, l'huile d'olive sans rancidité, ou du beurre frais que l'on fait fondre dans l'eau tiède, doivent être donnés à grandes doses, tant que subsiste l'envie de vomir, et ne pas discontinuer tant qu'on suppose le moindre atome d'arsenic dans l'estomac, et provoquer le vomissement en chatouillant l'intérieur du gosier avec la barbe d'une plume. Il ne faut pas craindre de fatiguer le malade par le vomissement ; au contraire, on doit le provoquer le plus qu'il est possible, jusqu'à ce qu'on ait appelé un médecin ou un chirurgien. Le moindre retard suffiroit pour établir l'inflammation dans l'estomac, dans les intestins, ainsi que la gangrène.

Si enfin ces substances n'émoussent pas la causticité de ce poison, on recourra à l'ipécacuanha en poudre délayée dans un verre d'eau, sur laquelle on jettera quelques cuillerées d'oximel scillitique ; si ce remède n'est pas assez actif, on recourra au vitriol blanc ou couperose blanche, à la dose de trente-six grains dissous dans l'eau, ou à l'émétique à une dose un peu forte, ce qui n'est pas sans danger.

La lessive de cendre vaudroit mieux ; par exemple, de sept à huit poignées sur une peinte d'eau : après l'avoir bien agitée avec l'eau, la laisser reposer, tirer à clair, et faire boire cette eau au malade. On peut encore employer le savon dissous dans l'eau chaude. Cette première lessive alkaline, la plus douce de toutes, seroit admirable pour neutraliser l'acide de l'arsenic, si les alkalis n'étoient pas caustiques. Il est à craindre que, trouvant la membrane veloutée de l'estomac dans la plus grande irritation, ils ne l'augmentent encore ; mais aux grands maux les grands remèdes, sur-tout lorsqu'on ne trouve aucune ressource dans les autres.

Lorsque l'inflammation est à un certain degré, le vitriol blanc, l'émétique, sont eux-mêmes un poison. L'eau de poulet, le petit lait, la décoction de mauve, de graine de lin et de toutes les herbes émollientes deviennent nécessaires, ainsi que les lavemens composés de ces mêmes substances, les fomentations sur la région de l'estomac et sur le ventre.

On a supposé dès le commencement de cet article que les personnes qui environnent le malade ont eu soin d'envoyer appeler le médecin ou le chirurgien, afin qu'avec des yeux accoutumés à observer, ils puissent juger sainement des symptômes, des progrès du mal, et y apporter les soulagemens convenables. ( R. )

ARSEROLE. *Voyez* Azerolier.

ARSIN, ( bois. ) Bois qui a été altéré sur pied par l'effet du feu.

C'est un crime que de mettre le feu à un bois ; c'est un délit de faire du feu au pied d'un arbre. Que de délits de ce genre se commettent dans les pays de montagnes par les pâtres ! Ils semblent être autorisés par l'usage ; car s'il y a un gros arbre isolé dans un canton, il est presque toujours arsin.

Ce mot est peu employé aujourd'hui. ( B. )

ARSSÉ, monceau de paille dans le département du Var.

ARTICHAUT, *Cynara.* La racine de l'artichaut est pivotante, de la grosseur du bras quand elle a pris ses dimensions, et d'une longueur proportionnée à la couche de terre, où elle se plonge jusqu'à ce qu'elle ne puisse plus y pénétrer. Elle est fibreuse, ferme et environnée dans toute sa longueur de chevelu clair-semé. Il sort de la partie supérieure deux feuilles lancéolées. Elles sont suivies de beaucoup d'autres feuilles très longues, à folioles plus ou moins ailées et épineuses suivant les espèces, fortement découpées ou plus ou moins pinnatifides, velues et glauques à la partie inférieure, et vertes à la partie supérieure. Du centre il s'élève une tige rameuse, cotonneuse, cannelée, d'un pouce à un pouce et demi de diamètre, haute d'environ deux à trois pieds, et très droite. Il en sort des feuilles alternes, et, à près de la moitié de sa hauteur, une, deux et jusqu'à trois branches ou tiges secondaires qui partent des aisselles, et font avec la tige principale un angle de trente à quarante degrés. La tige est surmontée d'un pédoncule, qui supporte un calice, grand, évasé, à écailles charnues à leur base, nombreuses, se terminant en pointe et se recouvrant alternativement. Le centre du calice, ou cul, ou fond de l'artichaut, très charnu, garni de poils sétacés, vulgairement nommé foin, contient un grand nombre de fleurs hermaphrodites égales, en forme de tubes et de couleur bleu-pourpre. Ses graines ou semences sont ovales et surmontées d'une aigrette longue et violette. Il fleurit en juin et juillet, et souvent plus tard. Mais il n'y a que ceux qui ont fleuri à cette époque dont les semences parviennent à leur maturité.

L'artichaut commun, *cynara scolymus*, a fourni par la culture toutes les variétés ou espèces jardinières ci-après. Il ne se trouve que dans le midi de l'Europe, et ne se conserve que dans les jardins des amateurs de botanique. Il a été abandonné par les cultivateurs depuis qu'on a obtenu, de ses semences, des espèces plus belles, plus charnues, plus tendres et d'un meilleur goût.

L'espèce la plus cultivée en France et la plus utile est l'artichaut vert, qui par la grosseur de son fruit, sa bonté et la facilité de le manger cru quand il est petit, et cuit quand il est parvenu dans toutes ses dimensions, pourroit tenir lieu des autres espèces s'il étoit plus prime. Aussi les jardiniers maraîchers des environs de Paris et du nord de la France ne cultivent que cette espèce. Il vient d'une grosseur extraordinaire, il est un peu allongé. Ses écailles un peu pointues s'écartent du centre, et la forme est un peu aplatie. La quantité qui s'en consomme en France est prodigieuse.

On cultive dans l'ouest de la France, et particulièrement dans le département d'Ille-et-Vilaine, deux autres espèces qui proviennent, suivant les apparences, des semences de l'artichaut vert, et n'en sont que des sous-variétés perfectionnés. Elles y sont tellement estimées, qu'à dimensions égales, elles se paient cinq fois le prix des artichauts verts, et que j'ai vu dans les années où les maraîchers en avoient perdu beaucoup, les payer jusqu'à 100 liv. le cent de drageons, lorsqu'ils avoient la facilité d'en faire venir de verts à 5 ou 6 liv. Mais ils ne cultivent cette espèce, si multipliée aux environs de Paris, que lorsque les leurs viennent à manquer, et à mesure qu'ils les multiplient, ils la détruisent, de manière que lorsqu'il y a eu deux ou trois années consécutives favorables à la conservation des artichauts, on ne trouve plus d'artichauts verts dans ces départemens. La première variété se distingue de l'artichaut vert par des feuilles d'un vert pâle. Son fruit, aussi gros et aussi long, se termine en sphère un peu aplatie au sommet. Sa nuance est d'un vert blanchâtre. Ses écailles ne s'écartent pas comme dans l'artichaut vert, et leurs parties inférieures sont plus charnues; il est également plus tendre, d'un goût agréable et plus fin, et fournit plus de nourriture. Enfin, il est plus prime. Tels sont les motifs qui le font rechercher, et lui donnent une préférence marquée dans ces départemens; mais je crois que le climat influe beaucoup sur toutes ces qualités; car il est de fait que l'artichaut vert n'y est pas aussi bon que dans les environs de Paris. Je cultive les deux espèces à Versailles depuis quatre ans, et j'ai été à même de me convaincre que si l'artichaut blanchâtre conserve la priorité sur le vert, la différence n'est pas aussi grande. Je le crois un peu plus sensible au froid. On pourroit le nommer l'artichaut blanc de Bretagne, ou le gros artichaut blanc, pour le distinguer de l'autre artichaut blanc connu des botanistes et des cultivateurs.

La seconde variété diffère peu de la précédente par son feuillage, mais son fruit est très aplati. Ses écailles plus courtes sont vertes, bordées d'une teinte rousse. Elles se terminent par une forte pointe. Au lieu de s'écarter comme dans l'artichaut vert, et de s'arrondir en s'allongeant comme le blanc, ses écailles se rapprochent du fond, ou cul de l'artichaut, en décrivant la moitié d'un petit cercle, ce qui l'a fait nommer artichaut camus. Son fond, ou cul, est très large, et j'en ai mesuré de sept à huit pouces de diamètre. Il est plus estimé et plus prime que l'artichaut vert; mais il l'est moins que le blanc, et ces trois espèces ou variétés réunies dans le même jardin fournissent les moyens de jouir de ce légume un mois plus tôt et un mois plus tard. L'artichaut camus n'est pas plus sensible au froid que le vert.

Ces deux variétés sont peu connues dans les environs de Paris. Je les ai apportées de Rennes à Versailles, où elles ont aussi bien réussi que l'artichaut vert, et conservé une partie de leurs avantages. Il paroît cependant que quelques gourmets de la capitale les ont jugées favorablement dans leurs excursions dans la ci-devant Bretagne, puisqu'on commence à en expédier des drageons pour Paris, quoique le prix d'achat joint à celui de transport soit plus que décuple du prix des drageons de l'artichaut vert. J'en ai envoyé à M. Thouin l'an dernier. Il les a reconnues, ainsi que moi, pour des espèces bien distinctes de l'artichaut vert. Il est à désirer qu'elles se multiplient.

L'ARTICHAUT BLANC, *Cynara scolymus alba*, est une espèce fort petite, blanchâtre, dont le cœur de la pomme est enfoncé comme celui de la joubarbe. Ses écailles ont à l'extrémité une pointe dure et piquante. Il n'a pas dans l'intérieur de poils sétacés nommés vulgairement le foin de l'artichaut, où il est si petit et si délié qu'il paroît à peine. Comme il est le plus prime et le plus tendre, il mériteroit d'être cultivé, s'il résistoit mieux au froid de nos climats; mais il est si délicat, si difficile à conserver pour peu que l'hiver soit rude, et il demande tant de soins, que les jardiniers ne peuvent guère s'en occuper que dans les parties méridionales de la France, et qu'ils les abandonnent, dans les environs de Paris, aux amateurs qui en cultivent même fort peu. Il y a cependant un moyen sûr de les conserver dans les environs de Paris; c'est de les arracher aux approches des gelées : on les emporte dans les serres, où ils passent l'hiver, et on les replace au printemps; mais cette opération retarde l'époque de la maturité du fruit, et leur fait perdre leur plus grand avantage, celui d'être très primes. La culture de cette espèce ne convient donc qu'aux départemens méridionaux, d'où on les apporte à Paris.

L'ARTICHAUT VIOLET, *Cynara scolymus violacea*. Il est plus gros que le précédent, mais moins que l'artichaut vert. Il est également plus pointu; ses écailles violetées sur un fond vert n'ont qu'une épine très foible. Il n'est pas aussi bon que le blanc. La nature paroît l'avoir destiné pour ceux des départemens méridionaux où un climat trop varié pourroit fatiguer le blanc, et où de trop grandes chaleurs nuiroient à l'artichaut vert et à ses variétés, qui paroissent donner la préférence aux climats tempérés et humides.

L'ARTICHAUT ROUGE, *Cynara scolymus rubra*. Il est d'un rouge pourpre et paroît n'être qu'une variété du précédent, s'il est vrai, ce que je n'ai point été à même de vérifier, qu'on en trouve sur le même pied de rouges et de violets. Cependant il en diffère par sa taille plus petite, n'étant guère plus gros que le blanc. Le cœur en est jaune ; il est aussi bon que le blanc, et doit être cultivé dans les mêmes lieux que le violet.

L'ARTICHAUT SUCRÉ DE GÈNES, *Cynara scolymus Italica*. Je ne connois pas cette espèce, et ne peut que répéter, comme MM. Thouin et Rozier, ce qu'en a dit l'école du jardin potager.

« L'artichaut sucré, ainsi nommé parcequ'il a le goût fin et sucré, est préférable au rouge par sa délicatesse, et n'est bon qu'à manger cru. Sa pomme est fort petite, hérissée de pointes piquantes, sa couleur est d'un vert pâle et sa chair jaune. On tire ses œilletons de Gènes, par la voie des courriers. Son défaut est de dégénérer dès la seconde année ; il faudroit par conséquent en faire venir tous les ans pour le manger dans sa perfection, ce qui ne convient qu'à peu de personnes. Aussi n'en voit-on que dans les jardins de quelques curieux. »

### *Culture de l'artichaut.*

L'artichaut étant un des légumes les plus recherchés et les plus utiles, et contribuant à alimenter un grand nombre de jardiniers, mérite une attention particulière, tant pour sa conservation que pour son amélioration. C'est une plante délicate qui a besoin d'être abritée contre les grands froids et d'être couverte principalement lorsqu'il neige.

Souvent même les soins des jardiniers sont insuffisans, et la grande humidité jointe au froid et à la neige en détruit une partie. Il est donc essentiel de se précautionner contre ces accidens par une culture convenable et des dispositions qui mettent au printemps à même de remédier aux pertes qu'on a éprouvées.

Tout jardinier intelligent, qui cultive l'artichaut, doit en conséquence conserver tous les ans quelques têtes qu'il laisse parvenir à maturité, pour en obtenir de la graine. Il choisit pour cet effet cinq à six belles têtes ; il a l'attention de n'en laisser qu'une sur chaque pied. Mais comme la tige est droite, et que les pluies, en pénétrant dans l'artichaut, en feroient pourrir la graine, il l'attache à une gaule ou à un morceau de

treillage recourbé , et à mesure qu'il monte , il y met de nouveaux liens jusqu'à ce que la tête soit renversée , ou il place à
un pied de distance un échalas , et courbe la tige peu à peu ,
en l'attirant vers l'échalas au moyen d'un lien.

S'il veut semer en place , il donne , à l'automne , un labour
de quinze à dix-huit pouces de profondeur , et fume bien la
terre si elle est maigre. Au printemps , il laboure de nouveau , mais à un coup de bêche. Il divise alors son terrain par
planches de six pieds , y compris le sentier d'un pied , et il
place ses graines dans des petits trous d'un pouce de profondeur , marqués dans les rangs qu'il a tracés. Il remplit ces trous
avec du terreau. Comme une graine peut manquer , il en place
deux ou trois , mais dans des trous séparés et distans de trois
pouces, pour pouvoir arracher les plants superflus sans nuire
à celui qui reste. Il ne fait que deux rangs par planche , et met
entre chaque plante une distance de deux pieds et demi à trois
pieds. Cette distance se calcule sur la qualité du terrain et la
chaleur, c'est-à-dire qu'on l'augmente en raison directe de la
bonté de la terre , et en raison inverse de la chaleur. Il recouvre la terre avec de la litière un peu consommée , afin
d'en conserver la fraîcheur. Si la terre est bonne et a été bien
engraissée , il place entre les rayons deux ou trois rangs de romaine ou de laitue. Cette plantation a deux avantages. Le premier est de rembourser le jardinier d'une partie de ses avances
et des soins qu'il faut donner au jeune plant , jusqu'à ce qu'il
soit en état de produire; le second est de détruire les insectes qui
attaquent l'artichaut , et particulièrement le ver blanc qui en
ronge les racines , mais qui préfère celles des laitues et romaines (le chicon), et facilitent les moyens de le détruire sans
nuire à l'artichaut. J'ai vu des jardiniers obligés de replanter
la laitue trois fois, et sauver des carrés de jeunes plants qui
eussent été détruits sans cette précaution. On arrose légèrement et fréquemment les jeunes plants, et la litière s'oppose au
tassement de la terre. On donne deux ou trois binages, jusqu'au moment où le plant couvre la terre, et on détruit avec
soin toutes les herbes parasites. Comme les semences de deux
ou trois ans sont préférables aux nouvelles, il faut se précautionner à l'avance.

Je préfère la méthode suivante. Au lieu de semer dans le
carré, je choisis une planche à laquelle j'ai donné un labour
à l'automne, que je renouvelle au printemps en la fumant
bien. J'y répands ensuite un demi-pouce de terreau, j'y trace
des rayons à quatre pouces de distance, et je plante mes graines dans des trous d'un pouce. Je ne mets qu'un grain dans
chaque trou et trois pouces de distance entre chaque trou.
Lorsque le plant est assez fort , je prépare mon carré comme

il a été dit ci-dessus. Je lève les jeunes plants avec la motte, s'il est possible, de manière cependant à pouvoir pincer l'extrémité du pivot, et je les place dans le carré. Je conserve plusieurs pieds dans un bout de la planche pour remplacer ceux qui périssent; et, à cet effet, je sème le double de ce qui m'est nécessaire pour ne prendre que des plantes également fortes, et avoir suffisamment de plant quand une partie viendroit à manquer, soit dans la planche, soit dans le semis. Ces plantes exigent alors les mêmes soins que celles semées en place. Cette méthode, contre laquelle on se récriera peut-être, a cependant à mon avis plusieurs avantages sur la première. On peut semer plus tôt, parcequ'il est plus facile de garantir une planche qu'un carré des gelées tardives. La terre plus nouvellement labourée n'est pas aussi resserrée, et les racines ont plus de facilité à y pénétrer, puisqu'on ne donne le dernier labour que huit jours avant de planter. On pourroit le faire même plus tard, si l'expérience n'avoit pas démontré que ce délai étoit nécessaire pour que la terre puisse se resserer suffisamment, et ne pas laisser à l'air trop de facilité pour y pénétrer, ce qui nuiroit aux racines, ainsi que le tassement qui auroit lieu après la plantation.

Le troisième avantage de cette méthode (et j'ose ici combattre l'avis de l'abbé Rozier) est de pouvoir pincer le pivot. Cette manière de voir paroîtra au premier coup-d'œil contraire aux principes établis dans le cours de cet ouvrage et par les meilleurs cultivateurs. Mais je pense que quelques réflexions pourront ramener à mon avis les défenseurs des pivots. Le but de la conservation entière des pivots est le plus grand accroissement de la plante; et tant qu'il sera question de former des arbres forestiers, et qu'on ne calculera que leurs dimensions, j'avoue que la théorie sera d'accord avec la pratique; mais si, comme je crois l'avoir démontré dans un mémoire sur les plantes nommées *monstres* par les botanistes (*voyez* FLEURS DOUBLES), toutes les plantes, modifiées par l'homme, s'écartent des lois générales de la nature pour en suivre de particulières, la théorie relative aux lois générales sera soumise à des exceptions; et elle le sera d'autant plus que les plantes seront plus modifiées. Ainsi, si je veux faire parvenir un arbre, une plante à ses plus grandes dimensions, je ménagerai le pivot. Mais si je veux de beaux fruits, et c'est le but de la culture des jardins fruitiers et potagers, je m'écarterai des lois générales, je retrancherai le pivot qui ne me donneroit que des branches se rapprochant beaucoup de la perpendiculaire, et fournissant peu de fruits, pour forcer l'arbre à pousser des racines latérales qui détermineront également la sortie de branches latérales qui se mettront promptement à fruit, et en fourniront de plus beaux et de moins âcres. En général, on peut conclure que plus une plante est modifiée, plus son fruit est beau, mais plus elle perd de ses dimensions. L'expérience d'un arbre sur lequel on fait plusieurs greffes les unes au-dessus des autres en est la preuve.

Ce principe appliqué à l'artichaut, il doit en résulter que si on pince son pivot, on aura une plante moins riche en feuilles, mais un fruit plus beau et plus convenable à la nourriture de l'homme pour lequel on le cultive, quoiqu'il ne paroisse pas destiné à cette fin par la nature. L'expérience, qui m'a confirmé cette théorie pour les arbres fruitiers, m'en a également convaincu pour les artichauts. Imbu du principe contraire, je fis planter à Rennes, au moment du renouvellement d'un carré, un rang d'artichauts avec les pivots. Ils poussèrent lentement dans le principe, et le fruit des autres étoit très avancé qu'on leur voyoit à peine le cœur. Mais bientôt leurs feuilles s'étendirent au point qu'il leur eût fallu les espacer de cinq pieds. Leurs fruits ne furent ni aussi beaux ni aussi nombreux que les autres. Toute la sève s'étoit portée dans les feuilles.

En suivant cette marche, il est facile de juger que les plantes n'ayant que des racines latérales, un labour de dix-huit pouces est plus que suffisant; mais si on conservoit le pivot, il faudroit labourer plus profondément.

Ces deux méthodes ne sont employées par les jardiniers que lorsque les œilletons ou drageons viennent à manquer, parcequ'on a la certitude d'obtenir la même espèce par cette voie, au lieu que les semis ont l'inconvénient de fournir beaucoup de plantes inférieures. Il arrive souvent qu'il faut arracher la moitié des plants d'un carré, parceque les fruits en sont petits. Il est vrai que quelques pieds fournissent de plus beaux fruits; mais cet avantage ne compense pas la perte que les jardiniers éprouvent par l'infériorité des autres, et il n'appartient qu'aux amateurs riches et amis de leur patrie de faire des semis qui, en modifiant chaque année la plante, pourroient la porter au point de perfectionnement dont elle est susceptible. Cette marche finiroit peut-être par la naturaliser dans nos climats.

Cette observation m'en rappelle une autre que je fais chaque fois que je vais dans les pépinières du gouvernement, et que j'entre dans l'ancien potager de Versailles. Ces établissemens devroient avoir deux buts : le premier de fournir au chef du gouvernement les légumes, fruits, et fleurs qui lui sont nécessaires, et principalement les primeurs, ainsi que les arbres fruitiers et forestiers pour ses jardins et les forêts impériales. Mais s'ils n'étoient institués que sous ce rapport, il vaudroit mieux les abandonner, puisqu'il ne seroit pas difficile de prouver qu'il y auroit du bénéfice à acheter ces légumes, etc.

Le second et principal motif de leur étbblissement doit être l'avancement de la science , la conservation des belles espèces de plantes dans leur pureté et le perfectionnement de celles qui en sont susceptibles, soit par les semis, soit par les greffes. Il s'agit en outre de recevoir de toutes les parties du globe des semences et des plantes nouvelles, de les y cultiver pour s'assurer s'il est utile de les répandre sur le sol français, et si la nation y trouvera des avantages. L'utilité de ces établissemens est alors reconnue, sur-tout si les administrateurs sont autorisés à fournir des greffes , des graines, des œilletons ou boutures aux personnes capables de les cultiver et multiplier; mais si, au lieu de suivre cette marche, on multiplie par milliers les espèces les plus répandues, tels que les pêchers, poiriers, etc., quoiqu'ils soient inutiles en plus grande partie, pour les jardins du gouvernement, si on s'empresse, comme dans les pépinières particulières, de greffer toutes les plantes provenues de graines sans s'être assuré de la qualité de leurs fruits, on ne peut alors que les donner ou les vendre ; la science n'avance pas d'un pas; quelques particuliers y trouvent leur compte, mais une classe précieuse de citoyens est ruinée, et le but de l'établissement est manqué. Cette digression m'a écarté de mon sujet ; il faut y revenir.

J'ai dit par quels motifs les jardiniers préféroient les œilletons aux semences. Lorsqu'ils veulent faire un nouveau carré, ils disposent la terre comme pour recevoir les semences. Le choix de la terre détermine la quantité et la qualité de fumier , et le climat celui de la terre. Le principe est que les terres sablonneuses conviennent mieux dans les pays où les pluies sont abondantes, et *vice versâ*, et dans les températures égales , une terre contenant autant de terre franche que de sable. Si la terre est trop forte à raison du climat. il faut y ajouter du sable ; et si on en manque, du terreau consommé. Si la terre est trop sablonneuse, et qu'on manque de terre franche, on emploiera de préférence le fumier de vache.

Les terres étant préparées comme pour les plants de semence, les jardiniers déchaussent les pieds, des anciens carrés, qui ont des œilletons; ils les détachent alors et les examinent pour s'assurer si le nœud qu'on appelle *noix* dans quelques départemens est bien formé. C'est ce nœud qui forme le tronc, et d'où partent les racines nouvelles. Ils coupent celle qui est au-dessous. Ils rejettent tous les œilletons où les nœuds ne sont pas formés, parcequ'il est prouvé, par l'expérience, que ces œilletons ne poussent qu'une seule racine pivotante , et sont sujets aux mêmes inconvéniens que les plants de semis aux-

quels on laisse le pivot. On rejette aussi ceux qui annoncent
du fruit qui avorteroit nécessairement. Les plants choisis, ils
tracent leurs rayons comme pour les semences, et plantent
leurs drageons ou œilletons avec un plantoir. Ils font le trou
de la main droite, ils enfoncent de la main gauche l'œilleton
jusqu'au cœur qu'ils laissent découvert ; sans cette précaution, la pluie, ou les arrosemens, les exposeroient à pourrir.
Plusieurs jardiniers en plantent deux à la fois ; d'autres en
placent deux à six pouces l'un de l'autre. Ces deux méthodes
me paroissent mauvaises ; la première, parceque si les deux
plants reprennent, ce qui arrive fréquemment, leurs racines
se mêlent ; et en arrachant l'un, on ébranle l'autre, et on
le retarde : la seconde, parceque si le pied mis en place manque, et que celui placé à six pouces réussit, et qu'on le
laisse où on l'a planté, il se trouve plus rapproché d'une des
plantes voisines que de l'autre. Il est donc indispensable alors
de l'arracher pour le mettre à la place de celui qui a péri.
Comme il arrive rarement qu'on en perde plus du dixième, on
peut, si on a beaucoup de drageons, doubler plusieurs rangs,
c'est-à-dire les mettre à quinze ou dix-huit pouces au lieu de
deux pieds et demi ou trois pieds. Lorsque les plants sont enracinés, on vérifie et on remplace ceux qui ont péri par les
œilletons qu'on a mis en réserve dans ces rangs. Comme les
racines ne sont pas longues, il est facile de les lever en motte.
Ils ne sont pas retardés par ce déplacement, et le carré se
trouve garni de plantes aussi avancées les unes que les autres.
On plante les œilletons à deux pieds et demi ou trois pieds et
en échiquier. On a l'attention, en plantant, de faire un petit
bassin autour de chaque plant, soit œilleton, soit plant de
semis pour retenir les eaux, et conserver de l'humidité aux
racines. Cette précaution devient inutile, lorsque les racines
se sont étendues. On peut alors les détruire en binant, opération qu'on renouvelle deux ou trois fois jusqu'à ce que le
plant couvre la terre. Quelques auteurs conseillent de couvrir
les drageons pour prévenir les effets de la chaleur, quand on
n'a pu les planter dans un temps couvert et pluvieux. Il suffit,
dans ce cas, de jeter sur chaque plant une poignée de litière
sèche qu'on ne retire que lorsqu'il est repris. Si le temps est
chaud et sec, il faut multiplier les arrosemens. La plante
végète mieux, donne ses fruits de meilleure heure, pousse
ses œilletons à la fin de l'automne. On arrache, ou mieux, on
coupe toutes les tiges auprès du tronc pour faciliter à la plante
les moyens de recouvrir la plaie, et on fait les dispositions
nécessaires pour leur faire passer l'hiver. Ceux qui ont poussé
avant cette époque sont plus faciles à conserver que les autres.
Les œilletons commencent à fournir de beaux fruits dès la mi-

septembre jusqu'à la mi-novembre, mais je suppose qu'on leur a donné de l'eau abondamment, c'est-à-dire un demi-arrosoir chaque fois, et que le temps ait été favorable; car si on veut se priver du fruit en automne pour en jouir plus tôt au printemps, on ne les arrose que pour les empêcher de périr au cas que les chaleurs soient fortes et le temps bien sec. Dans le cas contraire, on ne leur donne plus d'eau après la reprise; en suivant cette marche, ils végètent plus lentement, et paroissent quelquefois languir jusqu'à ce que leurs racines soient fortes; mais ils prennent de la vigueur en automne, et plusieurs jardiniers prétendent qu'ils sont plus faciles à conserver que ceux qui ont porté fruit.

Il arrive souvent que l'artichaut n'ayant poussé son fruit qu'à la fin de l'automne, les gelées le perdroient infailliblement. M. Thouin, que j'aime à citer, parcequ'il réunit l'expérience de la culture à la plus savante théorie, conseille d'arracher les pieds et de les enterrer dans la serre. Il prétend qu'ils achèvent de former leurs pommes et se conservent fort avant dans l'hiver, pourvu qu'on ait l'attention de leur donner de l'air autant que le temps peut le permettre. Il ajoute: « En attendant que les jeunes pommes aient grossi on peut jouir de celles qui ont pris leur grosseur en place, et qu'on a dû enlever aux approches des gelées. J'entends si on a eu l'attention de les couper avec leur tige toute entière, et de les enterrer d'un demi-pied dans du sable frais, auquel cas ils se conservent deux mois et plus, pourvu que la serre ou le cellier où on les met ne soit pas pourrissant. »

Lorsque le jeune plant a produit son fruit on lui donne un labour dans plusieurs cantons; mais il n'y a que les jardiniers des amateurs, dans les départemens de l'ouest et du nord de la France, qui se pemettent cette opération, qui n'est utile que dans les climats secs. Les jardiniers qui travaillent pour leur compte se donnent bien de garde de bécher à cette époque. Ils n'ignorent pas que, si un labour est nécessaire dans le midi de la France, où les gelées sont foibles et passagères, et la neige rare, il seroit très dangereux dans les températures plus froides et plus humides, parcequ'une terre récemment labourée absorbe et conserve mieux l'humidité, et est conséquemment plus susceptible de geler que les terres qui n'ont pas été remuées depuis quelques mois.

L'artichaut, quoique cultivé en France depuis long-temps, ne s'y est pas encore naturalisé. Sensible au froid, les fortes gelées et la neige le font périr. Il est donc nécessaire de le couvrir l'hiver pour l'en préserver. On emploie différens moyens pour leur conservation, dont le meilleur seroit proba-

blement de les arracher et de les mettre avec leurs mottes dans
une serre destinée à cet effet. Mais ce moyen, utile dans les
années très rudes et où on en perd beaucoup dans les carrés,
a l'inconvénient de retarder l'époque de la récolte, et est rejeté par les jardiniers, qui tous ont le plus grand intérêt d'a-
voir des fruits de bonne heure.

Dans quelques cantons on coupe l'artichaut au niveau de la
terre, et on le couvre, comme je l'expliquerai plus bas, au
moment des gelées. Dans d'autres, on donne un coup de bêche entre les rangs, et on jette la terre à droite et à gauche
pour former un sillon de sept à huit pouces, au milieu duquel
les artichauts sont placés. Avant de les butter, on arrache les
feuilles mortes et on coupe les autres de manière qu'elles ne
surpassent le sillon que de quelques pouces, pour empêcher
les terres d'y pénétrer. Il est bon de faire cette opération huit
ou dix jours avant de former le sillon, pour donner aux plaies
des feuilles enterrées le temps de se cicatriser. L'abbé Rozier
se plaint de cette pratique, comme si les jardiniers avoient
peur, dit-il, que les artichauts eussent trop de force pour
résister aux rigueurs de l'hiver, ou pour avoir moins de peine,
de fumier ou de paille à transporter et à arranger.

Ce n'est pas pour ôter aux plantes leur vigueur qu'on en
coupe les feuilles. Je ne vois pas non plus en quoi cette opération peut beaucoup nuire à leur vigueur dans un temps où
la végétation est presque nulle, et où une partie de ces feuilles
pourriroit. En les conservant, on s'exposeroit bien davantage,
puisqu'il faudroit pour les garantir avoir le double ou le triple
de fumiers, feuilles, etc.; encore seroit-il bien difficile de
couvrir des feuilles de deux pieds et demi de long, et si une
portion des feuilles geloit, le plant en souffriroit nécessairement. Mais quand bien même on parviendroit à amonceler
une assez grande quantité de matières pour les garantir entièrement, qu'en résulteroit-il, indépendamment d'une augmentation de dépenses et de soins? Que la terre et la plante conservant toujours une chaleur suffisante pour le mouvement de
la sève, la végétation continueroit, et l'artichaut, auquel il seroit très difficile de donner de l'air, s'étioleroit, deviendroit
plus tendre et périroit nécessairement. Si on le conservoit, le
fruit paroîtroit un mois plus tôt; mais comme il seroit atten-
dri, les moindres gelées priveroient le cultivateur du fruit de ses
soins et de ses dépenses; cette grande masse de feuilles et litières
n'empêcheroit pas seulement de donner de l'air aux plantes;
mais une fois mouillées la fermentation s'y établiroit et détruiroit les plantes. Si, malgré tous ces obstacles, on parvenoit à
en conserver une partie, les fruits auroient probablement le
goût de fumier. A ces motifs il faut ajouter qu'il seroit presque

toujours impossible à un jardinier qui cultive en grand de
se procurer les fumiers nécessaires, et quand il y parviendroit,
de couvrir sa dépense par le produit ; d'où je conclus que la
méthode suivie jusqu'à ce jour est préférable à celle que propose l'abbé Rozier.

Au lieu de faire des sillons, je me contente de former autour
de chaque pied une petite butte de quatre à cinq pouces : cette
opération est moins pour garantir les artichauts de la gelée
que pour écarter de la plante, par ce petit talus, les eaux de
pluie et de neige fondue, et empêcher le contact des fumiers,
feuilles, etc., qui, en pourrissant, ce qui arrive lorsque l'hiver
est long et humide, nuiroient nécessairement aux plantes.
Mais je crois ces opérations inutiles dans les provinces où il
n'y a qu'un mois d'hiver, et je pense qu'on peut y conserver
une grande partie des feuilles, parceque les couvertures y restent peu de temps, et qu'on peut d'ailleurs employer d'autres
moyens pour les garantir que les fumiers et litières, comme
je l'expliquerai plus bas.

Cette opération ne doit avoir lieu dans les environs de Paris
qu'à la mi-novembre au plus tôt. Il est rare que les gelées puissent nuire avant cette époque à la conservation de la plante.
On doit varier l'époque, suivant la température, dans les autres départemens. Mais les cultivateurs ne doivent pas perdre
de vue que, s'il est nécessaire de préserver leurs artichauts de
la gelée et de la neige, il est également essentiel de ne les
priver d'air et de lumière qu'autant qu'il est nécessaire pour
leur conservation.

Dans les terres franches et humides, M. Thouin recommande de dresser les planches des carrés en dos de bahut qui
n'aient que trois pieds, et de planter un seul rang d'œilletons
dans le milieu. Les eaux s'écoulent dans les deux sentiers qui
sont plus bas d'un pied, et les plantes se conservent beaucoup
mieux.

Cette opération terminée, il faut préparer les couvertures.
Ce travail, qui n'est qu'un jeu pour ceux qui n'ont que quelques
pieds d'artichaut, est fort long pour les jardiniers qui en possèdent par milliers. Il leur seroit souvent impossible de prévenir
les effets de la gelée, s'ils attendoient qu'elle s'annonçât pour
apporter des couvertures qui, pour un arpent, peuvent exiger
de vingt-cinq à trente journées, suivant les matières qu'on emploie. On les apporte donc dans le carré, et on en forme, entre
les rangs, des sillons suffisans pour couvrir deux ou trois rangs.
On préfère les disposer de cette manière plutôt que d'en mettre
entre chaque rang, parcequ'elles présentent une surface trois
fois moindre, et sont conséquemment moins chargées d'eau et

moins faciles à pénétrer en cas de pluie. Dès qu'on craint les gelées ou la neige, on couvre les artichauts.

Les matières dont on se sert pour les couvrir sont le fumier de cheval qui contient beaucoup de paille et a été ramassé pendant l'été, les feuilles, les roseaux et les fougères. On n'a pas toujours le choix, parceque tel canton abonde en une matière dont un autre manque. Les maraîchers de Paris emploient le fumier de cheval, qui y est à bon marché, et où on trouveroit difficilement de la feuille. Ils en font dans les temps chauds des meules impénétrables à l'eau. Il se conserve bien de cette manière ; il ne prend que peu de chaleur, et elle est suffisante pour faire évaporer l'humidité, ce qui fait en général donner la préférence à cette couverture qui garantit bien de la gelée. A Versailles, au contraire, où le fumier est plus rare et plus cher, et où on se procure facilement des feuilles, on en emploie beaucoup ; et, depuis quatre ans que j'y demeure, je n'ai pas entendu de plaintes sur ce genre de couverture. Je m'en suis toujours servi, et j'y ai bien conservé mes artichauts, quoique ma terre soit plus franche que sablonneuse, que les hivers aient été humides, et qu'une grande partie de mon carré soit d'artichauts blancs de Bretagne. Cependant, sans chercher à déprécier un de ces moyens de couvrir pour faire l'éloge de l'autre, je pense qu'on pourroit établir en principe général qu'on doit donner la préférence aux fumiers dans les terres basses, humides et dont le sol est composé de terre franche, et employer les feuilles dans les terrains secs et sablonneux. Je dois ajouter que si les fumiers méritent sous quelque rapport la préférence que leur donne M. Thouin, ils ont un inconvénient qui suffiroit seul pour leur donner l'exclusion, si on pouvoit s'en passer. Ces fumiers, qui n'ont point fermenté, ont conservé leurs sucs sans nouvelles combinaisons. Les pluies entraînent dans cet état les parties les plus déliées jusqu'aux racines de la plante, et, quand elles sont abondantes, elles communiquent au fruit un goût désagréable.

M. Thouin propose, quand on emploie le fumier, de suivre la méthode des maraîchers de Paris, qui prennent d'abord le fumier court qui sort des couches, et qui emmaillottent le pied avec. Ensuite, lorsque les grandes gelées surviennent, ils le couvrent tout-à-fait avec de la grande litière sèche qu'on nomme autrement paille brûlée ( c'est le fumier entassé dans l'été ), et ils augmentent la charge à mesure que les gelées deviennent plus fortes. Mais, comme il est rare qu'on fasse dans les départemens des couches assez considérables pour fournir le fumier nécessaire, on peut, au défaut de ce moyen, trier la paille brûlée qui remplacera le fumier court ou plutôt la paille des couches.

Les jardiniers qui emploient des feuilles environnent chaque butte avec la quantité nécessaire, et ils couvrent entièrement la tête lorsque les gelées augmentent. Ils en ajoutent quand le froid est plus fort.

Les jardiniers qui peuvent se procurer de la balle de blé et d'avoine l'emploient avec avantage. Cette matière sèche et peu perméable à l'eau garantit les pieds qu'elle entoure de l'humidité et de la pourriture ; mais il faut la couvrir de fumier ou de feuilles, autrement le vent l'enlèveroit. C'est aussi un inconvénient auquel les feuilles bien sèches sont exposées quand le vent est fort. Pour y obvier, on les visite de temps en temps pour recouvrir les plants qui en ont besoin. On a aussi l'attention de placer sur la tête une poignée de longue litière ou de fougère sur laquelle on pose une brique ou une pierre plate, ou à défaut, un peu de terre. Cette méthode est également utile pour les couvertures de fumier. Il arrive souvent que le vent emporte la litière qui recouvre la tête, quand on n'a pas mis dessus un poids suffisant pour la retenir.

A ces moyens généralement employés pour préserver les artichauts de la gelée et de la neige, j'en ajouterai trois autres dont on ne fait pas d'usage, ou au moins qui sont très peu connus.

Le premier consiste à faire faire des ruches de paille à une ou deux parties, suivant la hauteur qu'on veut conserver au plant d'artichaut : dix à douze pouces me paroissent suffisans. Quand la ruche est à deux parties, le chapiteau n'a besoin que de la hauteur suffisante pour l'écoulement des eaux. On butte très légèrement l'artichaut, et au moment des gelées ou de la neige on pose une ruche sur chaque pied, et on en garnit le bas avec un peu de terre. Dès que le temps s'adoucit, on enlève le chapiteau pour donner de l'air à la plante, et au besoin on peut enlever la ruche entière. Si on craignoit que la ruche ne fût pas suffisante dans les cantons où la gelée est très forte, on pourroit garnir les plants de balle de blé ou d'avoine, et, à défaut, d'un peu de paille de couche avant de placer les ruches. Ce moyen me paroîtroit supérieur à tous les autres, si la dépense n'étoit pas considérable pour la première mise dehors. Il est vrai que ces ruches peuvent durer plusieurs années. La dépense seroit moins considérable, si on pouvoit se contenter d'un chapiteau de six pouces. Je pense qu'il pourroit suffire dans les lieux où le froid n'est pas très considérable, ou même qu'on pourroit se contenter de la partie inférieure de la ruche, qu'on couvriroit au besoin avec une pierre ou une tuile ; et comme dans les départemens la paille et la main-d'œuvre sont à bas prix, je suppose que ces ruches de six pouces ne coûteroient pas plus de 30 à 35 francs le cent. La neige, si pernicieuse pour les artichauts, leur deviendroit alors utile, en empêchant les gelées de pénétrer dans l'intérieur de la ruche. Les expériences qu'on fera détermineront les dimensions à donner aux ruches dans chaque département suivant l'intensité du froid.

M. Bosc, aussi instruit dans la botanique et la culture que dans les autres parties de l'histoire naturelle, a proposé un autre moyen. C'est de faire des pots sans fond de huit à dix pouces, qu'on emploie comme les ruches. On a une tuile un peu plus large que le fond du pot, avec lequel on le recouvre au besoin. Mais outre que cette matière est bien fragile, elle a un inconvénient qui ne la rend propre que pour les provinces méridionales, où elle me paroît devoir suffire. Comme la terre n'est pas aussi chaude que la paille, je présume que les pots ne suffiroient pas pour garantir les artichauts des fortes gelées ; il faut donc, indépendamment des pots, avoir recours aux feuilles et au fumier, ce qui rend ce moyen plus dispendieux, à moins de les butter entièrement de terre. Ces deux méthodes seroient plus avantageuses que les précédentes, puisqu'elles produiroient le même effet de préserver les artichauts de la neige et des gelées, sans les exposer à la pourriture et à donner un mauvais goût au fruit, et sans y attirer une foule d'ennemis qui, trouvant un abri sous le fumier et les feuilles, abandonnent les autres parties du jardin pour se réunir dans les carrés d'artichauts dont ils mangent le tronc et les racines.

Le troisième moyen de conserver les artichauts peut être employé dans les terrains où il se trouve des eaux courantes dans les parties supérieures aux carrés. On forme un talus autour des carrés, et lorsque le froid s'annonce et qu'on s'attend à de fortes gelées, on introduit l'eau dans les carrés jusqu'à la hauteur des plantes qu'on a coupées très près de la terre ; il se forme une couche de glace, sur laquelle on répand de nouvelles eaux jusqu'à ce que la glace ait cinq à six pouces d'épaisseur ; on fait écouler celle qui est sous la glace ; on arrête alors les eaux, et on laisse les artichauts dans cet état jusqu'à la fonte de la glace.

Je n'ai jamais fait l'épreuve de cette méthode qu'on emploie dans le canton de Maule, auprès de Saint-Germain-en-Laye ; mais des personnes dignes de foi m'ont assuré que c'étoit un des meilleurs moyens pour les conserver. A coup sûr c'est le moins dispendieux. Il faut qu'il ait été jugé sous un rapport bien avantageux, puisque l'estimable M. Poulain-Vieuville, ancien juge du district de Versailles, m'a affirmé qu'en l'an 4 ce tribunal jugea une affaire relative à la destruction d'une vanne qui servoit à fournir et à arrêter les eaux nécessaires pour arroser les artichauts l'été et les couvrir l'hiver. La destruction de cette vanne, au moment où il étoit indispensable de s'en servir pour garantir les artichauts, mit le propriétaire dans l'impossibilité de les couvrir, et ils périrent en grande partie; le tribunal, sur le rapport d'experts à talens (MM. Richard et Perradon), accorda 6000 liv. de dommages et intérêts à la partie lésée.

Jusqu'à présent, en indiquant les méthodes proposées pour la culture des artichauts, l'expérience de plus de vingt années, et des observations suivies, m'ont donné la hardiesse de m'écarter quelquefois de la route indiquée par les plus grands maîtres. Mais pour ce qui me reste à dire, je ne puis que suivre pas à pas M. Thouin, qui, en réunissant à son expérience les préceptes de l'école du bon potager, a fourni à l'encyclopédie méthodique un excellent article pour la culture de l'artichaut. Le lecteur ne pourra qu'y gagner quand je le copierai mot à mot : je me permettrai seulement quelques observations.

« C'est ordinairement aux environs de Noël qu'on met la dernière charge (de litière ou de feuilles dans les cantons où on les couvre à deux reprises), et il n'y a de sûreté à l'ôter tout-à-fait qu'au commencement d'avril (c'est-à-dire dans les environs de Paris : on consulte ailleurs la température ) ; il se trouve par-là que la plante demeure trois mois étouffée sous la couverture qui la fait blanchir et quelquefois pourrir. Pour prévenir ce dernier inconvénient, il faut avoir l'attention, pendant ces trois derniers mois, de découvrir un peu le cœur du côté du midi, lorsque le temps est doux, et de le couvrir exactement lorsque le froid reprend.

« Le temps de leur résurrection étant enfin arrivé, on commence par découvrir seulement le cœur ; quelques jours après on dérange la couverture du côté du soleil, et huit jours après on ôte tout et on le transporte où on peut en avoir besoin. »

C'est ici le moment de combattre l'opinion de l'abbé Rozier, qui conseille, en labourant, d'enterrer toutes les matières qui ont servi de couverture. Cette quantité considérable de fumier et de feuilles, en se décomposant, donneroit un mauvais goût au fruit, et serviroit de retraite aux mulots et aux insectes. Il faut donc les enlever et les employer pour la construction des couches tardives, ou, s'ils sont inutiles, les mettre en tas pour qu'ils se consomment ; mais il est de principe général qu'il ne faut mettre au printemps, dans les terres destinées aux plantes herbacées et aux racines et tubercules qui servent à la nourriture de l'homme, que des fumiers consommés qui ne puissent pas leur communiquer de mauvais goût.

« Enfin on laboure les carrés avec l'attention de choisir la terre la plus meuble pour mettre autour des pieds, et on les déchausse s'ils ont été buttés. Ils reverdissent bientôt, et on les œilletonne dès que les œilletons paroissent assez forts, ce qui arrive plus tôt ou plus tard, suivant les années ; mais communément c'est à la mi-avril ou à la fin. (Cette opération varie suivant l'utilité dont les œilletons peuvent être pour former de nouveaux carrés ou pour la vente. S'ils sont nécessaires, il faut attendre le moment où ils seront assez forts pour être plantés, et ménager les plus jeunes pour les recueillir à une seconde époque. Dans le cas contraire on peut les détruire pour conserver toute la sève à la plante. Enfin, si on n'en a besoin que d'un petit nombre, on détruit tous ceux qui seront inutiles, avec l'attention d'en conserver plus que moins pour remplacer ceux qui viendroient à manquer.) Cette opération est très importante et demande des attentions particulières qu'ont peu de jardiniers.

« On commence par déchausser le pied avec la bêche, de manière que la souche soit à découvert, et qu'on puisse instrumenter autour en toute liberté (j'emploie une forte truelle au lieu de bêche, avec laquelle on blesse souvent la plante) ; on éclate ensuite avec le pouce (ou avec la main entière, suivant la force de l'œilleton, en la descendant jusqu'à l'endroit où il tient à la souche pour conserver le nœud ou la noix) tous les œilletons qui se trouvent autour du cœur qui doit donner le fruit, et on les éclate jusque sur le gros de la souche. Si le pouce ne suffit pas, on se sert du couteau pour les couper plus près, afin qu'il n'en repousse pas d'autres. (Ce dernier moyen ne doit être employé qu'à la dernière extrémité et lorsqu'il est nécessaire de les conserver tous, parceque les œilletons qu'on n'enlève pas avec la main ou le pouce ne résistent que parcequ'ils sont entre des racines qui peuvent être endommagées par le couteau. Il vaut mieux alors, si on peut se passer de l'œilleton, le rompre au-dessus des racines, on enlève ensuite avec le pouce la partie inférieure de l'œilleton. Mais cette méthode est bonne pour les pousses qui annoncent du fruit et que les jardiniers nomment cœur de l'artichaut, et qui sont placées à la partie supérieure du tronc. Quand il y en a trois ou quatre, il n'en faut conserver qu'une ou deux, et couper les autres. On reconnoît ces cœurs à leur grosseur et à leur forme évasée.) On coupe en même temps le pied des vieux montans des années précédentes qui se trouvent entre deux terres. On nettoie enfin la souche le plus exactement qu'on peut ; si le cœur a péri pendant l'hiver, comme cela arrive très souvent, on fait choix du meilleur œilleton pour le laisser en place, mais il faut observer en même temps qu'il soit bien placé, c'est-à-dire qu'il prenne naissance du bas de la souche ; car lorsqu'il se trouve sur le haut, le fruit ne vient pas si beau. On forme un petit bassin autour avec la terre la plus meuble, et on donne une bonne mouillure. (Cette mouillure n'est pas de nécessité indispensable; elle n'est utile que lorsque la terre est desséchée. )

« Après cette opération, on les voit profiter à vue d'œil, pourvu qu'on les arrose amplement, si la saison le demande, enfin on commence à la mi-mai à voir paroître les pommes (c'est-à-dire dans les environs de Paris : elles paroissent ailleurs plus tôt ou plus tard suivant le climat ), et il s'en trouve ordinairement de bonnes à couper à la fin du mois.

« Il faut pratiquer dans cette même saison les mêmes choses que j'ai indiquées ci-dessus pour les artichauts d'automne, c'est-à-dire rogner les feuilles et ne laisser qu'une pomme à chaque montant. Mais si on ne s'embarrasse point de la grosseur, et qu'on soit bien aise d'avoir des rejetons pour manger à la poivrade, on laisse agir la nature en liberté. »

Ici je ne puis partager l'opinion de M. Thouin, parceque mon expérience, comme la théorie, lui est contraire. Quel peut être le but de couper les feuilles, si ce n'est de réunir la sève dans la tige qui porte le fruit. Mais, pour adopter ce système, il faudroit supposer que les feuilles ne font que consommer la sève sans contribuer à alimenter la plante, ce qui n'est pas. En second lieu, toutes ces tailles font perdre beaucoup de sève par les plaies jusqu'à leur cicatrisation, et déterminent la naissance de nouvelles pousses. Aussi tous les ouvriers instruits ne coupent que les feuilles gâtées : ils laissent tous les fruits sur la même tige, parceque la foible augmentation de la tête principale ne les dédommageroit pas de la perte de deux ou trois fruits qu'ils sacrifieroient. Mais quant au nombre des tiges, ils ont égard au climat et à la qualité de la terre qui a fixé la distance des plantes, et en laissent une, deux ou trois.

L'abbé Rozier conseille de faire dans la partie supérieure de la tige deux fentes en croix, en enfonçant la serpette dans le centre de la tige de manière qu'elle pénètre dans la totalité. On la descend à environ trois pouces, et on fait une autre fente égale qui coupe la première à angle droit. J'ai employé ce moyen il y a vingt ans, et il a produit peu d'effet. Les jardiniers de Versailles le connoissent et ne l'emploient pas dans leurs marais de Montreuil, dont les artichauts sont préférés à ceux de Laon, etc., dans les marchés de Paris; ce qui m'a fait penser qu'ils le croient inutile. Le vrai moyen d'avoir de beaux et de bons artichauts bien tendres est de leur donner une bonne terre et de leur fournir des engrais consommés et l'eau nécessaire.

« Comme il arrive souvent des gelées dans le mois de mai,

il faut avoir l'attention, lorsqu'on en est menacé, de couvrir les jeunes pommes avec un peu de litière sèche pour les préserver, car elles sont très susceptibles de gelées dans leur naissance.

« Après que le fruit est cueilli, il faut couper les montans le plus bas qu'on peut ou les éclater avec le pied, ce qui vaut encore mieux. ( Je crois le contraire ; la plaie d'une tige éclatée n'étant pas aussi difficile à recouvrir, l'eau y pénètre aisément et peut faire pourrir le pied. )

« Ils repoussent tout de suite des œilletons en grand nombre ; et si on a soin, quand ils sont un peu forts, de n'en laisser qu'un, cet œilleton se nourrit abondamment, et, poussé à l'eau, donne assez souvent son fruit à l'automne, tout au moins il le donne plus tôt au printemps suivant, et, par la force qu'il a pris, il résiste mieux aux gelées. »

M. Thouin a omis ici une opération importante. Après la récolte des fruits et la coupe des tiges, c'est le temps de donner un labour aux plants et même de les fumer quand on n'emploie pas des fumiers bien consommés. Comme les artichauts sont alors fort petits, on peut y planter du choux Milan, de la carde poirée, etc. ; mais il faut proportionner la quantité du fumier à la voracité de ces plantes, et alors en mettre du consommé. Au surplus, je pense qu'on ne doit forcer le plant à reproduire à l'automne qu'autant qu'on est déterminé à sacrifier le carré. Dans les températures froides, comme celle de Paris, le fruit ne seroit pas mûr avant les gelées, et il faudroit arracher le plant pour le mettre dans la serre. Quand on auroit le temps de le couper, le plant n'auroit pas celui de repousser, il seroit plus foible et se conserveroit plus difficilement. Cette méthode ne peut donc être employée avec succès que dans les provinces plus méridionales.

« Lorsque vous voulez détruire un carré qui a fait son temps pour tirer parti de son reste ( le même plant ne dure que trois ans dans les environs de Paris et quatre dans les départemens de l'ouest, et comme il dégénère ensuite, on le détruit ; mais les bons jardiniers ne le replantent dans le même terrain que deux ou trois ans après ), il faut le destiner à donner des cardes pour l'hiver, et en ce cas ne laisser sur chaque pied qu'un œilleton. On le laisse profiter jusqu'au mois de septembre et d'octobre, et après l'avoir lié on l'empaille. Mais pour en jouir plus long-temps, il ne faut les empailler qu'à proportion de son besoin et en garder jusqu'aux grandes gelées, qu'on emporte dans la serre et qui y blanchissent, le pied en terre dans le sable, avec de la paille sèche entre chaque rang. ( Si ces cardes étoient aussi belles qu'elles sont bonnes, elles

feroient abandonner la culture du cardon, parcequ'on y trouveroit l'économie du temps et du terrain. Il ne s'agiroit que
de diviser son carré en trois ou quatre parties, et comme
chaque année on en détruiroit une, on auroit des cardes et
des fruits en poussant un peu à l'eau.) Dans quelques provinces
méridionales, on ne fait autre chose que de les coucher sur
le côté et les couvrir d'un pied de terre dans leur même place,
où ils se conservent fort bien jusqu'à Pâques. Mais dans
ce climat (celui de Paris) les terres sont trop froides et les
hivers trop longs. J'en ai fait l'épreuve ; ils ont pourri.
On ne doit pas négliger ce dernier profit des artichauts,
d'autant plus que leurs cardes ont beaucoup plus de finesse
et de goût que celle du cardon d'Espagne.

« Il me reste à dire, à l'égard de cette plante, qu'elle a ses
ennemis comme les autres. Le mulot, la mouche et le puceron (on peut y ajouter le ver blanc et la courtilière), la
tourmentent beaucoup, chacun dans sa saison. Le premier la
laisse assez tranquille pendant l'été, mais il ronge pendant
l'hiver ses racines et détruit quelquefois des carrés entiers.
Pour les préserver, on est assez dans l'usage de planter un
rang de cardes poirées, qu'on nomme bettes blondes dans les
provinces, au milieu de chaque planche d'artichaut. Ils s'y
attachent plutôt qu'à l'artichaut, qui par cette raison se trouve
épargné. Mais ce préservatif a son inconvénient, car cette
poirée, qui est une plante forte, fait de l'embarras entre les
artichauts et elle effrite la terre. (J'ai déjà observé qu'en
fumant en proportion de la voracité des plantes, on obvioit
au dernier inconvénient. Quant à l'embarras, les jardiniers
en sont bien dédommagés par le produit, car ils ne laissent que
quelques bettes cardes entre les rangs, et ils apportent les plus
belles au marché de Paris.) Je trouve qu'il est mieux d'en
planter trois rangs près les uns des autres tout autour du
carré pour servir de retranchement aux artichauts. Le mulot
s'y arrête quelquefois au passage et ne va pas plus avant. On
peut encore diminuer le nombre de ces animaux au moyen
de beaucoup de quatre de chiffres qu'on distribue autour du
carré. Il s'en prend quantité, pourvu qu'ils soient exactement
tendus tous les jours et les appas renouvelés. Le meilleur est
la graine de potiron.

« A ces moyens on peut ajouter celui des pots demi-pleins
d'eau qu'on place dans les sentiers, d'amandes pilées avec
un peu de mort-aux-rats ou d'arsenic, et enfin de bons chats
qui les chassent tout l'été et souvent les détruisent. Ce dernier
moyen seroit à préférer si cet animal ne grattoit pas la terre
pour couvrir ses excrémens.

« A l'égard de la mouche et du puceron, on n'y a point en-

core trouvé de remède. On remarque seulement que de fréquens arrosemens les détournent quelquefois, et que les terres
fortes y sont moins sujettes que les légères. »

M. Tatin, marchand grainetier-fleuriste, après beaucoup
d'observations et d'expériences, a découvert une composition
qui a eu l'assentiment des hommes de l'art.

Cette composition tue tous les insectes qu'elle touche : comme
on arrose fréquemment les artichauts, et que la dépense est
légère, je crois qu'il est d'autant plus avantageux aux jardiniers
de la connoître, qu'elle peut servir pour toutes les autres
plantes comme pour l'artichaut.

Savon noir de la meilleure qualité, deux livres et demie ;
Fleur de soufre, deux livres et demie ;
Champignons des bois, de couche ou autres, deux livres ;
Eau coulante ou de pluie, soixante pintes.

Partagez l'eau en deux portions égales, versez-en trente
pintes dans un tonneau qui ne servira qu'à cet usage, délayez-
y le savon noir, et ajoutez-y les champignons après les avoir
écrasés légèrement ;

Faites bouillir dans une chaudière le reste de l'eau, mettez
tout le soufre dans un torchon ou toile claire, qu'on liera avec
une ficelle en forme de paquet, et attachez-y un poids pour
le faire descendre au fond : pendant vingt minutes, temps
que doit durer l'ébullition, remuez avec un bâton, soit pour
fouler le paquet de soufre et le faire tamiser, soit pour en faire
prendre à l'eau la force et la couleur. Si on double la force des
ingrédiens, les effets de cette eau ainsi préparée n'en seront
que plus sûrs et plus marqués.

On versera l'eau sortant du feu dans le tonneau ; on la remuera un instant avec un bâton ; chaque jour on agitera,
jusqu'à ce qu'elle acquière le plus grand degré de fétidité. L'expérience prouve que plus la composition est fétide et ancienne,
plus son action est prompte. Il faut avoir la précaution de bien
boucher le tonneau chaque fois qu'on remuera l'eau.

Quand on veut faire usage de cette eau, il suffit d'en verser
sur les plantes ou de les en arroser et d'y plonger leurs branches ; mais la meilleure manière de s'en servir est de faire des
injections avec une seringue ordinaire, à laquelle on adapte
une canule semblable à celle qu'on emploie tous les jours, avec
la différence qu'elle doit avoir à son extrémité une tête d'un
pouce et demi de diamètre, percée sur la partie horizontale de
petits trous comme des trous d'épingle pour les plantes délicates, et un peu plus grands pour les arbres.

Si cette eau ne détruit pas entièrement les insectes, elle les
diminue de manière qu'ils nuisent fort peu aux plantes. *Voyez*

au mot CALLIDE l'histoire de l'insecte qui dévore les feuilles des artichauts.

L'artichaut qui se cultive en grand à Laon, Noyon, et dont on fait une consommotion prodigieuse, méritoit une attention particulière, et nous a forcé d'entrer dans tous ces détails pour sa culture.

Les différentes espèces d'artichauts primes ou tardives facilitent les moyens d'en jouir dix mois de l'année, et au moyen des procédés suivans, qui ont été répétés par tous les auteurs qui ont traité de l'artichaut, on peut s'en procurer toute l'année. Mais je dois prévenir les cultivateurs, comme les autres habitans, que toutes ces préparations qui conservent les plantes dans une saison qui leur est contraire, produisent toujours des effets qui les détériorent, et doivent déterminer à s'en passer lorsqu'elles ne sont pas d'absolue nécessité : l'artichaut est dans ce cas ; il a même un avantage, c'est d'être remplacé par une plante, le topinambour ou artichaut de terre, facile à cultiver, et bonne à manger à l'époque où les artichauts, dont elle a le goût, viennent à manquer. Je ne conseillerai donc pas les moyens ci-après pour leur conservation, mais je les copie pour ceux qui tiennent autant au nom qu'à la chose, et veulent des artichauts toute l'année.

On éclate de force les pommes d'artichauts de leurs tiges au lieu de les couper. On les jette ensuite, telles qu'elles sont, dans de l'eau bouillante, où on les laisse cuire à moitié. Retirées de l'eau et un peu refroidies, on en arrache toutes les écailles (*feuilles*) ; on retire le foin avec une cuillier et on coupe le dessous à l'épaisseur d'un petit écu. On les jette de suite dans l'eau froide, et après y avoir resté deux heures, on les met à égoutter sur des claies exposées au soleil, où on les laisse deux jours, d'où on les fait passer au four pour les sécher, en observant qu'il n'y ait qu'une petite chaleur. On les y laisse jusqu'à ce qu'elles soient bien sèches et on les renferme ensuite dans un endroit où il n'y ait point d'humidité. Plusieurs particuliers, après les avoir retirées de l'eau froide, les suspendent, par des fils, dans des lieux où il y a un grand courant d'air, afin de dissiper l'humidité.

Quand on veut s'en servir, on les jette dans l'eau tiède.

On emploie un autre moyen pour les conserver. Après les avoir fait cuire à moitié, on les retire et les laisse égoutter ; ensuite on arrache le foin, mais on conserve les feuilles. On les met dans l'eau froide une heure ou deux. On les en retire pour les jeter dans une eau chargée de sel marin ou dans du vinaigre. On recouvre l'eau avec une couche d'huile ; si on les conserve long-temps, on change l'eau salée ou le vinaigre de temps à autre. Lorsqu'on veut s'en servir, on les jette dans de l'eau tiède et ils ont l'apparence d'artichauts frais, mais non le goût. Il n'appartient qu'aux pays méridionaux de manger de bons artichauts toute l'année ; notre température s'y oppose.

Au reste, il est peu de personnes qui n'aient mangé des artichauts. Elles ont pu juger que, s'il nourrissoit médiocrement, il étoit d'une facile digestion, ne causoit point de colique et augmentoit sensiblement le cours des urines. Sa chair a une saveur douce et austère, et sa racine est apéritive et diurétique. Tout le monde connoît les moyens de le préparer pour la nourriture, et il est inutile d'entrer dans ces détails ; mais il est devenu d'un usage si commun, qu'il seroit à désirer qu'au moyen de semences multipliées on parvînt à le naturaliser en France, et éviter tous les frais et les soins nécessaires à sa conservation. Je ne puis donc qu'inviter tous les amateurs aisés et amis du bien public à faire des semis tous les ans. Ils finiront, avec des soins, non seulement à le naturaliser, mais encore à le perfectionner, et ils auront la satisfaction d'avoir été utiles à leur patrie. ( Féb. )

ARTICHAUT DE BARBARIE , espèce de GIRAUMONT.

ARTICHAUT DU CANADA. *Voyez* TOPINAMBOUR.

ARTICHAUT DE JÉRUSALEM , espèce de COURGE qui porte autour de son ombilic une couronne de tubercules.

ARTICHAUT SAUVAGE. On appelle ainsi , dans beaucoup d'endroits, la CARLINE SANS TIGE qu'on mange en guise d'artichaut, et qui n'en diffère réellement que fort peu par le goût. ( B. )

ARTICHAUT DE TERRE. *Voyez* TOPINAMBOUR.

ARTICULATION , ARTICULÉ. Ce mot se dit , en botanique, de la jonction ou de la connection des différentes parties de la plante : ainsi on peut dire que la racine , la bulbe, le pédoncule, les feuilles , la silique, etc., sont articulés. La racine fibreuse est articulée quand elle est composée de portions charnues distinguées entre elles, mais communiquant par des fibres intermédiaires, comme celle de la *saxifrage granulée.* La tige de presque toutes les plantes *graminées*, des œillets, etc., est interrompue dans toute sa longueur par des articulations ou nœuds. Lorsque les feuilles naissent successivement du sommet les unes des autres, on dit qu'elles sont articulées; enfin la silique l'est aussi lorsqu'elle est alternativement rétrécie et renflée, comme celle du *raifort.* (R.)

ARTISON. On donne vulgairement ce nom aux teignes qui mangent les étoffes de laine et les plumes, et, dans quelques endroits, à toutes les larves d'insectes qui nuisent aux objets de mobilier, et aux productions alimentaires lorsqu'elles sont dans la maison. ( B.)

ARUM. *Voyez* Gouet.

ASARET. *Voyez* Cabaret.

ASCARIDE. Genre de ver intestin, dont deux espèces se trouvent fréquemment dans les intestins de l'homme et des animaux domestiques. Lorsqu'elles sont peu abondantes, leur présence est sans danger; mais, dans le cas contraire, elles donnent lieu à des accidens graves, et quelquefois à la mort. On les chasse par le moyen des purgatifs unis aux vermifuges, et principalement avec l'*huile empyreumatique*, tirée par la distillation à feu nu des ongles des pieds des chevaux, des cornes des bœufs, et autres matières analogues. Cette huile, qui est un véritable savon composé d'alkali volatil et d'huile animale, est extrêmement âcre et doit être donnée à petite dose, même aux animaux.

Des deux espèces d'ascarides l'une, l'ascaride vermiculaire, est courte, blanche, et sa partie antérieure est fine comme un cheveu. Elle attaque principalement les enfans, et indique sa présence par des chatouillemens qui correspondent à l'anus et au nez; l'autre, l'ascaride lombical, est longue, rougeâtre, et ses deux extrémités sont presque égales. C'est elle qui se trouve le plus souvent dans les animaux domestiques.

Le caractère générique des ascarides consiste en trois tubercules à leur extrémité antérieure, servant comme de lèvres pour les fixer et les aider à pomper leur nourriture.

La larve que les cultivateurs de fleurs appellent ascaride, est celle d'une tipule. *Voyez* ce mot. (B.)

ASCENSION de la Sève. *Voyez* Sève.

ASCLÉPIADE, *Asclepias*. Genre de plantes de la pentandrie digynie et de la famille des apocinées, dont une des espèces est cultivée, peut servir d'ornement, et peut aussi donner des produits utiles aux arts, et dont une autre est trop commune dans certains cantons pour n'être pas indiquée aux cultivateurs.

La première des espèces de ce genre dans le cas d'être mentionnée ici est l'asclépiade de Syrie, plus connue sous le nom d'*apocin à la ouate*, ou *houette*, qui a les feuilles opposées, ovales, velues en dessous, longues de quatre à cinq pouces sur deux à trois de large, la tige simple, haute de six à huit pieds, et les fleurs rougeâtres disposées en ombelles recourbées, sortant de l'aisselle des feuilles supérieures. C'est une plante à racines vivaces, traçantes, originaire des contrées orientales, qui donne du lait lorsqu'on la blesse, qui a un goût amer, qui purge, prise à l'intérieur, et qu'on cultive depuis longtemps dans les jardins, où elle se conserve presque sans soins, et où elle fleurit au milieu de l'été.

On multiplie l'asclépiade de Syrie de graines qu'on sème au printemps dans une terre bien préparée et à une exposition chaude, ou dans des terrines et sur couche, ou mieux, par ses drageons et par déchiremens des vieux pieds. Je dis ou mieux, parceque ce moyen est beaucoup plus sûr et plus prompt. Il est presque le seul pratiqué. En conséquence, lorsqu'on voudra faire une plantation, on arrachera en automne, ou dès les premiers jours du printemps, de vieux pieds, et on les divisera en autant de morceaux qu'on voudra, pour planter ces morceaux à deux pieds de distance au moins l'un de l'autre. La même année les plus gros fleuriront, et la suivante tous seront en plein rapport. Si on avoit une grande étendue de terrain à garnir et peu de pieds à sa disposition, on les diviseroit davantage ; car il suffit d'un tronçon de racine de deux pouces, ou d'une fibrille, pour donner naissance à un nouveau pied. Les façons à donner à cette plante se réduisent à deux ou trois binages les premières années, et ensuite à un seul, pendant l'hiver, parcequ'elle trace tant qu'elle ne tarde pas à s'emparer de tout le terrain, et à faire périr toutes les autres plantes qui voudroient y croître. Lorsqu'on la cultive dans un jardin pour l'ornement, on a beaucoup de peine à la contenir dans ses limites ; car plus souvent on arrache ses rejetons, et plus elle en pousse de nouveaux. C'est ce qui l'a fait proscrire par quelques jardiniers, quoiqu'elle produise, par sa grandeur, des effets agréables dans les parterres et sur le bord des massifs. Elle croît dans toutes sortes de terrains, excepté ceux qui sont trop aquatiques ; mais c'est dans ces sols secs et chauds qu'on doit la placer de préférence lorsqu'on la cultive pour la ouate, parceque là seulement elle donne beaucoup de fruits.

La récolte des follicules de l'asclépiade de Syrie commence à la fin de l'été et se prolonge jusqu'aux gelées. A cet effet on parcourt le champ qui en est planté tous les deux ou trois jours, et on coupe avec une serpette celles de ces follicules qui annoncent leur maturité par l'écartement de leur suture. On les étend au grenier, où elles achèvent de mûrir, et on sépare à la main, pendant l'hiver, la ouate des graines auxquelles elle est attachée.

Cette ouate a l'apparence du plus beau coton. Il n'est personne qui, en la voyant, ne se demande pourquoi on ne cultive pas plus en grand la plante qui la produit ? Mais les nombreux essais faits en France et dans les autres parties de l'Europe pour l'utiliser ont malheureusement prouvé qu'elle est trop cassante et trop courte pour être employée seule à faire des étoffes, et qu'elle affoiblit celles qu'on fabrique avec le coton dans lequel on l'a mélangée. Tout ce qu'on a annoncé de contraire dans les papiers publics, à différentes époques, étoit l'effet de l'ignorance de quelques personnes et de la charlatannerie de beaucoup d'autres. On a observé de plus qu'elle avoit encore moins d'élasticité que le coton, et qu'elle étoit par conséquent moins propre que lui pour ouater. C'est cependant à ce seul usage auquel les Turcs l'emploient et auquel on peut aussi l'employer en France.

Mais si sous ce rapport l'asclépiade de Syrie ne peut être que d'un très foible intérêt, il est possible d'en tirer parti sous un autre. En effet, ses tiges coupées à l'époque de leur maturité, rouies et tillées, donnent beaucoup plus abondamment que le chanvre une filasse d'une finesse et d'une blancheur qui la rendent susceptible d'être employée à faire des toiles de toutes sortes de qualités. J'ai vu les essais faits, avec cette filasse par Gelot de Dijon, enlever les suffrages de tous les connoisseurs. On a lieu d'être surpris que l'annonce de ces essais, qui fut très répandue dans le temps, n'ait pas déterminé quelques propriétaires de mauvais terrains à les utiliser au moyen de cette plante, que je ne crois nulle part cultivée en France en plein champ au moment actuel.

L'ASCLÉPIADE BLANCHE, *Asclepias vince toxicum*, Lin., a la tige droite, haute d'un à deux pieds, les feuilles en cœur, aiguës, un peu ciliées en leurs bords, la tige de deux pieds de haut; les fleurs blanches, disposées en ombelle dans l'aisselle des feuilles supérieures. Elle est vivace, fleurit en été, et se trouve dans les bois en mauvais sol, dans les paquis les plus arides des montagnes de presque toute l'Europe. On l'appelle vulgairement *dompte venin*.

La racine de cette plante a une odeur aromatique, forte, et ses feuilles une saveur âcre et amère. Ces dernières ne rendent pas de lait, comme celles de ses congénères, lorsqu'on les entame. C'est par préjugé qu'on la croit propre à guérir de la morsure des serpens et de l'effet des poisons. Elle est au contraire elle-même un poison, foible à la vérité, mais enfin suffisamment dangereux pour qu'on ne doive pas l'employer pour se purger, ou se faire vomir, sans de grandes précautions.

J'ai vu l'*asclépiade blanche*, que tous les bestiaux repoussent, couvrir des pâturages entiers, et nuire par conséquent à la production de l'herbe : elle est donc, pour quelques cantons, nuisible à l'agriculture, et d'autant plus que ses semences garnies de duvet étant transportées par les vents, infestent les terrains environnans. Mais comment la détruire dans des terrains qui appartiennent à des communes, et par conséquent où personne n'a intérêt de sacrifier quelques avances ou du temps dans des vues d'amélioration? Proscription aux communaux où le parcours est libre, proscription à tout droit de parcours en général, doit être la devise des véritables amis de la prospérité de l'agriculture. Au reste, rien de plus facile que de se débarrasser de cette plante, puisqu'un seul coup de pioche peut ordinairement produire cet effet.

L'ASCLÉPIADE NOIRE, qui remplace la précédente dans les parties méridionales de l'Europe, n'en diffère presque que par ses fleurs d'un brun rougeâtre.

LES ASCLÉPIADES INCARNATE et TUBÉREUSE, orignaires de l'Amérique septentrionale, dont la première a les fleurs rougeâtres, et la seconde jaune orangé, méritent pas leur beauté d'être cultivées dans les jardins d'agrément; mais elles y sont encore rares, même aux environs de Paris. Elles sont vivaces comme les précédentes, et se multiplient de même par séparation de racines. Rarement elles donnent des graines. Les grandes gelées leur nuisent, ce qui oblige de mettre sur leurs racines, pendant l'hiver, une épaisseur de paille ou de fougère suffisante pour les en garantir. Elles fleurissent au milieu de l'été. Je ne cessois d'admirer l'éclat de la dernière dans les sables arides de la Caroline, où elle produit des corymbes de fleur d'un demi pied de diamètre. ( B. )

ASENA. Première façon donnée au chanvre qui est roui dans le département de Lot-et-Garonne.

ASILE, *Asilus.* Genre d'insecte de l'ordre des diptères, que les cultivateurs doivent connoître, parceque plusieurs des espèces qu'il contient tourmentent les bestiaux, aux dépends du sang desquels elles vivent.

Les asiles se trouvent très abondamment, à la fin de l'été et tout l'automne, dans les bois, les pâturages arides et chauds; ils volent avec une grande rapidité, sur-tout quand le soleil darde le plus vivement ses rayons, en faisant entendre un bourdonnement assez fort. C'est principalement aux dépens des autres insectes qu'ils vivent; ils les saisissent au vol avec leurs pattes antérieures, les emportent ou se laissent emporter par eux, selon qu'ils sont plus forts ou moins forts, et, dans les deux cas, les sucent jusqu'à ce qu'ils soient complètement desséchés. Deux seules des trente ou quarante espèces qu'on trouve en Europe se jettent communément sur les bestiaux.

L'un, moins commun, l'ASILE-FRÉLON, *Asilus crabroniformis,* Fab., a le corselet, les pattes et les ailes d'un brun jaunâtre; la moitié antérieure de l'abdomen noire, et l'autre, ainsi que le devant de la tête, d'un jaune doré. C'est un très bel insecte, de près d'un pouce de long, qui se tient ordinairement sur la terre dans les endroits sablonneux et découverts, et qui, lorsqu'il attaque les hommes ou les bestiaux, leur fait des blessures extrêmement douloureuses.

L'autre, des plus abondans dans les pâturages arides,

l'Asile cendré, *Asilus forcipatus*, Fab., est d'un gris cendré uniforme, et très hérissé de poils. Sa grandeur est de moitié moindre que celle du précédent. Il se rend, dans la chaleur, très importun aux animaux, auxquels il cause des plaies très-multipliées. L'homme même a beaucoup de peine à s'en garantir. Ce n'est que par des couvertures épaisses qu'on pourroit empêcher ces insectes de tourmenter les animaux, mais ce moyen est impraticable en grand. Heureusement qu'ils n'ont d'activité que pendant quelques heures du milieu de la journée, et ce encore seulement les jours où le soleil brille ; aussi sont-ils moins redoutés des bergers que les taons, les stomoxes et autres insectes de la même famille.

Il est possible que ce fameux insecte, dont parlent les livres des juifs sous le nom de la *mouche* que les Arabes appellent aujourd'hui le *kib*, et qui les force d'abandonner avec leurs troupeaux les bords du Nil de la haute Egypte pendant les mois les plus chauds de l'année, pour s'enfoncer dans les déserts, appartienne à ce genre, si on en juge d'après la mauvaise figure que Bruce en a donnée. (B.)

ASPALATHE. Genre de plante qui ne contient que des arbrisseaux du cap de Bonne-Espérance, que quelques jardiniers confondent avec les CARAGANA. *Voyez* ce mot. (B.)

ASPERCETTE, nom vulgaire du SAINFOIN dans quelques cantons.

ASPERGE, *Asparagus officinalis* de Lin., qui la classe, dans son hexandrie monogynie, a de nombreuses racines, cylindriques, fort minces, mais longues de deux ou trois pieds, quand elles ont atteint leurs dimensions, blanchâtres et rangées circulairement autour d'un petit tronc cylindrique un peu charnu. L'ensemble se nomme patte ou griffe. Ces racines ne durent que trois ans, mais elles sont remplacées par de nouvelles racines qui naissent annuellement, et forment trois étages. Les nouvelles racines, sortant de la partie supérieure de la plante, la font remonter annuellement, et prolongent sa durée jusqu'à ce qu'elle soit au niveau du terrain.

Il sort annuellement du centre une ou plusieurs tiges qui s'élèvent à trois ou quatre pieds, d'où partent un grand nombre de branches formant un angle très rapproché de l'angle droit, et qui se divisent de nouveau. Il en sort des feuilles sessiles, linéaires, molles, longues, pointues et d'un vert clair comme la tige et les branches ; les fleurs naissent aux aisselles des feuilles, solitaires ou réunies deux à trois, et portées par un pédicule fort court ; elles sont blanchâtres, petites et dioïques ; elles sont composées de six pétales sans calice, réunies par leur onglet, et de six étamines ou un pistil, suivant que la fleur est mâle ou femelle. Le fruit est, dans le principe, vert, mais il devient d'un rouge vif au moment de sa maturité. Les semences sont noires.

M. Ventenat affirme que dans l'état sauvâge les fleurs de l'asperge sont hermaphrodites. Je pense qu'il se trompe ; il est vrai que je n'ai pas vu cette plante dans les lieux où elle croît sans culture, mais l'examen des autres plantes cultivées tend à prouver que toutes celles qui éprouvent quelques changemens, qui deviennent semi-doubles, doubles, etc. commencent par perdre leur poussière fécondante, ensuite les étamines, et en dernier lieu le pistil ; mais on n'en a jamais vu perdre le pistil en conservant les autres parties de la génération. S'il en étoit ainsi de l'asperge, elle feroit exception à la règle générale.

Cette plante naturelle à la France, appartient à une petite famille voisine des liliacées ; on la trouve dans les îles du Rhin, de la Loire, du Rhône formées par les alluvions.

Il existe plusieurs espèces d'asperges, mais il n'y en a qu'une cultivée pour la nourriture de l'homme ; c'est celle dont il vient d'être question. Les *asparagus sylvestris, officinalis*, et *officinalis maritimus* me paroissant la même, dont la première est dans l'état de nature ; la seconde et la troisième ont subi des modifications, soit par le changement du terrain, soit par celui des engrais, soit par la température, soit enfin par toutes ces causes réunies.

Ce sont ces différences qui ont donné lieu à toutes les autres dénominations d'asperge de Hollande, de Marchienne, de Graveline, de Strasbourg, etc., quoiqu'elles aient toutes la même origine. Ainsi l'*asparagus sylvestris* est le tipe des deux autres. Indigène sur le bord des grands fleuves de la France, ses graines, charroyées à la mer, et rejetées sur les côtes, ont donné naissance à l'*asparagus maritimus*, qui, transportée dans nos jardins, a pris le nom d'*asparagus maritimus officinalis*, pour la distinguer de l'*asparagus sylvestris*, qu'on a également cultivée, et qui a été nommée *asparagus officinalis*.

Les avantages que les jardiniers retirent de cette plante ayant étendu sa culture dans une partie de l'Europe, et cette culture étant très différente suivant les lieux, a dû influer sur la grosseur, un peu sur la couleur, et beaucoup sur le goût.

Quand je dis que la couleur a un peu varié par la culture, je l'avance sur le témoignage d'autrui, car toutes celles que j'ai cultivées depuis vingt-cinq ans, et que j'ai vues, avoient l'extrémité de la tige violette en sortant de terre, et le surplus blanc jusqu'au tronc. Comme le tronc étoit recouvert de huit à dix pouces de terre, et qu'on étoit en usage de couper les turions (mot par lequel on désigne les tiges au moment qu'elles sortent de terre et sont bonnes à manger), lorsqu'ils n'étoient poussés au-dessus du sol que d'un ou deux pouces, en les enlevant jusqu'au collet de la patte, on avoit des asperges blanches à tète violette, blanches dans la partie enterrée, et violettes dans celle sortie de terre. Mais si on attendoit un ou deux jours à les couper, elles s'allongeoient promptement et devenoient vertes. C'est ce qui arrive aux jardiniers qui les cultivent en plein champ. Comme leurs pattes ne sont pas très couvertes de terre, qu'ils ne peuvent conséquemment l'y couper qu'à trois ou quatre pouces, et souvent moins, ils sont obligés d'attendre un jour ou deux pour qu'elles aient atteint la longueur suffisante. Alors la tige est verte, à l'exception de la partie coupée en terre.

On a aussi voulu distinguer les asperges par leur durée; mais cette distinction n'est nullement fondée, puisque la culture de la plante détermine seule cette durée, et que tel carré a besoin d'être rétabli au bout de huit ans, et tel autre peut produire de très belles asperges pendant trente, quarante et cinquante années. La raison en est sensible; les racines de l'asperge ne durent que trois ans, et dans l'état de nature les pattes ne doivent durer que cinq, à moins que quelques causes accidentelles ne la recouvrent de terre et ne lui facilitent les moyens de former de nouveaux étages de racines. Mais dans les jardins où on fait des fosses profondes pour les recouvrir, il se forme annuellement de nouvelles racines qui remplacent celles qui périssent; et comme elles se succèdent ainsi jusqu'à ce que le tronc ou collet ait atteint la superficie du terrain, il n'y a de terme pour leur destruction que le moment où on ne peut plus les charger de terre. Si elles dégénèrent ou périssent avant cette époque, on ne peut l'attribuer qu'au défaut d'une nourriture convenable, ou à leurs ennemis qui les détruisent.

La grosseur de l'asperge ne peut également servir de base pour la distinguer en espèces; cette grosseur ne dépend que de la modification qu'elles ont éprouvée par les soins des cultivateurs, qui, en leur fournissant de bons engrais, et en ne semant que des graines choisies, sont parvenus à leur donner des dimensions supérieures à celles qu'elles avoient dans l'ordre de la nature.

Les autres espèces d'asperge étant plus du ressort de la botanique que de celui des cultivateurs, je ne ferai mention que de celles qui pourroient ajouter quelques agrémens à nos jardins, et je vais m'occuper de la culture de la première espèce, dont les tiges ou turions sont employées pendant trois mois à la nourriture de l'homme, qui prolonge cette jouissance pendant huit ou neuf, au moyen des procédés que j'indiquerai également, non que je fasse grand cas de ces asperges venues par des moyens forcés ; elles ne peuvent entrer en comparaison avec les autres , ni pour le goût ni pour les bonnes qualités ; mais elles sont quelquefois utiles aux malades, et fournissent aux jardiniers des moyens d'existence, en mettant la classe des gourmands à contribution.

### Culture de l'asperge commune.

Beaucoup d'auteurs ont traité de la culture de l'asperge. M. Decoimbe est le premier qui nous a donné un bon article sur cette plante. Ceux qui l'ont suivi ont modifié plus ou moins sa méthode. Le climat et le terrain ont nécessairement influé sur leurs préceptes. La facilité plus ou moins grande de se procurer des engrais, et telle espèce plutôt que telle autre, ont dû également les faire varier. Il faudroit un volume pour répéter ce qu'on a dit sur cette plante utile, il est vrai, mais qui cependant ne peut être rangée sous ce rapport que dans la 2e ou 3e classe. Comme les bornes de cet ouvrage ne permettent pas d'entrer dans tous ces détails, je me contenterai de donner deux méthodes de culture analogues à la situation des cultivateurs qui sont propriétaires ou locataires , et qui doivent conséquemment opérer en raison des produits qu'ils ont droit d'attendre de leurs avances. Cette marche fera disparoître les difficultés qui s'élèvent journellement sur la culture de l'asperge, et les fortes dépenses nécessaires pour la formation des carrés où l'on veut avoir des asperges de première qualité. J'y ajouterai quelques observations sur les méthodes proposées, en examinant celle de M. Filassier, qui a beaucoup de réputation dans cette partie. Il suffira ensuite d'indiquer les moyens propres à obtenir des asperges primes.

Le premier soin de celui qui veut cultiver l'asperge est de se procurer de bonne graine et de préparer de la terre convenable. Comme cette plante est depuis long-temps dans nos jardins, on a fait plusieurs expériences sur les semences des divers lieux pour juger de leur bonté. Les graines venues de Hollande ont fini par obtenir la préférence, et les marchands grainiers de Paris n'en vendent guère d'autres. Cette préférence m'a paru fondée sur plusieurs raisons. La première ; c'est que leurs asperges sont fort belles , et qu'ils n'épargnent ni les soins ni les frais pour leur amélioration. La deuxième , est que leur graine a été ceuillie sur les premières pousses , et qu'en France, où les belles asperges ne sont pas encore très multipliées , on est dans l'usage de les couper jusqu'à la fin de juin , époque où on les laisse monter. Les plantes , épuisées par ces coupes successives ne peuvent fournir des graines aussi bien nourries , et comme elles ne peuvent parvenir à leur maturité qu'à l'arrière saison , elles ne sont pas aussi bien aoûtées. On objectera que les cultivateurs de France, en ne coupant par leurs asperges, se procureront les mêmes avantages que les Hollandais ; mais cette marche, qui peut être facile dans quelques départemens, et qui donneroit l'égalité et peut-être la supériorité aux graines de France sur celles de Hollande, est impraticable dans l'ouest de la France. Je l'ai essayée à plusieurs reprises à Rennes, dans le département d'Ille-et-Vilaine, où j'avois environ un arpent d'asperges, et toujours sans succès. Un petit insecte ( *le criocère à douze points* ), connu dans le pays sous la dénomination de *tigre*, dévoroit les feuilles et l'écorce avec une rapidité étonnante. Il multiplioit prodigieusement. Ses œufs, qui ressemblent à des petits points noirs placés en ligne droite, couvroient une partie des tiges, et ses larves d'un vert clair, qui s'en nourrissoient également, finissoient par dessécher les tiges dont il ne restoit que la partie fibreuse, et fatiguoient beaucoup la plante. Si, à force de soins, quelques tiges fournissoient un peu de semence, elle étoit inférieure à celle qu'on se procuroit des tiges poussées en juillet, parceque le nombre des tiges étant beaucoup plus grand à cette époque, les ravages de ces scarabées étoient moins considérables sur chaque plante qu'au printemps, où on ne laissoit pousser que la quantité nécessaire de turions ou tiges pour avoir de la graine. D'ailleurs, les carrés formant l'été comme une petite forêt fort touffue, les moineaux francs et autres ne craignoient pas de descendre et détruisoient une partie de ces insectes. Enfin, on semoit du chanvre autour du carré, et l'odeur de cette plante les en écartoit, sur-tout à l'époque où il fleurit, et on n'avoit pas cette ressource au printemps.

Il paroît que le froid s'oppose à la multiplication du criocère, et qu'il seroit aussi facile de se procurer dans les départemens du nord d'aussi bonne graine qu'en Hollande, si on y cultivoit l'espèce perfectionnée, et si on lui donnoit les mêmes soins que ces patiens et laborieux cultivateurs. D'ailleurs, si la composition de M. Tatin pour la destruction des chenilles, etc., produit tous les effets annoncés, il sera alors facile de conserver les premières pousses, d'obtenir même dans l'ouest de la France de bonne graine, et nous n'aurons plus besoin de recourir à nos voisins. ( *Voyez* la fin de l'art. ARTICHAUT et l'art. CRIOCÈRE. )

On me dira peut-être que l'achat de ces graines est une dépense trop peu conséquente pour y donner une sérieuse attention. Je crois pouvoir répondre avec avantage que ce sont tous ces petits articles réunis qui font souvent pencher la balance du commerce en faveur de nos voisins, et que la dépense des amateurs en graines, oignons de fleurs, élèves d'arbres et arbustes de toute espèce, quelque modérée qu'elle soit, est toujours nuisible quand il faut avoir recours aux étrangers, pendant qu'une dépense centuple, bien loin de nuire, ne feroit qu'entretenir la circulation des espèces en France, si elle étoit faite sur les lieux. On doit engager tous les cultivateurs à soigner leur culture de manière a pouvoir se passer de leurs voisins, ce qui est facile pour la plupart des plantes.

Quand on s'est procuré de bonne graine, on la sème dans une planche destinée à cet effet pour les transplanter ensuite, ou on la sème en place dans le terrain destiné pour l'aspergerie. Dans le 1er cas, on choisit une planche de terre sablonneuse que l'on fume bien l'année qui précède le semis. Si on n'a pas pris cette précaution, on y mêle, au moment du labour, du terreau consommé; la planche béchée et hersée, on y sème les graines à la volée; on donne ensuite le coup de rateau et on recouvre avec du fumier court. En général les jardiniers aiment mieux faire des rayons à quatre pouces de distance et un pouce de profondeur au lieu de semer à la volée. Ils y répandent la graine et donnent le coup de rateau. Cette méthode a l'avantage de faciliter le sarclage et le binage; mais toutes les racines des jeunes plantes se croisent dans le rayon, se gênent, et sont ensuite plus difficiles à séparer sans en rompre quelques parties. Il ne faut pas semer trop épais, autrement on n'auroit que du plant très foible.

Le moment de semer, qui a lieu en mars aux environs de Paris, ne peut être fixé à la même époque pour tous les climats; il doit varier selon la température, être avancé dans les climats chauds et secs où l'on peut semer en octobre ou novembre, et retardé dans les températures froides et humides jusqu'au mois d'avril.

Je suppose qu'avant de semer on a eu l'attention de vérifier si le terrain contient beaucoup de VERS BLANCS ( la larve du hanneton), et de COURTILLIÈRES, et de les détruire. (*Voyez* ces mots.) Autrement on seroit exposé à voir manger ou couper les jeunes plants, et à en perdre une grande partie malgré les soins qu'on leur prodigueroit. Si on craint les criocères, il faut choisir une exposition ombragée. Ils y fatiguent moins le jeune plant et sont plus faciles à détruire qu'au plein soleil, où ils s'envolent à la moindre secousse.

Les auteurs ne sont pas d'accord sur la quantité plus ou moins grande de nourriture à donner à ces jeunes plants : les uns, et l'abbé Rozier est de ce nombre, veulent une terre aussi chargée de parties nutritives que celle du carré où on les plantera ensuite; les autres, au contraire, pensent qu'il faut préférer une terre moins engraissée. Je partage cette dernière opinion, que je pense qu'on peut généraliser pour toutes sortes de plantes. En vain objectera-t-on que l'embrion est plus délicat que la plante formée, et que le moins qu'on puisse faire est de lui donner autant de nourriture. Cette objection constateroit tout au plus qu'il faut aux semences une nourriture plus délicate, des terreaux plus consommés, mais non une grande abondance de nourriture. Je pense, et l'expérience l'a démontré, qu'il ne faut aux semences qu'une terre ordinaire qui fournisse aux jeunes plantes une nourriture suffisante, mais sans excès. Les élèves transportés dans un terrain plus chargé d'humus et de carbone y profiteront bien plus que si la terre étoit la même, et à plus forte raison inférieure. La préparation indiquée plus haut est suffisante.

Le semis fait, on doit veiller à ce que la terre conserve toujours sa fraîcheur : on y détruit les mauvaises herbes avant de leur donner le temps de former de fortes racines, qu'on ne pourroit arracher sans détruire une partie des jeunes asperges. Quand le plant commence à lever, il faut le visiter souvent, et faire la chasse aux limaces et aux criocères. Ce sont les seuls soins qu'exige le semis. Ceux qui ont semé par rayons y ajoutent deux ou trois binages avec la binette à deux dents; ils enfoncent entre les rayons les dents à deux ou trois pouces dans la terre, qu'ils soulèvent légèrement et qu'ils brisent si elle est en mottes. A l'automne, on coupe les pousses, et pour nourrir le plant bien plus que pour le garantir du froid, auquel il n'est pas sensible, on le couvre avec un demi-pouce de terreau ou de fumier à demi consommé. On le laisse dans cet état jusqu'au printemps, où on l'enlève pour le mettre en place.

Au cas qu'on ne veuille le replanter qu'à deux ou trois ans, on lui continue les mêmes soins en raison de ses besoins; mais on a alors l'attention de semer plus clair, autrement il deviendroit impossible d'enlever le jeune plant sans rompre une partie des racines. D'ailleurs, si le jeune plant étoit épais, les racines ne seroient ni fortes, ni bien nourries; elles se ressentiroient de l'étiolement des plantes.

C'est ordinairement aux mois de mars et d'avril qu'on arrache le jeune plant pour le transplanter. Les discussions élevées entre les cultivateurs sur ce point ne sont probablement fondées que sur les lieux où ils ont opéré; mais comme dans un ouvrage qui doit servir aux départemens méridionaux, comme à ceux du nord de la France, on doit établir des règles qui puissent s'appliquer à toutes les températures comme à toutes les terres, j'invite les cultivateurs à ne s'attacher à une culture indiquée par un auteur qu'autant que sa terre et son climat sont les mêmes que ceux où cet auteur a fait ses expériences; et je leur propose de suivre pour la transplantation la même méthode que pour les semis, et d'avancer leurs opérations en raison de la chaleur et de la sécheresse, et de les retarder si le terrain est froid et humide. Ces principes généraux pour cette culture doivent être observés avec d'autant plus de soin que plusieurs cultivateurs, soit par impossibilité, soit par insouciance, ne sèment pas et tirent leurs pattes de fort loin, et que ces plantes, fatiguées et souvent échauffées, en sont plus délicates et plus susceptibles de moisissure et de pourriture.

Pour arracher le plant d'asperge, on emploie communément des fourches à dents plattes : on est moins exposé à couper ou à rompre les racines qu'avec la bêche. On le soulève avec attention ; on en détache une partie de la terre, ou même la totalité, si on le destine à la vente. Au cas que les racines de plusieurs pieds soient mêlées, on les sépare avec le plus grand soin pour ne pas les rompre, l'expérience ayant prouvé que l'extrémité des racines rompues moisissoit avec facilité, et que ces racines se vidoient, pourrissoient, ce qui nuisoit beaucoup à la beauté des tiges, si elles ne faisoient pas périr les pieds, ce qui arrive quelquefois dans les terrains humides. ( On dit qu'une racine d'asperge se vide ou coule quand, après avoir été rompue, elle devient molle livide, et que son intérieur, se décomposant, s'écoule par l'extrémité, quoique l'écorce de la racine se conserve intacte. )

A mesure qu'on tire les jeunes pattes de terre, on les place dans des paniers par lits, et on place toutes les têtes du même côté dans chaque lit. Cette attention suffit, si on les replante promptement : mais si leur plantation est retardée, et si on les expédie au loin, on met d'abord un peu de mousse au fond du panier ; on y place un lit de plantes qu'on recouvre d'un lit de mousse, et ainsi de suite jusqu'à ce qu'on ait rempli le panier ; mais on a l'attention de placer les têtes d'asperges d'un lit du côté opposé au lit inférieur.

Tous ceux qui ont traité de la culture des asperges ont donné leur opinion sur la question de savoir s'il falloit les semer en place ou dans des planches séparées en pépinière pour les transplanter ; et, si le plant d'un an étoit préférable à celui de deux ou de trois ans, ou si ce dernier valoit mieux. Chacun a donné la préférence à une méthode sur une autre, sans nous en dire la raison. Ces questions seroient donc encore indécises, si on ne joignoit pas à toutes les expériences l'examen de la nature de la plante, du sol qui lui est propre et des lieux où ces expériences ont été faites, ainsi que des modifications que l'asperge a éprouvées et qui doivent influer sur sa culture. C'est d'après cet examen comparé à la théorie de la végétation que je vais présenter mon opinion aux cultivateurs.

L'asperge, dans l'état de nature, se trouve dans les îles formées par des alluvions. La nature l'a donc destinée à vivre sur le bord des eaux courantes et non stagnantes, où sa racine est plongée une partie de l'hiver. Ses racines cylindriques, fort minces, partent toutes du tronc, s'allongent sans se diviser que fort rarement. Elles sont peu fibreuses et garnies d'un chevelu rare. Elles sont très cassantes; et pour peu qu'on tarde à les planter, lorsqu'elles sont rompues, elles se vident peu à peu, et il n'en reste que l'écorce, dont l'extrémité moisit, étant de la nature des racines des oignons qui n'ont point de chevelu absorbant. ( Cette dernière observation a été faite par M. Duchesne, professeur d'histoire naturelle à Versailles. ) Cet effet est d'autant plus prompt que les racines sont plus jeunes. On doit d'ailleurs être persuadé que plus l'asperge cultivée s'éloigne de son type, plus elle est délicate, plus ses pousses ou turions sont tendres, plus elle a d'ennemis qui travaillent à les détruire. C'est d'après toutes ces observations réunies, jointes à l'expérience, qu'il faut se déterminer à agir.

Puisque les asperges sont destinées par la nature à vivre sur le bord des eaux courantes, elles ne peuvent en être incommodées qu'autant que les eaux sont stagnantes et sujettes à se corrompre. Il en résulte, suivant ce principe d'accord avec l'expérience, que comme les carrés d'asperges sont creusés, ils sont toujours plus humides que les terres environnantes, et qu'on n'y peut semer que tard dans les températures froides et humides, sans s'exposer à voir pourrir la graine. Mais, en y semant tard, on est exposé à un autre inconvénient : si les vents secs du nord et de l'est viennent à souffler peu de temps après qu'on a semé, ils dessèchent la terre de ces carrés, et elle se fend en tout sens. Comme on ne peut pas enfoncer la graine à une grande profondeur, elle se dessèche en partie, et le semis est manqué : il faut recommencer l'année suivante. Il est donc indispensable de placer des pattes dans ce terrain, et non d'y semer. Mais, dans les terres qui ne sont point sujettes à ces inconvéniens, il est avantageux d'y semer pour la beauté et la durée des plantes; on retarde seulement sa jouissance d'une ou deux années. D'après ces données, tout cultivateur est à même de décider s'il doit semer ou planter des pattes. Les observations ci-dessus le mettent également à même de décider s'il doit préférer du plant d'un, deux ou trois ans.

En effet, puisque les racines de l'asperge sont si faciles à rompre, et qu'elles se vident, moisissent et même pourrissent avec facilité, il en résulte que, comme il est bien plus facile d'arracher du plant qui n'a que cinq à six pouces d'une extrémité d'une racine à l'autre, que du plant d'un pied ou deux sans en rompre aucune partie, les cultivateurs qui ont du plant chez eux ne doivent pas balancer à planter des pattes d'un an.

Ce jeune plant n'étant arraché qu'au moment de le replanter, s'aperçoit à peine de son déplacement. Il faut trois fois moins de temps pour l'arracher et le replacer; et son chevelu, n'étant exposé à l'air que peu d'instans, n'est pas desséché et conserve toute sa vigueur. Il est aisé de s'apercevoir que du plant très fort de deux ou trois ans perd une partie de ces avantages; qu'on est exposé à voir périr un plus grand nombre de pattes qui, souffrant plus d'ailleurs de la transplantation, doivent perdre une partie de leur vigueur, et donner par la suite des tiges moins belles.

Mais si on est obligé de faire venir les pattes d'asperges de loin, on doit alors préférer du plant de deux ou trois ans, suivant l'éloignement. Ce plant est plus en état de rester long-temps hors terre; il s'échauffe moins vite dans les paniers; les racines étant plus fibreuses, plus dures et moins chargées proportionnellement d'eau séveuse, se vident, moisissent et pourrissent plus difficilement. Les pattes étant doubles ou triples de celles d'un an, souffrent moins de la perte d'une partie de leurs racines, parcequ'elles en ont alors un très grand nombre. Il faut dans ce cas prendre du fort plant; et si on veut jouir promptement de son carré d'asperges, il faut encore lui donner la préférence. Mais dans toutes les autres circonstances il n'y a pas à balancer, et on doit employer du plant d'un an.

Les cultivateurs, d'après ces données, se détermineront à mettre de la graine ou des pattes, soit d'un, deux ou trois ans. Dans le premier cas, s'ils achètent de la graine, ils doivent choisir celle qui est grosse et bien nourrie. S'ils peuvent la récolter chez eux, il faut qu'ils destinent une planche ou une demi-planche d'un ancien carré sans en couper les tiges. Je dis une planche, parcequ'il peut se faire qu'il y ait beaucoup de plantes mâles dans la planche qui diminuent d'autant la récolte, et qu'il faut en outre pouvoir choisir les plus belles graines et rejeter les tiges où elle est médiocre. M. Duchesne pense qu'en ététant les sommités la graine seroit plus belle.

Lorsque la graine est mûre, on coupe les tiges; et si on en a une quantité considérable, on les bat. Mais si on en a peu, on se contente d'en détacher les baies avec la main. On met toutes les baies dans un tas, où on les laisse environ quinze jours. Après ce temps, on jette le tout, ou partie, dans un vase; on y écrase les baies, on remplit le vase d'eau, et on continue à les remuer et à les écraser. La graine descend au fond. On verse l'eau avec précaution, et on la renouvelle jusqu'à ce que la graine soit parfaitement nette. On l'étend alors dans un lieu bien aéré, pour qu'elle puisse sécher. On doit choisir un temps sec pour nettoyer sa graine.

Dans le second cas, c'est-à dire si on est obligé de mettre

des pattes, on doit choisir toutes celles dont les racines sont blanches, et rejeter celles qui sont livides et dont plusieurs sont rompues. Quand on les plante, il faut les examiner avec soin, conserver en leur entier toutes les bonnes racines, couper toutes celles vidées jusqu'au tronc; mais s'il n'y a qu'une partie vidée, et que l'autre portion de la racine soit bonne, on ne la coupe que jusqu'au vif, enfin on pince toutes les extrémités moisies. Les propriétaires doivent avoir dans ces momens l'œil sur leurs ouvriers; autrement, pour accélérer l'ouvrage, plusieurs d'entre eux suivroient leur routine, qui consiste, en beaucoup d'endroits, à saisir toutes les racines auprès du collet, et à les couper toutes également à trois ou quatre pouces de longueur.

M. Duchesne a fait une observation utile, sur-tout pour ceux qui plantent des pattes de trois ans, qui fleurissent avant d'être transplantées. Il a remarqué que les mâles poussoient beaucoup plus de tiges ou turions que les femelles. En conséquence, il propose de ne planter que des mâles pour avoir des récoltes plus abondantes. Dans le cas où on sèmeroit ou bien où on ne placeroit que des jeunes pattes qui n'auroient pas encore fleuri, il conseille de doubler les pattes dans les rayons et de détruire ensuite les femelles; ce qu'on pourroit faire en examinant les nombres pairs ou impairs des rayons, et en arrachant celui de ces nombres où il y auroit plus de femelles. On pourroit ensuite ou laisser les femelles qui se trouveroient dans l'autre nombre, ou les arracher et les remplacer. Comme je n'ai pas fait cette observation, j'ignore par moi-même jusqu'où peut aller la différence du produit, et si les turions des femelles ne dédommagent pas par leur beauté de leur petit nombre.

Tous ces détails paroîtront minutieux à quelques amateurs; mais je les prie de considérer que la formation d'un carré d'asperges est dispendieuse; qu'en prenant les précautions ci-dessus indiquées pour la graine et les plantes, et celles nécessaires pour disposer les terres, un carré peut durer trente à quarante ans et plus; qu'ainsi, quand on a réussi à faire un beau carré d'asperges, on en a pour le reste de ses jours, et qu'il demande par la suite peu de soins.

Mais ce n'est pas assez de soigner sa graine ou ses pattes pour avoir de belles asperges, il faut encore préparer le terrain. La nature, qui a placé les asperges dans les terrains sablonneux qui s'élèvent continuellement par le débordement des fleuves qui les environnent, nous indique que l'asperge veut un terrain léger et disposé de manière qu'on puisse la recharger à mesure qu'elle remonte par la succession annuelle de ses racines. Mais comme nous ne nous contentons pas de l'asperge de la nature, que nous la voulons plus belle, plus tendre et d'un goût plus délicat, que nous ne recherchons ni sa fleur ni son fruit, mais seulement sa tige, dont les coupes successives pendant trois mois la fatiguent et l'épuisent, il est indispensable de lui fournir une nourriture très abondante pour qu'elle puisse réparer ses pertes.

Une terre sablonneuse mêlée d'un tiers de terre franche qui, en liant un peu ses parties, conserve l'humidité nécessaire à la plante, sans cependant retenir trop les eaux, et bien chargée d'humus, lui convient plus que toute autre. Enfin la patte une fois placée, on ne peut donner que de légers labours à la surface du terrain. Comme les racines des pattes de quatre ou cinq ans ont jusqu'à deux et trois pieds de long, il faut leur préparer d'avance une terre où elles puissent percer facilement et trouver une sève proportionnée à leurs besoins.

Il y a plusieurs méthodes pour préparer l'aspergerie; les unes sont dispendieuses et ne conviennent qu'aux propriétaires ou aux riches fermiers qui ont des baux fort longs; mais les jardiniers ou fermiers peu aisés, qui ne peuvent faire que de petites avances, qu'il faut retirer avec les intérêts dans un bail de neuf ans, sont forcés d'employer des procédés moins coûteux, qui ne leur fournissent à la vérité que des asperges médiocres, mais qui les indemnisent de leurs frais, et facilitent par leur prix modéré, aux habitans peu favorisés de la fortune, à user et jouir de ce légume. Voici comme ils procèdent aux environs de Paris. Après avoir récolté leurs graines sur des plantes qui ont été coupées jusqu'à la fin de juin, moyen plus propre à faire dégénérer les plantes qu'à les perfectionner, ils font leurs semis au retour de la belle saison et quelquefois à l'automne. Ils préparent leurs terres par trois labours à la charrue, qui ont lieu au commencement de l'année précédente et se succèdent jusqu'à la mi-juin; ils les fument bien et les plantent de choux à la fin de juin. S'ils ne doivent semer qu'à la fin de février ou au commencement de mars, ils donnent alors un nouveau labour à petites raies et ils sèment à la volée. Ils hersent deux fois et souvent répandent dessus de la graine d'oignons; ils hersent dans ce cas deux autres fois et donnent un coup de rateau pour unir la terre. Lorsque le plant est levé, ils le sarclent et éclaircissent l'oignon s'il y en a trop. Ils continuent à le sarcler jusqu'au mois d'août où ils arrachent l'oignon. Au mois d'octobre, ils coupent les tiges des jeunes asperges et les laissent en cet état jusqu'au printemps suivant, qu'ils les tirent de terre avec une charrue sans coutre. La charrue en formant un sillon les rejette à la surface.

Les habitans de la plaine située entre Saint-Denis et Paris ensemencent des arpens de cette manière. Ils emploient un

boisseau de graine par arpent , et peuvent en retirer soixante
milliers de pattes qu'ils vendent à Paris ou qu'ils réservent
pour leurs plantations. Ils en consomment seize mille par arpent.

Le moment de la plantation étant arrivé , ils creusent des
fosses de dix-huit pouces de large sur huit pouces de profondeur;
ils font avec la terre qu'ils en retirent des ados de trois pieds
et demi de large pour diminuer leur hauteur. Ils bêchent le
fond des fosses , et ils y placent leurs pattes en échiquier à
quatorze pouces de distance. L'œil de l'asperge est recouvert
de trois pouces de terre. Ils ne fument qu'à l'automne , où ils
mettent trois pouces de fumier consommé. Ils n'ajoutent de
fumier que trois ans après. Je ne m'étendrai pas davantage
sur leur méthode, parceque, quelle que soit la préparation de la
terre , les plantes une fois placées demandent les mêmes soins,
dont je ne parlerai qu'après avoir présenté les autres modes
de disposer l'aspergerie, afin de n'être pas obligé de me répéter.

Cette marche est simple, peu dispendieuse ; mais l'asperge
qui n'a eu que peu d'engrais et un simple labour ne peut se
perfectionner comme par les autres méthodes , et ne dure que
huit à neuf années au plus.

Voici maintenant la méthode que j'ai employée jusqu'à mon
arrivée à Versailles pour disposer mes carrés. Dans l'été ou
l'automne qui précédait leur formation , je faisois couvrir la
terre de quatre à cinq pouces de fumier à demi consommé ,
j'y faisois ajouter une quantité plus ou moins grande de sable
ou de terre franche, si la terre étoit trop forte ou trop légère.
On donnoit ensuite un labour à la bêche pour mêler le tout
avec la terre du carré. On le laissoit ainsi jusqu'au mois de
mars , époque qui , dans les autres climats, doit varier suivant
la température. Alors on divisoit le carré en planches de cinq
pieds de large sur la longueur du carré. On enlevoit huit à
neuf pouces de terre de la première planche qu'on rejetoit sur
la seconde ; on creusoit ensuite la même planche de seize à dix-
huit pouces , de manière à avoir environ vingt-six pouces de
profondeur , et on portoit la terre qu'on en tiroit dans un
dépôt. Si c'étoit une terre forte et humide , on creusoit six
pouces de plus , mais on n'avoit toujours que la même profondeur, parcequ'on remplissoit ces six pouces par du très gros
sable ou du cailloutage.

On y portoit alors les retailles des arbres ; et si elles n'étoient
pas suffisantes , comme le bois n'étoit pas cher, on y mettoit
des fagots avec les débris de toutes les mauvaises plantes qu'on
avoit ramassées l'année précédente et qui étoient aux trois
quarts consommées. La tannée y étant à bas prix , j'en faisois
d'avance une provision pour qu'elle fût un peu consommée
et ne donnât pas trop de chaleur. J'en faisois mettre dans.

la fosse cinq à six pouces d'épaisseur, que je mêlois avec du fumier de cheval, de vache ou autre. On piétinoit le tout et on l'égalisoit, et quand on avoit formé une couche de douze à quinze pouces, on la recouvroit avec la terre qu'on avoit mise sur la planche voisine. On creusoit ensuite la deuxième planche, la troisième, etc., jusqu'à la dernière en suivant la même marche. Mais à la dernière planche on étoit obligé de jeter la terre qu'on réservoit sur l'avant-dernière. On laissoit le carré en cet état pendant huit ou dix jours. Ensuite on donnoit un coup de rateau pour niveler la terre. On rétablissoit la division des planches qui se trouvoit réduite à quatre pieds, parcequ'on traçoit des sentiers d'un pied sur lesquels on jetoit de mauvaises planches pour ne pas fouler la terre. On y traçoit quatre rangs, le premier à trois pouces du sentier, le second à quatorze pouces du premier et ainsi de suite. ( Depuis que j'ai suivi la culture des environs de Paris, j'ai cru m'apercevoir que j'avois eu tort de ne mettre que cette distance entre les rangs, et qu'en les espaçant à dix-huit pouces j'aurois mieux fait, et que j'aurois gagné en beauté ce que j'aurois perdu en quantité, quoiqu'elles fussent déjà très belles. ) On plantoit également les graines à quatorze pouces de distance dans les rangs, en échiquier et à un demi-pouce de profondeur. On mettoit deux ou trois graines dans le même trou et on couvroit le tout avec un demi-pouce de terreau ou de fumier à demi consommé.

Si au lieu de graines l'on plaçoit des pattes, les planches étant disposées et le plant préparé, l'ouvrier mettoit une poignée de terreau dans l'endroit où il vouloit placer les pattes, ou il formoit une petite butte avec la terre de la planche. Il posoit le collet de ses pattes sur cette butte, en étendoit également les racines en tout sens; mais, au lieu de les coucher horizontalement sur la terre, il les inclinoit jusqu'à l'angle de quarante-cinq degrés, en ouvrant la terre pour y enfoncer les racines. Cette opération, très prompte pour les pattes d'un an, prenoit plus de temps pour les fortes pattes ; mais elle étoit indispensable pour diriger les racines vers le fond de la fosse où elles devoient trouver une abondante nourriture. Les pattes placées, on les recouvroit de trois pouces de terre préparée comme celle où on avoit semé, et d'un pouce de terreau ou fumier court.

Les planches où on avoit semé étoient plus basses que le terrain adjacent de trois à quatre pouces ; celles où on avoit mis des pattes étoient au niveau, quoique les asperges n'eussent encore que trois pouces de charge ; mais comme les matières mises au fond de la fosse, et celles mêées avec la terre, se consommoient et se réduisoient à un petit volume, les planches baissoient insensiblement, et facilitoient les moyens de les recharger.

Quand j'ai cité quelques espèces de fumier, je n'ai pas entendu exclure les autres. Tous sont bons pour remplir les fosses d'asperges. Les débris des matières animales ou végétales, les boues de rue, etc., peuvent être employées avec succès. La quantité ou le prix doivent seuls en fixer le choix. On ne doit pas craindre qu'ils donnent un mauvais goût aux asperges, qu'on ne coupe que trois ou quatre ans après les avoir plantées ou semées. Mais on doit rechercher de préférence ceux qui se consomment lentement, tels que les bois dans les lieux où il est à bas prix, les os, la tannée, les débris des cornes, les écailles d'huître dans les départemens voisins de la mer, parceque l'asperge, devant vivre un grand nombre d'années dans le même lieu, et ces matières ne se décomposant que successivement, elle y trouve toujours beaucoup de sucs végétaux, et n'est pas sujette à dégénérer. On n'auroit de choix à faire que dans les cas où la terre n'étant que du sable pur ou de la terre franche, on ne pourroit la rendre plus compacte ou plus légère qu'avec des engrais; mais dans cette position même le fond de la fosse pourroit recevoir indifféremment tous les fumiers. Il faudroit seulement avoir égard à la qualité de la terre pour n'y mélanger que les fumiers propres à lui donner ou à lui conserver seulement le degré de consistance nécessaire pour les racines de l'asperge.

Je n'ai pas besoin de prévenir que cette méthode ne peut convenir qu'à des propriétaires; elle est trop dispendieuse pour des locataires, qui, n'ayant que peu de temps à jouir, ne pourroient pas retirer leurs avances, et seroient souvent dans l'impossibilité de les faire.

Plusieurs propriétaires trouveront même la dépense considérable; mais je les invite à considérer que trois ou quatre perches de terre suffisent pour une famille, et huit ou dix pour une maison plus nombreuse; que si on a plus d'asperges qu'on en peut consommer, on les vend en raison de leur beauté; que les carrés où l'on fait des ados, toutes choses égales d'ailleurs, sont moins dispendieux pour la main d'œuvre, puisqu'on n'a pas le transport des terres, mais que la moitié du terrain n'est pas plantée; que les ados nuisent aux fosses, non seulement en les privant des rayons du soleil, mais encore par l'éboulement des terres; enfin que si on veut tirer parti des ados, on ne peut le faire sans piétiner les asperges, tant pour bêcher, planter et soigner les plantes que l'on y place, que pour les récolter. Ces inconvéniens m'ont paru tellement graves, qu'ayant fait, à mon arrivée à Versailles, quelques fosses d'asperges suivant la méthode du pays, c'est-à-dire avec des ados qui prenoient la moitié du terrain, j'ai pris, l'an dernier, le parti d'enlever ces ados, de creuser les planches qu'ils couvroient, et d'y faire des fosses d'asperges.

Dans les climats pluvieux où, lorsqu'on est pressé, on peut planter chaque planche à mesure qu'elle est préparée, à l'exception de l'avant-dernière, la terre du carré sert alors à couvrir les pattes lorsqu'elles sont placées, et abrège l'opération.

Lorsqu'on veut charger les asperges, on prépare d'avance la quantité de terre nécessaire de celle extraite du carré, et que l'on dispose comme celle employée dans la fosse.

Les citoyens riches, et les cultivateurs qui demeurent auprès des grandes villes, font, indépendamment du carré d'asperges qu'ils doivent couper dans la saison, un second carré destiné à fournir des asperges l'hiver. On peut le faire suivant la méthode ci-dessus; mais au lieu de donner aux fosses vingt-quatre à vingt-six pouces de profondeur, on se contente de quatorze à quinze, parceque les griffes n'ont pas besoin d'être aussi rechargées de terre, puisqu'il faut les réchauffer, et qu'elles durent moins long-temps que les autres. On emploie alors des pattes de deux ou trois ans pour jouir plus promptement.

Après avoir donné ma méthode, je ne puis passer sous silence celle de M. Filassier, copiée dans la plupart des auteurs nouveaux Les cultivateurs, en la comparant avec la mienne, seront plus à même de les juger et de faire un choix.

M. Fila sier est d'accord avec moi sur la terre qui convient le mieux à l'asperge, ainsi qu'au degré d'humidité qui lui est nécessaire. Ainsi je puis passer ses observations sur ces articles, et donner sa méthode sur les préparations à faire à l'aspergerie, à laquelle je joindrai quelques remarques.

« On creuse, à la fin de septembre, dans les terrains maigres, secs et brûlans, les fosses destinées à former l'aspergerie, à quatre pieds de profondeur sur autant de largeur. Si le terrain est sur la pente d'un coteau, il faut ouvrir les fosses dans la direction opposée à cette pente pour y retenir l'humidité nécessaire à la végétation. (Cette manière d'ouvrir les fosses est nécessaire dans la méthode de M. Filassier, qui forme des ados. Dans la mienne elle est indifférente, puisque tout le terrain est défoncé. Mais, dans la pratique des ados, il est nécessaire de diriger les fosses du nord au sud pour que toutes les plantes jouissent des rayons solaires jusqu'à la destruction des ados.) La terre de fouille se jette sur les espaces non fouillés, qui se nomment *ados*, et ne doivent point avoir moins ni plus de trois pieds entre chaque fosse, ayant soin que cette terre ne s'éboule pas, soit durant, soit après le travail. (C'est la chose impossible.) La fosse, ayant quatre pieds de large sur autant de profondeur, fournit seize pieds cubes qui augmentent de volume par la division des parties. Il faudroit élever cette terre de six à sept pieds sur l'espace non fouillé, et encore avec fort peu de pente pour l'y placer. Cette élévation, jointe à la profondeur des fosses, feroit dix à onze pieds de hauteur; il faut donc donner trois pieds ou au moins quatre pieds, quand on creuse à cette profondeur.

« On laisse la fosse ouverte jusqu'au commencement de novembre, qu'on en laboure le fond à cinq ou six pouces de profondeur. Quinze jours après on jette sur ce labour six pouces de fumier de vache, bien gras et bien consommé. On sème dessus de la chaux vive en poudre pour détruire les œufs des insectes. Huit jours après on couvre ce fumier par huit pouces de terre. L'on marche cette terre pour l'incorporer avec l'engrais qui, par cette opération, se réduit à quatre pouces. ( En marchant la terre on ne fait que la tasser, mais on ne l'incorpore pas avec l'engrais. Ce sont toujours deux couches bien distinctes, et cette opération, en resserrant les pores de la terre, ne fait que mettre obstacle au passage des racines, en supposant, ce qui n'est pas, qu'elles puissent pénétrer à quatre pieds et demi, profondeur de la fosse, en y comprenant le labour. Au surplus, il est bien difficile d'avoir, à la fin de l'automne, un temps propre à toutes ces opérations. )

« Au commencement de janvier, on gratte et on ameublit la surface des huit pouces de terre. On la couvre ensuite de six pouces de fumier de vache, qu'on recouvre avec de la chaux vive en poudre qu'on y jette légèrement, mais de manière que tout le fumier soit recouvert. Huit jours après, on jette sur ce fumier six bons pouces de terre qu'on marche et qu'on dresse comme la première fois. La neige, quand elle n'est pas trop épaisse, ni la glace, quand elle n'est pas trop forte, ne doivent retarder aucune de ces opérations. ( Cependant si la neige ou les pluies ont trempé la terre, et qu'après l'avoir répandue dans la fosse on la marche, elle doit nécessairement se tasser beaucoup, et comme elle est dure et fort maigre, la racine de l'asperge ne peut avoir, ni de facilité à la pénétrer, ni de motifs pour entrer dans une terre qui ne lui offre que très peu de nourriture. )

« En février, par un temps sec où il ne neige ni ne gèle, après avoir gratté et ameubli avec une fourche la surface des six pouces de terre, on y jette trois pouces de terre grasse, ramassée dans l'été, et conservée dans un lieu sec pour l'empêcher de se pelotter. On la réduit en poudre autant qu'il est possible, en la mettant dans la fosse, et on la répartit bien également avec le rateau. ( Si cette terre grasse est, comme le suppose l'abbé Rozier, de l'argile, il est bien constant que ces trois pouces suffisent pour retenir les eaux, lorsque la terre, bien humectée, s'est tassée, ainsi que pour empêcher les racines de pénétrer. Tout le travail ci-dessus est alors en pure perte. ) On couvre cette terre grasse de six pouces de terre prise sur les ados. On se contente alors d'unir cette terre avec le rateau, sans marcher dans les fosses qui n'ont que dix-sept pouces de profondeur. ( Il est impossible de travailler dans les fosses sans y marcher, puisqu'elles ont encore cinq à six pieds de profondeur, en y comprenant la hauteur de l'ados. )

« Dans la première quinzaine de mars, on jette sur ces six pouces de terre quatre pouces de terreau gras qu'on unit bien avec le rateau, et qu'on couvre ensuite avec quatre pouces de terre prise sur les ados. On aplanit bien également cette terre avec le rateau, et après avoir jaugé les fosses, qui ne doivent avoir, dans toute leur longueur, que neuf pouces de profondeur, ou marque avec la bêche les places où l'on doit mettre les asperges.

« La plantation sera faite en échiquier, les rangs à quinze pouces de distance, et les pattes éloignées de dix-huit pouces dans les rangs, le premier rang à deux pouces de l'ados. ( A la rigueur, on ne peut placer un rang à deux pouces de l'ados, puisqu'il faut un passage entre l'ados et le premier rang, pour placer et soigner les jeunes plantes. Il faut alors de nécessité passer au milieu de la planche. Mais cet inconvénient n'est pas aussi désagréable que celui de placer à deux pouces d'une terre dure des plantes dont les racines de deux pieds de long s'étendent naturellement de tous les côtés, et sont alors forcées de filer le long de l'ados, et de le garnir comme une plante en pot. On m'objectera peut-être que mes pattes ne sont éloignées que de trois pouces des sentiers ; mais cette objection, si forte contre la méthode de M. Filassier, est nulle pour moi. En effet, mes sentiers n'en ont que le nom. Ils ont été défoncés et disposés comme le reste de la planche, ils le sont par suite, et ne sont distingués des autres espaces entre les rangs que par leur largeur. ( Au surplus, la distance que M. Filassier met entre les pattes me paroît préférable à la mienne. )

« Le terrain étant bien disposé et toutes les dimensions prises, on prépare le plant. On fait bouillir et fondre dans trois pintes d'eau de pluie ou de rivière une livre de crottin de pigeon ou de mouton, une livre de salpêtre, ou, à son défaut, de sel commun. On a bien soin de remuer ce mélange pendant l'ébullition. Quand la liqueur n'est plus que tiède, on la verse peu à peu avec son sédiment sur un boisseau et demi de bonne terre passée au panier ou à la claie, et on la pétrit jusqu'à ce qu'elle ait assez de consistance pour faire des boulettes de la grosseur d'une noix. On introduit de ces boulettes entre les différentes ramifications de chaque patte, et on la place sous l'œil. Ces boulettes empêchent ces racines de se mêler, et économisent une fumure complète qu'il faudroit donner à l'asperge au bout de trois ans. On couvre la patte de façon qu'il y ait trois pouces au-dessus de l'œil. » (Je n'ai jamais fait usage de ces boulettes; elles sont inutiles pour empêcher les racines de se mêler quand on a planté les pattes avec soin; si, ce que j'ai peine à concevoir, elles peuvent dispenser de fumer au bout de trois ans, elles sont très économiques. Mais l'expérience seule peut justifier comment une boulette de la grosseur d'une noix, chargée d'un peu de sel ou salpêtre et de crottin de pigeon, a le pouvoir, après avoir été fondue et délayée par les eaux pluviales, qui ont dû la dépouiller de ses sels, d'économiser une fumure complète, ou, ce qui est la même chose, de fumer la terre pour trois ans. Ici la théorie est en défaut.)

Telle est la méthode de M. Filassier, qu'il modifie un peu suivant le terrain. Dans les terres froides et humides, il veut qu'après avoir creusé les fosses on établisse au fond une pente d'un pied sur six toises, et qu'on y place un pied de pierrailles, sur lesquelles on jette du sable pour en boucher tous les vides. Au bas des fosses, on creuse un fossé pour en recevoir les eaux.

La méthode de M. Filassier, plus dispendieuse que la mienne, puisqu'il creuse à quatre pieds, et que je me contente de deux; plus embarrassante, puisqu'il lui faut une espèce de fumier particulier, et six mois pour terminer son opération, et que tous les fumiers me conviennent, et que je n'ai besoin que de quelques jours, a des inconvéniens qui me paroissent majeurs, indépendamment de ceux que j'ai déjà relevés. Le premier, c'est que les racines de l'asperge ayant dix-neuf pouces de terre à traverser sans compter les quatre pouces de terreau, dont trois pouces de terre argileuse, ne peuvent pas parvenir jusqu'au fumier, qui n'a alors d'autre mérite que celui de faire baisser les terres pour faciliter les moyens de recharger les pattes; mérite inutile, puisqu'au moment de la plantation l'œil des pattes est à un pied du niveau du terrain, sans compter la diminution de volume qu'éprouveront les terres une fois tassées, et les quatre pouces de terreau. Le second inconvénient, c'est que toute la terre placée dans les fosses est précisément celle qu'on a tirée à quatre et trois pieds de terre, sans avoir été auparavant exposée à l'air et à la pluie, ni amendée par des fumiers consommés. Cette terre ne peut fournir que peu de nourriture aux racines, qui, bien loin de chercher à la pénétrer, doivent s'arrêter dans les quatre pouces de terreau, où elles trouvent une eau séveuse abondante.

Au surplus, après avoir cité sa méthode, c'est aux amateurs à faire un choix, et, après s'être déterminés entre la méthode des ados et celle de l'enlèvement des terres, à modifier la préparation des fossés, relativement à la faculté de se procurer des engrais et à leurs moyens de dépense. Mais je crois que s'ils étoient forcés de réduire la quantité de fumier, il ne faudroit le faire qu'en diminuant la couche du fond, mais qu'il seroit toujours essentiel de bien nourrir la terre dans laquelle ils planteroient l'asperge. Dans cette hypothèse, ils pourroient réduire la profondeur des fosses à quinze ou dix-huit pouces.

Je ne cite ni la méthode de M. Decombe, ni celle de M. Rozier, malgré les obligations que nous leur avons pour le perfectionnement de l'asperge. Si on en excepte les ados, ma méthode n'est que la leur perfectionnée.

M. Lequeu, de Bar-sur-Seine, cultive ses asperges au milieu des autres légumes de son jardin, et en obtient des produits plus abondans et plus gros que lorsqu'il les cultivoit en planches. Il fait plus, il introduit les tiges, le jour même qu'elles se montrent, dans des bouteilles fêlées qu'il enfonce en terre le plus possible, et qu'il soutient droites par un moyen quelconque. Ces tiges s'élèvent jusqu'au cul de la bouteille, puis redescendent, puis remontent, enfin remplissent entièrement la bouteille. Une de ces asperges pesoit quatorze onces, et avoit le même goût et étoit aussi tendre que dans la primeur; on apercevoit quelques boutons, mais les plus longs avoient une ligne. Une seule faisoit un plat.

Après avoir fait les dispositions pour l'aspergerie et placé les pattes, il n'est plus question que de les soigner. On les sarcle fréquemment et on tient la terre humide par des arrosemens, s'ils sont nécessaires. Quand le plant est bien levé, on donne des binages si la terre est trop dure, ce qui arrive rarement, et on chasse les insectes. A l'automne on coupe les tiges, et beaucoup de jardiniers recouvrent les jeunes plantes. Je ne le fais jamais, parceque, comme je l'ai déjà observé, l'asperge n'est nullement sensible au froid, et que la terre seroit gelée au-dessous des racines qu'elle n'en souffriroit pas. J'en ai eu la preuve. Des jeunes pattes, semées d'elles-mêmes dans des pots, ont passé des hivers dehors. Les pots ont été gelés jusqu'au centre sans qu'elles aient souffert. D'ailleurs cette couverture a l'inconvénient d'attirer les insectes des planches voisines, qui sont plus à l'abri sous ces couvertures et moins exposés à y périr de froid.

Au mois de mars, ou au commencement d'avril, suivant le temps, on doit donner un léger binage aux jeunes plantes:

mais avant de biner on place les cordeaux sur les rayons, on cherche les plantes, et on remplace celles qui ont péri. Dans les carrés où on a semé, on fait la même vérification, et on a de plus l'attention de vérifier s'il y a plus d'une patte dans les places où on avoit mis trois grains. S'il en existe plusieurs on n'en laisse qu'une, non en arrachant les autres, ce qu'on ne pourroit faire facilement sans ébranler ou même arracher celle qui doit rester, mais en coupant le collet ou tronc. On bine ensuite plus facilement, parceque la position des asperges est plus apparente. Après le binage, on les couvre de deux pouces de terre qu'on dresse avec le rateau. On recouvre les sentiers comme les planches.

Ces plantes ont déjà acquis de la force. Elles n'ont pas besoin d'arrosemens, à moins d'une grande sécheresse. Tous les soins se bornent à quelques binages pour la destruction des plantes parasites, et pour ameublir la terre, et enfin à quelques visites pour chasser leurs ennemis.

Au commencement de la troisième année on les bine et on leur donne trois pouces de terre et les mêmes soins. Quand on a planté de fortes pattes, on peut couper les plus belles, mais en petite quantité et pendant peu de temps, si on ne veut pas épuiser les plantes. Il est inutile alors de vérifier s'il manque quelques pattes et de vouloir les remplacer, à moins qu'il n'en eut péri beaucoup, parceque, comme il faut que toutes les plantes soient à la même profondeur, il seroit impossible aux pattes qu'on placeroit de pousser; elles n'auroient pas la force de percer huit pouces de terre. Mais si la perte etoit considérable, on pourroit regarnir avec du plant de deux ans; on attendroit, dans ce cas, à l'année suivante pour les recouvrir de trois pouces de terre. On voit par cette culture que les auteurs qui invitent à laisser une partie des graines sur le carré ne cultivoient pas par eux-mêmes. Ils auroient vu que tous ces nouveaux plants eussent été détruits au premier labour, ou même au premier binage.

La quatrième année, les aspergeries formées avec du plant de deux ou trois ans sont en plein rapport; mais si on veut ménager son carré, on ne coupe cette année que jusqu'au mois de juin. On est amplement dédommagé de ce petit sacrifice les années suivantes. La même année on coupe seulement les plus belles des carrés faits avec du plant d'un an, et même avec du semis, et on les traite, la cinquième année, comme le plant de trois ans la quatrième. Il y a cependant moins de danger à les couper jusqu'au 20 juin, parcequ'elles ont souffert moins que les fortes au moment de la transplantation, et qu'elles doivent être plus vigoureuses, principalement celles qui ont été semées en place.

Comme les asperges sont alors couvertes de huit pouces, on les bêche au lieu de les biner; mais il faut la plus grande précaution pour ne pas blesser les têtes. On diminue le danger en les labourant avec des fourches à dents plates et un peu inclinées.

Les aspergeries n'exigent ensuite d'autres soins que d'être tenues très propres, bêchées au printemps et à l'automne, et binées l'été une ou deux fois, pour détruire les mauvaises herbes, enfin rechargées et fumées de temps à autre. Plusieurs cultivateurs sont dans l'usage de les couvrir l'hiver avec du fumier qu'ils enfouissent au printemps. Ils prétendent, par cette couverture, avancer la pousse des asperges. Ils ont probablement raison; mais elles perdent en qualité ce qu'elles gagnent en primeur, et elles prennent le goût du fumier. Ce motif m'a toujours déterminé à ne jamais couvrir mes asperges, et à ne les fumer que l'automne ou au printemps avec du fumier consommé, ou, s'il n'étoit pas consommé, de l'employer et de l'enfouir après la cessation de la coupe.

Un des moyens de conserver l'aspergerie est d'en couper les tiges avec adresse sans blesser le tronc. Pour y parvenir on a inventé plusieurs couteaux qui, ne remplissant pas les vues des jardiniers, les ont déterminés à employer un instrument plus propre à couper les asperges avec célérité sans nuire aux pattes, et sans couper les turions, qui n'ont encore que deux ou trois pouces, et doivent être ménagés pour les coupes suivantes. Les vues étant les mêmes, il n'est pas étonnant qu'on se soit rencontré pour la forme de l'instrument. Celui dont l'École du Jardin Potager fait mention a beaucoup de rapport avec celui inventé en Bretagne par M. Blin de Saint-Aubin, cultivateur instruit, et dont voici la description. *Voyez* pl. I, fig. 5.

Dans un manche d'une seule pièce, de cinq pouces de long sur quatorze lignes de large, et un pouce d'épaisseur, dont on abat la vive arrête, ce qui lui donne la forme d'un octogone aplati, arrondi par une de ses extrémités, un peu gonflée pour empêcher la main de glisser, et ayant à l'autre un petit cercle de fer pour l'empêcher de se fendre, on insère une tige aplatie de cinq lignes de large, deux d'épaisseur sur treize pouces de long, et se terminant en pointe du côté qui entre dans le manche, qu'elle traverse, on la rive pour lui donner plus de solidité; l'autre extrémité fait un crochet aplati qui forme le demi-cercle, d'un pouce et demi; il conserve la même largeur jusqu'aux deux tiers, où il se réduit et se termine en pointe. Le côté extérieur est arrondi, et n'a qu'une ligne d'épaisseur, qui diminue insensiblement jusqu'à la partie intérieure, qui est tranchante, mais dont le fil est épais. On y taille des dents avec une lime qu'on couche un peu, non sur le taillant, mais sur les côtés des crochets, et dont le mouvement se prolongeant fait de petites entailles qui facilitent les moyens de couper l'asperge. Quand on veut s'en servir on dégage un peu l'asperge avec l'extrémité de l'instrument, qu'on plonge jusqu'au tronc le long du turion qu'on veut couper; on incline ensuite la main, et on coupe en tirant à soi.

C'est avec cet instrument, bien plus commode que les couteaux, qu'on coupe les asperges. Quand le carré est en plein rapport on les coupe toutes. En laissant les petites, comme quelques auteurs le conseillent, la sève s'y porteroit, il se formeroit moins d'yeux, et la récolte diminueroit.

Lorsqu'on ne consomme pas sur-le-champ toutes les asperges coupées, ou que la récolte d'un jour n'a pas été suffisante pour faire un plat, on en fait une botte dont tous les pieds sont bien de niveau, et on les place debout dans un vase où on a mis un ou deux pouces d'eau. C'est la partie coupée qu'il faut plonger dans l'eau; mais lorsqu'on a des caves ou autres lieux bien frais, on les y porte, et on enfonce la botte de trois ou quatre pouces dans le sable, toujours les têtes en haut. On les conserve fort bien, mais elles perdent de leur qualité, et pour les manger bonnes, il faut ne les couper qu'une heure ou deux avant de s'en servir.

On trouve assez souvent des asperges jumelles et même trijumelles; elles sont alors aplaties. J'en ai vu souvent de trois pouces trois pouces et demi de large; c'est le produit de deux ou trois yeux qui se sont réunis. M. Tessier prétend que ces asperges sont toujours creuses et de mauvaise qualité. J'avois déjà lu cette observation, et j'avois recommandé de me conserver toutes les jumelles; et comme sur trois à quatre cents bottes il s'en trouvoit toujours un certain nombre, j'en ai beaucoup mangé, et je les ai trouvées aussi bonnes et aussi pleines que les autres. Au surplus, il seroit à désirer qu'on ramassât et qu'on semât séparément la graine de ces tiges jumelles, pour en connoître le résultat.

Quoique les soins à donner aux asperges soient les mêmes, de quelque méthode qu'on se soit servi pour former l'aspergerie, il y a cependant des travaux de plus à faire pour les carrés destinés aux primeurs. Le temps où l'on désire des asperges décide de celui où il faut les préparer. Quand le carré est fait suivant ma méthode, il faut au moins trois semaines ou un mois pour que les turions poussent. Toute l'opération consiste à y mettre par un beau temps une couche de litière bien sèche, que l'on recouvre de fumier chaud. De temps en temps on visite la planche, et, si la chaleur diminue, on ajoute de nouveau fumier sortant de l'écurie. Lorsqu'elles

commencent à fournir, on les coupe tous les deux jours pendant
un mois et demi ou deux quand on a commencé la coupe à
la mi-janvier ; on les laisse ensuite reposer le reste de l'année
et l'année suivante, pour qu'elles puissent reprendre de la
vigueur. Quelques jardiniers préfèrent la méthode suivante.
Ils laissent des sentiers fort larges autour de leurs planches.
Quinze jours avant l'époque où ils désirent des asperges, ils
enlèvent, à deux pieds de profondeur, la terre des sentiers :
ils la remplissent par du fumier chaud, et forment ainsi un
réchaud autour de la planche, qu'ils recouvrent avec de la
litière sèche. La chaleur du réchaud, qu'ils ont soin d'entretenir, détermine la pousse des asperges dont ils font la coupe
pendant un mois. Mais cette méthode fatigue plus le plant et
précipite sa destruction.

Ceux qui n'ont pas disposé de planches achètent du plant
de trois ans ou de vieilles pattes des carrés que l'on détruit. Ils
font des couches larges de quatre pieds, qu'ils recouvrent de
suite de six pouces d'un mélange de terreau et de terre. Quand
la chaleur est au degré nécessaire ils y plantent leurs pattes, qu'ils
recouvrent de trois pouces de terre, sur laquelle ils mettent
de la litière ou des paillassons. D'autres n'en mettent que deux
pouces, et, quelques jours après, ils retirent la litière pour
donner une nouvelle charge de trois pouces. Ils recouvrent
ensuite avec de la litière ou des paillassons, et souvent avec
des châssis et des cloches. Ils conservent la chaleur au moyen
des réchauds, et coupent les tiges jusqu'à extinction de la patte
qui ne produit que pendant un mois, de sorte qu'il faut faire
une nouvelle couche tous les mois, si on veut avoir des asperges jusqu'au moment destiné par la nature pour la pousse de
cette plante. On jette ensuite ces pattes, qui ne sont bonnes à
rien. Ces asperges sont en général d'un goût médiocre, mais
tendres. Les amateurs de bonnes asperges n'emploient aucun
de ces moyens ; mais, pour jouir plus tôt de ce légume, ils forment une planche contre un mur ou murette exposée au midi.
Ils la couvrent l'hiver avec des paillassons, qu'ils enlèvent lorsque le temps est beau, et ils obtiennent, par ce moyen simple
et peu dispendieux, de bonnes asperges quinze jours ou trois
semaines, et quelquefois un mois avant les autres. Ils ont l'attention de cesser leur coupe dans ces planches à raison de leur
primeur, c'est-à-dire de l'arrêter quinze jours ou un mois
avant les autres, sans quoi la planche seroit épuisée de suite.

On cultive beaucoup d'asperges à Vienne, quoique le climat
en soit très froid. Pour accélérer leur croissance et empêcher
l'effet des gelées tardives, on couvre les planches avec de légères caisses en bois, percées de quelques trous et entaillées
dans le bas.

J'ai recommandé dans les soins à donner aux asperges la destruction de leurs ennemis. Les uns, comme le *ver blanc* ou le *taon*, rongent ses racines, ou, comme la courtilière, les coupent. Les autres, comme la limace, le criocère et les pucerons, dévorent les feuilles et l'écorce. Le ver blanc est d'autant plus redoutable, qu'on ne s'aperçoit souvent de ses ravages que lorsque le mal est fait. Il ne peut y en avoir la première année, parcequ'on a remué les terres et terreaux, et qu'on doit avoir eu l'attention de les détruire s'il en existoit. Mais s'il y a beaucoup de hannetons dans cette année, on doit s'attendre à une quantité considérable de vers blancs l'année suivante. Comme il est impossible de les chercher en terre sans détruire les pattes, il faut les attirer à la surface en leur fournissant une nourriture qu'ils préfèrent à toute autre. Comme leur goût pour les racines des laitues, romaines, escaroles, les déterminent à tout quitter pour s'y attacher de préférence; après le premier binage, on peut jeter quelques graines de ces plantes sur les planches. On donne ensuite un léger coup de rateau. On visite ces jeunes plantes de temps à autre; et lorsqu'on en voit de flétries on cherche au pied où on trouve le ver blanc à un pouce ou deux en terre. S'il y en a beaucoup, et s'ils ont promptement détruit le jeune plant, on en repique d'autres entre les rangs d'asperges, et on continue jusqu'à l'entière destruction des vers blancs. Cette opération doit se faire, dans les anciens carrés comme dans les nouveaux, l'année qui suit celle qui a été abondante en hannetons.

Les courtilières ne sont pas aussi faciles à prendre ( *voy*. le mot COURTILIÈRE), mais aussi elles ne sont très dangereuses pour l'asperge que la première année. Comme elles ne mangent pas la plante, ne font que la couper lorsqu'elle se trouve sur leur passage, et qu'elles ne font leurs galeries qu'à un pouce ou deux du niveau de la terre, elles ne peuvent guère couper que des tiges et ne le font que lorsqu'elles sont fort tendres, parceque si la terre est meuble comme elle doit l'être dans les carrés d'asperge, la moindre résistance des racines ou même des tiges détermine la courtilière à se détourner; et si le carré n'a point d'ados, et que toutes les planches soient garnies d'asperge et conséquemment d'une terre légère et douce, elle ira pondre ailleurs, parcequ'il lui faut une terre dure pour construire son nid.

Les LIMACES se chassent facilement ( *voy*. ce mot); quant aux criocères et aux pucerons, leur destruction étoit un travail pénible avant la composition inventée par M. Tatin, et citée à la fin de l'article artichaut. Mais au moyen de cette composition, dont les effets paroissent démontrés, si on ne détruit pas tous ces insectes, on parvient à en diminuer le nombre, de manière à ce que les plantes n'en soient pas incommodées.

### Propriétés de l'asperge.

Le goût décidé des Français pour l'asperge, la quantité prodigieuse qui s'en consomme, et ses bonnes qualités, m'ont déterminé à entrer dans les plus grands détails pour sa culture. Elle est mise au nombre des grandes racines apéritives, et entre dans le sirop de ces racines. On vante ses propriétés pour expulser les graviers, contre les hydropisies et les maladies du foie. Il est certain qu'elle charge fortement les urines une heure ou deux après qu'on en a mangé et leur donne une odeur nauséabonde. On assure que quelques gouttes de térébenthine jetées dans les vases de nuit remplacent cette odeur par celle de violette. Je dis, on vante ses propriétés, etc., on assure, etc., parceque tout le monde n'est pas d'accord sur ces points. Ces doutes sur les propriétés des plantes m'ont fait faire les réflexions suivantes : Nous sommes journellement attaqués de maladies pour la guérison desquelles nous allons chercher dans les lieux les plus éloignés des remèdes. Cependant la nature, sage dans toutes ses opérations, doit avoir placé le remède auprès du mal ; et je ne doute pas que nous les foulons tous les jours aux pieds, pendant que nous employons des plantes qui ont perdu une partie de leurs propriétés par le temps qui s'est écoulé depuis qu'elles ont été cueillies, et les différentes températures qu'elles ont parcourues pour nous parvenir. Une société d'hommes instruits qui s'occuperoit à reconnoître les propriétés des plantes indigènes rendroit le plus grand service à l'humanité.

M. Tessier pense que les fermières dans les pays où le beurre est blanc se servent pour le colorer de baies d'asperges, quand elles n'ont pas de celles d'alkekenge, dont le calice est employé plutôt que la graine. Souvent elles mêlent les deux espèces. Quand elles font quinze à vingt livres de beurre, elles enveloppent une poignée de ces baies dans un linge qu'elles trempent dans de l'eau chaude, en pressant avec les doigts pour exprimer le suc contenu dans les baies ; elles le jettent dans la baratte au moment où elles réunissent les parties du beurre. Une plus forte dose rendroit le beurre rouge. Ce procédé ne peut communiquer au beurre qu'une qualité apéritive. Les semences n'en sont pas moins bonnes ; il suffit de les dessécher. (Feb.)

On connoît une vingtaine d'autres espèces d'asperges, dont on cultive trois ou quatre dans les jardins de botanique. Toutes gèlent en pleine terre dans le climat de Paris, et ne sont par conséquent pas dans le cas d'être mentionnées ici. Les fleurs de plusieurs exhalent une odeur très suave. La plupart de ces espèces sont frutescentes et originaires du cap de Bonne-Espérance ; mais parmi elles il en est trois qui croissent naturellement dans les parties méridionales de l'Europe, dont une est assez commune. C'est l'*asperge blanche*, qui a la tige frutescente, garnie d'épines solitaires, les branches en zigzag, les feuilles trigones, petites, blanches, caduques et réunies en faisceaux. Elle s'élève à deux ou trois pieds, et croît, parmi les pierres, dans les lieux les plus chauds et les plus arides. J'ai observé, en Italie, qu'elle étoit exremement propre à faire des haies, ou mieux, à consolider la base de celles composées d'autres arbustes. Je ne doute pas que si on vouloit la cultiver pour cet objet dans les parties méridionales de la France, on ne pût en tirer un parti très avantageux. On la multiplie de graines, qui sont plus grosses que celles de l'espèce commune, ou par éclat des rejetons. Elle peut passer en pleine terre, dans le climat de Paris, les hivers doux ; mais pour peu que le thermomètre descende à dix degrés, elle périt ; c'est ce qui empêche de la placer dans les jardins paysagers, où la couleur glauque de ses feuilles contrasteroit fort bien avec celle de la plupart des arbustes. (B.)

ASPÉRULE, *Asperula*. Genre de plantes de la tétrandrie monogynie, et de la famille des rubiacées, qui renferme une douzaine d'espèces, dont trois intéressent les cultivateurs, à raison de leur abondance dans les bois, les pâturages et les champs, et de leurs propriétés utiles ou agréables. Toutes ont les feuilles verticillées et les fleurs disposées en corymbes terminaux.

L'ASPÉRULE ODORANTE a les verticilles composés de huit feuilles lancéolées, et les corymbes de fleurs pédonculées. Elle est vivace, et se trouve dans les bois humides quelquefois en si grande abondance qu'elle couvre le sol. C'est une plante de six à huit pouces de haut, d'une forme fort élégante, et dont les fleurs, qui sont blanches et légèrement odorantes, s'épanouissent au milieu de l'été. Tous les bestiaux, et sur-tout les chevaux, l'aiment avec passion. Desséchée, toutes ses parties ont une odeur qui l'ont fait appeler *petit muguet de bois*, *hépatique étoilée*. Mélangée avec le foin, elle augmente sa saveur et le rend plus agréable aux bestiaux. On la cultive en bordure dans quelques jardins à l'exposition du nord, et on devroit en garnir le sol des massifs dans tous ceux où le permet la nature de la terre. On la multiplie par graine et par déchirement des vieux pieds.

L'ASPÉRULE RUBÉOLE a les verticilles de quatre à six feuilles linéaires, glauques, et le corymbe des fleurs est petit, fasciculé et pédonculé. Elle réunit les *A. tinctoria* et *cynanchica* de Linnæus. Elle est vivace, fleurit en été, et croît dans les lieux découverts et arides, dans les pâturages des montagnes, etc. C'est principalement une plante des pays calcaires, car elle y est quelquefois si commune, qu'elle prédomine sur toutes les autres. Tous les bestiaux la recherchent au point qu'il seroit certainement utile d'en former des prairies artificielles, si elle foisonnoit davantage ; mais ses tiges sont grêles et ont à peine un pied de haut. On doit toujours en planter dans les gazons des jardins paysagers situés dans un terrain aride. Ses racines servent à teindre les étoffes en rouge, mais ne peuvent entrer en concurrence avec GARANCE. *Voyez* ce mot.

L'ASPÉRULE DES CHAMPS a le verticille de six feuilles ovales, oblongues, et le corymbe des fleurs terminal et sessile. Elle est annuelle et croit abondamment dans les champs en jachère. Tous les bestiaux la recherchent. Sa hauteur est moins considérable encore que celle des précédentes. Je l'ai vue si abondante dans certains champs, qu'elle paroissoit y avoir été semée exprès. Sa racine sert aussi à teindre en rouge. (B.)

ASPHODÈLE, *Asphodelus*. Genre de plantes de l'hexandrie monogynie, et de la famille des liliacées, qui réunit huit espèces, dont deux méritent d'attirer l'attention des cultivateurs, soit par leur beauté, soit par l'utilité qu'on peut en retirer.

La première de ces espèces, l'ASPHODÈLE JAUNE, que les jardiniers connoissent sous le nom de *verge de Jacob*, a les racines vivaces, jaunes, cylindriques, de la grosseur du pouce, et réunies en faisceau ; la tige simple, garnie dans toute sa longueur de feuilles triangulaires et striées ; les fleurs jaunes, larges de près d'un pouce, et formant un seul épi long de plus d'un pied. Elle est originaire des parties méridionales de l'Europe. Desfontaines l'a trouvée si abondante sur les côtes d'Afrique, qu'elle est un fléau pour les cultivateurs qui ne peuvent en purger leurs champs de blé. On la cultive dans les jardins, où elle produit un très bel effet pendant le second mois du printemps, époque où ses fleurs se développent. On peut la multiplier de graine qu'elle fournit abondamment ; mais comme ce moyen est lent, on ne l'emploie presque jamais. On préfère la voie des drageons ou celle du déchirement des racines, avec d'autant plus de raison que les pieds tendent toujours à s'élargir, et que si on n'arrêtoit leur croissance, ils s'empareroient de tout le terrain en peu d'années.

C'est en automne ou à la fin de l'hiver qu'il convient d'arracher et de transplanter l'*asphodèle jaune*. Cette opération ne demande pas d'autres précautions que de ne pas couper les tubercules des racines, ce qui les feroit pourrir. Un seul tubercule suffit pour donner naissance à un nouveau pied ; mais, pour plus de sûreté, on doit en laisser deux ou trois avec une portion de collet qui les unit.

C'est dans les plates-bandes des parterres, sur le bord des massifs ou dans les corbeilles des gazons des jardins paysagers, qu'il convient de placer les asphodèles. Souvent ils poussent avec tant de vigueur, qu'il est nécessaire de leur donner un tuteur. Tout terrain, pourvu qu'il ne soit pas trop humide, leur convient; cependant ils font mieux dans ceux qui sont légers et chauds. Les labours ou binages ordinaires des jardins leur suffisent.

Les racines de cette plante peuvent être mangées et être données aux cochons, comme celles de la suivante.

L'ASPHODÈLE RAMEUX a les racines presque semblables à celles du précédent, mais beaucoup plus grosses et réunies en bottes; des feuilles aplaties et toutes radicales; une tige rameuse, des fleurs blanches striées de brun et disposées en panicule. Il croît naturellement dans les parties méridionales et moyennes de l'Europe. Si la couleur de ses fleurs lui donne moins d'éclat que l'asphodèle jaune, il a peut-être plus de beautés réelles. On le cultive avec et comme lui. On tire de sa racine une fécule qui, mêlée avec de la farine, fait un pain passable. On peut aussi manger ces racines en nature, en les faisant bouillir dans plusieurs eaux pour leur ôter leur âcreté naturelle. Les habitans des environs de Fontenay-le-Peuple en ont plusieurs fois employé ainsi dans des temps de disette. On en nourrit aussi les cochons, en prenant la précaution de la leur donner écrasée, ou même à moitié cuite.

Ces deux plantes qui ne craignent point les hivers les plus rigoureux, seroient peut-être dans le cas d'être cultivées en grand pour la nourriture des bestiaux; mais elles n'ont pas encore été considérées sous ce rapport, et il conviendroit sans doute de les étudier auparavant de les y employer. (B.)

ASPHYXIE. Etat des hommes et des animaux pendant lequel toutes les fonctions vitales sont suspendues, et dont la suite est immanquablement leur mort s'ils ne sont pas secourus.

Cet état est uniquement le résultat de cessation du jeu des poumons.

Comme les habitans des campagnes sont souvent, par la nature de leurs travaux, dans le cas d'être frappés d'asphyxie; que ceux qui le sont peuvent être rappelés le plus souvent à la vie lorsqu'on leur donne à temps les secours nécessaires, j'ai cru devoir m'écarter de mon plan, et leur donner ici quelques indications propres à les guider dans cette circonstance.

Un homme ou un animal peut être asphyxié, 1° lorsqu'il se trouve dans un lieu où il se dégage un gaz impropre à la respiration, tels que le gaz acide carbonite et le gaz azote; 2° lorsque sa respiration a été arrêtée par l'étranglement, soit au moyen d'une corde, soit par suite d'une enflure ou d'un engorgement des vaisseaux du cou, etc.; 3° lorsqu'il est privé du mouvement de ses organes par l'effet d'un grand froid ou d'un coup de tonnerre; 4° quand il se trouve plongé dans un fluide qui lui ôte toute communication avec l'air. Dans ce dernier cas, on dit qu'il est Noyé. *Voyez* ce mot.

L'ignorance et le défaut de précautions occasionnent chaque année bien des accidens dans les villes comme dans les campagnes, sur-tout parmi la classe ouvrière, uniquement par la première cause que j'ai assignée à l'asphyxie.

Du charbon (ou de la braise) allumé dans une chambre fermée fait immanquablement tomber en asphyxie ceux qui se trouvent dans cette chambre.

Des ouvriers qui foulent la vendange dans un pressoir qui n'est pas assez aéré, qui entrent dans une cave où il y a beaucoup de tonneaux de vin en fermentation (le cidre et la bière produisent le même effet), qui descendent dans des latrines, dans des puits, dans des cavernes, dans des mines, bouchées depuis long-temps, sont dans le cas de tomber en asphyxie, parcequ'il se dégage du gaz acide carbonique, autrement appelé acide méphytique, air fixe. *Voyez* aux mots ACIDE, GAZ, VIN, FOSSE D'AISANCE.

Comme la même cause qui fait mourir les animaux, dans cette circonstance, fait aussi éteindre le feu, il est toujours facile de s'assurer si un lieu fermé est d'un dangereux abord, en y introduisant une chandelle au bout d'un bâton; si cette chandelle reste allumée, on peut y entrer avec sécurité; mais le gaz acide carbonique étant plus pesant que l'air atmosphérique, et se tenant par conséquent, lorsqu'il y en a peu, à la surface du sol, c'est à quelques pouces de cette surface qu'il faut placer la chandelle. D'après cela, on voit qu'un homme debout peut vivre dans un lieu où un homme couché, un petit chien mourroient.

Les symptômes qu'on éprouve quand on est exposé à respirer l'air empesté qui sort du charbon allumé, des matières en fermentation, des minéraux en décomposition, sont un léger mal de tête, des vertiges et la mort. Le plus souvent ces affections se succèdent avec tant de rapidité, qu'il ne faut qu'une ou deux minutes, sur-tout dans les cuves, dans les fosses d'aisance, dans les mines, pour que celui qui les éprouve tombe sans connoissance. Alors, s'il est seul, il n'y a plus d'espoir; mais s'il est secouru dans la première heure, c'est-à-dire avant que sa chaleur soit dissipée, il y a presque assurance de le ramener à la vie.

Les personnes asphyxiées sont sans mouvement; leur visage est ordinairement décoloré et souvent altéré dans sa forme;

leur bouche est écumeuse, et quelquefois il en sort du sang ainsi que du nez et des oreilles ; leurs dents sont fortement serrées.

Dès qu'on s'aperçoit que quelqu'un est tombé en asphyxie, il faut le transporter sur-le-champ à l'air libre, dans une cour ou un jardin, le déshabiller, l'envelopper de linges chauds, lui jeter de l'eau froide au visage, lui souffler dans les poumons pour en rétablir le jeu, irriter les parties les plus sensibles de son corps, comme les commissures des lèvres, la cloison du nez, l'anus, le gland, ou le clitoris, avec une barbe de plume ou avec les doigts, présenter à son nez de l'ammoniac ( alkali volatil fluor ), lui en faire avaler quelques gouttes dans de l'eau, lui donner des lavemens avec une décoction de tabac, de savon ou autre substance irritante, sur-tout ne point se rebuter du non succès des premiers efforts. Il y a de l'espoir, je le répète, tant que la chaleur se conserve. Toutes ces opérations se répètent plusieurs fois avec quelques intervalles de repos.

Lorsqu'on s'y est pris à temps, le malade ne tarde pas à donner quelques signes de vie; sa poitrine se soulève, et il respire ; des hoquets, quelquefois convulsifs, se font entendre ; des vomissemens les suivent. Alors on le porte dans un lit chaud ; on lui frotte le corps avec des linges chauds et un peu rudes ; on continue à lui donner de temps en temps quelques gouttes d'alkali volatil dans de l'eau. Il est sauvé, et alors il n'y a plus qu'à le laisser reposer pour le revoir dans son état habituel.

Il arrive cependant quelquefois qu'après avoir donné quelques apparences de vie le malade retombe sans sentiment; c'est ordinairement un mauvais signe, mais qui ne doit pas empêcher de continuer les secours.

Ici je parle en connoissance de cause ; car j'ai eu le bonheur de sauver, seul, deux jeunes filles asphyxiées ensemble par le charbon, et que toute leur famille regardoit comme absolument mortes.

L'important dans ce traitement c'est, je le répète, de conserver et même d'augmenter la chaleur, et de mettre en mouvement les muscles qui font mouvoir le poumon par des irritations convulsives.

Les bestiaux sont sans doute moins dans le cas d'être asphyxiés par le gaz acide carbonique que les hommes ; cependant cela peut arriver.

Lorsqu'un homme est étranglé par une corde, et qu'il n'y a pas eu luxation des vertèbres du cou, le traitement est le même, et son succès est ordinairement rapide. Combien de pendus ont été ressuscités ! Les jeunes animaux, dans les pays où on est dans la mauvaise habitude de les attacher par le cou, sont sujets à être asphyxiés de cette manière. J'ai vu cinq à six veaux se trouver dans ce cas. Quant à l'asphyxie causée par engorgement ou enflure des vaisseaux du cou, il faut nécessairement commencer par la saignée, qui seroit nuisible dans les cas précédens, et quelquefois la faire suivre de la BRONCHOTOMIE. *Voyez* ce mot. J'ai lieu de croire que la mort des hommes ou des animaux mordus par une vipère est presque toujours due à l'asphy est la suite du gonflement de leur gorge ; car elle n ieu lorsque l'enflure s'arrête avant d'y arriver.

Une personne ou un animal exposé à un froid très vif, et long-temps continué, tombe en asphyxie, parceque sa chaleur l'abandonne, et que le poumon n'a plus la force de faire ses fonctions ; l'important c'est donc de rappeler cette chaleur. Le traitement précédemment indiqué ne conviendroit pas dans ce cas. Exposer cette personne à une chaleur vive et subite seroit confirmer sa mort, faire tomber son corps en gangrène. C'est en le frottant long-temps avec de la neige, en le mettant dans un bain froid, en lui faisant boire de l'eau dans laquelle on met quelques gouttes d'alkali volatil, qu'on peut espérer de lui voir donner des signes de vie ; et ce n'est que lorsqu'il les a donnés qu'on doit le mettre dans un lit légèrement chaud, lui donner du vin chaud, du bouillon, etc. Ici la suprême sagesse c'est de rétablir la chaleur par degré, tandis que dans les autres sortes d'asphyxie, on ne peut la faire revenir trop promptement. (B.)

ASPIC. Nom d'une espèce de LAVANDE. *Voy.* ce mot.

ASPIRATION DES PLANTES. Les anciens savoient que les plantes aspiroient, mais ils croyoient que c'étoit de l'air atmosphérique. Les expériences de Priestley, d'Ingenhouss, de Sennebier, et autres savans physiciens modernes, ont fait voir qu'elles décomposoient cet air et n'aspiroient réellement qu'une de ses parties. On trouvera aux mots AIR, GAZ, CARBONE, AZOTE, OXYGÈNE, HYDROGÈNE, FEUILLES, PLANTES, les principes nécessaires pour se faire une idée juste de l'aspiration des plantes.

L'eau est également aspirée par les plantes, au moyen des pores corticaux de leurs feuilles, de leurs tiges et de leurs racines. Cette importante fonction sera développée au mot PORE, et on trouvera ses applications aux mots EAU, PLUIE, ARROSEMENT, etc. (B.)

ASPRELLE. Nom de la PRÊLE SANS FEUILLES, dont les menuisiers et les ébenistes se servent pour polir leurs ouvrages.

ASSA-FŒTIDA. Gomme résine qu'on recueille en Perse

de la racine d'une espèce de férule, et dont la médecine vétéri-naire fait un fréquent usage.

Pour être bonne il faut qu'elle soit sèche, qu'elle renferme beaucoup de morceaux homogènes d'un blanc jaunâtre, et qu'elle ait une forte odeur d'ail.

Cette matière irrite la bouche, fait beaucoup saliver et ré-veille l'appétit. On l'administre intérieurement et on en fait des mastigadours. La dose, pour un bœuf ou un cheval, est mê-lée avec du miel, depuis demi-once jusqu'à deux onces; et pour la brebis, depuis un quart d'once jusqu'à une once. (B.)

ASSIETTE ( d'un bois à couper ). Terme forestier. C'est reconnoître et fixer ses limites, en déterminer la superficie, en compter et marquer les baliveaux et arbres anciens à réser-ver où à abandonner. *Voy.* au mot FORÊT. ( PER. )

ASSIMINIER. Synonyme de COROSSOL. *Voy.* ce mot.

FIN DU TOME PREMIER.

www.ingramcontent.com/pod-product-compliance
Lightning Source LLC
Chambersburg PA
CBHW031343210326
41599CB00019B/2631